MONOGRAPHIEN AUS DEM GESAMTGEBIET DER PHYSIOLOGIE DER PFLANZEN UND DER TIERE

HERAUSGEGEBEN VON

M. GILDEMEISTER-LEIPZIG · R. GOLDSCHMIDT-BERLIN
C. NEUBERG-BERLIN · J. PARNAS-LEMBERG · W. RUHLAND-LEIPZIG

DREIUNDZWANZIGSTER BAND

DIE SEXUELLEN ZWISCHENSTUFEN

VON

RICHARD GOLDSCHMIDT

BERLIN
VERLAG VON JULIUS SPRINGER
1931

DIE
SEXUELLEN ZWISCHENSTUFEN

VON

RICHARD GOLDSCHMIDT

DR. PHIL. NAT. ET MED. H. C.
PROFESSOR UND DIREKTOR AM KAISER WILHELM-INSTITUT FÜR BIOLOGIE
IN BERLIN-DAHLEM

MIT 214 ABBILDUNGEN

BERLIN
VERLAG VON JULIUS SPRINGER
1931

ISBN-13: 978-3-642-88810-6   e-ISBN-13: 978-3-642-90665-7
DOI: 10.1007/978-3-642-90665-7

Vorwort.

Der äußere Anlaß zur Abfassung dieser Monographie war der Abschluß meiner eigenen Untersuchungen über Intersexualität nach zwanzigjähriger Arbeit. Während dieser Zeit war es, nicht zum wenigsten durch die Resultate unserer Studien, möglich, das gesamte Geschlechtsproblem auf eine einheitliche Basis zu stellen, die sich mehr und mehr als sicheres Fundament erweist. Vor zehn Jahren habe ich zum erstenmal versucht, die Ergebnisse meiner eigenen Studien auf das ganze Tierreich anzuwenden und eine einheitliche Betrachtung des ganzen Geschlechtsproblems durchzuführen. Seitdem hat sich ein umfangreiches neues Material aufgehäuft, das, besonders bei den Wirbeltieren, zu wichtigen neuen Erkenntnissen führte, die sich auf das schönste mit unseren früheren Erkenntnissen vereinigen lassen und zu wichtigen Erweiterungen der ganzen Theorie führen. Fast alles wichtige Neue, soweit es sich auf das Tierreich bezieht, (denn das Pflanzenreich ist in diese Monographie nicht mit einbezogen), ist aus dem Studium sexueller Zwischenstufen in Beobachtung und Experiment gewonnen. Ganze Wissensgebiete sind dabei neu erschlossen worden, wie etwa die triploide Intersexualität, die moderne Analyse des Gynandromorphismus, und die Analyse der Sexualität des Vögel. So erschien es berechtigt, aus dem breiteren Inhalt meines Buches von 1920 nur das Kapitel der Zwischenstufen herauszunehmen und ganz selbständig monographisch darzustellen. Daß es dabei mir nicht auf eine Literaturcompilation, sondern auf die geistige Verarbeitung des Stoffs, auf eine Art Rechnunglegung über den Stand der Erkenntnis an Hand des Tatsachenmaterials ankam, wird der Leser bemerken. Auf diese Weise glaube ich mehr als ein im Rahmen des Möglichen und Nützlichen vollständiges Nachschlagewerk geliefert zu haben, nämlich ein einheitliches und geschlossenes Ganze, eben eine Monographie, die sich auch nicht schämt, das Monogramm ihres Verfassers zu zeigen. Eine kurze Erklärung ist noch dafür nötig, daß meine eigenen Untersuchungen über die Intersexualität bei Lymantria dispar so ausführlich dargestellt sind. Die Berechtigung dazu wird abgeleitet erstens daraus, daß bei diesen

Untersuchungen das Phänomen der Intersexualität entdeckt
wurde, zweitens, daß dabei eine Lösung des Geschlechtsproblems
aus der experimentellen Analyse der Zwischenstufen sichtbar
wurde, drittens, daß es die einzigen vollständigen Untersuchungen
sind, in denen nicht nur die Erzeugung der Intersexe völlig
vom Experimentator beherrscht wird, sondern auch die morphologische und embryologische Analyse durchgeführt ist und viertens,
daß die dem Neuling sehr kompliziert erscheinende Analyse
nur schwer an Hand der Originalarbeiten zu verfolgen ist, so-
daß eine zusammenfassende Darstellung des Ganzen einem Be-
dürfnis entgegenkommt.

Zu großem Dank bin ich den Herren C. H. DANFORTH von
der Leland Stanford Universität, Californien, L. V. DOMM von der
Chicago Universität und B. ROMEIS von der Universität München
für Überlassung von Originalphotos verpflichtet; ferner Herrn
CURT STERN für Anfertigung eines Schemas und Hilfe beim
Lesen der Korrekturen; Frau A. BRIEGER-KAISER für dauernde
Mitarbeit in allem Technischen und endlich dem Verlag für
großzügige Erfüllung aller meiner Wünsche.

Berlin-Dahlem, den 20. Dezember 1930.

R. GOLDSCHMIDT.

Inhaltsverzeichnis.

Inhaltsverzeichnis.

I. Einleitung.

Die sexuellen Zwischenstufen, von denen in dieser Monographie die Rede ist, beziehen sich ausschließlich auf das Tierreich, einschließlich des Menschen. Zwar gibt es auch im Pflanzenreich ein entsprechendes Phänomen, dessen Analyse auf der gleichen Basis auszuführen sein wird. Aber einmal ist es noch nicht so vollständig durchgearbeitet und sodann ist seine Besprechung nur im Rahmen einer Gesamtdarstellung des Geschlechtsproblems der Pflanzen durchzuführen, die besser dem Botaniker überlassen bleibt, der das Material aus erster Hand kennt. So sei hier nur darauf hingewiesen, daß trotz aller Besonderheiten, die das pflanzliche Objekt bietet, nach unserer Überzeugung die Grundgesetze der Geschlechtsbildung und damit auch der Zwischenstufen die gleichen sind wie im Tierreich (siehe G. u. P. Hertwig 1922, Goldschmidt 1929).

Der Begriff „Sexuelle Zwischenstufen" ist ein rein deskriptiver, der im einzelnen in genau definierbare Einzelphänomene aufzulösen sein wird. Die Anwendung des Begriffs hat zur Voraussetzung, daß der normale Zustand der der Zweigeschlechtigkeit[1] ist, also der einer typischen Geschlechtertrennung (Gonochorismus) oder Diözie (Terminologie, siehe Goldschmidt 1920b). Damit scheiden also für die Betrachtung der Zwischenstufen alle echten Hermaphroditen oder besser, Monözisten aus (Beispiel Bandwürmer, Lungenschnecken). Trotzdem kann aber die Grenze nicht ganz scharf gezogen werden. Wir werden später sehen, daß ein Intersex nacheinander im Laufe seines Lebens eine männliche und

---

[1] In der medizinischen Literatur begegnet man oft dem Wort Bisexualität, das manchmal angewandt wird, um Getrenntgeschlechtigkeit (im Gegensatz zu Hermaphroditismus) zu bezeichnen, manchmal aber auch, um die Doppelgeschlechtigkeit des gleichen Individuums zu bezeichnen. Unter diesen Umständen ist es besser, den Terminus überhaupt nicht zu verwenden.

weibliche Phase hat, von denen allerdings nur eine oder keine funktionieren kann. Dann werden uns aber auch Intersexe begegnen, die nacheinander als Weibchen und Männchen funktionieren. Diese wieder sind doch kaum zu trennen von solchen Monözisten, bei denen die beiden Geschlechtsphasen stets aufeinanderfolgen, den protandrischen oder protogynen Hermaphroditen. Der Unterschied besteht darin, daß bei letzteren jedes Individuum der Art ein solcher Hermaphrodit ist, bei ersteren aber es sich um eine Abnormität innerhalb einer getrenntgeschlechtigen Form handelt. Aber auch der Begriff der Abnormität innerhalb eines Gonochoristen gibt keine vollständige Definition der Zwischenstufe, da wir Fälle kennenlernen werden, in denen das Erscheinen der Zwischenstufe ein normales Vorkommnis ist. So bleibt der Begriff der sexuellen Zwischenstufe eine deskriptive Bezeichnung, deren Umfang mehr oder minder konventionell ist.

Das Studium der sexuellen Zwischenstufen ist nur ein Teil des Gesamtproblems der Geschlechtsbestimmung. Einesteils lassen sich die Zwischenstufen nicht verstehen ohne die Kenntnis des normalen Geschlechtsbestimmungsvorgangs, andernteils hat gerade die Analyse der Zwischenstufen wichtige Teile des Geschlechtsproblems geklärt. So wird eine Darstellung der Zwischenstufen sich dauernd mit dem allgemeinen Problem der Geschlechtsbestimmung auseinanderzusetzen haben. Es wird sich dabei zeigen, daß die verschiedenen Gruppen von Tatsachen sich zu einem harmonischen Ganzen vereinigen lassen und daß das Gesamtproblem in relativ einfacher Weise darstellbar ist.

Die Analyse der sexuellen Zwischenstufen hat zur Voraussetzung die Kenntnis der elementaren Tatsachen in Bezug auf die normale Geschlechtsbestimmung. Sie müssen daher für den der Vererbungslehre Fernstehenden kurz vorausgeschickt werden. Wir beschränken uns dabei auf das Fundament, das heute vollständig feststehend ist.

Darauf muß besonders hingewiesen werden, da sich die Vererbungslehre da in einer sehr merkwürdigen Lage befindet. Es würde wohl niemals ein Nicht-Physiker wagen, die Grundlagen der modernen Atomphysik als falsch oder unsicher hinzustellen, und wenn er es wagte, so nähme wohl niemand Notiz davon. Anders bei der Vererbungslehre. Hier hält jeder, der in seinem Fach Gelegenheit hat, sich mit dem Organismus zu beschäftigen, sich für befähigt, über die ihm nur oberflächlich bekannten Ergebnisse der Vererbungslehre zu urteilen und öffentlich zu erklären, daß die gesichertsten Ergebnisse dieser Wissenschaft unrichtig seien. Zwar geht die eigentliche Vererbungsforschung darüber zur Tagesordnung über; aber diejenigen, die für ihre Arbeiten die Ergebnisse der Vererbungsforschung benötigen, ohne selbst das Gebiet beherrschen zu können, vermögen nicht zu beurteilen, auf welcher betrübenden Basis von Kenntnislosigkeit die Attacken gegen die Ergebnisse der Vererbungslehre beruhen, die von Leuten geritten werden, die sonst ausgezeichnete Kenner der Gelenkmechanik, oder der Nervenhistologie oder der Knochenröntgenologie usw. sind. Sie kommen dann zur Überzeugung, daß die längst gesicherten Grundlagen noch bestritten seien und werden dann selbst zu Gedankengängen geführt, die nicht mit den elementarsten biologischen Tatsachen vereinbar sind. Gerade bei der Bearbeitung von Geschlechtsproblemen, besonders durch Mediziner, wird gar zu häufig die Beobachtung gemacht, daß die elementarsten biologischen Tatsachen dem Autor unbekannt sind. Noch heute spukt in der medizinischen Literatur das „asexuelle Soma"; noch heute nehmen angesehene Zeitschriften Arbeiten auf, in denen behauptet wird, daß der eine Eierstock Knaben und der andere Mädchen erzeugt. Es dürfte nicht sein, daß in einem großen medizinischen Handbuch das Problem der Geschlechtsbestimmung von einem Psychiater bearbeitet wird, der, da notwendigerweise gezwungen aus zweiter und dritter Hand zu schöpfen, eine katastrophale Sammlung von Fehlern und Irrtümern zusammengestellt hat. Es ist Zeit, daß auch der Mediziner, der sich mit biologischen Problemen auf dem Gebiet der Sexualität befaßt, sich die mühsam erarbeiteten Grundlagen aneignet und auf ihnen aufbaut.

1. Das mechanische Zahlenverhältnis der Geschlechter.

Bei den getrenntgeschlechtigen Lebewesen werden im Idealfall die beiden Geschlechter zu genau gleichen Teilen erzeugt: 50% ♀, 50% ♂ ist das sogenannte mechanische Zahlenverhältnis. Das besagt, daß der Mechanismus, der die Verteilung der Nachkommen auf die beiden Geschlechter besorgt, so arbeitet, daß diese gleichmäßige Verteilung zustandekommt, falls kein störender Einfluß verschiebend eingreift. Wir kennen bereits eine ganze Anzahl solcher Einflüsse, die an verschiedenen Stellen des Vorgangs eingreifen können, ohne daß dadurch an der Tatsache des Mechanismus etwas geändert wird. Dieser Mechanismus besteht darin, daß das eine Geschlecht nur eine Sorte von Geschlechtszellen bildet, das andere Geschlecht aber zwei Sorten, so daß zwei Arten von Befruchtungen möglich sind, deren eine Weibchen und deren andere Männchen erzeugt. Das Geschlecht, das nur eine Sorte von Geschlechtszellen oder Gameten bildet, heißt das *homogametische*, das zwei Sorten von Gameten erzeugende Geschlecht das *heterogametische*. Das mechanische Geschlechtsverhältnis hat dann darin seine Ursache, daß die beiden Sorten von Gameten des heterogametischen Geschlechts im Idealfall in gleichen Zahlen erzeugt werden und die gleiche Befruchtungschance haben. Jedes innere oder äußere Agens, das diese beiden Grundeigenschaften der Gameten des heterogametischen Geschlechts zu beeinflussen vermag, kann damit das wirkliche Zahlenverhältnis der Geschlechter gegen das mechanische Zahlenverhältnis verschieben, ohne daß dadurch etwas am Vorhandensein des zugrunde liegenden Mechanismus geändert wird.

Es ist aus den Elementen des Mendelismus bekannt, daß eine in einem Gen heterozygote Form zwei Sorten von Gameten zu gleichen Teilen bildet. Wenn daher die Tatsache des mechanischen Geschlechtsverhältnisses nicht auf die ganzen Gameten bezogen wird, sondern auf ein Gen, das mit der Geschlechtsbestimmung zu tun hat, so ist das eine Geschlecht, das homogametische, in Bezug auf jenes Gen homozygot, das andere, das heterogametische, heterozygot. Die geschlechtliche Fortpflanzung ist also vom Standpunkt der Vererbung zu vergleichen einer MENDELschen Rückkreuzung zwischen einer Homozygoten und einer Heterozygoten, bei der ebenfalls das mechanische Verhältnis von zwei Typen zu gleichen Teilen erzeugt wird. Daß dies die richtige Erklärung für das Zustandekommen des mechanischen Geschlechtsverhältnisses ist, wurde seit dem grundlegenden Versuch von CORRENS immer wieder experimentell bestätigt.

Aus dem Gesagten geht bereits die grundlegende und unerschütterliche Tatsache hervor, daß über das Geschlecht im Augenblick der Befruchtung entschieden wird. Früher unterschied man drei Möglichkeiten: Geschlechtsbestimmung vor der Befruchtung, progam, während der Befruchtung, syngam, nach der Befruchtung, metagam. Von diesen scheidet erstere vollständig aus, bis auf einen noch immer ungeklärten Fall (*Dinophilus*). Die metagame Bestimmung aber bedarf einer näheren Erklärung. Die Bestimmung des Geschlechts im Augenblick der Befruchtung, die zygotische Geschlechtsbestimmung, besagt nicht, daß diese Festlegung des Geschlechts unabänderlich ist. Im Normalfall ist das zwar so, aber es gibt eine große Zahl von Möglichkeiten dafür, daß das Geschlecht trotzdem nachher verschoben wird. Die Analyse dieser Fälle wird ja der Hauptinhalt dieses Buches sein. Wenn man die Bezeichnung metagame Geschlechtsbestimmung in diesem Sinn gebrauchen will, so ist nichts dagegen einzuwenden. Besser wird aber diese Bezeichnung nicht gebraucht, wenn tatsächlich die Bestimmung syngam ist, aber nachträglich durch irgendwelche Agenzien die primäre Entscheidung korrigiert wird. Eine richtige metagame Geschlechtsbestimmung läge vor, wenn in beiden Geschlechtern nur eine Sorte von Gameten erzeugt würde und damit nur eine Sorte befruchteter Eier, die die Möglichkeit hätten, sich unter irgendwelchen metagamen Einflüssen zum einen oder anderen Geschlecht zu entwickeln. Man kann dann im Gegensatz zur zygotischen oder genotypischen Geschlechtsbestimmung auch von einer metagamen oder phänotypischen Geschlechtsbestimmung, also auf Grund gleichartiger genotypischer Anlagen sprechen. Ob dergleichen überhaupt vorkommt, ist sehr fraglich. Im Pflanzenreich wird es allerdings für gewisse Fälle angenommen (siehe z. B. CORRENS 1928, HARTMANN 1929), ob mit Recht, erscheint mir noch nicht sicher. Bei zweigeschlechtigen Tieren besteht die Möglichkeit einer solchen Annahme nur für einige Spezialfälle bei Fischen und Amphibien, die wir später diskutieren werden. Für die überwältigende Masse des Tierreichs kommt dergleichen nicht in Frage, so daß wir unter Vorbehalt dieser Spezialfälle stets nur mit syngamer oder zygotischer Geschlechtsbestimmung zu tun haben. Was für den Biologen selbstverständlich ist, aber vom Mediziner, der in seiner Literatur vom asexuellen Soma liest, auch nicht vergessen werden sollte, ist, daß dies auch für die Säugetiere und den Menschen gilt und gar nichts zu tun hat mit der nachträglich erst einsetzenden Wirkung der Geschlechtshormone (siehe unten).

2. Die Geschlechtschromosomen[1].

Das Homo-Heterogametieschema der Geschlechtsbestimmung wurde zunächst aus Vererbungsexperimenten abgeleitet und bewiesen. Gleichzeitig gelang der cytologischen Forschung der Nachweis, daß es eine sichtbare Homogametie und Heterogametie der Geschlechtszellen in Bezug auf ihren Chromosomenbestand gibt. Die in jedem Lehrbuch ausführlich dargestellte Grundtatsache ist die, daß in dem Chromosomensatz der Zellen des einen Geschlechts sich ein Paar besonderer gleichartiger Chromosomen findet, die

---

[1] Neueste Zusammenfassung der Tatsachen bei SCHRADER (1928).

X-Chromosomen oder Geschlechtschromosomen (XX-Gruppe), während in dem anderen Geschlecht an gleicher Stelle nur *ein* solches X-Chromosom vorhanden ist, dessen Partner entweder fehlt (X-O-Gruppe) oder ein anders gestaltetes Chromosom, ein Y-Chromosom ist (X-Y-Gruppe). Da bei der Reifeteilung der Geschlechtszellen die Chromosomen eines Paares voneinander getrennt werden, so besitzen alle reifen Gameten des ersteren Geschlechts ein X-Chromosom, von dem letzteren Geschlecht aber die Hälfte der Gameten ein X-Chromosom, die andere Hälfte entweder kein Geschlechtschromosom oder ein Y-Chromosom. Ersteres ist also das homogametische Geschlecht, das nur eine Sorte von Gameten bildet, die X-Gameten, letzteres ist das heterogametische Geschlecht, das zu gleichen Teilen X- und Y- (bzw. O-) Gameten bildet. Die Befruchtung ersterer durch die letzteren führt zu zwei Sorten von Zygoten zu gleichen Teilen $X + X$ oder $X + Y$ (bzw. O) und das sind wieder die beiden Geschlechter. (Es ist zu merken, daß im Gegensatz zu den Geschlechtschromosomen oder X-Y-Chromosomen die übrigen Chromosomen der Zelle als *Autosomen* bezeichnet werden.) Ceteris paribus entscheidet also über das Geschlecht das Vorhandensein der einen oder anderen Geschlechtschromosomenkombination, die (normalerweise) bei der Befruchtung zustande kommt. Damit ist aber nicht gesagt, daß die Wirkung dieses primären Mechanismus nicht unter Umständen durch anderes übertönt werden kann, wie wir sehen werden. Der sichtbare Geschlechtschromosomenunterschied erweist sich also als die morphologische Grundlage für das zunächst aus dem Vererbungsexperiment erschlossene Hetero-Homogametieschema.

Daß dem so ist, ist heute unerschütterlich feststehend, und es wäre gut, wenn auch die der Vererbungslehre fernstehenden Kreise, die sich mit Geschlechtsproblemen beschäftigen, sich mit der Tatsache vertraut machten. Denn die Nichtbeachtung hat schon zu heilloser Verwirrung geführt, wie wir später z. B. bei PÉZARDS Untersuchungen sehen werden. Es ist hier nicht der Ort, die Beweise für die sogenannte Geschlechtschromosomentheorie — in Wirklichkeit keine Theorie, sondern ein gewaltiges Tatsachengebäude — aufzuzählen (siehe GOLDSCHMIDT 1929b, BELAR 1928, STERN 1928, SCHRADER 1928). Es genügt festzustellen, daß sie in Fülle erbracht sind, darunter Untersuchungen, die durch die wundervolle Harmonie der Experimentaltatsachen mit den erwarteten und angetroffenen cytologischen Befunden zum Schönsten gehören, was die neuere Biologie hervorgebracht hat. Dagegen ist es nötig, ein paar Einzelheiten zu erwähnen, die als Voraussetzung für das folgende von Bedeutung sind.

Es gibt zwei Typen des Verhaltens des Homo-Hetero-Gametiemechanismus, je nachdem welches Geschlecht das heterogametische ist. Bei der Mehrzahl der zweigeschlechtigen Tiere und Pflanzen ist das männliche Geschlecht das heterogametische; es gibt männchen- und weibchenbestimmende Spermien, und zwar sind die X-Spermien weibchenbestimmend: $X + X = ♀$, $X + O$ (oder $Y) = ♂$. Hierher gehören Würmer, Arthropoden, Fische, Amphibien, Säugetiere und die diözischen niederen und höheren Pflanzen, und zwar ist in vielen Fällen die männliche Heterogametie übereinstimmend im Vererbungsexperiment und cytologisch festgestellt. Dies trifft auch für den Menschen zu, der, wie die neuesten Arbeiten übereinstimmend zeigen, eine XY-Gruppe unter den 48 Chromosomen besitzt[1]. Bei diesem Typus, gewöhnlich *Drosophila*-Typ (historisch richtiger *Bryonia*-Typ) genannt, erhalten somit stets die Söhne ihr X-Chromosom von der Mutter und die Töchter je ein X-Chromosom von Vater und Mutter.

Beim zweiten Typ, dem sogenannten *Abraxas*-Typ, ist umgekehrt das weibliche Geschlecht heterogametisch, es wird also nur eine Sorte von Samenzellen produziert, aber zwei Sorten von Eiern. Die Formeln sind also $XY = ♀$, $XX = ♂$. Vielfach werden in diesem Fall die Geschlechtschromosomen nicht XY, sondern WZ genannt, um den Unterschied gegenüber dem *Drosophila*-Typ hervorzukehren. Wir haben Gründe, von diesen Bezeichnungen keinen Gebrauch zu machen und auch bei dem *Abraxas*-Typ von XY-Chromosomen zu sprechen. Dieser Typ findet sich mit Sicherheit bei Schmetterlingen, Vögeln und einigen Fischen und wahrscheinlich bei den Fragariaceen unter den Pflanzen. Ebenso wie beim *Drosophila*-Typ ist auch hier in vielen Fällen das Verhalten durch Übereinstimmung der genetischen Resultate mit dem cytologischen Befund unwiderleglich bewiesen.

Es gibt eine Reihe von Tieren und Pflanzen, bei denen die XY-Gruppe morphologisch nicht erkennbar ist. Oft findet man

---

[1] Nach WINIWARTER und OGUMA ist es eine XO-Gruppe; sicher ist jedenfalls das 1 X—2 X-Schema.

aber dann in der gleichen Verwandtschaftsgruppe Formen, bei denen der Unterschied wahrnehmbar ist. Ferner gibt es zahlreiche Fälle, in denen durch das genetische Experiment das Vorhandensein des XX-XY-Mechanismus bindend bewiesen ist, ohne daß ein cytologischer Nachweis gelingt. Niemand, der das Tatsachenmaterial beherrscht, könnte auf den Gedanken kommen, daß es in solchen Fällen keinen Geschlechtschromosomenmechanismus gäbe.

Der Geschlechtschromosomenmechanismus führt tatsächlich die Entscheidung über das Geschlecht herbei (unter später zu diskutierenden Voraussetzungen). Dies wird durch eine Fülle eindeutiger Tatsachen bewiesen. Es seien nur solche Fälle erwähnt, in denen aus irgendwelchen Gründen Eier oder Samenzellen einen abnormen Geschlechtschromosomenbestand haben. Bei *Drosophila* ist etwa ein Y-Spermium männchenbestimmend. Befruchtet es aber ein abnormes Ei mit zwei X, so entsteht ein Weibchen, da nur der Geschlechtschromosomenbestand im befruchteten Ei entscheidend ist, nämlich bei *Drosophila* $XX = \female$, $X = \male$.

Gelegentlich spukt noch in der Literatur die sogenannte Indexhypothese der Geschlechtschromosomen von HAECKER, die mit Vorliebe von Autoren herangezogen wird, denen die Ergebnisse der Vererbungslehre ungenügend bekannt sind. Sie besagt, daß die Geschlechtschromosomen nicht die Ursache der Geschlechtsdifferenzierung seien, sondern ein Index der schon vollzogenen Geschlechtsbestimmung, sozusagen ein sekundärer Geschlechtscharakter. Diese Hypothese ist, abgesehen von ihrer logischen Unhaltbarkeit, längst experimentell widerlegt, und HAECKER hat sie selbst schließlich nur noch auf eine phylogenetische Vorstufe angewandt sehen wollen, d. h. als falsch erkannt (siehe GOLDSCHMIDT 1927 d).

3. Die geschlechtsgebundene Vererbung.

Bekanntlich vererben sich manche Eigenschaften in bestimmter Beziehung zum Geschlecht nach einem typischen Erbgang. Beim *Drosophila*-Typ wird die betreffende Eigenschaft, wenn sie rezessiv ist, vom betroffenen Vater über phänotypisch sie nicht zeigende Töchter auf die männlichen Enkel übertragen. Beim *Abraxas*-Typ sind entsprechend die Geschlechter zu vertauschen. Die Einzelheiten, die ein jeder Anfänger in der Vererbungslehre beherrschen muß, finden sich in den Lehrbüchern. Für uns hier ist entscheidend die Tatsache, daß ein jedes Gen, das sich in einem X-Chromosom befindet, den geschlechtsgebundenen Erbgang zeigt, eine Tatsache, die auf den verschiedensten Wegen unwiderleglich bewiesen ist (siehe die Zusammenfassungen von GOLDSCHMIDT 1929, BELAR 1928, STERN 1928). Finden sich Gene in den Y-Chromosomen, und auch solche sind bekannt, so muß ihr Erbgang dem Weg des Y-Chromosoms folgen, d. h. daß beim *Drosophila*-Typ (XY = ♂) die betreffenden Eigenschaften stets nur vom Vater auf den Sohn, also in der männlichen Linie, vererbt werden, beim *Abraxas*-Typ aber (XY = ♀) von der Mutter auf die Töchter, d. h. in der weiblichen Linie. Dieser Erbgang kann nur durch Faktorenaustausch zwischen X und Y durchbrochen werden, Fälle, deren Analyse natürlich die besten Beweise für die Richtigkeit des Gesagten liefern. Es sind zahllose Gene bei den verschiedensten Objekten analysiert, die in den Geschlechtschromosomen gelegen sind, ohne selbst etwas mit dem Geschlecht zu tun zu haben, dessen Verteilungsmechanismus sie aber gezwungen sind zu folgen. Wir werden aber sehen, daß auch die das Geschlecht bestimmenden Gene teilweise in bestimmter Weise dem Geschlechtschromosomenmechanismus eingegliedert sind. Ein von Laien häufig gemachter Fehler ist es, anzunehmen, daß die Anlagen (Gene) für die sekundären Geschlechtscharaktere in den Geschlechtschromosomen gelegen seien. Davon kann nicht die Rede sein.

4. Die geschlechtskontrollierte Vererbung.

Es gibt Erbeigenschaften, für die sich ein gewöhnlicher MENDELscher Erbgang nachweisen läßt, die aber die Besonderheit zeigen, daß sie nur in einem Geschlecht sichtbar werden, obwohl die Erbanalyse zeigt, daß das andere Geschlecht die betreffenden Gene genau so enthält. Das vorhandene Geschlecht kontrolliert also das Sichtbarwerden des Effekts der betreffenden Gene. Zu dieser Erscheinungsgruppe gehören auch die sekundären Geschlechtscharaktere, wenn wir zunächst von der für die Wirbeltiere hinzukommenden Komplikation der Hormonwirkung absehen. Wo es möglich war, die Vererbung der sekundären Geschlechtscharaktere im Kreuzungsexperiment zu analysieren, zeigte es sich, daß sie durch gewöhnliche, also autosomale, mendelnde Gene bedingt sind, die sich zwar in beiden Geschlechtern in gleicher Weise rekombinieren, aber nur in einem phänotypisch zum Ausdruck kommen können (siehe GOLDSCHMIDT 1920 a u. b, GOLDSCHMIDT u. MINAMI 1923, GOLDSCHMIDT u. FISCHER 1922). Dies aber bezeichneten wir als geschlechtskontrollierte Vererbung. Wir können das gleiche entwicklungsphysiologisch etwa folgendermaßen beschreiben: Ein jeder Außencharakter wird durch das Zusammenarbeiten gewisser Gene mit dem Substrat hervorgerufen. Verläuft diese Wirkung ganz unabhängig von dem XX- oder XY-Zustand des Individuums, so sprechen wir von einem somatischen Charakter. Wird aber die Auswirkung der betreffenden Gene verschiedenartig beeinflußt, je nachdem das Individuum XX oder XY ist, so ist der entstehende Außencharakter eine sekundäre Geschlechtseigenschaft. Es kann somit maximal jede Erbeigenschaft einen sekundären Geschlechtscharakter darstellen, wenn ihr Entwicklungsgang durch die XX- oder XY-Konstitution beeinflußt wird, mit ihr reagiert. Das andere, wohl nie verwirklichte Extrem wäre, daß keine Erbeigenschaft diese Reaktion zeigt, somit es überhaupt keine sekundären Geschlechtscharaktere gibt. Noch anders kann man das gleiche so ausdrücken: Eine jede Organanlage oder Zellgruppe erreicht in der Entwicklung einen Punkt, an dem ihr weiteres Schicksal festgelegt wird, den Determinationspunkt. Ist diese Entscheidung von dem XX- oder XY-Zustand unabhängig, so ist nur ein Weg möglich, der von der genetischen Konstitution bestimmt ist. In anderen Fällen aber hat das betreffende Organ oder Zellgruppe auf Grund seiner genetischen Beschaffenheit eine alternative Entwicklungsmöglichkeit. Welcher von den beiden möglichen Wegen zur Zeit der Determination eingeschlagen wird, hängt davon ab, ob XX oder XY vorhanden und irgendwie wirksam ist. Es ist von größter Wichtigkeit, sich diese Sachlage klarzumachen, da ein großer Teil der Verwirrung, die in Bezug auf die sekundären Geschlechtscharaktere herrscht, hier ihre Ursache hat.

5. Die Geschlechtshormone.

Es muß bereits hier in der Einleitung Klarheit über die Geschlechtshormone geschaffen werden, da bedauerlicherweise viele Forscher, die auf diesem Gebiet arbeiten, es versäumen, sich über die genetischen Voraussetzungen des Gegenstandes klarzuwerden. Auch da, wo es Geschlechtshormone gibt, also vor allem bei den höheren Wirbeltieren, ist der Geschlechtsbestimmungsmodus der gleiche wie überall in der Welt der zweigeschlechtigen Organismen: die Geschlechtschromosomenkonstitution bei der Befruchtung entscheidet über das Geschlecht, $XX = ♀$, $XY = ♂$ bei Säugetieren; $XX = ♂$, $XY = ♀$ bei Vögeln. Während aber die geschlechtliche

Alternative für die einzelnen Zellgruppen in der Entwicklung bei den bisher betrachteten Formen direkt von der XX- oder XY-Konstitution der einzelnen Zelle entschieden wird, ist bei den höheren Formen diese Aufgabe zum Teil der einzelnen Zelle genommen und einem Zentrum übertragen, das durch einheitliche Erzeugung der die Alternative entscheidenden Substanz, des Hormons, für den Gesamtorganismus als Einheit die Aufgabe der Entscheidung über die alternative Determination übernommen hat. Wann und in welchem Umfange diese Zentralstelle eingreifen kann und wieweit auch noch gleichzeitig eine primäre XX- oder XY-Wirkung in der Einzelzelle vorhanden ist, sind Spezialfragen, die uns später begegnen werden. Das Entscheidende hier ist darüber Klarheit zu gewinnen, daß auch bei den Hormontieren das Primäre die zygotische Geschlechtsbestimmung ist, die sich selbst dann sekundär den Hormonapparat als fortschrittliche Arbeitsmethode schafft. Diese Auffassung, die auf Grund der Tatsachen der Vererbungslehre gefordert werden muß, schließt natürlich den Gedanken des asexuellen Zustandes völlig aus, es sei denn, daß er auf den Zustand der sekundären Geschlechtscharaktere vor der Entscheidung der Alternative beschränkt bliebe. Im Interesse der Klarheit dürfte man aber dann nicht von asexuell reden, da jede Zelle sexuell XX oder XY ist, sondern etwa von „geschlechts-morphologisch-indifferent".

II. Die sexuellen Zwischenstufen.

Es liegt, in der Literatur ein ungeheures kasuistisches Material über sexuelle Zwischenstufen von den Würmern bis zum Menschen vor, die nach zufälligen Funden mehr oder weniger genau beschrieben werden und die verschiedenartigsten Bezeichnungen erhielten, wie Hermaphroditen, Pseudohermaphroditen, Intersexe, Gynandromorphe. Von einer auch nur teilweisen Aufzählung solcher Fälle sei abgesehen, da sie meistens nichts Neues lehren und gegenüber den Experimentaltatsachen bedeutungslos sind. Nur bei den höchsten Wirbeltieren wird es mangels an Experimentalmaterial nötig sein, auch solches Material heranzuziehen.

Die Erscheinung der sexuellen Zwischenstufen umfaßt zwei klar abgegrenzte, genetisch verschiedene Gruppen von Phänomenen, die *Intersexualität* und den *Gynandromorphismus* (seit 1915 erst erkannt). Ob es noch andere hierher gehörige Erscheinungen gibt, ist unbekannt. Vor der Hand fallen jedenfalls alle genauer bekannten Erscheinungen in eine dieser beiden Gruppen. Wir werden sehen, daß es aber auch vorkommen kann, daß das gleiche Individuum gleichzeitig intersexuell und gynandromorph ist.

A. Intersexualität.

Dieser von mir 1915 eingeführte Begriff hat eine ganz bestimmte Bedeutung und sollte nicht, wie es neuerdings oft geschieht, promiscue auf alle möglichen sexuellen Abnormitäten angewandt werden. Ein Intersex ist ein Individuum, das nach seiner genetischen Beschaffenheit, XX oder XY, eigentlich ein Weibchen oder Männchen sein sollte, tatsächlich sich aber nur bis zu einem bestimmten Augenblick mit seinem eigentlichen Geschlecht entwickelt, von diesem Augenblick, dem *Drehpunkt*, an aber seine Entwicklung mit dem anderen Geschlecht vollendet. Es folgt also im gleichen Individuum eine weibliche Phase einer männlichen oder umgekehrt. Zu einem bestimmten Zeitpunkt gehört also ein Intersex nur *einem* Geschlecht an. Da sich aber im Endprodukt die Teile, die sich mit dem einen und die, die sich mit dem anderen Geschlecht entwickelt haben, addieren, so zeigt der resultierende Phänotypus eine typische Mischung aus Teilen beider Geschlechter, deren Gesamteindruck uns als Stufe zwischen den Geschlechtern erscheint. In seine Einzelbestandteile analytisch aufgelöst, ist somit ein Intersex ein Mosaik aus verschieden geschlechtigen Teilen, die zeitlich hintereinanderliegen, also, wenn man so sagen darf, ein Mosaik in der Zeit; dies, trotzdem jede einzelne Zelle genetisch (nicht entwicklungsphysiologisch) dem gleichen Geschlecht angehört, also alle XX oder alle XY sind.

Es erhebt sich die Frage, ob man dem Phänomen der Intersexualität auch die folgenden Fälle einordnen soll: Wir werden sehen, daß die Möglichkeit besteht, daß es ganz normal zweigeschlechtige Organismen gibt, bei denen die beiden Geschlechter nicht genetisch verschieden sind (XX und XY), sondern beide noch gar nicht den XX-Mechanismus besitzen. Allgemein ausgedrückt — die Einzelheiten können erst später verständlich werden — bedeutet das, daß sämtliche Individuen eine Art von hermaphroditischer Anlage haben mit ziemlich ausgeglichener Kraft der weiblichen und männlichen Tendenzen, und daß durch irgendwelche nicht genetischen Umstände das Schwergewicht nach der einen oder anderen Seite verschoben wird, die Geschlechtsbestimmung also phänotypisch ist. In einem solchen Fall wäre ebenfalls Intersexualität möglich, wenn nacheinander die weibliche und männliche Tendenz vorherrschte. Wären solche Fälle mit Sicherheit bekannt, so müßte man sie wohl begrifflich von der echten oder zygotischen Intersexualität trennen, vielleicht durch einen Unterbegriff, wie phänotypische Intersexualität, gegenüber der zygotischen oder genotypischen Intersexualität unterscheiden. Bis jetzt ist es zwar möglich, einige der später zu analysierenden Fälle so aufzufassen, ohne daß aber die Auffassung bewiesen sei.

Ein weiterer Unterbegriff ist nötig für die sogenannte hormonale Intersexualität. Bei der genetischen Intersexualität sind zwar die ihr Geschlecht wechselnden Individuen XX oder XY, aber sie sind nicht genetisch Männchen oder Weibchen, da besondere Verhältnisse (siehe später) ihrer genetischen Beschaffenheit, z. B. besondere Zustände ihrer X-Chromosomen (was das heißt siehe später), sie genetisch zur Intersexualität vorbestimmen. Bei Tieren, die Geschlechtshormone produzieren, besteht aber die Möglichkeit, daß bei Individuen, die nicht nur nach ihren Geschlechtschromosomen, sondern auch wirklich genetisch Weibchen oder Männchen sind, ausschließlich durch Einwirkung der entgegengesetzten Hormone Intersexualität entsteht. In diesem Fall wäre von hormonaler Intersexualität zu sprechen. Ob dabei wirklich von einer Geschlechtsumkehr des ganzen Organismus geredet werden kann, oder ob die entgegengesetzte Sexualisierung durch Hormone nur auf bestimmte reaktionsfähige Teile des Körpers wirkt, wäre festzustellen. In letzterem Fall würde der Intersexualitätsbegriff nur anwendbar sein, wenn auch nur auf Teile des Körpers eingeengt.

Wenn es aber Fälle gäbe, in denen auf Grund der genetischen Beschaffenheit allein im Lauf des Lebens die entgegengesetzten Hormone erzeugt würden, so wäre dies wiederum zygotische Intersexualität; denn dann wäre die abgeänderte Hormonproduktion ja selbst erst die Folge eines rein genetisch bedingten Geschlechtsumschlags. Wenn bei Hormontieren also spontan Intersexualität auftritt, so liegt der Verdacht nahe, daß sie zygotisch bedingt ist, selbst wenn sich eine Beteiligung der Hormone am Endeffekt nachweisen läßt. Wir unterscheiden also nach dem Stand unserer heutigen Kenntnisse

1. Zygotische Intersexualität. Geschlechtertrennung durch den XX-XY-Mechanismus; das Eintreten der Geschlechtsumkehr ist durch genetische Zustände im Moment der Befruchtung festgelegt.

2. Hormonale Intersexualität. Geschlechtertrennung durch den XX-XY-Mechanismus; das Eintreten der Geschlechtsumkehr ist durch Zuführung der entgegengesetzten Hormone bedingt.

3. Phänotypische Intersexualität. Kein XX-XY-Mechanismus; Geschlechtertrennung und Geschlechtsumkehr durch nicht genetische Faktoren (phänotypisch) bedingt, zu denen natürlich auch eventuell Hormone gehören.

Von der zygotischen Intersexualität kennen wir zwei Typen, die zwar durch das gleiche Erklärungsprinzip umfaßt werden, die aber eine morphologisch differente Basis haben, nämlich

1. Diploide Intersexualität. Das ganze Phänomen spielt sich ohne irgend eine Störung der chromosomalen Grundlage ab. Die Intersexe haben ebenso wie die reinen Geschlechter den normalen, diploiden Chromosomensatz.

2. *Triploide Intersexualität.* Die Intersexe entstehen auf der Basis abnormer Chromosomenverhältnisse, in denen (plus-minus genau) drei Chromosomensätze vorhanden sind, also 3 n Chromosomen statt 2 n.

B. Gynandromorphismus.

Während bei Intersexen alle Zellen des Körpers den gleichen Chromosomenbestand haben, genetisch identisch sind, wird ein Gynandromorph dadurch charakterisiert, daß er aus genetisch männlichen und weiblichen Teilen zusammengesetzt ist. Wenn man etwa je ein normales Weibchen und Männchen auseinander-

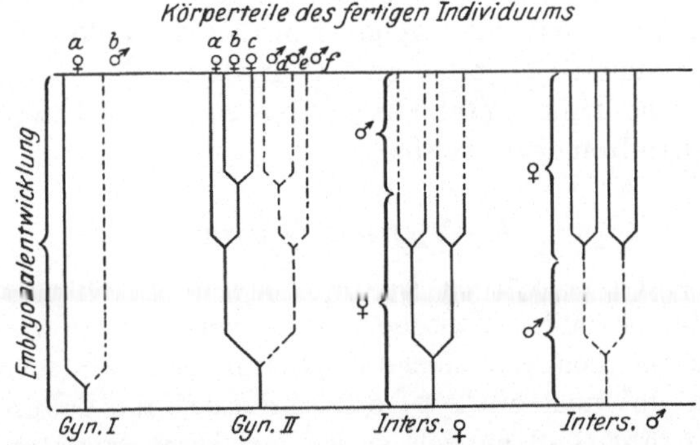

Abb. 1. Schematische Darstellung von Intersexualität und Gynandromorphismus. Punktiert männlich, ausgezogen weiblich. Bei den Gynandern beides nebeneinander, bei den Intersexen beides nacheinander. (Nach GOLDSCHMIDT.)

schneiden und eine weibliche mit einer männlichen Hälfte zusammenkleben würde, so erhielte man das Modell eines Gynandromorphen. Ein Gynandromorph ist somit ein Mosaik aus genetisch und chromosomal männlichen und weiblichen Teilen. Wäre es bei Tieren möglich, wie bei Pflanzen, Adventivsprosse zu züchten, so würde der männliche Gewebskomplex nur männliche, der weibliche nur weibliche Sprossen liefern. Während wir das Intersex als ein *Mosaik in der Zeit* charakterisieren können, ist somit ein Gynandromorph oder kurz Gynander ein *Mosaik im Raum*. Abb. 1 stellt graphisch diesen Unterschied dar.

Das äußere Aussehen eines Gynanders hängt völlig davon ab, wie groß die respektiven weiblichen und männlichen Anteile sind.

In vielen Fällen sind die Gynander genau gehälftet, rechts Weibchen, links Männchen oder umgekehrt. Von da führen alle Übergänge zu den kompliziertesten Mosaikbildungen mit mehr oder weniger großen zusammenhängenden oder nicht zusammenhängenden Arealen des einen Geschlechts zwischen denen des anderen. Diese Einzelheiten hängen einzig und allein davon ab, in welcher Weise es zustande kommt, daß im gleichen Individuum 2 X- und 1 X-Zellen nebeneinander existieren. Tatsächlich kann, wie wir sehen werden, dieser Effekt auf verschiedenste Art erzielt werden, woraus sich eine Einteilung des Gynandromorphismus nach Art seiner Entstehung ergeben wird. Da sowohl bei einem genetisch normalen Tier wie bei einem zygotischen Intersex, das ja normale Chromosomenbeschaffenheit eines Geschlechts besitzt, die Möglichkeit gegeben ist, daß irgendwo in der Entwicklung durch abnormes Chromosomenverhalten 2 X- und 1 X-Zellen nebeneinander entstehen, so kann unter Umständen auch ein Intersex gleichzeitig gynandromorph werden.

C. Andere Typen.

Wie schon gesagt, ist es im Augenblick unmöglich, andere Typen der sexuellen Zwischenstufen genau festzulegen. Es ist immerhin möglich, daß solche existieren. Am wahrscheinlichsten ist es mir, daß noch ein Typ besteht, der sich nur dadurch charakterisieren läßt, daß es sich weder um Intersexualität noch um Gynandromorphismus handelt. Als Beispiel dienen die häufigen Fälle, in denen etwa Eier in einem normalen Hoden auftreten. Die Möglichkeit besteht, daß es sich um eines der Hauptphänomene handelt. Mangels Beweisen kann man aber auch annehmen, daß irgendeine unbekannte lokal wirkende Ursache im Spiele ist, deren Arbeitsweise uns unbekannt ist. Man wird gut tun, solche Fälle vor der Hand als unverständlich zu klassifizieren und auf ihre biologische Aufklärung zu warten.

III. Intersexualität.

Die logische Unterteilung des Intersexualitätsphänomens wurde soeben besprochen. Die praktische Darstellung läßt sich aber nicht nach der logischen Einteilung durchführen, weil bei den Wirbeltieren zygotische, hormonale und phänotypische Bedingungen so eng verflochten sind, daß ihr Auseinanderreißen in der Darstellung zu unendlichen Wiederholungen führen müßte. Es bleibt also praktisch nichts übrig, als für die Wirbeltiere die Darstellung nach systematischen Gruppen vorzunehmen. Ferner gibt es auch bei den Wirbellosen einige Phänomene der Intersexualität, die, obwohl ausgiebig untersucht, noch immer keine definitive Einreihung erlauben. Sie müssen also provisorisch irgendwo untergebracht werden. Es werden also zunächst Wirbellose und Wirbeltiere getrennt dargestellt.

A. Die zygotische Intersexualität der Wirbellosen.

Dies ist die Gruppe, die bisher die erschöpfendste Analyse erlaubte, deren Resultate als Wegweiser für alle weiteren Betrachtungen dienen müssen. Da hier ausschließlich zygotische, genetische Verhältnisse die Intersexualität hervorrufen, so kann hier völlig einwandfrei und ohne Verschleierung durch solche Besonderheiten, wie etwa die Hormonwirkung, das Wesen der Intersexualität durch Erbanalyse herausgeschält werden. Tatsächlich ist unsere ganze analytische Kenntnis des Gegenstands von hier ausgegangen, ja sogar das Phänomen der Intersexualität als solches entdeckt worden.

1. Diploide Intersexualität.

Bei dieser Gruppe wird die Intersexualität innerhalb der völlig normalen diploiden Chromosomenbeschaffenheit durch besondere Eigenschaften der geschlechtsbestimmenden Gene hervorgerufen.

a) Analyse der experimentellen Intersexualität
beim Schwammspinner Lymantria dispar L.

Dies ist nicht nur der zuerst analysierte Fall von Intersexualität, sondern auch der am besten experimentell, morphologisch und theoretisch durchgearbeitete Fall, dessen Resultate als Basis für alles Weitere dienen.

Das was seit der Aufstellung des Intersexualitätsbegriffs (GOLDSCHMIDT 1915) so bezeichnet wird, wurde bis dahin als Gynandromorphismus beschrieben. Ein Amateurzüchter, BRAKE, entdeckte, daß nach Kreuzungen zwischen dem europäischen Schwammspinner und seiner japanischen Varietät sexuell abnorme Individuen auftraten, die er Gynandromorphe nannte. Er züchtete jahrelang diese Abnormitäten und verkaufte sie an Sammler und beschrieb seine Befunde in einer Liebhaberzeitschrift. Ohne Kenntnis hiervon führte GOLDSCHMIDT zuerst 1910 eine ähnliche Kreuzung aus, die zum Ausgangspunkt zwanzigjähriger Analyse des Gegenstandes wurde, die nunmehr praktisch abgeschlossen ist. Außer seinen Mitarbeitern (SEILER, POPPELBAUM, MACHIDA, MINAMI, SAGUCHI, DU BOIS) lieferten während dieser Zeit noch kleinere Beiträge zum Problem STANDFUSS, SCHWEITZER, LENZ, EMELJANOFF, KOSMINSKY u. GOLOVINSKAJA.

α) Morphologische Analyse.

Bei Schmetterlingen ist a priori der *Abraxas*-Typus der Geschlechtsbestimmung zu erwarten, also weibliche Heterogametie, $XY = ♀$, $XX = ♂$. Tatsächlich haben die Experimente dies auch einwandfrei gezeigt. Cytologisch lassen sich aber bei *L. dispar* die Geschlechtschromosomen nicht unterscheiden, und auch kein geschlechtsgebunden vererbtes Gen ist bisher aufgetreten. Beides ist aber bei dem nächsten Verwandten des Schwammspinners *L. monacha* L. der Fall (SEILER 1914, SEILER u. HANIEL 1921, GOLDSCHMIDT 1921a). Die an der experimentellen Erzeugung der Intersexualität beteiligten Rassen haben alle die gleiche Chromosomenzahl.

Die in den Experimenten auftretenden Intersexe zerfallen in zwei Hauptgruppen, je nachdem es sich um XX- oder XY-Individuen handelt. Ein XY-Individuum sollte eigentlich ein Weibchen sein, wird es zu einem Intersex, so sprechen wir von weiblicher Intersexualität. Ebenso sollte XX ein Männchen sein, wird es zu einem Intersex, so sprechen wir von männlicher Intersexualität. Es können also die beiden genetischen Geschlechter intersexuell werden.

Lenz (1922) hat mit Recht darauf hingewiesen, daß die Bezeichnungen weiblicher bzw. männlicher Intersex unlogisch sind; man sollte von homozygoten und heterozygoten Intersexen sprechen. Wir behalten die unlogische Bezeichnung aber bei, weil sie anschaulich ist.

Männliche wie weibliche Intersexe erscheinen in verschiedenen Ausbildungsstufen, die durch das Maß der andersgeschlechtigen Beimischung charakterisiert werden. Ein XY-Tier, das fast normal weiblich ist und nur in einzelnen Organen leichte männliche Beimischung besitzt, zeigt beginnende weibliche Intersexualität. Mit weiterer und weiterer Zunahme der männlichen Attribute werden ansteigende Stufen der schwachen, mittleren, starken und höchstgradigen Intersexualität durchlaufen. Auf der letzten Stufe vermag bereits nur eine genaue Untersuchung das Intersex von einem Männchen zu unterscheiden. Es folgt dann als Abschluß der Reihe die völlige Geschlechtsumwandlung, das Umwandlungsmännchen von der weiblichen genetischen Beschaffenheit XY. Eine parallele Reihe gibt es für männliche Intersexualität von beginnender Intersexualität ebenfalls bis zur Geschlechtsumwandlung, Umwandlungsweibchen von XX-Beschaffenheit führend. Männliche und weibliche Intersexe können auf den ersten Blick unterschieden werden und sind nicht zu verwechseln.

Die morphologische und entwicklungsgeschichtliche Analyse der Intersexe hat das Zustandekommen der komplizierten Kombinationen männlicher und weiblicher Teile im intersexuellen Individuum geklärt. *Ein Intersex ist ein Individuum, das seine Entwicklung mit dem gametischen Geschlecht ($XX = \male$, $XY = \female$) beginnt, sie aber von einem bestimmten Moment ab, dem Drehpunkt, mit dem entgegengesetzten Geschlecht vollendet.* Organe und Organteile, die sich vor dem Drehpunkt differenzieren, zeigen das ursprüngliche Geschlecht, falls sie nicht noch nach dem Drehpunkt imstande sind, sich umzudifferenzieren. Was sich nach dem Drehpunkt differenziert, zeigt das neue Geschlecht. Da nach dem Drehpunkt für neu entstehende Organe des anderen Geschlechts nicht mehr genügend Entwicklungszeit zur Verfügung bleibt — mit der Fertigstellung des Schmetterlings in der Puppe ist die Differenzierung abgeschlossen — so kann von solchen Organen sich nur ein Entwicklungsstadium noch ausbilden. So erscheint als Endprodukt ein zunächst unverständliches Gemisch von Organen und Organteilen des einen Geschlechts mit solchen des anderen, mit Entwicklungsstadien von Organen des anderen und auch mit Organen im Begriff der Geschlechtsumwandlung. Das Endprodukt, also das Maß der Intersexualität des entstehenden Individuums, ist somit

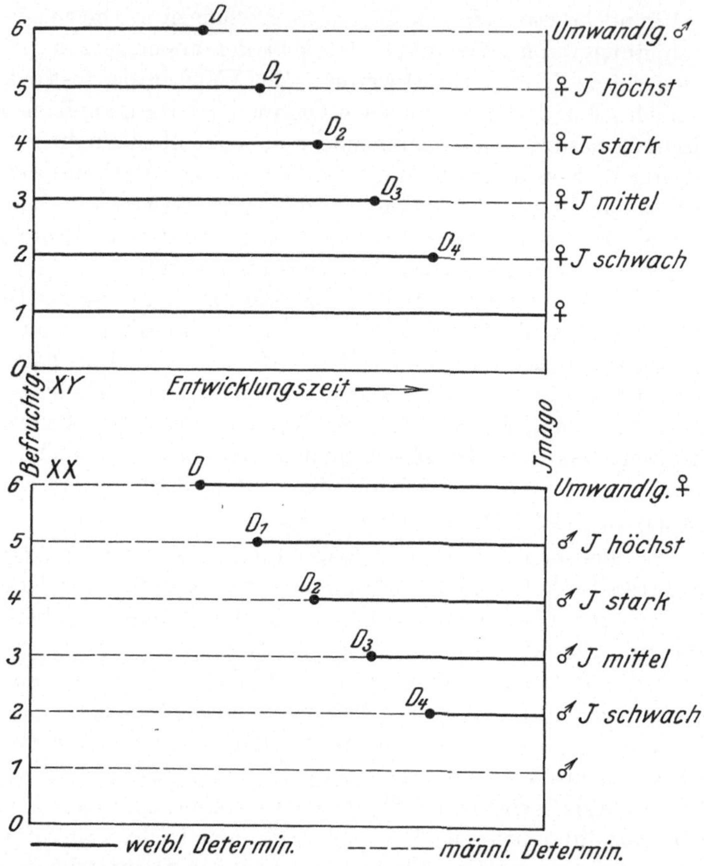

Abb. 2. Schema der Enstehung der Intersexualität, oben weibliche, unten männliche. *D* die Drehpunkte. (Nach GOLDSCHMIDT.)

abhängig von der Lage des Drehpunktes in der Zeit: je früher der Drehpunkt, um so stärker die Intersexualität. Dieses sogenannte „*Zeitgesetz der Intersexualität*“ können wir uns graphisch an dem Schema Abb. 2 klarmachen, sowohl für weibliche als auch für männliche Intersexualität.

Das Zeitgesetz der Intersexualität wurde direkt aus den zu schildernden Tatsachen abgeleitet. Es war uns dabei unbekannt, daß BALTZER bereits vorher die Organisation der Intersexe von *Bonellia* (siehe später) in der gleichen Weise erklärt hatte. Neuerdings ist aber BALTZER wieder schwankend geworden, ob seine Erklärung zutrifft.

Die Gesetzmäßigkeit wurde sichtbar, als es sich zeigte, daß bei ansteigender Intersexualität diejenigen Organteile oder Organe zuerst sich intersexuell umwandeln, d. h. in der Form des entgegengesetzten Geschlechts auftreten, die in der Entwicklung zuletzt differenziert werden und umgekehrt die früh differenzierten Organe erst bei den höchsten Intersexualitätsstufen von der Umwandlung ergriffen werden. Für die wichtigsten Organe gibt die folgende Tabelle die Reihenfolge der sichtbaren Differenzierung.

	Ende d. Embryonalzeit	Raupe	Erwachsene Raupe	Junge Puppe	Mittlere Puppe	Organ
♀	Hodenähnlich	Eiröhrenbildung	Aufgeknäuelte Eiröhren	Eiröhren frei	Bildung der fertigen Eier	Gonade
	Imaginalscheiben	Wachstum der Imaginalscheiben	Form der Antenne	Innere Differenzierung	Fertigstellung	Antenne
	Imaginalscheiben	Wachstum der Imaginalscheiben	Wachstum der Imaginalscheiben	Bursa und Ausführgänge	Labien uud Apophysen	Kop.-Apparat
♂	Hodenbildung	Beginn der Spermiogenese	Spermiogenese	Hodenverwachsung	—	Gonade
	Imaginalscheiben	Imaginalscheiben	Form der Antenne	Innere Differenzierung	Fiederwachstum	Antenne
	HEROLDS Organ	Wachstum von HEROLDS Organ	Anlage von Valven und Penis aus HEROLDS Organ	Differenzierung von Valven und Penis aus HEROLDS Organ	Uncus und Segmentring	Kop.-Apparat

Dem entspricht die Zusammensetzung der verschiedenen Intersexualitätsstufen, wobei zu beachten ist, daß diese öfters kontinuierlich ineinander übergehen und zweitens gewisse Variationen bestehen, die von den jeweils benutzten Rassenkombinationen abhängen, nämlich:

	Beginn. Intersexualität	Schwache Intersexualität	Mittlere Intersexualität	Starke Intersexualität	Höchstgradige Intersexualität	Organ
♀	Reifes Ovar	Fast reifes Ovar	Unreifes Ovar degenerierte Eiröhren	Jugendl. Ovar Eiröhrenende in Umwandlung	Alle Stufen zwischen jungem Ovar und Hoden	Gonade
	Beginn d. Fiederverlängerung	Fiedern $^1/_3$ männliche Länge	Fiedern $^2/_3$ männliche Länge	Fast männlich	Männlich	Antenne
	Weiblich	Unvollkommen weiblich	Unvollkomm. weibl. Beginn des Segmentrings. Labien mehr oder weniger uncusartig	Bildung des Segmentring. Valvenartige Bildungen. Teils gespaltener Uncus	Weitere Serien männl. Entwicklungsstadien von HEROLDsOrg. Uncus und Segmentring	Kop.-Apparat
♂	Reifer Hoden	Reifer Hoden	Hoden mit wenigen reifen Sperm. u. Ureiern	Umwandlung der Hodenfächer in Eiröhren	Auswachsen der Eiröhren	Gonade
	Männlich	Männlich	Männlich	Nur eine männliche Fiederreihe	Mehr oder weniger weiblich	Antenne
	Männlich	Männlich mit doppeltem Uncus	Männlich mit mehr oder weniger vollständigen Labien	Männlich mit Labien	Männlich mit Labien, rudimentärer Ring bis fast weiblich	Kop.-Apparat

Es ist an dieser Stelle bereits auf eine Komplikation aufmerksam zu machen, die auch für die morphologische Analyse aller anderen Intersexe zu beachten ist (siehe GOLDSCHMIDT 1922a, DUBOIS 1931). Die Ergebnisse der Entwicklungsmechanik zeigen, daß die Determination eines Organs stets früher liegt als seine sichtbare Differenzierung. So ist etwa die Extremitätenanlage eines Amphibiums in ihrer Lateralität bereits determiniert, bevor die Extremitätenknospe sichtbar wird. Dasselbe trifft zweifellos auch für die Insekten zu. Wenn wir also aus der zeitlichen Lage der sichtbaren Differenzierung auf die zeitliche Lage des Drehpunktes schließen, so ist dabei stets zu beachten, daß Organe, die sich bald danach differenzieren, in Wirklichkeit längst schon determiniert sein mögen. Es ist weiterhin zu beachten, daß für das weitere Verhalten eines Organs nach dem Drehpunkt aus entwicklungsphysiologischen Gründen mehrere Möglichkeiten gegeben sind: 1. Kann durch die vorhergehende Determination die weitere Entfaltung des Organs definitiv festgelegt sein. Es sei z. B. eine doppelte Organanlage im genetischen Geschlecht vorhanden, der eine unpaare im anderen Geschlecht entspricht, die beide sich durch Spitzenwachstum vergrößern. Ist nun die Doppelheit der Anlage vor dem Drehpunkt fest determiniert, so kann das Organ nach dem Drehpunkt nur normal weiterwachsen und das Endprodukt ist ein reines Organ des ursprünglichen Geschlechts, obwohl seine sichtbare Differenzierung erst nach dem Drehpunkt lag. 2. Nehmen wir das gleiche Beispiel der doppelten Anlage im genetischen, der einfachen im anderen Geschlecht, aber das weitere Wachstum sei basal. Tritt der Drehpunkt nach der doppelten Anlage ein, so ist die Möglichkeit gegeben, daß das Organ peripher paarig, basal aber unpaar sich entwickelt. 3. Wir nehmen wieder das gleiche Beispiel und betrachten außer der Paarigkeit eine bestimmte feine Struktur, die sich in beiden Geschlechtern unterscheidet, aber erst am Ende der Entwicklung zustande kommt. Dann mag das Organ, das sich erst nach dem Drehpunkt sichtbar differenziert, schon (wie in Nr. 1) vorher determiniert sein und sich paarig nach dem ursprünglichen Geschlecht zu Ende entwickeln. Die aber erst nach dem Drehpunkt determinierte Struktur wird sich dem neuen Geschlecht entsprechend auf beiden Organen einstellen. 4. Es kann Organe geben (tatsächlich die Geschlechtsdrüse), die entwicklungsphysiologisch die Fähigkeit haben, nachdem sie vor dem Drehpunkt mit dem ursprünglichen Geschlecht determiniert waren, nach dem Drehpunkt sich durch Umbau umzudifferenzieren und je nach der noch verbleibenden Zeit ein mehr oder minder weit fortgeschrittenes Stadium der Geschlechtsumwandlung zu erreichen. Innerhalb eines solchen Organs mag es aber auch Teile vom Typ 1 geben, die ihre Entwicklung nicht mehr umstellen können und entweder nach dem Drehpunkt stehen bleiben oder sich normal zu Ende entwickeln. 5. Organe, die nur das ursprüngliche Geschlecht besitzt, ohne Homologon im anderen, mögen nach dem Drehpunkt sich zu Ende differenzieren oder stehen bleiben, wo sie sind, oder sich teratologisch weiterentwickeln. 6. Organe, deren Ausbildung im neuen Geschlecht normalerweise an bestimmte Lagebeziehungen zu anderen Organen gebunden sind, können im Intersexualitätsfall in die Lage kommen, sich in anderen Lagebeziehungen zu entwickeln. Ihre Morphologie mag dadurch abgeändert werden oder sie mögen zu teratologischen Bildungen veranlaßt werden. Alle diese Dinge sind wirklich beobachtet und erschweren im Anfang die morphologische Analyse der Intersexualität, bis durch vielen Vergleich die Einzelheiten ebenso klar werden wie das ganze Prinzip. 7. Es ist möglich, daß die nach dem Drehpunkt auftretende andersgeschlechtige Differenzierung rein mechanisch mit der vorher vorhandenen in Konflikt gerät. Stellen wir uns etwa vor, daß ein bestimmter Gewebekomplex zuerst sich verbreitern soll, nachher aber umgekehrt sich verlängern soll. Das Endresultat ist dann eine Art von Kompromißbildung, die als Ganzes mehr oder weniger intermediär zwischen den Geschlechtern wirkt. Das zeitliche Mosaik kommt also phänotypisch gar nicht zum Ausdruck und wird erst sichtbar, wenn das Endprodukt nach Entstehungsursachen zerlegt wird.

Wir haben nunmehr die einzelnen Organsysteme der Intersexe nach vorstehenden Gesichtspunkten zu analysieren.

αα) Die Geschlechtsdrüsen [1].

Der Normalzustand. Der fertige Hoden ist aus zwei Drüsen zu
einem unpaaren Organ verwachsen. Jede Hälfte enthält vier
Fächer, zu einem nierenförmigen Körper angeordnet. Am Kopf
jeden Faches liegen die Urgeschlechtszellen; ein einfaches Vas
deferens dient als Ausführgang (Abb. 3). Entwicklungsgeschichtlich ist die Hodenstruktur schon in der jungen Raupe fertig. In
der erwachsenen Raupe ist bereits die Spermatogenese vollendet.

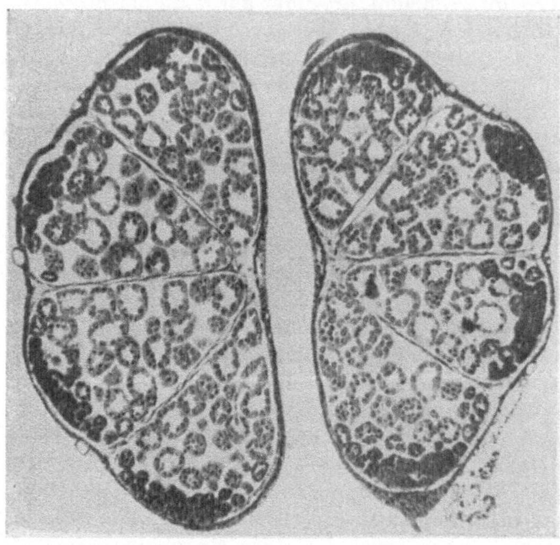

Abb. 3. Schnitt durch die unreifen Hoden einer Raupe von *L. dispar*. Außen in jedem
Fach die Urgeschlechtszellen, innen die Spermatocytenfollikel. Das innen ansetzende vas
deferens nicht getroffen. (Nach GOLDSCHMIDT.)

Gleich nach der Verpuppung verwachsen die beiden Hoden. Das
fertige Ovar besteht aus acht Eiröhren, die den acht Hodenfächern
homolog sind. Im dünnen Endfaden liegen die Urgeschlechtszellen
(in homologer Lage wie im Hodenfach). Dann folgt die Ovocyten-
zone, in der jede Eizelle mit einer Reihe von Nährzellen zu einer
typischen Gruppe vereinigt werden; dann der Hauptteil der Eiröhre, in dem die heranwachsenden Eigruppen perlschnurartig
hintereinanderliegen. Die Eigruppen sind von einem Follikel-

---

[1] Einzelheiten bei GOLDSCHMIDT (1920 a, 1922 b, 1927 b), GOLD-
SCHMIDT u. SAGUCHI (1922), DU BOIS (1931).

epithel umgeben, das in das Epithel der individuellen Ausführgänge der einzelnen Eiröhren vermittels des zunächst soliden Eiröhrenstiels übergeht; diese vereinigen sich zu einem gemeinsamen Eileiter (Abb. 4).

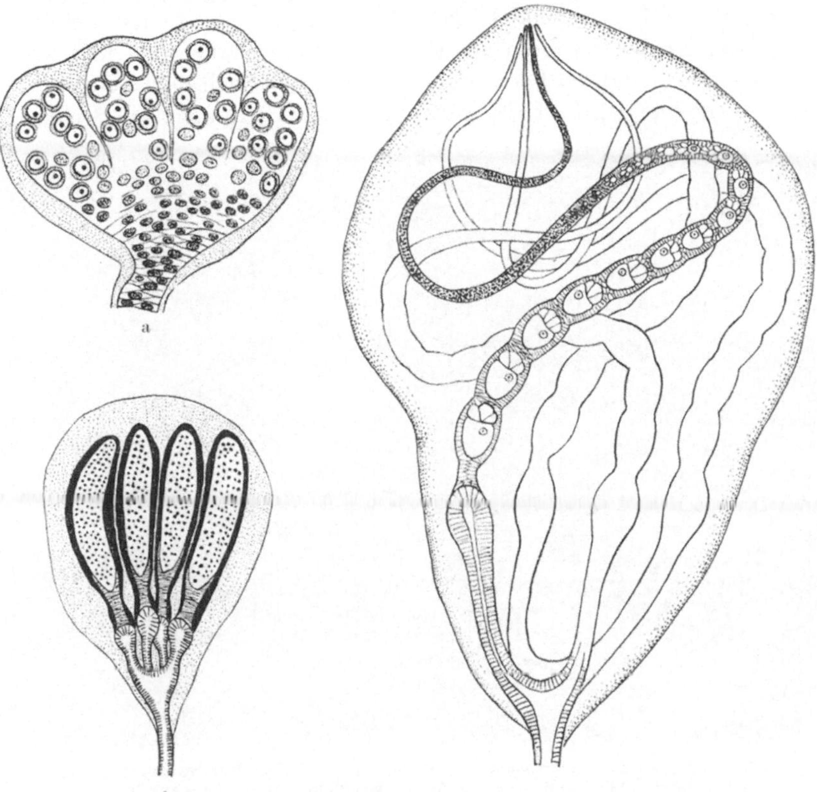

Abb. 4 a—c. Drei Stufen der Eierstocksentwicklung der Schmetterlinge. a junge Raupe. (Nach GRÜNBERG.) b, c ältere Raupe und Puppe. (Nach SCHNEIDER.)

Entwicklungsgeschichtlich ist das junge Ovar zunächst dem Hoden ähnlich. Dann wachsen die einzelnen Eiröhren stark in die Länge und knäueln sich in ihrer Bindegewebshülle auf. Gleichzeitig entstehen die individuellen Ausführgänge durch Knospung vom gemeinsamen Ausführgang. Von hier stammt auch der Hauptteil des Follikelepithels (siehe Abb. 4). In der jungen Puppe zerreißt die Bindegewebshülle und die Eiröhren werden frei. Erst jetzt erfolgt das Hauptwachstum der Eier, die schließlich die ganze Leibeshöhle prall füllen.

Die erwachsenen intersexuellen Weibchen. Wie vorhergehende Beschreibung zeigt, ist die ovariale Struktur bereits in der jungen Raupe fertig ausgebildet. Nach der Verpuppung findet nur die Befreiung der Eiröhren aus der Bindegewebshülle statt und das Wachstum und die Fertigstellung der Eier. Nach dem Zeitgesetz der Intersexualität trifft also ein später Drehpunkt ein fertiges

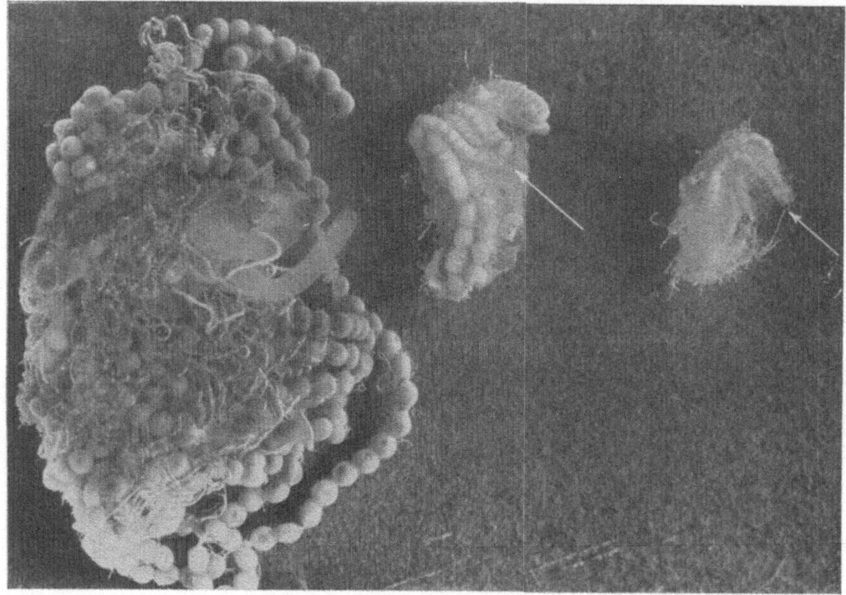

Abb. 5. Eiröhren eines normalen ♀ links, daneben von zwei Intersexualitätsstufen. Die Pfeile deuten auf die Stelle der Umwandlung. (Nach GOLDSCHMIDT.)

Ovar, und nur bei einem früheren Drehpunkt ist ein noch umorganisierbares embryonales Ovar vorhanden, d. h. daß bis in höhere Intersexualitätsstufen noch eine Art Eierstock zu erwarten ist.

Makroskopisch besitzen weibliche Intersexe beginnender Intersexualität noch ein ganz normales Ovar, und sie sind ja auch noch fertil. Alle weiteren Intersexualitätsstufen sind aber steril. Der Eierstock ist vorhanden, wird aber mit zunehmender Intersexualität kleiner, und zwar ist er deutlich auf dem Stadium jüngerer und jüngerer Puppen stehen geblieben. Mit dem Eintritt des Drehpunktes hört also die weitere Eierstockdifferenzierung auf. Abb. 5 zeigt neben dem normalen Ovar die Drüsen von zwei solchen Inter-

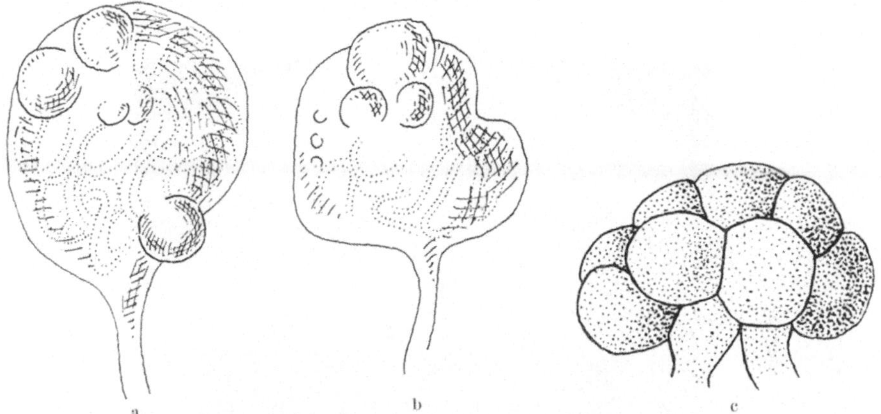

Abb. 6 a—c. Eierstöcke bei starker Intersexualität, deren Eiröhren am Ende blasig aufgetrieben sich in Hoden verwandeln. In c ist fast Hodenform erreicht, aber die einzelnen Fächer noch getrennt. (Nach GOLDSCHMIDT.)

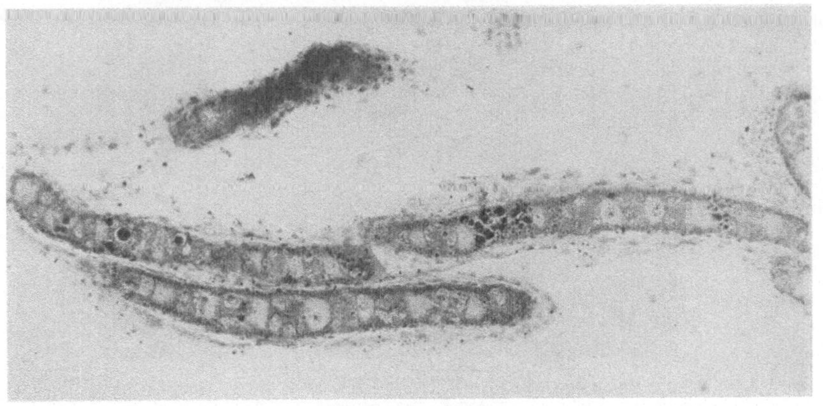

Abb. 7. Schnitt durch die proximalen Teile von drei Eiröhren in beginnender Degeneration. (Nach GOLDSCHMIDT.)

sexualitätsstufen. Bei den noch höheren Intersexualitätsstufen haben sich, entsprechend dem normalen Zustand bei der Verpuppung, die Eiröhren nicht mehr aus der Bindegewebshülle entknäuelt und bei den höchsten Stufen gleicht die Drüse auch äußerlich bereits einem Hoden. Verschiedene Stadien, die sich Abb. 5 anschließen, sind in Abb. 6 in Skizzen abgebildet.

Mikroskopisch verändern sich die äußerlich noch normalen, wenn auch nicht voll entwickelten Eierstöcke schon bei schwacher

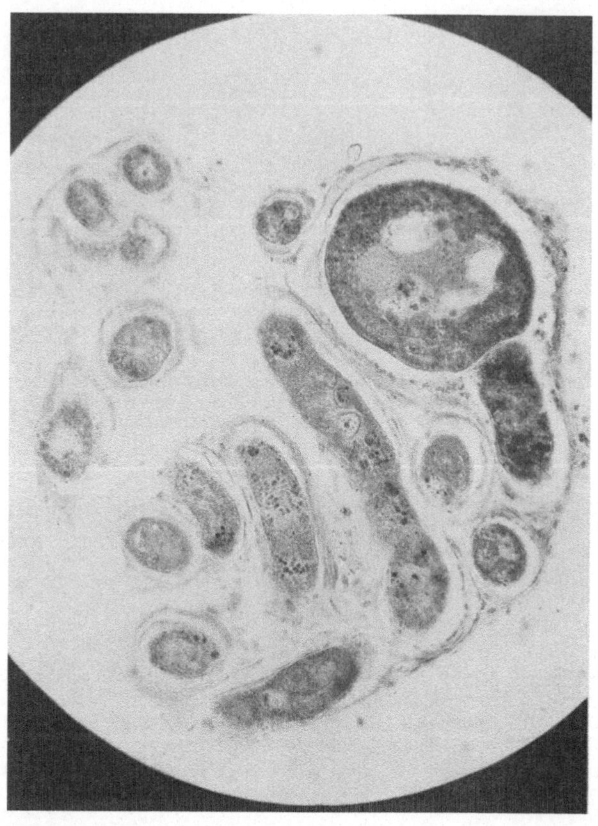

Abb. 8. Schnitt durch ein intersexuelles Ovar; rechts oben Eiröhre in Hodenumwandlung. (Nach GOLDSCHMIDT.)

Intersexualität. Das erste ist eine im Einzelfall variable Degeneration der Ei- und Nährzellen. Ihren Beginn zeigt das Photo Abb. 7. Sodann beginnt aber schon bei mittlerer Intersexualität eine Umwandlung in den Hoden. An dem zugespitzten innersten Ende der Eiröhren finden sich die Ureizellen und die Ovogonien bis über die Synapsisperiode. Diese Stelle (auf die in Abb. 6 der Pfeil deutet) bläht sich und schwillt zu einer Blase an, die zunächst mit degenerierendem Zellmaterial gefüllt ist. Jede solche Blase ist der Anfang einer Hodenfachbildung. Abb. 8 zeigt eine

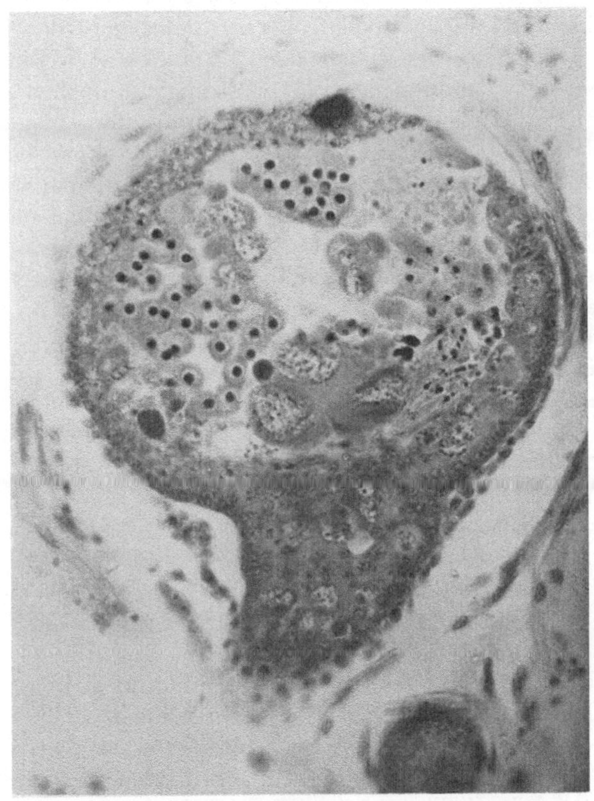

Abb. 9. Umwandlungsblase einer Eiröhre; links oben Ovogonien, die zu Spermatogonien wurden, anschließend Spermatocyten in unregelmäßiger Follikelbildung, rechts degenerierendes Eimaterial. (Nach GOLDSCHMIDT.)

solche Endblase neben den durchschnittenen degenerierenden Eiröhren. Die Ureizellen in den Blasen aber sind nach dem Drehpunkt zu Ursamenzellen geworden und können schon auf diesem Stadium mit einer Spermatogenese beginnen, wie Abb. 9 zeigt. Auch die höheren Intersexualitätsstufen zeigen diesen Zustand unter noch weiter zurückgebliebener Ausbildung der Eiröhren und fortgeschrittener Entwicklung der Hodenbläschen. Auf den höchsten Stadien der Intersexualität finden wir dann hodenähnliche Drüsen. Sie kommen so zustande, daß das auch die jungen Ovarien normalerweise umgebende Bindegewebe eine feste Hodenkapsel bildet, in der die in Hoden sich umwandelnden Endblasen der Eiröhren wie die Hodenfächer zusammengepreßt werden und dabei gleichzeitig den Inhalt der sich auflösenden Eiröhren, ein Gemenge von zusammengepreßten Ei- und Nährzellen samt ihren epithelialen Hüllen, aufnehmen. So kommt eine Drüse zustande, wie sie in Abb. 6c abgebildet ist, deren mikroskopischen Bau in einer Rekonstruktion Abb. 10 wiedergibt. Auf diesem Stadium der Intersexualität verwachsen auch die beiden Drüsen mit ihren je vier Fächern zu einer unpaaren, genau wie es die normalen Hoden nach der Verpuppung tun. Von diesen Stadien der Intersexualität ist die vollständige Entwicklungsgeschichte untersucht, die genau nach dem Schema abläuft.

Die in Abb. 10 wiedergegebene Drüse zeigt eine Einzelheit, die für alle intersexuellen Umwandlungen der Gonaden (auch anderer Organe) charakteristisch ist. Die einzelnen Eiröhren sind in ihrer inneren Umwandlung zum Hoden verschieden weit gekommen. Die als 1, 3, 7, 8 bezeichneten Fächer zeigen gar keine Spermatogenese und in den übrigen ist sie ebenso wie die Resorption des Eimaterials verschieden weit gediehen. Zur Erklärung dieser für die Analyse aller Fälle von Intersexualität wichtigen Tatsache sei darauf hingewiesen, daß: 1. das Einsetzen einer Spermatogenese (bei männlicher Intersexualität Ovogenese) nach dem Drehpunkt nur möglich ist, wenn nicht alle Ureizellen, die allein ihr Geschlecht noch wechseln können, schon verbraucht sind. 2. Daß bei rein zygotischer Intersexualität der Ablauf der Vorgänge (siehe später), die zum Eintreten des Drehpunktes führen, in jeder Zelle vor sich geht und nicht etwa durch Hormonenwirkung koordiniert wird, so daß eine völlige Gleichzeitigkeit des Drehpunktes für alle Zellen sicher ausgeschlossen ist.

Auf die eben geschilderten Drüsen folgen dann als letzte Typen in der Intersexualitätsreihe Drüsen, die äußerlich nicht oder kaum von Hoden zu unterscheiden sind. In ihrem Innern zeigen sie fortlaufende Stadien der Einschmelzung des ursprünglich weiblichen Anteils, bis schließlich gar nichts mehr davon zu finden ist. In Fig. 11 sind in ein Drüsenpaar halbschematisch sechs solche

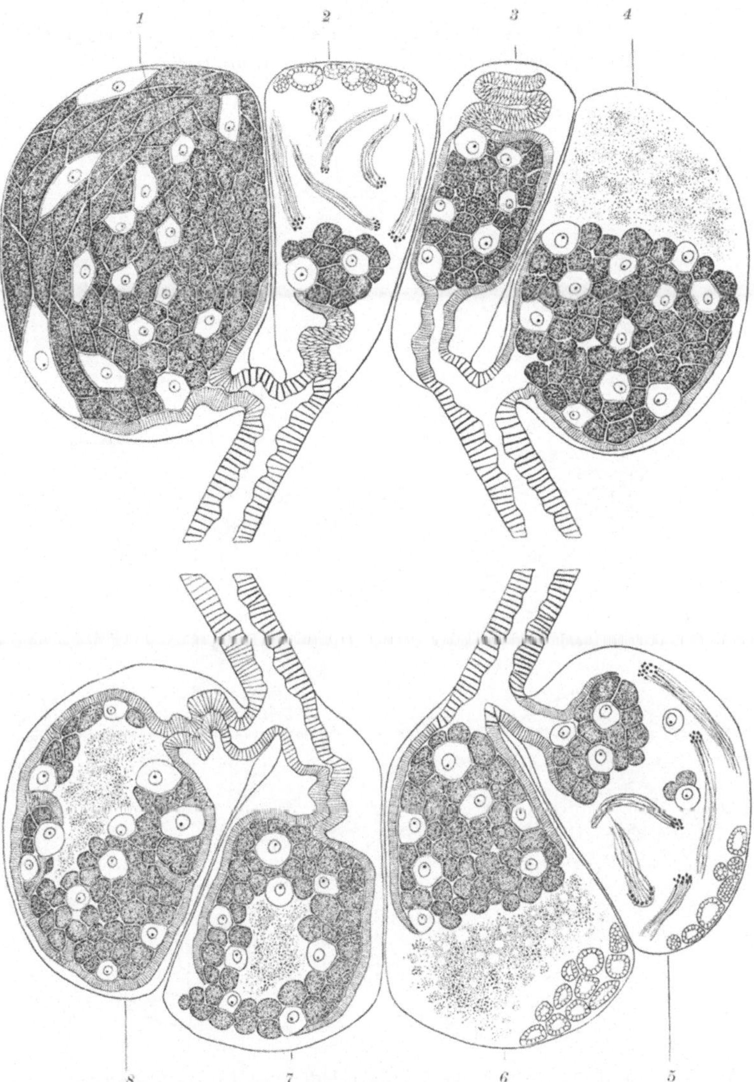

Abb. 10. Rekonstruktion der in Abb. 6c abgebildeten Drüse. 1—8 die in Hodenfächer umgewandelten Eiröhren mit verschieden weit fortgeschrittener Umwandlung. In 2, 5, 6, Spermatogenese neben Eiröhrenresten. (Nach GOLDSCHMIDT-SAGUCHI.)

Umbildungsstadien einzelner Eihodenfächer eingetragen, wie sie sich in verschiedenartigster Kombination in den höchsten Intersexualitätsstufen vorfinden. Die Umwandlungsmännchen, die ja auch fruchtbar sind, besitzen Hoden, die nicht mehr von normalen zu unterscheiden sind.

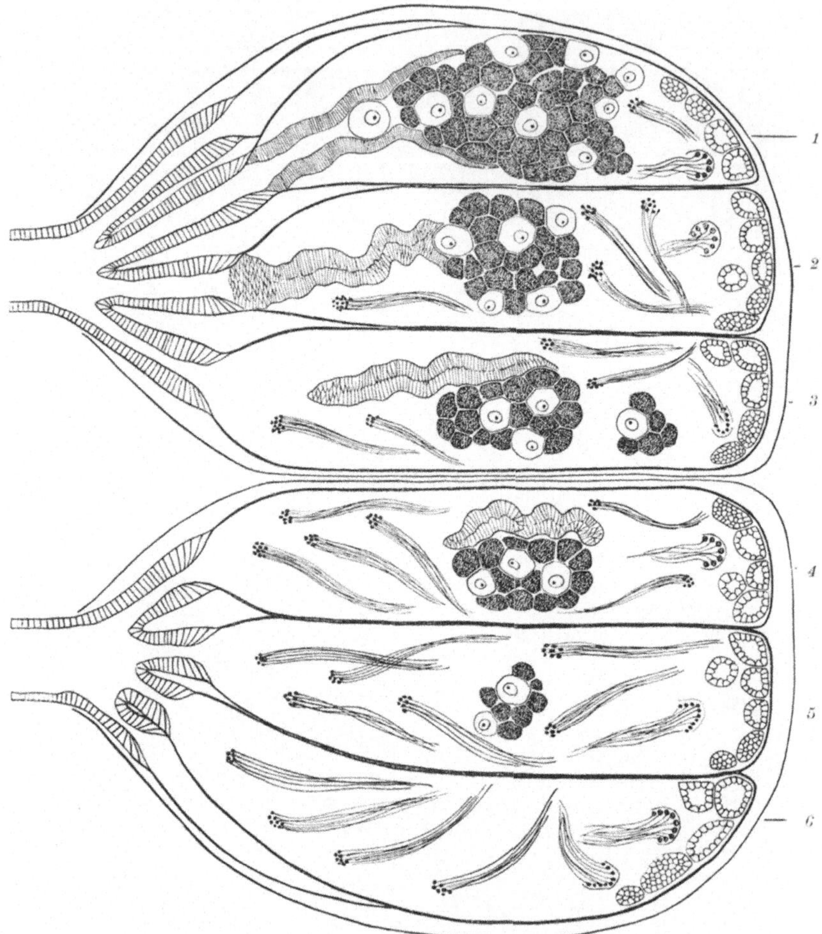

Abb. 11. Umwandlungshoden, in die 6 aufeinanderfolgende Umwandlungsstadien von Ei-röhren in Hodenfächer bei stärkster Intersexualität eingetragen sind. (Nach GOLDSCHMIDT-SAGUCHI.)

Entwicklung. Die Entwicklung der intersexuellen Gonaden der niederen Stufen weiblicher Intersexualität zeigt nichts, was nicht auch die fertigen Gonaden zeigen würden. Dagegen zeigen

Entwicklungsstadien der höchsten Intersexualitätsstufen uns den Umwandlungsprozeß genau so im Gang, wie er auf Grund des Vergleichs verschieden weit gediehener Endstadien erschlossen wurde. Abb. 12 zeigt uns die Rekonstruktion einer solchen Gonade zur Zeit der Verpuppung, die, wenn sie sich zu Ende entwickelt hätte, kaum von einem Hoden zu unterscheiden gewesen wäre. In den

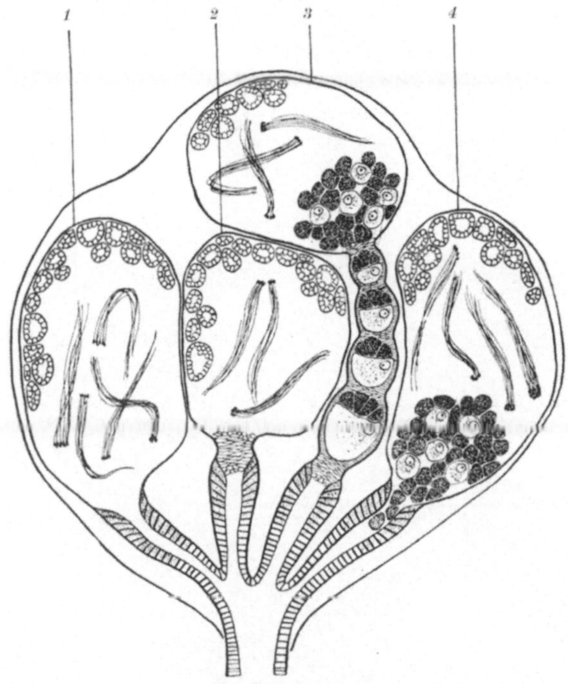

Abb. 12. Rekonstruktion einer Gonade eines hochgradig intersexuellen Weibchens zur Zeit der Verpuppung. Die Eiröhren in verschieden weit fortgeschrittener Umbildung zum Hoden. (Nach GOLDSCHMIDT.)

vier Fächern ist wieder die Rückbildung der ovarialen Teile verschieden weit gediehen. Im dritten Fach ist an der Hodenblase noch ein ganzes Stück richtiger Eiröhre erhalten, im vierten Fach nur noch degenerierende Klumpen von Ei-Nährzellen, im zweiten Fach nur noch ein Stück Eiröhrenstiel, und das erste ist praktisch ein Hodenfach. Abb. 13 zeigt einen Schnitt durch eine solche Drüse, in dem vier Fächer, von Bindegewebe umgeben, auf verschiedenem Niveau getroffen werden. Das Bild zeigt, daß die ovarialen Teile

von Mengen von Phagocyten umgeben sind, die ihren Abbau be-
sorgen. In noch höheren Intersexualitätsstufen wird ebenfalls zuerst ein Ovar angelegt, das aber schon in der Raupe phago-

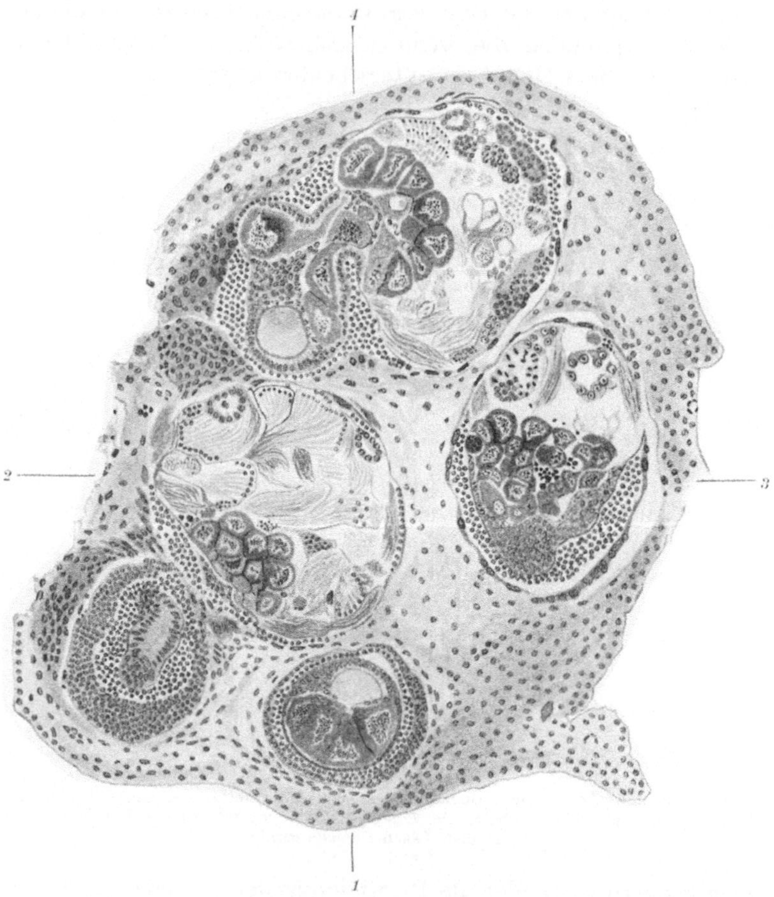

Abb. 13. Schnitt durch eine ähnliche Geschlechtsdrüse einer jungen Puppe weiblicher
Intersexualität wie Abb. 12. Von Fach 1 ist der Eiröhrenteil quer geschnitten, Fach 2
zeigt Spermatogenese und Eireste. Fach 3 ist der Hodenblasenteil zu 1, Fach 4 ist durch
den Übergang vom Hoden zum Eiröhrenteil getroffen. Massen von Phagocyten um die
weiblichen Teile. (Nach GOLDSCHMIDT.)

cytiert wird und sich zu einem Hoden umbaut. Nähere Angaben
in einer im Druck befindlichen Arbeit von GOLDSCHMIDT und
DUBOIS.

Die intersexuellen Männchen. Wie wir oben sahen, ist schon in ganz jungen Raupen die Spermatogenese in vollem Gang und schon vor der Verpuppung beendet. Dem entspricht es, daß bei intersexuellen Männchen bis in hohe Intersexualitätsstufen hinauf noch Hoden vorhanden sind. Ihr Inhalt ist oft degeneriert und gelegentlich findet sich der Anfang einer Ei-Nährzellgruppenbildung. Sichtlich sind aber, wenn der Hoden eine gewisse Entwicklungsstufe erreicht hat, keine umbildungsfähigen Ursamenzellen mehr vorhanden, und ebenso wird die einmal begonnene Spermatogenese auch zu Ende geführt, vorausgesetzt, daß der Drehpunkt noch vorher fällt, was aber auf Grund der Daten für andere Organe unwahrscheinlich ist. Dagegen beginnt bereits in mittleren Intersexualitätsstufen das Vas deferens sich wie ein Eileiter zu benehmen und Ovidukte in die einzelnen Hodenfächer hineinknospen zu lassen. Abb. 14 zeigt uns diesen Zustand, und zwar ist hier die linke Gonade — die Verwachsung nach der Verpupung hat noch nach Männchenart stattgefunden — schon etwas weiter gediehen als die rechte. Diese Ungleichzeitigkeit der Umwandlung ist bei

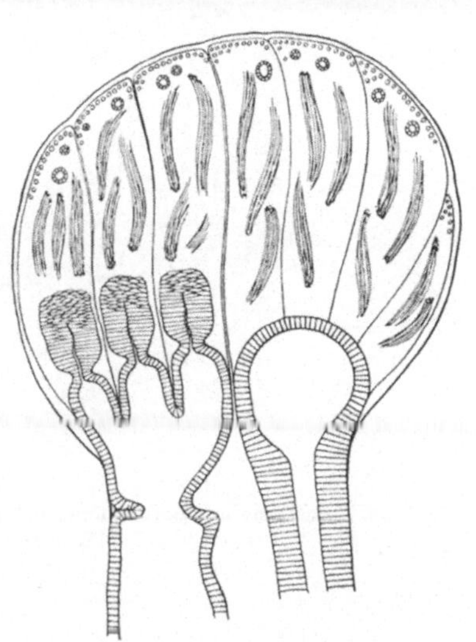

Abb. 14. Hoden eines intersexuellen ♂. Ovidukte und Eiröhrenstiele wachsen in die Hodenfächer hinein. (Nach GOLDSCHMIDT.)

den intersexuellen Männchen noch häufiger als bei den Weibchen, ohne daß zunächst eine Erklärung dafür gegeben werden kann.

Erst auf den höchsten Intersexualitätsstufen, für die der Drehpunkt auch nach den Befunden an anderen Organsystemen schon in das Raupenleben verlegt werden muß, wird die Umwandlung in einen Eierstock vollzogen. Sie besteht darin, daß einesteils vom Ovidukt her die epithelialen Teile der Eiröhren auswachsen, sodann die Hodenfächer sich zu Eiröhren verlängern — beides ganz ähnlich wie bei der normalen Ovarialentwicklung — und sodann in der Zone der Spermatogonien die Ovogenese beginnt, bis zur Ausbildung rich-

tiger Eikammern in Perlschnurform. Das Schema Abb. 15 zeigt
vier solche Stadien schematisch zu einer Drüse vereinigt. Abb. 16

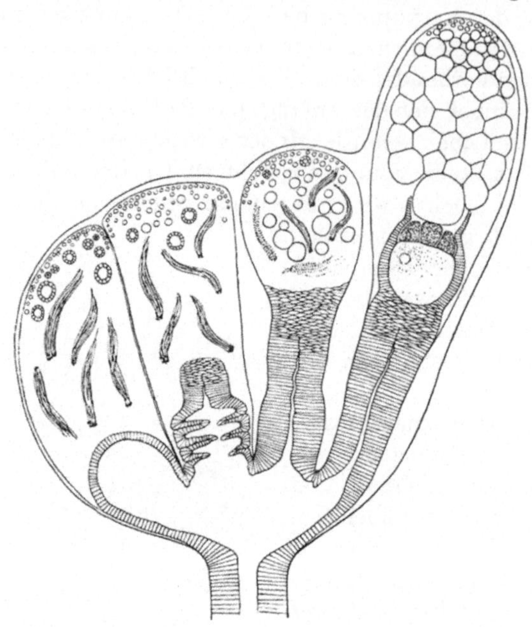

Abb. 15. Schema der Umwandlung des Hodenfachs in eine Eiröhre in 4 Stufen.
(Nach GOLDSCHMIDT.)

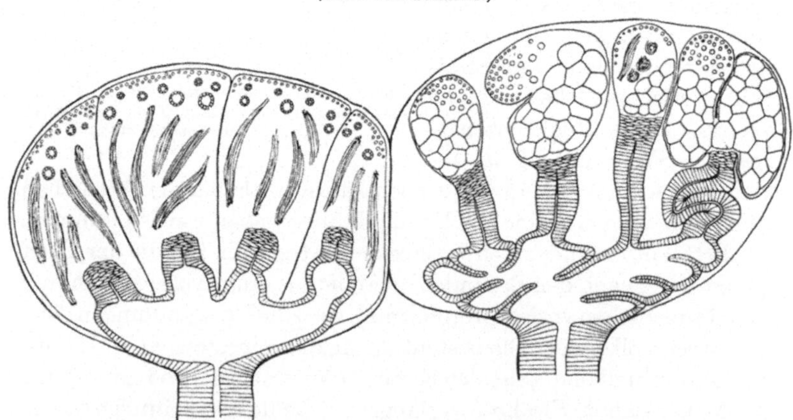

Abb. 16. Rekonstruktion der Gonaden eines stark intersexuellen ♂. Links nur Einwachsen
der Ovidukte, rechts schon Umwandlung der Hodenfächer in Eiröhren.
(Nach GOLDSCHMIDT.)

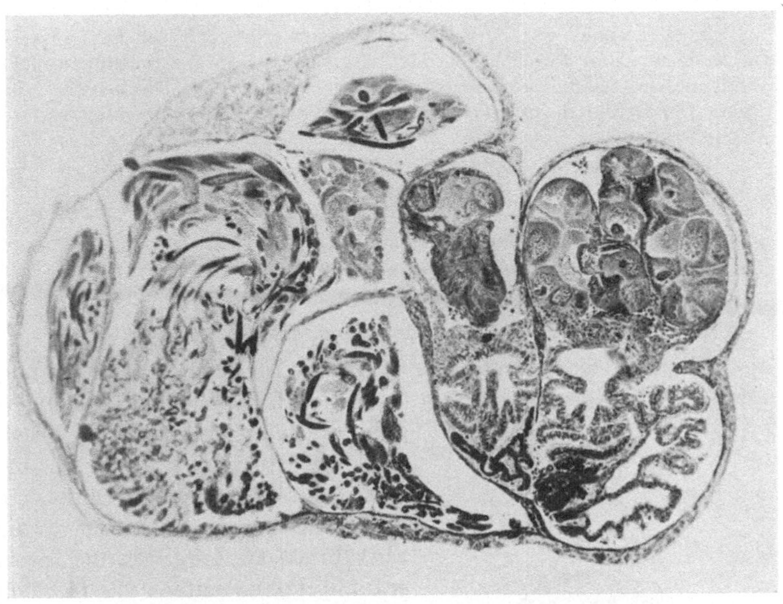

Abb. 17. Schnitt durch die gleiche Gonade wie in Abb. 16; links sind die Ovidukte nicht getroffen. (Nach GOLDSCHMIDT.)

gibt eine Rekonstruktion einer wirklichen Drüse, deren Fächer verschieden weit umgewandelt sind (man sieht wieder die zeitliche Diskrepanz), Abb. 17 einen Schnitt durch die gleiche Drüse und Abb. 18 eine Rekonstruktion einer noch weiter umgewandelten Drüse. Die Endstadien, die ich nie züchten konnte, wurden von KOSMINSKY u. GOLOWINSKAJA (1930) gefunden, und zwar bis zur Ausbildung eines vollständigen weiblichen Apparats.

KOSMINSKY erhielt diese Umwandlungen in Individuen, die sonst gar nicht

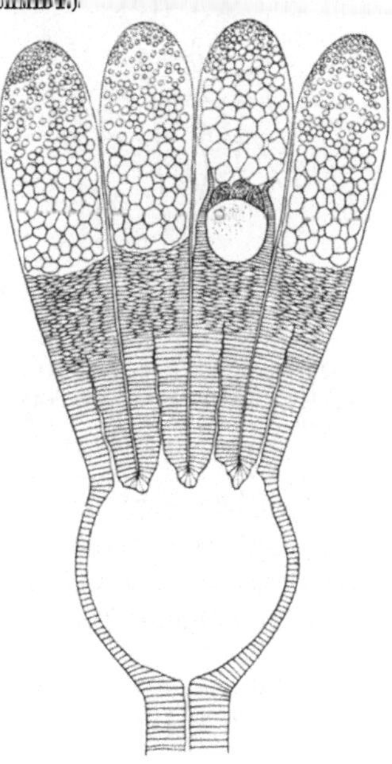

Abb. 18. Weitgehend in Ovar umgewandelte Gonade eines stark intersexuellen ♂. (Nach GOLDSCHMIDT.)

stark intersexuell waren, in Kombinationen, die genetisch von unseren abweichen. Hier war sichtlich das Zeitgesetz der Intersexualität insofern aufgehoben, als die verschiedenen Organe verschiedene Drehpunkte zeigten. Der Grund dafür ist wahrscheinlich eine Chromosomenabnormität, siehe später.

Die geschilderte Umbildungsreihe findet sich bei Serien verschieden starker hochgradig intersexueller Männchen. Eine entwicklungsgeschichtliche Untersuchung, die kaum etwas neues bieten dürfte, liegt noch nicht vor.

ββ) Die Kopulationsapparate[1].

Nach den Gonaden ist das wichtigste Unterscheidungsmerkmal der Kopulationsapparat, ein in beiden Geschlechtern morphologisch wie entwicklungsgeschichtlich stark verschiedenes Gebilde, das bei den Intersexen sehr komplizierte Organisationsverhältnisse zeigt, die aber durch das Zeitgesetz der Intersexualität ohne weiteres verständlich werden.

Der normale männliche Apparat (Abb. 19) besteht aus einem Chitinring, an dessen dorsaler Hinterwand ein Haken sitzt, der Uncus. Innerhalb des Ringes befindet sich ein Paar von Zangen, die Valven, zwischen denen ein Chitinrohr, der Penis, durchgesteckt ist, der von einer chitinisierten Führung, der Penisscheide, teilweise umgeben ist. An der ventralen Vorderseite erweitert sich der Chitinring zu einer Blase, dem Saccus. Entwicklungs-

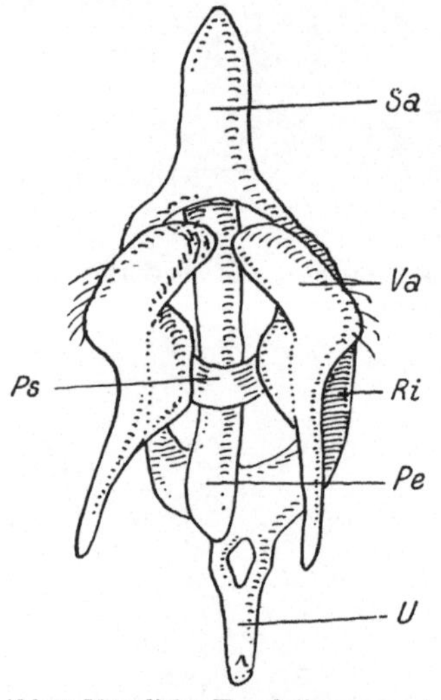

Abb. 19. Männlicher Kopulationsapparat. *Pe* Penis, *Ps* Penisscheide, *Ri* Segmentring, *Sa* Saccus, *U* Uncus, *Va* Valve. (Nach GOLDSCHMIDT.)

geschichtlich werden die einzelnen Teile des Apparats zu ganz verschiedener Zeit und aus verschiedenem Material gebildet. Valven und Penis entwickeln sich aus einer Embryonalanlage, die in dieser Form nur beim Männchen vorhanden ist. Sie entsteht aber

---

[1] Näheres siehe bei GOLDSCHMIDT (1912 a, 1920 a, 1921 c, 1922 a, 1923 b, 1927 b; DU BOIS 1929, 1931; KOSMINSKY u. GOLOWINSKAJA 1929).

embryonal mit zwei Anlagen (VERSON und BISSON), die den hinteren Imaginalscheiben des Weibchens homolog sind (DU BOIS 1931). Es ist das HEROLDsche Organ, welches schon bei ganz jungen Raupen als mediane Einstülpung der Abdominalhaut des 9. Segments vorhanden ist (ZANDER, DU BOIS 1931). In der Tiefe dieser Einstülpung differenzieren sich zwei Zapfenpaare, von denen bei der Verpuppung das äußere mehr an die Oberfläche des Abdomens verlagert wird und die Valvenanlage darstellt, das innere als paarige Penisanlage in der Tiefe bleibt (siehe Abb. 20 a—d, f). Zur Zeit der Verpuppung sieht die abdominale Oberfläche so aus wie Abb. 20 g zeigt, und die Puppenhülle zeigt die gleiche Struktur im Abdruck (Abb. 20 e). Dies ist eine wichtige Tatsache, da man somit aus der Puppenhülle eines ausschlüpfenden Tieres erkennen kann, in welchem Zustand dies Organ zur Zeit der Verpuppung sich befand, was für die Feststellung des Drehpunktes bei Intersexen wesentlich ist. In der jungen Puppe wächst dann aus der ganzen Anlage proximal und distal der Penis aus, der erst später äußerlich sichtbar wird, wenn die Valven mit ihrem Wachstum mehr auseinandertreten (DU BOIS, Abb. 20 i). Sie bilden dann allmählich ihre definitive Form aus, wie Abb. 21 zeigt. Gleichzeitig zieht sich das 9. Abdominalsegment in das Innere des 8. zurück, das so einen Wulst um das 9. bildet (Abb. 21). Durch Chitinisierung dieser Stelle entsteht dann am Ende der Entwicklung der Chitinring mit dem Saccus. Aus wieder einer anderen Anlage entsteht der Uncus. Das 10. Abdominalsegment bildet einen langen Zapfen in der jungen Puppe, auf dessen Ventralseite der After liegt (Abb. 20). Seitlich vom After grenzt sich nun im Stadium der Abb. 20 jederseits durch eine Furche eine Erhebung ab, die paarige Anlage des Uncus (KOSMINSKY u. GOLOWINSKAJA 1929, DU BOIS 1931, Abb. 20 f, g). Das 10. Segment zieht sich nun zusammen und verwandelt sich in einen Analkegel, auf dessen Spitze der After liegt (Abb. 21); gleichzeitig nähern sich die paarigen Uncusanlagen (Abb. 20 g), gelangen auf die Dorsalseite des Analkegels und wachsen hier, indem sie sich von dem Kegel loslösen, zu dem hakenartigen Uncus aus. Die Differenzierungsreihe ist also:

Embryo und Raupe: HEROLDS Organ, wahrscheinlich aus paarigen Anlagen.

Junge Puppe: Valven und Penisanlage vergrößern sich.

Spätere Puppe: Beide wachsen aus, paarige Uncusanlage.

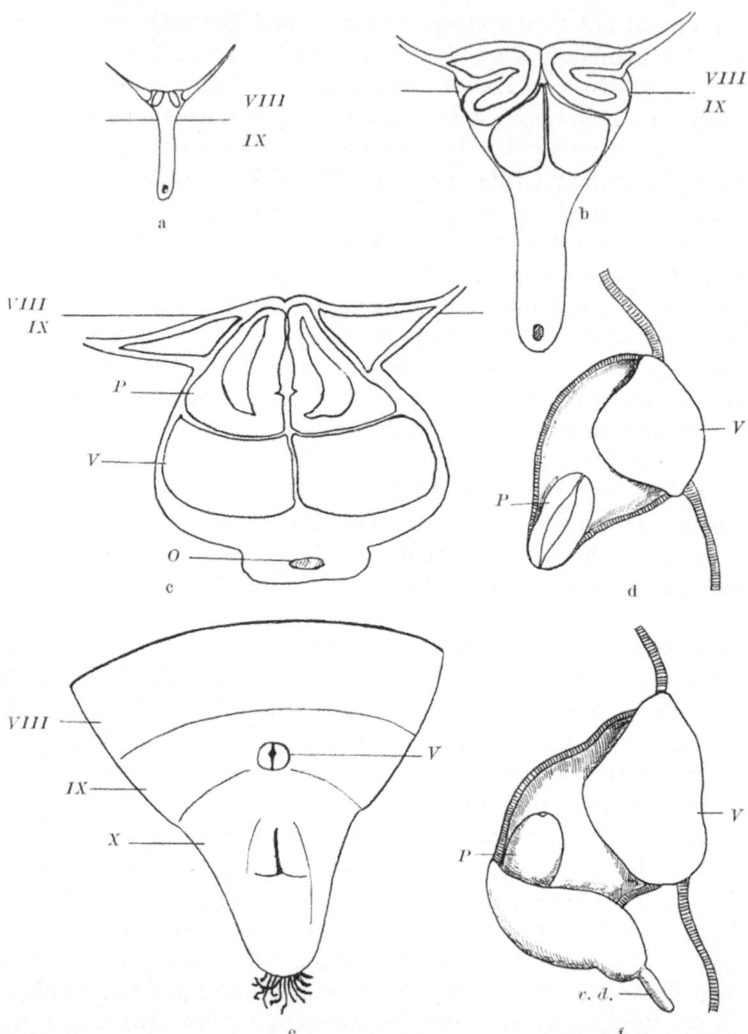

Abb. 20 a—f. Entwicklung des HEROLDschen Organs. a Raupe zur Zeit der 1. Häutung. b Dsgl.
4. Häutung. c Dsgl. Verpuppung, *VIII, IX, X*, Abdominalsegmente, dazwischen durch Linie
Segmentgrenze angegeben, *O* Mündung des HEROLDschen Organs, *P* Penisanlage, *V* Valvenanlage. d HEROLDsches Organ einer jungen Puppe. Sagittaler Längsschnitt durch die
Medianebene der Puppe. Man sieht die linke Valve *V* und die durchschnittene Penisanlage in der HEROLDschen Tasche. e Ventralansicht der Puppenhülle mit dem Abdruck
der Valven und der Öffnung der HEROLDschen Tasche dazwischen. f wie d, aber etwas
älter. Die Tiefe des Organs ist körperlich gezeichnet, um das Aussprießen des vas deferens
v. d. zu zeigen.

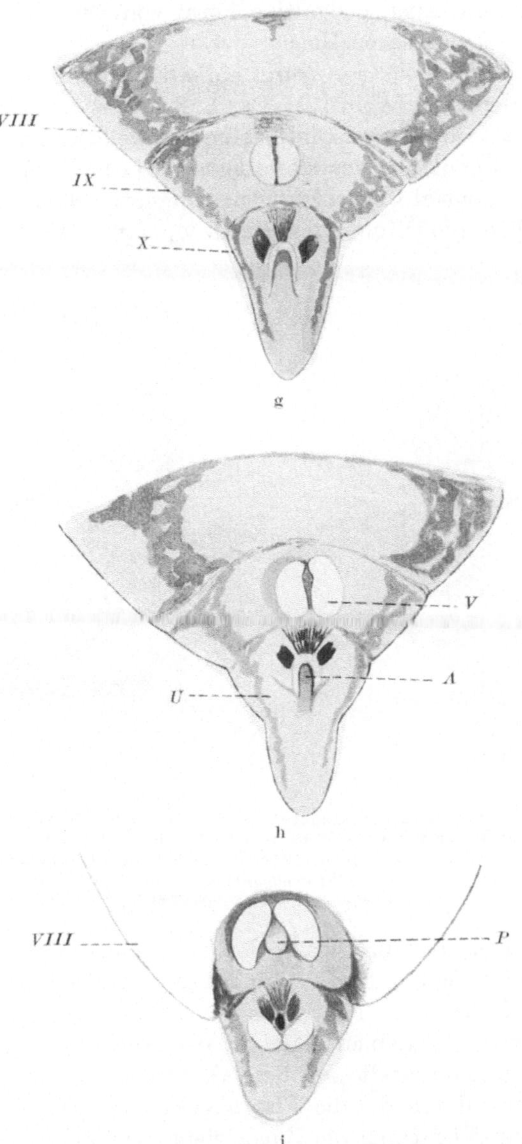

Abb. 20 g—i. Drei Stadien der ventralen Oberfläche der letzten Puppensegmente. Umbildung des HEROLDschen Organs, Entstehung des Uncus, *A* Anus, *P* Penis, *U* Uncusanlage, *V* Valven. (Nach DU BOIS.)

Zuletzt: Chitinring, endgültige Form von Penis und Valven, Auswachsen des unpaaren Uncus.

Der normale weibliche Apparat enthält ebenfalls Teile des 8., 9. und 10. Segments (Abb. 22). Das 8. Segment ist stark chitinisiert und trägt dorsal zwei Chitinstäbe (Muskelinsertion und Führung für die Benutzung des Hinterleibs als Legeröhre), die ersten Apophysen. Ventral ist das Segment zu einem Schild chitinisiert, in dessen Mitte die Öffnung der Bursa copulatrix (Ostium bursae)

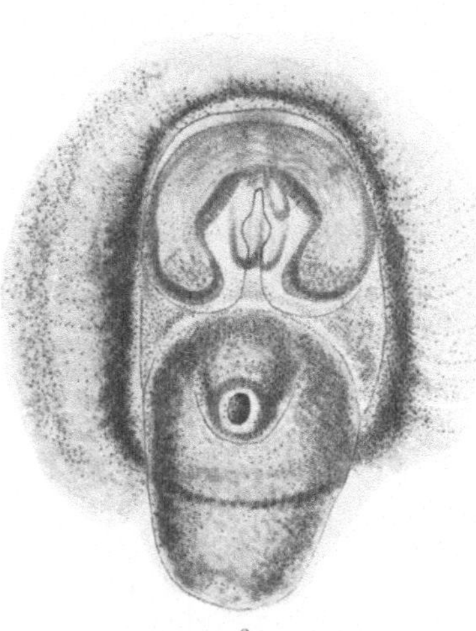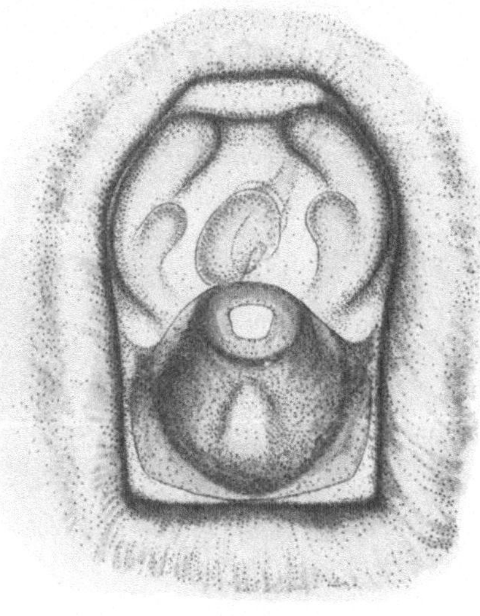

Abb. 21. Entwicklungsstadien der männlichen Kopulationsorgane von ventral und hinten. a In der Mitte Analkonus mit After, davor das HEROLDsche Organ mit Anlagen von Valven und Penis. b Das gleiche etwas vorgeschritten. Der Apparat in das vorhergehende Segment eingezogen, so daß die Grundlage des Segmentrings erscheint. Auf dem Analkonus die Uncusanlage. (Nach GOLDSCHMIDT.)

liegt, in die bei der Begattung der Penis eingeführt wird. Das 9. Segment ist nicht chitinisiert bis auf die zweiten Apophysen, die an der Basis der dem 10. Segment angehörenden Labien angewachsen sind. Die Labien umfassen den Analkegel, auf dem der Anus liegt, und davor die weibliche Geschlechtsöffnung, die in die Vagina führt, durch die die Eier abgelegt werden, während bekanntlich zur Begattung die Bursa dient, die eine innere Verbindung mit den weiblichen Ausführgängen besitzt. In diese münden noch die Kittdrüsen und das Receptaculum seminis. Abb. 23 zeigt, von der rechten Seite gesehen, die Topographie der weiblichen Ausführgänge.

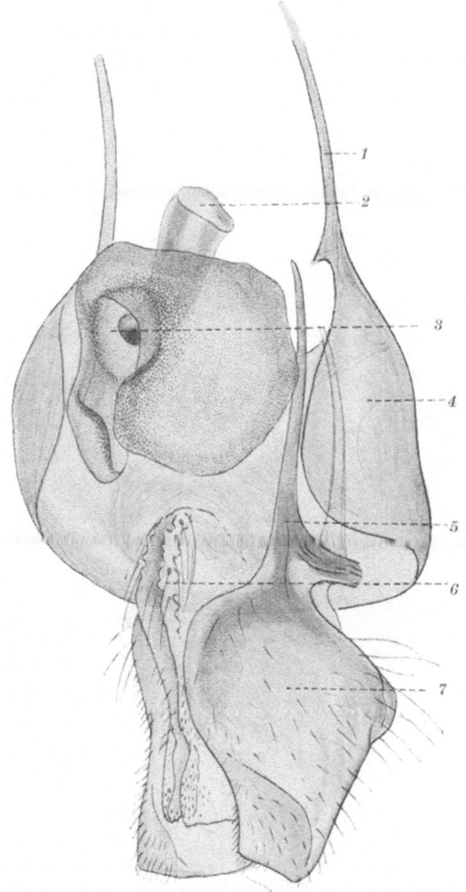

Abb. 22. Chitinteile des weiblichen Kopulationsapparats, halbventral schräg von links gesehen. 1 erste Apophysen, 2 Gang zur Bursa copulatrix, 3 Ostium bursae, 4 Tergit des 8. Segments, 5 zweite Apophysen, 6 Analkonusrand mit vorne Legeöffnung, hinten Anus, 7 Labie. (Nach GOLDSCHMIDT).

Bei der Entwicklung dieses Apparats arbeiten wieder getrennte Teile zusammen, von denen einige früh angelegt werden, andere später. Früh entstehen — schon im Embryo — die Anlagen der Endorgane der weiblichen Ausführgänge, und zwar als paarige

Imaginalscheiben. Diese sind je zwei hohle, nach außen sich
öffnende Epithelbläschen auf der Bauchseite des 8. und 9. Segments.
Die vorderen (Abb. 24) senden einen Epithelstrang nach der
Gonade, die hinteren sind dem HEROLDschen Organ homolog. In
diesem Zustand verharren die Imaginalscheiben bis zur Verpuppung.

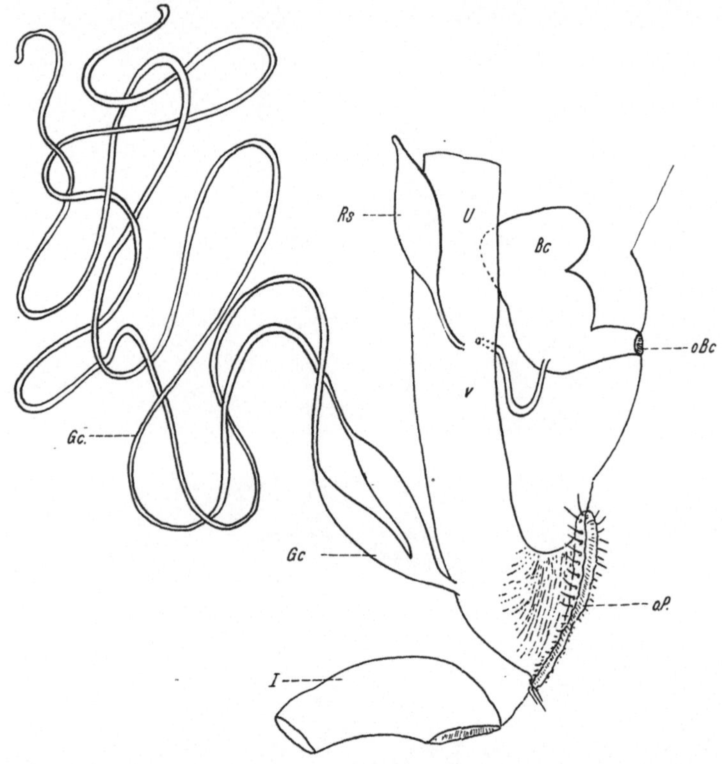

Abb. 23. Innerer Bau des weiblichen Kopulationsapparats und der Ausführgänge von rechts
gesehen. *Bc* Bursa copulatrix, *Gc* Kittdrüsen, *I* Darm, *oBc* Ostium bursae, *oP* Legeöffnung,
Rs Receptaculum seminis, *U* Uterus, *V* Vagina. (Nach DU BOIS.)

Dann rücken sie plötzlich zusammen und verschmelzen in der
Mittellinie. Aus den vorderen entsteht die Bursa copulatrix, aus
den hinteren aber die Endteile des weiblichen Ausführapparats.
     Zur Zeit der Verpuppung sieht die ventrale Oberfläche der
Puppe ganz anders aus als beim Männchen, wie Abb. 25 zeigt. Die
Segmente sind anders angeordnet, und die Oberfläche zeigt außer

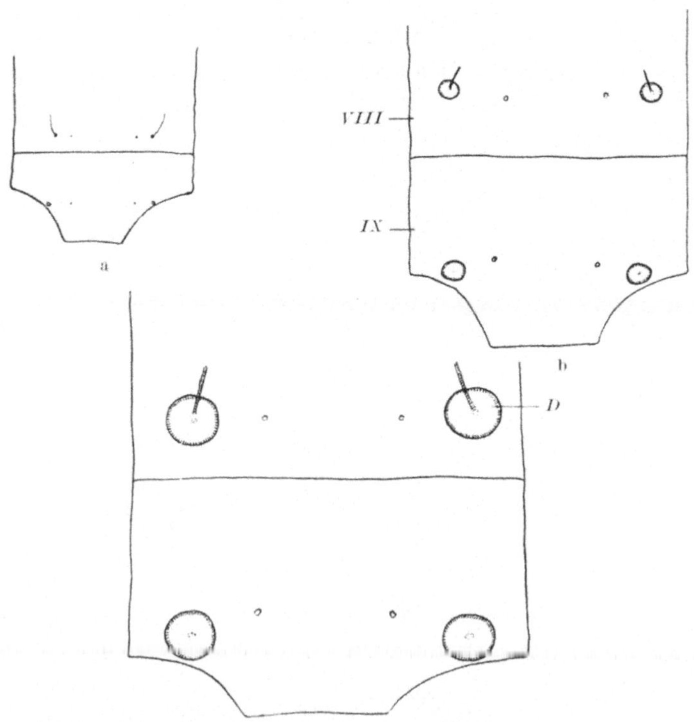

Abb. 24. Entwicklung der Imaginalscheiben des 8. und 9. Segments in der Raupe. a 1. Häutung. b 4. Häutung. c 5. Häutung. Die hinteren Füße und die Afterregion nicht gezeichnet. *D* Imaginalscheiben. (Nach Du Bois.)

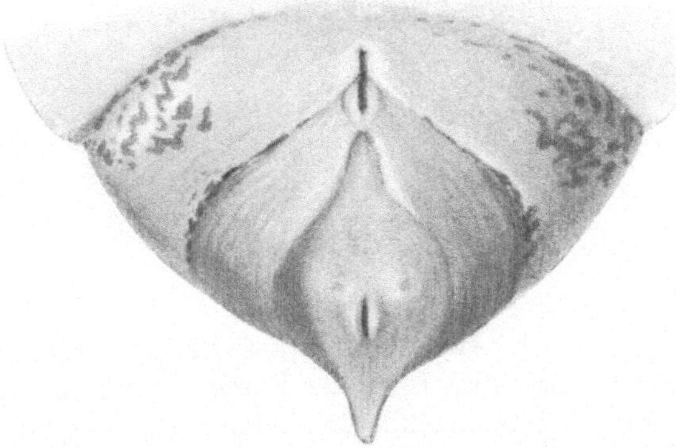

Abb. 25. Hinterende einer weiblichen Puppe von der Ventralseite. Im 10. Segment der Anus, im 8. und 9. die Genitalspalte, in deren Tiefe die beiden Geschlechtsöffnungen liegen. (Nach Goldschmidt.)

dem After nur eine Spalte, die über die Grenze des 8. und 9. Segments hinwegzieht. Dementsprechend verhält sich auch die Puppenchitinhülle, was wieder für die Beurteilung des Drehpunkts bei

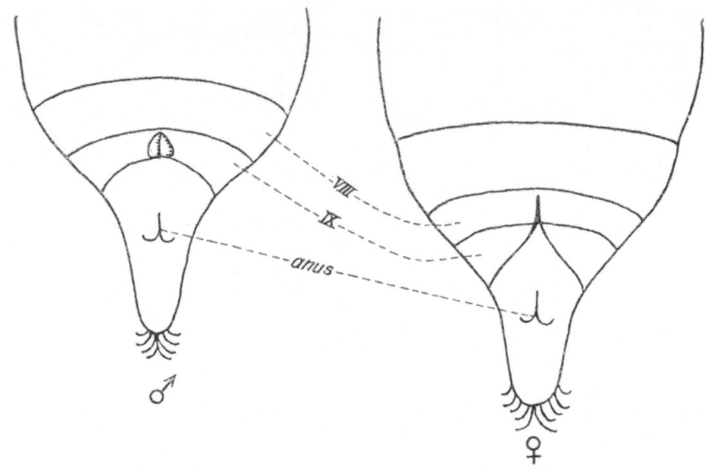

Abb. 26. Ventrale Oberfläche der Puppenhülle von links ♂, rechts ♀. (Nach GOLDSCHMIDT.)

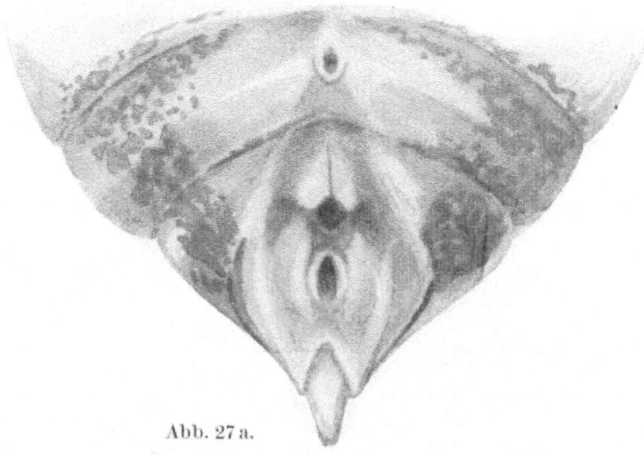

Abb. 27 a.

Intersexen wichtig ist. Abb. 26 zeigt diese Skulpturen der Puppenhülle beider Geschlechter. In dieser Furche liegt je eine Öffnung im 8. und eine im 9. Segment, erstere die Anlage der Bursa copulatrix, letztere die der Geschlechtsöffnung, beide aus den entsprechenden Imaginalscheiben hervorgegangen. Die hintere Öffnung

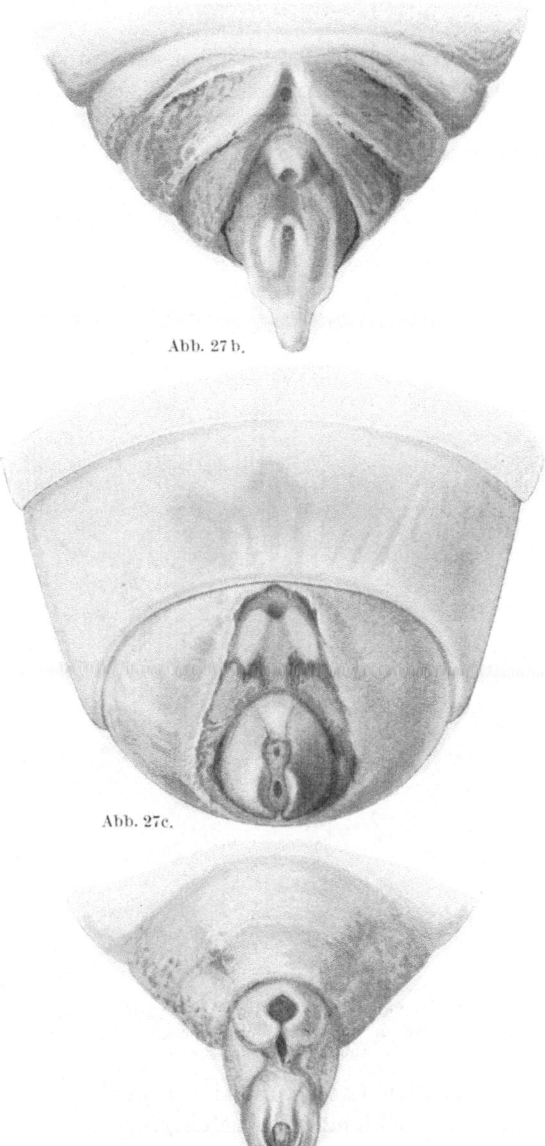

Abb. 27 b.

Abb. 27 c.

Abb. 27 d.

Abb. 27 a—d. Auf Abb. 25 folgende Entwicklungsstadien des weiblichen Hinterendes. a Die hintere Geschlechtsöffnung rückt nach dem After zu. b Desgl. fortgeschritten. c Bursa (vorn), Legeöffnung (Mitte), After (hinten) in endgültiger Lage. Rechts und links am Analkonus die Labien. d Die Konfiguration wie bei der Imago ist erreicht. (Nach GOLDSCHMIDT.)

rückt nun nach hinten, steigt schließlich an dem sich ebenso wie
beim Männchen bildenden Analkegel hoch und liegt schließlich
auf diesem direkt vor der Afteröffnung (Abb. 27 a—d). Gleichzeitig entstehen am Analkegel auch ähnliche Anlagen wie die des

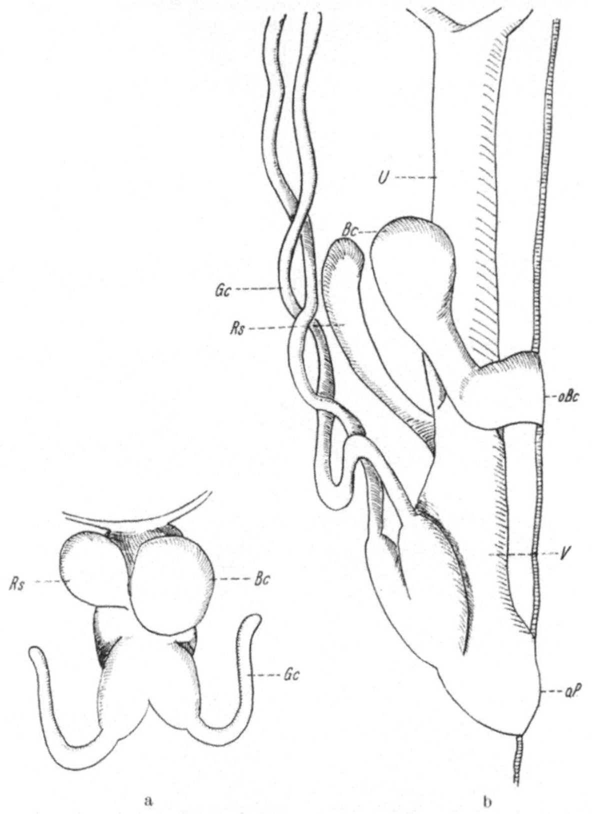

Abb. 28. Zwei Stadien der Entwicklung der weiblichen Ausführgänge in der Puppe,
a 6 Stunden, b 66 Stunden alt, a von vorn, b von rechts gesehen. Bezeichnungen wie in
Abb. 23. (Nach Du Bois.)

Uncus, die Anlagen der Labien, die sich direkt zu diesen umdifferenzieren. Die Entwicklung der Ausführgänge aus den hinteren
Imaginalscheiben von diesem Zeitpunkt an, die zur Zeit der Verpuppung schon ziemlich weit fortgeschritten ist, zeigt in zwei Stadien aus den ersten Puppentagen Abb. 28. Durch Auswachsen und
Streckung wird einfach der Endzustand hergestellt.

Die Reihenfolge der Differenzierung der Teile des weiblichen Apparats ist somit:

1. Im Embryo und Raupe: Paarige Imaginalscheiben für Bursa und innere Ausführgänge.

2. Kurz vor der Verpuppung: Verschmelzung der Scheiben, Bildung von Ostium bursae und Geschlechtsöffnung nebst Anlagen der Kittdrüsen, des Receptaculum und der Vagina.

3. Nach der Verpuppung: Verlagerung der Geschlechtsöffnung, Fertigstellen des Ausführapparats, Bildung der Labien.

Homologien. Für die Beurteilung der intersexuellen Umwandlungen ist es wichtig, die Homologien zwischen männlichen und weiblichen Organteilen zu kennen, wobei als homolog solche gelten, die sich aus dem gleichen Embryonalmaterial alternativ entwickeln können. Auf den ersten Blick ist klar, daß Uncus und Labien homolog sind. Ferner daß der Chitinring des Männchens kein Homologon beim Weibchen hat außer der Stelle, an der sich die Apophysen an die Labien anheften. Schwieriger sind die Verhältnisse für das HEROLDsche Organ, das nur beim Männchen vorhanden ist. Es besteht nach KOSMINSKY aber die Möglichkeit, nach DU BOIS fast die Sicherheit, daß es den Imaginalscheiben des 9. Segments für die weiblichen Endorgane homolog ist, um so mehr, als wenigstens Teile des Penis mit dem Ovidukt homolog sein dürften. KUSNEZOW und KOSMINSKY sind dafür eingetreten, daß die Valven des Männchens den sogenannten Analpapillen des Weibchens entsprechen, die in Abb. 22 sichtbar sind. Tatsächlich erweisen die Verhältnisse an Intersexen diese Ableitung als wahrscheinlich[1]. Die Bursa hat kein sicheres Homologon beim Männchen.

Kopulationsapparat intersexueller Weibchen. Diese zeigen uns eine lückenlose Serie der Umbildung des weiblichen Apparats in einen männlichen. Die erste Veränderung, die sichtbar wird, ist, daß die Apophysen sich verkürzen und dann, daß an der Basis der 2. Apophysen eine Chitinisierung beginnt, die der Anfang der Bildung des Segmentrings ist. In den folgenden Stufen schließt sich allmählich dieser Ring, während sonst der Apparat noch weiblich

---

[1] Durch die Annahme der KOSMINSKYschen Auffassung wird die Darstellung der intersexuellen Umwandlungen im Kopulationsapparat etwas gegen die Darstellung in meinen Arbeiten zu ändern sein, d. h. natürlich nicht die Darstellung der Tatsachen, sondern ihre Interpretation, die nun einfacher und sicherer wird (siehe die neue Arbeit von DU BOIS 1931).

bleibt. Nur die Analkonusränder sind nicht so weit nach hinten verlängert wie normal (Abb. 29). Die Entstehung dieser ersten Stufe

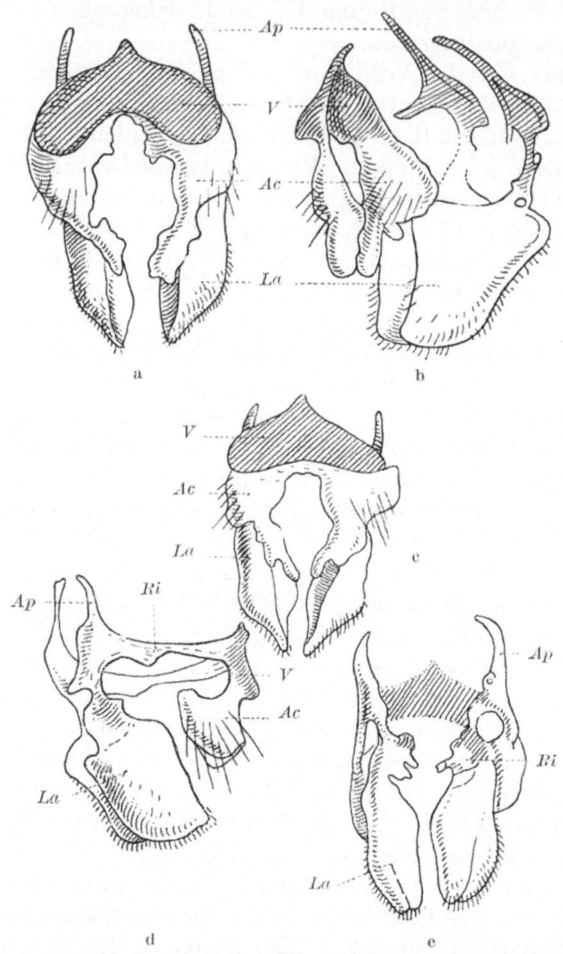

Abb. 29. Kopulationsapparat von schwach intersexuellen ♀. a von ventral, b von links,
c, d, e etwas stärker intersexuell c von ventral, d rechts, e dorsal. *Ri* weiter chitinisierter
Segmentring, *Ap* Apophysen, *Ac* Analkonusrand (Analpapille), *La* Labien, *V* ventrale
Chitinisierung im 9. Segment. (Nach GOLDSCHMIDT.)

ist ohne weiteres klar. Der Drehpunkt trat erst ein, nachdem die
Labien angelegt und determiniert waren. Die Analpapillen, die
ventral am Analkonus sitzen, hörten auf, sich nach hinten zu ver-

längern, gleichzeitig begann sich das 9. Segment wie beim Männchen zurückzuziehen und sein Rand als Ring wie dort zu chitini-

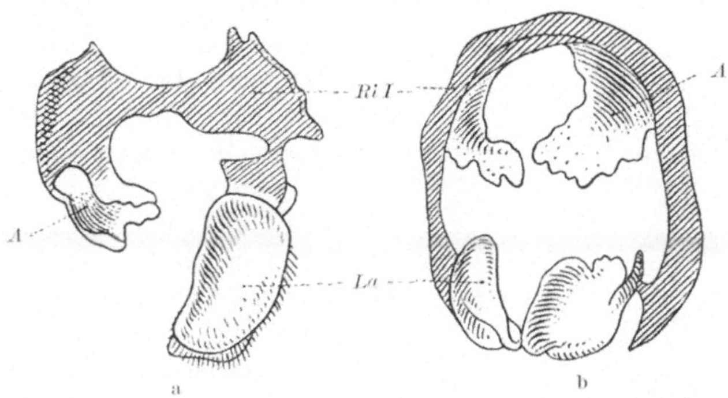

sieren. In den nächsten Stufen bildet sich der Ring vollständig, wenn auch nicht normal aus. Die Labien sind nicht mehr ganz wie beim Weibchen, ja gelegentlich findet sich am Ende eine hakenartige Bildung von der Form der Uncusspitze. Die Analpapille ist eine Art von Becher vorn ventral am Ring und sieht durchaus aus wie das HEROLDsche Organ, d. h. richtiger nur die Valvenanlage in der jungen männlichen Puppe (Abb. 30). Der Drehpunkt lag also vor Fertigstellung der Labien, deren Spitze sich noch in Uncusform differenzieren konnte. Die Analpapillen blieben auf

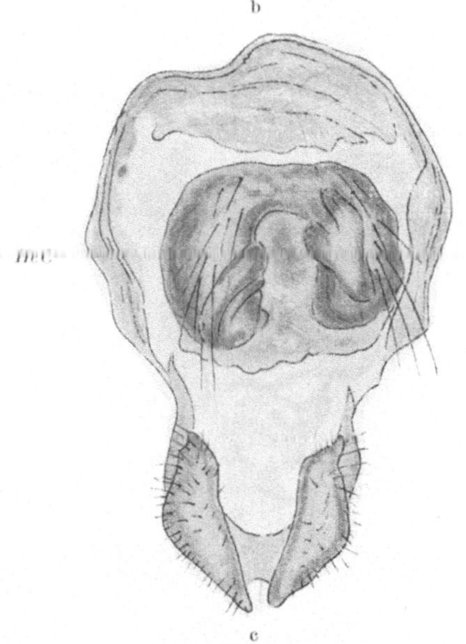

Abb. 30. Kopulationsapparate mittelintersexueller ♀. a u. b der gleiche Apparat von links und von ventral, c eine etwas höhere Stufe. *A* Analpapillen in Form von Valvenanlagen, *La* Labien, *HeO* HE-ROLDsches Organ. (Nach GOLDSCHMIDT.)

ihrer Entwicklungsstufe stehen und begannen sich schon in Valvenrichtung weiter zu entwickeln, ohne noch weit damit zu kommen. Die nächsten Stufen gleichen den letzten, aber die Labien sind nur

noch peripher paarig, basal aber unpaar (Abb. 31), d. h. der Drehpunkt lag noch etwas früher und die paarigen Labienanlagen ver-

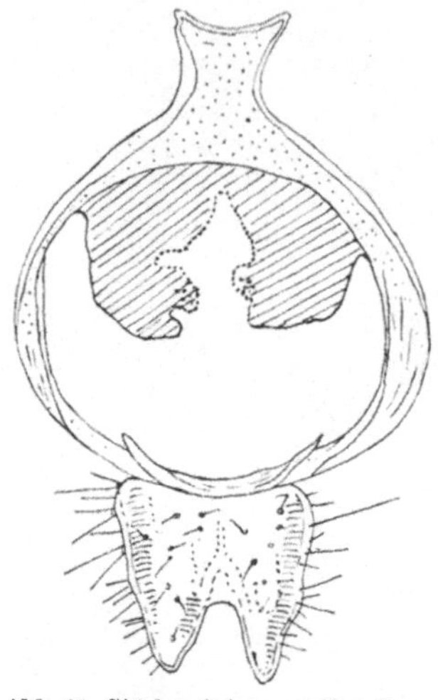

schmolzen nun noch an der sich später
differenzierenden Basis nach Uncus-
art. In diesen Stufen finden sich oft
unregelmäßige Chitingebilde im Innern hinter den Valvenanlagen. Es
handelt sich zweifellos um die Anlage von Vagina und Receptaculum,
die sich nicht weiter entwickelt haben nach dem Drehpunkt, aber nun
nach Art eines Penis, dem die Anlage teilweise homolog ist, chitini-
sieren. Die letzten Stadien von hier
aus bestehen in der vollständigen
Entwicklung der Valven und ganz
zuletzt des Penis aus den genannten Anlagen (Abb. 32). Ohne weiteres wird diese Serie durch das
Zeitgesetz der Intersexualität er-

Abb. 31. Stärker intersexueller Kopulationsapparat mit Bildung zwischen
Labien und Uncus. (Nach GOLDSCHMIDT.)

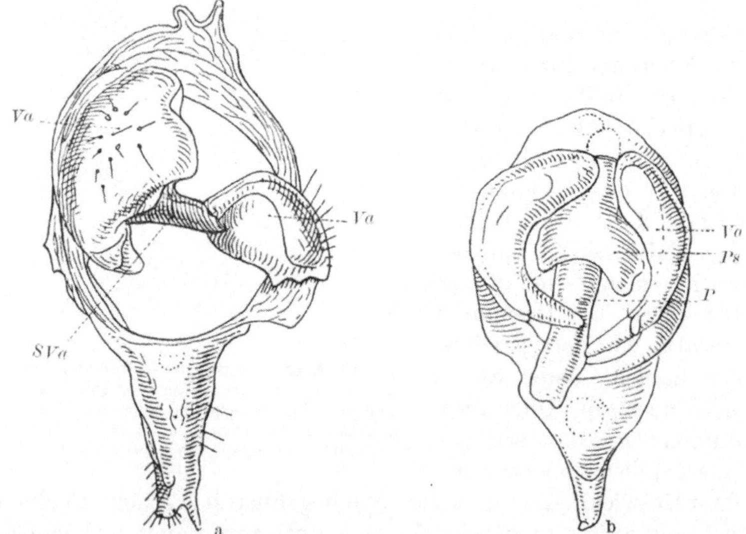

Abb. 32a u. b. Die höchsten Stufen intersexueller Umbildung des weiblichen Kopulationsapparates zu einem fast männlichen. *P* Penis, *Ps* Penisscheide, *SVa* Spitze der rechten
Valve, *Va* Valve. (Nach GOLDSCHMIDT.)

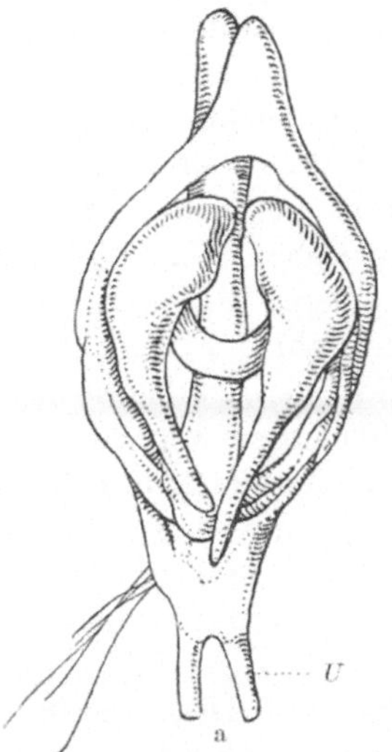

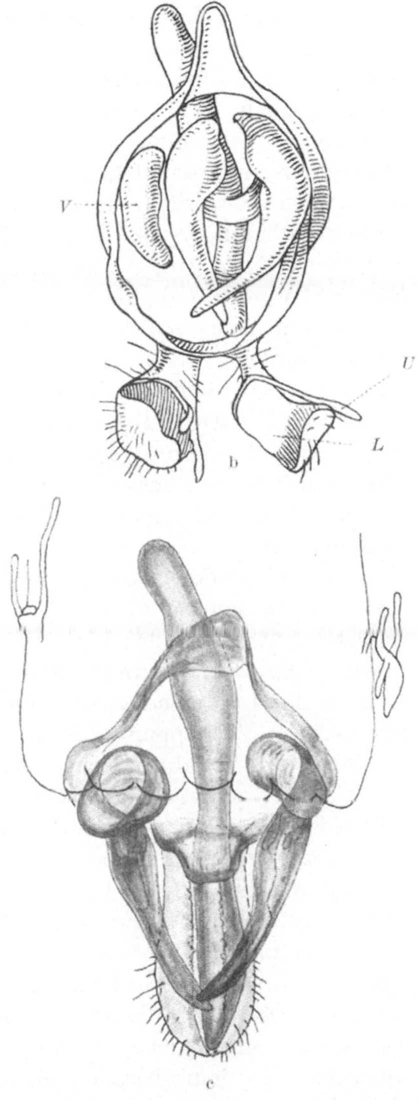

klärt und tatsächlich gab
sie zuerst den Anlaß zu
seiner Auffindung.

*Der Kopulationsapparat
intersexueller Männchen.*
Die erste Veränderung be-
steht im Paarigwerden des
Uncus, d. h. dem Nichtein-
treten der Verwachsung der
paarigen Anlage. Da dies
der zuletzt sich differenzierende Teil des Kopulationsapparates ist, so ist das
begreiflich. Begreiflich ist
auch,daß die vom HEROLD-
schen Organ stammenden
Teile, Valven und Penis,
noch in hohen Intersexua-
litätsstufen unverändert
sind, da sie schon in der jungen Raupe vorhanden sind.
Eine Besonderheit aber ist

Abb. 33 a—c. Drei Stufen vom männlich inter-
sexuellen Kopulationsapparat. In a gespaltener
Uncus (*U*), in b Kompromißbildung zwischen Uncus
und Labien, *V* überzählige Valve, in c richtige
Labien, Segmentring rudimentär, unregelmäßiges
Auftreten von 1. Apophysen. (Nach GOLDSCHMIDT.)

es, daß diese Teile auch noch nach dem Drehpunkt sich normal ausdifferenzieren. Das kann wohl nur so erklärt werden, daß eine Umdifferenzierung nach ihrer Determinierung nicht mehr möglich ist. Erstaunlich ist aber dann, daß sie nicht aufhören zu wachsen. Der Grund dafür ist wohl, daß ihre Homologen im weiblichen Geschlecht (siehe oben) ja auch weiterwachsen würden. In den nächst höheren Intersexualitätsstufen werden die beiden Unci zu richtigen Labien, erst nicht ganz rein in der Form, eine Art Kompromißbildungen, in den höchsten Stufen aber vollständig (siehe Abb. 33). Bemerkenswert ist ferner, daß der Chitinring erst in den höchsten Stufen anfängt unvollständig zu werden. Die Konfiguration der Abdominalsegmente, auf deren Basis er gebildet wird, muß also viel früher determiniert sein, als sie sichtbar wird. Der Gedanke liegt nahe, daß die betreffende Einziehung des Hinterendes korrelativ mit der Ausbildung der Organe der HEROLDschen Tasche verknüpft ist. Dies könnte aus weiteren Umwandlungsstadien hervorgehen, die aber bisher nicht erhalten wurden.

Entwicklung des intersexuellen Kopulationsapparats. Die Richtigkeit der gesamten Ableitungen und somit des Zeitgesetzes der Intersexualität wird durch die Entwicklungsgeschichte des Kopulationsapparats intersexueller Weibchen bewiesen, die meine Schülerin DU BOIS untersuchte. Bei schwacher Intersexualität ist noch zur Zeit der Verpuppung die ganze Anlage weiblich und erst bei Ausbildung der Labien bzw. Uncus und Chitinring verläuft die Entwicklung plötzlich männlich. Bei höheren Intersexualitätsstufen ist ebenfalls zunächst alles weiblich, aber vor der Verpuppung vereinigen sich die Imaginalscheibenpaare nicht mehr vollständig und die weiteren Differenzierungsvorgänge sind männlich. Bei noch stärkerer Intersexualität rücken schon frühzeitig die hinteren Imaginalscheiben zusammen und bilden ein HEROLDsches Organ, während die vorderen unregelmäßige abnorme Bildungen nach dem Drehpunkt liefern. Es erübrigt sich, auf weitere Einzelheiten einzugehen (siehe DU BOIS), da sie über jede Erwartung hinaus genau mit dem übereinstimmen, was das Zeitgesetz der Intersexualität erfordert und den Bau der betreffenden Organe der Intersexe restlos erklären.

γγ) *Die Antennen.*

Wenn wir von den feineren Strukturunterschieden absehen, so zeigen die weiblichen Antennen einen Schaft mit kurzen, borstenartigen Seitenfiedern, die mit bloßem Auge kaum sichtbar sind, die männlichen Antennen aber sind langgefiedert mit zwei Reihen

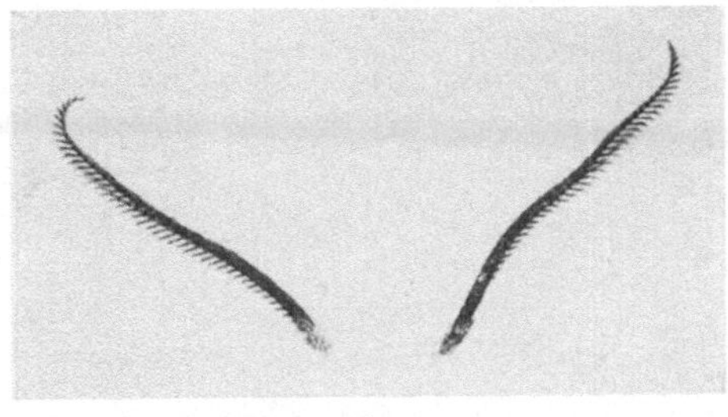

a

b

Abb. 34. a weibliche, b männliche Antennen von *L. dispar.* (Nach GOLDSCHMIDT.)

von Seitenästen, die in der natürlichen Lage am Kopf als außen und innen bezeichnet werden können (siehe Abb. 34).

Entwicklung. Die Entwicklung der Antennen ist in beiden Geschlechtern verschieden. Sie sind schon in der Raupe als Imaginalscheiben vorhanden, und bei der Verpuppung erscheinen sie in beiden Geschlechtern als wenig differenzierte epitheliale Säcke, deren Größe und Form aber bereits den Geschlechtsunterschied zeigen. Auch der noch nicht sichtbare Vorgang der Fiederbildung muß schon im Epithel des Sacks determiniert sein, da bei anderen

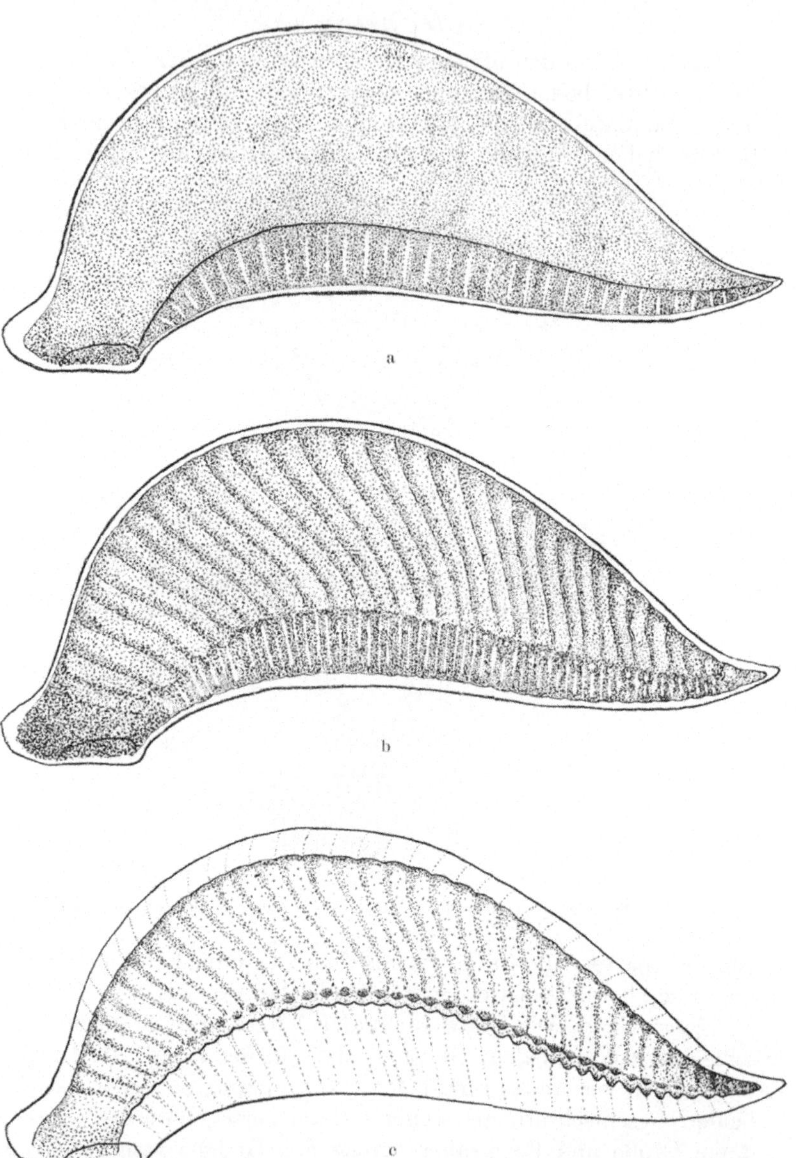

Abb. 35 a—e. Fünf Stadien der Differenzierung der weiblichen Antenne in der Puppe. (Nach GOLDSCHMIDT.)

Schmetterlingen eine entsprechende Struktur auf der Chitinscheide der Antennen erscheint. Die Entwicklung der weiblichen Antenne zeigt Abb. 35. Wir erkennen, daß zuerst an der konkaven Seite des Sacks die innere Fiederreihe (im Bild nach unten) durch streifige Anordnung des Epithels abgegrenzt wird. Dann zieht sich der ganze Sack mehr an der konkaven als an der konvexen

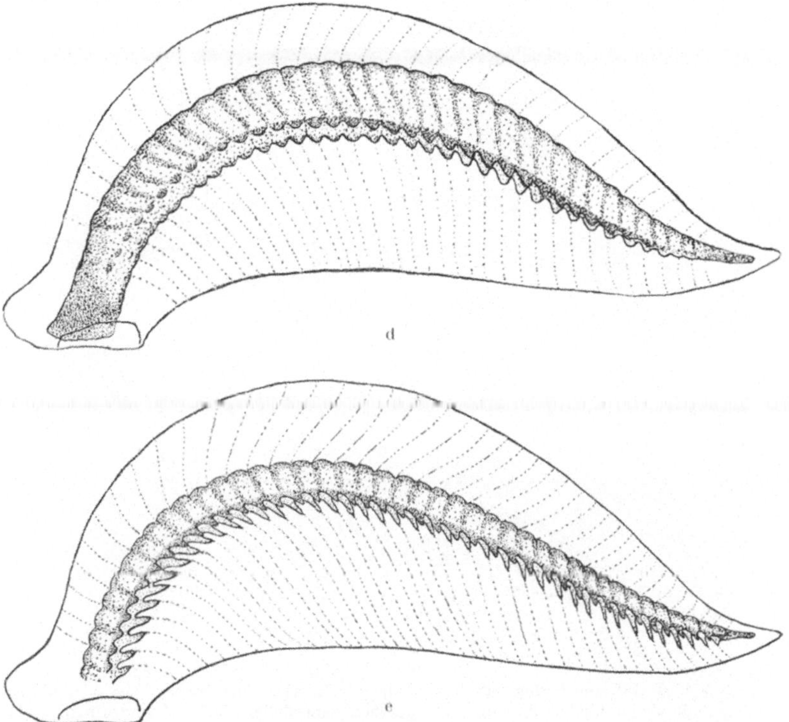

Seite zusammen, die Fiederanlagen schneiden sich in die Oberfläche ein, und gleichzeitig wird die äußere Fiederreihe als eine Serie von Verdickungen sichtbar. Durch weiteres Zusammenziehen grenzt sich der Schaft ab, und zugleich wachsen die Fiedern zu ihrer richtigen Länge aus.

Anders verläuft der Prozeß bei der männlichen Antenne (Abbildung 36). Die Anlagen der Fiederreihen werden ähnlich gebildet wie beim Weibchen. Die weitere Ausbildung ist aber verschieden. Zuerst differenziert sich die innere Fiederreihe (unten im Bild), indem sie, von der konkaven Seite des Sacks beginnend, in diesen hinein sich ausschneidet und durch Vorwachsen der Ausschneidefurche an der Fiederbasis in den Schaft hinein sich differenziert. Dabei wird der Schaft immer mehr verschmälert, ohne aber sich an der konkaven Seite von dem Chitinschild loszulösen, wie es die weibliche Antenne tut. Die

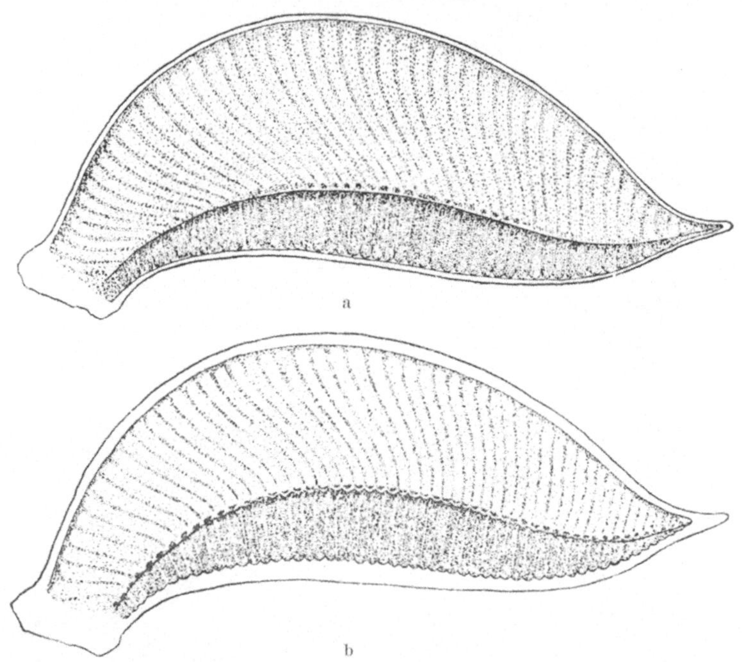

Abb. 36 a—e. Differenzierung der männlichen Antenne in der Puppe. Die Antenne ist durch ihr Chitinschild hindurch gesehen dargestellt. (Nach GOLDSCHMIDT.)

äußere Fiederreihe wächst erst nach der inneren aus, so daß ein Stadium vorkommt, in dem die äußere Reihe die Länge der weiblichen Fiedern zeigt, die innere aber schon weit auf dem Weg zur männlichen Länge ist.

Intersexuelle Weibchen. Für den ersten Beginn der intersexuellen Umwandlung der Antennen gibt es zwei Typen. Beim ersten, selteneren Typ verlängern sich zuerst einzelne Fiedern als eine kleine Gruppe. Dieser Typ erscheint nur in einer bestimmten

Rassenkreuzung, die auch sonst Besonderheiten zeigt (Abb. 37
1. Reihe). Sonst ist der erste Anfang durch eine leichte Fieder-

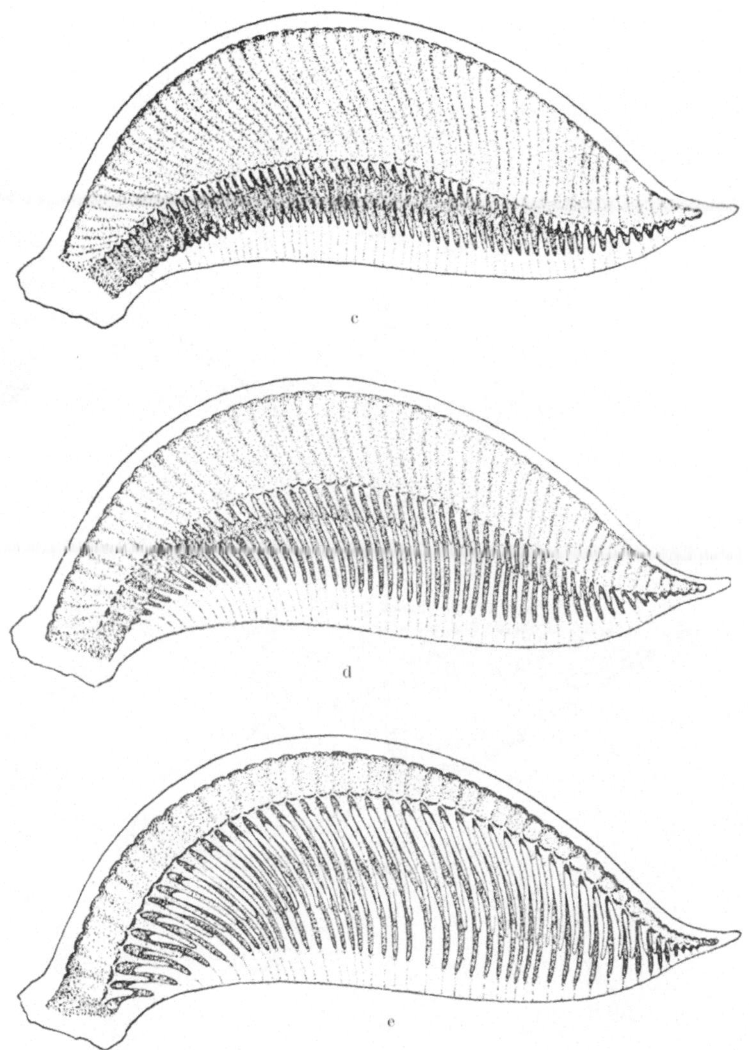

verlängerung kenntlich, und mit fortschreitender Intersexualität
werden die Fiedern länger und länger (Abb. 37), bis sie bei

höheren Intersexualitätsstufen ganz männlichen Charakter erreicht haben.

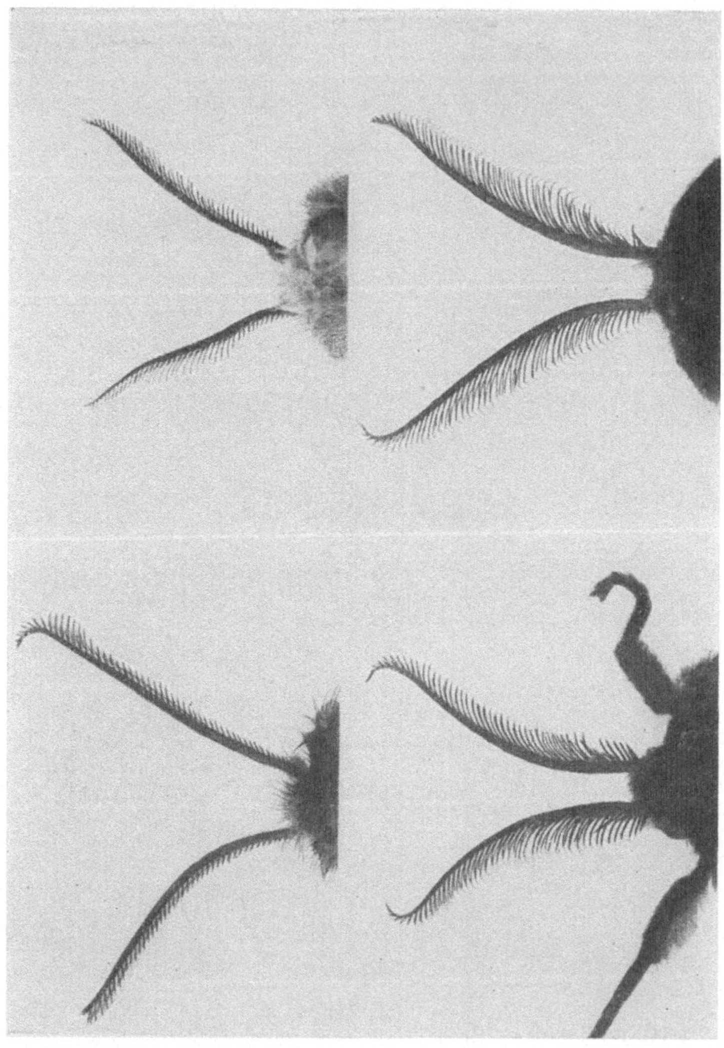

Intersexuelle Männchen. Bei den intersexuellen Männchen bleiben die Antennen bis zu den höchsten Stufen normal männlich. Erst in den höchsten Stufen verändern sie sich, und zwar wird die äußere Fiederreihe, die gleiche, die ent-

Abb. 37. Serie von Antennen intersexueller ♀ steigenden Intersexualitätsgrads. In der 1. Reihe die etwas abweichende erste Stufe vom sogenannten Giftutyp. (Nach GOLDSCHMIDT.)

wicklungsgeschichtlich sich zuletzt differenziert, teilweise oder ganz weiblich (Abb. 38). In den allerhöchsten Stufen folgt dann auch die innere Reihe mehr oder weniger unregelmäßig[1].

Interpretation und Entwicklung. Für die intersexuellen Männchen ist die Interpretation auf Grund des Zeitgesetzes einfach. In den niederen Stufen ist die männliche Determination schon abgeschlossen, wenn der Drehpunkt kommt. In den höchsten Stufen muß er so fallen, daß die sich zuerst entwickelnde innere Fiederreihe noch in die Zeit der männlichen Determination fällt, die später sich differenzierende äußere Reihe aber schon in die weibliche Phase. Weniger einfach ist aber die Situation für die intersexuellen Weibchen. Ursprünglich stellten wir uns vor, daß nach dem Drehpunkt die Seitenfiedern beginnen wie beim Männchen auszuwach-

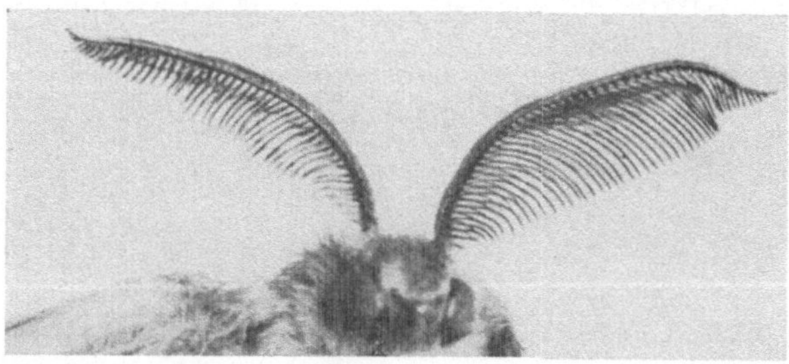

Abb. 38. Antennen eines stark intersexuellen ♂, zeigt die Differenz im Verhalten der beiden Fiederreihen. (Nach GOLDSCHMIDT.)

sen und so lange wachsen, bis die Chitinisierung eintritt und demgemäß so lang werden, wie es die noch verbleibende Zeit erlaubt. Das Studium der Entwicklung zeigte aber, daß die Situation doch komplizierter ist, und daß das Endresultat von mehreren Teilprozessen abhängig ist. Bei niederer Intersexualität ist das Antennenschild der Puppe rein weiblich, der Drehpunkt muß also nach der Determinierung der Form des Antennensacks stattgefunden haben. Die Entwicklung des Antennenschafts geht ebenfalls noch nach

---

[1] KOSMINSKY u. GOLOWINSKAJA (1930) haben neuerlich eine merkwürdige Serie von männlichen Intersexen erhalten, die nicht nur durch absonderliche genetische Verhältnisse zustande kommen, sondern auch in der Organisation völlig regellos sind, entgegen unseren tausendfältigen Erfahrungen. Auch die Antennen verhalten sich nicht wie hier geschildert. Offenbar handelt es sich um eine Komplikation infolge abnormer Chromosomenverhältnisse, die wohl aufgeklärt werden wird.

dem weiblichen Typ vor sich, die Fiederlänge hängt aber dann ab 1. von der geringen Breite des weiblichen Antennensacks, 2. von der bei weiblicher Schaftentwicklung eintretenden Zurückziehung vom konvexen Rand des Schilds. Die noch verfügbare Zeit zum Auswachsen mag auch eine Rolle spielen, ist aber nicht genau festzustellen. Die Lage des Drehpunkts legt also alle drei für die Differenzierung der Fiedern entscheidenden Faktoren fest, nämlich Breite des Puppenschilds, Zurückziehung des Antennenschafts und männliches Auswachsen der Fiedern; die kombinierte Wirkung der drei Faktoren wird dann sichtbar in der Fiederlänge. Die gleiche Erkenntnis wird sichtbar bei den mittleren Intersexualitätsstufen. Hier ist die Form des Antennenschilds intermediär zwischen den Geschlechtern, also eine Kompromißbildung, entstanden aus erst weiblicher, dann männlicher Differenzierung. Der Antennenschaft kontrahiert sich noch wie beim Weibchen, aber nicht mehr so stark, und die Fiedern wachsen männlich aus. Dies führt natürlich zu einer mehr oder minder intermediären Fiederlänge. In den höchsten Intersexualitätsstufen ist dann die Entwicklung ganz männlich.

δδ) Die Flügel.

Die intersexuellen Umwandlungen der Flügel, die scheinbar außerordentlich einfach sind, bieten der entwicklungsphysiologischen Analyse merkwürdigerweise die größten Schwierigkeiten dar[1].

Form. Die Form der Vorderflügel des Weibchens ist länglichelliptisch, während das Männchen mehr dreieckige Flügel besitzt. In den niederen bis mittleren Stufen weiblicher Intersexualität ist die Flügelform weiblich und wird dann erst in den höheren Intersexualitätsstufen zunächst intermediär und dann männlich. Genau umgekehrt ist der Prozeß bei den intersexuellen Männchen. Da die Flügelform bei der Verpuppung bereits festgelegt ist und sicher schon vorher in der Imaginalscheibe determiniert ist, so stimmen diese Tatsachen mit den Erwartungen für früheren oder späteren Drehpunkt überein.

Struktur und Farbe. Der normale weibliche Flügel hat weißliche Grundfarbe (nach Rassen etwas wechselnd) mit schwarzen

---

[1] Siehe GOLDSCHMIDT 1912, 1920 a, 1921 b, 1922 a, 1923 b, 1927 d, 1929 c; GOLDSCHMIDT u. POPPELBAUM 1914; POPPELBAUM 1914; MINAMI 1925.

Abb. 39. Oben ♀, unten ♂ von *Lymantria dispar*. (Nach GOLDSCHMIDT.)

Zickzackbinden (Abb. 39). Beim Männchen ist die Grundfarbe graubraun, bei verschiedenen Rassen bis nach schwarz hin variierend. Auch die Flügelschuppen zeigen in ihrer Form Geschlechtsunterschiede, indem sich beim weiblichen Flügel über den breiten Grundschuppen längliche Deckschuppen finden, die dem männlichen Flügel fehlen (Abb. 40), wie das Bild von einem Mosaikfleck gleichzeitig für beide Geschlechter zeigt. Sodann findet sich auf der Unterseite der Flügel eine geschlechtsspezifische Struktur: beim Männchen eine steife Borste, das Frenulum, die den Hinterflügel am Vorderflügel durch Eingreifen in eine Führung,

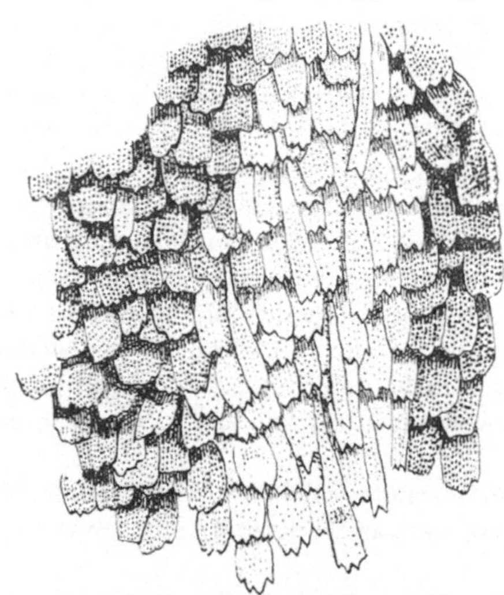

Abb. 40. Mosaikfleck von dem Flügel eines intersexuellen ♂. Hell weibliche Beschuppung, dunkel männliche. (Nach POPPELBAUM.)

das Retinaculum, befestigt; beim Weibchen finden sich dafür nur ein paar weiche Haare (Abb. 41).

Die intersexuellen Weibchen. Die Flügelfärbung verhält sich sehr einfach. In der ersten Intersexualitätsstufe sind die Flügel meist etwas dunkler als beim normalen Weibchen, aber nicht so dunkel wie beim Männchen. Aber schon bei schwacher Intersexualität ist die Farbe männlich, und bleibt es durch alle Stufen. Aus unseren Untersuchungen über das Flügelmuster geht unter anderem hervor, daß die dunkleren männlichen Schuppen sich langsamer differenzieren als die weiblichen. Es muß also auch ein relativ spät

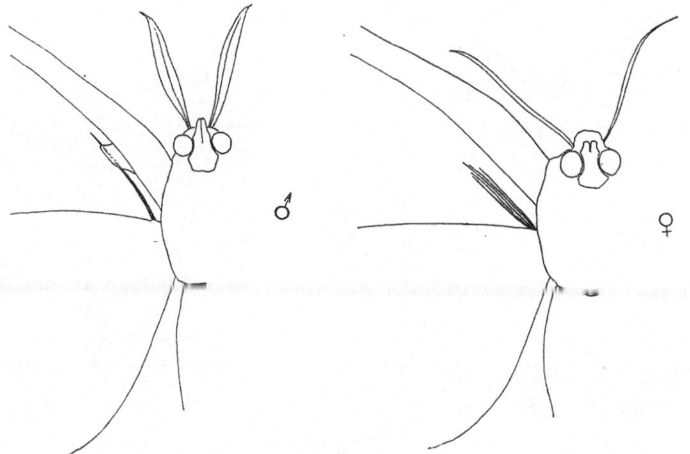

Abb. 41. Das Frenulum auf der Unterseite des männlichen und weiblichen Flügels. (Nach GOLDSCHMIDT.)

einsetzender Drehpunkt so frühzeitig fallen, daß die Differenzierungsgeschwindigkeit der Schuppen noch umspringen kann. Abb. 42 zeigt eine Serie von Weibchen ansteigender Intersexualität.

Das Frenulum verhält sich ziemlich genau wie die Flügelform: bis zu starker Intersexualität ist es weiblich und wird dann erst männlich. Seine Determination muß also viel früher liegen als die der Flügelfarbe.

Merkwürdigerweise gibt es nun noch einen zweiten Typ intersexueller Weibchen, der nur erscheint, wenn der Vater einer bestimmten Rasse angehört; da der erste Fall bei einer Kreuzung mit der Rasse *Gifu* aufgetreten war, sprechen wir vom *Gifu*-Typ (siehe GOLDSCHMIDT 1920 a, 1929 c). Bei diesem Typ erhalten die intersexuellen Weibchen bis zur mittleren Intersexualität ihre weibliche Farbe (es ist der gleiche Typ, der auch die Besonderheit zeigt,

Abb. 42. Ansteigende Serie intersexueller ♀, darüber ein normales ♀. Die Größenverschiedenheit ist bedeutungslos, nur durch die Zuchtbedingungen verursacht. (Nach GOLDSCHMIDT.)

daß die Fiederverlängerung der Antennen bei einigen Fiedern beginnt). Dann aber tritt die männliche Färbung in mosaikartigen Streifen auf, die mit zunehmender Intersexualität den Flügel mehr und mehr bedecken. Einige Beispiele zeigt Abb. 43. Bei der allerstärksten Intersexualität kommt es in bestimmten Kombinationen vor, daß die sonst ganz männlich aussehenden Individuen auf den Flügeln ganz feine Spritzer weiblicher Farbe zeigen. Da die Flügel sich beim *Gifu*-Typ ebenso verhalten wie bei den männlichen Intersexen, werden beide Erscheinungen gemeinsam besprochen werden.

Abb. 43. Ansteigende Stufen weiblicher Intersexualität vom *Gifu*-Typ.
(Nach GOLDSCHMIDT.)

Die intersexuellen Männchen. Diese zeigen stets den Mosaiktypus wie Abb. 44 zeigt, d. h. mit ansteigender Intersexualität nehmen die weiblichen Mosaikflecke zu, bis schließlich der Flügel fast oder ganz männlich ist. Diese Flecken sind insoweit unregelmäßig auf den Flügeln verteilt, als sie irgendwo auf den vier Flügeln erscheinen können. Was konstant ist für eine bestimmte Intersexualitätsstufe, ist die relative Gesamtgröße der männlichen und weiblichen Flügelbezirke. Aber auch in der Einzelverteilung der Flecken lassen sich bestimmte Gesetzmäßigkeiten erkennen (siehe

Abb. 44. Ansteigende Reihe männlicher Intersexualität, darüber ein normales ♂.
(Nach GOLDSCHMIDT.)

auch Minami), deren wichtigste sich so ausdrücken läßt, daß das
Mosaik meist so aussieht, als ob die dunkle männliche Farbe sich
in einem dickflüssigen Strom über die Flügelfläche ergossen hätte.

Es ist nun eine zunächst unerwartete aber wichtige Tatsache,
daß die männlich oder weiblich gefärbten Bezirke der Flügel nicht
nur der Farbe nach so aussehen, sondern in jeder Beziehung wirklich männlich oder weiblich sind: die Beschuppung ist weiblich
auf den weiblichen, männlich auf den männlichen Flecken (siehe
Abb. 40). Die weiblichen Flecken haben, entsprechend der weiblichen Flügelform, ein andersartiges Flächenwachstum als die
männlichen, wodurch der intersexuelle Flügel oft an richtiger Entfaltung gehindert wird. Endlich erscheint das Frenulum männlich,
wenn die Flügelstelle, an der es sitzt, männlich ist und weiblich,
wenn sie weiblich ist. Diese Erfahrungen werden nun auch durch
die Entwicklungsgeschichte bestätigt. Schon lange, ehe irgendwelche Farbe gebildet wird, sind die männlichen und weiblichen
Flügelteile daran zu unterscheiden, daß auf den weiblichen Stellen
die Schuppenentwicklung schneller abläuft als auf den männlichen.
Kosminsky u. Golovinskaja (1930) haben schließlich beobachtet,
daß sich die beiderlei Mosaikstellen oft schon auf der chitinigen
Flügelscheide der Puppe feststellen lassen, also schon festgelegt
sein müssen, bevor die Flügelanlage äußerlich irgend etwas zeigt.
Das stimmt ja auch mit der aus ganz anderen Untersuchungen ab-
geleiteten Tatsache überein, daß generell das Zeichnungsmuster des
Schmetterlingsflügels bei der Verpuppung schon determiniert ist.
Wir treffen somit hier (wie auch beim *Gifu*-Typ der intersexuellen
Weibchen) einen ganz einzigartigen Zustand an.

Zunächst erscheinen diese Tatsachen sehr schwer zu erklären.
Wollen wir eine Erklärung finden, so müssen wir dabei berücksichtigen, daß die geschilderte Art der Verteilung der Mosaik-
flecken auf der Flügelfläche verständlich werden muß; sodann
auch die Zunahme der weiblichen Flächenteile mit steigender
Intersexualität; die Tatsache ferner, daß dieser Mosaiktyp stets
bei den Männchen gefunden wird, bei den Weibchen aber nur bei
einer bestimmten seltenen Rassenkreuzung; endlich, daß es sehr
unwahrscheinlich ist, daß das Zeitgesetz der Intersexualität, das
für alle Organe gilt, gerade bei den männlichen Flügeln versage.
Eine Betrachtung dieser Punkte zeigt, daß eine Erklärung irgendwie auf besondere entwicklungsphysiologische Vorgänge bei der

Flügelbildung zurückgehen muß. Man erinnert sich dabei, daß bei
den Geschlechtern die verschiedenen Differenzierungsprozesse verschieden schnell ablaufen, z. B. der Hoden macht sein Hauptwachstum in der jungen Raupe durch, der Eierstock in der Puppe;
die männlichen Raupen haben bei den meisten Rassen vier, die weiblichen fünf Häutungen; die Puppenzeit ist beim Männchen mehrere
Tage länger als beim Weibchen. Alle diese zeitlich festgelegten
Dinge sind aber bei den verschiedenen Rassen und somit auch ihren
Bastarden wieder verschieden und endlich auch bei den Intersexen
wieder verschieden von den normalen Geschlechtern. Daraus kann
man schließen, daß für entwicklungsgeschichtliche Abläufe, die zeitlich geordnet sind, und dazu gehört auch der Determinationsvorgang, die Möglichkeit von Absonderlichkeiten gegeben ist, wenn
Bastarde bestimmter Rassen vorliegen und dazu Störungen des
normalen Ablaufs der geschlechtlichen Determination bei Intersexen. Ein spezieller Erklärungsversuch, der solche Gesichtspunkte
anwendet und gleichzeitig mit dem Zeitgesetz der Intersexualität übereinstimmt, ist der folgende (siehe GOLDSCHMIDT 1923 b,
1927 d):

Da beim Eintritt des Drehpunkts beim Mosaiktyp nicht die
ganze Flügelfläche den Charakter des anderen Geschlechts annimmt,
sondern nur ein mit der Vorverlegung des Drehpunkts größerer und
größerer Teil, so müssen zur Zeit des Drehpunkts die Zellen, die
sich nicht mehr ändern, definitiv determiniert sein. Und da diese
Zellen (die männlichen Flügelteile) in bestimmter Weise angeordnet
sind, nämlich so, daß wir ihre Anordnung unter dem Bild eines sich
über die vier Flügel von der Wurzel her ergießenden zähflüssigen
Stroms beschreiben können, so folgt daraus, daß der Vorgang der
definitiven Determination in einer Weise fortgeschritten sein muß,
die diesem Bild entspricht. Da diese Vorstellung tatsächlich mit
den Ergebnissen der Entwicklungsmechanik (SPEMANN) übereinstimmt, so ergibt sie wohl die richtige Erklärung: im intersexuellen
Männchen, wie auch bei der besonderen genetischen Kombination,
die dem *Gifu*-Typ intersexueller Weibchen zugrunde liegt, geht die
definitive Determination der Flügelanlage in Form eines sich von
der Wurzel her ergießenden Stroms vor sich. Was er erreicht hat,
entwickelt sich unter allen Umständen nach dem genetischen Geschlecht. Tritt der Drehpunkt ein, bevor der ganze Flügel über-
strömt ist, so entwickeln sich die noch nicht getroffenen Zellgrup-

pen und ihre Derivate mit dem neuen Geschlecht. Die Pigmentstraßen auf dem intersexuell männlichen Flügel sind also, bildlich gesprochen, eine Art Farbenphotographie des ursprünglichen Verlaufs des Determinationsstroms.

εε) *Andere Organe.*

Von den intersexuellen Umwandlungen anderer Organe ist nur wenig zu sagen. *Die Körperfarbe* verhält sich genau parallel der Flügelfärbung und kann auch bei den Mosaiktypen Mosaikcharakter in der Nähe der Flügelwurzeln zeigen. Sie ist also identisch mit der Flügelfärbung zu erklären. Die *Form des Abdomens* ändert sich ziemlich genau mit dem Fortschreiten der Intersexualität, d. h. in niederen Intersexualitätsstufen bleibt sie fast unverändert und in hohen nähert sie sich mehr und mehr dem anderen Geschlecht, so daß ein hochgradig intersexuelles Weibchen das schlanke Abdomen des Männchens besitzt und ein hochgradig intersexuelles Männchen das dicke Abdomen des Weibchens. Da diese Unterschiede mit dem Wachstum und der Fettspeicherung in der Raupe zusammenhängen, so muß diese bereits ihren Stoffwechsel auf das neue Geschlecht eingestellt haben, wenn Veränderungen des Abdomens sichtbar werden. Die *Afterwolle*, die das Ende des weiblichen Abdomens auszeichnet, verschwindet ebenso in den mittleren weiblichen Intersexualitätsstufen und taucht dementsprechend bei mittlerer männlicher Intersexualität auf. (Näheres in den angeführten Arbeiten, vor allem 1920b, 1922a).

ζζ) *Der Drehpunkt.*

Wir haben früher (S. 20ff.) bereits einige allgemeine Bemerkungen über den Drehpunkt gemacht. Nachdem nunmehr das morphologische Tatsachenmaterial referiert ist, wollen wir nochmals auf das Gesamtproblem zurückkommen, das für die Erforschung des ganzen Gegenstandes so wichtig ist. Zunächst legen wir uns die Frage vor, ob es möglich ist, die zeitliche Lage des Drehpunkts exakt zu bestimmen. Wer mit den Ergebnissen der modernen Entwicklungsmechanik vertraut ist, muß ohne weiteres sagen, daß dies im Augenblick nicht möglich ist. Denn es müßte vorher auf das Genaueste bekannt sein, wann die Anlage eines jeden Organs oder Organteils definitiv determiniert ist. Man denke etwa an die Verhältnisse der Amphibien und die frühzeitige Abgrenzung des

Augenanlagenmaterials einerseits, die andersartige Determination der Linse andererseits. Die Eier der meisten Insekten (nicht die Libellen nach Seidel) sind schon sehr früh in ihren einzelnen Bezirken fest determiniert. Das besagt aber nicht, daß dies auch für die feinere Ausbildung der Organe zutrifft. Bis jetzt haben wir darüber noch sehr geringe Kenntnisse auf experimenteller Grundlage und ohne solche ist unser Problem nicht definitiv zu lösen. Was wir sicher wissen ist, daß die Drehpunkte viel früher liegen müssen als die morphologische Differenzierung. Um ein Beispiel zu nehmen: Bei einem schwach intersexuellen Männchen verdoppelt sich der Uncus, der ja erst als so ziemlich letztes Organ in der Puppe ausdifferenziert wird. Seine doppelte Anlage tritt aber schon früh in der Puppe auf; die gleichzeitig bei diesen Intersexen gefundene Mosaikfärbung der Flügel muß aber, wie wir sahen, schon vor der Verpuppung festgelegt sein. Andererseits ist die Antenne rein männlich, ihre Determination muß also vollständig vor dem Drehpunkt gelegen sein, d. h. schon zur Zeit der Imaginalscheiben und früher als in den Flügelimaginalscheiben. Das Beispiel zeigt, daß wir aus dem Studium aller Organe eines Intersexualitätstyps nur festlegen können, vor welchem Stadium der Drehpunkt spätestens gelegen sein muß, viel mehr wissen wir aber nicht mangels entsprechender entwicklungsmechanischer Experimente. Nur eine sehr bemerkenswerte Tatsache haben die neuen entwicklungsgeschichtlichen Untersuchungen meiner Schülerin Fräulein Du Bois ergeben: die Raupenzeit bis kurz vor der Verpuppung scheint für die Drehpunkte ganz auszuscheiden. Sie stellt eine reine Wachstumsperiode dar. Der Drehpunkt kann aber sichtlich nur in einer Differenzierungsperiode liegen, entweder in der Embryonalentwicklung oder vom Stadium kurz vor der Verpuppung ab. Entwicklungsphysiologisch ist das sehr bemerkenswert.

Ein zweiter bemerkenswerter Punkt ist der folgende. Die Intersexe sind im vorliegenden Fall ja Bastarde zwischen verschiedenen Rassen (wir sehen von einem noch nicht verständlichen Ausnahmefall ab, den Kosminsky beschrieben hat). Wir sahen bereits bei Besprechung des „Gifu-Typs", daß es durchaus nicht gleichgültig ist, welche Rassen bei einer Kreuzung beteiligt sind, und daß besondere morphologische Charaktere der Intersexe mit bestimmten Rassenkombinationen verknüpft sind. Eine allgemeine Überlegung läßt das weniger erstaunlich erscheinen. Aus unseren Untersuchungen wissen wir, daß die Rassen sich in vielen Punkten unterscheiden, von denen mehrere sich auf zeitliche Abläufe beziehen, wie Länge der Entwicklungszeit, Zahl der Häutungen, Unterschiede der Entwicklungszeit bei den Geschlechtern und Verteilung der Zeit auf die einzelnen Entwicklungsstadien, endlich auch die zeitlichen Differenzierungsverhältnisse einiger Organe, z. B. der Hoden, die sich bei bestimmten Rassen viel früher differenzieren als bei anderen. Alle diese Besonderheiten sind aber erblicher Natur und somit können verschiedene Bastarde in allen diesen Dingen ein verschiedenes System darstellen, innerhalb dessen die Erscheinung des Drehpunkts eintritt. Daraus ergibt sich die Möglichkeit, daß bei verschiedenen Kombinationen kleine Differenzen im Verhalten der intersexuellen Teile eintreten, z. B. die Gonade früher umgewandelt ist, als sie nach dem Verhalten des Abdomens und der Antennen sein sollte. Das Zeitgesetz stimmt also zweifellos genau, wenn das Gesamtmaterial betrachtet wird, aber im Einzelfall müssen doch die Besonderheiten berücksichtigt werden, die auf den verschiedenen genetischen Beschaffenheiten der jeweiligen Bastarde beruhen. Mit anderen Worten: es ist bei Betrachtung des Einzelfalls das generelle Wirken des Zeitgesetzes von den speziellen Ausformungen auf Grund des übrigen genetischen Systems zu trennen.

Eine weitere Frage ist die: Tritt der Drehpunkt gleichzeitig in allen Zellen des Organismus ein, wobei unter gleichzeitig natürlich nicht ein kurzer Augenblick zu verstehen ist? Daß dies im großen ganzen der Fall ist, geht ja aus dem gesamten Tatsachenmaterial hervor. Trotzdem wäre zu erwägen, ob nicht gewisse gesetzmäßige Verschiebungen des Zeitpunkts innerhalb nicht großer Grenzen denkbar wären, also etwa derart, daß gerade stark wachsende Organe schneller reagierten als andere. Es ist bis jetzt nicht gelungen, eine solche zusätzliche Gesetzmäßigkeit zu finden, obwohl ich den Verdacht nicht loswerden kann, daß es dergleichen gibt.

Eine weitere Frage ist wieder auf das engste mit dem Determinationsproblem verknüpft. Bei den Insekten mit ihrer scharfen entwicklungsgeschichtlichen Determination ist ja anzunehmen, daß die Vorgänge, deren Endprodukt das Eintreten des endgültig determinierten Zustandes ist, in jeder Zelle selbständig verlaufen. Bis jetzt hat uns (außer bei den Libellen) die Entwicklungsmechanik noch nichts darüber gesagt, ob auch abhängige Determinationsvorgänge vorkommen, etwa nach Art der Organisatorwirkung bei den Amphibien. Wenn dies der Fall wäre, dann könnte innerhalb eines Organs nach dem Drehpunkt eine Art von Determinationsgefälle (etwa im Sinne CHILDs) zustande kommen. Wir mußten einen derartigen Gedankengang bereits für die Erklärung des Flügelmosaiks zu Hilfe nehmen, und es besteht die Möglichkeit, daß auch andere Organe, die von einer Basis auswachsen und somit ein besonders aktives Stoffwechselzentrum besitzen (im Sinne CHILDs), einen von der Basis fortschreitenden Determinationsvorgang besitzen. Einige Einzelheiten des Baus intersexueller Antennen und Kopulationsapparate und Gonaden[1] könnten vielleicht einer solchen Erklärung Material liefern. Mehr läßt sich im Augenblick nicht sagen. Wenn somit die Morphologie der Intersexe im ganzen durch das Zeitgesetz der Intersexualität vollständig verständlich ist, so sind doch noch manche Einzelheiten mangels entwicklungsmechanischer Experimente noch nicht endgültig geklärt.

Mit einem Wort seien die mehrfach zitierten intersexuellen Männchen erwähnt, die KOSMINSKY u. GOLOVINSKAJA (1930) innerhalb einer reinen Rasse erzielten, und bei denen die Reihenfolge in der intersexuellen Umwandlung der Organe gestört ist, ja weitgehend unregelmäßig ist. Da es sich hier wahrscheinlich um Intersexe auf Grundlage einer Störung des Chromosomenmechanismus handelt, liegt ein ganz besonderer Fall vor, dessen Analyse auf die Aufklärung der Genetik des Falls warten muß.

β) Genetische Analyse.

αα) *Die Grundversuche*[2].

Die zygotische diploide Intersexualität von *Lymantria dispar* wird durch geeignete Kreuzungen geographischer Rassen dieses Spinners hervorgerufen, und zwar hauptsächlich durch Kreuzung europäischer und japanischer Rassen. Wir werden sehen, daß es viele derartige Rassen gibt. Für den Grundversuch brauchen wir zunächst nur zwei, die als Europäer und Japaner bezeichnet werden und erst später genauer festgelegt werden sollen. Folgendes ist der Grundversuch:

1. Europäisches Weibchen × japanisches Männchen. Alle Söhne normal, alle Töchter intersexuell.

---

[1] Für die Gonaden wird demnächst ein Versuch veröffentlicht werden, in diesen Fragen weiter zu kommen, der im Hinblick auf den Vergleich mit den Wirbeltieren bedeutungsvoll ist.

[2] Siehe GOLDSCHMIDT (1911—1920).

2. Japanisches Weibchen × europäisches Männchen (die reziproke Kreuzung): Alles normal.

3. F_2 aus Nr. 1 (nur möglich bei der niedersten, noch fruchtbaren Intersexualitätsstufe).

Alle Söhne normal, Töchter zur Hälfte normal, zur Hälfte intersexuell von gleichem Intersexualitätsgrad wie die Mutter.

4. F_2 aus Nr. 2.

Alle Töchter normal, Söhne zur Hälfte normal, zur Hälfte intersexuell (ob genau die Hälfte wird erst später besprochen).

Im Anschluß an diesen Grundversuch kann zunächst eine Bezeichnung eingeführt werden, die im folgenden immer benutzt wird, und die zunächst rein deskriptiver Art ist. Wir nennen die hier benutzte japanische Rasse stark und die europäische schwach und können dann das Resultat so fassen:

Weibliche Intersexualität entsteht in F_1, und zwar bei sämtlichen Töchtern, wenn ein schwaches Weibchen (kurz für Weibchen einer schwachen Rasse) mit einem starken Männchen (= ♂ starker Rasse) gekreuzt wird. Männliche Intersexualität entsteht erst in F_2, wenn umgekehrt ein starkes Weibchen mit einem schwachen Männchen gekreuzt worden war, und zwar bei einem bestimmten Prozentsatz der F_2-Männchen. Aus diesem Elementarversuch geht nun bereits mehreres hervor: Zunächst zeigt er, daß beide genetischen Geschlechter die Anlagen für jedes Geschlecht enthalten, denn das genetische Weibchen vermag männliche Charaktere auszubilden, ebenso das genetische Männchen weibliche[1]. Sodann erkennen wir, daß das gametische Geschlecht (XX oder XY) nicht unwiderruflich festgelegt ist, sondern daß bei besonderer Erbfaktorenkombination durch Kreuzung sowohl ein XX- wie ein XY-Individuum Eigenschaften des anderen Geschlechts annehmen kann. Wir sehen ferner, daß das Resultat, also reine Geschlechter oder Intersexualität, von einer bestimmten Kombination zweier Dinge abhängt, von denen das eine die Geschlechtigkeit nach der männlichen, das andere sie nach der weiblichen Seite zieht. Da diese Dinge nur von der Bastardkombination abhängen und sichtlich eine

---

[1] Es sei für den Mediziner nochmals darauf hingewiesen, daß eine Unterscheidung von primären und sekundären Geschlechtscharakteren hier überflüssig wird. Bei der Intersexualität werden, wie wir sahen, alle Geschlechtscharaktere gleichzeitig betroffen nach den schon besprochenen Gesetzen.

Spaltung zeigen, so müssen es mendelnde Gene sein, in diesem Fall also Geschlechtsgene. Sodann sehen wir, daß das Resultat in Bezug auf die Geschlechter von irgend etwas weiterem Genetischen abhängt, das wir als Stärke und Schwäche der Rassen bezeichnet hatten und nunmehr als Stärke und Schwäche der Geschlechtsgene direkt ansprechen können.

Da wir aus den ersten Resultaten bereits sehen, daß diese Geschlechtsgene in bestimmter Weise vererbt werden müssen, so ist die erste weitere Frage: Wie werden sie vererbt? Die Antwort kommt für den nur mit den ersten Elementen der Vererbungslehre Vertrauten aus den vorhergehenden Versuchen zusammen mit den Rückkreuzungen. Wir unterscheiden dabei die Kombinationen nach der mütterlichen Linie, d. h. der Rasse, der die Mutter und mütterliche Großmutter angehörte; ♀ bedeutet normales Weibchen, ♂ desgleichen Männchen, ♂J und ♀J intersexuelle Männchen bzw. Weibchen. Folgendes ist die vollständige elementare Versuchsserie:

1. Kreuzungen in der mütterlichen Linie der schwachen Rasse.

Kombination	Töchter	Söhne
F_1 schwach ♀ × stark ♂	alle ♀ J	alle ♂
F_2 (schwach ♀ × stark ♂)²	½ ♀, ½ ♀ J	,, ♂
Rückkreuzung schwach ♀ × (schwach ♀ × stark ♂) ♂	½ ♀, ½ ♀ J	,, ♂
,, ,, ♀ × (stark ♀ × schwach ♂) ♂	½ ♀, ½ ♀ J	,, ♂
,, (,, ♀ × stark ♂) ♀ × schwach ♂	alle ♀	,, ♂
,, (,, ♀ × ,, ♂) ♀ × stark ♂	alle ♀ J	,, ♂

Eine kurze Überlegung zeigt, daß das, was wir die Stärke des Gens der starken Rasse, das die weibliche Intesexualität hervorruft, nannten, also somit dieses Gen selbst, im X-Chromosom gelegen ist. Denn jede Tochter erhält ihr eines X-Chromosom (*Abraxas*-Typ, XY = ♀) vom Vater. Ist der Vater homozygot stark, so haben alle seine Töchter sein starkes X-Chromosom und sind alleintersexuell; ist der Vater heterozygot aus stark und schwach, so erhält die Hälfte der Töchter das starke, die andere Hälfte das schwache X-Chromosom, und nur die Hälfte ist intersexuell. Das zeigt nun gleichzeitig auch, daß die schwache Rasse ein schwaches X-Chromosom besitzt, da das heterozygote Männchen eines seiner X-Chromosomen ja vom schwachen Elter hatte (schwaches X-Chromosom ist natürlich wieder nur verkürzte Ausdrucksweise für X-Chromosom mit einem schwachen Geschlechtsgen). Endlich zeigt die Serie auch, daß es für dieses Resultat gleich ist, ob die Mutter rein schwach oder ein F_1-Bastard in der schwachen mütterlichen Linie war.

2. Kreuzungen in der mütterlichen Linie der starken Rasse.

Kombination	Söhne	Töchter
F_1 stark ♀ × schwach ♂	alle ♂	alle ♀
F_2 (stark ♀ × schwach ♂)[2]	$^1/_2$ ♂, $^1/_2$ ♂ J[1]	„ ♀♂♀
Rückkreuzung stark ♀ × (schwach ♀ × stark ♂) ♂	alle ♂	„ ♀♂♀
„ „ ♀ × (stark ♀ × ♂ schwach ♂) ♂	„ ♂	„ ♀♂♀
„ („ ♀ × schwach ♂) ♀ × stark ♂	„ ♂	„ ♀♂♀
„ („ ♀ × „ ♂) ♀ × schwach ♂	alle ♂ J[2]	„ ♀

Diese Serie zeigt, daß in der starken mütterlichen Linie keine weibliche Intersexualität erscheint, wohl aber männliche. Sie zeigt wieder, daß die Schwäche der schwachen Männchen in ihrem X-Chromosom vererbt wird; ferner, daß wenn in der männlichen Konstitution (1 X von der Mutter, 1 X vom Vater) zwei starke oder ein starkes und ein schwaches X zusammenkommen, die Männchen normal sind, aber intersexuell, wenn zwei schwache XX zusammenkommen. Es zeigt endlich wieder, daß es gleichgültig ist, ob die Mutter rein stark ist oder ein Bastard stark ♀ × schwach ♂, insoweit weibliche Intersexualität in Betracht kommt, die hier nicht erscheint, daß es aber nicht gleichgültig ist, soweit ihre Söhne in Betracht kommen, denen sie ja in ersterem Fall ein starkes, in letzterem ein schwaches X-Chromosom übermittelt.

Betrachten wir nun die beiden Serien zusammen, so sehen wir, daß es für das Resultat erstens entscheidend ist, ob das oder die X-Chromosomen von der schwachen oder starken Rasse kommen und sodann, ob die mütterliche Linie stark oder schwach ist. Über das Geschlecht wird also entschieden durch das Verhältnis in der Stärke bzw. Schwäche zwischen Genen, die nur in der mütterlichen Linie vererbt werden und solchen, die in den X-Chromosomen vererbt werden. Da nun die Kombination zwischen dem schwachen mütterlich vererbten Gen und dem starken im X-Chromosom gelegenen das Geschlecht eines genetischen Weibchens nach der männlichen Seite hin verschiebt, und da ferner in der Kombination des starken Gens der mütterlichen Linie mit zwei schwachen Genen in den X-

---

[1] Wegen des Zahlenverhältnisses siehe später.

[2] Wenn nicht eine besondere Komplikation vorliegt, siehe später.

Chromosomen das Geschlecht eines gametischen Männchens nach der weiblichen Seite verschoben wird, so müssen die X-Chromosomen Männlichkeitsgene enthalten und das Gen, das die mütterliche Vererbung zeigt, ein Weiblichkeitsbestimmer sein. Beide aber sind stark bei den starken und schwach bei den schwachen Rassen. Kurz gefaßt: Über das Geschlecht entscheidet hier ein Stärkeverhältnis (was das auch bedeuten möge) zwischen einem mütterlich vererbten Weiblichkeitsgen, F genannt, und einem bzw. zwei in den X-Chromosomen gelegenen Männlichkeitsbestimmern, M genannt.

$\boxed{F}\, M = \female$ oder $\female J$, $\boxed{F}\, MM = \male$ oder $\male J$, wobei die Umrahmung des F seine mütterliche Vererbung andeuten soll. Oder wenn wir das Stärkeverhältnis ausdrücken wollen und auch der Vererbung im X-Chromosom Rechnung tragen, können wir schreiben:

$$\frac{\boxed{F}}{M\,(X)} = \female \text{ oder } \female J, \qquad \frac{\boxed{F}}{M\,(X)\; M\,(X)} = \male \text{ oder } \male J.$$

Es geht schließlich aus allem hervor, daß die reinen Geschlechter entstehen, wenn das Stärkeverhältnis von $F : M$ bzw. MM richtig ausbalanciert ist, so wie es bei den reinen Rassen der Fall ist, daß aber Intersexe entstehen, wenn durch die Kreuzung in ihrer Stärke bzw. Schwäche nicht aufeinander abgestimmte F und M zusammenkommen.

Wir können dieses Resultat der Elementaranalyse anschaulich klar machen, wenn wir uns vorstellen, daß wir die relative Stärke und Schwäche der Gene in bestimmten Zahlenwerten ausdrücken könnten, also Werte, denen proportional der Einfluß des betreffenden Gens auf die Kontrolle der geschlechtlichen Differenzierung verläuft. Denn das ist ja der greifbare Sinn der Bezeichnung Stärke und Schwäche, der ohne weiteres sichtbar wird. Wenn wir bei einer solchen Anschaulichmachung der Situation mit Zahlenwerten das mehr oder minder starke Überwiegen von F und M kennzeichnen wollen, so können wir das auf zwei Arten tun, entweder als Differenzen $F-M$ bzw. $MM-F$ oder als Proportionen $\frac{F}{M}$ und $\frac{MM}{F}$ (letzteres von Bridges vorgeschlagen). Beides hat seine Vorzüge, obwohl die Darstellung als Proportion wohl richtiger ist. Wir führen kurz beides aus. Vorher müssen wir uns aber über einen Punkt noch klar werden. Wenn das relative Stärkeverhältnis der F- und M-Gene über Geschlecht oder Intersexualität entscheidet, und zwar so, daß ein nicht ausgeglichenes Verhältnis zwischen beiden die sexuellen Zwischenstufen bedingt, dann hat dies zur Voraussetzung, daß zur Erzeugung der normalen Geschlechter ein bestimmtes Maß von Überwiegen des einen Gens über das andere benötigt ist. Wir nennen diesen Spielraum das *epistatische Minimum* (*e*) und können somit die Sachlage für die reinen Geschlechter so formulieren (nach Differenzen und Proportionen), wobei wir der Einfachheit halber annehmen, daß der Wert von *e* in beiden Geschlechtern derselbe ist:

$$F - M > e = \female \qquad\qquad MM - F > e = \male \text{ oder}$$
$$\frac{F}{M} > e = \female \qquad\qquad \frac{MM}{F} > e = \male$$

oder wenn wir beides von F aus betrachten:

$$F - M > e = \female \qquad\qquad F - MM < -e = \male$$
$$\frac{F}{M} > e = \female \qquad\qquad \frac{F}{MM} < -e = \male$$

Es liegt somit für die Differenzen zwischen F und M bzw. MM (oder die Proportionen) ein Spielraum zwischen den reinen Geschlechtern von $+e$ bis $-e$. Nehmen wir nun bei Benutzung von Differenzen einen bestimmten Wert für e, z. B. 20, so heißt das, daß ein Weibchen entsteht, wenn $F-M$ größer als 20, ein Männchen, wenn $MM-F$ größer als 20 oder, was dasselbe bedeutet, $F-MM$ kleiner als -20; liegt aber $F-M$ zwischen $+$ und -20 und ebenso $F-MM$ zwischen -20 und $+20$, so haben wir ein Intersex. Ist dieses gametisch $\boxed{F}\,M$ (also XY), so erstreckt sich die weibliche Reihe der Intersexualität von $+19$ bis -20, letzteres wäre ein Umwandlungsmännchen. Ist umgekehrt das gametische Geschlecht $\boxed{F}\,MM$ (also XX), so erstreckt sich die Reihe männlicher Intersexualität von -19 bis $+20$, letzteres wäre ein Umwandlungsweibchen. Das gleiche ließe sich natürlich auch in Proportionen ausdrücken, z. B. reine Geschlechter bei $\frac{F}{M} > \frac{6}{5}$, $\frac{F}{MM} < \frac{6}{7}$, die Intersexualitätsreihe also zwischen 0,84 und 1,20 liegend. Wir können uns somit vom Standpunkt des epistatischen Minimums aus die normalen Geschlechter wie die beiden Intersexualitätsreihen in dem Schema Abb. 45 darstellen. Hier sind die Werte für $F-M$ und $F-MM$ (in Klammern für die Proportionen) als Abschnitte auf einer Geraden dargestellt: rechts von $+20$ $\left(\frac{6}{5} = 1{,}20\right)$ liegt Weiblichkeit, links von -20 $\left(\frac{6}{7} = 0{,}84\right)$ Männlichkeit, dazwischen die

Intersexualität, und zwar zu lesen als ansteigende Intersexualitätsreihe von rechts nach links beim XY-Geschlecht, von links nach rechts beim XX-Geschlecht. Dies einfache Schema wird später seinen heuristischen Wert beweisen.

Nunmehr können wir die Erklärung des Elementarfalls mit Zahlenbeispielen durchführen. Wir nehmen also an, daß bei der starken wie bei der schwachen Rasse, die ja beide rein gezüchtet normale Geschlechter ergeben, das Verhältnis bzw. die Differenz von F und M so ist, daß es jenseits des epistatischen Minimums fällt, aber daß sich die beiderlei Rassen durch verschiedene absolute Werte der Geschlechtsgene unterscheiden, also z. B. (die Stärke-

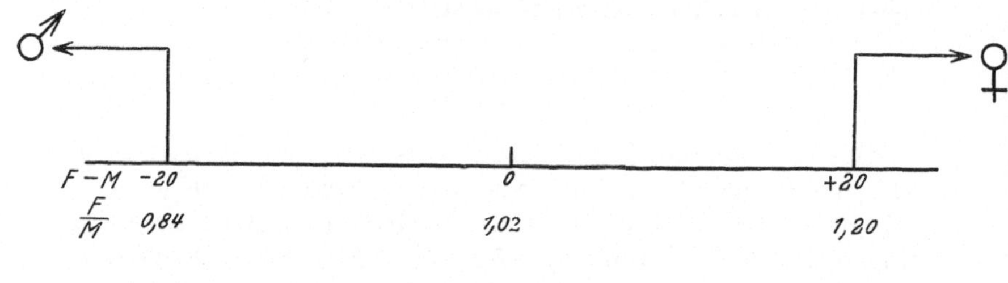

Abb. 45. Graphische Darstellung für die Lage der Intersexe zwischen den Geschlechtern und das epistatische Minimum. Erklärung im Text.

werte stehen in Klammern neben den Symbolen für die Geschlechtsgene, die bei den starken Rassen das Suffix s tragen):

<table>
<tr><td colspan="2" align="center">Starke Rasse</td><td colspan="2" align="center">Schwache Rasse</td></tr>
<tr><td>♀</td><td>F_s (120) M_s (80)</td><td>♀</td><td>F (80) M (60)</td></tr>
<tr><td>♂</td><td>F_s (120) M_s (80) M_s (80)</td><td>♂</td><td>F (80) M (60) M (60)</td></tr>
</table>

Es ist also in den weiblichen Kombinationen F minus M mindestens $= 20$ (e) und in den männlichen MM minus F ebenso mindestens $= 20$ ($F-MM$ maximal -20). Die beiden hauptsächlichsten Kreuzungskombinationen verlaufen dann folgendermaßen:

1. Starkes ♀ × schwaches ♂

F_s (120) M_s (80) $\times F$ (80) M (60) M (60)

F_1 $^1/_2 F_s$ (120) M (60) $= $ ♀ denn $F-M > 20$

$^1/_2 F_s$ (120) M_s (80) M (60) $= $ ♂ denn $MM-F = 20$

2. Schwaches ♀ × starkes ♂

F (80) M (60) $\times F_s$ (120) M_s (80) M_s (80)

F_1 $^1/_2 F$ (80) M_s (80) $= $ ♀ J denn $F-M = 0$ (< 20)

$^1/_2 F$ (80) M_s (80) M (60) $= $ ♂ denn $MM-F > 20$

3. F_2 aus Nr. 1

$$F_1 \,♀\, F_s \,(120)\quad M \,(60) \times F_1 \,♂\, F_s \,(120)\quad M_s \,(80)\quad M \,(60)$$

Kombinationen.

a) $F_s \,(120)\; M_s \,(80) = ♀$ denn $F - M > 20$
b) $F_s \,(120)\; M \,(60) = ♀$ denn $F - M > 20$
c) $F_s \,(120)\; M \,(60)\; M_s \,(80) = ♂$ denn $MM - F = 20$
d) $F_s \,(120)\; M \,(60)\; M \,(60) = ♂ \, J$ denn $MM - F = 0 = \; < 20$

4. F_2 aus Nr. 2

$$F_1 \,♀\, J \; F \,(80)\quad M_s \,(80) \times F_1 \,♂\, F \,(80)\quad M_s \,(80)\quad M \,(60)$$

Kombinationen:

a) $F \,(80)\; M_s \,(80) = ♀ \, J$ denn $F - M < 20$
b) $F \,(80)\; M \,(60) = ♀$ denn $F - M = 20$
c) $F \,(80)\; M_s \,(80)\; M \,(60) = ♂$ denn $MM - F = \; > 20$
d) $F \,(80)\; M \,(60)\; M \,(60) = ♂$ denn $MM - F = \; > 20$

Dies sind ja die tatsächlichen Resultate. Das gleiche ließe sich auch in Proportionen $\dfrac{F}{M}$ und $\dfrac{MM}{F}$ ausdrücken; es müßten dann die Grenzwerte für $-$ und $+e$ bei 0,84—1,20 liegen. Aus einer Betrachtung dieser Ableitung geht übrigens auch die wichtige Tatsache hervor, daß es innerhalb der reinen Geschlechter mehr oder weniger männliche Männchen und weibliche Weibchen geben muß. Bei *L. dispar* sind sie aber nicht unterscheidbar, wohl aber, wie wir später sehen werden, bei *Drosophila* (BRIDGES).

ββ) Die Erzeugung der verschiedenen Intersexualitätsstufen.

In dem im letzten Abschnitt geschilderten Grundversuch war nur von einer starken japanischen Rasse und einer schwachen europäischen die Rede, deren Kreuzung Intersexe einer bestimmten Intersexualitätsstufe lieferte. Aus dem morphologischen Teil wissen wir nun bereits, daß es sehr verschiedene Intersexualitätsstufen gibt, die im Experiment erzeugt werden können. Es hatte sich nun aus bestimmten Ergebnissen der Elementarversuche der Verdacht ergeben, daß es verschiedene Sorten von starken und schwachen Rassen geben müsse, und zwar in verschiedenen Arealen des Verbreitungsgebietes der Art. Diese Erwartung hat sich bestätigt, und im Lauf der Jahre gelang es mir, eine weitgehende Analyse dieser verschiedenen Rassen zum Teil an Ort und Stelle durchzuführen. Abgesehen von der Bedeutung der Resultate für das Problem der geographischen Variation ermöglichte die Auffindung dieser Rassen, die Erzeugung der verschiedenen Intersexualitätsstufen vollständig in die Hand des Experimentators zu bekommen. Die folgenden Typen von Rassen wurden gefunden und analysiert. (Siehe die neueste Darstellung von GOLDSCHMIDT 1929 c.)

1. Starke Rassen. Ihre Natur ist bereits bei Schilderung des Elementarversuchs charakterisiert. Das Männchen einer starken Rasse erzeugt mit dem Weibchen einer schwachen Rasse in F_1 nur intersexuelle Töchter eines bestimmten Intersexualitätsgrads. Dieser ist für zwei bestimmte Rassen im Rahmen einer gewissen Fluktuation konstant und hängt von der relativen Stärke der starken und relativen Schwäche der schwachen Rasse ab. In verschiedenen Kombinationen von Müttern verschieden schwacher Rassen mit Vätern verschieden starker Rassen lassen sich also die verschiedenen Stufen weiblicher Intersexualität in F_1 konstant erzielen. Wissen wir von einem Versuch her, daß von zwei starken Rassen die eine stärker als die andere ist, so können wir sicher sein, daß sie in einer neuen Kombination mit andersartigen schwachen Müttern ebenso stärkere Intersexualität erzeugt als die andere starke Rasse mit der gleichen Mutter. Wir haben also bei der Erzeugung der weiblichen Intersexualität in F_1 zwei Serien: a) Das schwache Weibchen einer bestimmten schwachen Rasse erzeugt mit starken Männchen verschiedener Rassen von ansteigender Stärke intersexuelle Töchter von entsprechend ansteigendem Intersexualitätsgrad. b) Ein und dasselbe starke Männchen einer bestimmten starken Rasse erzeugt mit Weibchen von Rassen abnehmender Schwäche intersexuelle Töchter, deren Intersexualitätsgrad steigt, je schwächer die Rasse der Mutter ist. Der Intersexualitätsgrad der Töchter ist also eine Funktion der relativen Schwäche der Mutter und der relativen Stärke des Vaters oder, wenn wir das gleiche auf Grund der vorhergehenden Ausführungen genetisch ausdrücken, der relativen Stärke oder Valenz des F der mütterlichen und des M der väterlichen Rasse. Wir können diese grundlegende Tatsache in einem Schema darstellen (Abb. 46): Auf der mittleren Horizontalen ist das Schema für die lineare Darstellung der Intersexualität aufgetragen, das wir vorher erörterten, in dem

die Werte von F—M bzw. $\dfrac{F}{M}$ zwischen dem epistatischen Minimum

für Weiblichkeit und Männlichkeit auf einer Geraden angeordnet sind. Links vom linken Pfeil, also jenseits des epistatischen Minimums, finden sich die Weibchen, rechts vom rechten Pfeil die Männchen und dazwischen die Stufen weiblicher Intersexualität von links nach rechts ansteigend. Auf der unteren Horizontalen sind in absteigender Reihe verschiedene Stärkegrade schwacher F von $F\,5$ bis $F\,0$ angegeben. Die obere Horizontale zeigt ebenso in ansteigender Reihe verschiedene Stärkegrade starker M von $M\,0$ bis $M\,5$. Die Beschaffenheit der Töchter aus der Kombination irgendeiner schwachen Mutter mit einem starken Vater, also von der Formel $F_0{-}_5 M_0{-}_5$ wird erhalten, wenn wir das betreffende F

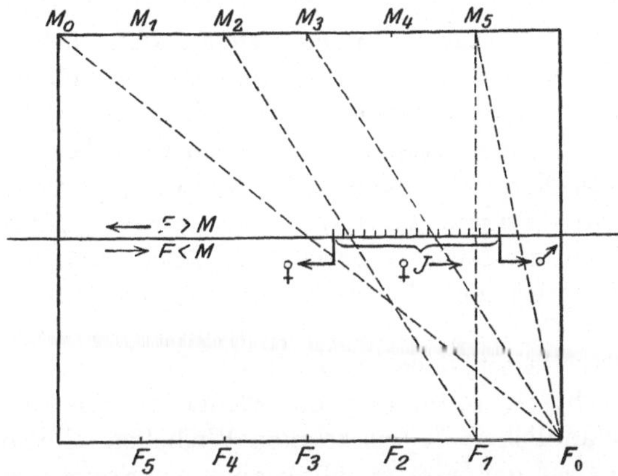

Abb. 46. Schema zur Erläuterung der Entstehung verschiedener Intersexualitätsstufen durch Kombination verschiedener F und M. (Nach GOLDSCHMIDT.)

mit dem entsprechenden M verbinden und den Schnittpunkt auf der mittleren Horizontalen betrachten. Also die Verbindung von F_0 mit M_5 gibt nur Umwandlungsmännchen, mit M_0 nur normale ♀, mit F_3 etwas mehr als mittel-intersexuelle Weibchen; M_5 aber, das in Kombination mit F_0 nur Umwandlungsmännchen ergab, bedingt in Kombination mit F_1 stark intersexuelle Weibchen usw. Es sei sogleich bemerkt, daß wir am gleichen Schema auch die Verhältnisse der männlichen Intersexualität ablesen können, wenn wir umgekehrt $F_0{-}F_5$ als ansteigende Reihe eines starken F auffassen und $M_0{-}M_5$ als MM von zusammen ansteigender Stärke. Die männliche Intersexualität ist dann auf der mittleren Horizontalen von rechts nach links ansteigend zu lesen: also das starke F_0 gibt mit zwei relativ starken $M = M_5$ normale $\male$, aber mit zwei relativ schwachen $M = M_0$ nur Umwandlungsweibchen usw.

Kehren wir nun wieder zu den starken Rassen zurück, so wissen wir weiterhin, daß sie dadurch charakterisiert sind, daß in F_2 aus der Kreuzung stark $\female$ × schwach $\male$ intersexuelle Männchen erzeugt werden, deren Stärkegrad sich wieder nach der relativen Stärke der starken Rasse, die hier das F liefert, richtet, und der relativen Schwäche der schwachen Rasse, die für die Hälfte der männlichen Enkel die beiden M liefert. Wir sahen soeben, daß auch der Zustand dieser Kombinationen sich am Schema Abb. 46 ablesen läßt.

Diese starken Rassen finden sich ausschließlich im nordöstlichen Teil der japanischen Hauptinsel mit der Grenze ungefähr auf der Linie Tsuruga, Biwasee, Bucht von Ise. Innerhalb dieses Areals gibt es starke Rassen verschiedener Stärke, und zwar annähernd von Nordosten nach Südwesten darin abnehmend.

2. Neutrale Rassen. Diese sind charakterisiert durch ein relativ starkes F und ein relativ schwaches M. Deshalb geben die Kreuzungen dieser Rassen mit irgendeiner anderen und in irgendeiner Richtung in F_1 nur normale Nachkommenschaft. Dagegen zeigt das F dieser Rassen seine Stärke in der F_2-Kombination (neutral $\female$ × schwach $\male$)², wo intersexuelle Männchen erscheinen, entsprechend der ähnlichen F_2 aus starken Weibchen. Natürlich hängt wieder der Grad der Intersexualität ab von der relativen Stärke der benutzten F und M. Die neutralen Rassen finden sich im ganzen westlichen Japan, westlich der genannten Grenze einschließlich der südlichsten Insel Kyushiu. Hier wurden die relativ schwächsten unter den neutralen Rassen gefunden und auch schon Übergänge zu der nächst niederen Gruppe. Neutral sind ferner die Formen aus dem nördlichen Korea und der Mandschurei und die zentralasiatischen Formen aus Russisch-Turkestan stehen gerade auf der Grenze zwischen neutralen und der nächst niederen Gruppe.

3. Die schwachen Rassen. Als solche bezeichnen wir Rassen, deren Weibchen mit starken Männchen gekreuzt stets intersexuelle Töchter erzeugen. Wir unterscheiden dabei zwei Untergruppen a) *die halbschwachen Rassen.* In der genannten Kreuzung liefern sie intersexuelle Töchter einer bestimmten Stufe, aber niemals die letzte Stufe, die Geschlechtsumwandlungsmännchen. Aus der

Kombination eines starken F mit zwei halbschwachen M, also F_2 der reziproken Kreuzung, gehen nur schwach intersexuelle bis normale Männchen hervor. Bis jetzt sind solche halbschwachen Rassen bekannt aus dem südwestlichen Teil von Japan (siehe oben), dem mittleren Korea, Russisch-Turkestan (siehe oben), dem Kanton Tessin und aus Süditalien. Wie erwähnt sind die von Kyushiu und Turkestan relativ stark und an der Grenze zu neutralen. Hierher gehört auch die nach Massachusetts aus Frankreich eingeschleppte Form, die sich dort so katastrophal vermehrt hat. b) *Die eigentlichen schwachen Rassen.* Ihre Weibchen mit starken Männchen gekreuzt geben nur Männchen, von denen die Hälfte gametische Weibchen sind (Umwandlungsmännchen). In F_2 der reziproken Kreuzungen geben sie das oft erwähnte Resultat, nämlich zur Hälfte intersexuelle Männchen. Diese Rassen wurden überall in ganz Europa vorgefunden und sie zeigen untereinander gewisse Verschiedenheiten in ihrer relativen Schwäche, für die aber keine Regel bekannt ist. Untersucht sind Formen aus Mitteleuropa, Jugoslawien, Balkanländern, Italien, Spanien, Rußland.

c) *Die Rasse Hokkaido.* Diese Rasse, die auf der nördlichsten Insel Japans lebt und bisher die einzige nicht europäische schwache Rasse darstellt, nimmt eine besondere Stellung unter den schwachen Rassen ein, deren schwächste sie ist. Ihre Weibchen geben mit starken Männchen ebenfalls nur Söhne. Aber die Kombination eines starken F mit zwei M von Hokkaido ist nicht wie vorher ein intersexuelles Männchen, sondern ein Geschlechtsumwandlungsweibchen. Die F_2 aus stark ♀ × Hokkaido ♂ gibt daher 3 ♀ : 1 ♂, wobei ein Drittel der Weibchen gametische Männchen sind[1]; und die Rückkreuzung (stark ♀ × *Hokkaido* ♂) ♀ × Hokkaido ♂, wobei ja nur eine männliche Kombination nämlich $F_{stark}\, M_{Hok}\, M_{Hok}$ erhalten wird, liefert nur Weibchen. Diese Kombination wird später für wichtige Experimente gebraucht werden.

Es ist klar, daß alle diese Rassen sich in allen möglichen Kombinationen verbinden lassen, deren Resultate vorauszusehen sind, wenn ein paar Grundversuche bekannt sind. Niemals wurden die Erwartungen, wie sie generell aus dem Schema Abb. 46 abzuleiten sind, enttäuscht.

---

[1] Siehe spätere Einschränkung; die genetischen ♂ sind meist nicht lebensfähig.

γγ) *Die Folgerungen in Bezug auf M und F.*

Es erhebt sich nun zunächst die Frage, wie vom Standpunkt der Vererbungslehre aus die Gene F und M zu deuten sind. Zunächst müssen wir wissen, ob es sich um Einzelgene handelt. Bei einer Vererbungsanalyse sprechen wir dann von Einzelgenen, wenn sich stets eine einfache MENDEL-Spaltung (nach Autosomen oder Geschlechtschromosomen) ergibt. Ein Einzelgen kann allerdings vorgetäuscht werden, wenn eine Gruppe von Genen so fest gekoppelt sind, daß sie als Einheit vererbt werden. In diesem Fall wird aber gelegentlich ein Faktorenaustausch für ein Gen der Gruppe eintreten, der dann eben beweist, daß es sich nicht um ein Einzelgen handelt. Im vorliegenden Fall wurde aber unter unzähligen Kreuzungen niemals ein solcher Austausch gefunden, so daß der Schluß berechtigt ist, daß es sich um Einzelgene handelt. Dafür sprechen aber auch alle weiteren Tatsachen. Die F und M der verschiedenen Rassen verhalten sich wie multiple Allele. Als solche bezeichnet die Vererbungslehre Genpaare oder Allele (Allelomorphe), die in verschiedenen Zuständen auftreten, aber sich so vererben, als ob es sich nur um ein Genpaar handele, also in allen Kombinationen nur eine monohybride MENDEL-Spaltung geben. Solche Reihen multipler Allele beeinflussen fast stets die gleiche Außeneigenschaft, aber in verschiedenem Ausmaß. Dies trifft nun für die F und M der verschiedenen Rassen zu, wie schon ihre symbolische Bezeichnung als $F_A\,M_B$ usw. erkennen ließ. In die gleiche Richtung deutete auch die Tatsache, daß Mutationen des Gens M einer starken Rasse von M_{stark} zu $M_{schwach}$ beobachtet wurden.

Es erscheint dem mit dem Gegenstand nicht genau Vertrauten vielleicht merkwürdig, daß sämtliche Geschlechtscharaktere nur durch ein Gen bzw. die Proportion zwischen zwei Genen „hervorgerufen" werden sollen. Dies Erstaunen beruht, wie wir schon früher erwähnten, auf einer irrtümlichen Interpretation des Begriffs der Geschlechtsgene. Die gesamte genetische Konstitution des Organismus, also seine Reaktionsnorm auf Grund des gesamten Genschatzes bringt es mit sich, daß gewisse Zellgruppen, ja vielleicht alle, in ihrer Differenzierung eine alternative Entwicklungsmöglichkeit haben, nämlich nach weiblichem oder männlichem Typ. Welcher von beiden Wegen eingeschlagen wird, hängt von der vorhandenen Proportion der Geschlechtsgene ab, von denen das eine oder das andere die Kontrolle der Differenzierung an sich reißt entsprechend dem Wert von $\frac{F}{M}$. Die Geschlechtsgene rufen also nicht die Geschlechtsunterschiede hervor, sondern bewirken nur die Entscheidung über die durch die gesamte genetische Beschaffenheit bedingte Alternative der geschlechtlichen Differenzierung.

$\delta\delta$) *Substitutionsversuche.*

Die Richtigkeit der genetischen Elementaranalyse, die wir bisher kennenlernten, ist in zum Teil sehr komplizierten Versuchen bestätigt worden, von denen wir die wichtigsten kennenlernen müssen. Wenn für das Resultat einer beliebigen Kreuzungskombination ausschließlich die Proportion $F : M$ maßgebend ist, so müssen wir nach vollendeter Analyse der einzelnen Rassen Kombinationen von F und M irgendwelcher Rassen — beim Weibchen $\boxed{F}\,M$ höchstens zweier, beim Männchen $\boxed{F}\,MM$ höchstens dreier — zusammenstellen können und aus den Erfahrungen über die relative Stärke der betreffenden Geschlechtsgene das Resultat voraussagen können, ja sogar eine Art von Messung der verschiedenen Stärken von F und M vornehmen können. Das folgende Beispiel zeigt dies. Wir erinnern uns, daß die Kombination eines F der starken Rassen mit zwei M von Hokkaido, also $F_{st}\,M_{Hok}\,M_{Hok}$, nur Weibchen liefert, da in dieser männlichen genetischen Konstitution die M von Hokkaido so schwach sind, daß sie vollständig von dem starken F besiegt werden. Wenn wir also die folgende Rückkreuzung machen (Tokyo ist eine starke Rasse):

$$(\text{Tokyo } \female \times \text{Hokkaido } \male)\ \female \times \text{Hokkaido } \male,$$

so werden nur Weibchen erhalten, von denen theoretisch die Hälfte wirkliche Weibchen sind und die anderen Umwandlungsweibchen der Konstitution $F_{Tok}\,M_{Hok}\,M_{Hok}$. (In Wirklichkeit sind die Umwandlungsweibchen fast gar nicht lebensfähig und nur in minimaler Zahl vorhanden.) Es ist nun klar, daß wir in der genannten Kombination $F_{Tok}\,M_{Hok}\,M_{Hok}$ das eine M durch ein solches einer dritten Rasse ersetzen können, nämlich wenn wir die Kreuzung ausführen (A sei die dritte Rasse):

$$(\text{Tokyo } \female \times \text{Hokkaido } \male)\ \female \times \male\,A$$
$$F_{Tok}\,M_{Hok}\,\female \times \male\,F_A\,M_A\,M_A \text{ gibt}$$
$${}^{1}/_{2}\,\female\,F_{Tok}\,M_A\ {}^{1}/_{2} \text{ gametische } \male\,F_{Tok}\,M_{Hok}\,M_A.$$

Wenn nun das M_A etwas stärker ist als M_{Hok}, so müssen die Individuen $F_{Tok}\,M_{Hok}\,M_A$ ein wenig nach der männlichen Seite zu verschoben sein, d. h. anstatt Umwandlungsweibchen stark intersexuelle Männchen sein. Führen wir nun ein anderes wieder etwas stärkeres M_B ein, so muß das Resultat wieder etwas mehr vermännlicht sein, also weniger stark intersexuelle Männchen. Substituieren wir in dieser Weise für das eine M_{Hok} fortschreitend stärkere M, also $M_A\,M_B\,M_C$ usw., so müssen die resultierenden Söhne immer weniger intersexuell werden, bis schließlich das substituierte M so stark ist, daß alle $\boxed{F}\,MM$-Individuen richtige Männchen sind. Abb. 47 illustriert schematisch diese Versuchsserie. Wir haben wieder die wohlbekannte Darstellung der reinen Geschlechter und der dazwischenliegenden Intersexenreihe nach den Werten von $+e$ bis $-e$. Die Lage der $\boxed{F}\,MM$-Tiere der verschiedenen Kombinationen ist durch Variationskurven wiedergegeben, da stets eine gewisse Fluktuation der Intersexe zu beobachten ist. Wir sehen, wie durch systematischen Ersatz eines M_{Hok} durch solche der Rassen A, B, C von ansteigender Stärke die Kurven für die Geschlechtigkeit der Individuen von Weiblichkeit über die Intersexualitätsstufen nach Männlichkeit verschoben werden.

Die folgende Tabelle gibt nun ein tatsächliches Beispiel für eine unter vielen solchen Versuchsserien (siehe GOLDSCHMIDT 1929 b, c, 1930):

F von	Ein M von	Zweites $\dot{M}$ von	♂	♂ J der Klassen I | II | III | IV | V | VI	U♀	♀
Tokyo	Hokkaido	Hokkaido			—	—
,,	,,	Berlin				—
,,	,,	Rußland				—
,,	,,	Soeul				—
,,	,,	Kumamoto				—
,,	,,	Kyoto				—
,,	,,	Tokyo				—

Es handelt sich um 7 solche Dreirassenkombinationen, bei denen die Mutter stets Tokyo ♀ × Hokkaido ♂ ist, und der Vater einer der 7 Rassen angehört, die in aufsteigender Stärke angeordnet sind, nämlich Hokkaido (ganz schwach) Berlin, Rußland (schwach) Soeul (halbschwach), Kumamoto (schwächste neutrale), Kyoto (neutral) Tokyo (stark). Die Hälfte der Nachkommenschaft sind immer normale ♀ $F_{Tok}\,M$ (letzte Spalte), die andere Hälfte die gametischen Männchen mit dem substituierten M. Die intersexuellen Männchen sind in VI Klassen ansteigender Intersexualität eingeteilt. Wir sehen, daß die erste Kombination nur Weibchen liefert, nämlich außer den normalen Weibchen die Umwandlungsweibchen (U ♀). Bei der zweiten Kombination erscheinen außer Umwandlungsweibchen höchstgradig intersexuelle Männchen, bei der dritten außer den gametischen Weibchen intersexuelle Männchen der drei höchsten Klassen. In der 4. Kombination gehen die intersexuellen Männchen bis zur III Klasse, und in der 5. geht der Intersexualitätsgrad nicht über diese Klasse hinaus, dafür aber erscheinen schon ein paar ganz normale Männchen, in der Kyotokombination gibt es normale Männchen und nur noch schwache

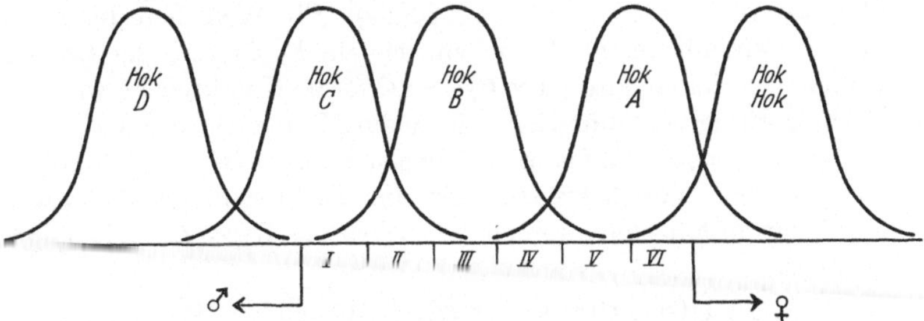

Abb. 47. Schema für den Substitutionsversuch; eines der zwei M von Hokkaido wird durch die M-Gene ansteigender Stärke der Rassen A—D ersetzt. I—VI ansteigende Reihe männlicher Intersexualität. (Nach GOLDSCHMIDT.)

Intersexe und endlich bei dem starken M von Tokyo sind die Geschlechter normal. Das Resultat ist also genau so wie es das Schema Abb. 47 angibt und zeigt, wie sich das M der 7 Rassen relativ zu der Beschaffenheit $F_{Tok} M_{Hok}$ messen läßt. Natürlich lassen sich diese Versuche vielseitig variieren. Ihr stets konstantes Resultat ist ein wichtiges Beweismittel der gesamten früheren Ableitungen.

$\varepsilon\varepsilon$) Komplexkreuzungen.

Es gibt eine Methode, nicht nur die relative Stärke und Schwäche von F und M zu kontrollieren, sondern gleichzeitig unwiderlegliche Beweise dafür zu erbringen, daß F rein mütterlich und M in den X-Chromosomen vererbt wird (bei $L.\ dispar$!). Diese Methode besteht darin, beliebig komplizierte Kreuzungen aus beliebig vielen verschiedenen Rassen herzustellen (siehe GOLDSCHMIDT 1920 a, 1923 a, 1929 b, 1930). Kämen noch irgendwelche anderen

Dinge in Betracht, als die uns jetzt bekannten, so wäre eine geordnete Voraussage für die Resultate solcher Komplexkreuzungen kaum denkbar. Handelt es sich aber nur um die genannten Ursachen der Sexualität und Intersexualität, dann sind die Erwartungen für Komplexkreuzungen sehr einfache: Das F stammt stets aus der mütterlichen Linie, was auch sonst noch hineingekreuzt sein mag; ein $\dot{M}$ stammt von der Mutter und eines vom Vater und dazu kommt noch die aus anderen Versuchen bekannte Stärke von F und M. Nehmen wir ein relativ einfaches Beispiel für weibliche und ein etwas verwickelteres für männliche Intersexualität:

A—G sollen verschiedene Rassen darstellen. Wir kreuzen ein $A\,♀ \times B\,♂$ und erzeugen daraus F_2, was wir $(A \times B)^2$ schreiben (die Mutter steht stets an erster Stelle). Ein Weibchen dieser F_2 kreuzen wir mit einem Männchen, das ein F_1-Bastard der Rassen C und D ist, haben also $(A \times B)^2 \times (C \times D)$. Nun kreuzen wir eine Tochter dieser Kombination mit einem Männchen, das selbst ein F_2-Bastard aus $A \times E$ ist und haben nun $[(A \times B)^2 \times (C \times D)] \times (A \times E)^2$ und endlich kreuzen wir eine Tochter dieser 5 Rassenkombination mit einem reinen Männchen der Rasse G. Wir haben also jetzt:

$$[[(A \times B)^2 \times (C \times D)] \times A \times E)^2] \times G.$$

Da dies eine Kombination für weibliche Intersexualität sein soll, so interessieren uns nur die Töchter. Diese erhalten ihr F von der Mutter, die es wieder von ihrer Mutter erhielt usw., also in unserem Beispiel von der Rasse A (bei der Schreibweise, die die Mutter immer an 1. Stelle setzt, gibt das 1. Symbol natürlich die mütterliche Linie der Kombination an). Das X-Chromosom, also M, der Töchter aber kommt vom Vater, also der Rasse G. Somit müssen sämtliche Töchter der 6-Rassenkreuzung so aussehen, als ob nur ein Weibchen der Rasse A mit einem Männchen von G gekreuzt sei, also die Formel haben $F_A\,M_G$. Ist A eine schwache Rasse, G eine starke, so sind also alle Töchter der Komplexkreuzung intersexuell, und zwar vom gleichen Intersexualitätsgrad wie die F_1 $A\,♀ \times G\,♂$. In allen möglichen Varianten dieses relativ einfach gewählten Beispiels war das Resultat immer das erwartete.

Für eine Komplexkreuzung, bei der männliche Intersexualität im Spiele ist, sei ein verwickelteres Beispiel gewählt, weil es besonders beweiskräftig ist, und zwar sei ein wirklicher Versuch zur

Abwechslung geschildert. Aus den Rassen Aomori (stark), Hokkaido (sehr schwach), Spanien (sehr schwach), Tessin (halbschwach), Kumamoto (schwach-neutral), Gifu (stark) wurde die folgende Komplexkreuzung aufgebaut, deren Zustandekommen nach dem vorigen Beispiel ja leicht abzulesen ist:

$$[(Ao \times Hok)^2 \times Span] \times [(Ao \times Hok)^2 \times [((Tess \times Hok) \times (Kum \times Gif)) \times ((Tess \times Hok) \times Ao)]].$$

Wir sehen sogleich wieder, daß das F der Nachkommen dieser Kreuzung der an erster Stelle stehenden starken Rasse Aomori entstammt, also F_{Ao} zu schreiben ist. Da dies stark ist, können intersexuelle Töchter nicht entstehen, wohl aber intersexuelle Söhne. Wie können nun die Söhne beschaffen sein? Ihr eines M erhalten sie von der Mutter, die es selbst von ihrem Vater hatte, d. h. es ist ein M_{Span}. Die Söhne unserer Kreuzung heißen somit vor der Hand $F_{Ao} M_{Span} M_n$, wobei das M_n das zweite noch zu ermittelnde M bedeutet, das sie von ihrem Vater erhalten. Der Vater ist nun der Fünfrassenbastard in der großen Klammer. Die Beschaffenheit seiner X-Chromosomen müssen wir nun ermitteln, indem wir die Kreuzungen durchverfolgen. Das fragliche Männchen erhielt wieder ein X von seiner Mutter und eines von seinem Vater. Die Mutter war ein F_2-Bastard $(Ao \times Hok)^2$. Ihr Vater war also der F_1-Bastard $Ao \times Hok$, der somit ein M_{Ao} und ein M_{Hok} besaß. Seine Tochter konnte also entweder ein M_{Ao} oder ein M_{Hok} haben. Somit ist also das eine M unseres Männchens entweder M_{Ao} oder M_{Hok}. Das zweite M stammt nun von dem Vater unseres Männchens, dem Bastard in der inneren großen Klammer. Wie waren seine X-Chromosomen oder M beschaffen? Auch er erhielt ein X wieder von seiner Mutter, d. h. dem Bastard $(Tess \times Hok) \times (Kum \times Gif)$. Diese wieder erhielt ihr X von ihrem Vater $Kum \times Gif$, sie besaß somit entweder ein M_{Kum} oder ein M_{Gif}. Somit ist also das erste M des jetzigen Männchens M_{Kum} oder M_{Gif}. Sein zweites M aber erhielt es von seinem Vater, dem Bastard $(Tess \times Hok) \times Ao$. Dieser hatte, wie leicht abzuleiten, ein M_{Hok} und ein M_{Ao}; diese beiden konnten sich also mit dem mütterlichen M vereinigt haben, das seinerseits entweder M_{Kum} oder M_{Gif} war. Somit konnten die zwei M des Männchens in der inneren Klammer die Beschaffenheit haben, entweder $M_{Kum} M_{Hok}$ oder $M_{Kum} M_{Ao}$ oder $M_{Gif} M_{Hok}$ oder $M_{Gif} M_{Ao}$. Diese aber konnten

sich zur Erzeugung des Vaters unserer Kreuzung wieder, wie wir
sahen, entweder mit einem M_{Ao} oder einem M_{Hok} seiner Mutter
vereinigen, so daß für das Männchen in der großen Klammer, den
Vater unserer Kreuzung, nunmehr 16 Möglichkeiten bestehen, wie
seine MM beschaffen sein können, nämlich:

1.	*Ao Kum*	9.	*Hok Kum*
2.	„ *Hok*	10.	„ *Hok*
3.	„ *Kum*	11.	„ *Kum*
4.	„ *Ao*	12.	„ *Ao*
5.	„ *Gif*	13.	„ *Gif*
6.	„ *Hok*	14.	„ *Hok*
7.	„ *Gif*	15.	„ *Gif*
8.	„ *Ao*	16.	„ *Ao*

Welche von diesen vorliegt, können wir zunächst nicht sagen,
aber wir können etwas Weiteres aussagen. Wenn wir nicht nur
ein solches Männchen von den 16 möglichen MM-Beschaffenheiten
betrachten, sondern eine Anzahl Brüder, so können diese von zwei
Typen sein, und zwar nur von je zwei bestimmten unter den 16.
Wenn etwa die Mutter dieser Brüder das eine M als M_{Hok} geliefert
hatte, so wird die Beschaffenheit der Bruderschaft bereits auf
Nr. 9—16 eingeschränkt. Wenn der Vater dieser Bruderschaft
zu seiner Mutter wieder ein Weibchen mit M_{Kum} hatte, somit
dieses M_{Kum} von seiner Mutter bekam, dann wird die Beschaffenheit der Bruderschaft auf Nr. 9—12 eingeschränkt. Und wenn
dieser Vater sein zweites M von seinem Vater als M_{Hok} erhalten
hatte, dann bleiben für die Bruderschaft nur noch Nr. 9 und 10
übrig. In gleicher Weise könnten wir die Ableitung für alle denk-
baren MM-Kombinationen durchführen mit dem generellen Resultat, daß in einer Bruderschaft von der Beschaffenheit der großen
Klammer immer nur zwei Typen von MM vertreten sein können
und müssen, und zwar Nr. 1 und 2, 3 und 4, 5 und 6. usw. Wenn
wir also die Kreuzung, die wir hier analysieren, nicht nur einmal
ausführen, sondern viele Brüder mit vielen Schwestern paaren,
so können die genetisch gleichartigen Schwestern, nämlich $F_{Ao}M_{Span}$,
mit zwei Sorten von Brüdern zusammenkommen, die sich unter
den 16 möglichen Sorten finden, aber diese zwei müssen Nr. 1
und 2, oder 3 und 4 usw. sein. Folgendes sind nun die Möglichkeiten
für die beiden M dieser Paarungen, wenn wir uns daran erinnern,
daß die Kreuzung $♀ M_A \times ♂ M_B M_C$ zur Hälfte $♂ M_A M_B$ und zur
Hälfte $♂ M_A M_C$ liefert:

		Mütterl. M	1. väterl. M		Mütterl. M	2. väterl. M	Aussehen der Gesamtzucht Weibchen und Männchen
1.	$^1/_2$	Span	Ao	$^1/_2$	Span	Kum	$2 \female : 1 + \male : 1 - \male J$
2.	$^1/_2$	,,	,,	$^1/_2$	,,	Hok	$3 \female : 1 \male$
3.	$^1/_2$	,,	,,	$^1/_2$	,,	Kum	wie Nr. 1
4.	$^1/_2$	,,	,,	$^1/_2$	,,	Ao	normale Geschlechter
5.	$^1/_2$	,,	,,	$^1/_2$	,,	Gif	,, ,,
6.	$^1/_2$	,,	,,	$^1/_2$	,,	Hok	$3 \female : 1 \male$
7.	$^1/_2$	,,	,,	$^1/_2$	,,	Gif	normale Geschlechter
8.	$^1/_2$	,,	,,	$^1/_2$	,,	Ao	,, ,,
9.	$^1/_2$	,,	Hok	$^1/_2$	,,	Kum	$3 \female : 1 \male + \male J$
10.	$^1/_2$	,,	,,	$^1/_2$	,,	Hok	nur $\female$
11.	$^1/_2$	,,	,,	$^1/_2$	,,	Kum	wie Nr. 9
12.	$^1/_2$	,,	,,	$^1/_2$	,,	Ao	$3 \female : 1 \male$
13.	$^1/_2$	,,	,,	$^1/_2$	,,	Gif	,, ,,
14.	$^1/_2$	,,	,,	$^1/_2$	,,	Hok	nur $\female$
15.	$^1/_2$	,,	,,	$^1/_2$	,,	Gif	$3 \female : 1 \male$
16.	$^1/_2$	,,	,,	$^1/_2$	,,	Ao	,, ,,

Hinter jeder Kombination steht die Gesamterwartung für die ganze Nachkommenschaft eines Pärchens unserer Komplexkreuzung, die folgendermaßen zustandekommt: Wo ein M der starken Rassen Ao oder Gif vorhanden ist, ist die MM-Kombination ein normales Männchen. Wo sich $M_{Hok}\,M_{Hok}$ oder $M_{Hok}\,M_{Span}$ finden, ist die Kombination ein Umwandlungsweibchen, wie schon früher für $M_{Hok}\,M_{Hok}$ erklärt und auch für $M_{Hok}\,M_{Span}$ zutrifft. Die Kombination $M_{Span}\,M_{Kum}$ aber sind intersexuelle Männchen, schon etwas in normale Männchen hineinfluktuierend. Zu diesen MM-Kombinationen haben wir die 50% normale Töchter zu addieren, um das Gesamtaussehen der Zucht, wie verzeichnet, zu erhalten. Nun müssen wir an eines noch erinnern, daß in einer großen Zahl von Geschwisterzuchten dieser Art zwei Typen von Resultaten mit gleicher Wahrscheinlichkeit erscheinen müssen, und zwar müssen es zusammengehörige Typen Nr. 1 und 2, 3 und 4 usw. sein. Damit haben wir die Erwartung für diesen komplizierten Fall abgeleitet.

Im wirklichen Experiment, einem von vielen der gleichen Art, waren 77 Brüder der Beschaffenheit der rechten großen Klammer mit 77 Schwestern der Beschaffenheit der linken großen Klammer gekreuzt worden. Es entstanden 39 Nachkommenschaften mit normalen Geschlechtern und 38 mit Weibchen, Männchen und intersexuellen Männchen der Klasse, die der Kombination $M_{Span}\,M_{Kum}$ entspricht. Es lagen also die Kombinationen 3 und 4 der obigen Tabelle vor.

Wir haben diesen etwas komplizierten Fall nicht nur wegen seiner großen Beweiskraft ausführlicher analysiert, sondern auch um den Vielen, die über Geschlechtsbestimmung schreiben und sprechen, ohne auch nur die Elemente der Erblichkeitslehre zu beherrschen, vor Augen zu führen, wie wenig Wert ihrer Tätigkeit zukommen muß, wenn ein ernsthafter wissenschaftlicher Maßstab angelegt wird.

ζζ) *Die Geschlechtsumkehr.*

Wir sahen, daß an den Enden der beiden Intersexualitätsreihen die völlige Geschlechtsumkehr stand, die der XY-Individuen in Männchen und der XX-Individuen in Weibchen. Aus der ganzen Sachlage ging das mit Sicherheit hervor. Es ist aber notwendig, außerdem noch einen exakten Beweis für die Richtigkeit der Interpretation zu führen.

1. Die Umwandlungsmännchen. Auf Grund des anatomischen Befundes ist zu erwarten, daß die Umwandlungsmännchen fruchtbar sind, denn bereits unter den allerhöchsten Stufen weiblicher Intersexualität, die äußerlich noch von Männchen unterscheidbar sind, finden sich Individuen mit völlig normalen Hoden. Tatsächlich gelang es auch, in Nur-Männchenzuchten, in denen die Hälfte ja Umwandlungsmännchen sein sollten, von jedem Männchen Nachkommenschaft zu erhalten. Wenn darunter nun XY-♂ sind, so muß sich das durch geeignete genetische Experimente nachweisen lassen. Folgende Proben wurden ausgeführt (GOLDSCHMIDT 1923a):

Probe 1. In dieser wie in allen weiteren Proben werden sämtliche Individuen einer F_1-Zucht schwach ♀ × stark ♂, die nur ♂ liefert, mit bestimmten Weibchen gepaart, da sich äußerlich die vermuteten Umwandlungsmännchen nicht von echten Männchen unterscheiden lassen. Unter den erhaltenen Nachkommenschaften müssen dann zwei Typen gefunden werden, je nachdem echte oder Umwandlungsmännchen befruchteten. In der ersten Probe werden die sämtlichen Männchen mit reinen Weibchen einer schwachen Rasse gekreuzt. Folgendes sind die Erwartungen, wenn wir wieder die starken Geschlechtsgene durch das Suffix *s* auszeichnen:

a) Schwaches $\female$ $\boxed{F}\,M$ $\times$ echtes $F_1\,\male$ $\boxed{F}\,M_s\,M$.

F wird von der schwachen Mutter geliefert, M in den X-Chromosomen. Resultat:

$$\boxed{F}\,M_s = \text{Umwandlungs-}\male$$
$$\boxed{F}\,M = \female$$
$$\boxed{F}\,M\,M_s = \male$$
$$\boxed{F}\,M\,M = \male$$

also $3\,\male : 1\,\female$.

b) Schwaches $\female$ $\boxed{F}\,M$ $\times$ Umwandlungs- $\male$ $\boxed{F}\,M_s$

Resultat: $\boxed{F}\,M_s = \text{Umwandlungs-}\male$

$\boxed{F}$ = Individuum ohne X-Chromosomen, welches nicht entwicklungsfähig ist

$$\boxed{F}\,M\,M_s = \male$$
$$\boxed{F}\,M = \female$$

also $2\,\male : 1\,\female$. Beide Typen werden tatsächlich im Versuch erhalten.

Probe 2. Alle $\male\male$ einer Nur-Männchen-F_1-Zucht werden mit reinen Weibchen starker Rasse gekreuzt.

a) Starkes $\female$ $\boxed{F_s}\,M_s$ $\times$ echtes $\male$ $\boxed{F}\,M_s\,M$

Resultat: $\boxed{F_s}\,M_s = \female$

$$\boxed{F_s}\,M = \female$$
$$\boxed{F_s}\,M_s\,M_s = \male$$
$$\boxed{F_s}\,M_s\,M = \male$$

also ein normales Geschlechtsverhältnis.

b) Starkes $\female$ $\boxed{F_s}\,M_s$ $\times$ Umwandlungs- $\male$ $\boxed{F}\,M_s$

Resultat: $\boxed{F_s}\,M_s = \female$

$\boxed{F_s}$ = stirbt (siehe oben)

$$\boxed{F_s}\,M_s\,M_s = \male$$
$$\boxed{F_s}\,M_s = \female$$

also $2\,\female : 1\,\male$.

Auch dies Resultat wurde erhalten.

Probe 3. Bei ihr wird die oft erwähnte Tatsache benutzt, daß Individuen der Beschaffenheit $\boxed{F_s}\,M_{Hok}\,M_{Hok}$ Umwandlungsweibchen sind. Es wird also eine Nur-Männchen-F_1 benutzt, die der Kreuzung Hokkaido $\female \times$ starkes $\male$ entstammt und alle $\male$ dieser

Zucht werden gekreuzt mit F_1 ♀ der reziproken Zucht stark ♀ $\times$ Hok♂, die alle das starke F_s und das M von Hokkaido besitzen.

a) F_1♀ $\boxed{F_s}$ $M_{Hok} \times$ echtes ♂ $\boxed{F_{Hok}}$ $M_s M_{Hok}$

Resultat: $\boxed{F_s}$ $M_s = $ ♀

$\boxed{F_s}$ $M_{Hok} = $ ♀

$\boxed{F_s}$ $M_{Hok} M_s = $ ♂

$\boxed{F_s}$ M_{Hok} $M_{Hok} = $ ♀

Erwartung also 3♀:1♂.

F_1b) ♀ $\boxed{F_s}$ $M_{Hok} \times$ Umwandlungs-♂ $\boxed{F_{Hok}}$ M_s.

Resultat: $\boxed{F_s}$ $M_s = $ ♀

$\boxed{F_s} = $ stirbt

$\boxed{F_s}$ $M_{Hok} M_s = $ ♂

$\boxed{F_s}$ $M_{Hok} = $ ♀.

Erwartung 2 ♀ : 1 ♂. Diese Probe ist aber wenig beweisend, weil, wie wir sehen werden, die $\boxed{F_s}$ $M_{Hok} M_{Hok} - $ ♀ kaum lebensfähig sind, so daß auch die erste Kombination (a) praktisch eben 2 ♀ : 1 ♂ liefern wird. Dafür ist um so beweisender die Probe 4.

Probe 4. Diese benutzt die schon besprochene Tatsache, daß Individuen mit starken F_s und je einem schwachen M der Rassen Hokkaido und Berlin, also $\boxed{F_s}$ $M_{Hok} M_{Berl}$, hochgradig intersexuelle Männchen sind. Zur Erzielung dieser Probe werden wieder Nur-Männchenzuchten der Kombination Hokkaido ♀ $\times$ starkes ♂ benutzt und gekreuzt mit F_1-♀ der Kombination stark ♀ $\times$ Berlin♂:

a) F_1 ♀ $\boxed{F_s}$ $M_{Berl} \times$ echtes ♂ $\boxed{F_{Hok}}$ $M_s M_{Hok}$.

Resultat: $\boxed{F_s}$ $M_s = $ ♀

$\boxed{F_s}$ $M_{Hok} = $ ♀

$\boxed{F_s}$ $M_{Berl} M_s = $ ♂

$\boxed{F_s}$ $M_{Berl} M_{Hok} = $ ♂ J.

Erwartung also ♀, ♂ und hochgradig intersexuelle ♂.

b) F_1 ♀ $\boxed{F_s}$ $M_{Berl} \times$ Umwandlungs-♂ $\boxed{F_{Hok}}$ M_s.

Resultat: $\boxed{F_s}$ $M_s = $ ♀

$\boxed{F_s} = $ stirbt

$\boxed{F_s}$ $M_{Berl} M_s = $ ♂

$\boxed{F_s}$ $M_{Berl} = $ ♀.

Erwartung also 2 ♀ : 1 ♂. Der Versuch ist, wie die Ableitung zeigt, deshalb besonders interessant und beweisend, weil im Resultat nicht nur Zahlenverhältnisse auftreten, die ja nie ideal verwirklicht werden, sondern qualitative Unterschiede, nämlich Intersexe oder keine Intersexe. Ein aktuelles Resultat einer solchen Serie war: Von 48 Geschwisterkreuzungen gaben 29 Weibchen, Männchen und hochgradig intersexuelle Männchen und 19 nur normale Geschlechter im Verhältnis von 1,8 ± 0,052 ♀ : 1 ♂. Die XY-Beschaffenheit der Umwandlungsmännchen ist also bewiesen.

2. *Die Umwandlungsweibchen.* Versuche mit Hunderten von Weibchen aus Nur-Weibchenzuchten zeigten stets für sie eine normale XY-Beschaffenheit. Es zeigte sich dann, daß die Umwandlungsweibchen kaum lebensfähig sind und nur ausnahmsweise als Imago erhalten werden. Nur drei solche wurden bisher mit Sicherheit auf Grund kleiner morphologischer Besonderheiten festgestellt, sie waren aber steril. Somit ist eine Analyse ihrer genetischen Beschaffenheit unmöglich, zugleich auch erklärt, warum sie in den Versuchen nie in richtiger Zahl erhalten wurden, etwa wenn 3 ♀ : 1 ♂ erwartet wurden, davon ein Umwandlungsweibchen, tatsächlich nur wenig über 2 ♀ : 1 ♂ erschienen (siehe GOLDSCHMIDT 1929a).

ηη) *Modifikationsgene.*

Diese Bezeichnung ist in der Vererbungswissenschaft für folgende Situation üblich: Wenn wir ein mendelndes Gen kennen, das mit einer bestimmten Eigenschaft verknüpft ist, etwa der Scheckung eines Nagetiers, so werden bei genauer Analyse wohl immer andere Gene gefunden, die den Ausdruck der Wirkung des Hauptgens beeinflussen, also im genannten Beispiel etwa den Grad der Scheckung zugunsten von Weiß oder Farbe verschieben. Natürlich sind solche Modifikatoren nicht eine besondere Art von Genen, wie folgende einfache Überlegung zeigt. Die Wirkung eines jeden Gens ist normalerweise nur möglich, wenn sie harmonisch mit der Wirkung anderer Gene verläuft, da sonst ja eine geordnete Entwicklung unmöglich wäre. Wenn nun ein Gen mutiert, so mag seine veränderte Wirkung mit der Wirkung der anderen Gene interferieren und damit ein Modifikator für das andere Gen sein. Modifikatoren sind also nur der selbstverständliche Ausdruck für das Zusammenspiel der Gene bei der Erzeugung der Eigenschaften, und theoretisch kann daher jedes mutierte Gen als Modifikator für jedes andere funktionieren.

Unter diesen Umständen ist also auch mit der Möglichkeit zu rechnen, daß für die Geschlechtsgene Modifikatoren bestehen, die die Wirkung jener sichtbar beeinflussen, wenn sie nach Bastardierung in anderer Kombination zusammenkommen. Ein solcher Modifikator, wahrscheinlich sogar in gewissen Fällen zwei (Lenz), ist bekannt geworden, der bei der Erzeugung männlicher Intersexualität eine Rolle spielt. Wir sahen schon, daß in der F_2 (stark $\times$ schwach) [2] die Hälfte der Männchen von der Formel $\boxed{F_s}\,MM$ intersexuell werden und wiesen bereits darauf hin, daß mit diesem Zahlenverhältnis noch eine Komplikation verbunden ist. Diese besteht nun darin, daß es einen Modifikationsfaktor gibt, in dessen Gegenwart im dominanten Zustand auch die $\boxed{F_s}\,MM$-Individuen nicht intersexuell werden können. Da es sich um ein einfaches mendelndes Gen handelt, spaltet dieser Faktor TT—tt in F_2 in TT, Tt, tT, tt, die sich weiter mit den beiden M-Kombinationen, nämlich M_sM und MM, rekombinieren. Es können also nur die tt-Individuen, d. h. $^1/_8$ der Männchen statt der Hälfte, intersexuell werden. Die Einzelheiten sind noch komplizierter und auch nicht völlig geklärt, aber es steht fest, daß die Wirkung der Proportion $\dfrac{F}{M}$ durch weitere autosomale, einfach mendelnde Gene beeinflußt werden kann (siehe Goldschmidt 1920b, 1923a, 1929a, Lenz 1922).

$\vartheta\vartheta$) Die mütterliche Vererbung von F.

Die mütterliche Vererbung von F ist eine experimentelle Tatsache bei unserem Objekt; wir werden später sehen, daß das aber nicht auch für andere Objekte zutreffen muß. Es fragt sich nun, was das bedeutet. Bei einem Organismus mit weiblicher Heterogametie kann eine mütterliche Vererbung zweierlei bedeuten: einmal eine Vererbung im Y-Chromosom, das ja immer nur in der weiblichen Linie vererbt wird, und sodann eine Vererbung im Protoplasma. A priori ist beides möglich, denn wir wissen ja, daß die Beschaffenheit des Plasmas für den Erbgang von Bedeutung ist. In diesem Fall wäre allerdings F nicht als Gen zu bezeichnen, da von der Existenz plasmatischer Gene nichts bekannt, sie überdies höchst unwahrscheinlich ist. Die Entscheidung der Frage läßt sich nur erbringen, wenn es auf irgendeine Weise möglich ist, abnormes Verhalten zu analysieren, das auf den Normalgang Licht wirft. Bis jetzt liegen aber noch keine endgültig beweisenden Versuche vor, sondern nur Wahrscheinlichkeitsbeweise dafür, daß F im Y-Chromosom liegt (siehe GOLDSCHMIDT 1920a, 1922c, 1925a).

In den Nur-Männchenzuchten der Kombination schwach ♀ × stark ♂ treten gelegentlich einzelne Weibchen als Ausnahme auf, die Extraweibchen. Sie zeigen in ihrer Nachkommenschaft, wenn in verschiedenen Kombinationen fortgepflanzt, ein Verhalten, das nur erklärt ist, wenn die Extraweibchen einem bestimmten abnormen Verhalten der Geschlechtschromosomen ihren Ursprung verdanken. Dies aber hätte zur Voraussetzung, daß F im Y-Chromosom liegt. Alle bisher ausgeführten Proben stimmen damit überein. Von Einzelheiten sei aber abgesehen, da es so aussieht, als ob demnächst ein definitiver Beweis erbracht werden könnte.

Auf eine Folgerung sei aber aufmerksam gemacht. Das Ei, aus dem sich ein Männchen entwickelt, besitzt ein Y-Chromosom nur bis zur Reifeteilung, die bei der Ablage des Eies erfolgt. Wenn F im Y-Chromosom liegt, dann muß es beim Männchen seine Wirkung schon im Ei selbst entfaltet haben. Vom Standpunkt der Erblehre wie der Entwicklungsmechanik ist gegen eine solche Möglichkeit nichts einzuwenden, da einmal Gene bei Insekten bekannt sind, die im Ei wirken, sodann die späteren Organe im Insektenei schon weitgehend als Plasmabezirke abgegrenzt sind.

γ) Allgemeine Schlußfolgerungen.

Wir haben bereits im Anschluß an die Schilderung der Elementarversuche die allgemeine Interpretation der Versuche gegeben und gezeigt, daß der Zustand der Geschlechtlichkeit bedingt wird von einer Proportion zwischen den Wirkungsstärken oder Valenzen der F- und M-Gene. Normalerweise sind $F > M < MM$, wobei zur Erzielung der reinen Geschlechter ein gewisses Maß von Überwiegen von F bzw. MM nötig ist, das epistatische Minimum. Ist dies nicht der Fall, so tritt Intersexualität ein, deren Maß proportional ist dem Maß des Mangels an Überwiegen des einen Geschlechtsgens über das andere. Nun sehen wir aber bei der morphologischen Analyse, daß der Grad der Intersexualität bedingt ist durch die Lage des Drehpunktes nach dem Gesetz: Früher Drehpunkt höhere Intersexualität. Somit können wir nun sagen, daß die zeitliche Lage des Drehpunkts eine Funktion ist der Größe des Wertes $\frac{F}{M}$ bzw. $\frac{MM}{F}$. Wenn wir nun versuchen wollen, diese Beziehung entwicklungsphysiologisch zu fassen, so kommen wir zur folgenden Auffassung, die wohl die einzige ist, die den Tatsachen gerecht wird, und die gleichzeitig die prinzipielle Lösung des ganzen Problems der Geschlechtsbestimmung enthält: Die Gene F und M bedingen jedes eine Reaktionskette, die zur Entstehung der spezifischen, die geschlechtliche Differenzierung kontrollierenden Stoffe führt. Die Geschwindigkeit dieser beiden Reaktionsabläufe ist ceteris paribus proportional der Ausgangsmenge der F und M genannten Gene, so daß die Geschwindigkeit für F stets die gleiche ist, für M aber die halbe derer für MM. Wenn die Quantität der gebildeten geschlechtskontrollierenden Stoffe proportional ist der Reaktionsgeschwindigkeit, dann stehen bei der Formel $\boxed{F}\,MM$ der konstanten Quantität für Weiblichkeitsstoffe doppelt so viel Männlichkeitsstoffe gegenüber als bei $\boxed{F}\,M$, und wenn nun die entsprechenden Reaktionsgeschwindigkeiten so dosiert sind, daß die für F über die für ein M hinausragt, aber hinter der für $2\,M$ zurücksteht, so erhält jeweils die richtige Reaktion die Oberhand und kontrolliert das Geschlecht.

Was bedeuten nun die Drehpunkte bei Intersexualität? Sie können nur bedeuten, daß von diesem Augenblick an die Reaktionskette, die zuerst die Oberhand hatte, sie an die entgegengesetzte abgibt. Oder, wenn wir uns die weiblichen und männlichen Reaktionsketten als Ablaufskurven vorstellen, daß der Drehpunkt einen Schnittpunkt dieser Kurven darstellt, von dem ab die obere Kurve zur unteren wird und umgekehrt. Nun fanden wir aber das Eintreten des Drehpunkts abhängig von der relativen Stärke oder Valenz von F und M, mit anderen Worten ist die Geschwindigkeit der männlichen und weiblichen Reaktionskette proportional dieser Valenz der F- und M-Gene.

Wir können uns nun dieses Resultat graphisch klarmachen: Es stehen uns als aus den Experimenten abgeleitete Vorstellungen zur Verfügung 1. das Vorhandensein je einer männlichen und weiblichen Reaktionskette, die normalerweise so angeordnet sind, daß die Kette für F eine konstante Geschwindigkeit hat, die für M eine kleinere und für MM eine größere; 2. müssen diese Kurven so angeordnet sein, daß sie je nach der relativen Stärke von F und M

sich nach der Richtung größerer und geringerer Geschwindigkeit verschieben können, und daß dann die Möglichkeit für das Eintreten von Schnittpunkten verschiedener zeitlicher Lage gegeben ist. 3. Wissen wir, daß der allgemeine Entwicklungsablauf und damit das normale Ende der Entwicklung unabhängig von diesen Kurven erblich festgelegt ist.

Diese Tatsachen lassen uns eine beträchtliche Freiheit, wie wir die normalen und intersexuellen Geschlechtsbestimmungsvorgänge graphisch darstellen wollen, wenn nur den entscheidenden Punkten Rechnung getragen wird (verschiedene Beispiele bei GOLDSCHMIDT 1923a, 1927d). Die in Abb. 48 benutzte Kurvenform, die sich an eine von HUXLEY vorgeschlagene Abwandlung der von uns gewöhnlich benutzten Kurvenschemata anlehnt, hat den Vorzug, Kurvenformen zu benutzen, wie sie im Bereich des Lebendigen häufig angetroffen werden. Die untere Hälfte der Kurvenschar gibt das Schema für normale schwache Rassen und weibliche Intersexualität. Am Nullpunkt liegt der Befruchtungsvorgang. F_s ist die Kurve für die Bildung der weiblichen Bestimmungsstoffe der schwachen Rasse. M_s die für die männlichen im normalen ♀ $\boxed{F}$ M und $M_s M_s$ im normalen ♂ $\boxed{F}$ MM der schwachen Rasse. Bis zum Ende der Entwicklung werden also bei ♀ $\boxed{F}$ M die weiblichen und beim ♂ $\boxed{F}$ MM die männlichen Determinationsstoffe in größerer Quantität erzeugt. M_{st1}, M_{st2}, M_{st3} sind nun die Kurven für die männlich determinierenden Stoffe bei M-Genen von drei verschiedenen starken Rassen, deren M zur Erzeugung weiblicher Intersexualität mit dem schwachen F verbunden wurde. Ihrer größeren Stärke entspricht die größere Reaktionsgeschwindigkeit, so daß nunmehr mit der F-Kurve die als Kreise angegebenen Schnittpunkte entstehen, die drei Drehpunkte, nach denen das M die Oberhand bekommt, Drehpunkte, die früher und früher liegen. Fällen wir übrigens von diesen Drehpunkten Lote auf die Abszisse, so erhalten wir unser altes lineares Intersexualitätsschema und sehen dabei, daß das, was wir vorher das epistatische Minimum genannt haben, sich hier als die späteste Zeit für die Lage des Drehpunkts erweist, bei der noch eine Geschlechtsumwandlung möglich ist, während der Zwischenraum von $-e$ bis $+e$, in dem im linearen Schema die Intersexe liegen, die Zeit darstellt, die nach dem letzten Umwandlungstermin für mögliche Drehpunkte zur Verfügung steht.

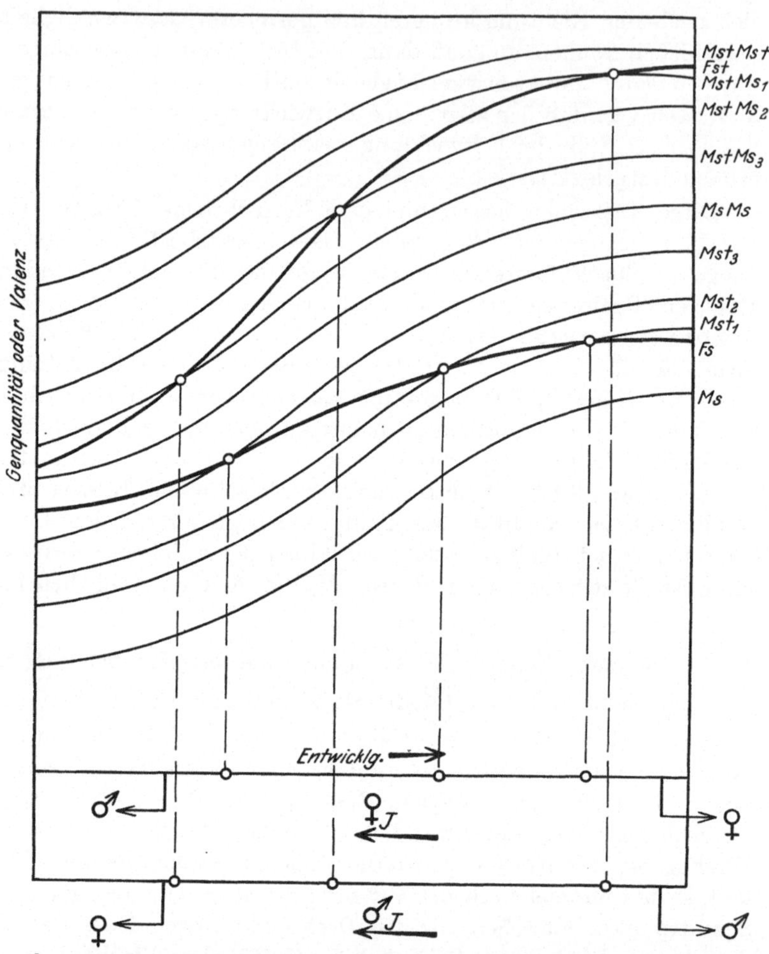

Abb. 48. Kurvenschema für weibliche und männliche Intersexualiät. Die Lage des Anfangspunkts auf der Ordinate ist ein Maß der relativen Quantität der die Kurven bedingenden Gene. Suffix *s* für *F* und *M* Gene der schwachen, *st* der starken Rassen. Die Kombinationen zwischen je einem starken oder schwachen *F* und je einem oder zwei verschiedenen schwachen und starken *M* können abgelesen werden. ◯ Drehpunkt. Darunter das lineare Schema der Intersexualität wie in Abb. 45 sowohl für weibliche wie männliche Intersexualität, durch die Lote vom Drehpunkt auf das Kurvenschema bezogen und beide als von rechts nach links ansteigende Intersexualität dargestellt.

Es ist klar, daß durch diese Lote die Beziehung zwischen dem statischen Endergebnis und seiner dynamischen Entstehung klar gemacht wird.

Abb. 48 obere Hälfte zeigt das gleiche für männliche Intersexualität und die starken Rassen: F_{st} die Kurve für die F-Reaktion der starken Rassen, M_{st} für 1 M, $M_{st}M_{st}$ für 2 M (normale Geschlechter) und $M_{st}M_{s1} - M_{st}M_{s3}$ für die MM-Kombinationen abnehmender Stärke, die Intersexualität bedingen (die Drehpunkte auf der F_{st}-Kurve). Bei der M_sM_s-Kurve ist die Geschlechtsumwandlung vollendet.

Die Lote stellen wieder die Beziehung zum linearen Schema (statisches Ergebnis) her. In beiden Fällen steigt die Intersexualität von rechts nach links an.

Dies Schema erlaubt uns sowohl die normale Geschlechtsbestimmung wie die Erzeugung der zygotischen Intersexualität einfach zu beschreiben, so daß die genetische Verursachung wie die entwicklungsphysiologische Auswirkung klar zutage tritt. Es zeigt uns aber auch ohne weiteres nun, worin die physiologische Bedeutung des X-Chromosomenmechanismus besteht (GOLDSCHMIDT 1920b). Der Mechanismus erweist sich nämlich als eine ideale Methode, um automatisch zu bewirken, daß von zwei gleichzeitigen Reaktionen, nämlich der Erzeugung der beiderlei geschlechtskontrollierenden Substanzen, die eine (F) oder die andere (M) die Oberhand bekommt; nämlich dadurch, daß am Ausgangspunkt bei konstantem F die einfache (1 X $= M$) oder doppelte (2 X $= MM$) Quantität von M dem befruchteten Ei zur Verfügung gestellt werden.

In den bisherigen Ausführungen wurde stets von der Wirkungsstarke oder Valenz der Gene F und M gesprochen. Es erhebt sich nun die Frage, ob es möglich ist, dafür eine konkretere Vorstellung zu finden. Eine solche wurde aus den folgenden Gruppen von Tatsachen hergeleitet: 1. Die Wirkung von 2 M ist eine größere als die von 1 M. 2. Die Entscheidung über das Geschlecht wird durch eine Proportion $\dfrac{F}{M}$ bewirkt. 3. Wenn bei MM ein M durch eines anderer Valenz ersetzt wird, ist die Wirkung so geändert, daß sich die beiden Wirkungen der respektiven M addiert haben. 4. Mit der verschiedenen Valenz der Gene sind Reaktionsketten von verschiedener typischer Geschwindigkeit verknüpft. Aus diesen wie allen anderen berichteten Tatsachen wurde abgeleitet, daß die sogenannte Valenz in Wirklichkeit die absolute Quantität der Gene ist, der ihre Wirkung proportional ist. Die verschiedenen F und M

der verschiedenen Rassen wären also verschiedene, für die betreffenden Rassen typische Quantitäten dieser Gene. Diese Auffassung ist, besonders bei Genetikern, die nicht physiologisch zu denken gewohnt sind, manchem Widerspruch begegnet. Ein direkter Beweis läßt sich tatsächlich dafür nicht erbringen, da man ein Gen nicht wägen kann. Alle Wahrscheinlichkeitsbeweise sprechen aber dafür, und es ist auch keine andere Vorstellung sichtbar, so daß die Wahl bleibt nur zwischen der agnostischen Bezeichnung Wirkungsstärke oder Valenz oder der Theorie, daß dahinter die absolute Quantität der Gene stecke (siehe GOLDSCHMIDT 1927d, 1930).

Unter den mancherlei Diskussionen, die dieses Problem, nämlich die Berechtigung von Quantität der Gene zu sprechen, veranlaßt hat, findet sich kaum ein Einwand, der wirklich ernst zu nehmen ist (siehe GOLDSCHMIDT 1930). Eine neue konstruktive Idee ist einzig und allein von SCHMALHAUSEN (1927) vorgebracht worden. Er betrachtet die Tatsachen der Intersexualität vom Standpunkt der Wachstumsgesetze, die er am Embryo erforscht hatte, und bei denen er zur Unterscheidung eines Massenfaktors und eines Intensitätsfaktors gekommen war. Er nimmt nun an, daß die Erzeugung der geschlechtsbestimmenden Stoffe ebenso wie das generelle Wachstum durch die Formel $v = m\,t^k$ ausgedrückt werden könne, in der m der Massenfaktor und k der Intensitätsfaktor ist. Er glaubt, daß die Produktion der geschlechtsbestimmenden Stoffe anfangs hauptsächlich durch einen Massenfaktor, später durch einen Intensitätsfaktor bedingt sei; der Massenfaktor, der die Anfangsmasse der Stoffe bedingt, wäre der Ausdruck, der Relation $\dfrac{F}{M}$ und für alle Rassen gleich. Der Intensitätsfaktor bewirkt die Geschwindigkeit der Produktion der geschlechtsbestimmenden Stoffe oder die Wachstumsgeschwindigkeit eines dieselben produzierenden Organs und charakterisiert die verschiedenen Rassen. Vielleicht wird dies durch die Quantität der Geschlechtsgene bestimmt, vielleicht aber auch durch die Gesamtheit aller Gene. Es ist zu diesen geistreich durchgeführten Schlüssen zu bemerken, daß die Erbanalyse nur die Gene F und M und ihre verschiedenen Allelomorphen zeigt, so daß die übrige genetische Konstitution ausgeschaltet ist. Ob die Wirkung dieser Gene sich in zwei Phänomene zerlegen läßt, ist eine Frage, die ich nicht entscheiden kann.

Die von den F- und M-Genen bedingte Reaktion (nach unserer Auffassung der Gene als Autokatalysatoren katalysierte Reaktion) ist die Erzeugung der die geschlechtliche Differenzierung kontrollierenden Stoffe. Um welchen Typus solcher Stoffe handelt es sich dabei? Bei aller embryonalen Differenzierung spielen wohl irgendwelche formativen Stoffe eine Rolle, denen dann auch diese Geschlechtsstoffe einzureihen wären. Nun kennen wir aber von den höheren Tieren ja besondere Stoffe, die die geschlechtliche Differenzierung beeinflussen, nämlich die Geschlechtshormone. Der Gedanke liegt nahe, diese in jeder Zelle des Insekts erzeugten geschlechtskontrollierenden Stoffe ebenfalls als Hormone zu bezeichnen. Das bedeutet allerdings, daß man den Hormonbegriff, den man ursprünglich nur für im Blut kreisende innere Ausscheidungen einführte, in einer erweiterten Fassung anwendet. Man kann darüber streiten, ob das berechtigt ist. Mir erscheint es im Interesse einer einheitlichen Beschreibung der geschlechtsdifferenzierenden Prozesse wünschenswert, die entgegengesetzte Anschauung ist aber auch berechtigt. Im großen ganzen spielt dabei ein persönlicher Faktor die Hauptrolle: Ein Forscher neigt zu großzügigem Zusammenfassen von Phänomenen zur Erzielung einheitlicher Naturbetrachtung; ein anderer neigt mehr zum vorsichtigen Auseinanderhalten der Dinge, solange es irgendwie geht, da ihn die Einzelerscheinung mehr interessiert als die Synthese.

δ) Intersexualität durch Temperatureinwirkung.

Schon vor längerer Zeit, bevor das Phänomen der Intersexualität bekannt war, hatte KOSMINSKY (1909) gefunden, daß durch Abkühlung der Puppen weiblicher *L. dispar* eine Verdunkelung der Flügel und eine Verlängerung der Antennenfiederung erzielt werden kann. In ausführlichen Experimenten konnte ich den Befund bestätigen und erweitern (GOLDSCHMIDT 1922a). Die besten Erfolge wurden mit einer Temperatur von 8—9° erzielt, die auf die junge weibliche Puppe wirkte. Nach vierwöchiger Abkühlung beginnen die Antennenfiedern verlängert zu sein, und dies steigert sich mit längerer Abkühlung bis zu einem Zustand, der etwa dem der mittleren Intersexualität entspricht. Der Erfolg ist verschieden je nach der zu den Versuchen benutzten Rasse; am geringsten war er bei F_1-Bastarden mit einem starken F und einem schwachen M. An anderen Organen treten zwar Hemmungsbildungen auf, aber keine typischen intersexuellen Umwandlungen. Solche fand aber Kosminsky (1924, 1927) und Emeljanova (1924) bei Behandlung weiblicher wie männlicher Puppen mit tiefen und hohen Temperaturen, nämlich eine Spaltung des Uncus wie bei intersexuellen Männchen. Kosminsky stellte ferner fest, daß die Entwicklung der umgewandelten Antennen von Weibchen in diesen Versuchen etwa intermediär zwischen den Geschlechtern verläuft.

Die wahrscheinlichste Erklärung ergibt sich aus dem Kurvenschema Abb. 48. Wenn etwa die Entwicklungsgeschwindigkeit, von der das Ende der Differenzierungsprozesse abhängt, einen anderen Temperaturkoeffizienten hat als die F- und M-Kurven und im Experiment verlangsamt würde (nach rechts verschoben), so träte noch während der Entwicklung ein Schnittpunkt der F- und M-Kurven ein, also Intersexualität. Ein Beweis für die Richtigkeit dieser Erklärung oder einer vom gleichen Typus ist allerdings schwer zu führen. Wir versuchten ihn durch ähnliche Temperaturversuche an Intersexen, deren Intersexualitätsgrad dann gesteigert werden mußte. Nach einigen positiven Vorversuchen werden ausführliche Experimente jetzt ausgeführt, deren Resultate aber noch nicht vorliegen.

b) Andere Fälle diploider und wahrscheinlich diploider Intersexualität bei Wirbellosen.

Es gibt keinen Fall von diploider Intersexualität, der nur annähernd so gründlich analysiert wäre wie der vorhergehende. Wir können uns daher für die anderen Fälle relativ kurz fassen. Wir verzichten ganz darauf, die Kasuistik anzuführen, die über Naturfunde von „intersexuellen" Individuen in verschiedenen Gruppen berichtet. Denn meist steht es nicht fest, ob ein diploides oder triploides Intersex, ein Gynandromorph oder irgendeine noch unanalysierte Abnormität anderer Art vorliegt. Aber auch unter den besser bearbeiteten Fällen gibt es nur wenige, bei denen es feststeht oder mit Sicherheit angenommen werden kann, daß die Intersexualität diploid ist. Für einige weitere Fälle besteht die Möglichkeit, daß es sich um eine triploide Intersexualität handeln könne. Sie werden daher mit einem Fragezeichen angeführt werden müssen.

α) Lepidoptera.

Von kasuistischen Angaben, mit denen meist nichts anzufangen ist, da Intersexualität und Gynandromorphismus nicht unterschieden sind, sei nur eine von Cockayne (1922) erwähnt, der das regelmäßige Auftreten von etwa 1% Intersexen bei *Plebeius argus* einer bestimmten Lokalität beschreibt. Es sind im wesentlichen Weibchen mit oft unilateralen Einstreuungen männlicher Flügelcharaktere. Der gleiche Autor hat zahlreiche solcher Fälle bei Lepidopteren zusammengestellt, von denen aber keiner experimentell analysiert ist, auch nie feststeht, welcher Gruppe sexueller Abnormitäten die Objekte angehören.

Eine noch umfangreichere Zusammenstellung findet sich in der Arbeit von Sjöstedt, die aber wahllos alle sogenannten Zwitter behandelt, von der die Mehrzahl Gynandromorphe sind.

Eine andere, ebenfalls noch recht unklare Tatsachengruppe, bezieht sich auf Spezieskreuzungen. Es gibt eine Reihe von älteren Angaben (diese und ähnliche Angaben hatten Goldschmidt zu seinen Versuchen veranlaßt), daß bei Spezieskreuzung die Kreuzung in einer Richtung normale Geschlechter ergibt, die reziproke Kreuzung aber nur Männchen. Dies gibt z. B. Standfuss für *Smerinthus ocellata* ×*populi* an, Tutt für *Tephrosia crepuscularia* × *bistortata*. Weitere Beispiele finden sich bei Haldane (1922), der die Frage speziell vom Gesichtspunkt der eingeschlechtigen Sterilität aus studierte, sowie bei Standfuss (1896). Der Gedanke liegt nahe, diese Fälle mit den Kreuzungen stark differenter Rassen von *L. dispar* zu vergleichen, wo die reziproke Kreuzung einer normalen ebenfalls nur Männchen liefert. In diesem Fall ist bewiesen, daß diese Männchen zur Hälfte umgewandelte Weibchen sind. Wie steht es nun bei jenen Spezieskreuzungen damit? Zunächst ist zu bemerken, daß eine genetische Analyse der Beschaffenheit solcher ♂♂ bisher meines Wissens nicht versucht wurde, so daß sehr wohl andere Möglichkeiten ins Auge zu fassen sind. Und zwar könnte man daran denken, daß hier die Weibchen nicht entwicklungsfähig sind, z. B. weil die Faktoren im Y-Chromosom der einen Rasse nicht mit dem Plasma der anderen Rasse zusammenarbeiten können. Eine Annahme von diesem Typus hat viel aprioristische Wahrscheinlichkeit für sich in Anbetracht der bekannten Resultate von Seeigelkreuzungen (Baltzer usw.), bei denen es auch vorkommt, daß die Kreuzung in einer Richtung normal ist, in der reziproken aber zu Störungen des Chromosomenmechanismus führt. Für eine solche Interpretation spricht es, daß Fälle bekannt sind, wo nach solchen Spezieskreuzungen 1. beide Geschlechter erscheinen, aber die Weibchen steril sind, 2. beide Geschlechter erscheinen, aber mit starkem Überwiegen von ♂♂, 3. hauptsächlich ♂♂ erscheinen, aber auch immer einige Weibchen. Diese von mir vor längerer Zeit ausgesprochene Vermutung hat sich nun neuerdings in systematischen Versuchen FEDERLEYs (1929) insofern bestätigt, als er zeigen konnte, daß bei Speziesbastarden Kombinationen von X-Chromosomen der einen Art mit Y-Chromosomen (oder Plasma?) der anderen vorkommen, die mehr oder weniger letal sind, so daß das heterogametische Geschlecht ausgemerzt wird. Ähnliches werden wir später bei Vögeln kennenlernen. Der Schluß auf Geschlechtsumwandlung sollte also immer nur mit größter Vorsicht gezogen werden.

Es gibt nun eine Untersuchungsreihe, in der dieser Schluß gezogen und experimentell geprüft wurde, nämlich J. W. H. HARRISONs (1916—1919) Spezieskreuzungen von *Biston*-Arten. Die Ergebnisse sind aber höchst widerspruchsvoll und verworren. HARRISON führte Kreuzungen zwischen folgenden Arten dieser Geometride aus (die Systematiker teilen die Arten mehreren Gattungen oder Untergattungen zu, nämlich *Poecilopsis*, *Lycia* und *Nyssia*): *P. pomonaria, isabellae, lapponaria, rachelae, L. hirtaria*; *N. zonaria, graecaria*. Von den Resultaten besprechen wir nur die F_1-Kreuzungen, da die Rückkreuzungen, wie wir heute wissen, zu triploiden Intersexen führen, die wir später analysieren werden. Die folgende Tabelle, zusammengestellt nach HARRISON(1919), gibt die Resultate:

Kreuzung ♀ × ♂	♀	♂	Intersexualität	Bemerkungen
hirt. × *zon.*	50%	60%	—	
reziprok	—	alle	—	
pom. × *zon.*	etwa 50%	etwa 50%	—	
reziprok	—	alle	—	Nach Inzucht (?) einige ♀
lapp. × *zon.*	etwa 50%	etwa 50%	—	
reziprok	—	alle	—	Nach Inzucht (?) einige ♀
isab. × *zon.*	?	?	?	
reziprok	—	alle	—	
hirt. × *graec.*	?	?	?	
reziprok	—	alle	—	
hirt. Schottland ×				
pom.	wenige	viele	—	
pom. × *lapp.*	?	?	?	
reziprok	etwa 50%	etwa 50%	1	2 Zuchten gleichen Resultats
rach. × *zon.*	etwa 50%	etwa 50%	—	
reziprok	—	meist	viele	

HARRISON glaubt allgemein aus diesen Resultaten herauslesen zu sollen, daß abnorme Geschlechtsverhältnisse dann erscheinen, wenn der Vater einer „phylogenetisch älteren Form" angehört als die Mutter. Er nimmt als sicher an, daß in den Nur-Männchenzuchten die Hälfte der Männchen umgewandelte Weibchen sind; ferner, daß Zuchten, in denen neben normalen Geschlechtern ein Intersex erscheint, Übergänge zu den vorigen sind und ein weiterer Übergang, wenn gar keine Weibchen, nur Intersexe erscheinen. In die gleiche Reihe bringt er auch die in der Tabelle nicht aufgeführten Rückkreuzungsintersexe, die ja als triploide Intersexe ganz wo anders hingehören. Zur Interpretation der Resultate übernimmt er die GOLDSCHMIDTSchen Vorstellungen, wobei die „phylogenetisch älteren" Formen den starken Rassen von *Lymantria* parallel gesetzt werden. Eine sorgfältige Betrachtung der Tatsachenangaben zeigt, daß die Resultate alles eher wie klar sind. Wenn wir davon absehen, daß HARRISON zu jener Zeit noch Gynandromorphismus und Intersexualität verwechselt und viele Kombinationen fehlen, so bleiben folgende Tatsachen übrig: 1. Wie auch sonst häufig ergeben viele Spezieskreuzungen in einer Richtung normale Geschlechter, in der anderen nur Männchen. In zwei solchen Kombinationen erscheinen aber auch einige Weibchen (nach Inzucht, in Wirklichkeit, da sich bei *dispar* die ursprünglich angegebene Inzuchtintersexualität als Irrtum herausgestellt hat, bei Verwendung von Eltern einer anderen Linie ebenso in einer Kombination mit schottischen statt englischen *hirtaria*. Dazu ist noch zu bemerken, daß MEISENHEIMER (wie auch STANDFUSS) zeigte, daß aus mehrfach überwinternden Puppen (wozu solche Kreuzungen neigen) nachträglich noch Weibchen schlüpfen können. Außerdem wissen wir jetzt auf Grund der angeführten Arbeit von FEDERLEY, daß die Letalität abnormer XY-Kombinationen nach Artkreuzung graduell verschieden sein kann, so daß die Weibchen auf irgendeinem Entwicklungsstadium verschwinden, aber gelegentlich auch ein paar durchkommen können. So scheint mir die Geschlechtsumwandlung in dieser Tatsachengruppe auf sehr schwachen Füßen zu stehen. 2. In einer Kombination erschien zweimal neben normalen Geschlechtern je ein Intersex. Es steht aber keinesfalls fest, ob dies nicht ein Gynandromorph war. Jedenfalls läßt sich darauf keine Analyse gründen. 3. Es bleibt eine Kombination übrig *zonaria* × *rachelae*, die in F_1 Männchen und

Intersexe liefern soll, während die reziproke Kreuzung normal ist. Leider gelang es nicht, in HARRISONs Arbeit Informationen über diese Kreuzung zu finden. In den ersten Arbeiten, in denen die Kreuzungen beschrieben werden, sind alle anderen Kombinationen ausführlich analysiert, während diese wichtigste sich nur in den Tabellen findet, ohne Beschreibung im Text. Hier wie in der späteren Arbeit werden ferner für alle anderen Kombinationen Zahlen gegeben, während diese Kombination immer nur in den Tabellen als „nur ♂ und Gynandromorphe" (bzw. Intersexe) erscheint. So fehlt jede Möglichkeit, diesen Fall näher zu betrachten. Zusammenfassend können wir also sagen, daß bisher weder durch HARRISON noch sonst diploide Intersexualität nach Spezieskreuzungen von Lepidopteren bewiesen ist.

β) Diploide Intersexualität bei *Drosophila simulans*.

Bei *Drosophila simulans* (eine Verwandte der berühmten Taufliege *D. ampelophila*) fand STURTEVANT (1920, 1921) einen Fall von Intersexualität, der von großem Interesse ist. In einer Zucht traten nach dem Typus einer gewöhnlichen rezessiven Mutation Intersexe auf, deren Beschreibung nach STURTEVANT die folgende Tabelle gibt.

Charaktere	♂	♀	Intersexualität
Geschlechtskämme	+	−	−
Zahl der abdominalen Tergiten	5	7	7
Legeröhre	−	+	+ (abnorm)
Spermatheka	−	2	2
Penis	+	−	−
Erster Genitaltergit	+	−	+ (abnorm)
Analschilder	lateral	dorsal und ventral	lateral
Zangen	+	−	+
Abdomenspitze	schwarz	gebändert	schwarz
Gonaden	Hoden	Ovar	rudimentär

Die Tabelle zeigt, daß die Intersexe im wesentlichen weiblich sind mit einigen männlichen Zufügungen. Wir können sie etwa als schwache weibliche Intersexe bezeichnen, die somit (*Drosophila* XX = ♀) den schwachen männlichen Intersexen von *Lymantria* entsprechen. Die Kreuzungen zeigen, daß Intersexualität durch eine einfache rezessive Mutation entsteht, die normale MENDEL-

Zahlen gibt. Durch Einkreuzung geschlechtgebundener Faktoren wurde dann gezeigt, daß die Intersexe genetisch ♀ sind und ferner mit der gleichen Methode, daß auch die männlichen Körperteile ein väterliches und ein mütterliches X besitzen. Es scheint (dieser Punkt ist nicht völlig geklärt) daß Männchen, die die betreffende Mutation homozygot haben, normal aber steril sind. Endlich zeigen die Kreuzungen mit einem Gen im zweiten Chromosom (*plum*), daß die betreffende Mutation im 2. Chromosom gelegen ist. Wir haben also ein Gen im 2. Chromosom, dessen rezessive Mutation in homozygotem Zustand weibliche Individuen, also das homozygote Geschlecht, schwach intersexuell werden läßt.

Es liegt nahe, diesen Fall mit dem oben für *Lymantria* beschriebenen zu vergleichen, wo der Modifikationsfaktor TT im homogameten Geschlecht bei starkem F und zwei schwachen M das Eintreten der Intersexualität verhinderte, was ja auch so ausgedrückt werden könnte, daß das Rezessiv tt die Intersexualität erlaubte. Der Unterschied ist natürlich, daß dort die richtige Bastardkombination vorliegen mußte, während es sich hier um eine Mutation innerhalb einer reinen Art handelt. Bei der Beurteilung des Falls ist aber auch aus anderen Gründen Vorsicht am Platz. Wir werden später die triploiden Intersexe von *Drosophila* kennenlernen und sehen, daß sie entwicklungsgeschichtlich genau so zustande kommen wie die von *Lymantria*. Ihr Bau ist aber völlig von dem der hier besprochenen Intersexe verschieden. Es sieht also so aus, ob hier eine Abnormität vorliege, die gar nicht in die Definition der Intersexualität paßt. Mehr läßt sich zunächst nicht sagen.

γ) Intersexualität bei Kreuzung von Läusen.

Bei der menschlichen Laus, *Pediculus humanus*, wurden sogenannte Hermaphroditen zuerst von SIKORA beschrieben und dann genauer von KEILIN und NUTTALL (1919) untersucht. Wenn wir sie hier unter diploider Intersexualität besprechen, so geschieht das mit allem Vorbehalt, denn tatsächlich steht weder fest, daß sie diploid sind, noch können wir mit Bestimmtheit sagen, daß es sich um Intersexualität handele. Wenn wir im folgenden von Intersexen sprechen, so ist also zunächst immer ein Fragezeichen in Gedanken zuzufügen. Die genetischen Tatsachen sind zunächst die folgenden: 1. Intersexe kommen in gesammeltem Material relativ häufig vor. Oft sind große Serien frei von Intersexen. In Anbetracht der sogleich zu besprechenden Tatsachen sind Keilin und Nuttall der Ansicht, daß es sich um Kreuzungen zwischen *P. capitis* × *corporis* handle. 2. Eine typische Serie von Intersexen nach Kreuzung der beiden genannten Arten oder Rassen wurde von Bacot gezüchtet und von Keilin und Nuttall untersucht. Die Zuchtresultate sind die folgenden:

	Kreuzung	♂	♀	Intersexe
1	F_1 *capitis* ♀ × *corporis* ♂	35	23	—
2	F_1 *corporis* ♀ × *capitis* ♂ Nr. D	59	7	—
3	„ ♀ × „ ♂ „ G	5	15	—
4	„ ♀ × „ ♂ „ H	43	43	5
5	„ ♀ × „ ♂ „ I	75	26	7
6	„ ♀ × „ ♂ „ J	128	16	—
7	F_2 (*capitis* ♀ × *corporis* ♂$)^2$ aus Nr. 1	143	101	—
8	F_3 „ ♀ × „ ♂$)^3$ „ „ 7	64	63	—
9	F_2 (*corporis* ♀ × *capitis* ♂$)^2$ „ „ 2	204	199	—
10	F_3 („ ♀ × „ ♂$)^3$ „ „ 9	112	117	1
11	F_2 („ ♀ × „ ♂$)^2$ „ „ 6	104	2	20
12	(„ ♀ × „ ♂$)^2$ „ „ 6	82	17	31
13	(„ ♀ × „ ♂$)^2$ „ „ 6	90	28	10
14	(„ ♀ × „ ♂$)^2$ „ „ 6	92	7	10
	Summe aus F_2 Nr. 11—14	368	54	71
15	F_3 aus Nr. 12	22	9	5
16	F_3 „ „ 12	16	31	15
17	F_3 „ „ 13	100	17	13
18	F_3 „ „ 13	52	8	2
19	F_3 „ „ 14	7	32	4

Ein Studium dieser Tabelle zeigt (Keilin und Nuttall haben eine genetische Analyse nicht versucht) 1. in F_1, F_2 und F_3 der Kreuzung *capitis* ♀ × *corporis* ♂ erscheinen keine Intersexe, und die Zahlenverhältnisse der Geschlechter sind ziemlich normal. 2. In der reziproken Kreuzung gibt es eine Zucht (Nr. 2), bei der in F_1 zwar die ♂♂ stark überwiegen, in F_2 (Nr. 9) aber normale Geschlechtsverhältnisse vorliegen, ebenso in F_3 (Nr. 10), wo allerdings ein Intersex auftritt. 3. Drei weitere F_1-Zuchten der gleichen Art sind ganz verschieden. Die erste (Nr. 3) hat zu kleine Zahlen. Die beiden anderen zeigen neben wenigen Intersexen einmal normale Geschlechtsverhältnisse, einmal starkes Überwiegen der ♂. 4. Eine weitere F_1-Zucht, zu der F_2 und F_3 vorliegt, zeigt starkes Überwiegen der ♂ (Nr. 6), aber keine Intersexe. F_2 hieraus (Nr. 11 bis 14) enthält ♀, ♂ und Intersexe, und zwar liegen bei großer Variation in den vier Zuchten im Durchschnitt ziemlich genau 3 ♂ : 1 ♀ + J vor, die ♀ und J im Verhältnis von etwa 7 : 5, was nicht fern ist von $^5/_8 : ^3/_8 . 5$. F_3 enthält ebenfalls ♀, ♂ und Intersexe in sehr variierenden Proportionen.

Dem mit der Analyse der Intersexualität von *L. dispar* Vertrauten ist es sofort klar, daß eine einfache Interpretation der Tatsachen, die alle diese Verhältnisse deckt, auf Grund des spärlichen Materials nicht gegeben werden kann. Immerhin liegt doch eine gewisse Parallele vor, die wenigstens eine gewisse vorläufige Orientierung erlaubt. Nehmen wir an, daß bei *Pediculus* der *Drosophila*-Typ vorliegt, also gegenüber *dispar* alle Geschlechter zu vertauschen sind, dann könnte *capitis* einer schwachen *dispar*-Rasse (richtiger einer neutralen) entsprechen und *corporis* einer starken. Weibliche Intersexualität (bei *dispar* der männlichen entsprechend) könnte dann nur in der mütterlichen *corporis*-Linie entstehen, und zwar in F_2. Daß gelegentlich auch einige Intersexe in F_1 auftauchen neben Männchenüberschuß hat auch eine Parallele bei *dispar*. Die Zahlenverhältnisse in F_2 aber bieten eine Parallele zu den GOLDSCHMIDTschen Kreuzungen mit der Rasse Fiume (siehe 1920), wo einmal alle Männchen der Formel $F_s M M$ in ♀ umgewandelt sind, von den ♂ $F_s M M_s$ aber die mit dem Modifikationsfaktor $T T$ intersexuell werden.

Der Versuch, die Parallele im einzelnen durchzuführen, gelingt aber vor der Hand nicht, so daß wir ganz allgemein nur sagen können, daß wahrscheinlich sich die genannten Rassen von *capitis* und *corporis* wie starke und schwache Rassen von *dispar* verhalten, und daß weiterhin der Modifikationsfaktor T, den wir von *L. dispar* und *Drosophila simulans* her kennen, bei manchen Kreuzungen im Spiel ist.

Wir sagten aber schon, daß es keineswegs feststeht, daß diese Intersexe wirklich der Definition für Intersexualität entsprechen, wie KEILIN und NUTTALL, allerdings auch nur mit Vorsicht, annehmen. Die morphologische Beschreibung zeigt eine große Variation von mehr männlichen zu mehr weiblichen Individuen. Aber merkwürdigerweise sind häufig beiderlei Organe nebeneinander vorhanden, ohne daß dies je den Charakter eines bilateralen Gynandromorphismus hätte. Was die Gonaden betrifft, die allerdings nur bei wenigen Individuen untersucht werden konnten, so gibt es Eierstöcke und Hoden nebeneinander, aber auch Ovarien mit männlichen Ausführgängen. Die äußeren Geschlechtsorgane verhalten sich ähnlich, wie die folgende Tabelle der Verfasser zeigt:

Inter-sexualitäts-typ	männliche Organe	weibliche Organe
1	Vollständig	Fehlend
2	„	Rudimente vorhanden
3	„	Rudimentäre Gonaden, keine Lappenanhänge
4	„	Vollständig, aber reduziert, ohne Lappen
5	„	Vollständig, ohne Lappen
6	„ aber deformiert	„ „ „
7	Reduziert und deformiert	„ Lappen rudimentär
8	„ „ „	„
9	„ zu einem unent-wickelten Stadium	„
10	Fehlend	„

Diese Morphologie paßt weder zu Gynandromorphismus noch zu Intersexualität. Eher könnte man an ein Gemisch von beiden denken, wie wir es später als Folge von Chromosomenabnormitäten bei der triploiden Intersexualität beschreiben werden. Dieser nähert sich auch der Fall durch die große Variabilität intersexueller Geschwister. So muß denn für eine sichere Interpretation auf die Ergebnisse einer genaueren Analyse gewartet werden.

δ) Intersexualität bei Crustaceen.

In der Gruppe der Krebse sind abnorme Sexualitätserscheinungen recht häufig, die zum Teil mit Intersexualität zu bezeichnen sind. Im vorliegenden Kapitel ist ja nur von zygotischer Intersexualität die Rede und so scheidet zunächst die später zu besprechende Folge der parasitischen Kastration aus und ebenso alles, was eventuell auf hormonale Einwirkung zurückzuführen ist, die in dieser Gruppe wahrscheinlich vorkommt. Endlich sind alle jene kasuistisch beschriebenen, aber nicht experimentell erforschten Fälle auszuscheiden, in denen bei Crustaceen sogenannte hermaphroditische Zustände beobachtet sind. Denn tatsächlich gibt es neben zweigeschlechtigen Formen in der gleichen Gruppe solche, die typisch hermaphrodit sind oder die protandrische Hermaphroditen sind, oder die stets in einem Geschlecht eine rudimentäre Keimdrüse des anderen Geschlechts besitzen. Ferner ist es bei rein zweigeschlechtigen Formen sehr häufig, daß die Hoden mehr oder minder reichlich rudimentäre Eier enthalten, ferner, daß die sekundären Geschlechtscharaktere relativ labil sind und nach denen des anderen Geschlechts zu fluktuieren. Diese Erscheinungen können dann noch kombiniert sein mit dem Auftreten verschiedener Sexualtypen innerhalb eines Geschlechts. Es gibt eine außerordentlich große Literatur über diese Erscheinungen. Es steht aber noch nicht einmal fest, ob sie hormonal oder zygotisch bedingt sind oder auf andre Weise, wie sie entwicklungsphysiologisch zustande kommen, und ob sie etwas mit Intersexualität zu tun haben. Für ihre Beschreibung paßt ganz gut der alte Sammeltopf Hermaphroditismus (rudimentärer, teratologischer usw.).

Es gibt aber wenigstens bei niederen Crustaceen zwei Fälle von echter zygotischer Intersexualität, von denen aber unglücklicherweise nicht feststeht, ob sie diploid oder triploid ist, die also in diesem Abschnitt mit einem Fragezeichen behandelt wird.

αα) Intersexualität von Gammarus chevreuxi (amphipoder Krebs).

In einer (nur einer) bestimmten Linie dieses Krebschens beobachteten SEXTON und HUXLEY (1921) das Auftreten einer gewissen Zahl von intersexuellen Individuen. Sie machten den Eindruck von Weibchen, die mehr oder weniger viele männliche Attribute nachträglich entwickelt hatten, so daß sie als weibliche Intersexe bezeichnet wurden. Da sie in einer bestimmten Linie nur auftreten, so sieht es so aus, als ob es zygotische Intersexe seien, und da sie neben den normalen Geschlechtern erscheinen, so ist die Möglichkeit gegeben, daß sie ähnlich wie bei *Drosophila simulans* durch die Anwesenheit eines rezessiven mendelnden Gens hervorgerufen werden. Es kann aber doch auch nicht die Möglichkeit ausgeschlossen werden, daß diese Intersexe, deren Entstehung bisher noch nicht genetisch analysiert werden konnte, hormonalen Ursprungs sind. Über Keimdrüsenhormone bei Crustaceen wissen wir noch sehr wenig. Nach Untersuchungen von HAEMMERLI-BOVERI (1926) an einer nahe verwandten Krebsgruppe (Isopoden) scheint hier tatsächlich ein hormonaler Einfluß des Ovars auf sekundäre Geschlechtscharaktere zu bestehen (siehe später). So kann dieser Fall nur mit größter Vorsicht an dieser Stelle eingereiht werden, wie dies übrigens auch seine Entdecker taten.

ββ) *Intersexualität bei Daphniden.*

Auch dieser Fall ist, obwohl genauer durchgearbeitet, weder genetisch noch entwicklungsphysiologisch richtig geklärt. Intersexuelle Daphnien sind schon lange in der Literatur bekannt (KURZ, GROSCHOWSKY, WOLTERECK). Aber erst im Jahre 1909 wurden sie von KUTTNER genauer untersucht, beschrieben und durch mehrere Generationen hindurch verfolgt, also die Erblichkeit der Erscheinung festgestellt. ASHWORTH (1913) beschrieb ebenfalls solche Intersexe. Seit 1916 züchtete BANTA durch viele Generationen hindurch Stämme intersexueller Daphnien. Die genaueste Beschreibung der morphologischen Befunde finden wir bei DE LA VAULX (1921), dessen Beschreibung wir daher folgen.

Bis jetzt sind bei neun Arten von Cladoceren solche Intersexe gefunden worden. In den meisten Fällen traten sie in lange parthenogenetisch gezüchteten normalen Zuchten auf, und zwar bemerkenswerterweise gleichzeitig mit dem Auftreten von Männchen. In solchen Stämmen wurden sie dann in jeder Generation erhalten. Intersexuelle Individuen niederen Grades sind fortpflanzungsfähig, und ihre parthenogenetisch erzeugte Nachkommenschaft enthält wieder normale Weibchen, Männchen und Intersexe. Genaue Stammbäume finden sich bei DE LA VAULX. Eine genetische Analyse daraus abzuleiten, ist im Augenblick kaum möglich. In der Tat ist, falls es sich um triploide Intersexe wirklich handelt, eine solche ohne cytologische Untersuchungen kaum durchzuführen.

Die intersexuellen Individuen werden von DE LA VAULX in neun Klassen eingeteilt, die vom normalen Weibchen bis zum normalen Männchen führen. Von diesen zeigen die ersten Klassen bei sonst vollständig weiblicher Struktur nur mehr oder minder männliche Bildungen an den kleinen Antennen, die bekanntlich sexuell dimorph sind (Abb. 49a). Die zweite Gruppe von etwas stärkerer Intersexualität zeigt sexuelle Zwischenstufen außer in Bezug auf die Antennen auch noch in den Geschlechtsdifferenzen des Panzers, des Abdominalendes und des charakteristischen Greiffußes: Die Untergruppen sind eingeteilt, je nachdem 1, 2 oder 3 dieser Charaktere intersexuell sind. Bei der dritten Gruppe, der höheren Intersexualität, kommen zu den genannten somatischen Eigenschaften, die noch mehr männlich werden, nun aber die Umwandlungen der Gonade. Es bildet sich ein Ovotestis, der meist nur auf einer Seite vorhanden ist, aber auch zweiseitig sein kann,

und schließlich findet sich ein richtiger Hoden, der bei weiterer
männlicher Umwandlung der somatischen Charaktere die Reihe

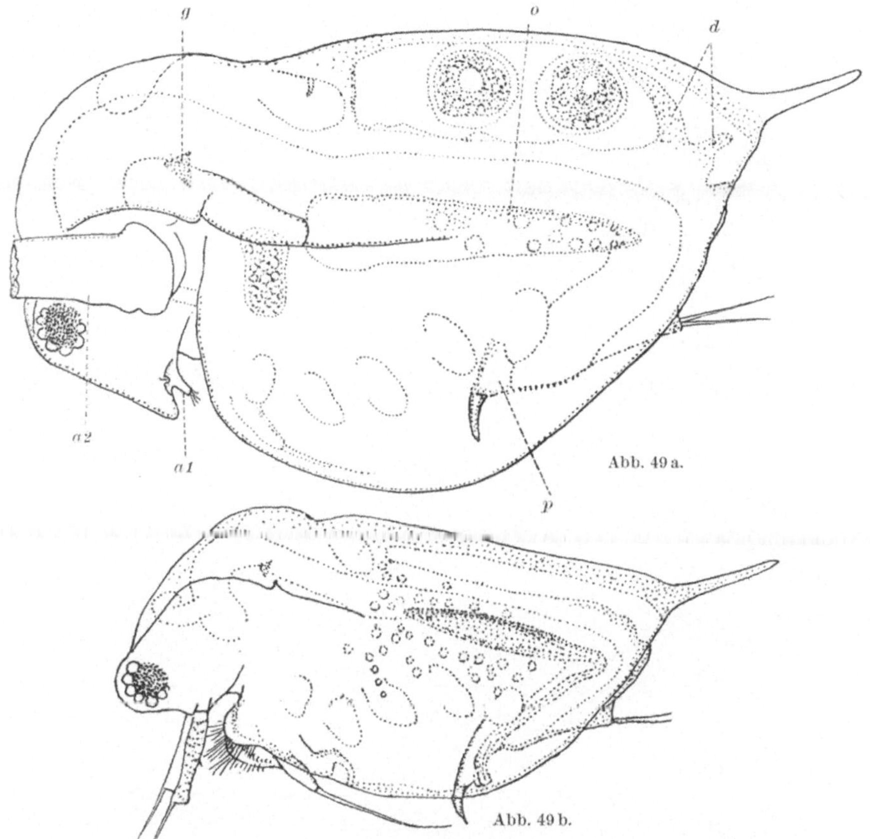

Abb. 49 a—g. Vom Weibchen zum Männchen ansteigende Intersexualitätsreihe von
Daphnia atkinsoni, wie im Text beschrieben. *a1 a2* 1. u. 2. Antenne, *g* Antennendrüse,
d Dorsalhaken, *o* Ovar, *p* Postabdomen. a normales ♀, b normales ♂, c—g Intersexe.
(Nach DE LA VAULX.)

zum normalen Männchen hinführt. In Abb. 49a—g sind einige
Stufen dieser intersexuellen Umwandlung abgebildet.

Aus BANTAS Versuchen geht weiter hervor, daß die mehr weiblichen Intersexe als Weibchen und die mehr männlichen als Männchen zu funktionieren vermögen.

Über die Genetik des Falles liegen einige Angaben von BANTA

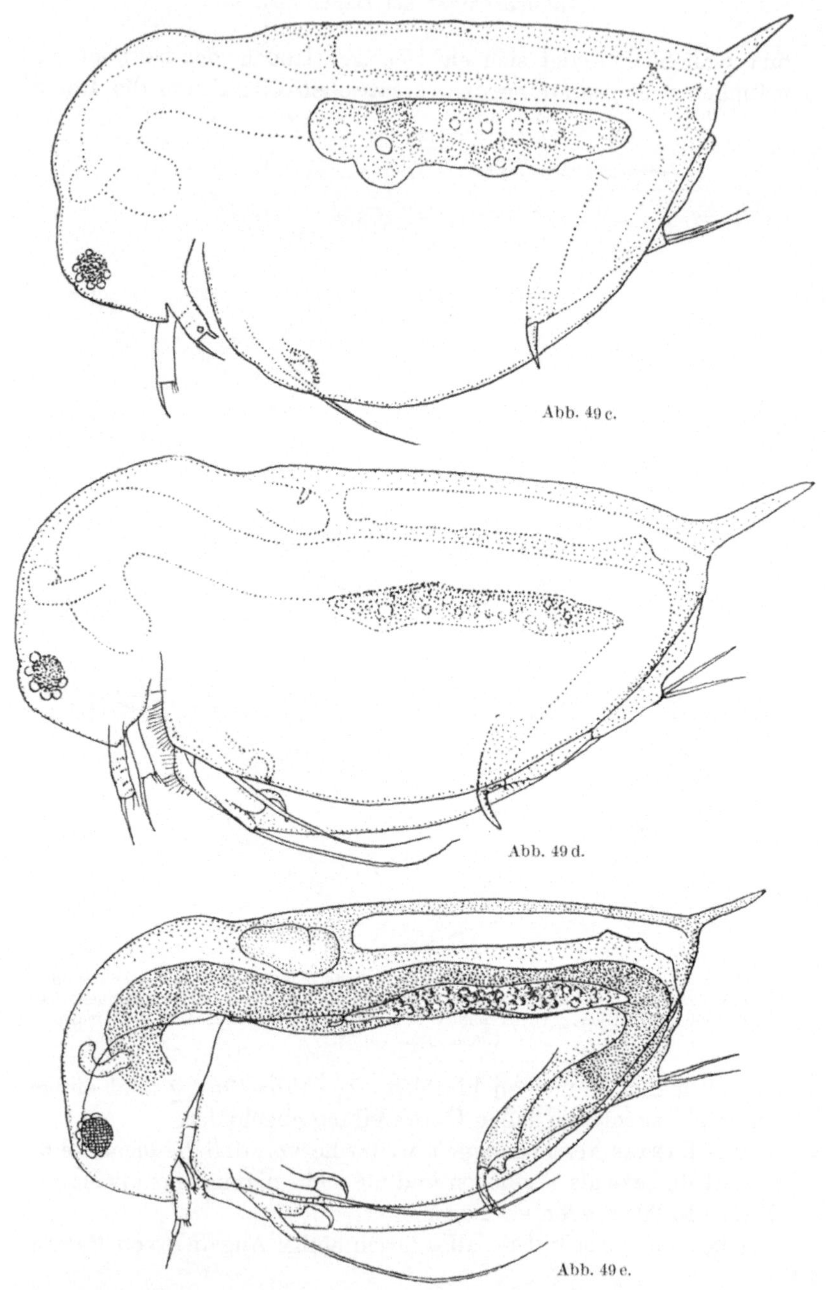

Abb. 49 c.

Abb. 49 d.

Abb. 49 e.

vor, die mit Sicherheit beweisen, daß es in der betreffenden Linie
erblich ist, Intersexe zu erzeugen. Und zwar wird diese Neigung
sowohl bei parthenogenetischer wie bei sexueller Fortpflanzung
vererbt und sowohl durch mehr weibliche als durch mehr männliche Intersexe. Ferner führte BANTA Selektionsversuche im intersexuellen Stamm aus und konnte dadurch den Grad der Inter-

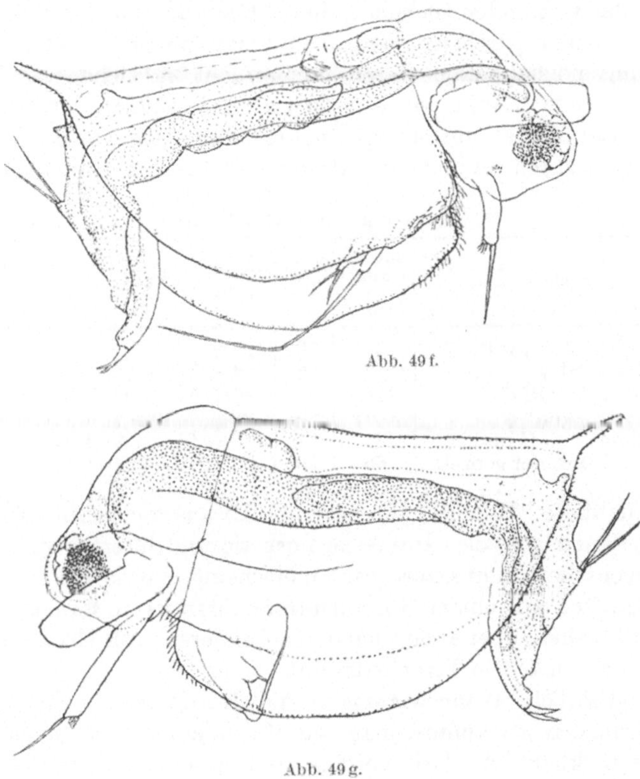

Abb. 49 f.

Abb. 49 g.

sexualität nach beiden Richtungen verschieben, was wieder eine
genetische Grundlage des Phänomens demonstriert. Endlich will
er auch Mutationen des Intersexualitätstyps (siehe OBRESHKOVE
u. BANTA 1930) erhalten haben. Leider gibt er bis jetzt für alle
diese Punkte nur ganz kurze Notizen, die es nicht erlauben, zu
beurteilen, auf welchen Einzelheiten seine Angaben basieren.

Eine Interpretation des Falles ist außerordentlich schwierig.

Zunächst wissen wir nicht, ob es sich wirklich um Intersexualität im Sinne unserer Definition handelt. Auf Grund der morphologischen Beschreibung von DE LA VAULX ist das zwar wahrscheinlich, aber es fehlt bis jetzt noch die genaue Analyse. Sodann wissen wir nicht, ob die vollständige Intersexualitätsreihe eine Reihe weiblicher oder männlicher Intersexualität ist, oder ob beides nebeneinander vorhanden ist oder keines. Dazu kommt dann die Komplikation der parthenogenetischen Fortpflanzung. Folgende Erklärungsmöglichkeiten wären in Betracht zu ziehen:

1. BANTA glaubt (siehe BANTA u. WOOD 1928), daß die Intersexualität einfach auf ein dominantes, mutiertes, mendelndes Gen zurückzuführen sei und führt dafür die folgenden Kreuzungen an:

Vererbung der Intersexe (SI).

Kombination	Gesamtzahl der Jungen	SI	Normal	SI berechnet	Abweichung : mittlerer Fehler
A. „Wild" ♀ × „wild" ♂	34	0	34	0	—
B. SI ♀ × SI ♂	7	3	4	$5^1/_4 \pm 1{,}2$ (3:1)	1,9
C. „wild" ♀ × SI ♂	118	38	80	$59 \pm 3{,}66$ (1:1)	5,7
D. SI ♀ × „wild" ♂	64	29	35	$32 \pm 2{,}70$	1,1
Summe von C und D	182	67	115	$91 \pm 4{,}55$ (1:1)	5,3
C und D weiter geprüft	55	29	26	$27^1/_2 \pm 2{,}50$ (1:1)	0,6

Aus dieser Tabelle geht hervor, daß aus der geschlechtlichen Fortpflanzung zweier Intersexe normale und intersexuelle Nachkommenschaft in unklaren Zahlen erscheint, ebenso aus reziproken Kreuzungen mit einem Normalstamm. Man kann daraus BANTAS Schluß ziehen, aber auch irgendeinen anderen: Auf Grund dessen, was wir sonst von Intersexualität wissen, ist ersterer aber unwahrscheinlich. Wenn wir uns an die Grundversuche mit *Lymantria* erinnern, so könnte man aus ihnen ja auch schließen, falls keine wirkliche Analyse vorläge, daß weibliche Intersexualität auf einem dominanten und männliche auf einem rezessiven Gen beruhe. Trotzdem ist beides falsch. Der einzige Fall, auf den Bezug genommen werden könnte, ist der bereits geschilderte von *Drosophila simulans*, der aber selbst unklar ist.

2. Es steht noch nicht mit Sicherheit fest, welches Geschlecht bei Daphnien das heterogamete ist. Es besteht also die Möglichkeit, daß alle Intersexe intersexuelle ♀ sind auf Grund einer Valenzmutation von M, das autosomal vererbt ist, wenn der *Droso-*

phila-Typ vorliegt und im X-Chromosom, wenn der *Abraxas*-Typ vorliegt. Es könnten aber auch intersexuelle ♂ sein mit einer Valenzmutation von *F* unter den entsprechenden Möglichkeiten für die beiden Typen. In beiden Fällen würde die große Variabilität des Intersexualitätsgrads und die Möglichkeit erfolgreicher Selektion dafür sprechen, daß es sich um eine Gemisch von Linien verschiedener Valenz der Geschlechtsgene handelt. Dafür spricht BANTAS Angabe von Mutationen. Diese Erklärung hat wohl die größte Wahrscheinlichkeit für sich und sie könnte leicht in systematischen Experimenten geprüft werden.

3. Es ist die Möglichkeit vorhanden, daß es sich um triploide Intersexe handelt. Bei Daphnien könnten sie so zustande kommen, daß ein parthenogenetisches Ei mit diploider Chromosomenzahl ausnahmsweise von einer Samenzelle mit haploider Zahl befruchtet wird. Die Entstehungsgeschichte, die DE LA VAULX von seinen Linien gibt, läßt eine solche Annahme als möglich erscheinen. Auch manche Einzelheiten im Bau der Intersexe, vor allem die Neigung zu unsymmetrischer Ausbildung der intersexuellen Umwandlungen, kommen auch bei triploiden Intersexen vor (siehe später). Da bei triploiden Intersexen mit großer Chromosomenzahl, wie wir später sehen werden, verschiedene Typen auf chromosomaler Grundlage entstehen können, sind auch die züchterischen Angaben BANTAS mit dieser Annahme vereinbar. Die genaue Untersuchung des Materials sollte über diesen Punkt leicht Aufklärung bringen können.

ε) Andere Wirbellose.

Aus verschiedenen Gruppen von Wirbellosen sind als mehr oder minder seltene Vorkommnisse sexuelle Abnormitäten beschrieben worden, von denen manche sich sicher als Intersexe erweisen werden. Mangels irgendwelcher Versuche zur Analyse hat es keinen Zweck, eine Kasuistik solcher Fälle zu geben. Nur ein Fall sei erwähnt, weil hier eine Art von Intersexualität sichtlich ein sehr häufiges Vorkommnis ist. Bei dem Nematoden *Agamermis albicans* soll nach übereinstimmenden Befunden mehrerer Autoren (genannt in der zusammenfassenden Darstellung von STEINER 1923) Intersexualität so häufig sein, daß STEINER erklärt, daß bisher keine andere Tiergruppe bekannt sei, in der unter normalen Bedingungen das Phänomen gleich häufig sei. Diese Individuen haben alle, abgesehen vom Hinterleibsende, völlig normalen weib-

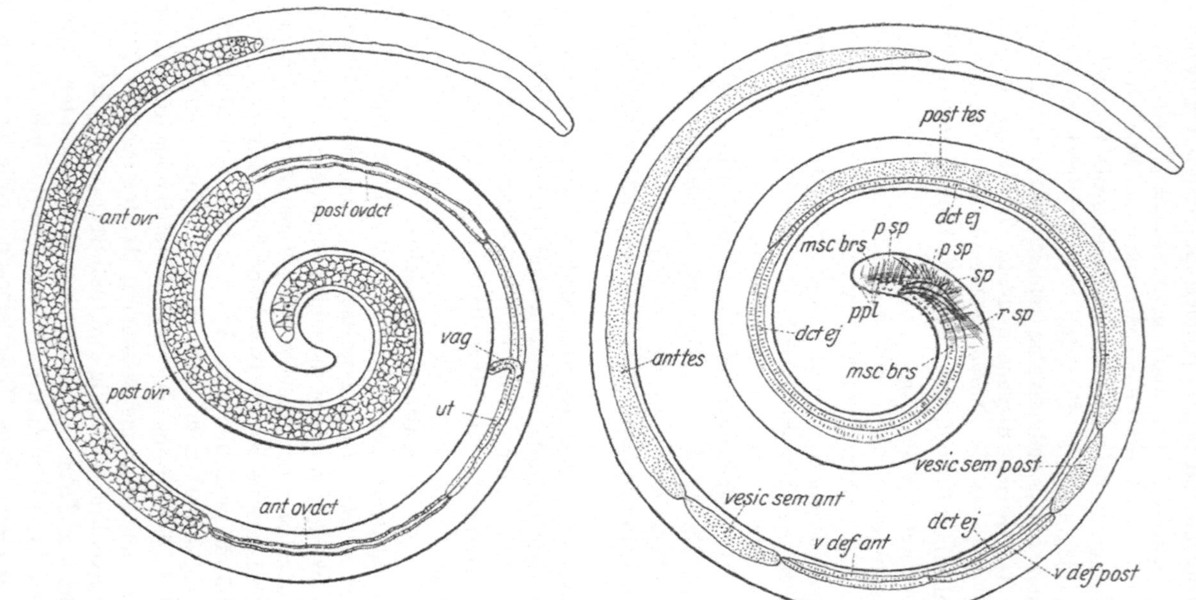

Abb. 50 a. Normale Geschlechter von *Agamermis albicans*. l. ♀, r. ♂. *ant ovr* vorderes Ovar; *ant ovdct* vorderer Ovidukt; *post ovr* hinteres Ovar; *post ovdct* hinterer Ovidukt; *ut* Uterus; *vag* Vagina; *ant test* vorderer Hoden; *dct ej* ductus ejaculatorius; *msc brs* Bursalmuskeln: *ppl* Kopulationspapillen; *psp* Protraktoren der spicula; *rsp* Retraktoren der spicula; *sp* spiculum; *v def ant* vorderes vas deferens: *v def post* hinteres vas deferens; *vesic sem ant* vordere Samenblase; *vesic sem post* hintere Samenblase.

lichen Bau mit normalen Gonaden. Dagegen zeigt das Hinterende, an dem das normale ♀ keine besonderen Differenzierungen besitzt,

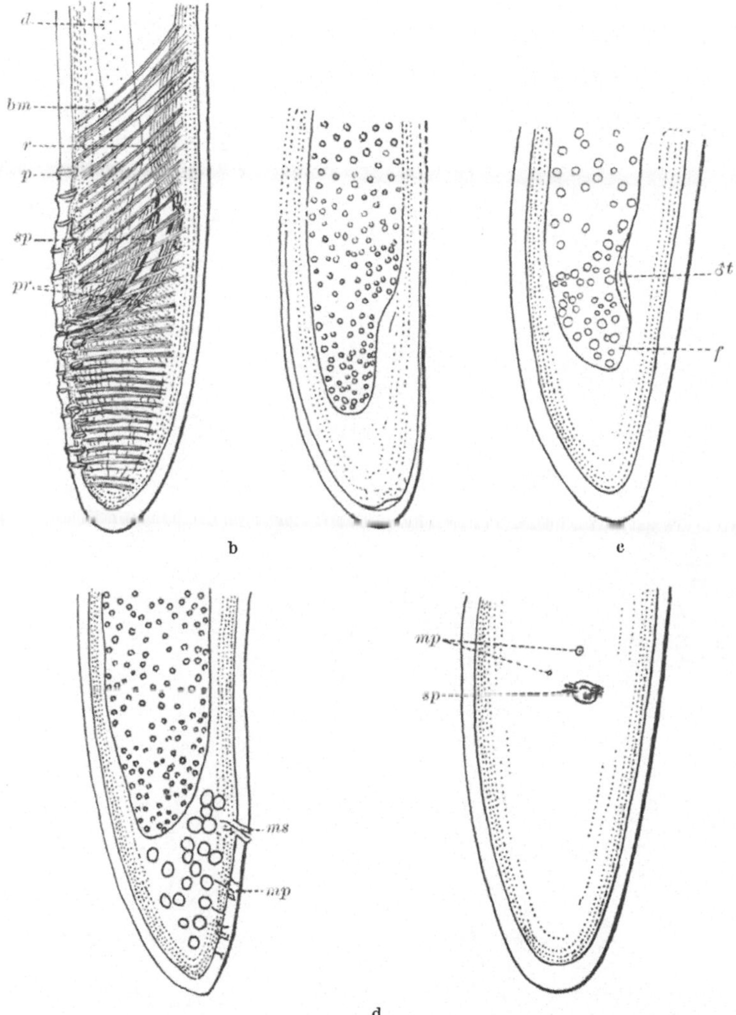

Abb. 50 b—d. b Hinterende der normalen Geschlechter von *Ag. decaudata*. *d* ductus efferens; *bm* Bursalmuskeln; *r* Retraktoren; *p* Papillen; *sp* spiculum; *pr* Protaktoren. l. ♂, r. ♀. c Schwach intersexuelles Weibchen. ♂*t* männliches Gewebe; f weibliches. d Weitere intersexuelle Stufen. *ms* männliche Geschlechtsöffnung; *mp* männliche Papille; *sp* rudimentäre spicula.

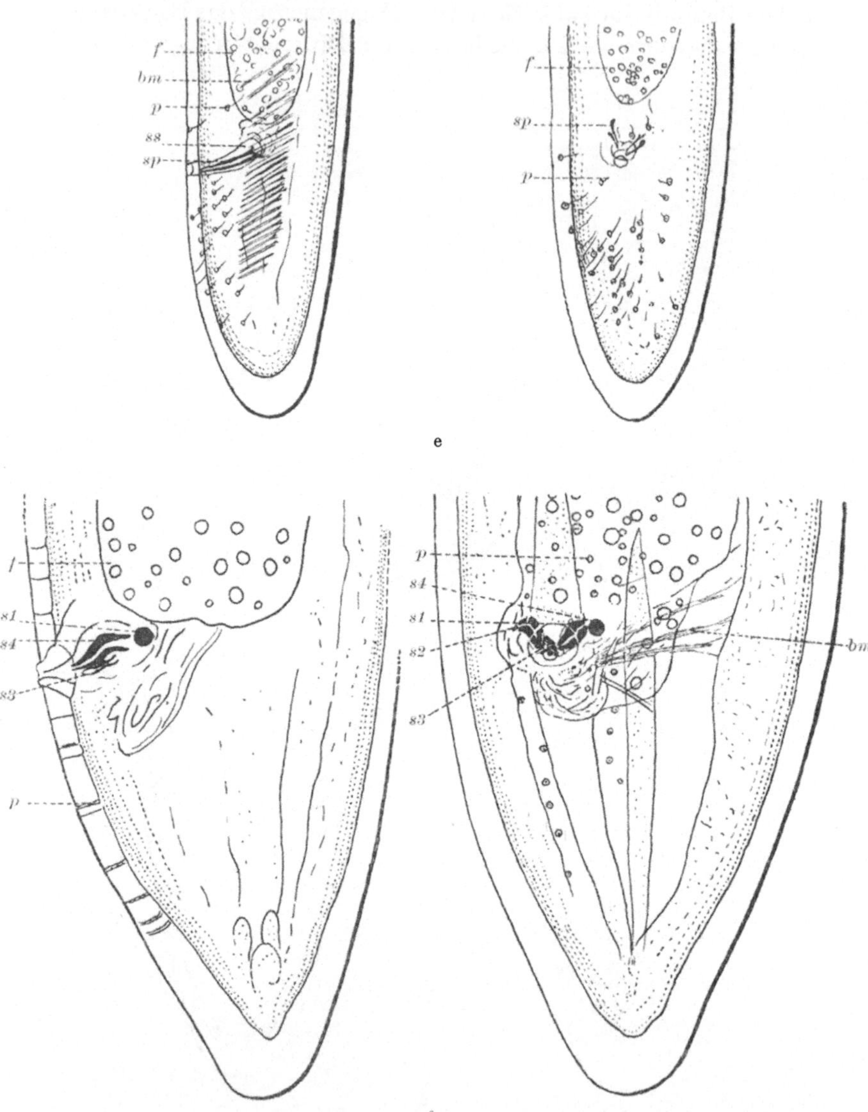

Abb. 50 e—f. e Weitere intersexuelle Stufen. *sp* Spicula; *bm* Bursalmuskeln; *p* männliche Papillen; *ss* Spiculascheide. Die außerdem vorhandenen weiblichen Organe sind in allen Abbildungen hinzuzudenken. f Weitere Stufen weiblicher Intersexualität: *1—4* Spicula; *p* Papillen; *bm* Bursalmuskel; *f* weiblicher Teil. (Nach STEINER.)

das ♂ aber die wichtigsten sekundären Geschlechtsorgane zeigt, bei den Intersexen eine fast vollständige Serie der Ausbildung der männlichen Charaktere. Die Serie wird besser als durch eine Beschreibung durch Abb. 50 illustriert, die die normalen Geschlechtstiere und die Hinterenden der Intersexe zeigt. STEINER macht nun darauf aufmerksam, daß die systematischen Unterscheidungsmerkmale gerade dieser Spezies sehr variabel sind, was die Folge einer Bastardierung nahestehender Formen sein könnte. Wäre das der Fall, so hätten wir hier vielleicht ein Analogon zu den anderen Fällen diploider Intersexualität. Es muß aber bemerkt werden, daß gerade die Nematoden einige Sexualitätsverhältnisse zeigen, die bisher noch nicht im Rahmen der sonst so klaren allgemeinen Theorie völlig erklärt werden können. Vielleicht wird einmal Licht in den Fall kommen durch eine merkwürdige Beobachtung von COBB, STEINER u. CHRISTIE (1927). Ein Verwandter der genannten Formen, *Mermis subnigrescens*, parasitiert bei verschiedenen Heuschreckenarten. Finden sich nun nur 1—3 Parasiten in einem Wirt, so sind sie stets weiblich, sind ihrer aber viele, bis zu 20, so sind es nur Männchen. Auch bei experimenteller Infektion wurde dies bestätigt.

Noch deutlicher tritt das gleiche Phänomen in den Untersuchungen von COMAS (1927) und CAULLERY und COMAS (1928) hervor. Im Prinzip ist das Phänomen bei der von ihnen untersuchten *Paramermis contorta*, die in den Larven von *Chironomus thummi* schmarotzt, dasselbe, aber es kommen immer neben den Weibchen auch Männchen und neben den Männchen auch Weibchen vor und dazu noch Intersexe, wie es die folgende Tabelle zeigt.

Zahl der Parasiten per Wirt	Beobachtete Fälle	♀♀	♂♂	Verhältnis ♀♀ : ♂♂	Intersexe
1	272	255	17	15	68
2	173	180	166	1,08	41
3	43	47	82	0,57	10
4	16	23	41	0,55	5
5	6	5	25	0,2	
6	3	3	15	0,2	
7	2	3	11	0,25	
9	1	1	8	0,125	
10	3	4	26	0,154	
11	1	2	9	0,22	
17	1	2	15	0,133	
	Summe:	525	415		

Der Gedanke liegt nahe, daß diese Formen protandrische Hermaphroditen sind, die zuerst also männlich sind und sich bei reichlicher Nahrung, vielleicht unter Abkürzung der männlichen Phase, in Weibchen umwandeln (siehe später bei *Bonellia*). Während dieser Umwandlung könnten dann, wenn sie unterbrochen wird, Intersexe entstehen. Da bei Nematoden aber auch sonst ungeklärte Sexualitätsverhältnisse vorkommen, etwa Spermaproduktion bei einem typischen Weibchen, Zwitter mit weiblicher Organisation, Protandrie, so hat eine Diskussion keinen Zweck, bevor Experimentalmaterial vorliegt.

ζ) Gibt es bei Insekten transitorische Intersexualität?

Als transitorische Intersexualität bezeichneten wir (GOLDSCHMIDT 1920b) die Erscheinung, daß typischerweise ein normalgeschlechtiges Tier in seiner Entwicklung eine Zeitlang das andere Geschlecht zeigt, also etwa das Männchen embryonal ein Ovar besitzt. Wir werden dieser Erscheinung bei den Amphibien begegnen, und sie wird sich für das Verständnis der Sexualität der Wirbeltiere als sehr wichtig erweisen. Es gibt nun bei Insekten ein paar Fälle, die unzweifelhaft hierher gehören und denen eine — noch nicht geklärte — große theoretische Bedeutung zukommt. HEYMONS (1890) fand, daß bei der Entwicklung der Hoden von *Blatta* nur ein Teil der Embryonalanlage zu Hoden wird, ein anderer Teil aber entwickelt ähnlich wie bei der Eierstockbildung Endfäden, die später zugrunde gehen. Bei manchen Individuen aber bilden sich aus diesen Anlagen mehr oder minder typische Eiröhren aus, die in seltenen Fällen sogar noch in der Imago gefunden werden können. Es sind also beim Männchen die Vorbedingungen für beiderlei Gonaden gegeben, von denen sich aber der ovariale Teil nur ausnahmsweise ausbildet. Wir weisen auf die merkwürdige Ähnlichkeit dieser Tatsachen mit typischen Befunden bei Wirbeltieren hin, eine Ähnlichkeit, die vielleicht in absehbarer Zeit dazu führen wird, die tiefe Kluft zwischen Wirbellosen und Wirbeltieren in Sexualitätsfragen zu überbrücken.

Das, was bei *Blatta* als ein unregelmäßiges und vorübergehendes embryonales Phänomen erscheint, ist bei der Steinfliege *Perla marginata* eine typische Erscheinung der Larvenzeit. Von der Embryonalentwicklung der Gonade ist nichts bekannt. Aber auf Grund der Verhältnisse der Larve möchte ich annehmen, daß alles ebenso verläuft, wie es HEYMONS von *Blatta* schilderte, aber mit dem Unterschied, daß die ovariale Anlage zu richtigen Eiröhren sich differenziert und so während der ganzen Larvenzeit als nicht funktionierendes Männchenovar erhalten bleibt. SCHÖNEMUND (1912) beschrieb diese merkwürdige Tatsache und JUNKER (1923) untersuchte sie näher. Er stellte vor allem die wichtige Tatsache fest, daß auch die Eizellen des Männchenovars die männliche Chromosomengarnitur besitzen. Vor der Metamorphose verkümmert dann das Organ. Wie schon gesagt, sind diese noch isolierten Befunde theoretisch sehr wichtig, wie ich demnächst im Anschluß an neue Befunde zeigen werde. Doch ist die Interpretation noch nicht zur Aufnahme in eine zusammenfassende Darstellung reif.

2. Triploide Intersexualität.

Bekanntlich bezeichnet man eine vollständige Chromosomengarnitur als den haploiden Satz, der sich im Tierreich in den reifen Geschlechtszellen findet, sowie in den haploiden Männchen parthenogenetischer Formen wie der Honigbiene. Der normale Chromosomensatz ist demnach als diploid zu bezeichnen und wenn abnormerweise drei Chromosomensätze vorliegen, so sprechen wir von Triploidie. Ein triploides Individuum muß, wenn es fortpflanzungsfähig ist, in seiner Nachkommenschaft weitere abnorme Chromosomenkonstitution zeigen, da in seinen Geschlechtszellen bei drei Chromosomensätzen eine normale Konjugation elterlicher Chromosomen nicht stattfinden kann. Bei den zu besprechenden Fällen triploider Intersexualität sind nun die drei Chromosomensätze nicht vollständig, so daß man besser von Subtriploiden spräche. Der Einfachheit halber sei aber der weniger genaue Ausdruck, der von BRIDGES eingeführt wurde, beibehalten. Bis jetzt kennen wir vier verschiedene Arten, wie triploide Intersexe entstehen oder experimentell erzeugt werden können und die verschieden genau durchgearbeitet wurden.

A. *Historisches.* Das, was heute triploide Intersexualität heißt, wurde zuerst von STANDFUSS (1908) entdeckt. Er fand bei der Rückkreuzung des Speziesbastards *Saturnia pyri × pavonia* (die Nachtpfauenaugen) mit der Elternform neben normalen Männchen sexuell abnorme Weibchen (alle außer einem), die als Gynandromorphe bezeichnet wurden. Nach dem Erscheinen der Arbeiten von FEDERLEY u. GOLDSCHMIDT kam STANDFUSS (1914) wieder auf den Fall zurück. Er erkannte jetzt im Anschluß an FEDERLEY, daß es sich um triploide Rückkreuzungsbastarde handelte und

im Anschluß an Goldschmidts Theorie der Geschlechtsbestimmung, daß
hier durch die Triploidie eine quantitative Verschiebung zwischen den F-
und M-Faktoren bedingt ist, die die Intersexualität (damals noch Gynandromorphismus genannt) hervorruft. 1916 beschrieb Harrison ähnliche
Intersexe bei analogen Rückkreuzungen von *Biston*-Arten, warf sie aber
mit den F_1-Intersexen zusammen und kam so zu keinem richtigen Verständnis; 1917 lehnte er ausdrücklich die Interpretation von Standfuss
ab. Das Interesse der Genetiker wurde aber erst richtig auf diese Probleme
gelenkt, als Bridges (1921) bei *Drosophila* die triploiden Intersexe fand
und (1922 ff.) eine genetische Interpretation gab, die in der Hauptsache
die gleiche ist, wie die von Standfuss, also ebenfalls von der quantitativen
Theorie Goldschmidts Gebrauch machte. In späteren Arbeiten wurde die
Theorie weiter entwickelt. Durch Dobzhansky u. Bridges (1928) wurde
schließlich auch die Morphologie dieser Intersexe geklärt. 1922 veröffentlichte dann Meisenheimer seine Resultate von Artkreuzungen bei *Biston*-
Arten, wo genau analog dem Standfussschen Fall Intersexe erzeugt werden und gab 1924 vor allem eine genaue morphologische Beschreibung, sah
aber von jeder Interpretation ab. Goldschmidt u. Pariser (1923), die die
Standfussschen Kreuzungen wiederholten und cytologisch die Sub-Triploi-
die nachgewiesen hatten, reklamierten daher auch Meisenheimers Fall für
die triploide Intersexualität, und Goldschmidt führte dies 1925 (a) näher
aus. Kürzlich hat auch Lenz die Standfussschen Kreuzungen mit gleichem
Ergebnis wiederholt und Meisenheimer hat neuerdings unsere Erklärung
angenommen (1930). Dann folgt die Entdeckung Seilers (1926) der Erzeugung triploider Intersexe durch Kreuzung parthenogenetischer und
zweigeschlechtiger Psychidenrassen. Endlich kam neuerdings eine vierte
Methode der Erzeugung triploider Intersexe in den Arbeiten von Goldschmidt u. Katsuki (1928) und Tanaka (1927) am Seidenspinner zum
Vorschein.

a) Nach Spezieskreuzungen von Schmetterlingen.

α) Cytologische Voraussetzungen.

Die cytologischen Voraussetzungen für die Entstehung von
triploiden Individuen bei Artbastarden von Schmetterlingen sind
durch die klassischen Untersuchungen von Federley (1913) geklärt. Dieser fand, daß bei Speziesbastarden von verschiedenen
Schmetterlingsarten die väterlichen und mütterlichen Chromosomen in der Synapsis nicht oder nur teilweise zu konjugieren vermögen. Die Folge davon ist, daß in die Reifeteilungen des Bastards die addierten Chromosomenzahlen als univalente Chromosomen eingehen, bzw. wenn einige Chromosomen konjugieren,
fast diese Zahl univalenter neben einigen Dyaden. Auch die univalenten Chromosomen teilen sich nun in der Reifeteilung und so
erhalten die reifen Geschlechtszellen des Bastards völlig oder bei-

nahe die addierten Chromosomenzahlen beider Eltern, sind also fast oder ganz diploid. In einem konkreten Fall, der Kreuzung von *Pygaera curtula* mit 29 Chromosomen haploid und der *Pygaera anachoreta* mit 30 haploid, zeigt der Bastard in seinen Geschlechtszellen nach der Reifeteilung 59 Chromosomen. Wird nun ein solcher Bastard mit einer seiner Elternformen, z. B. *anachoreta*,

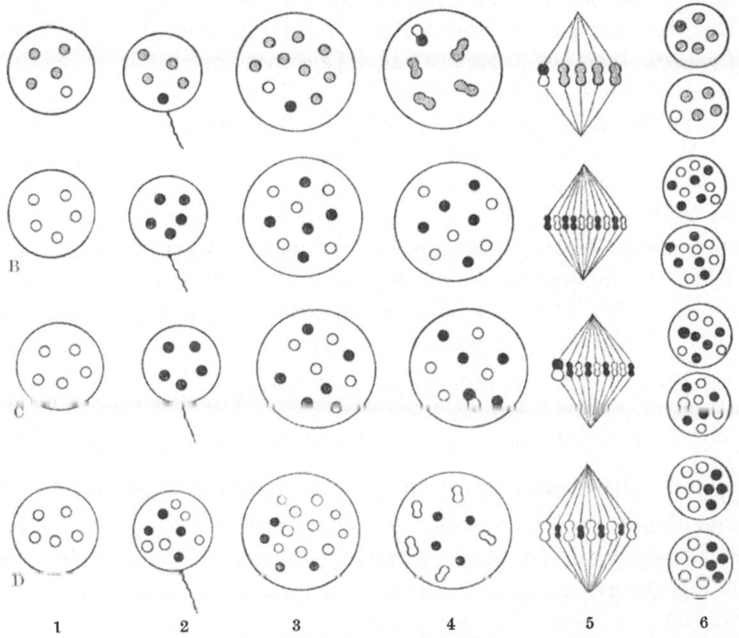

Abb. 51. Verhalten der Chromosomen bei Speziesbastarden. Erklärung der 4 horizontalen Reihen im Text. Die vertikalen Reihen stellen dar 1. reife Eizelle, 2. reife Samenzelle der Eltern, 3. die Zygote, 4. die Geschlechtszellen des Bastards zur Zeit der Chromosomenkonjugation, 5. die Reifeteilung des Bastards, 6. die Gameten des Bastards. (Nach FEDERLEY.)

rückgekreuzt, so entsteht ein Rückkreuzungsbastard (RF_2) mit $59 + 30 = 89$ Chromosomen, der somit triploid ist oder in anderen Fällen subtriploid. Abb. 51 gibt schematisch diese Verhältnisse wieder. In der 1. Reihe ist das normale Verhalten der Chromosomen dargestellt mit Chromosomenkonjugation und Reduktionsteilung, und zwar ist ein mendelnder Varietätenbastard angenommen, der in einem Chromosomenpaar verschieden ist, dem weißen der Mutter und dem schwarzen des Vaters. Die 2. Reihe zeigt die

Kreuzung von Arten, die beide die Normalzahl von 10 Chromosomen besitzen (5 weiße des Eies, 5 schwarze der Samenzelle), bei denen aber im Bastard keine Konjugation der Chromosomen stattfindet und somit die Gameten des Bastards die diploide Zahl besitzen. Die 3. Reihe zeigt einen ähnlichen Bastard, bei dem ein Chromosomenpaar konjugiert, die anderen nicht, die reifen Geschlechtszellen somit 9 Chromosomen haben, subdiploid sind. Die 4. Reihe zeigt die Rückkreuzung eines Eies der einen Art mit einer Samenzelle des Bastards (aus der 3. Reihe) mit 9 Chromosomen, und es entsteht ein Individuum mit der subtriploiden Zahl von 14 Chromosomen, dessen Reifeteilungen wieder subdiploide Gameten hervorbringen.

Wie kann nun bei solchen Triploiden Intersexualität zustande kommen? Wenn das Geschlechtsgen F nicht wie bei *Lymantria* im Y-Chromosom gelegen ist, sondern homozygot in einem Autosomenpaar, so ist im triploiden Individuum statt FF vorhanden FFF; da die diploide Samenzelle des Bastards 2 X-Chromosomen enthält, also MM, die Eizelle der reinen Rückkreuzungsmutter aber M oder kein M enthält, so entstehen Individuen $FFFMM$ und $FFFMMM$. Da nun die Proportion $\dfrac{FF}{MM} = \male$, so ist die identische Proportion $\dfrac{FFF}{MMM}$ auch ein Männchen. Dagegen ist $\dfrac{FF}{M} = \female$; $\dfrac{FFF}{MM}$ ist aber eine Proportion, die zwischen der für $\female$ und $\male$ steht und damit ein Intersex liefert. Diese Erklärung, die zuerst von STANDFUSS auf Grund der GOLDSCHMIDTschen Geschlechtsbestimmungstheorie gefunden wurde, wird später genauer diskutiert werden.

β) Die Saturniden.

Wir beginnen mit dem zuerst bekannt gewordenen Fall der *Saturnia*-Bastarde, die also bei Rückkreuzung der F_1 *pyri* $\times$ *pavonia* mit den Elternformen entstehen. Die Fruchtbarkeit der F_1-$\male$ ist eine sehr geringe (F_1-$\female$ steril), so daß nur ganz wenige Nachkommen erzeugt werden. In zahllosen Versuchen erzielte STANDFUSS (1908) im ganzen 42 $\male$, 37 Intersexe und 1 $\female$, GOLDSCHMIDT u. PARISER (1923) und PARISER (1927) aus Tausenden von Eiern nur 5 $\male$, 2 Intersexe. Dies zeigt immerhin, daß die Geschlechtsproportion gewahrt ist, daß die Männchen normal und die Weibchen intersexuell sind. Aus der Beschreibung von STANDFUSS (dessen Stücke seitdem von GOLDSCHMIDT nachuntersucht worden sind) geht

hervor, daß es sich im großen und ganzen um wirkliche Intersexe
handelt. Stets war ein mehr oder weniger rudimentärer weiblicher
Geschlechtsapparat vorhanden. Dazu kamen aber männliche Bei-
mischungen im Kopulationsapparat und mehr oder minder intermediäre Fühler. Die Flügelfärbung ist ebenfalls mehr oder minder
gemischt, häufig aber auch mosaikartig. Viele Individuen zeigen
aber auch in den Fühlern Mosaikbildungen männlichen und weiblichen Charakters. Wir werden später sehen, daß aller Wahrscheinlichkeit nach tatsächlich eine Kombination von Intersexualität
und Gynandromorphismus vorliegt. Die Chromosomenverhältnisse wurden von GOLDSCHMIDT und PARISER und PARISER untersucht. Es zeigt sich, daß *pyri* haploid 30, *pavonia* 29 Chromosomen
besitzt. Die Spermatogenese des Bastards verläuft so, wie es
nach FEDERLEY zu erwarten ist. Es kommt keine richtige Konjugation zustande, und so treten beide Garnituren in die Reifeteilung
ein. Hier finden sich aber anstatt der diploiden Zahl von 59 deren
45—48, es haben also wohl einige Chromosomen, wie bei FEDERLEY,
konjugiert. Da nur unendlich wenige Spermien befruchtungs-
fähig sind, so könnte man allerdings annehmen, daß dies nur
die ganz seltenen und daher nicht beobachteten ganz oder fast diploiden Spermien sind. Die Rückkreuzungsmännchen enthielten
wieder ungefähr 45 Chromosomen in den Reifeteilungen, also biva-
lente + univalente zusammen, was, da die Mutter sicher 29 lieferte,
unter der wahrscheinlichen Annahme (nach FEDERLEY), daß sie alle
konjugierten, eine Gesamtzahl von 74 univalenten Chromosomen
gibt, also statt triploid 88. Es besteht aber die Möglichkeit, daß auch
trivalente Gruppen gebildet werden (wie bei *Datura* nach BELLING),
so daß doch vielleicht die triploide Zahl einigermaßen erreicht ist.
Sicher ist jedenfalls, daß die Rückkreuzungstiere, entsprechend der
STANDFUSSschen Erwartung, triploid oder subtriploid sind.

Wenn die Triploidie (siehe später zusammenfassend) die Erklärung für die Intersexualität gibt, so weisen diese Chromosomenverhältnisse darauf hin, wie die von der *Lymantria*-Intersexualität
abweichenden Mosaikbildungen zu erklären sind. Von pflanzlichen
Triploiden ist bereits das unregelmäßige Verhalten der Chromosomen
in ihrer Nachkommenschaft bekannt. Es liegt nahe anzunehmen, daß
bei der Entwicklung eines solchen subtriploiden Intersexes auch abnorme Chromosomenverteilungen in den Zellteilungen vorkommen,
also das, wovon wir heute durch MORGAN und BRIDGES wissen, daß es

den echten Gynandromorphismus hervorrufen kann. So haben denn
GOLDSCHMIDT u. PARISER darauf hingewiesen (ferner GOLDSCHMIDT
1925a), daß sich hier vielleicht mit Intersexualität noch Gynandromorphismus zu einem verwirrenden Bild kombinieren kann.

Eine genaue Beschreibung erübrigt sich, da die geringe Zahl
von Individuen, die erhalten werden können, eine so genaue
Untersuchung wie bei *Lymantria* ausschließen. Soweit die Untersuchungen gehen (PARISER) kann aber kein Zweifel unterliegen,
daß es sich um echte Intersexe handelt, und daß die Triploidie sie
verursacht.

<h3 style="text-align:center">γ) Die Bistoniden.</h3>

Die Bistoniden sind eine Gruppe von Spannern (Geometriden),
in der es Arten gibt, deren Weibchen ganz oder teilweise flügellos
sind. Deshalb sind häufig Kreuzungen zwischen solchen Arten
ausgeführt. Ebenso wie bei den Saturniden sind die F_1-♀ meist
steril und mit den ein wenig fertilen ♂ kann die Rückkreuzung auf
die reinen Rassen ausgeführt werden. Wir sahen oben bereits, daß
HARRISON (1916) zuerst einige solche Kreuzungen ausführte und
dabei Intersexe erhielt. Seitdem hat MEISENHEIMER (1922, 1924)
die gleichen Versuche mit besserem Erfolg wiederholt und konnte
an seinem Material eine genaue morphologische Untersuchung der
Intersexe ausführen. Allerdings erkannte er nicht, daß es sich um
triploide Intersexe handelte und glaubte, daß hier durch die Rückkreuzung „eine vollständige Erschütterung der geschlechtlichen
Konstitution" erzielt sei und daß „die einzige Regel völlige Regellosigkeit" sei. Inzwischen hat er sich auch davon überzeugt, daß
die von GOLDSCHMIDT u. PARISER und von GOLDSCHMIDT durchgeführte Interpretation, eben als triploide Intersexe, richtig ist.

Cytologie. Die Voraussetzung zu einer solchen Interpretation ist,
daß ähnlich wie bei den von FEDERLEY untersuchten Artbastarden
die Chromosomen sich so verhalten, daß der Rückkreuzungsbastard
triploid oder subtriploid ist. Es liegt eine Untersuchung der Chromosomenverhältnisse dieser Bastarde durch MALAN (1917) vor, außerdem eine Untersuchung des verwandten Bastards *hirtarius* × *zonarius* von HARRISON und DONCASTER (1914). MALAN findet 14 Chromosomen haploid bei *hirtarius* und 51 bei *pomonarius*. In den Reifeteilungen des Bastards werden 45—55 gefunden. Das heißt also,
daß manchmal nur ein Teil der elterlichen Chromosomen konjugieren; denn 14 *pom.*-Chromosomen + 14 *hirt.*-Chromosomen konju-

giert, ließen 37 *pom.*-Chromosomen übrig, zusammen 51. Wenn aber
nur 45 Chromosomen gefunden werden, so müssen dreifache Konju-
gationen vorkommen. Etwas abweichend sind die Resultate von
DONCASTER. Er stellt eine ziemliche Annäherung an die FEDERLEY-
schen Resultate fest. Die Spermatozyten der Bastarde zwischen
Formen mit 56 und 14 Chromosomen enthalten 42—65 Chromosomen, sind also subtriploid. (Als Komplikation kommt allerdings
hinzu, daß die *hirtarius*-Chromosomen zum Teil große Sammel-
chromosomen sind, die wahrscheinlich mehreren kleinen der anderen
Art entsprechen. Da wahrscheinlich die kleinen es sind, die konjugieren, so bedeuten 5 kleine, die bei der Reifeteilung wegfallen,
weniger als 5 große, die ohne Konjugation verteilt werden.)

Wenn also auch nicht alle Einzelheiten geklärt sind, so steht
es doch fest, daß der F_1-Bastard subdiploide Samenzellen liefert,
somit der Rückkreuzungsbastard subtriploid ist. Wir erwähnten
schon früher, daß in einem solchen Fall Samenzellen in F_1 gebildet
werden, die verschiedene Chromosomenkonstitution haben, je nach
der Zahl der Chromosomen, die konjugiert haben oder nicht. In Analogie mit Befunden bei triploiden Pflanzen kann man annehmen,
daß nur bestimmte Chromosomenkombinationen bei Befruchtung
zu einem lebensfähigen Individuum führen. Diese erzeugen vielleicht die Spermien mit annähernd diploider Zahl, deren relative
Seltenheit die geringe Fruchtbarkeit der Rückkreuzung erklärte.

Die Kreuzungsresultate. Das folgende sind MEISENHEIMERS
Befunde bei Kreuzungen mit *Biston pomonarius* und *hirtarius*:

1. *pomonarius* ♀ × F_1 (*pom.* ♀ × *hirt.* ♂) ♂   3 ♀ Int.   6 ♂
2.   ,,   × F_1 reziprok ♂   3 ♀ ,,   5 ♂
3. *hirtarius* ♀ × F_1 (*pom.* ♀ × *hirt.* ♂) ♂   42 ♀ ,,   129 ♂
4.   ,,   × F_1 reziprok ♂   8 ♀ ,,   19 ♂
5. F_1 (*pom.* ♀ × *hirt.* ♂) ♀ × *pom.* ♂   1 ♀ ,,

Zu Nr. 5 ist hinzuzufügen, daß fruchtbare F_1-♀ große Rari-
täten sind. MEISENHEIMER präparierte noch drei weitere solcher
Rückkreuzungstiere aus der Puppenhülle und fand 1 ♀ (?), 2 Intersexe. MALAN erhielt so 1 normales ♂ und HARRISON einige Intersexe.

Dies zeigt also, daß alle Rückkreuzungen in jeder Richtung,
soweit sie möglich sind, das gleiche Resultat ergeben, nämlich
normale ♂ und intersexuelle ♀. (Ob, wie bei STANDFUSS, auch
vereinzelte normale Weibchen vorkommen, wird aus MEISEN-
HEIMERS Arbeit nicht recht klar.)

Die Intersexe werden hier als intersexuelle Weibchen bezeichnet, ebenso wie auch schon bei den Saturniden. Dies geschieht zunächst, weil sie neben normalen ♂ auftreten. Ganz korrekt ist insofern die Bezeichnung nicht, weil die Individuen im strengsten Sinn nicht genetische Weibchen (XY) sind, sondern *FFFMM*-Tiere. In letzter Linie kommt das allerdings auf eine Definitionsfrage hinaus, nämlich ob wir für Triploide überhaupt die Geschlechtsdefinition entsprechend erweitern wollen. Jedenfalls zeigt die morphologische Analyse, daß die hier besprochenen Intersexe als Weibchen beginnen und als Männchen endigen und somit unter den Begriff der intersexuellen Weibchen fallen.

	Inneres Genitale		Äußeres
	weibliche	männliche	weibliche
1	Rein ♀, stark verkümmert	—	Rein weibliche Legeröhre
2	Rein ♀, stark verkümmert	—	Voll ausgebildete Legeröhre
3	Rein ♀, stark verkümmert	—	Voll ausgebildete weibliche Legröhre
4	Rein ♀, in manchen Teilen stark verkümmert	—	Legeröhre bis auf das Endstück entwickelt
5	Rein ♀, Eiröhren mit zahlreichen Eiern	—	Legeröhre entwickelt, aber in Endteilen deformiert
6	Rudimentäres Ovarium, eine normale und eine rudimentäre Kittdrüse	Vasa deferentia, Ductus ejaculatorius, Anhangsdrüsen	Legeröhre stark zurückgebildet
7	Rudimentäres Ovarium, rudimentäre Kittdrüse	Ductus ejaculatorius, Anhangsdrüsen	Legeröhre stark zurückgebildet
8	—	Vasa deferentia, Ductus ejaculatorius, eine Anhangsdrüse	Legeröhre stark zurückgebildet
9	Rudimentäre Kittdrüse, rudimentäre Vagina	Ein Spermarium, ein Vas deferens, 2 Anhangsdrüsen. Ductus ejaculatorius	Legeröhre ganz rudimentär
10	Ein Ovarium	Spermarien, Vasa deferentia, Anhangsdrüsen, Ductus ejaculatorius	Legeröhre ganz rudimentär

Morphologie der Intersexe. Die triploiden Intersexe zeigen hier, wie auch sonst, einen prinzipiellen Unterschied gegenüber den diploiden, dessen Bedeutung später zusammenhängend diskutiert werden wird: Geschwisterintersexe können alle Übergänge von schwächster bis stärkster Intersexualität zeigen und nicht, wie bei den diploiden, nur eine bestimmte Stufe in einer bestimmten Kreuzung. Im vorliegenden Fall unterscheidet MEISENHEIMER 10 Intersexualitätstypen, die nach unserer früheren Darstellung eine Reihe ansteigender weiblicher Intersexualität bedeuten, von gewissen, später zu besprechenden Besonderheiten abgesehen. Die Charaktere dieser Stufen sind in der folgenden Tabelle nach MEISENHEIMER wiedergegeben.

Genitale	Körpermerkmale	
männliche	weibliche	männliche Teile
—	—	Fühler und Flügel stark ♂
Uncusrudimente	Fühler und Flügel ♂	—
Uncusrudimente	Fühler links fast rein ♂, Flügel im wesentlichen ♀	Fühler rechts völlig ♂, Flügel mit leichtem ♂ Einschlag
Uncusteile verdrängen fast ganz das Endstück	Fühler links rein ♀, Flügel rein ♀	Fühler rechts schwach ♂
Uncusteile und kleine Valve	Flügel nur ganz schwach ♀	Fühler rein ♂, Flügel stark ♂
Uncusteile, Valven, Penis	Fühler rechts fast rein ♀, Flügel verkrüppelt	Fühler links stark ♂
Uncus, Scaphium, Valven, Penis, Saccus	Fühler halb ♀, Flügel rein ♀	Fühler halb ♂
Uncus, Scaphium, Valven, Penis, Saccus	Flügel schwach ♀	Fühler rein ♂, Flügel stark ♂
Uncus, Scaphium, Valven, Penis, Saccus	Flügel schwach ♀	Fühler rein ♂, Flügel stark ♂
Uncus, Scaphium, Valven, Penis, Saccus	Fühler rechts stark ♀, Flügel rein ♀	Fühler links stark ♂

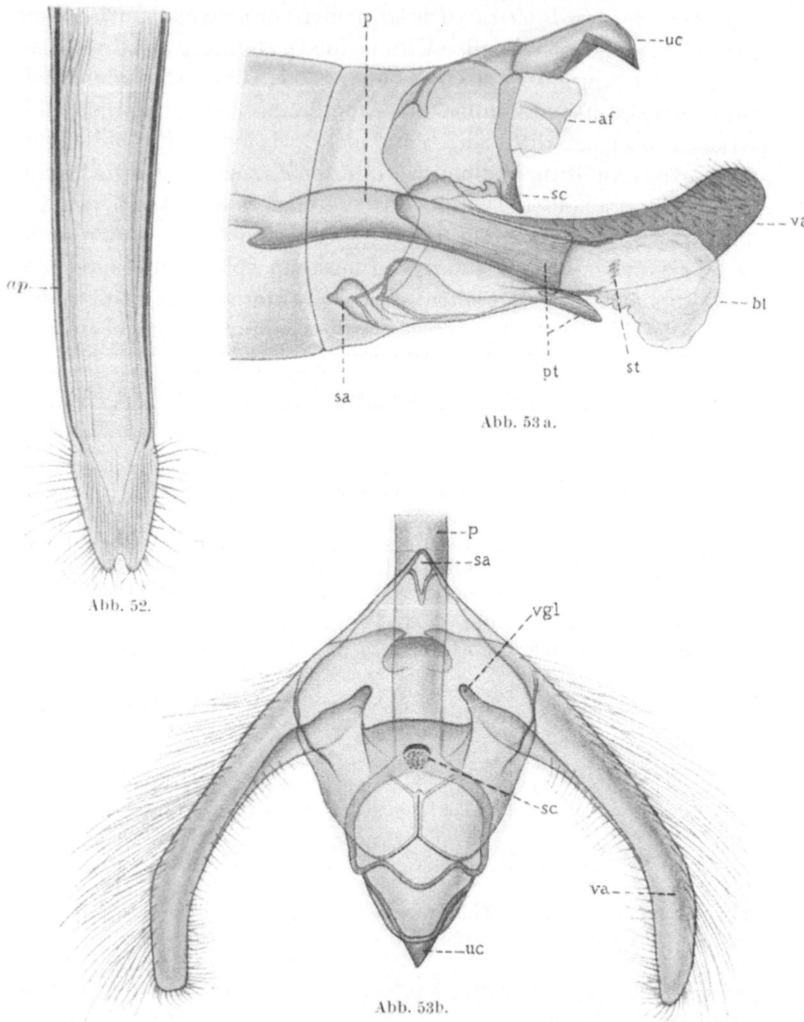

Abb. 52. Distales Ende der weiblichen Legeröhre von *Biston hirtarius*. *ap* chitinöse
Stützstäbe (Apophysen). (Nach MEISENHEIMER.)

Abb. 53. a Hinteres Körperende eines *hirtarius*-Männchens in seitlicher Ansicht mit voll
entfaltetem männlichem Kopulationsapparat und weggenommener linker Valve. *af* After,
bl Penisblase, *p* Penisrohr, *pt* Penistasche, *sa* Saccus, *sc* Scaphium, *st* Stachelfeld, *uc* Uncus,
va Valve. b Kopulationsapparat eines *hirtarius*-Männchens in dorsaler Ansicht. *p* Penisrohr, *sa* Saccus, *sc* Scaphium, *uc* Uncus, *va* Valven, *vgl* Gelenkverbindung der Valven mit
dem Körper. (Nach MEISENHEIMER.)

Wenn wir die Daten der Tabelle in großen Zügen betrachten und dabei uns an die Stufen weiblicher Intersexualität bei *Lymantria* erinnern, so finden wir zunächst für die inneren Genitalien folgendes: Die niederen bis mittleren Intersexualitätsstufen besitzen wie bei *Lymantria* noch einen rein weiblichen Genitalapparat, der aber mehr oder weniger zurückgebildet ist, d. h. nach der Analyse von *Lymantria*, nach dem Drehpunkt mehr oder weniger stehen geblieben ist. In den mittleren Intersexualitätsstufen treten zu einem rudimentären Ovar männliche Ausführgänge und Anhangsdrüsen, in den höchsten Stufen aber erscheinen dann Hoden, die, wie ich aus den nicht vollständigen Angaben zu entnehmen glaube, Umwandlungsstadien aus dem Ovar zeigen können.

Zum Verständnis des intersexuellen Kopulationsapparats ist folgendes vorauszuschicken, das den Unterschied der normalen Genitalien betrifft. Die Endsegmente des Hinterleibs der *Biston*-Weibchen sind zu einer röhrenartigen Bildung, der Legeröhre ausgezogen, die besonders aus der Chitinhaut vor dem letzten Segment besteht, mit Hilfe der Apophysen vorgestreckt und eingezogen werden kann und an ihrem Ende die Labien trägt (siehe Abb. 52). Der Kopulationsapparat des Männchens (Abb. 53) enthält zunächst die gleichen Teile wie bei *Lymantria*,

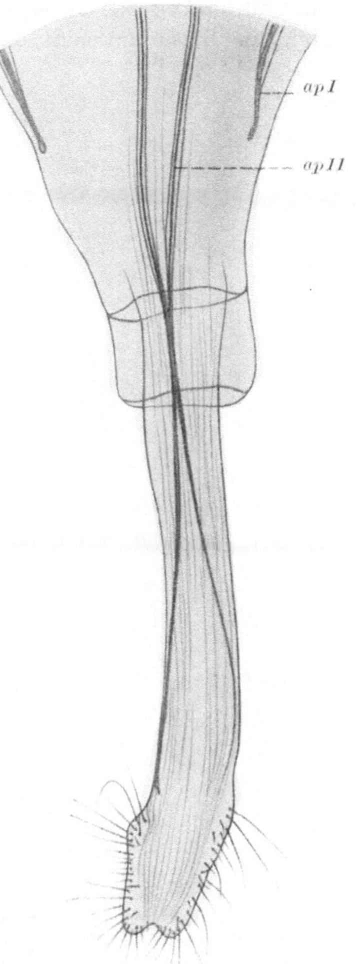

Abb. 54. Legeröhre eines intersexuellen Bastards der Rückkreuzung *hirt.* ♀ × *pohi* ♂ (= ♀ *pom.* × ♂ *hirt.*), von fast normaler Gestaltung. *ap* Apophysen. (Nach MEISENHEIMER.)

wenn auch in anderer Formgestaltung, nämlich Segmentring mit Saccus, die Valven, den Penis und dorsal den Uncus. Dazu kommt ein Chitinhaken, der unter dem Afterkegel dem Uncus gegenübersteht und Scaphium heißt, besonders deutlich im Profilbild Abb. 53

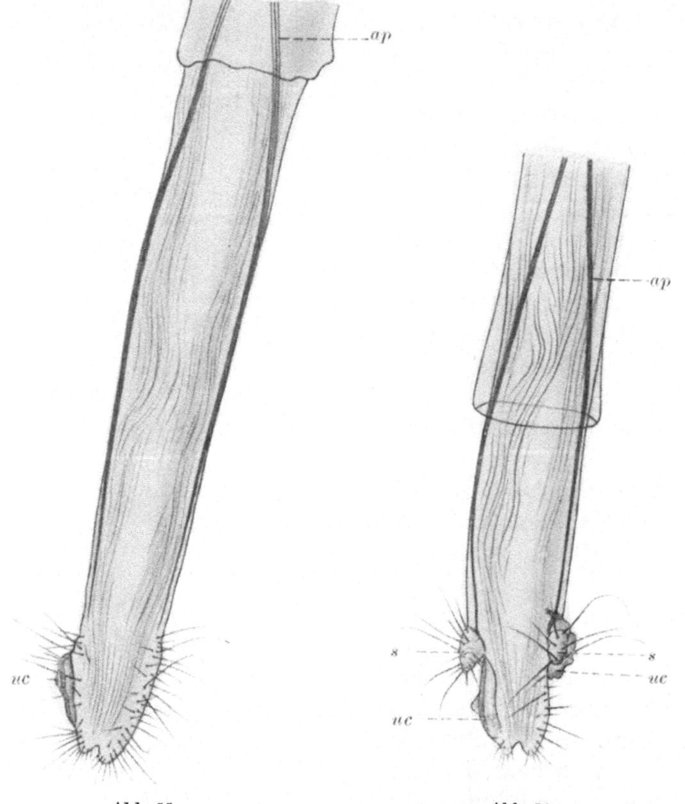

Abb. 55.   Abb. 56.

Abb. 55 u. 56. Legeröhren intersexueller Bastarde der Rückkreuzung *hirt.* ♀ × *pohi* ♂, mit rudimentären männlichen Uncusteilen (*uc*), *ap* Apophysen, *s* Sinneszapfen.
(Nach MEISENHEIMER.)

erkennbar. Abb. 54—63 zeigen nun die in der Tabelle verzeichneten zehn Umwandlungsstufen des weiblichen in den männlichen Apparat, deren Betrachtung zeigt, daß es sich um eine genaue Parallele zur intersexuellen Umwandlung bei *dispar* handelt. Zuerst ist die weibliche Legeröhre da. Dann werden allmählich die Labien durch den Uncus ersetzt. Dann beginnt die Chitinisierung des Chitinrings und die Anlagen von Valven und Penis erscheinen, die mehr

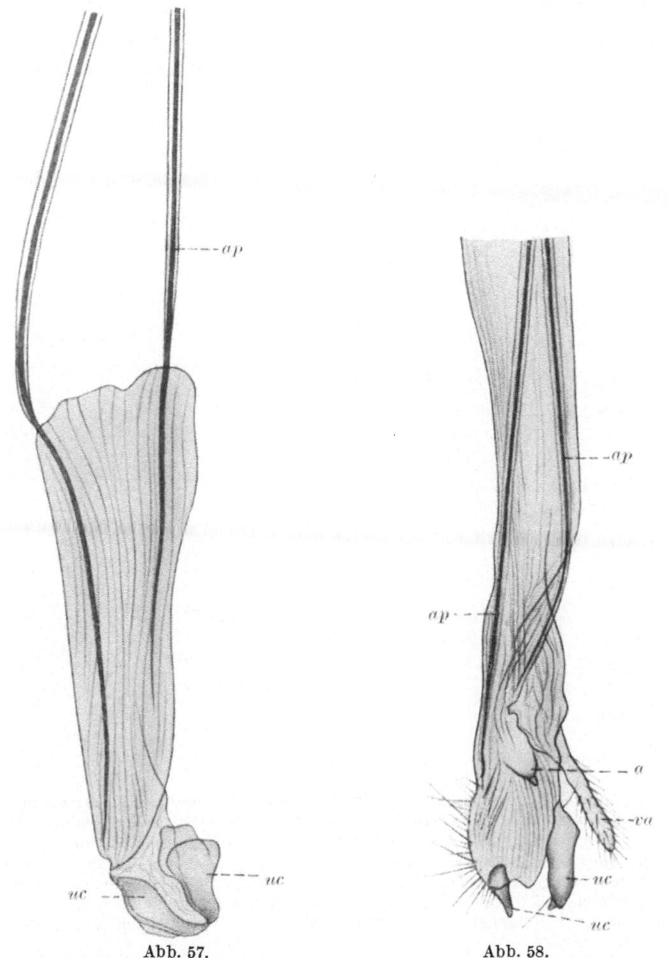

Abb. 57.   Abb. 58.

Abb. 57. Legeröhre eines intersexuellen Bastards der Rückkreuzung *hirt.* ♀ × *pohi* ♂, mit stark entwickelten männlichen Uncusteilen (*uc*), *ap* Apophyse. (Nach MEISENHEIMER.)

Abb. 58. Legeröhre eines intersexuellen Bastards der Rückkreuzung *pom.* ♀. × *pohi* ♂, stark deformiert und mit eingesprengten männlichen Teilen versehen. *a* kuppenförmiger Vorsprung, *ap* Apophyse, *uc* Uncusstücke, *va* rudimentäre Valve. (Nach MEISENHEIMER.)

und mehr sich zum normalen männlichen Zustand umformen, bis schließlich (Abb. 63) ein praktisch männlicher Apparat vorhanden ist. Schon diese Serie allein beweist, daß das Wesen der Intersexualität hier identisch ist mit dem bei *dispar*.

An diesem Punkt müssen wir nun auf eine Besonderheit eingehen, die schon oben angedeutet ist und die wir von *Lymantria*
nicht kennen: Sowohl im inneren Geschlechtsapparat als auch in

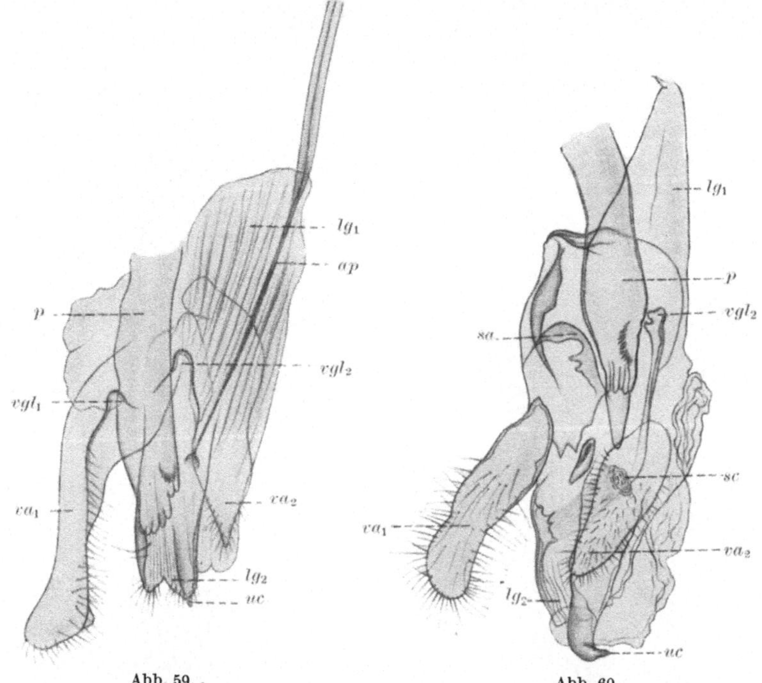

Abb. 59. —   Abb. 60.

Abb. 59: Äußerer Genitalapparat eines intersexuellen Bastards der Rückkreuzung *hirt.* ♀ ×
pohi ♂, mit rudimentärer Legeröhre und stärker ausgeprägten männlichen Bestandteilen.
ap Apophyse, *gl*₁, ₂ Gelenkscharniere der Valven. (Nach MEISENHEIMER.)

Abb. 60. Äußerer Genitalapparat eines intersexuellen Bastards der Rückkreuzung *hirt.* ♀ ×
pohi ♂, mit rudimentärer Legeröhre und stark ausgeprägten männlichen Bestandteilen.
*lg*₁, ₂ proximale und distale Abschnitte der Legeröhre, *p* Penisrohr, *sa* Saccus, *sc* Scaphium
uc Uncus, *va*₁, ₂ Valven, *gl*₁, ₂ Gelenkscharniere einer Valve. (Nach MEISENHEIMER.)

den Kopulationsorganen kommen außerdem noch Mosaikbildungen
vor, die völlig aus der intersexuellen Reihe herausfallen. In Abb. 64
sind ein paar Genitalapparate wiedergegeben, die dies zeigen. Sie
zeigen neben mehr oder weniger vollständigen Eierstöcken und
weiblichen Ausführgängen auch Hoden und männliche Ausführgänge in den verschiedensten Kombinationen, Dinge, die bei typi-

scher Intersexualität nicht bekannt sind. In diesem Fall sind aber
auch die Kopulationsapparate nicht intersexuell, sondern zeigen
ebenfalls nebeneinander verschiedenartige Teile, z. B. solche, die
als männlich und intersexuell zu deuten sind. Wir müssen nun hier
dem erst später zu beschreibenden Phänomen des Gynandromor-

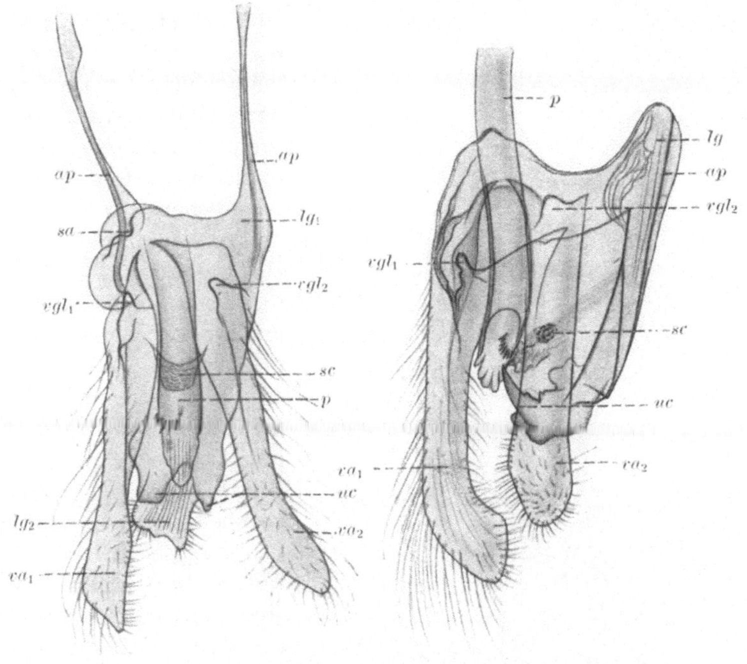

Abb. 61.   Abb. 62.

Abb. 61. Äußerer Genitalapparat eines intersexuellen Bastards der Rückkreuzung *pom.* ♀ ✕ *hipo* ♂, mit rudimentärer Legeröhre und fast vollständigem männlichem Kopulationsapparat. Bezeichnungen wie in Abb. 59 u. 60. (Nach MEISENHEIMER.)

Abb. 62. Äußerer Genitalapparat eines intersexuellen Bastards der Rückkreuzung *hirt.* ♀ ✕ *pohi* ♂, von fast völlig männlichem Gepräge. Bezeichnungen wie in Abb. 59 u. 60. (Nach MEISENHEIMER.)

phismus vorgreifen. Gynandromorphe oder kurz Gynander sind
Individuen, die ein Mosaik genetisch männlicher und weiblicher
Teile darstellen. Die männlichen Bezirke haben also die männliche, die weiblichen die weibliche Chromosomengarnitur. Was
also auch letzten Endes den Gynandromorphismus verursachen
mag, immer ist es etwas, das dafür verantwortlich ist, daß ver-

schiedene Zellbezirke verschiedene Geschlechtschromosomenbeschaffenheit haben. Bei den hier beschriebenen subtriploiden Intersexen ist nun die ganze Chromosomenbeschaffenheit abnorm. Dadurch ist eine Möglichkeit gegeben, daß in den Embryonalzellen bei den Mitosen Unregelmäßigkeiten vorkommen, durch die einzelne Chromosomen eliminiert oder auch ungleich verteilt werden. Dabei mögen solche Chromosomenkombinationen zustande kommen, die für die reinen Geschlechter charakteristisch sind, so daß die Derivate solcher Zellen sich zu einem rein männlichen oder weiblichen Zellbezirk entwickeln. Auf diese Weise ist die Möglichkeit gegeben, daß sich zwischen den Intersexen Individuen finden, die gynandromorph sind, und zwar Gynander, an deren Aufbau männliche, weibliche und intersexuelle Teile irgendeiner Kombination beteiligt sein können.

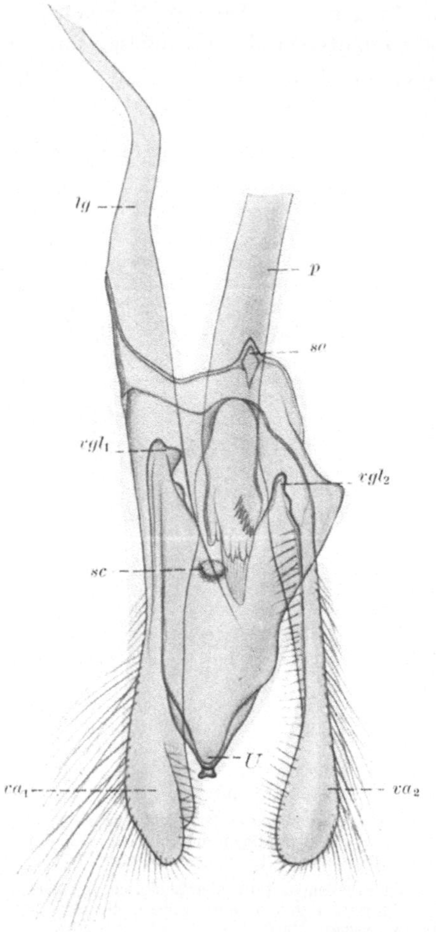

Wir fahren nun in der Betrachtung der Tabelle S. 134 fort und kommen zu den Flügeln. Ihre Beurteilung ist schwierig, und zwar

Abb. 63. Äußerer Genitalapparat eines intersexuellen Bastards der Rückkreuzung *hirt.* ♀ × *pohi* ♂, von fast völlig männlichem Gepräge. Bezeichnungen wie in Abb. 59 u. 60. (Nach MEISENHEIMER.)

aus folgendem Grund. Es handelt sich um eine Kreuzung zwischen zwei Arten, von denen die eine flügellose Weibchen besitzt. F_1-♀ sind etwa intermediär und in der Rückkreuzung ist eine mehr oder

minder komplizierte, wahrscheinlich polymere Spaltung der Flügelgröße zu erwarten. (MEISENHEIMER leugnet zwar eine solche Spaltung, die aber seine eigenen Figuren zeigen, siehe die Diskussion
und Kritik bei FEDERLEY 1925.) Wenn nun typische Intersexuali

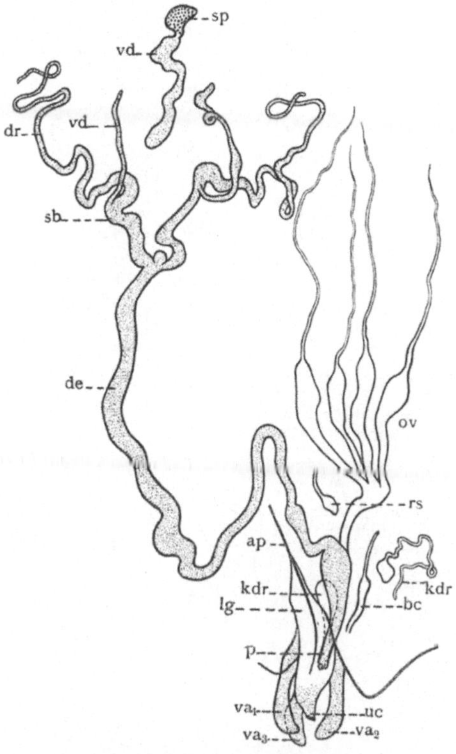

Abb. 64a. Innerer Genitalapparat eines Bastards der Rückkreuzung *hirt.* ♀ × *pohi* ♂. *ap*
Apophyse, *bc* Bursa copulatrix, *kdr* Kittdrüse, *lg* Legeröhre, *ov* Ovarium, *rs* Receptaculum
seminis, *de* Ductus ejaculatorius, *dr* männliche Anhangsdrüsen, *p* Penisrohr, *sb* Samenblase, *sp* Spermarium, *uc* Uncus, *va*₁₋₃ Valven, *vd* Vas deferens. Männliche Teile punktiert.
(Nach MEISENHEIMER.)

tätsveränderungen der Flügel der Rückkreuzungsweibchen zu erwarten sind, so treffen sie auf eine genetische Grundlage in Bezug
auf Flügelgröße, die unbekannt ist, da sie irgendein Glied der Spaltungsreihe sein kann. Somit ist eine Betrachtung der intersexuellen
Veränderungen des Flügels praktisch unmöglich und die Angaben
in der obigen MEISENHEIMERschen Tabelle haben wenig Wert.

Dagegen ist das Verhalten der Fühler der Intersexe sehr bemerkenswert und durchaus von dem abweichend, was bei *Lyman-*

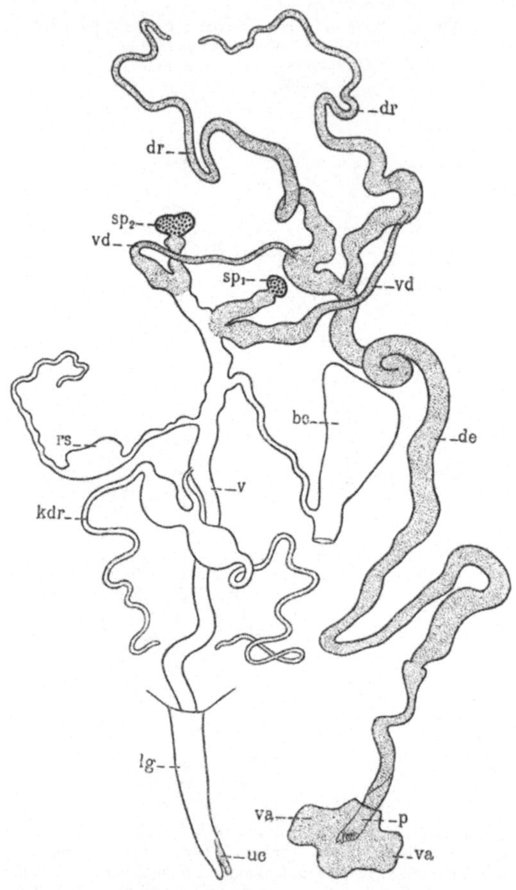

Abb. 64b. Innerer Genitalapparat eines Bastards der Rückkreuzung *hirt.* ♀ × *pohi* ♂. *bc* Bursa copulatrix, *kdr* weibliche Kittdrüse, *lg* Legeröhre, *rs* Receptaculum seminis, *v* Vagina, *de* Ductus ejaculatorius, *dr* männliche Anhangsdrüsen, *p* Penis, *sp₁*, · Spermarien, *uc* Uncus, *va* Valven, *vd* Vasa deferentia. Männliche Teile punktiert. (Nach MEISENHEIMER.)

tria gefunden wurde. Die Tabelle zeigt, daß schon bei schwach intersexuellen Weibchen stark männliche Antennen vorkommen können; daß ferner bei hochgradigen Intersexen auf einer Seite mehr weibliche Antennen auftreten, und daß auch in den Zwischen-

stufen keine klare Gesetzmäßigkeit herrscht. Zunächst ist hier
wieder die Kombination mit Gynandromorphismus zu erwähnen.
Sodann sei darauf hingewiesen, daß auch bei *Lymantria* von Kosminsky und Golovinskaja ein absonderlicher Fall von Intersexualität entdeckt wurde (siehe oben), bei dem die Antennen und

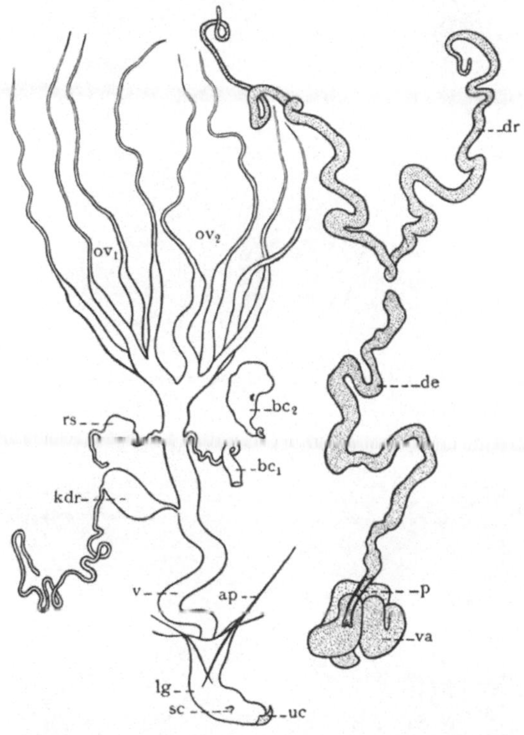

Abb. 64c. Innerer Genitalapparat eines Bastards der Rückkreuzung *hirt.* ♀ × *pohi* ♂. *ap*
Apophyse, $bc_{1,2}$ Teile der Bursa copulatrix, *kdr* Kittdrüse, *lg* Legeröhre, $ov_{1,2}$ Ovarien,
rs Receptaculum seminis, *v* Vagina, *de* Ductus ejaculatorius, *dr* männliche Anhangsdrüsen,
p Penis, *va* Valven. Männliche Teile punktiert. (Nach Meisenheimer.)

auch andere Organe der intersexuellen Männchen nicht die übliche
Regelmäßigkeit aufwiesen. Gerade dieser Fall findet aber wahrscheinlich seine Erklärung in abnormen Chromosomenverhältnissen,
so daß eine Parallele zum vorliegenden Fall gegeben ist. Eine
entwicklungsphysiologische Erklärung beider Fälle liegt noch
nicht vor.

Zur Illustration des Inhalts des letzten Abschnitts dienen die Abb. 65—67. Abb. 65 zeigt in a das normale flügellose *pomonarius*-♀, in c das geflügelte *hirtarius*-♀ und dazwischen (b) das inter-

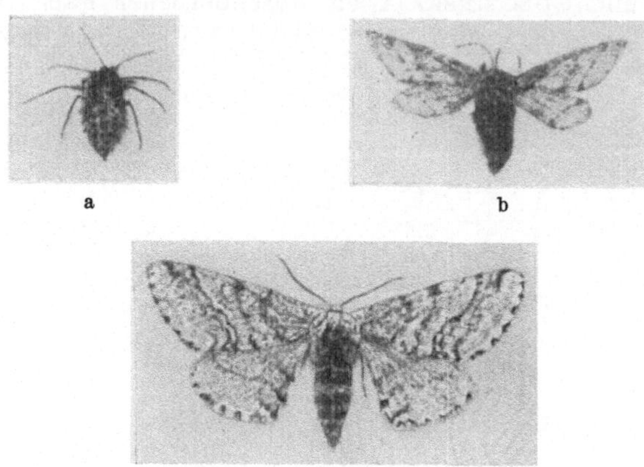

Abb. 65. a *pomonarius* ♀, b *hirtarius* ♀, c F_1 ♀ *pohi = pom.* × *hirt.* (Nach MEISENHEIMER.)

Abb. 66a—d. 4 Rückkreuzungsintersexe der Kreuzung *hirt.* ♀ × (*pom.* × *hirt.*) ♂. (Nach MEISENHEIMER.)

mediäre F_1-Bastard-♀. Abb. 66 zeigt einige der triploiden Intersexe und in Abb. 67 finden wir einige Antennentypen dieser Intersexe neben denen der normalen Geschlechter. Die theoretische Interpretation wird später für alle triploiden Intersexe gemeinsam abgeleitet werden.

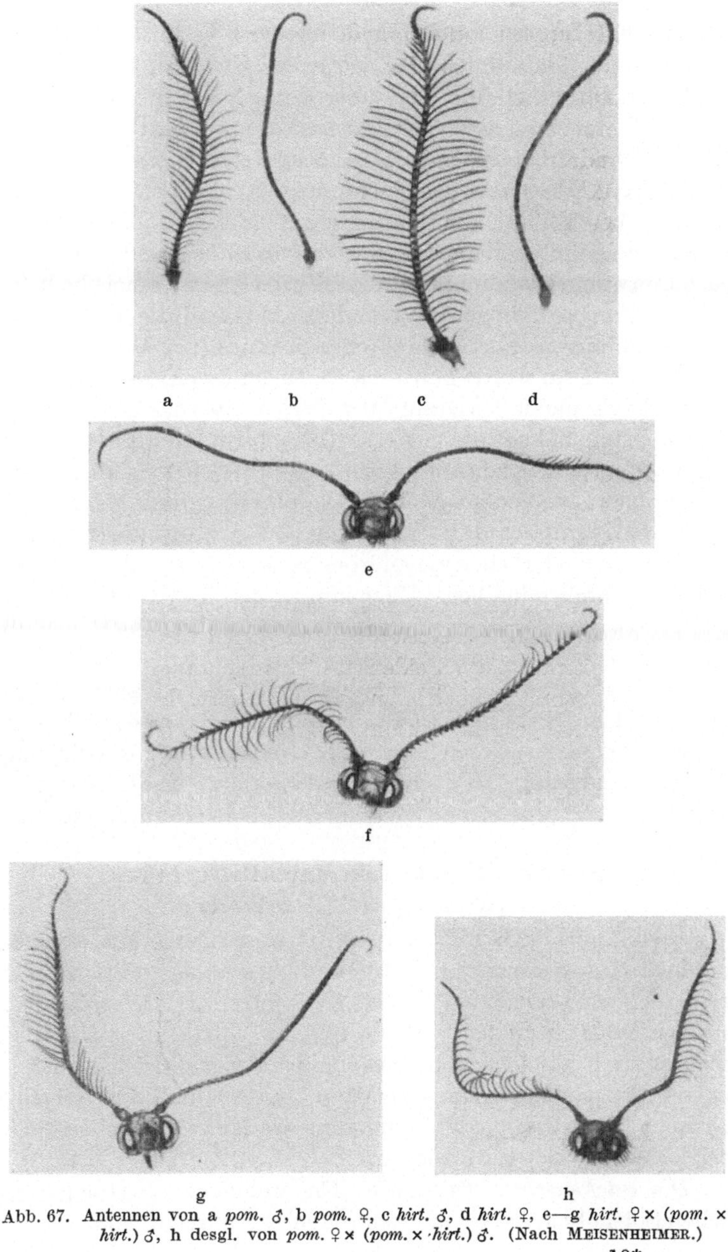

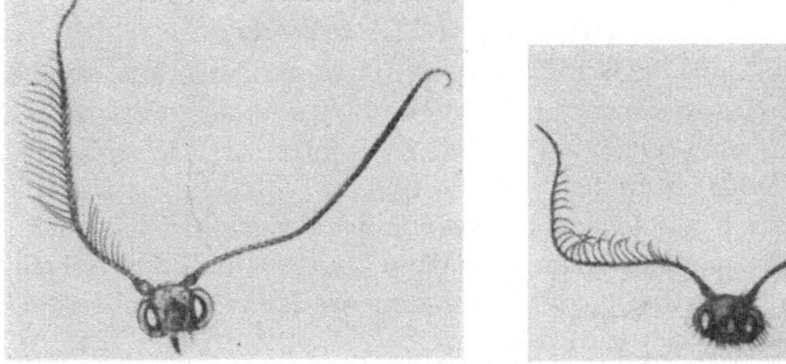

Abb. 67. Antennen von a *pom.* ♂, b *pom.* ♀, c *hirt.* ♂, d *hirt.* ♀, e—g *hirt.* ♀ × (*pom.* × *hirt.*) ♂, h desgl. von *pom.* ♀ × (*pom.* × *hirt.*) ♂. (Nach MEISENHEIMER.)

b) Triploide Intersexe auf Grund abnormer Eireifungsvorgänge.

Bei dem Seidenspinner *Bombyx mori* kommt ein Fall von triploider Intersexualität vor, über den noch wenig bekannt ist. Bei den Untersuchungen von GOLDSCHMIDT und KATSUKI über erblichen Gynandromorphismus (siehe später) zeigte es sich, daß cytologische Absonderheiten im Ei des Seidenspinners vorkommen können, die zu Triploidie führen mögen. Die Einzelheiten werden später im Kapitel über Gynandromorphismus besprochen. Hier sei nur erwähnt, daß in Linien, die erblich Gynandromorphe liefern, die Eireifungsvorgänge so verändert sind, daß die cytologischen Voraussetzungen für Gynandromorphismus gegeben sind. Im gleichen Material wurde nun auch ein Ei gefunden, bei dem anstatt zweier drei haploide Kerne auf einer Körperseite zusammenkommen, die somit triploid geworden wäre. Tatsächlich fand KATSUKI unter den Gynandromorphen Individuen, deren Gonade genau so aussah wie die gewisser Stufen männlicher Intersexualität bei *L. dispar* (Abb. bei KATSUKI Abb. 27). Wir neigten dazu, auch diese Gonaden für einen absonderlichen gynandromorphen Typ zu halten. Seitdem habe ich durch mündliche Mitteilungen von Y. TANAKA erfahren, daß er einen mit unserem sonst identischen Fall von erblichem Gynandromorphismus beim Seidenspinner in Bearbeitung hat, der gleichzeitig regelmäßig auch Intersexe produziert. Nähere Angaben liegen noch nicht vor; ich zweifle aber nicht, daß es sich um Triploide handelt, für deren Entstehung die cytologischen Vorbedingungen gegeben sind und daß auch die von KATSUKI beschriebenen ungewöhnlichen Gynandromorphen in Wirklichkeit Intersexe waren.

c) Triploide Intersexe durch Befruchtung parthenogenetischer Eier.

J. SEILER (1926, 1927b, 1929) ist es gelungen, experimentell triploide Intersexe durch Befruchtung parthenogenetischer Eier zu erzeugen. Die kleine Psychide (Schmetterling) *Solenobia triquetrella* kommt in Linien vor, die sich nur parthenogenetisch vermehren und in solchen, die regelmäßig zweigeschlechtig sind. Es gelang, die parthenogenetischen ♀ zu begatten und, da parthenogenetische Eier die diploide Chromosomenzahl haben, auf diese Weise triploide Bastarde zu erzeugen.

Die cytologischen Tatsachen. Die weiblichen parthenogenetischen Solenobien haben in ihren reifen Eiern die diploide Chromo-

somenzahl von 60, die Spermazellen der Männchen aber die haploide
Zahl 30. Nach SEILERS Darstellung beginnen nun im besamten
parthenogenetischen Ei die Furchungsteilungen parthenogene-

Abb. 68. Die beiden Geschlechter von *Solenobia triquetrella*. Links das flügellose ♀,
rechts das geflügelte ♂. (Nach SEILER.)

tisch, während sich die Spermakerne ausbilden (physiologische
Polyspermie bei Schmetterlingen!). Sodann kopulieren die weib-

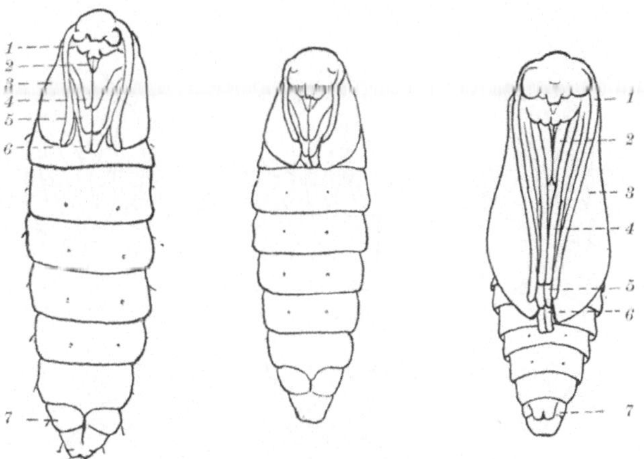

Abb. 69. Puppen von *Solenobia triquetrella*. Links parthenogenetisches ♀, in der Mitte
zweigeschlechtiges ♀, rechts ♂. *1* Fühler, *2* Rüssel, *3* Flügel, *4—6* drei Beinpaare,
7 Genitalsegment. (Nach SEILER.)

lichen Furchungskerne mit den Spermakernen, so daß Kerne mit
$60 + 30 = 90$ Chromosomen entstehen. Sowohl in späteren Fur-
chungsstadien wie im Embryo wurde diese triploide Zahl gefunden.
Neben diesem typischen Fall kommen aber auch Komplikationen
vor. Es können im 4-Kernstadium zwei Furchungskerne mit

Spermakernen verschmelzen und zwei untereinander, so daß
Zellen mit 120 und mit 90 Chromosomen entstehen. Außerdem
kann sich aber auch ein Furchungskern mit 60 Chromosomen ohne
Verschmelzung weiter entwickeln. Endlich können später noch

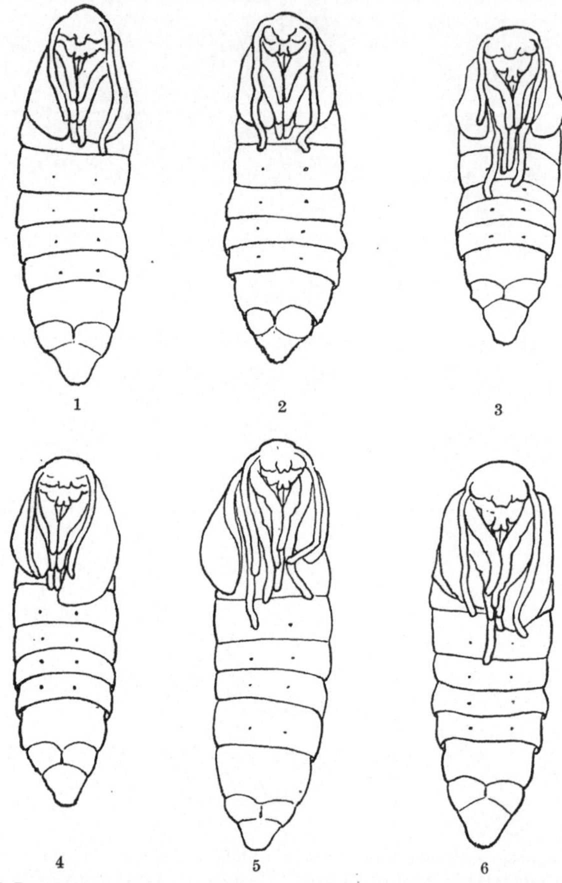

Abb. 70. 12 Bastardpuppen von ansteigender weiblicher Intersexualität. (Nach SEILER.)

weitere Kernverschmelzungen vorkommen, so daß sogar Kerne
mit 180 und 240 Chromosomen gefunden werden.

Die Kreuzungsexperimente. Aus den bisherigen Veröffentlichungen geht nur hervor, daß aus der Kreuzung entstehen: Weibchen,
Intersexe und Männchen. Eine F_1-Zucht enthielt 82 ♀, 125 J, 12 ♂.

Eine weitere genetische Analyse liegt noch nicht vor, wenn sie überhaupt ausführbar ist.

Morphologie der Intersexe. *Solenobia* besitzt flügellose ♀, die direkt nach dem Ausschlüpfen, auf der Puppenhülle sitzend, be-

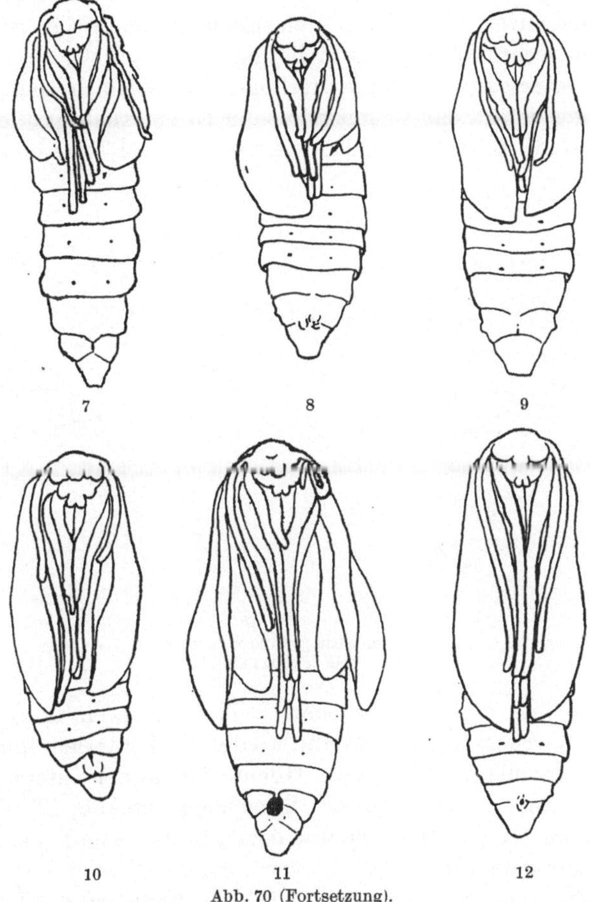

7   8   9

10   11   12

Abb. 70 (Fortsetzung).

fruchtet werden (Abb. 68). Bereits bei der Verpuppung der F_1-Bastarde zwischen der parthenogenetischen und der getrenntgeschlechtigen Linie erkennt man neben den normalen weiblichen und männlichen die intersexuellen Puppen. Abb. 69 zeigt die Puppe der normalen Geschlechter und Abb. 70 eine Reihe intersexueller Puppen. Man sieht an diesen Bildern, daß Fühler, Beine und Flügel in der verschiedensten Weise Zwischenstufen zwischen den Geschlechtern zeigen. Bei den höheren Stufen, die in den genannten Teilen mehr männlich sind, verändern sich entsprechend auch die Strukturen, unter denen der Kopulationsapparat am Hinterende liegt. Auf allen Stufen sind unsymmetrische Bildungen zwischen rechts und links sehr häufig.

Die intersexuellen Schmetterlinge sind vielfach sehr grotesk und zeigen sofort, daß sie mit triploider Intersexualität allein nicht erklärt sind. So hat z. B. das Intersex Abb. 71 links einen weib-

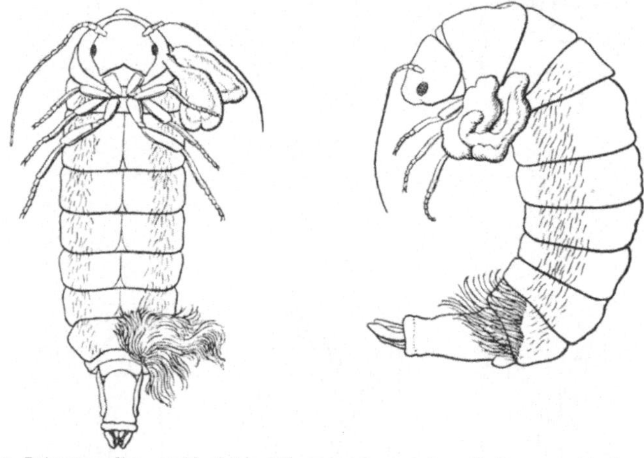

Abb. 71. Intersexuelles, wohl gleichzeitig gynandromorphes F_1 ♀ von ventral und links. (Nach SEILER.)

lichen, rechts einen männlichen Fühler, dagegen links Flügelstummeln, rechts keine und dann wieder am Hinterleib links weibliche Afterwolle, rechts keine. Höhere Grade der Intersexualität mit mehr Annäherungen an das Männchen zeigt Abb. 72. Von dem so wichtigen Kopulationsapparat liegen bisher noch keine näheren Beschreibungen vor.

Am genauesten untersucht sind die Keimdrüsen der Intersexe. Von 315 untersuchten F_1-Raupen besaßen 102 normale Ovarien (aber auch mit triploider Chromosomenzahl), 47 Hoden und 166 intersexuelle Drüsen. Wenn wir die verschiedenen Typen dieser intersexuellen Drüsen in SEILERS Abbildungen betrachten, so kann es keinem Zweifel unterliegen, daß wir hier eine Serie weiblicher Intersexualität vor uns haben, die in allen wesentlichen Punkten identisch ist mit der für *Lymantria* geschilderten Reihe.

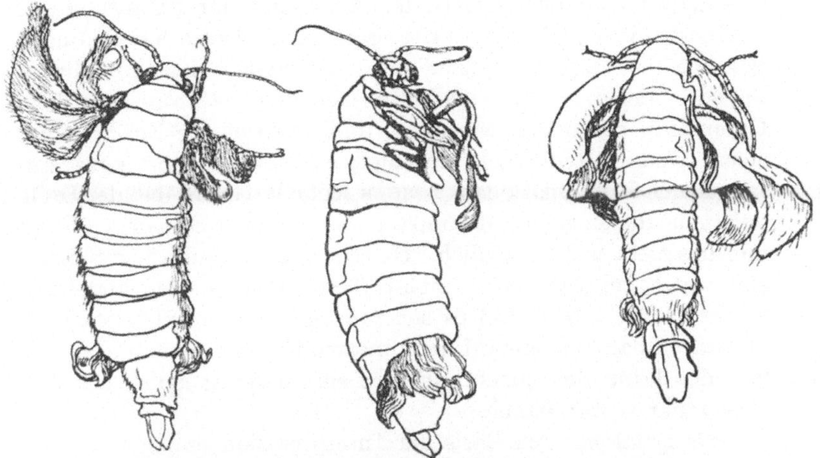

Abb. 72. Drei hochgradig intersexuelle ♀. (Nach SEILER.)

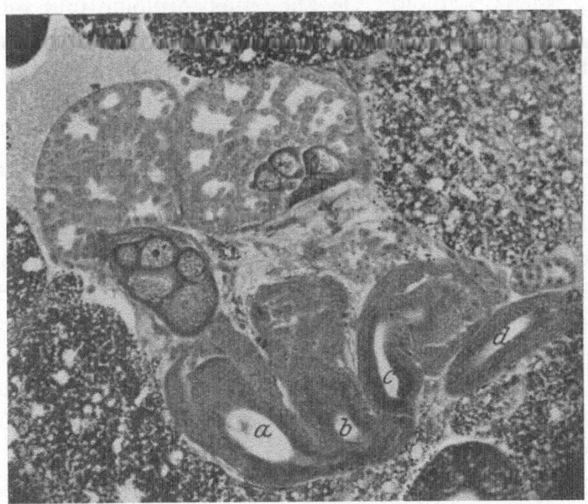

Abb. 73. Schnitt durch eine intersexuelle Gonade des triploiden Bastards. (Nach SEILER.)

Man vergleiche z. B. nebenstehende Abb. 73 nach SEILER mit der früher geschilderten analogen Drüse von *Lymantria* Abb. 12. In ähnlicher Weise finden sich in den Bildern SEILERS die Parallelen auch für andere Intersexualitätsstufen bei *Lymantria*. Nur ein nennenswerter Unterschied ist vorhanden. Schon bei *Lymantria* ist es häufig, daß die verschiedenen Eiröhren in ihrer Umwandlung in Hoden nicht gleichen Schritt halten und ebenso häufig finden sich solche Tempodifferenzen auch zwischen rechter und linker Gonade. Bei den triploiden Intersexen von *Solenobia* sind diese Differenzen besonders extrem, so daß drei richtige Eiröhren mit einem echten Hodenfach vereinigt sein können und viele entsprechende Kombinationen. SEILER schließt daraus, daß der Drehpunkt für die einzelnen Röhren zu verschiedener Zeit liegt. Es ist mir dies nicht wahrscheinlich. Da es sich nur um die Verstärkung eines auch bei *Lymantria* angetroffenen Phänomens handelt, so möchte ich glauben, daß es sich um entwicklungsphysiologische Störungen handelt, die auf die abnorme Chromosomenbeschaffenheit der Triploiden zurückzuführen sind und gar nichts mit dem Drehpunkt zu tun haben.

Interpretation. Als Basis der Interpretation muß unseres Erachtens folgendes dienen: 1. Die Intersexe sind, soweit die Untersuchung reicht, triploid. Da aber auch diploide und tetraploide, ja sogar oktoploide Kerne in frühen Stadien vorhanden sind, so besteht die Möglichkeit, daß wenigstens einzelne Individuen auch Gewebeteile nichttriploider Beschaffenheit besitzen. 2. Es liegt zweifellos eine Serie ansteigender Intersexualität wie bei *Lymantria* vor, und zwar handelt es sich, wie die Gonaden beweisen, um weibliche Intersexualität. 3. In einer Geschwisterschaft kommen in Übereinstimmung mit anderen triploiden Intersexen, aber abweichend von *Lymantria*, alle Stufen von Intersexualität nebeneinander vor. 4. Asymmetrien sind sehr häufig, von denen die kleineren wohl ebenso wenig eine genetische Ursache haben wie bei *Lymantria*, während die größeren den Verdacht aufkommen lassen, daß es sich ebenso wie bei anderen triploiden Intersexen um Kombination mit Gynandromorphismus handelt. 5. Soweit die Morphologie untersucht, ist sie nicht nennenswert von der der *Biston*-Intersexe verschieden, wenn wir die Fälle ausscheiden, bei denen wohl Gynandromorphismus im Spiel ist. Aus allen diesen Tatsachen müssen wir schließen, daß auch diese Intersexe genau so zu erklären sind wie alle anderen triploiden Intersexe. Dies wird im einzelnen in einem besonderen Abschnitt geschehen, in dem auch SEILERS abweichende Anschauung diskutiert werden wird.

d) Triploide Intersexe bei Drosophila.

Die triploiden Intersexe bei *Drosophila*, die BRIDGES (1921, 1922, 1925) entdeckte und analysierte, entstanden zufällig und konnten bisher noch nicht experimentell erzeugt werden. Wir wissen daher nicht, ob sie nach Art der vorher beschriebenen Typen entstanden oder, was wahrscheinlicher ist, auf irgendeine andere Art z. B. durch zufällige abnorme Bildung einzelner diploider Gameten. Der Ausgangspunkt war eine bestimmte Zucht, in der 96 ♀ 9 ♂ und 80 Intersexe erschienen. Da eine Zucht vorlag, in der ganz bestimmte mutierte Gene verfolgt wurden, so konnte aus der äußeren Erscheinung der Tiere auf Grund der bekannten Tatsachen der *Drosophila*-Forschung alsbald geschlossen werden, daß die betreffenden Gene (nebst Allelen) dreimal vorhanden sein mußten, und da es sich um Gene in verschiedenen Chromosomen handelte, so lag der Schluß nahe, daß die absonderlichen Individuen jedes dieser Chromosomen dreimal besitzen mußten, daß sie also triploid waren. Die cytologische Untersuchung bestätigte dies. Seit der ersten Entdeckung konnte immerhin eine Ursache der Entstehung der Triploiden wahrscheinlich gemacht werden. Es traten nämlich neue Triploide innerhalb dreier Jahre 25mal auf. Es zeigten sich nun in mehreren Fällen bei Untersuchung von Ovarien normaler diploider Weibchen Riesenzellen mit der tetraploiden Chromosomenzahl 16. Ein daraus entstehendes Ei würde nach der Reifeteilung diploid sein und befruchtet ein triploides Individuum liefern.

Cytologie und Genetik. Der normale Chromosomensatz der *Drosophila* besteht bekanntlich aus acht paarweise angeordneten Chromosomen, von denen drei Paar, darunter die kleinen sogenannten 4. Chromosomen, die Autosomen darstellen und das letzte Paar die Geschlechtschromosomen, nämlich beim Weibchen XX, beim Männchen XY (Abb. 74). Die Intersexe besaßen nun das 1. und 2. Chromosom je dreimal, das kleine 4. zwei- oder dreimal, das X-Chromosom zweimal und das Y-Chromosom einmal oder gar nicht. Sie waren also triploid bzw. subtriploid. Abb. 75 zeigt zwei solche Chromosomengruppen, nämlich links eine mit je drei 1. und 2. Chromosomen (oben), zwei kleinen 4. Chromosomen, 2 X (links unten) und einem hakenförmigen Y (rechts unten); rechts eine andere mit ebenso zweimal drei 1. und 2. Chromosomen (oben), drei kleinen 4. Chromosomen und zwei X (unten). Es zeigte sich sodann, daß ein richtig triploides Individuum also mit drei Autosomensätzen und 3 X-Chromosomen ein normales Weibchen ist. Von Wichtigkeit sind nun die Reifeteilungen dieses Weibchens. Zunächst erhält sowohl das Ei als der Richtungskörper einen normalen Chromosomensatz. Der dritte Satz wird aber ganz unregelmäßig verteilt. So kann es vorkommen, daß ein Ei nach der Reifeteilung zwei ganze Autosomensätze $(2\,A)$ hat und dazu ein X-Chromosom $(2\,A + X)$. Wird dies Ei von einer X-Spermie befruchtet, so entsteht ein Individuum der Formel $3\,A + 2\,X$, und das ist ein Intersex. Oder aber es kann ein Ei entstehen, das nur einen Autosomensatz, aber 2 X hat $(A + 2\,X)$. Wird dieses wieder von einer X-Spermie befruchtet, so wird eine Form erhalten mit zwei Autosomensätzen und drei X-Chromosomen $(2\,A + 3\,X)$. Dies sind merkwürdige, abnorme und sterile Weibchen, die als Überweibchen

<table>
<tr><td align="center">Abb. 74.</td><td align="center">Abb. 75.</td></tr>
</table>

Abb. 74. Der normale Chromosomensatz von *Drosophila*. Links ♀, rechts ♂. (Nach Morgan.)
Abb. 75. Chromosomengruppen von triploiden *Drosophila*. Erklärung im Text (Nach Bridges.)

bezeichnet werden. Sodann kann ein Ei mit zwei A aber einem X von einer Y-Spermie befrucht etwerden, und es entsteht ein Individuum $3\,A + X + Y$. Auch solche Individuen sind äußerlich als absonderliche und sterile Männchen zu erkennen, und sie zeigen die genannte Chromosomenbeschaffenheit. Sie heißen Übermännchen. Endlich fanden Bridges und L. V. Morgan gelegentlich auch tetraploide Individuen $(4\,A + 4\,X)$ und diese waren normale Weibchen. So ergab sich also die folgende Serie von Geschlechtsindividuen, bezogen auf die Chromosomenverhältnisse:

Typus	Zahl der X	Zahl der A	$A : X$
Überweibchen	3	2	$2 : 3 = 0{,}67$
Weibchen { 4 N	4	4	$4 : 4 = 1$
3 N	3	3	$3 : 3 = 1$
2 N	2	2	$2 : 2 = 1$
Intersex	2	3	$3 : 2 = 1{,}5$
Männchen	1	2	$2 : 1 = 2$
Übermännchen	1	3	$3 : 1 = 3$

(Eine frühere Angabe von Bridges, daß Intersexe mit zwei oder drei 4. Chromosomen verschieden sind, ist neuerdings widerrufen worden.)

Die Variation der Intersexe. Wie bei allen triploiden Intersexen können auch die von *Drosophila* eine vollständige Variationsreihe von einem fast männlichen zu einem fast weiblichen Typ zeigen. Über die Ursache dieser Variabilität ist etwas mehr bekannt als in den anderen Fällen. Zunächst scheidet die Möglichkeit aus, daß dabei abnorme Chromosomenkombinationen eine Rolle spielen können, da die Intersexe immer $3A + 2X$ sind. Die einzige Variation, nämlich das Vorhandensein von zwei oder drei 4. Chromosomen, erwies sich als nicht von Einfluß. Dobzhansky (1930) hat nun kürzlich Versuche ausgeführt, diese Frage zu lösen und zunächst durch Selektionsversuche festgestellt, ob die Verschiedenheiten im Typus der Intersexualität auf genetische Ursachen zurück gehen. Tatsächlich gelang es ihm, durch Selektion einen mehr weiblichen und einen mehr männlichen Typ zu isolieren. Die Selektion wurde natürlich nicht an den unfruchtbaren Intersexen, sondern an deren triploiden Müttern und Schwestern auf Grund des in der Zucht produzierten Intersexualitätstyps ausgeführt. Die folgende Tabelle zeigt den Erfolg: Die Intersexe wurden in fünf Klassen geteilt, von denen die erste am männlichsten, die fünfte am weiblichsten war. Wir geben nur die Verteilung der Intersexe auf die Klassen in Prozent in der Ausgangspopulation, der ersten Selektion nach mehr weiblichen und männlichen Typen und dem Resultat nach 23 Generationen Selektion wieder:

	Intersexualitätsklassen				
Ausgangspopulation	1	2	3	4	5
In Prozent	36,7	43,1	7,8	11	1,4

	Mehr weiblicher Typ					Mehr männlicher Typ				
Auswahl von Klasse	1	2	3	4	5	1	2	3	4	5
Nach1Generat.-Selekt.	13,5	44,6	10,8	27	4,1	44,8	42,3	7,1	5,2	0,5
„ 23 „ „	—	—	1	67,9	36,1	99,1	0,9	—	—	—

Daraus geht für den Genetiker ohne weiteres hervor, daß für die Verursachung der beiden untersuchten Intersexualitätstypen besondere mendelnde Gene, sogenannte Modifikatoren, in Betracht kommen (siehe die Erklärung der Modifikationsgene S. 97).

Damit stimmen auch weitere Versuche überein, bei denen nun durch bestimmte Mutanten in der in der *Drosophila*-Forschung üblichen Weise die einzelnen Chromosomen markiert wurden. Diese Versuche erlaubten den Nachweis, daß solche Modifikatoren sich im dritten Chromsom finden; ob in anderen ist nicht bekannt. Wir denken dabei sofort an den Modifikationsfaktor T—t, den wir bei *Lymantria* in gleicher Weise wirken sahen.

Morphologie der Intersexe. Die Morphologie der triploiden Intersexe wurde von DOBZHANSKY u. BRIDGES (1928) genau untersucht. Sie stellten fest, daß hier genau wie bei *Lymantria* das Zeitgesetz der Intersexualität gültig ist, und daß die triploiden *Drosophila*-Intersexe intersexuelle Männchen verschiedenen Grades sind,

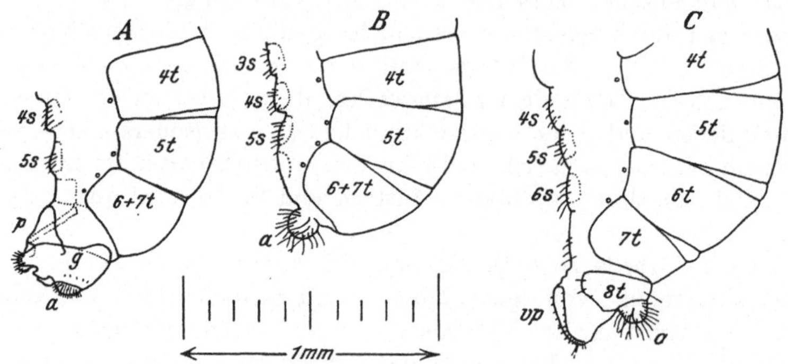

Abb. 76. Abdomina von links gesehen von A ♂, B Intersex, C ♀. *a* Analhöcker mit lateralen Platten in A, dorsoventralen in B und C, *g* Genitalbogen, *p* Penisapparat, *3—6 s* Sterniten des 3.—6. Segments, *4—8 t* Tergiten des 4.—8. Segments, *vp* laterale Vaginalplatten. (Nach DOBZHANSKY-BRIDGES.)

die ihre Entwicklung als Männchen begonnen und je nach der Lage des Drehpunkts als Weibchen vollendeten. Die untersuchten geschlechtsdifferenten Teile der normalen Geschlechter sind:

1. *Hinterleib.* Beim Männchen sind die Tergiten des 6. und 7. Abdominalsegments verschmolzen, beim ♀ getrennt (Abb. 76). Am Hinterende finden sich beim Männchen paarige seitliche Afterplatten (*a*), die beim ♀ durch einen unpaaren Höcker mit dorsoventraler Zweiteilung ersetzt sind. Ventral davon besitzt nur das ♀ Vaginalplatten (*vp*), während sich beim ♂ der Penisapparat (*p*) findet. Der männliche Kopulationsapparat ist in Abb. 77 nochmals genau sichtbar mit den paarigen Afterplatten, die am Genitalbogen befestigt sind. Darüber ist der komplizierte Penisapparat

dargestellt. Außerdem ist die Färbung der letzten Segmente beim ♂ dorsal schwarz, während sie beim ♀ die gleiche Zeichnung wie die anderen Segmente zeigen.

2. *Geschlechtsorgane.* Abb. 78 zeigt die inneren Geschlechtsorgane der beiden Geschlechter: Beim ♂ Hoden (*A*) mit Vesiculae seminales (*vs*) und Anhangsdrüsen (*ag*), dann anschließend das Vas deferens (*vd*) mit dem Bulbus (*b*) und Ductus ejaculatorius

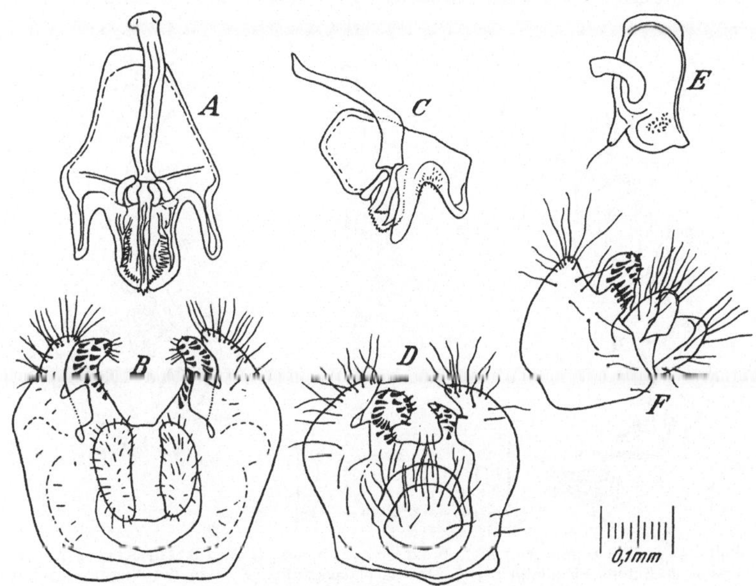

Abb. 77. Chitinteile des Kopulationsapparats. *A* Penisapparat des ♂, *B* Genitalbogen, Analhöcker und die lateralen Platten des ♂, *C* reduzierter Penisapparat eines Intersexen, *D* reduzierter Genitalbogen vom gleichen Intersex, die Analplatten dorsoventral, *E* stärker reduzierter Penisapparat eines anderen Intersexen und *F* dazugehöriger Genitalbogen. (Nach DOBZHANSKY-BRIDGES.)

(*de*), die im Penis (*p*) münden; beim ♀ Eierstöcke (*ov*) mit dem Ovidukt (*od*); anschließend das Receptaculum seminis (*r*), die Spermatheken (*sp*), die Vagina (*v*) (mit einem Ei, *e*, darin), bei der Vaginalplatte (*vp*) und dem Afterkegel (*a*) mündend.

3. *Sekundäre Charaktere.* Der hauptsächlichste sekundäre Geschlechtscharakter ist das Vorhandensein der sogenannten Geschlechtskämme, einer dunklen Borstenreihe, auf dem Tarsus der Vorderbeine nur des Männchens.

In der Reihe der Intersexe vom ♂ zum ♀ verändern sich nun diese einzelnen Teile folgendermaßen: Zuerst verändern sich die paarigen Afterplatten, die sich wie beim Weibchen dorsoventral unterteilen. Von diesen vier Platten können die ventralen zu einer unpaaren verschmelzen, nachher auch die dorsalen, so daß der weibliche Typ entsteht. Dies kann eintreten, ohne daß irgend ein anderer Teil noch sich umgewandelt hat. Auf der nächsten Stufe beginnt der Penisapparat sich rückzubilden, einzelne Teile

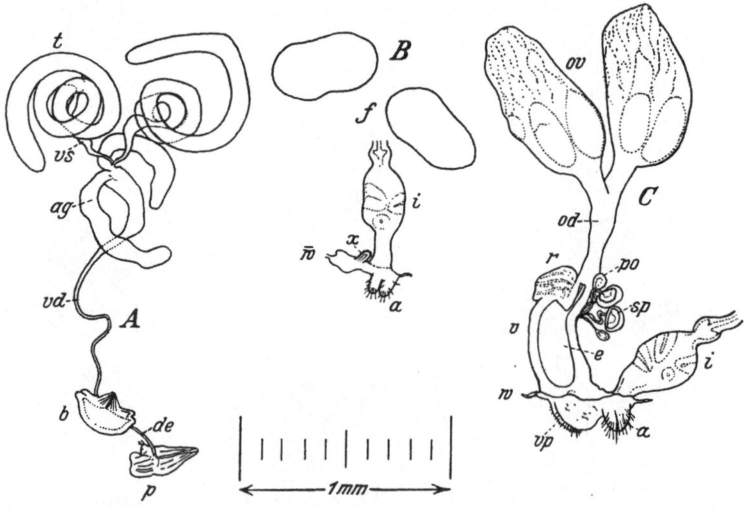

Abb. 78. Innere Genitalien. A ♂, B extremes Intersex, C ♀. *a* Analhöcker, *ag* Anhangs-drüsen, *b* Bulbus ejaculatorius, *de* Ductus ejaculatorius, *e* Ei in der Vagina, *f* isolierte elliptische Hoden, *i* Darm mit Analdrüsen und Valven, *od* Ovidukt, *ov* Ovarien, *p* Penis-apparat, *po* Parovarien, *r* Receptaculum (ventral), *sp* paarige Spermatheken, *t* paarige Hoden, *v* Vagina, *vd* Vas deferens, *vp* laterale Vaginalplatten, *vs* Vesiculae seminales, *w* Körperwand, *x* Rudiment des Genitalapparats. (Nach Dobzhansky-Bridges.)

sind nicht mehr vorhanden und schließlich verschwindet er ohne durch irgendeinen anderen Teil ersetzt zu werden. In ähnlicher Weise wird auch der als Genitalbogen bezeichnete Chitinteil des 8. Segments rückgebildet und verschwindet. Einige der genannten Veränderungen sind in zwei Stufen neben dem normalen Verhalten in Abb. 77 dargestellt. Um die gleiche Zeit werden auch die inneren Genitalien verändert. Die Hoden die eine doppelte Spirale bilden, verkürzen sich zu kleinen elliptischen Körpern und verlieren die Verbindung mit den Vasa deferentia (siehe Abb. 78). Die Ausführ-

apparate werden immer mehr rückgebildet, bis schließlich noch
eine kleine Blase übrigbleibt (X), die der Imaginalscheibe ähnelt,
aus der sich in der Larve die Geschlechtsgänge differenzieren. An
dieser Stelle erscheinen dann als die ersten weiblichen Teile (außer
den Analplatten) die Spermatheken. Dann erscheinen nacheinander und entfalten sich in weiblicher Weise die Vagina, Receptaculum seminis und Ovidukt, und der Ovidukt kann mit der Gonade
in Verbindung treten. Auf dieser Stufe sind noch Hoden vorhanden mit Spermatogonien und Spermatocyten. Dann beginnt
schließlich die Umwandlung des Hodens in ein Ovar, die, soweit
bekannt, genau verläuft, wie wir es schon von *Lymantria* kennen.
Gleichzeitig wandeln sich endlich auch die äußeren Geschlechtscharaktere um, also Form, Farbe und Struktur des Abdomens, und
zu allerletzt verschwinden erst bei den am meisten weiblichen Intersexen die Geschlechtskämme an den Vorderbeinen.

Zeigt schon diese Reihe, soweit die Einzelheiten bekannt sind
und unter Berücksichtigung der Unterschiede zwischen Dipteren
und Lepidopteren, daß die Intersexualitätsreihe der von *Lymantria* sehr ähnelt, so fanden ferner DOBZHANSKY und BRIDGES hier,
ebenso wie es von *Lymantria* bekannt war, daß die Reihenfolge,
in der die einzelnen Teile intersexuell werden, die umgekehrte ist
von der der embryonalen Differenzierung. Mit anderen Worten:
Es gilt auch hier — im großen ganzen — das Zeitgesetz der Intersexualität, die Definition dieser Intersexe und ihre Entstehung ist
genau die gleiche wie bei der männlichen Intersexualität von
Lymantria. Es sei schließlich noch bemerkt, daß auch bei *Drosophila*-Intersexen Asymmetrie vorkommen kann, aber nicht in
größerem Maß als bei *Lymantria*. Da in beiden Fällen einheitliche Chromosomenverhältnisse vorliegen (rein diploid, bzw. rein
triploid), so spricht dies dafür, daß die starken Asymmetrien bei
Biston und *Solenobia* tatsächlich auf einer Kombination mit Gynandromorphismus beruhen.

Interpretation. Aus den geschilderten Tatsachen können ohne
weiteres bestimmte Schlüsse gezogen werden, nämlich:

1. Die triploiden Intersexe von *Drosophila* sind echte Intersexe
im Sinne unserer Definition, und zwar männliche Intersexe, insofern
sie ihre Entwicklung als Männchen beginnen und von einem früher
oder später liegenden Drehpunkt ab als Weibchen vollenden.

2. Umgekehrt wie bei *Lymantria* und nach Erwartung in Anbe-

tracht der männlichen Heterogametie der *Drosophila* müssen die X-Chromosomen einen Weiblichkeitsbestimmer enthalten, da ja ein Zuviel an X-Chromosomen die Männchen verweiblicht. 3. Die Männlichkeitsbestimmer müssen in den Autosomen liegen, da ja die Steigerung der Zahl der Autosomensätze nach Männlichkeit hinzieht. Dies wird klar, wenn wir das Verhältnis von Autosomensätzen zu X-Chromosomen einfach berechnen, wie das in der noch nicht besprochenen letzten Kolumne der Tabelle S. 156 geschehen ist. Wir sehen da, daß das Verhältnis Autosomensätze (A) zu X-Chromosomen (X) ist: Bei allen reinen Weibchen, ob diploid, triploid oder tetraploid $\frac{2}{2}$ oder $\frac{3}{3}$ oder $\frac{4}{4} = 1$. Bei den reinen Männchen $2:1 = 2$, bei den Überweibchen $\frac{2}{3}$, also kleiner als 1, bei den Übermännchen $3:1 = 3$, also größer als 2 und bei den Intersexen $3:2 = 1,5$. Der Übergang vom Weibchen zum Intersex zum Männchen (Indizes 1, 1,5, 2) geschieht also durch Erhöhung der relativen Autosomenzahl gegenüber den X-Chromosomen, die Autosomen enthalten also den Männchenbestimmer. 4. Geschlechtbestimmer im Y-Chromosom wie bei *Lymantria* sind hier nicht sichtbar und in Anbetracht aller anderen Kenntnisse über verschiedenartige X0-, XXY-, XXYY, usw. Kombinationen bei *Drosophila* sicher nicht vorhanden. 5. Die Variation im Grade der Intersexualität bei Geschwistern ist auf Rekombination mit Modifikationsgenen, parallel dem T—t-Paar bei *dispar* zurückzuführen. 6. Über Geschlecht wie Intersexualität entscheidet wie bei *Lymantria* die Proportion $M:F$ und die Formeln der normalen Geschlechter sind $MMFF = \female\ MMFf = \male$. 7. Die Intersexe entstehen hier nicht durch verschiedene nicht zusammenstimmende Valenz dieser Gene, die wir als ihre Quantität gedeutet hatten, sondern durch nicht zusammenstimmende wirkliche Quantitäten von M und F, sichtbar gegeben in der Zahl der diese Gene enthaltenden Chromosomen. So bilden diese Ergebnisse einen wundervollen und cytologisch sichtbaren Beweis für die Richtigkeit der Analyse der Intersexualität bei *Lymantria*.

e) Allgemeines über triploide Intersexe.

Aus den vorhergehenden Abschnitten geht hervor, daß die triploiden Intersexe in der Hauptsache den gleichen Typ sexueller Zwischenstufen darstellen wie die diploiden und daß ihre Verur-

sachung auch die gleiche ist, nämlich eine Störung des Quantitätsverhältnisses von $F:M$. Es ist nötig, sich darüber klar zu werden,
da die Tatsachen oft anders dargestellt werden. Es heißt dann,
daß Intersexualität oder auch die reinen Geschlechter hier bedingt
werden durch das Verhältnis der Zahl der Autosomen zu dem der
X-Chromosomen. An und für sich ist das richtig, aber, wenn man
versucht, mit dieser Feststellung irgendeine Vorstellung zu verbinden, dann zeigt sich, daß man eben nur die äußere Oberfläche
der Erscheinung allein betrachtet hat. Ein Vergleich wird dies klarmachen. Eine tetraploide Pflanze ist größer als eine diploide. Wenn
man nun sagt, das sei der Fall, weil sie doppelt so viele Chromosomen
besitze, so ist das richtig, vermittelt aber gar keine Erkenntnis, die
erst kommt, wenn man das Gesetz von der Kernplasmarelation zufügt. In der gleichen Weise besagt die Autosomen-X-Chromosomenzahl nichts, wenn nicht die Erkenntnis hinzukommt, daß das Entscheidende das Verhältnis der Quantität von $F:M$ ist. Dies Verhältnis läßt sich aber in der Tat im Fall der triploiden Intersexualität sinnfälliger demonstrieren, da hier in der Zahl der die F- und M-
Gene enthaltenden Chromosomen direkt die verschiedenen absoluten
und relativen Quantitäten dieser Gene gegeben sind. Gerade dadurch
erweist sich die triploide Intersexualität ja als ein so schöner Beweis
für die Richtigkeit der für die diploide abgeleiteten Anschauungen.

Während es nun generell außer Zweifel steht, daß die triploide
Intersexualität als Phänomen mit der diploiden identisch ist, und
daß auch das Erklärungsprinzip identisch ist, so wäre doch noch
die Frage zu erörtern, ob auch die Einzelheiten der Erklärung
identisch sind. Wir sehen dabei von der bereits erörterten Komplikation mit Gynandromorphismus ab und von dem Unterschied,
der darin gegeben ist, daß bei *Lymantria* F im Y-Chromosom und
nicht homozygot in den Autosomen vererbt wird. Da ist zunächst
ein Wort über die Erklärung zu sagen, die BRIDGES (1922) ursprünglich dem *Drosophila*-Fall gab. Obwohl er generell meine Erklärungsprinzipien annahm, so entwickelte er doch im einzelnen einige
andere Ideen. Folgendes Zitat gibt kurz diese Auffassung wieder:
„Beide Geschlechter entstehen durch die gleichzeitige Wirkung
zweier entgegengesetzter Sätze von Genen, von denen ein Satz
dazu neigt, die sogenannten weiblichen Charaktere zu erzeugen
und der andere die männlichen. Diese zwei Sätze von Genen sind
nicht gleich wirksam, denn in der Gesamtentwicklung übertreffen

11*

die Gene mit weiblicher Tendenz die mit männlicher und die diploide (triploide) Form ist ein Weibchen. Ist die relative Zahl der Gene mit weiblicher Tendenz durch die Abwesenheit eines X verringert, so übertrifft die X-Wirkung der Gene männlicher Tendenz die der weiblichen und das Resultat ist ein normales Männchen mit einem X-Chromosom. Wenn die beiden Sätze von Genen in einem Verhältnis zwischen diesen beiden Extremen wirken, wie das bei einem Verhältnis von 2 X : 3 Sätzen Autosomen vorhanden ist, ist das Resultat eine sexuelle Zwischenstufe, das Intersex."

Wir sehen daraus, daß er erstens eine Anzahl Gene annimmt, sowohl für die Erzeugung der weiblichen wie für die der männlichen Charaktere, von denen die weiblicher Tendenz wirksamer sind. Wir haben schon früher gezeigt, daß die Annahme solcher Gene unnötig ist, daß vielmehr die Geschlechtsgene nur über eine alternative Reaktionsnorm die Entscheidung herbeiführen. Sodann wird angenommen, daß die relative Zahl dieser Gene für das Überwiegen der weiblichen oder männlichen Tendenz verantwortlich ist. Dies widerspricht aber der vorhergehenden Annahme, da sie ja nur einen Sinn hat, wenn alle diese Gene eine gemeinsame Wirkung haben, so daß nicht die Einzelgene irgendwelchen Sexualcharakteren zugeordnet werden. Drittens wäre eine Voraussetzung solcher Anschauungen, daß sich genetisch mehr als ein *F*- oder *M*-Gen nachweisen ließe, was weder bei *Drosophila* noch sonst geglückt ist. Viertens müßte sich eine solche Annahme ja auch auf die Intersexualität bei *Lymantria* übertragen lassen, was unmöglich ist, da sich dort alles innerhalb des gleichen Chromosomensatzes abspielt. Für *Lymantria* könnte die BRIDGESsche Auffassung nur dann gerettet werden, wenn man annimmt, daß die *F*- und *M*-Gene von verschiedener Valenz oder Quantität der verschiedenen Rassen in Wirklichkeit Gruppen von gemeinsam vererbten (gekoppelten) Genen sind, deren verschiedene Zahl in Wirklichkeit das ist, was wir Valenz oder Quantität nannten. Abgesehen davon, daß keinerlei genetische Tatsachen bekannt sind, die dafür sprechen, daß *F* und *M* keine Einzelgene sind, wird mit einer solchen Annahme ja nicht das geringste gewonnen und sie ist deshalb überflüssig. Es ist mir übrigens unbekannt, ob BRIDGES selbst noch an seiner Theorie festhält. Es ist schon früher darauf hingewiesen worden, daß der Nachweis von Modifikationsfaktoren, die den Intersexualitätstyp beeinflussen (unser

T—t, die Modifikatoren im 3. Chromosom nach DOBZHANSKY), ganz unabhängig ist von der Hauptfrage der Geschlechtsgene.

Dies führt zu der einer Erklärung bedürftigen Tatsache, daß bei triploider im Gegensatz zu diploider Intersexualität der Typ der Intersexualität in einer Geschwisterschaft durch alle Stufen hindurch fluktuieren kann. Wir haben bereits erörtert, daß bei *Drosophila* nach den Angaben DOBZHANSKYs dafür Rekombinationen von Modifikationsgenen verantwortlich zu machen sind. Das gleiche trifft wohl für die subtriploiden Schmetterlinge zu, bei denen die betreffenden Modifikationsgene in den an der Triploidzahl fehlenden Chromosomen zu suchen sind. Für die Psychiden hat aber SEILER (1929) kürzlich eine andere Auffassung entwickelt. Er glaubt nämlich, daß seine referierten morphologischen Befunde zeigen, daß auch im einzelnen Intersex der Drehpunkt für die verschiedenen Organe verschieden liegt. (Wir haben schon hervorgehoben, daß wir die betreffenden Tatsachen anders deuten müssen.) Er stellt sich nun vor, daß in dem befruchteten parthenogenetischen Ei der Spermakern manchmal gleich mit dem Eikern verschmilzt, daß aber in anderen Fällen die parthenogenetische Entwicklung, die ja weiblich ist, zuerst beginnt und verschieden weit fortschreitet, ehe die Furchungskerne von Spermakernen befruchtet werden und daß dies auch für verschiedene Zellbezirke zu verschiedener Zeit erfolgen kann. So könnte z. B. die Keimdrüse aus einer Kerngeneration hervorgehen, die von Anfang an triploid war, und die Ausführgänge aus Kernen, die erst diploid waren und nach verspäteter Verschmelzung mit Spermakernen erst triploid wurden und dadurch einen viel späteren Drehpunkt erhalten. Bis jetzt liegt noch kein Beweis für diese Auffassung vor, und da sie bisher sich nicht auf *Drosophila* und *Lymantria* anwenden läßt und auch nicht auf die anderen Schmetterlinge, bei denen ja ein normales Weibchen die Mutter der Triploiden ist, so erscheint es mir auch unwahrscheinlich, daß sie sich beweisen lassen wird. Die Erklärung der Befunde in Übereinstimmung mit allen anderen Erfahrungen wurde bereits oben gegeben.

Ein weiteres sehr interessantes Problem im Zusammenhang mit triploider Intersexualität wurde von SCHRADER u. STURTEVANT (1923) aufgeworfen. Es ließe sich vorstellen, daß es gelänge eine haploide *Drosophila* zu erzeugen, also von der Konstitution $A + X$. Welches Geschlecht hätte sie? Nach unserer Theorie, der sich auch BRIDGES anschließt, wäre sie ein Weibchen, denn die

Quantitätsproportion $\frac{F}{M}$ dieser haploiden Form wäre ja die gleiche wie beim diploiden, triploiden oder tetraploiden Weibchen $\frac{FF}{MM}$, $\frac{FFF}{MMM}$, $\frac{FFFF}{MMMM}$. Nun kennen wir ja bei der Biene und anderen Hymenopteren haploide Tiere, und die sind männlich. Schrader und Sturtevant haben auseinandergesetzt, daß dies im Rahmen unserer Theorie verständlich wäre, wenn die Differenz $F-M$ und nicht der Quotient $\frac{F}{M}$ über das Geschlecht entscheidet, da sich dann für die Valenz von F und M Annahmen machen lassen, die das Zustandekommen eines haploiden Männchens ermöglichen. Ich kann mit Bridges (1925) diesen Ausführungen nicht zustimmen, denn das Prinzip muß gleicherweise arbeiten, ob wir symbolisch mit der Differenz oder dem Quotienten von F und M arbeiten. Ich stimme vielmehr Bridges darin zu, daß der Fall der Biene eine besondere Erklärung fordert. Auf eine Möglichkeit habe ich hingewiesen (1927a): Wir sahen, daß im Männchenei von *Lymantria* das F schon vor der Reifeteilung gewirkt haben muß, da es ja mit dem Y-Chromosom dann entfernt wird. Nehmen wir an, daß die Biene den *Drosophila*-Typ besitzt (was wir müssen), also $1X=\male\ 2X=\female$, so wäre MM in den Autosomen gelegen. Würde es hier seine Wirkung im Ei schon vor der Reifeteilung entfalten, so entstände auch beim haploiden Männchen die genetische Geschlechtsdifferenzierung auf der Grundlage der Formel $MMF=\male$. Die Tatsache der weitgehenden regionalen Determination des Insekteneies gibt die embryologische Grundlage für eine solche Annahme. Bridges (1925) glaubt übrigens einen Fall gefunden zu haben, in dem ein Mosaikteil einer *Drosophila* haploid war und sich als weiblich erwies, wie es seiner und meiner Erwartung entspricht [1].

Endlich muß noch darauf hingewiesen werden, daß Dobzhansky (1930) bei den triploiden Intersexen von *Drosophila* fand, daß sich der Intersexualitätsgrad durch Temperaturwirkung verschieben läßt. Wir fanden das gleiche bei *Lymantria* und haben dafür oben eine Erklärung an Hand des Kurvenschemas gegeben. Das gleichsinnige Ergebnis für *Drosophila* zeigt somit, daß auch hier die gleiche entwicklungsphysiologische Situation vorliegt, die wir dort ableiteten.

---

[1] Anm. b. d. Korrektur. In einem soeben erschienenen Auszug eines Vortrags teilt Bridges mit, daß dies jetzt sicher sei.

B. Intersexualität durch physiologischen Umschlag infolge von parasitärer Infektion.

Eine merkwürdige und theoretisch wichtige Tatsachengruppe wird gewöhnlich unter dem Begriff *parasitäre Kastration* (GIARD 1886) beschrieben. Da die Kastration aber für die betreffenden Erscheinungen nicht wesentlich ist, wie wir sehen werden, so sprechen wir nur von parasitärer Infektion. Die Erscheinung ist in der Hauptsache die: Bei gewissen Krebsen und Insekten werden die Individuen häufig von Parasiten befallen, die meist selbst aus einer verwandten Tiergruppe stammen und den Wirt beträchtlich schädigen. In einer Reihe solcher Fälle nehmen dann die infizierten Individuen eines oder beider Geschlechter gewisse Charaktere des entgegengesetzten Geschlechts an, werden also intersexuell. Hier handelt es sich also sicher nicht um eine zygotische, genetische Intersexualität, sondern um eine, die trotz normaler genetischer Verhältnisse durch das Einsetzen besonderer physiologischer Verhältnisse bedingt wird. Wir werden deshalb ganz allgemein von Intersexualität durch physiologischen Umschlag sprechen. Die genauer analysierten Fälle sind auf drei Gruppen verteilt: 1. Die schon vor langer Zeit entdeckten Folgeerscheinungen, die Krabben zeigen, die von dem parasitischen Rhizocephalen (Krebs) *Sacculina* infiziert sind. 2. Die noch viel länger bekannten Veränderungen gewisser Bienenarten, die „stylopisiert" sind, d. h. mit parasitischen Strepsipteren (Insekten) infiziert sind. 3. Die erst neuerdings untersuchten Veränderungen von Zikaden (Membraciden, Homopteren), die von parasitischen Wespen befallen sind. Da die theoretische Analyse für die ganze Gruppe identisch ist, seien zunächst die Tatsachen getrennt mitgeteilt und dann die Analyse gemeinsam gegeben.

1. Krabbe und Sacculina.

Der Fall wurde zuerst von MALM (1881) und GIARD (1886 bis 1909) an zahlreichen verschiedenen Objekten studiert und von letzterem mit dem Namen parasitäre Kastration belegt. Die gründlichsten Untersuchungen darüber verdanken wir GEO. SMITH (1909—1912) und Mitarbeitern. Einige weitere Beiträge wurden von POTTS (1906, 1910), COURRIER (1921), NILSSON-CANTELL (1926) gegeben. Bekanntlich bohren sich die noch krebs-ähnlichen Larven der *Sacculina* (Abb. 79) in die Krabbe ein, machen in ihr allerlei Umwandlungen durch, bis schließlich der

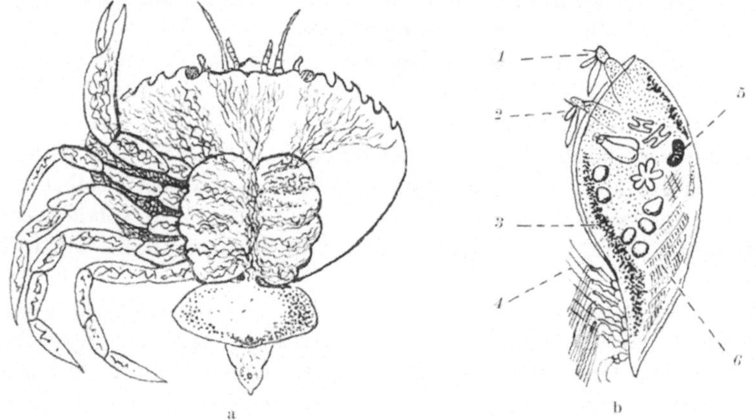

Abb. 79. a Krabbe von ventral mit *Sacculina* unter dem zurückgeklappten Abdomen und dem Wurzelgeflecht des Parasiten. b Freilebende *Cypris*-Larve der *Sacculina*. *1* und *2* Antennen, *3* Gonade, *4* Abdominalfüße, *5* Auge, *6* Muskeln. (Nach DELAGE aus HERTWIG.)

sackförmige Parasit unter dem Abdomen der Krabbe wieder an die Oberfläche gelangt, und durch ein den ganzen Körper des Wirts durchziehendes Wurzelwerk seine Nahrung aufsaugt.

Infizierte Krabben der Gattung *Inachus* können nun merk-würdige Veränderungen der sekundären Geschlechtscharaktere zeigen. Das infizierte Weibchen verändert sich kaum, d. h. es nimmt keinerlei männliche Charaktere an. Es kann nur in seinem Wachstum zurückbleiben, schneller geschlechtsreif werden und außerdem können die abdominalen Spaltfüße in der Entwicklung zurückbleiben. Sehr stark aber verändert sich das Männchen, und zwar durch Annahme der weiblichen sekundären Geschlechts-merkmale. Abb. 80 zeigt einige sehr charakteristische Geschlechtsmerkmale der beiden Geschlechter von *Inachus mauretanicus*. Das Männchen hat lange und verdickte Scheren, die beim Weibchen relativ klein sind. Das Abdomen, das unter dem Thorax eingeschlagen getragen wird, in der Abbildung aber ausgeklappt

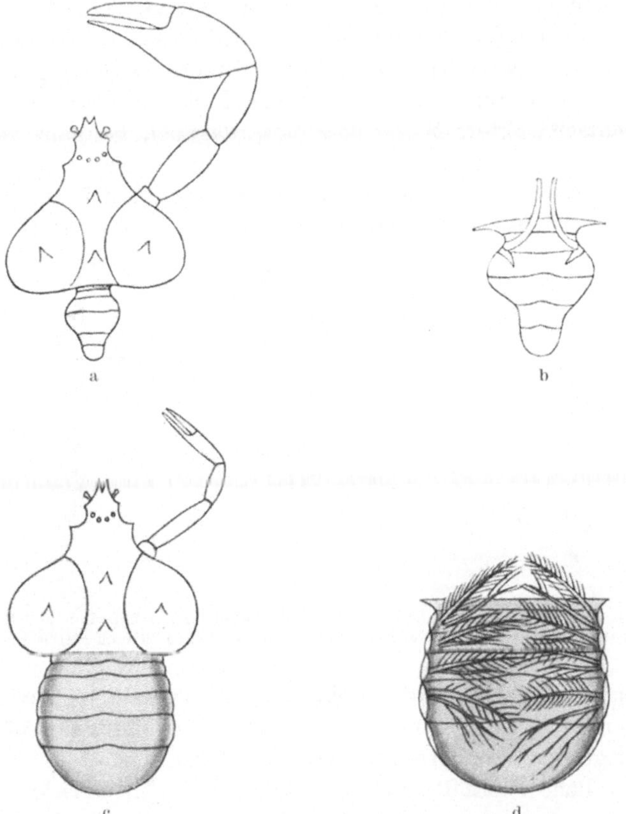

Abb. 80. a Umriß von Thorax, Abdomen und rechter Schere von *Inachus mauretanicus*. b Abdomen von ventral mit den Gonopodien. c und d Entsprechend vom ♀, Abdomen mit Spaltfüßen. (Nach SMITH aus HARMS.)

dargestellt ist, ist beim Männchen schmal und rudimentär und trägt auf der Unterseite nur ein Paar Begattungsfüße und ein paar Fußrudimente. Das Weibchen besitzt ein breites Abdomen mit den typischen Spaltfüßen. Das sacculinisierte ♂ aber besitzt weibliche Scheren, ein breites weibliches Abdomen, rudimentäre

Kopulationsfüße und richtige abdominale Spaltfüße, wie Abb. 81 zeigt. Das Maß der Ausbildung der weiblichen Charaktere schwankt individuell, und zwar scheint dafür der Zeitpunkt entscheidend zu sein, zu dem die junge Krabbe von der *Sacculina* befallen wurde, ein wichtiger Punkt, wie wir sehen werden. Gleichzeitig mit diesen äußeren Veränderungen kann aber auch der Hoden mehr oder weniger zerstört werden. Eine direkte Beziehung zwischen dieser Zerstörung und der Umwandlung der sekundären Geschlechtscharaktere *besteht aber nicht*, da auch bei ganz verweiblichten ♂ ein Hoden mit normaler Spermatogenese vorkommen kann (COURRIER). Sehr bemerkenswert ist endlich der folgende Befund von SMITH. Es kommt vor, daß eine reife *Sacculina* ab-

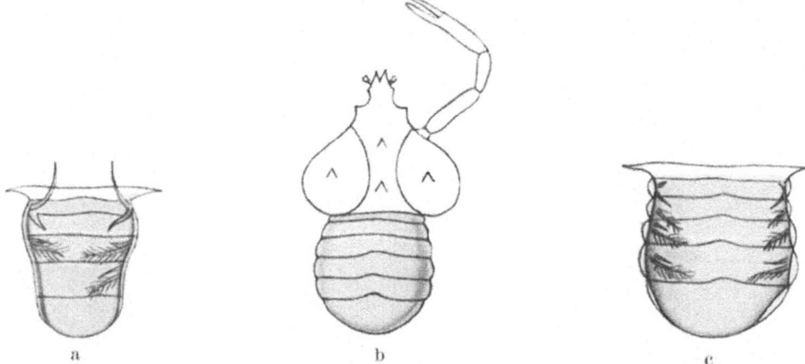

Abb. 81. Sacculinisierte ♂. a Abdomen mit Rückbildung der Gonopodien und Erscheinen von Spaltfüßen. b Stark verweiblichtes ♂. c Sein Abdomen. (Nach SMITH aus HARMS.)

geworfen wird. Wenn dann ein nicht ganz zerstörter Hoden vorhanden ist, so kann er regenerieren und dabei bildet sich nicht nur Hodengewebe, sondern auch Ovarialgewebe aus.

Ähnliche Verhältnisse sind auch für Einsiedlerkrebse beschrieben, die von parasitischen Asseln befallen werden (GIARD, POTTS, NILSSON-CANTELL). Auch hier werden Eier im Hoden gebildet und die Extremitäten verweiblicht. Nach POTTS Beschreibung zeigt allerdings hier das infizierte ♀ auch Veränderungen, die vielleicht als leichte Vermännlichung gedeutet werden können. Die Beschreibungen von GUÉRIN-GANIVET (1911) und NILSSON-CANTELL (1926) stimmen mit denen von POTTS überein. Auf Einzelheiten kann verzichtet werden, da sie sich nicht prinzipiell von dem bei Krabben gefundenen unterscheiden.

2. Die Stylopisation.

Schon Pérez (1880) hatte ausführlich beschrieben, daß Bienen, vor allem die Gattung *Andrena*, die das parasitische Strepsipteron *Xenos Rossii* beherbergen, verschiedene Eigentümlichkeiten des anderen Geschlechts annehmen, und zwar sowohl Männchen als Weibchen. Die genaueste Darstellung hat neuerdings Salt gegeben, nachdem vorher schon Wheeler (1910) und Perkins (1892) alles über den Gegenstand Bekannte zusammengefaßt hatten. Am besten bekannt sind die Veränderungen bei *Andrena*, außerdem sind sie noch bei den Gattungen *Odynerus*, *Ancistrocerus*, *Sphex* näher studiert. Bei *Polistes* aber ist die Stylopisation ganz wirkungslos. Von dem Einfluß auf gewöhnliche somatische Charaktere, die mehr oder weniger geschädigt werden, sehen wir ab und beschränken uns auf die sekundären Geschlechtscharaktere. Die folgenden Organe werden betroffen (*Andrena*): Sehr charakteristisch für die Weibchen ist der Pollensammelapparat an den Hinterbeinen. Die Tibien sind breit und mit einer Haarbürste besetzt und ebenso die 1. Tarsen. Am Femur, Coxa und Propodeum finden sich dichte Haarbüschel, die Flocculi, zur Stütze der Pollentracht. All dies fehlt beim Männchen (Abb. 82a, b). Ist ein Weibchen stylopisiert, so wird der Pollensammelapparat reduziert und das Bein gleicht fast dem eines Männchens (Abb. 82d). Umgekehrt kann gelegentlich ein stylopisiertes ♂ den Beginn des Sammelapparats zeigen (Abb. 82c), wobei die Einzelheiten individuell variieren. Ein anderer Geschlechtscharakter ist die Fazialgrube, eine Grube (Fossa) neben dem Auge, die bei manchen *Andrena*-Arten nur das ♀ besitzt, bei anderen auch beim ♂ als Rudiment vorhanden ist. Beim stylopisierten ♀ ist diese Grube reduziert. Bei stylopisierten ♂ mancher Arten aber kann sie auftreten. Die Antennen unterscheiden sich bei den Geschlechtern durch die Gliederzahl, die aber durch die Stylopisation nicht beeinflußt wird. Außerdem sind aber auch einzelne Glieder verschieden lang. So ist bei *Andrena trimmerana* das 1. Flagellumglied beim ♀ doppelt so lang als die folgenden Glieder, während es beim ♂ nur halb so lang ist. Bei stylopisierten Tieren beider Geschlechter kann sich das Verhalten dem des anderen Geschlechts nähern. Sodann besitzt die weibliche *Andrena* am Rückenschild (Tergit) des 5. Abdominalsegments eine Reihe steifer Haare (Fimbria analis), die dem ♂ fehlen. Bei stylopisierten ♀ verkürzt sich diese Fimbria oder fehlt ganz, bei stylopisierten ♂ kann sie erscheinen (Abb. 83). Ein anderer Charakter ist ein abdominales Haarpolster der ♀, das bei

Abb. 82. *Andrena hirticincta.* Hinterbeine. a Normales ♀. b Normales ♂. c Stylopisiertes ♂. d Stylopisiertes ♀. (Nach SALT.)

stylopisierten ♀ den Typus des Männchens annimmt. Ähnliches gilt für gewisse Strukturen der vorderen und mittleren Beine, die bei stylopisierten Tieren beider Geschlechter sich denen des anderen nähern. Besonders charakteristisch ist schließlich der Clypeus vorne am Kopf. Er unterscheidet sich bei den Geschlechtern vieler Arten in Farbe und Behaarung, ist z. B. schwarz beim ♀, gelb beim ♂. Das stylopisierte ♀ kann in diesem Charakter völlig männlich und das stylopisierte Männchen völlig weiblich werden, wie dies Abb. 84 für zwei verschiedene *Andrena*-Arten zeigt. Es sollte noch erwähnt werden, daß im Fall der Stylopisation der Kopulationsapparat des Männchens und der Stachelapparat des Weibchens rückgebildet sein können. So finden denn

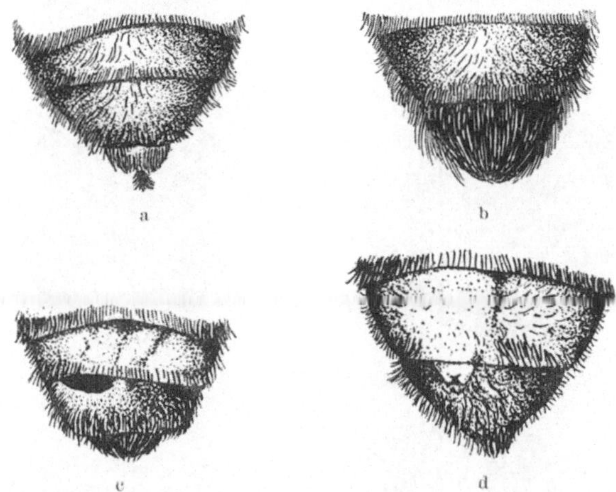

Abb. 83. *Andrena hirticincta*. Hinterende des Abdomens. a ♂. b ♀ (mit Analfimbria). c Stylopisiertes ♂ (Fimbria!). d Stylopisiertes ♀ ohne Fimbria. (Nach SALT.)

alle Beobachter von PÉREZ bis SALT übereinstimmend, daß beide Geschlechter im Fall der Stylopisation nicht nur ihre sekundären Geschlechtscharaktere zurückbilden, sondern auch positiv die des anderen Geschlechts annehmen, wobei im Grad dieser Veränderungen im einzelnen eine außerordentliche Variation herrscht.

Zusammenfassend und unter Berücksichtigung der untersuchten Arten können die folgenden positiven Umänderungen von sekundären Geschlechtscharakteren aufgewiesen werden (nach SALT und PÉREZ); es ist nur von stylopisierten Tieren die Rede. Männchen können etwas vom Pollensammelapparat ausbilden bei *Andrena hirticincta, canadensis* und *bradleyi*. Die gleichen Arten bilden bei ♂ auch die weiblichen Foveae faciales mehr oder weniger aus und bei *hirticincta* und *canadensis* auch die

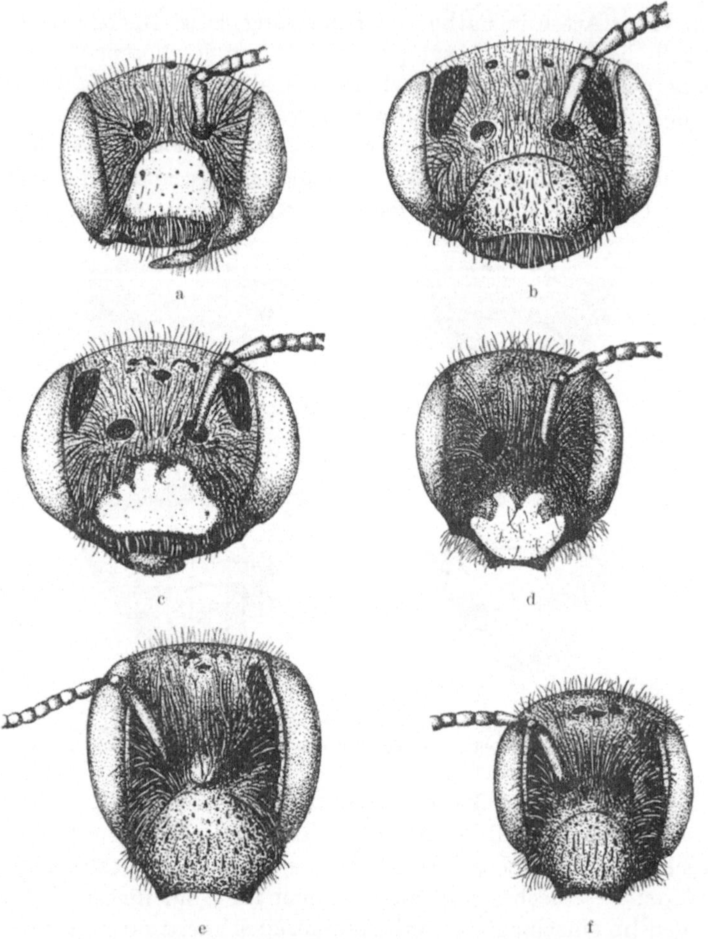

Abb. 84. a—c *Andrena solidaginis*. d—f *Andrena bradleyi*. a, d ♂. b, e ♀. c Stylopisiertes ♀. f Stylopisiertes ♂. Köpfe von vorn (Gesicht) mit dem Clypeus; nur ein Stück einer Antenne gezeichnet. (Nach SALT.)

Fimbria analis. Das ♀ von *A. canadensis* bildet die eckige Wange des Männchens aus. Viele *Andrena*-Arten bilden in beiden Geschlechtern den Clypeus des anderen Geschlechts aus. Bei *Odynerus foraminatus* wird außerdem auch die charakteristische Form des Clypeus zwischen den Geschlechtern vertauscht.

Was nun den Einfluß der Stylopisation auf die inneren Geschlechtsorgane betrifft, der von den genannten und anderen Autoren studiert wurde, so läßt sich kurz sagen, daß die weiblichen Genitalien meist so stark geschädigt sind, daß an eine Fortpflanzung des Parasitenträgers nicht zu denken ist. Immerhin sind meist alle Teile vorhanden und auch unreife Eier. Beim Männchen ist die Schädigung eine viel geringere, es werden stets reife Spermien gefunden und oft ganz normale Hoden, auch wenn die sekundären Charaktere stark verändert sind. Eine Korrelation zwischen dem Geschlecht des Parasiten und dem des Wirts besteht nicht, wenn auch weibliche Parasiten stärkere Schädigungen hervorrufen.

SALT hat nun diesen Tatsachen die wichtige Entdeckung zugefügt, daß die Variabilität der Veränderungen keine regellose ist, und daß die stylopisierten Tiere als richtige Intersexe in unserem Sinn aufzufassen sind. Es läßt sich zwar noch keine vollständige Reihe der intersexuellen Umwandlungen aufstellen und die Beziehungen zur ontogenetischen Entwicklung stehen noch nicht fest. Es können aber die Charaktere je nach ihrer Empfindlichkeit gegenüber der Stylopisation gruppiert werden. An einem Ende steht der Pollensammelapparat, der fast immer verändert ist, dann folgt die Analfimbria und die Farbe des Clypeus. Am anderen Ende steht die relative Länge der Antennensegmente, die Verengung der Gesichtsgruben und die Form der Wangen. Nun trifft es allgemein zu, daß, wenn die letzteren, schwerer abänderbaren Charaktere betroffen sind, auch immer die der ersten Reihe mit verändert sind, was, wie SALT richtig hervorhebt, eben für echte Intersexualität (das Zeitgesetz!) spricht. Die theoretischen Konsequenzen werden später besprochen werden.

3. Der Fall der Thelia.

Thelia bimaculata ist eine Zikade aus der Gruppe der Membraciden. Ihre Larven werden von einer Wespe (Dryinide) *Aphelopus theliae* angestochen, und zwar kann dies in irgendeinem Entwicklungsstadium der *Thelia*-Larve geschehen. Das Ei des Parasiten zeigt Polyembryonie, und es entwickeln sich aus ihm etwa 500 Larven, die schließlich beim Schlüpfen ihren Wirt töten.

Thelien, die diesen Parasiten enthalten, können nun ganz in ähnlicher Weise in den sekundären Geschlechtscharakteren abgeändert sein wie die Bienen und Krabben, die vorher besprochen wurden, wie die schönen Untersuchungen von KORNHAUSER (1919) zeigen. Besonders sind es die Männchen wieder, die sich in weiblicher Richtung ändern, und zwar hängt das Maß der Veränderung, was theoretisch sehr wichtig ist, davon ab, ob die Infektion der Larve früher oder später erfolgte. Der auffallendste Charakter, der auch zur Entdeckung des Phänomens führte, ist die Körperfärbung. Das parasitierte Männchen kann nämlich vollständig die Färbung des Weibchens annehmen. Abb. 85 zeigt die Färbungs- und Formunterschiede der normalen Geschlechter und Abb. 86 parasitierte Männchen, die in drei verschiedenen Stufen Gestalt und Farbe der Weibchen annehmen. Die Bilder zeigen auch, was Messungen bestätigen, daß die Größendimensionen des Körpers und seiner Teile parallel mit der Umwandlung der Färbung von der männlichen zur weiblichen Form führen.

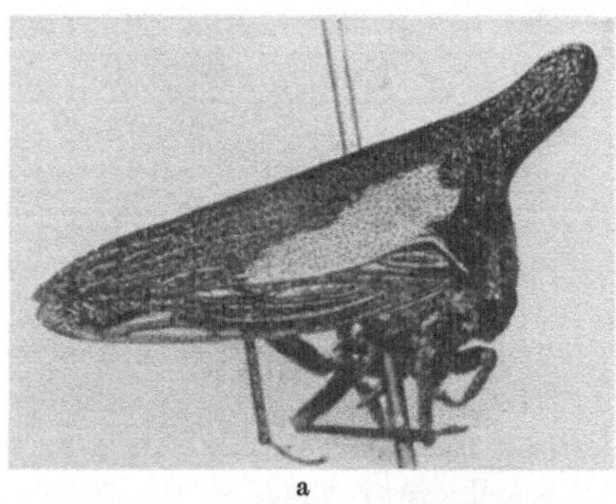

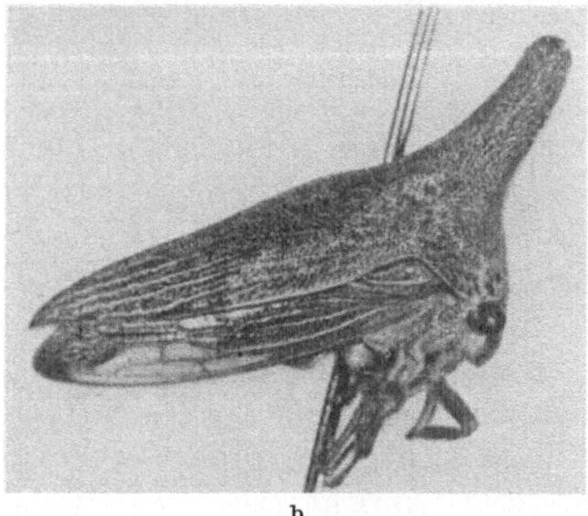

Abb. 85. *Thelia bimaculata.* a ♂. b ♀.
(Nach KORNHAUSER.)

So werden die Flügel länger, die Beine größer, die charakteristische Kopfform wird weiblich, ebenso Einzelheiten der Mundwerkzeuge. Das gleiche gilt für das Abdomen und seine einzelnen Teile. So hat das Weibchen ein dickeres Abdomen, das ja den heranwachsenden Eiern Raum gewähren muß. Das parasitierte Männchen nimmt aber auch das dickere Abdomen an, und dazu eine ganze Reihe weiblicher Struktur- und Färbungseinzelheiten.

KORNHAUSER hebt dabei besonders hervor, daß es sich nicht etwa um Annahme eines indifferenten Jugendkleides handelt. Ein sehr charakteristisches Bild sei in Abb. 87 wiedergegeben, das die Anordnung der Härchen auf dem Rücken des 6. Abdominalsegments bei Weibchen, Männchen und parasitierten Männchen zeigt. Viele Einzelheiten der Abdominalstruktur, die sich verweiblicht, sind noch bei KORNHAUSER zu finden. Von allen diesen Veränderungen zeigen aber die parasitierten Weibchen nichts oder fast nichts. Anders als diese Organe verhält sich aber der Kopulationsapparat, der ja hier, wie bei allen Insekten, stark geschlechtsverschieden ist. Er wird nämlich in beiden Geschlechtern reduziert, erfährt eine Entwicklungshemmung, ohne sich aber in der Richtung des anderen Geschlechts umzuwandeln. KORNHAUSER machte nun die wieder für die Interpretation wichtige Feststellung, daß die Anlage des Kopulationsapparats

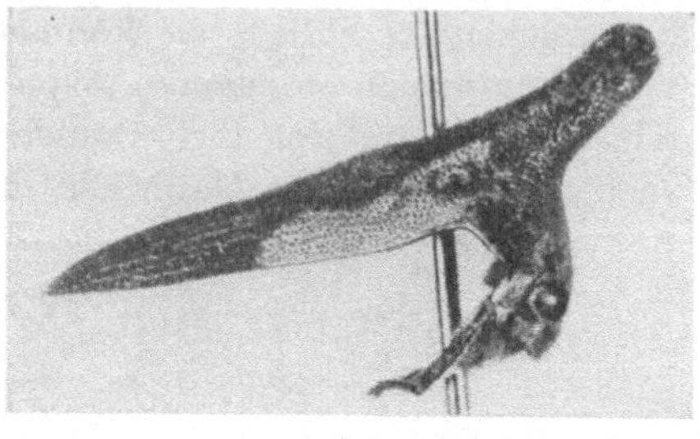

a

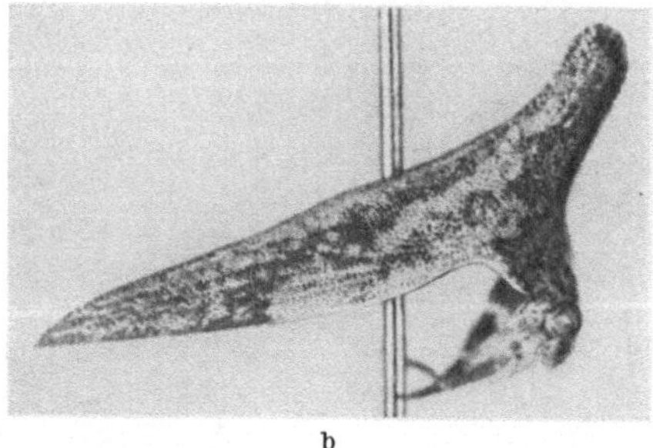

b

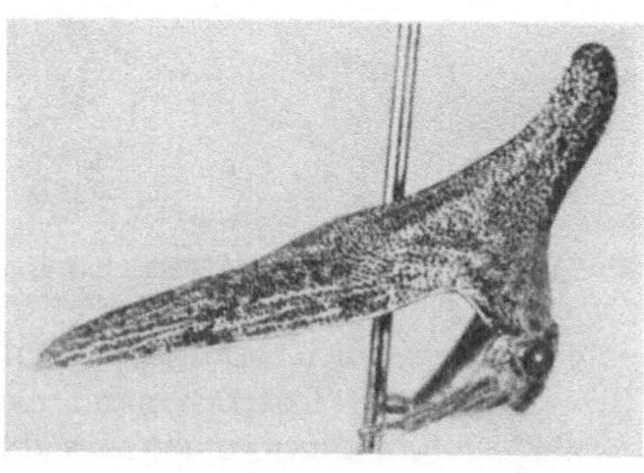

c

Abb. 86a—c. Drei Typen intersexueller ♂.
(Nach KORNHAUSER.)

schon sehr früh in der Larve stattfindet, bevor ein schädlicher Einfluß des Parasiten möglich ist, und daß dann später im parasitierten Tier die Entwicklung zurückbleibt, also etwa der Apparat nach der 4. Häutung so aussieht wie normal nach der 3., und daß auch

die letzten Feinheiten der Struktur, die die Spezies von Verwandten unterscheidet, nicht mehr ausgebildet werden. Was endlich die Gonaden betrifft, so verhalten sie sich ähnlich wie in den vorhergehenden Fällen: sie können verschieden weit geschädigt sein, ohne jedoch aufzuhören, typische Eierstöcke oder Hoden zu sein. Einmal fand sich aber, ähnlich wie bei *Sacculina* und *Andrena*, auch ein verweiblichtes Männchen, das einen völlig normalen Hoden

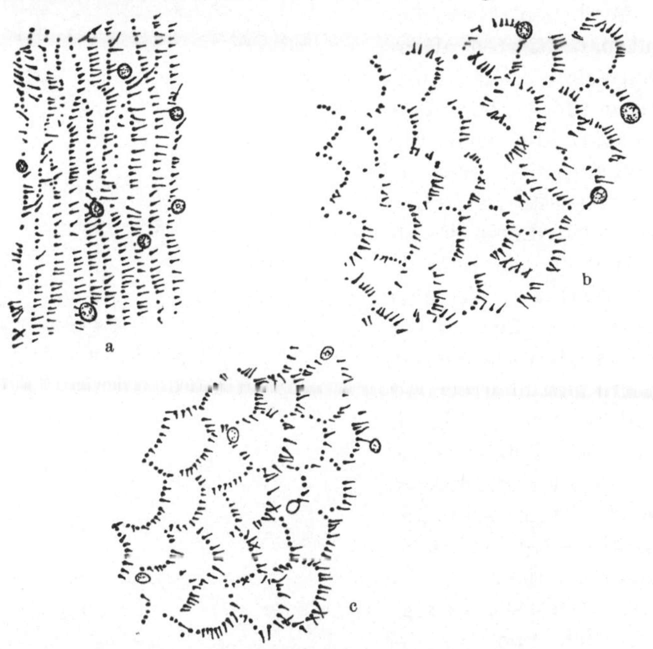

Abb. 87. Anordnung der Härchen auf dem Tergiten des 6. Abdominalsegments von a ♂, c ♀, b parasitiertes ♂. (Nach KORNHAUSER.)

mit reifen Spermien besaß. Also auch hier trifft der irreführende Ausdruck parasitäre Kastration gar nicht zu. Schließlich ist noch die wichtige, von KORNHAUSER besonders hervorgehobene Tatsache zu erwähnen, daß das Maß der Verweiblichung der parasitierten Männchen proportional ist dem Zeitpunkt, zu dem die Larve angestochen wird, also: frühere Schädigung, stärkere Umwandlung.

4. Die Interpretation.

Die Ansichten der alten Entdecker der hier behandelten Phänomene bis zu PÉREZ und GIARD können hier übergangen werden,

da damals noch die experimentelle Erforschung des Geschlechtsproblems fehlte. Aber auch bis in die neueste Zeit sind erstaunliche
Deutungen der Phänomene zu finden. Bei den zahllosen Zitaten, besonders des Falls der *Sacculina* in Lehrbüchern und zusammenfassenden Darstellungen, wird es als ganz selbstverständlich angenommen,
daß der Parasit den Wirt kastriert, und daß dessen sexuelle Umwandlungen die Folge der Kastration seien durch Ausfallen der Sexualhormone der Gonade. Die vorausgehende Darstellung zeigt nun, daß
überhaupt von Kastration keine Rede sein kann. Gelegentlich mag
völlige Kastration vorkommen, noch öfters aber sind die Gonaden
nur in der Entwicklung gehemmt und enthalten alle Bestandteile,
die zu einer etwaigen inneren Sekretion nötig sind. Endlich aber gibt
es ja bei allen drei Gruppen verweiblichte Männchen mit normalen
funktionsfähigen Hoden. Dazu kommt nun, daß wir von einer inneren
Sekretion der Gonade der Crustaceen gar nichts wissen. A priori
ist sie sehr unwahrscheinlich, da sie den Insekten fehlt. Wirklich
entscheidende Experimente sind aus technischen Gründen (verschiedenen Autoren und mir selbst) noch nicht gelungen. Dem
einzigen positiven Resultat, HÄMMERLI-BOVERIS (1926), stehe ich
skeptisch gegenüber. Sie fand, daß bei weiblichen Wasserasseln
deren Ovar durch Röntgenstrahlen zerstört war, die der Brutpflege dienenden Brutlamellen nicht ausgebildet wurden. In der
vorliegenden Form kann dieser Versuch nicht als einwandfreier
Beweis für Gonadenhormone betrachtet werden.

BIEDL hat die (bei einem Mediziner vielleicht entschuldbare)
Idee vertreten, daß die Verweiblichung des *Inachus* ♂ durch einen
weiblichen Parasiten erfolgt, der wie ein transplantiertes Ovar
durch seine eigenen Geschlechtshormone wirkte. HARMS (1926)
hat diese Idee ernsthaft diskutiert, und auch HÄMMERLI-BOVERI
erwähnt sie. *Sacculina* ist aber bekanntlich ein typischer Hermaphrodit. Wieder eine andere hormonale Idee wird von LIPSCHÜTZ
(1924a) und VAN OORDT (1928, 1929) vertreten. Sie vergleichen
die Effekte bei *Inachus* mit denen beim kastrierten Huhn und
meinen, daß die weibliche Form sich mehr einer neutralen Form
nähert, die nach Kastration auftrete. Die Theorie ist falsch, weil
es sich gar nicht um Kastration handelt, weil bei dem Parallelfall
der *Andrena* beide Geschlechter positive Charaktere des anderen
annehmen und weil es endlich wohlbekannt ist, daß die Jugendform der Krabben dem Männchen gleicht! (POTTS und viele andere.)

Im Gegensatz zu solchen Theorien, die den wichtigsten Tatsachen nicht Rechnung tragen, steht die Erklärung, die Geo. Smith (1909—1912) zunächst für den *Inachus*-Fall aus seinen Versuchen abgeleitet hat, die Theorie der Stoffwechselreizung. Smith folgerte, daß die Differenzierung der sekundären Geschlechtscharaktere nicht von der Anwesenheit einer differenzierten Gonade abhängig ist, sondern daß die Differenzierung sowohl der primären als sekundären Geschlechtscharaktere davon abhängt, daß im Körper etwas Drittes erscheint, nämlich eine formative Geschlechtssubstanz. Diesen Schluß suchte Smith durch Untersuchungen über den Stoffwechsel normaler und sacculinisierter Krabben zu stützen (siehe auch Robson). Er fand, daß beim Reifen des normalen Weibchens Leber und Blut mit einer großen Fettmenge überschwemmt werden und die gleiche starke Fettbildung fand er bei den sacculinisierten Männchen. Außerdem fand er in den „Wurzeln" der *Sacculina* dotterähnliche Massen, die denen im normalen Ovar gleichen. Daraus schloß er, daß die Wurzeln des Parasiten ebenso wirken wie ein normales Ovar, nämlich so, daß sie aus dem Wirtskörper Fett an sich ziehen und dadurch die Leber zu erhöhter Fettproduktion veranlassen. In beiden Fällen wird also der Stoffwechsel gleichartig verändert und die dabei entstehenden Substanzen sind die vorher genannten formativen Stoffe.

Wir haben bereits 1920 (b) nun nicht nur darauf hingewiesen, daß es sich wohl bei allen diesen Erscheinungen um Intersexualität handele, sondern auch gezeigt, wie diese Theorie von Smith, wenn von diskutabeln Einzelheiten befreit, tatsächlich sich in bestimmter Weise der Intersexualitätstheorie einreiht. Wir schrieben: „Wir glauben nun, daß in Smiths Ideen trotzdem ein richtiger Kern steckt, der, wenn von der übers Ziel hinausschießenden Kritik der Hormonentheorie befreit, wichtige Zukunftperspektiven eröffnet. Die bisher betrachteten Tatsachen haben uns bis zu dem Punkt geführt, an dem die Hormone der geschlechtlichen Differenzierung ihre Tätigkeit begannen. Über die Art der Wirkung der Hormone haben wir uns bisher keine Vorstellung gebildet. Sie ist natürlich nichts Mystisches, sondern ein chemischer Prozeß. Am wahrscheinlichsten klingt es wohl, daß sich die Wirkung der Hormone auf den gesamten Stoffwechsel bezieht, und daß der spezifische hervorgerufene Stoffwechselzustand selbst die letzte und direkte Ursache der morphologischen Differenzierung zu einem

Geschlecht hin ist. Ist das richtig, so wäre das in der Tat die letzte Aufklärung, die wir über das Geschlechtsproblem erhalten könnten und dazu eine, die exakter Analyse zugängig ist."

Zu der gleichen Auffassung ist nun auch SALT gekommen, der zeigte, daß die Auffassung von SMITH sich ohne weiteres der Intersexualitätstheorie eingliedert. Dies ist jetzt tatsächlich ohne weiteres möglich, nachdem SALT den Beweis erbracht hat, der auch aus den berichteten Tatsachen der anderen Fälle hervorgeht, daß es sich bei der fälschlich so benannten parasitären Kastration um echte Intersexualität handelt. Für alle drei Fälle ist bewiesen, daß der Grad der Intersexualität proportional der früheren zeitlichen Lage des Befallenwerdens mit dem Parasiten ansteigt. Das Eintreten einer vom Parasiten ausgehenden Wirkung ist also identisch mit dem Drehpunkt bei zygotischer Intersexualität. Ferner ist für *Andrena* und *Thelia* gezeigt, daß für die intersexuellen Umwandlungen das Zeitgesetz der Intersexualität gilt und schließlich steht fest, daß die Gonaden des Wirts kausal nichts mit den intersexuellen Veränderungen zu tun haben, im Gegenteil selbst unter Umständen (*Inachus*) davon betroffen werden. So reiht SALT auch mit Recht das Phänomen der Intersexualität ein und führt auch richtig aus, wie das im einzelnen zu fassen ist.

Wir sahen, daß die Wirkung der Geschlechtsgene darin besteht, geschlechtskontrollierende Stoffe zu erzeugen, deren größere Quantität die geschlechtliche Differenzierung kontrolliert, also formative Sexualstoffe. Wir sahen, daß der Drehpunkt und damit Intersexualität eintritt, wenn die formativen Stoffe des anderen Geschlechts die Oberhand bekommen. Bei zygotischer Intersexualität tritt dies ein, wenn eine abnorme Genkonstitution am Ausgangspunkt die relativen Geschwindigkeiten der beiden Reaktionen gegen die normale Festlegung verschiebt. Bei dem hier betrachteten Phänomen tritt der Drehpunkt im Rahmen normaler genetischer Konstitution ein, wenn der Parasit beginnt, seinen Wirt zu schädigen. Somit bedingt der Parasit das gleiche, wie bei zygotischer Intersexualität die abnorme genetische Konstitution. Wie er das zustande bringt, darüber lassen sich verschiedene Meinungen aufstellen: 1. Der Parasit könnte direkt durch seine Ausscheidungen oder indirekt durch Abänderung des Stoffwechsels des Wirts die relativen Geschwindigkeiten der F- und M-Kurven beeinflussen, einen Schnittpunkt hervorrufen. 2. Der Parasit könnte direkt als

Stoffwechselprodukt einen Stoff erzeugen, der mit der weiblichen formativen Substanz, also dem Produkt der F-Reaktion, identisch ist. 3. Der gleiche Stoff könnte vom Wirt selbst als Folge seines geschädigten und abgeänderten Stoffwechsels gebildet werden. 4. Drei entsprechende Möglichkeiten könnten gegeben sein, wenn nicht der weibliche Stoff erzeugt oder die weibliche Kurve beschleunigt wird, sondern umgekehrt, die männliche Kurve gehemmt oder der männliche Stoff verringert wird. Welche von diesen sechs Möglichkeiten verwirklicht wird, läßt sich aus den Tatsachen noch nicht ableiten. Aber es ist klar, daß in dieser Form die Idee von SMITH in der seitdem entwickelten allgemeinen Theorie der Intersexualität aufgeht.

Wie wir am Ende der Ableitung der Theorie der zygotischen Intersexualität erörtern mußten, ob etwa die formativen Geschlechtsstoffe, die in der F- und M-Reaktion erzeugt werden, dem Hormonbegriff einzugliedern seien, so auch hier. Sicher ist, daß solche Gonadenhormone, wie sie bei den Wirbeltieren eine so große Rolle spielen, hier nicht in Betracht kommen. Wenn wir aber den Begriff der Hormone soweit erweitern wollen, wie es früher S. 105 ausgeführt wurde, so können wir auch hier von Hormonen sprechen, die die *Sacculina* ausscheidet oder den Wirt bilden läßt. Es ist aber vielleicht doch besser, das zunächst zu lassen, um nicht den der Verhältnisse der Wirbellosen unkundigen Hormonentheoretikern Anlaß zu geben, durch Mißverstehen weitere Verwirrung zu stiften. Erst wenn man sich darauf einigt, den Hormonbegriff rein chemisch zu fassen, unabhängig von Herkunft und Verteilungsmodus der Hormone, könnte man auch hier von Hormonen sprechen. Das folgende Kapitel wird zeigen, daß dies in der Linie der zukünftigen Entwicklung liegt.

Anhang. Anhangsweise sollte hier darauf hingewiesen werden, daß es bei Ameisen ein verwandtes Phänomen gibt, die Erzeugung von Intercasten, wie es WHEELER in Parallele zu den Intersexen nannte. Die ganze Literatur des Gegenstandes ist neuerdings von WHEELER (1928) und VANDEL (1930) zusammengestellt worden. Es handelt sich darum, daß Soldaten, die von Mermis infiziert werden, die Charaktere von Arbeitern und Weibchen annehmen, indem von der Infektion an die genetisch bedingte Entwicklung zum Neutrum zu einer weiblichen Entwicklung umspringt. Die Analogie zur Intersexualität und speziell zu den in diesem Kapitel behandelten Fällen liegt auf der Hand und wurde auch von WHEELER wie VANDEL erkannt.

C. Der Fall der Bonellia.

1. Die Grundtatsachen.

Bonellia (die Arten *viridis* und *fuliginosa* untersucht) ist ein Wurm aus der Klasse der Gephyreen, berühmt wegen seines extremen Geschlechtsdimorphismus. Das Weibchen besitzt einen pflaumengroßen Körper mit einem sehr langen, sehr dehnbaren Rüssel (Abb. 88), das Männchen ist ein mit bloßem Auge kaum sichtbares Würmchen (Abb. 88), das entweder im Uterus des Weibchens (*B. viridis*) oder an seiner Körperoberfläche angeheftet (*B. fuliginosa*) lebt. Das Männchen ist also als ein (auf dem Larvenstadium stehengebliebenes) Zwergmännchen zu bezeichnen. Der unterschiedliche Bau der beiden Geschlechter ist aus der gleichen Abbildung zu ersehen. Das embryonale Weibchen besitzt vorn die Rüsselanlage (*Rü*), dann einen Darm, der in Vorderdarm (*VD*), Mitteldarm (*MD*) und Enddarm (*ED*) gegliedert ist. Neben dem After finden sich die Analblasen (*Abl*). *Md* ist der Mund, *Coe* die Leibeshöhle und *Bm* das Bauchmark. Außerdem besitzt das Weibchen ein Borstenpaar *B*. Das Ovar ist auf diesem Stadium erst als primitive Anlage vorhanden. Das Männchen besitzt keinen Rüssel, nur ein enges Cölom, in dem die Spermatogenese vor sich geht (*Sp*). Der Mitteldarm (*MD*) ist blind geschlossen. Analblasen und Borsten fehlen. Am Vorderende mündet der Samenschlauch aus, der aus einem Sack (*Sa*), dem Samentrichter (*Satr*) und einem Ausführgang besteht.

Normalerweise entwickelt sich aus den Eiern der *Bonellia* eine freischwimmende Larve vom *Trochophora*-Typ, die indifferente Larve. Wie schon SPENGEL (1879) wußte, und BALTZER (1914 bis 1928) in einer Serie wichtiger Experimentalarbeiten genau untersucht hat, denen, wenn nicht anders erwähnt, die folgenden Daten entstammen, setzen sich manche von diesen Larven am Rüssel eines Weibchens an, bleiben da etwa 3 Tage festgeheftet und

RüL
Stark männl. Intersex (7)
B
Sa
MD
Sp
Bm
Mittlerer Intersex (6)
[Sa]
B
Bm
Sp
MD
RüL
Rü
[VD]
B
MD
Sp
Bm
Ed
Reifes Männchen (4)
MD
Sp
Sa
Satr
Bm
Stark weibl. Intersex (5)
VA
MD
Ptr
Ubl
Ttr
Indifferente Larve (2)
Rü
Md
VD
B
Bm
Coe
Md
ED
Abl
Embryonal. Weibchen (3)
B
Vk
Ut
Altes Weibchen (1)
Eier in Gallerte

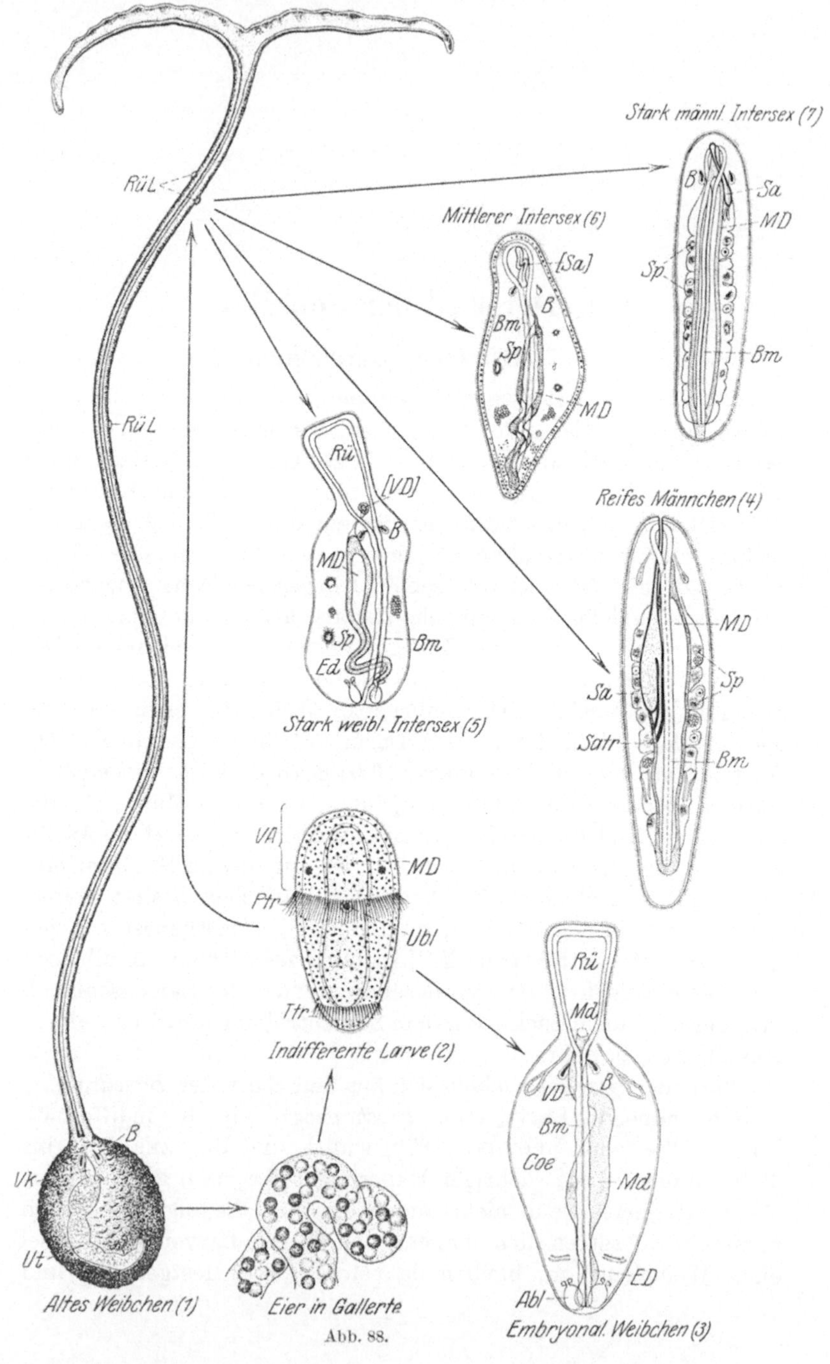

Abb. 88.

wandeln sich dabei in Männchen um. Andere Larven machen diesen Rüsselparasitismus nicht mit, bleiben freilebend, sinken schließlich zu Boden und wachsen zu Weibchen aus. Gibt man im Experiment

Abb. 88. 1 Erwachsenes ♀ in Bauchansicht, auf etwa $^1/_2$ verkleinert. Im Rumpf sind eingezeichnet die Borsten (B), der Uterus mit der eiergefüllten Hauptkammer (Ut) und der Vorkammer (Vk), die nach außen mündet, und in der die ♂ leben. Rechts neben der Vorkammer liegt der Trichter, der vom Cölom in die Hauptkammer führt, und durch den die reifen Eier in den Uterus aufgenommen werden. Das ganze Tier ist lebhaft grün gefärbt. Rechts neben 1 ist ein Stück einer abgelegten Eierschnur (nach SPENGEL) abgebildet. Die Befruchtung geschieht beim Durchtritt der Eier durch die Uterusvorkammer unmittelbar vor der Ablage in das Wasser. — 2 Indifferente schwärmende Larve in Bauchansicht, nach Verlassen der Gallerthülle. Es sind eingezeichnet die beiden Wimperkränze (Ptr und Ttr), deren vorderer einen großen präoralen Körperabschnitt abgrenzt (VA), in dem zwei „Augenflecken" liegen. Dicht hinter dem vorderen Wimperkranz liegt die bläschenförmige Anlage des vordersten Darmabschnittes (Ubl). Der größte Teil der Larve wird ausgefüllt von dem umfangreichen blindgeschlossenen Mitteldarm (MD). Die Epidermis ist bewimpert und grün pigmentiert (in der Abbildung durch feine Tüpfelung angegeben). Vergr. etwa 30/1. Aus dem Stadium der indifferenten Larve, das verschieden lange dauern kann, gehen die übrigen Formen 3—7 hervor, und zwar die jungen weiblichen Tiere (3) nach einer freien Entwicklung von wenigen Tagen, die ♂ (4) aber mit einer parasitischen Entwicklungsperiode am Rüssel eines älteren weiblichen Tieres. In 1 sind solche parasitische „Rüssellarven" ($Rül$) eingezeichnet. Die Intersexe 5—7 entstehen bei künstlich abgekürztem Rüsselparasitismus, in geringem Prozentsatz auch bei freier Entwicklung. — 3 Embryonales ♀ in Bauchansicht. Es besitzt mit Ausnahme des Uterus alle weiblichen Organe; einen peristaltisch sich kontrahierenden unbewimperten Rumpf mit geräumigem Cölom (Coe), einen kurzen bewimperten Rüssel ($Rü$), ein durchgehendes Darmrohr mit dem Mund (MD) an der Basis des Rüssels, mit Vorderdarm (VD), Mitteldarm (MD) und Enddarm (ED), der am Hinterende des Rumpfes durch den After nach außen mündet. In der ventralen Mittellinie verläuft das Bauchmark (Bm). Es geht nach vorn in den Schlundring über, der den ganzen Rüssel durchläuft. Hinter dem Mund liegen auf der Ventralseite die zwei Borsten (B). Der Rumpf enthält drei Exkretionsorgane, von denen zwei nur vorübergehende Bildungen sind: vorn die Protonephridien, weit hinten im Rumpf die Metanephridien und ganz hinten die Analblasen (Abl), die im After nach außen münden und sich zu den dauernden Exkretionsorganen des ♀ weiter entwickeln. Ein Ovar ist schon im embryonalen ♀ als ein Zellenstrang am Bauchmark entlang ausgebildet (in der Abbildung nicht gezeichnet). Wie die indifferente Larve ist auch das junge ♀ grün pigmentiert. Vergr. etwa 30/1. — 4 Reifes ♂ in Bauchansicht. Die Körperform ist langgestreckt, wurmartig. Ein Rüssel fehlt. Das Cölom ist eng. In seinen Buchten liegen Spermatogenesestadien (Sp) verschiedenen Alters. Der größte Teil des Cöloms wird hier wie in der indifferenten Larve von dem blindgeschlossenen Mitteldarm (MD) ausgefüllt. In der ventralen Mittellinie liegt das Bauchmark (BM), das nach vorn in einen engen Schlundring übergeht. Am Vorderende liegen die Protonephridien, weit hinten im Cölom die Metanephridien. Analblasen und Borsten werden nicht gebildet. Am Vorderende mündet der Samenschlauch aus, der aus einem mit Spermien gefüllten geräumigen Sack (Sa), einem langen Ausführgang und einem seitlich anhängenden Trichter ($Satr$) besteht, durch den die reifen Spermien aus dem Cölom in den Sack aufgenommen werden. Die Epidermis trägt überall Cilien und enthält wenig grünes Pigment. Vergr. etwa 30/1. — 5 Stark weiblicher Intersex. Die Organisation ist überwiegend weiblich: Rüssel, aufgeblähter Rumpf, weiter Schlundring, Borsten, Analblasen, Enddarm sind vorhanden. Nur die Vorderdarmanlage (oft auch der Rüssel) ist nicht typisch weiblich entwickelt, sondern auf einem unentwickelten Zustand stehen geblieben. Das Cölom enthält oft einige Spermienbündel (Sp). Vergr. etwa 30/1. — 6 Mittlerer Intersex. Das Vorderende ist in männlicher Art verkürzt und entpigmentiert. Die Epidermis ist wie beim ♂ überall mit Cilien bedeckt. Der Schlundring, das Cölom und damit der ganze Rumpf sind nur mäßig erweitert (männlicher Einschlag). Als weibliche Organe sind noch die Borsten und der Enddarm ausgebildet. Im Cölom oft Spermienbündel. Der Vorderdarm hat Samenschlauchcharakter. Vergr. etwa 30/1. — 7 Stark männlicher Intersex in Bauchansicht. Die ganze Organisation ist männlich mit Ausnahme eines weiblichen Enddarmes und öfter auch weiblicher Borsten (B). Der Samenschlauch (Sa) ist meistens unternormal entwickelt. Vergr. etwa 30/1. (Nach BALTZER.)

einer Anzahl Larven Rüsselstücke zum Ansetzen, so setzt sich die
Mehrzahl an und wird zu Männchen. Gibt man keine Rüsselstücke
oder alte Weibchen, so wird die Mehrzahl der Larven zu Weibchen.
Läßt man endlich die Larven am Rüssel parasitieren und unter-
bricht diesen Zustand schon nach mehr oder minder langer Zeit,
so werden Intersexe mit einem Gemisch männlicher und weiblicher
Charaktere erhalten. In Abb. 88,5 ist ein stark weiblich gebauter
Intersex abgebildet. (Wir reden nicht wie früher von männlicher
und weiblicher Intersexualität. Ob es das gibt, wird erst später
diskutiert.) In dem sonst weiblichen Bau ist der Vorderdarm (der
dem Samenschlauch der Männchen homolog ist) nicht ausgebildet.
Manchmal finden sich in der Leibeshöhle Spermienbündel. Abb. 6
der gleichen Figur zeigt einen mittleren Intersexen. Ihm fehlt
der männliche Rüssel, und die Haut ist wie beim ♂ mit Cilien
bedeckt und pigmentarm. Cölom und Nervensystem sind etwa
intermediär. Spermienbündel sind vorhanden. Von weiblichen Organen sind Borsten und Enddarm ausgebildet. Der Vorderdarm
hat den Charakter eines Samenschlauchs. Abb. 7 endlich zeigt ein
Intersex von stark männlichem Typ. Weiblich sind nur Enddarm
und Borsten.

2. Die Rüsselstoffe.

Das Hauptinteresse wendet sich zunächst der merkwürdigen
Tatsache zu, daß eine am Rüssel sich anheftende Larve männlich
wird oder bei ungenügender Anheftungszeit intersexuell. Es liegt
nahe anzunehmen, daß bei diesem Vorgang irgendein Stoffüber-
tritt von Rüssel zu Larve stattfindet. BALTZER suchte diese Annahme zuerst durch Vitalfärbungsversuche zu beweisen. Tatsächlich fand er, daß Vitalfarbstoffe vom Rüssel in die angeheftete
Larve übertreten. Es war somit mit Ausscheidungsstoffen des
Rüssels zu rechnen. Der nächste Schritt war dann, die Wirkung
von Organextrakten auf die indifferente Larve zu untersuchen.
Tatsächlich gelang es, durch Rüsselextrakt ohne Anwesenheit von
alten Weibchen oder Rüsselstücken indifferente Larven zur männlichen Entwicklung zu bringen, wenn auch nicht so vollkommen
wie im Normalfall. Noch bessere Wirkung hat ein wässeriger Extrakt des *Bonellia*-Darms, dem die schädigende Wirkung fehlt,
die der Rüsselextrakt leicht hat. Folgende Tabelle BALTZERs illustriert einen solchen Versuch:

Darm getrocknet in H_2O	Nach 19 bzw. 17 Tagen Einwirkung
1:6000	8 Larven stark vermännlicht
	3 Larven weniger „
	7 Larven indifferent geblieben
	3 Larven tot
1:9000	10 Larven stark vermännlicht
	3 Larven weniger „
	2 Larven Intersexe
	2 Larven Weibchen
	5 Larven indifferent

Der Extrakt, der diese Wirkung zeigt, reagiert alkalisch und wird durch Kochen in seiner Wirkung nicht geändert. Anschließend an diese Versuche gelang es aber HERBST (1928, 1929), die gleiche Wirkung mit noch einfacheren Mitteln zu erzielen. Zucht indifferenter Larven in 1/400 normaler Salzsäurelösung in Seewasser wirkte ebenfalls vermännlichend; als beste Lösung, die vollständig sicher arbeitet, erwies sich 20 ccm Seewasser $+ \frac{1}{2}$ ccm 1/10 n. HCl. Dabei wird der p_h-Wert des Wassers von etwa 8 auf 5,6 herabgesetzt. Es ist aber nötig, daß diese Herabsetzung täglich wiederholt wird. Bei solcher Methode gelang es, bis über 90% der indifferenten Larven zu vermännlichen. Das wirksame Agens kann natürlich nicht die saure Reaktion sein, da BALTZERs alkalischer Extrakt ebenso wirkte. Auch HERBST fand eine weitere Vermännlichungsmethode in alkalischer Lösung, nämlich mit alkalisch reagierendem künstlichem Seewasser, in dem die Larven 18 Stunden geschwenkt wurden. Sowohl das Schwenken als auch das künstliche Seewasser waren dabei unerläßlich. All diese Versuche zeigen somit, daß es eine Veränderung des chemischen Milieus, und zwar sichtlich eine recht einfache Veränderung ist, die die indifferente Larve zu männlicher Differenzierung veranlaßt. Normalerweise liefert der Rüssel der angehefteten Larve die betreffenden Stoffe.

3. Die Entstehung der Intersexe.

Es wurde bereits oben erwähnt, daß BALTZER fand, daß Intersexe entstehen, wenn Larven nach nicht genügend langer Anheftungszeit vom Rüssel losgelöst wurden und daß der Intersexualitätsgrad etwa der Anheftungszeit proportional war. Intersexe treten aber auch in anderen Versuchen auf, und es ist außerordentlich schwer, in ihr Erscheinen Ordnung zu bringen. So werden z. B.

bei freier Aufzucht der Larven ohne Rüsselstoffe ja vorwiegend Weibchen erhalten, daneben aber Intersexe und Männchen. Folgendes sind ein paar Einzelfälle nach Baltzer:

a) Aus 100 Larven frei aufgezogen entstanden 78 ♀, 7 Intersexe, 6 Männchen, 2 Indifferente. b) Von 98 Larven entstanden 91 ♀, 2 ♂, 1 Indifferente und keine Intersexe. c) Weitere Zuchten gaben 417 ♀, 11 Intersexe, 24 ♂. Aber auch die vermännlichenden Extraktversuche ergaben Intersexe, z. B. ein Versuch 32 ♂, 7 schwach intersexuelle ♂, 3 mittlere Intersexe, 5 mehr weibliche Intersexe und 5 fast weibliche Tiere. Nicht anders ging es in Herbsts Versuchen. Auch hier traten in den Vermännlichungsexperimenten neben Männchen auch Intersexe verschiedenen Grades auf, und in den Kontrollzuchten ohne Vermännlichung erschienen auch Intersexe. Endlich muß noch ein merkwürdiger Fall von Baltzer erwähnt werden. Bei einer Versuchsserie mit Verweiblichung bildeten alle später sich entwickelnden Weibchen zuerst Spermabündel aus. Wiederholungen des Versuchs mit anderem Material ergaben aber das Resultat nicht mehr. Auch zu den Intersexualitätsversuchen mit vorzeitiger Ablösung vom Rüssel ist noch eine bemerkenswerte Tatsache zuzufügen: Sind die Larven beim Ansetzen an den Rüssel jung gewesen, so geben sie nach Ablösung mehr weibliche Intersexe; sind sie aber alt gewesen, so liefern sie bei gleich langem Parasitismus mehr männliche Intersexe.

Wir sehen somit daß Intersexe entstehen sowohl bei unterbrochenem Vermännlichungsvorgang, als auch in unbehandelten Verweiblichungszuchten, als auch in mit Lösungen behandelten Vermännlichungszuchten.

Bei allen bisher besprochenen Intersexen konnten wir feststellen, daß ihr Bau sich aus dem Zeitgesetz der Intersexualität erklärt. Tatsächlich hatte ja Baltzer dieses Gesetz zuerst bei den *Bonellia*-Intersexen beobachtet und geschlossen, daß die Organe, die sich während der Anheftung differenzieren, männlich werden, die, die sich nach der Ablösung differenzieren, aber weiblich. Die Intersexe wären somit alle nach unserer Definition männliche Intersexe, d. h. zuerst männlich, dann weiblich determiniert. Neuerdings glaubt aber Baltzer (1928) die Intersexe anders erklären zu sollen. Er findet nämlich, daß der männliche Einschlag bei schwacher Intersexualität nur den Vorderkörper angreift, erst bei stark männlicher Intersexualität ergreift die männliche Ausbildung auch den hinteren Rumpfabschnitt, wo sich der weibliche Enddarm findet. Er nennt dies die Vorn-Hintenregel und gibt zu ihrer Illustration die nebenstehende Tabelle, in der die Organe von links nach rechts entsprechend der Lage von vorn nach hinten angeordnet sind.

BALTZER stellt sich nun vor, daß die Rüsselstoffe von der Anheftungsstelle der Larve am Vorderende aufgenommen werden und von da aus sich nach hinten durch den Körper verbreiten, wie es Vitalfarbstoffe tatsächlich sichtbar tun. Er hält es aber auch für möglich, daß die Organe des Vorderendes leichter auf die Rüsselstoffe ansprechen, so daß ein Empfindlichkeitsgradient im Sinne CHILDS von vorn nach hinten vorläge.

Angesichts dieser Tatsachen müssen wir uns nun fragen, ob es sich wirklich hier um Intersexe im Sinne unserer Definition handelt. Wir müssen uns dabei zunächst klar werden, daß die im Anschluß an BALTZER benutzte Terminologie irreführend ist. Es wurde ein lange am Rüssel an-

Mosaik männlicher und weiblicher Organe bei *Bonellia*-Rüsselintersexen.

	Vorn		Hinten		Spermatogenese (nur männlich)
	Präoraler Körperabschnitt: weiblich: Rüssel, grün pigmentiert, männlich: rückgebildet, entpigmentiert	Mund und Vorderdarm (nur weiblich) Homologon: Samenschlauch (nur männlich)	Borsten (nur weiblich)	Enddarm (nur weiblich)	
Reine Weibchen	Rüssel lang, grün pigmentiert	typisches Rohr	vorhanden	vorhanden	fehlt
Stark weibliche Intersexe	in verschiedenem Grad, verkürzt und entpigmentiert	fehlt	meist vorhanden	vorhanden	fehlt
Stark männliche Intersexe	stark verkürzt und entpigmentiert	kleiner, klumpiger Samenschlauch (sehr variabel)	vorhanden oder fehlend	vorhanden	spärlich bis reichlich
Reine Männchen	kleine pigmentlose Kappe	großer typischer Samenschlauch	fehlen	fehlt	sehr reichlich

geheftetes Individuum als stark männliches Intersex bezeichnet
und ein kurz angeheftetes als ein schwach männliches. Dies
ist aber falsch. Die indifferente Larve hat die Möglichkeit zu
männlicher und weiblicher Differenzierung. Sie schlägt aber
die männliche Richtung nur ein, wenn die Rüsselstoffe auf sie
wirken. Im Rüsselversuch ist also das Individuum zunächst
indifferent (was das sein mag, ist erst später zu besprechen)
und dann männlich. Vom Moment der zu frühzeitigen Ablösung
an vollendet sich die Entwicklung weiblich. Somit haben wir
männliche Intersexualität vor uns, und zwar bei früher Ablösung
ein hochgradig intersexuelles Männchen nämlich mit starkem
weiblichem Einschlag, bei später Ablösung ein schwach intersexuelles Männchen, nämlich mit schwach weiblichem Einschlag.
Nur diese Bezeichnungen sollten benutzt werden an Stelle der
verwirrenden Bezeichnungen von BALTZER und HERBST, die die
Schwierigkeiten des Gegenstandes noch vergrößern. Bei dieser
Sachlage haben wir tatsächlich echte Intersexe im Sinne der Definition vor uns, und der Moment der Ablösung entspricht dem
Drehpunkt. (Nur in einem Punkt ist die Definition nicht erfüllt,
nämlich darin, daß männliche Intersexe genetische Männchen sein
sollten, während wir hier zunächst von indifferenten Larven aus-
gingen. Die Diskussion dieses schwierigen Punkts muß einem
besonderen Abschnitt vorbehalten bleiben.) Das Zeitgesetz der
Intersexualität ist also in der Reihe männlich — Drehpunkt —
weiblich erfüllt. Gar nichts hat es aber in diesem Fall damit zu
tun, in welcher Reihenfolge die Organe sich normalerweise beim
Weibchen differenzieren, ein Punkt, den BALTZER sichtlich nicht
bemerkt hat. In der weiblichen Phase der Intersexen wird alles
weiblich, was noch nicht männlich differenziert ist. Falls die
männliche Differenzierung im Gegensatz zu anderen Formen und
als Folge der absonderlichen Rüsselwirkung von vorn nach hinten
erfolgt, so wird eben weiblich, was hinten noch übrigbleibt. Wäre
die männliche Differenzierung gleichmäßig über den ganzen Körper
fortschreitend, so könnte nach dem Drehpunkt im ganzen Körper
noch weiblich werden, was nicht fertig differenziert ist. Irgendeine
andere Reihenfolge wäre auch denkbar. Wenn also BALTZERS
Vorn-Hintenregel richtig ist, so ändert sie nichts am Zeitgesetz
der Intersexualität, das auch hier gilt, sondern gibt ihm nur als
Folge der männlichen Determination von außen (durch die Rüssel-

substanz) eine andere entwicklungsgeschichtliche Auswirkung. Klarheit über diesen Punkt ist zum Verständnis des Ganzen nötig.

4. Das genetische Geschlecht.

Wenn wir später versuchen wollen, die bisher beschriebenen Tatsachen im Rahmen der gesamten Theorie des Geschlechts und der Intersexualität zu verstehen, so müssen wir uns nunmehr die Frage nach dem genetischen Geschlecht bei *Bonellia* vorlegen. Bei allen bisher beschriebenen Fällen konnte kein Zweifel darüber bestehen, daß genetische Weibchen und Männchen vorhanden sind, die unter gegebenen Umständen intersexuell werden. Wie steht es nun damit bei *Bonellia*? Ist dieser Wurm, ebenso wie seine Verwandten, genetisch zweigeschlechtig? Das bedeutet also die Frage, ob, sichtbar oder unsichtbar, ein Geschlechtschromosomen-mechanismus vorhanden ist, der dafür sorgt, daß zwei genetische Geschlechtskonstitutionen erscheinen, nämlich $FFMm = ♀, FFMM = ♂$ oder $MMFf = ♂, MMFF = ♀$. Zunächst ist da zu fragen, welche anderen Möglichkeiten der genetischen Konstitution gegeben sind. Die folgenden sind zu erwägen: 1. *Bonellia* ist zwittrig, d. h. daß genetisch die F- und M-Gene so vollständig gegeneinander ausbalanciert sind, daß nur durch ein weiteres inneres oder äußeres Agens die Entscheidung zugunsten des einen oder anderen gefällt wird. Genetisch sind alle Individuen gleich. 2. *Bonellia* ist ein protandrischer Zwitter, d. h. ein Zwitter, bei dem die Abläufe der F- und M-Reaktionen so eingestellt sind, daß die M-Reaktion zuerst schneller abläuft und die Differenzierung beherrscht, dann aber abklingt und der F-Reaktion das Feld überläßt. Auch hier sind alle Individuen genetisch gleich. 3. Es besteht die Möglichkeit, daß *Bonellia* eine Art von Übergang zwischen Zweigeschlechtigkeit und Zwittertum darstellt, etwa so, daß F und M bei den meisten Eiern gegeneinander ausbalanciert sind, daß aber eine Fluktuation nach beiden Seiten stattfindet, so daß es also sozusagen mehrere genetische Geschlechter gibt, nämlich in der Mitte der Variationsreihe des Wertes $\frac{F}{M}$ ausbalancierte Zwitter mit überwiegender weiblicher Tendenz, nach der einen Seite mehr männlich bis vielleicht ganz männlich determinierte Tiere, nach der anderen Seite entsprechend mehr weibliche, wie das folgende Schema andeutet.:

$$\text{♀} - \text{abnehmend bis} \left\{ \begin{array}{c} \text{Zwitter mit etwas weib-} \\ \text{licher Tendenz} \end{array} \right\} \text{abnehmend bis} - \text{♂}$$

$$\frac{FF}{MM} = > 1 \longrightarrow \quad \text{etwas über 1} \quad \longrightarrow \quad < 1$$

Was lehren nun die Tatsachen? Da ist zunächst festzustellen, daß das Vorhandensein zweier genetischer Geschlechter zu je 50% wie bei anderen zweigeschlechtigen Tieren höchst unwahrscheinlich ist. Denn sowohl BALTZER wie HERBST berichten über viele Experimente, in denen ohne Rüsselextrakt fast alle Larven weiblich wurden und mit Rüsselextrakt bzw. den anderen Vermännlichungs-

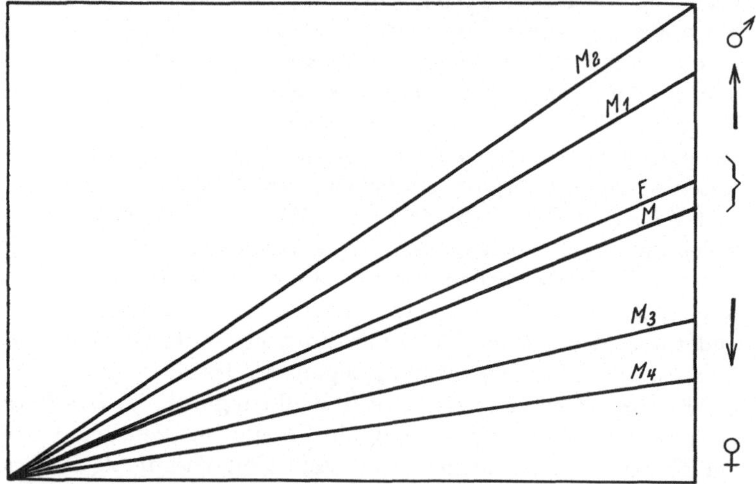

Abb. 89. Kurvenschema für die genetischen Verhältnisse der *Bonellia*. Erklärung im Text.

methoden fast alle männlich. Von dem typischen genetischen Geschlechtsverhältnis 1 : 1 kann also sicher nicht die Rede sein. Aber auch die Annahme, daß alle Larven ausbalancierte oder protandrische Zwitter sind, also genetisch gleich und nur phänotypisch zu einem oder dem anderen Geschlecht gezwungen, stimmt nicht mit den Tatsachen überein. Denn erstens gibt es Larven, die sich besonders leicht am Rüssel festsetzen und zu ♂ werden und andere, die nicht dazu zu bringen sind. Zweitens verwandeln sich auch ohne Rüsselwirkung schließlich doch noch einige Larven zu Intersexen oder richtigen Männchen. Drittens werden in den chemischen Vermännlichungsexperimenten immer auch eine mehr oder minder große Zahl von Tieren zu Intersexen oder Weibchen.

Dies sieht eben doch nach genetischen Verschiedenheiten aus, die denn auch von Baltzer, Herbst und Seiler (1927a) angenommen werden. Es bleibt somit als genetische Grundlage der Geschlechtsbestimmung von *Bonellia* die oben ausgeführte dritte Möglichkeit, zu der auch Baltzer am meisten neigt. Für sie spricht, daß in den Experimenten zweifellos, wenn auch nicht in großer Zahl, Individuen vorkommen, die der Verweiblichung, andere, die der Vermännlichung nicht zugänglich sind, neben weiteren, die dem einen wie anderen mehr oder weniger Widerstand entgegensetzen. Wir können diese Auffassung Baltzers, der wir uns anschließen, am einfachsten im Kurvenschema, nach Art der früher benutzten, zum Ausdruck bringen, das in Abb. 89 wiedergegeben ist. Es stellt genau das gleiche dar, wie das soeben benutzte Schema (S. 192 oben), das sich dann auch rechts findet, und zeigt die Typen von Individuen nach den Reaktionskurven von F und M. Die Kombination FM wird ohne Rüsselstoffe weiblich, mit Rüsselstoffen männlich, FM_2 immer männlich, FM_4 immer weiblich, während FM_1 und FM_3 schwer zu verweiblichen bzw. zu vermännlichen sind.

5. Rüsselwirkung und Intersexe.

Nunmehr müssen wir versuchen, die merkwürdige geschlechtsbestimmende Rüsselstoffwirkung im Rahmen der gesamten Geschlechtstheorie zu verstehen. Es liegen bisher drei Versuche in dieser Richtung vor, die sich alle innerhalb des gleichen Rahmens bewegen und alle drei verschiedene Modifikationen des gleichen Gedankengangs darstellen, bedingt durch die fortschreitende Erkenntnis der Tatsachen. Die ersten beiden Versuche stammen vom Verfasser (1920b, 1926c), der letzte ist eine von Seiler (1927a) vorgeschlagene Verbesserung, die wir für die beste bisher vorliegende Erklärung halten, und die den bisher bekannten Tatsachen am meisten gerecht wird. Seiler arbeitet auch mit unserer Geschlechtstheorie, die es erfordert, daß die Tatsachen durch die Wirkung von drei Variabeln erklärt werden, nämlich den relativen Geschwindigkeiten der F-Reaktion, der M-Reaktion und der allgemeinen Entwicklung. Die Erklärung für die Wirkung der Rüsselstoffe ist dann die, daß sie die relative Geschwindigkeit der M-Reaktion erhöht. Im Anschluß an Baltzer wird für die genotypische Grundlage der Geschlechtsbestimmung die Annahme gemacht, die wir im vorigen Abschnitt, vielleicht etwas klarer als bei BALTZER und SEILER, entwickelt haben. Es bleibt also mit SEILER zu zeigen, daß innerhalb des Kurvenschemas Abb. 89 eine Beschleunigung der M-Kurve durch die Rüsselstoffe tatsächlich die erhaltenen Resultate wiedergibt. Das Schema Abb. 90 mag dies klarmachen. Wir nehmen vier genetische Konstitutionen an, von denen am häufigsten die Kombination FM mit nur geringem Überwiegen der Geschwindigkeit von F ist. Sich selbst überlassen, wird eine solche Larve weiblich. Die mit ♂ bezeichnete Höhe der Ordinate stellt die Konzentration der M-Stoffe dar, bei der Männlichkeit verwirk-

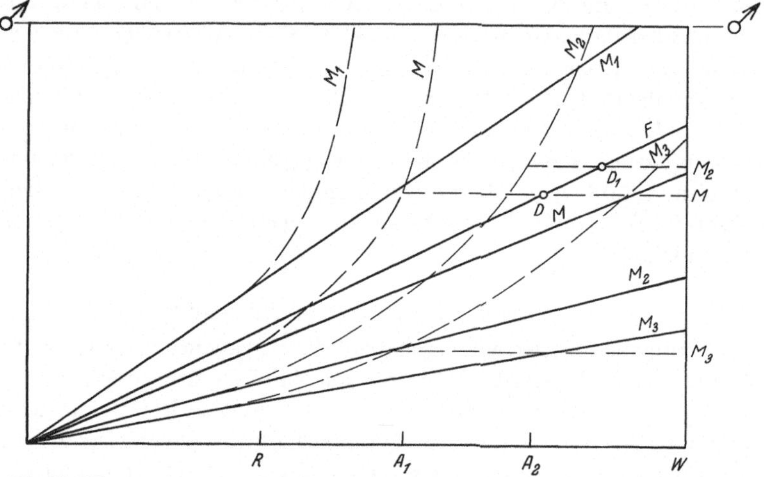

Abb. 90. Kurvenschema zur Geschlechtsbestimmung der *Bonellia*. Erklärung im Text.

licht wird. Findet die Anheftung am Rüssel zu dem Zeitpunkt R statt, so wird die M-Kurve so beschleunigt, daß ein ♂ entsteht, wie die beschleunigte gestrichelte Kurve zeigt. Wird bei gleicher genetischer Beschaffenheit FM die Larve zum Zeitpunkt A_1 vom Rüssel abgelöst, so hört die Beschleunigung von M auf, das nun in der horizontalen Linie weitergeht, mit der F-Kurve bei D einen Schnittpunkt hat, den Drehpunkt. Es entsteht ein männliches Intersex. Würde die Ablösung aber erst zum Zeitpunkt A_2 erfolgen, so würde ein ♂ erhalten, da nun ein Schnittpunkt mit F für die gehemmte M-Kurve nicht mehr möglich ist. Haben wir die seltenere genetische Konstitution FM_1, also das, was wir als genetisches Männchen bezeichnen könnten, so wird das Indivi-

duum, sich selbst überlassen, langsam ein Männchen (Spätmännchen
BALTZERS). Mit Rüsselwirkung wird es aber schnell vermännlicht
(gestrichelte Kurve M_1) und selbst frühe Ablösung ist wirkungslos.
Bei der stark weiblichen Konstitution FM_2 genügt die Rüsselwirkung ebenfalls zur Vermännlichung durch Beschleunigung von
M_2 zur gestrichelten Kurve. Ablösung zum Zeitpunkt A_1 läßt
die Larve weiblich (die horizontale M_2-Kurve von A_1 ab ist nicht
eingezeichnet). Ablösung zum Zeitpunkt A_2 aber führt zum Drehpunkt D_1, also einem mehr männlichen Intersexualitätsgrad. Die
Larven FM_3 endlich sind genetische Weibchen, die nicht zu vermännlichen sind, da zum Zeitpunkt W bereits die weibliche Determination abgeschlossen ist. In weitere Einzelheiten zu gehen erübrigt sich, denn es handelt sich ja nicht darum zu zeigen, daß
gerade dieses Schema jede Einzelheit erklärt, sondern nur darum,
daß die Experimentaltatsachen wirklich begreiflich sind, einmal
durch Annahme der abgeleiteten genetischen Konstitution, sodann
im Rahmen des Prinzips der relativen Geschwindigkeiten der F-
und M-Reaktionen.

D. Die Intersexualität der Wirbeltiere.

In der Gruppe der Wirbeltiere sind Intersexualitätserscheinungen sehr häufig. Ihre Analyse ist aber sehr viel weniger sicher als bei den Wirbellosen. Denn erstens ist auch in den beststudierten Fällen die genetische Seite des Problems ungenügend aufgeklärt. Zweitens aber treffen wir bei den Wirbeltieren ein Novum, den Einfluß der Sexualhormone auf die Ausgestaltung der äußeren Geschlechtscharaktere. Im Einzelfall ist es deshalb nötig, sorgfältig den Einfluß der Hormone von dem der genetischen Grundlage zu sondern, und das ist nicht immer leicht. Das ist vielleicht auch der Grund, weshalb gerade bei den höheren Wirbeltieren ein beträchtliches Durcheinander der Auffassungen herrscht, das allerdings auch zum Teil durch Unkenntnis der genetischen Seite des Problems verschuldet ist.

1. Die Fische.

Bei den Fischen werden wohl die verschiedenartigsten Geschlechtsverhältnisse vorgefunden, die überhaupt innerhalb einer einzelnen Tiergruppe auftreten. Dabei spielen auch Intersexualitätserscheinungen eine Rolle, die aber von den bisher betrachteten sich dadurch unterscheiden, daß sie nicht abnorme Vorkommnisse sind, sondern in die normale Lebensgeschichte der Art hineingehören. Zu ihrem Verständnis sind zunächst kurz ein paar Vorfragen zu beantworten.

a) Sexualhormone.

Bis heute haben wir noch keine sichere Nachricht darüber, ob bei Fischen bereits echte Sexualhormone vorkommen, die die äußeren Geschlechtszeichen beeinflussen. A priori ist zu erwarten, daß sie vorkommen, da es bei den Fischen typische Brunstzeichen gibt, wie Hochzeitskleid und ähnliches, die sonst bei den Wirbeltieren stets unter hormonalem Einfluß stehen. Die bisherigen Experimentalergebnisse sind aber noch äußerst mager, wenn auch viele Autoren aus allgemeinen Beobachtungen auf die Anwesenheit von Sexualhormonen schließen. Die einzige mir bekannte größere Serïe von Kastrationsversuchen an der Pfrille (*Phoxinus laevis*), die Kopeč (1927) ausführte, gab zwar einige positive Resultate, die der Verfasser für beweisend hält; sie sind aber nicht eindeutig genug, um als endgültiger Beweis angenommen zu werden. Negative Versuche anderer Autoren, negativ weil technisch nicht erfolgreich, brauchen nicht erwähnt zu werden.

b) Die genetische Situation.

Geschlechtschromosomen sind bisher bei Fischen noch nicht mit Sicherheit nachgewiesen worden. Die positiven Angaben von Winge können nicht als beweiskräftig betrachtet werden. Dagegen besitzen wir eine große Reihe von Daten über geschlechtsgebundene Vererbung, die mit Sicherheit beweisen, daß das eine Geschlecht homogametisch, das andere heterogametisch ist. Merkwürdigerweise kommt bei den Fischen, die hauptsächlich zu solchen Experimenten dienen, den Zahnkärpflingen, sehr häufig eine rein väterliche Vererbung somatischer Charaktere vor, die schon von Schmidt (1920) als Vererbung von im Y-Chromosomen gelegenen Genen bei männlicher Heterogametie betrachtet wurde. Aida (1921, 1930) bewies die Richtigkeit dieser Annahme durch den Befund von Faktorenaustausch und Winge (1922, 1923, 1927), Blacher (1926), Bellamy (1922), Gordon (1927) fanden eine ganze Reihe weiterer Gene im X- oder Y-Chromosom. Die Fische hauptsächlich der Gattung *Lebistes* haben also männliche Heterogametie mit einer (cytologisch noch nicht gefundenen) XY-Gruppe beim Männchen. Merkwürdigerweise stellten aber Bellamy und Gordon ebenfalls mit Sicherheit in ähnlichen Experimenten für die Gattung *Platypoecilus* weibliche Heterogametie, also den *Abraxas*-Typ der Geschlechtsbestimmung fest. Bei *Xiphophorus* endlich, der uns noch beschäftigen wird, konnte von Kosswig (1930) weder der eine noch der andere Typ gefunden werden, so daß der Gedanke naheliegt, daß wir es hier mit einer Tiergruppe zu tun haben, bei der mehr oder minder ausbalancierte F und M im Begriff stehen, durch Ausbildung des Heterochromosomenmechanismus rein getrenntgeschlechtlich zu werden, und zwar sowohl nach dem *Abraxas*- wie nach dem *Drosophila*-Typ.

Wissen wir nun auch etwas von der Lagerung der *F*- und *M*-Gene in den Chromosomen? WINGE (1927) zog aus allgemeinen Erwägungen den Schluß, daß im Y-Chromosom von *Lebistes* der *M*-Faktor liegen müsse. Neuerdings macht nun AIDA (1930)˙ die Angabe, daß XXY-Individuen, die durch abnorme Chromosomenverteilung (non-disjunction) entstehen können, männlich sind. Das würde bedeuten, daß ein Gen *M* (ähnlich dem *F* bei *Lymantria*) im Y-Chromosom gelegen ist und daß es so stark ist, daß es über 2 X überwiegt. Es soll nicht verhehlt werden, daß die Einzelheiten der genetischen Situation in Bezug auf das Geschlecht bei diesen Fischen noch nicht als völlig geklärt betrachtet werden können und daß manche der gefundenen Besonderheiten vielleicht auf noch unbekannte Komplikationen deuten, wie dies auch schon von DEMEREC (1928) hervorgehoben wurde.

c) Hermaphroditismus.

Eine Tatsache, die weiterhin in Betracht gezogen werden muß, ist die, daß bei Fischen im Gegensatz zu den anderen Wirbeltieren noch echter Hermaphroditismus oder Monöcie vorkommt, also Zwitter, die normalerweise sowohl Eier als Sperma erzeugen. Es sind die Teleostierfamilien der Serraniden und Spariden, bei denen solche Formen die Regel sind. Nach HOECK (1890) (neuerdings auch VAN OORDT 1929a) finden sich in der Gattung *Serranus* bei erwachsenen Tieren nur echte Hermaphroditen, bei manchen Arten und bei den Spariden kommen die Zwitter neben den Weibchen und Männchen vor. Eine Untersuchung der Entstehung dieser Formen steht noch aus. Warum sie nötig ist, wird aus dem folgenden Abschnitt hervorgehen.

d) Die transitorische Intersexualität der Fische.

Mit der Bezeichnung transitorische Intersexualität haben wir die Fälle belegt, in denen ganz normalerweise während der Entwicklung des Individuums das Geschlecht wechselt. Wir kennen solche Fälle von Fischen und Amphibien. Auf der niedersten Stufe dieser Erscheinung steht das Verhalten der Cyclostomen, *Myxine* und *Petromyzon*. Bei *Myxine* werden nach SCHREINER (1904) bei allen jungen Tieren Zwitterdrüsen gefunden, und zwar ist der vordere Teil der Gonade weiblich, der hintere männlich. Bei den Männchen entwickelt sich der vordere weibliche Teil der Gonade gar nicht oder bleibt rudimentär und enthält degenerierende Eier, die man bei der Mehrzahl der Männchen antrifft. Umgekehrt wird bei den Weibchen der hintere Teil der Gonade, der ursprünglich männliche, rudimentär. Das gleiche wurde für *Bdellostoma* von CONEL (1917) gezeigt. Genauer ist das Verhalten von *Petromyzon* bekannt, wo OKKELBERG (1921) die Entwicklung der Geschlechtsverhältnisse untersuchte, nachdem schon vorher LUBOSCH (1903) die Grundtatsachen richtig beschrieben hatte. Bis zu etwa 35 mm Larvenlänge sind die Geschlechtsdrüsen indifferent. OKKELBERG bezeichnet sie irreführenderweise als Juvenilhermaphroditen, obwohl man ja keine weiblichen und männlichen Elemente unterscheiden kann. Von diesem Stadium an erscheinen in ganz unregelmäßiger Weise Ovocyten in der Geschlechtsdrüse, die in den indifferenten Zellnestern ohne irgendeine besondere Lokalisation erscheinen, so daß schließlich alle Larven Ovocyten neben den indifferenten Zellnestern enthalten. Der relative Anteil der beiden Zellarten wechselt aber ohne sichtbare Regel, so daß auf diesem Stadium nicht gesagt werden kann, welche Drüsen später Hoden oder Eierstock geben. Da aber bei den erwachsenen Petromyzonten das Verhältnis der Geschlechter etwa 1 : 1 ist, so muß die Hälfte dieser Gonaden sich in Hoden umwandeln. Somit zeigen alle männlichen Petromyzonten die Erscheinung der transitorischen Intersexualität, irrtümlich Juvenilhermaphroditismus genannt. Bei den späteren Weibchen müssen die indifferenten Zellgruppen, die nicht zu Ovocyten geworden sind, degenerieren. Es liegt aber kein Grund vor, sie deshalb etwa als männliche Zellen zu bezeichnen.

Ähnliche Verhältnisse, wenn auch nicht in so ausgesprochener Form wie bei den Cyclostomen, die ja auch sonst eine recht abweichende Tiergruppe darstellen, sind auch bei Knochenfischen gefunden worden, nämlich bei Forelle und Aal. Bei der Regenbogenforelle entwickeln sich nach MRŠIČ (1923) alle Gonaden zunächst in weiblicher Richtung. Bei der Hälfte entwickeln sich die Ureizellen weiter zu richtigen Eizellen, bei der anderen Hälfte degenerieren sie und aus den indifferenten Zellen bildet sich Spermamaterial. Abb. 91 zeigt je eine männliche Gonade zur Zeit der Degeneration des eiähnlichen Materials und eine weibliche, bei der die Eizellen heranwachsen. Das Männchen zeigt somit transitorische Intersexualität. Sehr ähnlich lauten GRASSIS (1919) Angaben für den Aal. Allerdings nimmt Grassi an, daß aus den „hermaphroditischen" jungen Tieren, die in gewisser Zahl gefunden werden, je nach den äußeren Bedingungen Weibchen oder Männchen entstehen. Der Aal ist übrigens ein sehr ungünstiges Studienobjekt, da er ja nicht vom Ei gezogen werden kann.

Eine theoretische Diskussion dieser Tatsachen kann hier unterbleiben, da wir ein ähnliches Phänomen bei Amphibien ausführlich zu diskutieren haben werden. So sei nur auf die Fragestellung hingewiesen: Sind die beiden Geschlechter, wie

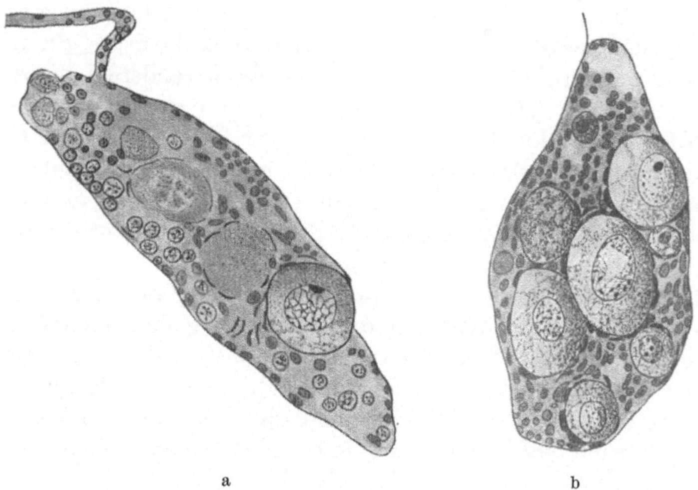

Abb. 91. a Gonade einer 121 Tage alten Forelle; Degeneration der Eier, Umwandlung zum Hoden. b Ovar gleichen Alters. (Nach Mršič.)

sonst, genetisch determiniert? Ist auch die transitorische Intersexualität genetisch determiniert oder sind andere Faktoren im Spiel?

e) Geschlechtsumwandlung.

In das Gebiet der Intersexualität gehört das merkwürdige Phänomen der Geschlechtsumwandlung von Weibchen in Männchen bei Zahnkärpflingen der Gattungen *Xiphophorus* und *Lebistes*, die, schon längst den Aquarienliebhabern bekannt, von Philippi 1904), Essenberg (1923, 1926), Blacher (1926), Winge (1927),

Harms (1926), Kosswig (1930), Schmidt (1930) untersucht wurde.
Bei diesen Arten ist es ein sehr häufiges Vorkommnis, daß erwachsene Weibchen, gleichgültig ob es junge oder alte Weibchen sind,

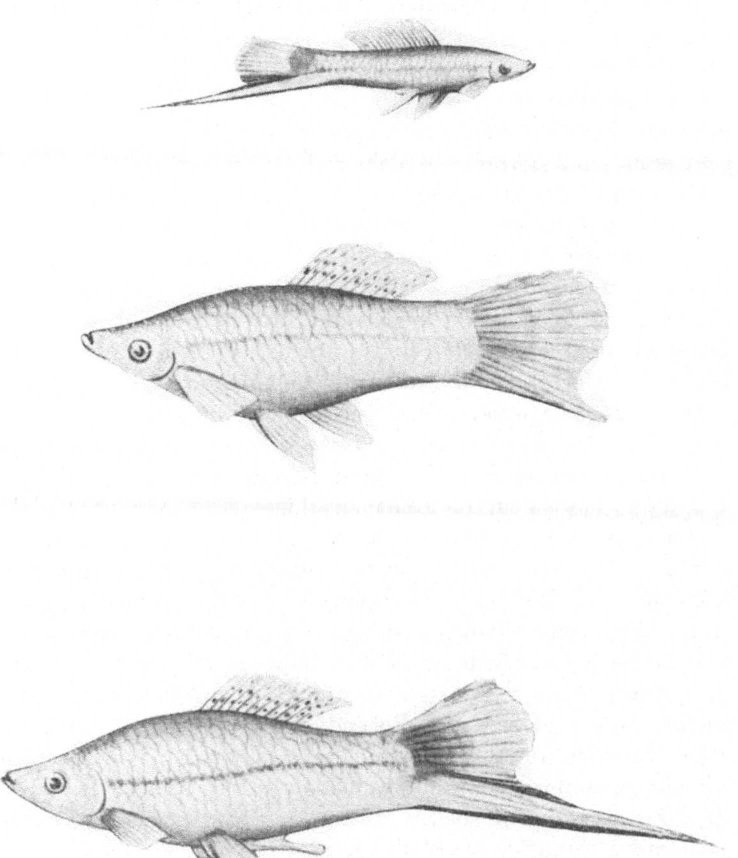

Abb. 92. Oben junges ♂ von *Xiphophorus*. In der Mitte altes ♀ im Beginn der Geschlechtsumwandlung (Beginn der Schwertbildung, ventral dunkler Saum). Unten fast völlig aus
altem ♀ umgewandeltes ♂. (Nach Harms.)

sich in richtige funktionsfähige Männchen umwandeln, die sich
von normalen Männchen nur durch ihre Körpergröße unterscheiden.
In Abb. 92 ist ein normales ♂, ein ♀, das gerade mit der Umwandlung beginnt, und ein umgewandeltes Männchen von *Xiphophorus*

abgebildet. Die normale Geschlechtsdifferenzierung dieser Tiere
soll nach ESSENBERG ohne transitorische Intersexualität vor sich
gehen. Da er aber angibt, daß die Urgeschlechtszellen, die an der
Peripherie der Gonadenanlage des Männchens liegen, erhalten
bleiben, ohne später zu Spermatogonien zu werden, und da diese
den Ureiern außerordentlich gleichen, so scheint es mir doch,
als ob auch hier bei den echten, sich direkt entwickelnden Männchen eine weibliche Phase vorhanden sei. Die Hodendifferenzierung
geht dann ganz normal vor sich, und die sekundären Geschlechtscharaktere in Farbe und Flossenbau erscheinen allmählich, nachdem die Spermatogenese begonnen hat. Bei den Weibchen fand
ESSENBERG drei Typen. Der erste Typ differenziert frühzeitig einen
Eierstock und scheint das echte nicht umwandlungsfähige Weibchen darzustellen. Beim zweiten und dritten Typ degeneriert der
Eierstock in irgendeinem Stadium zwischen etwa 14 und 65 mm
Länge des Tieres, also auf allen möglichen Altersstadien. Gleichzeitig damit beginnen somatisch die sekundären Geschlechtscharaktere des Männchens aufzutreten. Nach den Mitteilungen
der oben genannten Forscher kann es keinem Zweifel unterliegen,
daß diese Tiere sich in funktionsfähige Männchen umwandeln,
nachdem sie vorher als Weibchen Junge geboren hatten. Wir hätten
also hier eine neue Form von transitorischer Intersexualität der
Männchen, bei der die vorübergehende weibliche Phase nicht nur
in der Embryonalzeit liegt, sondern noch sich mehr oder weniger
weit in die Reifeperiode erstreckt. Nehmen wir sämtliche Männchen dieser Form zusammen, so können wir, falls die vorher ge-
machte Interpretation der Befunde ESSENBERGs bei der männlichen Entwicklung zutrifft, eine Reihe aufstellen von Männchen
mit nur juveniler, nicht funktionsfähiger weiblicher Phase durch
alle Übergänge bis zu solchen, bei denen die männliche Phase erst
nach langer Funktion als Weibchen eintritt.

Bei einer Analyse dieses Falls auf Grund des bisher vorliegenden Tatsachenmaterials ist zunächst zu erwägen, ob irgendeine
Hormonwirkung beteiligt sein kann. Alle bekannten Tatsachen
sprechen dagegen. So entstehen beim normalen Männchen die
meisten sekundären Geschlechtscharaktere erst, nachdem die Spermatogenese begonnen hat. Beim Umwandlungsmännchen wird
äußerlich die Umwandlung bereits in verschiedenen Organen sichtbar, während der Eierstock noch in Degeneration sich befindet und

noch kein männliches Keimgewebe vorhanden ist. Da diese Fische
lebend gebärend sind, kann ein solches äußerlich schon in Umwandlung begriffenes Weibchen sogar noch Junge gebären. Es
könnte höchstens noch angenommen werden, daß die Degeneration des Ovars wie eine Kastration wirkt und daß das Aufhören
der weiblichen Hormonproduktion die hemmende Wirkung für
männliche Differenzierung beseitigt. Handelte es sich um eine
Altersdegeneration des Ovars, so ließe sich diese Annahme wenigstens diskutieren. Da aber die Umwandlung auf allen Altersstadien eintreten kann, so ist eine Beziehung zu Hormonen höchst
unwahrscheinlich, vielmehr spricht alles für eine genetische Grundlage des Phänomens.

Für das Verständnis der genetischen Seite sind die Angaben
ESSENBERGs über das Zahlenverhältnis der Geschlechter wesent-
lich. Er findet bei jungen Tieren und, wie er glaubt, unter Ausschluß von besonderen Störungen der Statistik etwa 75% ♀, 25% ♂.
Bei älteren Tieren ist aber das Zahlenverhältnis gerade umgekehrt.
Und da von den jungen Weibchen etwa die Hälfte dem 1. Typ,
den wir erwähnten, angehören, von dem angenommen wird, daß er
sich nicht umwandeln kann, so spricht alles dafür, daß etwa die
Hälfte der ursprünglichen Weibchen sich in Männchen umwandelt.
Man könnte also schließen, daß genetische Weibchen und Männchen vorhanden sind, von denen letztere aber den beschriebenen
Typ der nach Zeit und Funktionsfähigkeit fluktuierenden, transitorischen Intersexualität besitzen. Daß das Zahlenverhältnis nicht
mit dem primären Verhältnis 1 : 1 übereinstimmt, wäre zu bemerken. Vielleicht hat dies aber nur einen statistischen Grund,
da in der von BELLAMY stammenden Tabelle ESSENBERGs für das
Geschlechtsverhältnis älterer Tiere sich 164 ♂ 59 ♀ und 93 Nicht-
festgestellte finden, von denen doch nicht sicher ist, ob sie das
gleiche Zahlenverhältnis zeigen. Wahrscheinlich ist es aber, daß
die Überzahl der Männchen auf sekundärer Umwandlung genetischer Weibchen in Männchen (siehe bei den Fröschen Adulthermaphroditen) beruht. Die älteren Männchen waren also teils genetische Männchen (mit vorhergehender weiblicher Phase), teils
umgewandelte genetische Weibchen. Wir werden sogleich einen
Beweis dafür kennenlernen.

Wenn der Fall nun genetisch so einfach ist, dann müßte ja
die Nachkommenschaft zwischen echten Männchen und echten

Weibchen bzw. Umwandlungstieren ganz bestimmte Resultate geben, nämlich, unter der Voraussetzung weiblicher Heterogametie (*Abraxas*-Typ) oder männlicher (*Drosophila*-Typ):

1. *Abraxas*-Typ: ♀ *FFMm*, ♂ *FFMM*.

a) Genetisches ♀ × ♂ = $^1/_2$ ♀ $^1/_2$ ♂,

b) genetisches ♂ in weiblicher Phase × ♂: *FFMM* × *FFMM* ergibt nur ♂.

Zu letzterem Resultat ist aber zu bemerken, daß von diesen Männchen viele wieder eine weibliche Phase haben könnten und bei nicht genügend langer Beobachtung als Weibchen erscheinen.

c) Genetisches ♀ × genetisches ♀ in männlicher Phase: *FFMm* × *FFMm* = 2 ♀ : 1 ♂ (*FFmm* nicht lebensfähig s. unter 2b).

2. *Drosophila*-Typ: ♀ *MMFF*, ♂ *MMFf*.

a) Genetisches ♀ × ♂ = $^1/_2$ ♀, $^1/_2$ ♂,

b) genetisches ♂ in weiblicher Phase × ♂: *MMFf* × *MMFf*,

$$\text{gibt } MMFF = ♀,$$
$$MMFf = ♂,$$
$$MMfF = ♂,$$
$$MMff = \text{lebensunfähig nach Analogie}$$

mit *Drosophila*, also 1 ♀ zu 2 ♂, was wieder erst bei genügend langer Beobachtung zu unterscheiden wäre.

c) Genetisches ♀ × genetisches ♀ in männlicher Phase: *FFMM* × *FFMM* = nur ♀, von denen sich einige später in ♂ umwandeln könnten.

Bei Betrachtung der Tatsachen ist zu beachten, daß für *Lebistes* (SCHMIDT, WINGE, BLACHER) und *Aplocheilus* (AIDA) der *Drosophila*-Typ feststeht, für *Platypoecilus* (GORDON, FRASER) der *Abraxas*-Typ, während für *Xiphophorus* noch keine sichere Einreihung vorliegt.

Für *Lebistes* und *Aplocheilus* scheint der Fall einigermaßen klarzuliegen. Wir werden bald bei Besprechung der merkwürdigen Geschlechtsverhältnisse der Frösche sehen, daß es dort zwei Typen von Geschlechtsumwandlung auf genetischer Grundlage gibt: 1. Die transitorische Intersexualität genetischer Männchen mit vorübergehender weiblicher Phase. 2. Die sogenannten Adulthermaphroditen, d. h. genetische Weibchen, die sich schon im erwachsenen

Zustand noch in Männchen umwandeln. Die letzteren sind (*Drosophila*-Typ) homogametisch und können daher mit normalen Weibchen nur Töchter erzeugen. Bei *Lebistes* erhielt nun WINGE (1930) und bei *Aplocheilus* AIDA (1930) kürzlich diesen Fall. Bei *Lebistes* steht der *Drosophila*-Fall fest und durch Markierung mit Farbgenen können die X- und Y-Chromosomen in den Kreuzungen verfolgt werden. So konnte WINGE mit Sicherheit XX-Männchen (Umwandlungsmännchen = Adulthermaphroditen der Frösche) feststellen, die nach Erwartung nur Töchter erzeugten. AIDA erklärt seinen Fall etwas anders, aber nach den neuen Befunden von WINGE sieht es so aus, als ob WINGES Interpretation auch für ihn zutrifft. (Nebenbei gesagt geht aus den Versuchen auch hervor, daß die normale Geschlechtsbestimmung auf der relativen Quantität von M im Y-Chromosom zu F in den X-Chromosomen beruht, also genau wie bei *Lymantria* unter Berücksichtigung des *Drosophila*-Typs.)

Sehr schwer ist es aber bis jetzt, die Verhältnisse bei *Xiphophorus* zu interpretieren.

Der Züchter THUMM (zitiert nach WITSCHI 1929c) hat schon 1908 folgende Angaben gemacht über Kombinationen, die er ausführte:

		Resultat	
♀	♂	♀	♂
5 große	1 halbgroßes	15%	85%
5 große	1 großes	76%	24%
5 mittelgroße	1 großes	92%	8%
5 mittelgroße	1 kleines	45%	55%

Da immer mehrere Weibchen verwandt wurden, die nach obiger Annahme zum Teil genetische Männchen sein konnten, obendrein die großen ♂ auch genetische Weibchen sein konnten, so ist eine genaue Analyse unmöglich. Es kann nur gesagt werden, daß bei Anwesenheit genetischer Männchen unter den Weibchen je nach ihrer Zahl beim *Abraxas*-Typ die Männchenzahl extrem, beim *Drosophila*-Typ weniger extrem erhöht sein kann, wobei natürlich wieder die als ♀ erscheinenden extremen ♂ abzuziehen sind. Da nun normalerweise nach ESSENBERG zunächst die Weibchen stark überwiegen, so sind die Kombinationen mit vielen Weibchen, nämlich Nr. 2 und 3, als normal anzusehen, bei Nr. 4 mit 55% ♂ läßt sich zwischen den beiden Alternativen nicht entscheiden und nur Nr. 1 mit 85% ♂ ist statistisch am besten auf die Annahme zu beziehen, daß der *Abraxas*-Typ vorliegt und die meisten oder alle Mütter der Kreuzung genetische Männchen waren.

Anders sind die Resultate von HARMS (1926), die leider noch nicht vollständig vorliegen und wegen widersprechender Angaben nicht klar erkennen lassen, wie die Kreuzung verlief. In der ersten Arbeit heißt es, daß ein *Männchen* mit einem *Weibchen*, das schon in beginnender Umwandlung war, nur Töchter erzeugte. In der zweiten Arbeit heißt es vom gleichen Versuch — alle Daten- und Zahlenangaben sind identisch —, daß ein aus einem Weibchen umgewandeltes Männchen mit einem jungen Weibchen gekreuzt sei, also das Gegenteil. Das Resultat waren jedenfalls nur Weibchen, von denen einzelne sich später in Männchen umwandelten. Ist die letztere Darstellung des Versuchs richtig, so wäre er eine genaue Parallele zu dem *Lebistes*-Versuch von WINGE und *Xiphophorus* hätte den *Drosophila*-Typ mit transitorischer Intersexualität der Männchen und „Adulthermaphroditismus" (Geschlechtsumwandlung) der genetischen Weibchen.

Wenn die erste Angabe von HARMS über das, was er gemacht hat, richtig ist, so hätten wir die Kombination zweier genetischer Männchen, die nach dem *Abraxas*-Typ nur ♂, nach dem *Drosophila*-Typ ²/₃ ♂ ergeben sollten. Daß nur ♀ erscheinen, ist unmöglich, so daß anzunehmen ist, daß HARMS tatsächlich den zweiten Versuch ausführte. (In beiden Arbeiten von HARMS findet sich ein Schema, das mit den beiden vorhergehenden Angaben wieder nicht übereinstimmt; da heißt es, daß ein umgewandeltes ♂ mit einem in Umwandlung begriffenen oder normalen ♀ gekreuzt wurde!)

Eine weitere Angabe von ESSENBERG (1926) liegt vor, der aus Umwandlungsmännchen mit normalen Weibchen normale Geschlechter erhielt. Dies wäre zu erwarten, wenn der Vater diesmal ein genetisches ♂ mit transitorischer Intersexualität war.

Nun liegt wieder ein anderes neues Resultat von H. SCHMIDT (1930) vor. Er erhielt in gewissen Linien von *Xiphophorus* in den verschiedensten Altersstufen Umwandlung von Weibchen in Männchen. Solche Männchen erzeugten aber beide Geschlechter in ungefähr gleicher Zahl. Der Widerspruch zu dem Resultat von HARMS erklärt sich vielleicht daraus, daß das Umwandlungsmännchen ein genetisches Männchen mit verspäteter transitorischer Intersexualität war.

Auf wieder anderem Wege suchte Kosswig (1930) das Problem zu klären, nämlich durch Kreuzung von *Xiphophorus* mit *Platypoecilus*, von dem *Abraxas*-Typ der Geschlechtsvererbung bekannt ist und unter Verwendung von im X-Chromosom lokalisierten Genen, die diese gewissermaßen markieren. F_1 und Rückkreuzungen von F_1-♂ auf die reinen *Platypoecilus*-♀ lieferten reine Geschlechter. Anders aber waren die Ergebnisse, wenn die F_1-♀ mit reinen *Platypoecilus*-♂ rückgekreuzt wurden. Dann erscheinen nur Männchen. Kosswig will dies so erklären, daß bei *Platypoecilus* das *F*-Gen im Y-Chromosom liegt, wofür auch Aidas Versuche sprechen (siehe auch Kosswig 1930). Dagegen paßt das Resultat für *Xiphophorus* weder für den *Drosophila*- noch den *Abraxas*-Typ. Kosswig neigt selbst zur Annahme, daß *Xiphophorus* einen abweichenden Modus der Geschlechtsbestimmung besitzt.

Zusammenfassend können wir also sagen, daß die Geschlechtsumwandlung von *Lebistes* klar ist, aber von *Xiphophorus* genetisch noch nicht geklärt ist. Soweit man bisher sagen kann, gibt es also bei *Lebistes* und *Aplocheilus* sowohl transitorische Intersexualität als auch Geschlechtsumwandlung genetischer Weibchen wie bei den Fröschen. Es liegt der *Drosophila*-Typ vor mit *M* im Y-Chromosom und *F* im X-Chromosom, dazu wie bei *Lymantria* autosomale Geschlechtsmodifikatoren. Bei *Platypoecilus* ist das genetische Verhalten wie bei *Lymantria*. *Xiphophorus* scheint den *Drosophila*-Typ zu haben und sich in Bezug auf Intersexualität wie *Lebistes* zu verhalten, aber mit einer noch unverstandenen Komplikation. Alles in allem scheinen die Geschlechtsverhältnisse dieser Zahnkärpflinge denen der Frösche sehr nahezustehen.

Einige wenige Beobachtungen liegen noch für andere Arten vor. Kürzlich hat H. Schmidt (1930) spontane Geschlechtsumwandlung für *Mollienisia velefera* und *Heterandria formosana* beschrieben. Aber auch in einer anderen Fischgruppe, den Labyrinthfischen, fand er sie. Bei *Macropodus viridiauratus* erhielt er auch Nachkommenschaft eines Umwandlungsmännchens mit einem normalen Weibchen, nämlich 197 ♀, 74 ♂. Dies sieht ganz so aus, als ob hier der *Abraxas*-Typ der Geschlechtsbestimmung vorläge, und die Kreuzung gewesen wäre: $FFMm \times FFMm = 2\ ♀ : 1\ ♂$.

2. Die Amphibien.

Sehr viel umfangreicher sind unsere Kenntnisse von den merkwürdigen Sexualitätsverhältnissen der Amphibien, bei denen besonders die Anuren ein beliebtes Objekt experimenteller Forschung sind und viele interessante und wichtige Tatsachen geliefert haben.

a) Die Urodelen.

Von den Urodelen sind ein paar hochinteressante hierher gehörige Tatsachen bekannt, die allerdings bis jetzt einer Analyse Schwierigkeiten bereiten.

α) Genetik.

Über die genetische Grundlage der Geschlechtsbestimmung bei Urodelen wissen wir gar nichts. Kurze Angaben von KING über ein Vorhandensein eines Geschlechtschromosoms im männlichen Geschlecht können kaum als beweisend angesehen werden. Ebensowenig beweisend sind allerdings die negativen Angaben von CHAMPY (1924), dessen Auseinandersetzungen zeigen, daß ihm selbst die elementaren Kenntnisse des Gegenstands fehlen. Irgendwelche genetischen Experimente gibt es nicht. Man könnte in Analogie mit den Anuren annehmen, daß das männliche Geschlecht heterogametisch ist, doch ist dies zunächst nur eine unbewiesene Annahme.

β) Die Geschlechtsunterschiede.

Die meisten Experimentaluntersuchungen sind an *Triton*-Arten ausgeführt, deren Geschlechtsunterschiede wohl bekannt sind. ARON hat sie in prä- und postpuberale eingeteilt: a) *Präpuberale*, d.h. Charaktere, die bereits vor der Reife fertig ausgebildet sind und b) *postpuberale*, die eigentlichen Brunstcharaktere, die in den Fortpflanzungsperioden erscheinen und sich wieder rückbilden. [Einzelheiten bei ARON (1924), BEAUMONT (1929), BRESCA (1910), CHAMPY (1922), HARMS (1926), KAMMERER (1912), SPENGEL (1876), STIEVE (1921).] Abgesehen von den Gonaden selbst finden sich die folgenden Unterschiede. Die Anordnung der inneren Genitalien zeigt Abb. 93. Die Urniere ist in einen rudimentären vorderen Teil, die Genitalniere und in einen hinteren, die Lumbalniere, geschieden. Beim Männchen ist die Genitalniere durch ein Kanälchensystem, das Rete testis, mit dem

Hoden einerseits, dem WOLFFschen Gang andererseits verbunden.
Die eigentliche funktionelle Lumbalniere hat ihre eigenen speziellen Ausführgänge, so daß der WOLFFsche Gang als Samenleiter funktioniert. Beim
Weibchen hingegen ist der
WOLFFsche Gang reiner
Ureter für die ganze Niere.
Dafür ist der beim Männ-
chen rudimentäre MÜLLER-
sche Gang beim Weibchen
als Ovidukt stark ausge-
bildet. Alle diese Gänge
münden in die Kloake. Der
Wolffsche Gang macht beim
Männchen cyklische Ände-
rungen durch. In der Ruhe-
periode ist er ein gerader,
epithelialer Gang mit einer
Muscularis. In der Fort-
pflanzungszeit schwillt er
an, krümmt sich und das
Epithel zeigt Sekretionser-
scheinungen. Beim Weib-
chen fehlen diese Veränderungen, der Gang ist dünn
und wenig differenziert.
Beim unreifen Tier sind die
Geschlechter ähnlich, aber
schon zur Zeit der Meta-
morphose werden die Unterschiede deutlich.

Der *Müllersche Gang*
endigt beim Weibchen
vorn in einen Flimmer-

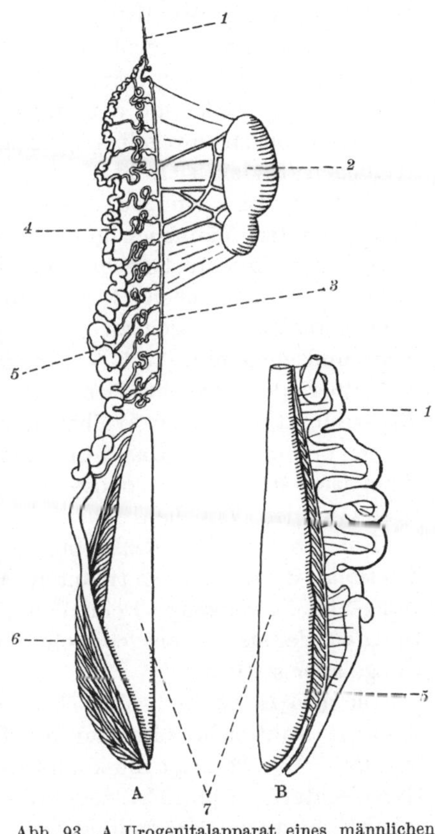

Abb. 93. A Urogenitalapparat eines männlichen
Triton der rechten Körperhälfte. B Desgl. ♀, hintere linke Hälfte. *1* Vorders Ende des MÜLLERschen
Ganges, *2* Hoden, *3* Längskanal des Rete testis,
4 Genitalniere, *5* WOLFFscher Gang, *6* Nierensam-
melkanälchen, *7* Lumbalniere. (Nach BEAUMONT.)

trichter, läuft dann in vielen Schlingen im gleichen Mesenterium mit dem WOLFFschen Gang, löst sich dann hinten von
ihm und mündet dorsal in der Kloake auf einer Urogenitalpapille. Er hat einen komplizierten Bau mit Flimmer- und
Drüsenepithelien und schwillt während der Fortpflanzungszeit

an. Beim Männchen ist er ein rudimentärer Strang, der dem WOLFFschen Kanal entlang läuft und nahe der Mündung dieses blind endigt. Vorn läuft er in einen langen Faden aus. Beim Weibchen erhält der MÜLLERsche Gang seine speziellen Strukturen zwischen Metamorphose und Reife. Das *Rete testis* besitzt, wie die Abbildung zeigt, einen Längskanal, der einerseits mit dem Hoden, andernteils mit den nephrostomfreien vorderen Nierenkanälchen durch unregelmäßige Kanälchen verbunden ist. Beim Weibchen finden sich statt dessen nur Nierenkanälchen mit Nephrostom und ein paar rudimentäre Stränge statt Kanälen. Beim unreifen Männchen gibt es noch Nierentrichter.

Die *Lumbalniere* besteht beim Männchen außer den eigentlichen Nierenkanälchen (Nephrostom und Glomerulus) aus den Samenkanälen, die sich zu einem gedrehten Körper zusammenlegen und gemeinsam auf der Urogenitalpapille münden. In der Sexualperiode verdickt sich das Kanälchenepithel und zeigt Drüsenfunktion. Beim Weibchen münden diese Kanäle einzeln in den WOLFFschen Gang und sind nicht drüsig differenziert. Kurz nach der Metamorphose ähnelt der Zustand der Männchen noch dem der Weibchen.

Die *Urogenitalpapillen* liegen beim Männchen am Ende des Rectums dorsal mit getrennten Mündungen für WOLFFschen Gang und Nierengang. Beim Weibchen mündet der MÜLLERsche Gang auf der stärker ausgebildeten Papille hinten, die WOLFFschen Gänge aber seitlich.

Die *Kloake* ist in beiden Geschlechtern charakteristisch verschieden (zahlreiche Literatur bei BEAUMONT, außerdem KLUNZINGER). Abb. 94 zeigt die komplizierte Konfiguration bei beiden Geschlechtern. Abb. 94a zeigt uns vom Männchen im Durchschnitt Rectum, Urogenitalpapille und Kloakenkanal, ventral darin die Blasenmündung. Die eigentliche Kloake zeigt seitlich die Kloakenlippen, die sich nach hinten und ventral zur Kloakenspalte zusammenlegen. Auf der Innenwand der Lippen erheben sich eine Anzahl kleiner Papillen und von vorn springt in die Kloake ein Zapfen vor, die Kloakenpapille. In diese Kloake münden drei Drüsensysteme (Bezeichnungen nach BEAUMONT). 1. Die tubulären Lippendrüsen, die in die Kloakenkammer münden, 2. die Beckendrüsen, die dorsal in den Kloakenkanal münden, 3. die Abdominaldrüsen, eine große gewundene Drüsenmasse, die auf den beschriebenen Papillen der Lippen münden. Während der Brunstzeit sind alle diese Drüsen intensiv tätig, und die Kloake

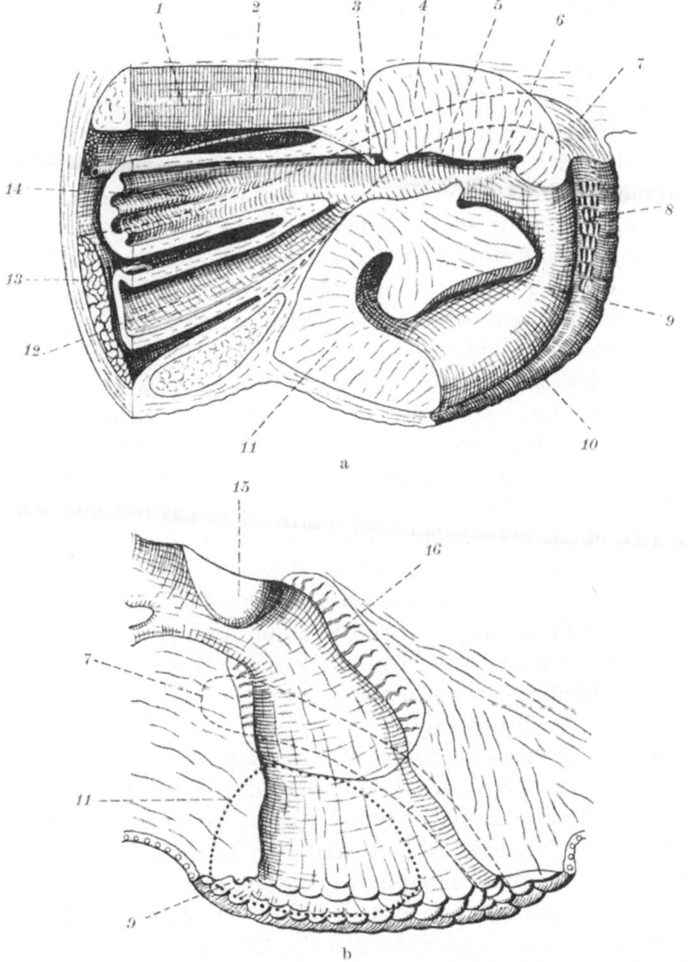

Abb. 94. Sagittaldurchschnitt der Kloakengegend von *Triton*. a ♂. b ♀. *1* Niere, *2* WOLFF-scher Gang, *3* Urogenitalpapille, *4* Beckendrüsen, *5* Kloakenkanal, *6* Vorsprung der Kloaken-wand, *7* Abdominaldrüsen, *8* Mündungspapillen derselben, *9* Kloakenpapille, *10* Kloaken-lippe, *11* Kloakenlippendrüsen, *12* Blase, *13* Abdominaldrüsen, *14* Rectum, *15* Urogenital-papille, *16* Receptacula seminis. (Nach BEAUMONT.)

schwillt dann stark an. Die Verhältnisse beim Weibchen zeigt Abb. 94b. Die völlig verschiedene Form und die innere Aus-

14*

kleidung mit Papillen ist ohne weiteres sichtbar, ebenso die große Urogenitalpapille und die kleine rudimentäre Kloakenpapille. Von Drüsen ist eine rudimentäre Gruppe vorhanden, die den Abdominaldrüsen des Männchens entspricht. An der Stelle der Beckendrüsen des Männchens finden sich eine Anzahl nichtdrüsiger Kanäle, die zur Begattungszeit mit Spermien gefüllt sind und als Receptacula seminis bezeichnet werden. Die Lippendrüsen fehlen dem normalen Weibchen oder sind höchstens als schwache Rudimente vorhanden. Die weibliche Kloakenwand ist schließlich muskulöser als die männliche.

Bei jungen Tritonen besitzt auch das Weibchen eine Kloakenpapille, die sich aber nach der Metamorphose rückbildet. Um die Zeit differenzieren sich auch die Kloakendrüsen, zuletzt die Lippendrüsen des Männchens.

Von den *äußeren Geschlechtsunterschieden* ist am charakteristischsten der Kamm des Männchens, der zur Brunstzeit stark wächst und den bekannten hohen gezähnten Kamm darstellt. Das Weibchen besitzt gelegentlich statt dessen eine ganz niedere Erhebung, meist überhaupt keinen Kamm, sondern nur eine dem Rücken entlang laufende gelbe Linie. Die Jungen beider Geschlechter zeigen den weiblichen Zustand. Außerdem erscheint beim Männchen zur Brunstzeit (Hochzeitskleid!) seitlich dem Schwanz entlang eine silberne Linie, die jungen Tieren und Weibchen fehlt. Ferner ist die Unterseite der Kloake und des Schwanzes beim Weibchen gelb, beim Männchen dunkel, und zwar auch außerhalb der Brunstsaison.

Wenn wir uns nun an die Einteilung in präpuberale und postpuberale Charaktere erinnern, so sind als postpuberal zu bezeichnen: Beim Männchen die Drüsenfunktion des WOLFFschen Ganges, der Nierenkanälchen und der Kloakendrüsen; die Anschwellung der Kloakenpapille; der Rückenkamm und der Silberstreif des Schwanzes, die dunkle Pigmentierung von Kloake und Schwanzunterseite und natürlich die Geschlechtsinstinkte. Beim Weibchen die Drüsenfunktion des MÜLLERschen Ganges, die Turgeszenz der Kloake und die Sexualinstinkte. Alle diese Charaktere sind übrigens mehr oder minder durch äußere Faktoren modifizierbar.

γ) Kastrationsversuche.

Hier bei den Amphibien treffen wir nun zum erstenmal in der Tierrreihe mit voller Sicherheit auf Abhängigkeitsbeziehungen zwischen Geschlechtscharakteren und der inneren Sekretion der Gonade. Es sei von vornherein bemerkt, daß wir das Problem, von welchen Zellen der Gonaden die Hormone produziert werden, weder hier noch später diskutieren werden, da es für das eigentliche Geschlechtsproblem unwesentlich ist. Die klassische Methode, die Beziehungen zwischen Hormonen der Gonade und Geschlechtscharakteren festzustellen, ist das Kastrationsexperiment und ferner die Transplantation gleichsinniger und entgegengesetzter Gonaden nach oder ohne Kastration. Es ist eine allerdings nicht immer beachtete Selbstverständlichkeit, daß solche Versuche keinerlei Auskunft geben können über den primären Modus der Geschlechtsbestimmung, da ja die Gonade schon da sein muß, ehe sie Hormone produzieren kann. Ferner können solche Experimente keine Auskunft geben über die Abhängigkeit oder Nichtabhängigkeit von Hormonen in Bezug auf solche Organe, die zur Zeit der Ausführung des Experiments schon definitiv determiniert sind und sich aus entwicklungsphysiologischen Gründen nicht mehr umdifferenzieren können. Endlich geben solche Versuche niemals irgendwelche direkte Auskunft über die genetische Situation, die auf andere Weise zu erforschen ist.

Erfolgreiche Kastrationsversuche an Urodelen, meist Tritonen, wurden zuerst von Bresca (1910) und Kammerer (1912) ausgeführt, seitdem von Harms (1926), Aron (1924), Champy (1922) und de Beaumont (1929), deren Resultate im wesentlichen übereinstimmen. Die Kastration bewirkt in der Hauptsache, daß die postpuberalen Sexualcharaktere, wenn sie schon vorhanden sind, sich rückbilden, und wenn sie gerade in der rückläufigen Phase sind, nicht wieder erscheinen. Beim kastrierten Männchen tritt ein Zustand ein, der etwa dem eines unreifen Männchens entspricht: Rückenkamm und Silberband des Schwanzes verschwinden, langsam schwindet auch die dunkle Färbung der Kloakengegend; die Kloake selbst schwillt ab und die Sexualinstinkte erlöschen. Die Tätigkeit aller genannten Drüsenzellen hört auf. Aber alle präpuberalen Charaktere bleiben erhalten. Ganz Ähnliches gilt für das kastrierte Weibchen, das nicht etwa zu einer neutralen Form zurückkehrt, sondern sich dem unreifen Weibchen

angleicht. Auch hier reagieren nur die postpuberalen Charaktere:
der MÜLLERsche Gang ist weniger gewunden, er wird dünner und
die Sekretion in seinem Epithel hört auf. Auch die Receptacula
seminis bilden sich zurück.

Eine merkwürdige Erscheinung hat CHAMPY unter dem Namen
Castration alimentaire beschrieben. Er ließ Tritonenmännchen
monatelang hungern, wobei sich der Hoden zu einem winzigen
Gebilde rückbildet, das nur noch Spermatogonien enthält. Bei
manchen tritt dann auch nach Wiederernährung die Spermatogenese nicht mehr ein, ja es kann sogar noch zur Rückbildung
der Spermatogonien kommen. Dies nennt CHAMPY Kastraten
durch Ernährung, und sie nehmen die postpuberalen Geschlechtscharaktere nicht mehr an. Natürlich kann man bei diesem Versuche nicht auf Hormone schließen, da ja der ganze Stoffwechsel
schwer geschädigt ist.

Endlich sei noch festgestellt, daß mehrere Autoren (CHAMPY,
ARON, BEAUMONT) Regeneration wohl nicht völlig entfernter
Hoden beobachteten, wobei auch die postpuberalen Charaktere
zurückkehren. Das gleiche gilt, wenn einem kastrierten Männchen nachträglich wieder Hoden implantiert werden.

δ) Hormonale Intersexualität.

αα) *Prinzipielles.*

Definitionsgemäß ist ein Intersex ein Individúum, das seine
Entwicklung mit seinem genetischen Geschlecht begonnen hat
und von einem Drehpunkt an sie mit dem entgegengesetzten Geschlecht beendet. In den bisher betrachteten Fällen war die Ursache des Eintretens des Drehpunkts meistens eine genetische.
Entweder war die chromosomale Grundlage des Geschlechts der
normale XX- oder XY-Typ und die genetische Besonderheit, die
den Drehpunkt hervorrief, bestand in abnormen relativen Valenzen oder Quantitäten der Geschlechtsgene (*Lymantria*). Oder aber
die chromosomale Grundlage der Geschlechtsbestimmung war
bereits abnorm, z. B. durch Triploidie (die triploiden Intersexe).
Im Fall der *Bonellia* sahen wir dann, daß im Rahmen einer bestimmten genetischen Grundlage der Drehpunkt durch Zuführung verschiedener Stoffe, der Rüsselstoffe, herbeigeführt werden konnte. Hier werden wir nun eine bestimmte Gruppe von

Stoffen antreffen, die die Fähigkeit haben, bei normaler genetischer Grundlage eines Geschlechts eine Art Drehpunkt herbeizuführen, nämlich die von der entgegengesetzten Gonade produzierten Hormone des anderen Geschlechts, die experimentell (durch Transplantation der entgegengesetzten Keimdrüse) zur Wirkung gebracht werden. Bei solchen Versuchen zur Erzeugung hormonaler Intersexualität müssen nun prinzipiell ein paar Gesichtspunkte beachtet werden, die für alle Klassen der Wirbeltiere Geltung haben, bei denen Geschlechtshormone produziert werden.

Die Grundlage für den Ausfall solcher Versuche bildet unter allen Umständen die genetische Beschaffenheit des Organismus. Denn erstens ist die primäre Geschlechtsbestimmung stets genetisch, und die Hormonproduktion eines Hodens oder Ovars setzt ja bereits die vollzogene primäre Geschlechtsbestimmung voraus. Sodann ist aber die Reaktion des Organismus auf Hormonwirkung ja bedingt durch seine Erbbeschaffenheit, also die genetische Reaktionsnorm. Es kann diese Tatsache nicht genug betont werden, da in der Wirbeltierliteratur immer wieder die Theorie vom asexuellen Soma herumspukt, das erst durch die Hormone sexualisiert wird. Abgesehen von dem endgiltigen Nachweis des Vorhandenseins des Geschlechtschromosomenmechanismus bei den höheren Wirbeltieren und dem Vorhandensein der absolut die Frage entscheidenden geschlechtsgebundenen Vererbung, wäre es ja auch sehr merkwürdig, wenn sich ein paar Tiergruppen von der ganzen übrigen belebten Welt in einem der biologischen Grundvorgänge unterscheiden sollten. Die Besonderheit der Wirbeltiere beruht aber tatsächlich nicht darin, daß sie selbst eine solche Sonderstellung einnehmen, sondern darin, daß die Mehrzahl der Forscher, die sich mit ihnen beschäftigen, von der menschlichen Anatomie herkommen, und es leider vielfach ablehnen, sich mit den Elementartatsachen bekannt zu machen, die die Genetik der Tiere und Pflanzen festgestellt hat.

Im einzelnen ist es nun Aufgabe, den Anteil des Genetischen und des Hormonalen zu bestimmen, was aber im Einzelfall außerordentlich schwierig sein mag. Einigermaßen zuverlässige Resultate können nur erhalten werden, wenn es gelingt, Kreuzungsresultate nach Art derer mit *Lymantria* zu erhalten, aus denen dann der Anteil des Genetischen am Resultat hervorgeht. Aber auch bei den rein hormonalen Transplantationsversuchen mag sich der Anteil der genetischen Grundlage am Resultat ergeben. Wir sahen ja früher, daß die Wirkung der Geschlechtsgene so aufgefaßt werden muß, daß sie Reaktionsketten von bestimmter Geschwindigkeit bedingen, nämlich die Erzeugung der geschlechtskontrollierenden Stoffe. Entsprechend dem Ablauf dieser F- und M-Kurven sind die physiologischen Situationen, die auf Grund dieser Reaktionsabläufe entstehen, zu verschiedenen Zeiten im Leben des Individuums verschieden. Eine Hormonenwirkung, die zu verschiedenen Zeiten einsetzt, mag also mit verschiedenen, genetisch bedingten, physiologischen Situationen zu arbeiten haben. Aufhören der Hormonenzufuhr zu verschiedenen Zeitpunkten mag die nunmehr allein verbleibende genetische Grundlage, also den Verlauf der F- und M-Kurven, erhellen. Es könnte dann, was aber erst zu erweisen wäre, zum Vorschein kommen, daß die F- und M-Gene nur die Differenzierung von Hoden und Ovar bedingen und alle anderen sexuellen Differenzierungen ausschließlich unter hormonaler Kontrolle sind. Zwischen dieser Möglichkeit und der bei Insekten verwirklichten rein genetischen Kontrolle sind aber auch viele Zwischenstufen denkbar.

Das Maß der Intersexualität war immer die Lage des Drehpunkts in der Zeit. Es ist klar, daß dies auch bei hormonaler Intersexualität nicht anders sein kann. Liegt der Drehpunkt — in diesem Fall also das Transplantationsexperiment — nach der Reifezeit, so können nur solche Charaktere noch beeinflußt werden, die physiologisch noch umbildungsfähig sind. Das sind in der Regel nur die eigentlichen cyclischen Brunstcharaktere, also Geschlechtscharaktere, die sich immer erst während der Fortpflanzungsperiode ausbilden, also das Hochzeitskleid, Begattungsinstinkte, Drüsenfunktionen. Des weiteren können solche Eigenschaften umgestimmt werden, die aus irgendeinem Grund noch Entwicklungsvorgänge durchmachen, also etwa periodisch neugebildete Hautderivate oder regenerierte Organe nach experimenteller Beseitigung. Je früher nun das Transplantationsexperiment ausgeführt wird, um so mehr kommen sich noch differenzierende Organe unter den Einfluß der neuen Hormone. Dabei muß es sich dann zeigen, ob die betreffenden Organe *noch* umstimmbar oder *überhaupt* umstimmbar sind, oder ob vielleicht bestimmte Organe von der genetischen Konstitution allein abhängig sind oder, kon-

kreter ausgedrückt, ob es solche Differenzierungsvorgänge gibt,
die mit den Gonadenhormonen reagieren können und müssen und
solche, die mit ihnen nicht reagieren.

Können wir nun in solchen Fällen wirklich von Intersexualität
und Drehpunkt sprechen? Wenn wir die für nicht hormonale
Intersexualität geschaffene Definition zugrunde legen, so müßte
ja gefordert werden, daß vom Drehpunkt an der ganze Organismus,
jede Zelle das Geschlecht wechselt, wenn es auch nur bei den
Organen sichtbar wird, die noch umbildungsfähig sind. Bei hor-
monaler Intersexualität aber wird erst festzustellen sein, ob die
Zufuhr der entgegengesetzten Hormone wirklich den ganzen
Organismus entgegengesetzt sexualisiert oder ob nur bestimmte
Teile mit den Hormonen reagieren, andere unbeeinflußt bleiben.
Wenn dieser Punkt vorbehalten wird, dann läßt sich wohl von
Intersexualität sprechen und auch die Begriffe der Maskulini-
sierung (weibliche Intersexualität) und Feminisierung (männliche
Intersexualität) können benutzt werden, wenn im einzelnen dann
festgestellt wird, ob und wieweit die Hormonwirkung mit der
genetischen Grundlage zusammenarbeitet. Was dies im einzelnen
bedeuten mag, wird in den Spezialdiskussionen klar werden.

$\beta\beta$) *Maskulierung, Feminierung.*

Mit dieser Bezeichnung werden also Experimente belegt, die
hormonale Intersexualität durch Transplantation der entgegengesetzten Keimdrüse nach Kastration hervorrufen. Diese Intersexualität schließt naturgemäß nur das Soma ein, die Gonaden
sind ja durch Kastration entfernt. Nach einigen negativen Resultaten früherer Autoren erhielt BEAUMONT erfolgreiche Maskulierung von *Triton*-Weibchen durch Hodentransplantation nach
Kastration, falls die Einheilung des Transplantats gut gelang.
Bei diesen Tieren kommen nun alle männlichen postpuberalen und
sogar einige präpuberale Charaktere zur Entwicklung. Die ersten
Anzeichen der Maskulierung erschienen erst 10 Monate nach der
Operation, und zwar erschienen der Rückenkamm, die Silberlinie,
die dunkle Pigmentierung der Kloakenregion. Bald darauf veränderte sich auch die Kloake und nahm die Konfiguration an, die
Abb. 95 zeigt. Die weiße Fläche, die dort sichtbar ist (*Gc*), entspricht den männlichen Lippendrüsen, die beim Weibchen rudimentäre Kloakenpapille hat sich vergrößert. Im Inneren haben

sich die Receptacula seminis in sezernierende Beckendrüsen, wie
beim Männchen, verwandelt, und auch die rudimentären Abdominaldrüsen des Weibchens haben mit Sekretion begonnen.
Bemerkenswerterweise ist auch der innere Urogenitalapparat in
männlicher Richtung verändert. Die Nierengänge und der hintere
Teil des WOLFFschen Gangs zeigen nämlich sekretorische Tätigkeit wie beim Männchen. Merkwürdigerweise ist der MÜLLERsche
Gang noch mehr weiblich geblieben als nach bloßer Kastration.
Ein sehr interessanter Versuch von BEAUMONT zeigt ferner,
daß bei Maskulierung mit dem Hoden einer anderen *Triton*-Art
(*palmatus* auf *cristatus*) nur
die vorher genannten präpuberalen Charaktere vermännlicht wurden, nicht aber die
postpuberalen!

Auch der umgekehrte
Versuch der Feminierung
kastrierter Männchen wurde
ausgeführt. KAMMERER und
HARMS hatten schon voll-
ständige Einheilung der Eierstöcke und Eiablage bei solchen Tieren erhalten. Das
auffallendste Resultat ist,
daß der MÜLLERsche Gang,
der beim Männchen nur ru-
dimentär ist, sich mächtig
entwickelt und wie beim

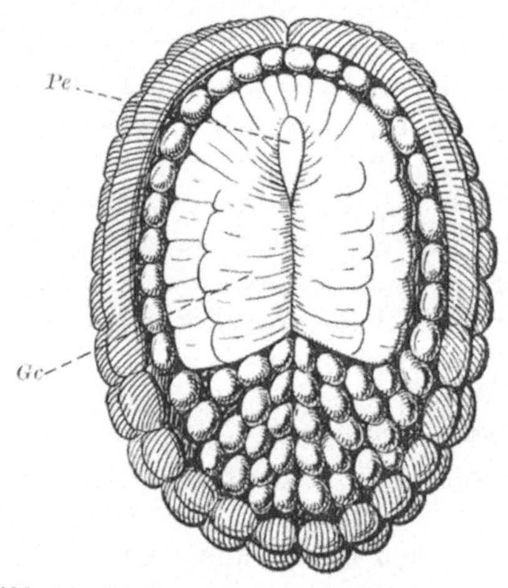

Abb. 95. Kloake eines maskulierten *Triton*-
Weibchens von außen. *Gc* Lippendrüsen,
Pc Kloakenpapille. (Nach BEAUMONT.)

Weibchen in Windungen legt und sogar, anstatt blind zu endigen, mit dem WOLFFschen Gang nach außen mündet. Es
ist somit der hauptsächlichste postpuberale Charakter des Weibchens vorhanden, dagegen sind die männlichen Kloakendrüsen
nicht verweiblicht. Diese Versuche zeigen zweifellos, daß alle
postpuberalen und einige präpuberale Charaktere beider Geschlechter ihre sexuelle Entfaltung der Anwesenheit der betreffenden Sexualhormone verdanken. Ob dies für alle präpuberalen Charaktere zutrifft oder ob ihre erste Anlage rein zygotisch bestimmt ist, läßt sich nicht ableitem. Dazu wären
ja embryonale Transplantationen nötig.

ε) Nichthormonale Intersexualität und Geschlechtsumwandlung.

aa) *Durch Regeneration.*

Es ist eine sehr merkwürdige Tatsache, daß in den regenerierenden eigenen wie transplantierten Hoden der Tritonen Eizellen auftreten können, was als Intersexualität bezeichnet werden kann. Nach Du Bois und Beaumont (1927) erscheinen Ovocyten in allen Regeneraten aus nicht vollständig entfernten Hoden, wenn sie mehr als 5 Monate regenerierten. Sie finden sich teils einzeln in Samenampullen, teils in Gruppen, eine ganze Ampulle füllend. Es fehlt ihnen aber das Follikelepithel. Ein besonders

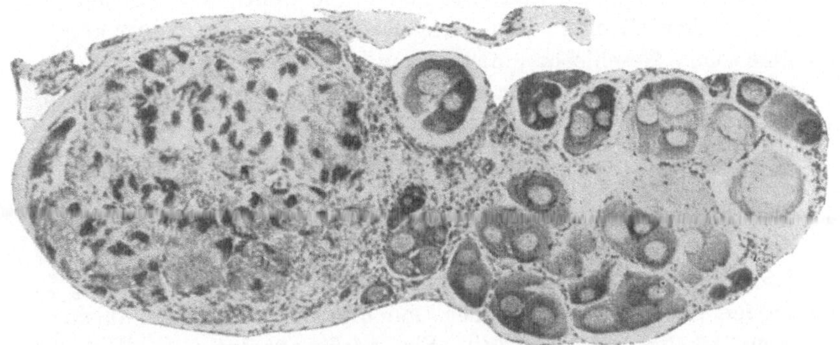

Abb. 96. Hodenregenerat von *Triton* mit Eibildung. (Nach Beaumont.)

extremer Fall (Beaumont) verlief folgendermaßen: Ein Männchen war kastriert worden, und die sekundären Geschlechtscharaktere verschwanden. Nach $1^1/_4$ Jahren erschienen aber diese Charaktere wieder, verschwanden aber nach einem halben Jahr zum zweiten Male. Bei der Autopsie fand sich in der Gonadengegend ein 3 mm großes Knötchen, das sich zur Hälfte als männlich in Rückbildung, zur Hälfte als weiblich erwies (Abb. 96). Es war also offensichtlich zuerst eine männliche Regeneration eingetreten, der dann eine weibliche folgte. Ganz ähnlich sind die Resultate bei den Transplantaten von Hoden, in denen sich auch nach längerer Zeit Ovocyten entwickeln. Wir werden die Bedeutung dieser Tatsachen am Ende des nächsten Abschnitts besprechen.

ββ) Durch alimentäre Kastration.

Mit dieser Bezeichnung hat CHAMPY die folgenden Angaben belegt (die Bezeichnung ist irreführend, da es sich nur um Involution, nicht Kastration handelt): Männchen von *Triton alpestris* wurden zur Zeit der Spermatogenese hungern gelassen. Es hört dann die Spermatogenese auf, und die Hoden bilden sich so weit zurück, daß überhaupt nur noch Spermatogonien übrig sind. Bei solchen Tieren tritt dann, auch wenn sie wieder gut ernährt werden, die Spermatogenese erst viel später wieder auf und ihre sekundären Geschlechtscharaktere verhalten sich ähnlich wie bei Kastraten. Manchmal geht aber auch bei Ernährung die Involution des Hodens weiter, und in einem Fall wandelte sich ein solches Männchen äußerlich und innerlich in ein richtiges Weibchen mit Eierstöcken, MÜLLERschen Gängen usw. um[1]. BEAUMONT konnte eine solche Geschlechtsumwandlung nicht erzielen, aber bei seinen nach CHAMPY behandelten Tieren erschienen wenigstens Ovocyten im involvierten Hoden.

Es fragt sich nun, wie diese Angaben, falls sie richtig sind, und die im vorigen Abschnitt geschilderten Tatsachen zu deuten sind. Es bieten sich da drei Typen von Interpretationen dar, nämlich die genetische, die hormonale und die phänotypische. Eine genetische Interpretation würde ausgehen von der Eierbildung im Hoden bei einfacher Regeneration und der Geschlechtsumwandlung im CHAMPYschen Fall. Sie würde annehmen — und sich dabei auf die Resultate BEAUMONTs bei Wiederholung von CHAMPYs Versuchen stützen —, daß es sich in allen Fällen um eine mehr oder minder weit vorgeschrittene Intersexualität handelte, in der Reihenfolge: Auftreten vereinzelter Ovocyten — zahlreiche Ovocyten — Ovocyten nebst Degeneration des männlichen Teils und Produktion weiblicher Hormone — Geschlechtsumwandlung. Da in allen diesen Fällen nicht vorstellbar ist, wo weibliche Hormone herkommen sollten, so ist anzunehmen, daß für die Umwandlung die genotypische Beschaffenheit des Männchens verantwortlich ist, die allein bestimmend übrigbleibt, nachdem durch fast vollständige Kastration oder Involution die Hormonenproduktion des Hodens sistiert ist. Die Regeneration der Keimdrüse geht

---

[1] Es sei nur erwähnt, daß der Verdacht geäußert wurde, daß dieses Tier auf eine Verwechslung durch den Tierpfleger zurückzuführen ist. Eine Wiederholung des Versuchs gelang noch nie.

also ebenso wie ihre erste Entwicklung im Embryo allein unter
dem Einfluß der genetischen Konstitution vor sich. Dieser Einfluß wäre aber nun merkwürdigerweise weiblich. Eine genetische
Erklärung dafür könnte ohne Schwierigkeiten gegeben werden,
wenn wir uns an das Kurvenschema erinnern, das die Geschlechtsbestimmung bei *Lymantria* wiedergab. Wir sahen dort, daß das
Eintreten des Drehpunkts aus rein genetischen Ursachen es er-
forderte, daß die Kurven der *F*- und *M*-Reaktionen so verlaufen,
daß sie einen Schnittpunkt zeigen können. Hätten wir hier beim

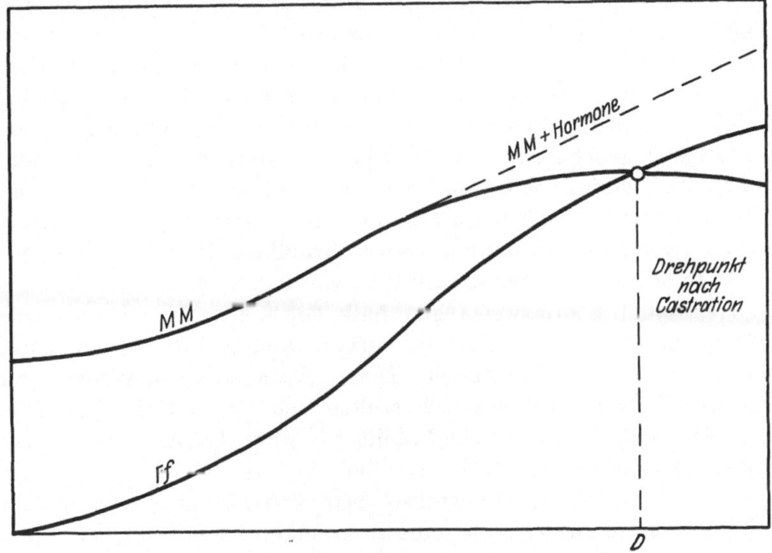

Abb. 97. Erklärung im Text.

Triton ein ähnliches genetisches System vor uns, so wäre die folgende Interpretation abzuleiten: Abb. 97 zeigt uns das bekannte
Kurvenschema für den Reaktionsablauf der Produktion der geschlechtskontrollierenden Stoffe unter dem Einfluß der *F*- und
M-Gene für ein *Triton*-Männchen bei Annahme männlicher Heterogametie. Nachdem die genetische Geschlechtsbestimmung
vollzogen ist, wird die Wirkung der Stoffe ersetzt durch die Hormonenproduktion des Hodens. Wäre sie nicht vorhanden, so
würde zum Zeitpunkt *D* ein Schnittpunkt der *F*- und *M*-Kurven
eintreten und damit das Geschlecht wechseln. Dies ist der Fall,

wenn der Hoden entfernt wird. Sobald der Zeitpunkt D erreicht wird, muß Geschlechtswechsel eintreten. Für die Richtigkeit dieser Annahme sprechen die Angaben der genannten Autoren über den Zeitpunkt, zu dem Geschlechtswechsel eintritt, Angaben, die vielleicht vermuten lassen, daß der Zeitpunkt D eine Wirklichkeit ist. Ein entscheidendes Experiment, das sich sehr wohl ausführen ließe, liegt aber bis jetzt noch nicht vor.

Als zweite Erklärungsmöglichkeit nannten wir die hormonale. Es wäre denkbar, daß nach Entfernung der Gonade das Regenerationsgewebe infolge seines andersartigen Stoffwechsels eine andere Art von Hormonen produzierte, deren Wirkung der der weiblichen Hormone identisch sei. Ich wüßte nichts, was für diese a priori unwahrscheinliche Annahme spräche. Dagegen spricht, daß aus den Angaben der genannten Forscher hervorgeht, daß die Hormone gleichzeitig mit der Spermienbildung erzeugt werden, wobei es dahingestellt sein mag, welche Zellsorte sie produziert.

Als dritte Erklärungsart bezeichneten wir die phänotypische. Dies bedeutet, daß die genetische Grundlage des Geschlechts gar nichts mit dieser Intersexualität zu tun hat, sondern daß es lokale (chemische) Bedingungen innerhalb der regenerierenden Gonade sind, die eine solche Situation hervorrufen, daß die Urkeimzellen sich zu Eiern differenzieren. Dieser Ansicht ist BEAUMONT mit seinem Lehrer GUYÉNOT. Sie stellen sich vor, daß das heterozygote Geschlecht eine solche Labilität besitzt, daß nach Aufhebung der hormonalen Kontrolle rein lokale, also phänotypische Ursachen, den Geschlechtswechsel bedingen können. Ehe weitere Experimente vorliegen, ist eine Entscheidung nicht möglich, wenn ich auch selbst zur Annahme der genetischen Erklärung neige. Das gleiche Problem wird uns übrigens bei den Anuren und den Vögeln wieder begegnen, auch bei den Säugetieren, wobei wir sehen werden, daß GUYÉNOTs Annahme in Bezug auf das heterogametische Geschlecht unmöglich ist.

ζ) Hormonale (?) Intersexualität bei Amblystoma.

Bisher wurden nur die Experimente an Tritonen betrachtet, die sich alle auf erwachsene Tiere bezogen. Bei Besprechung der hormonalen Intersexualität wurde nun bereits darauf hingewiesen, daß die Analyse der Hormonwirkung nur durch Experimente auf viel jüngeren Stadien zu erzielen ist. Solche Versuche sind an

Axolotlarten ausgeführt worden und haben hochinteressante Ergebnisse gezeitigt. Sie gehen alle auf ein merkwürdiges Experiment von Burns (1925) zurück. Er vereinigte parabiotisch junge Larven von *Amblystoma punctatum* und zog die Pärchen auf. Zur Zeit, wo sich das Geschlecht mit Sicherheit erkennen ließ, wurden sie getötet. Nach Wahrscheinlichkeit war zu erwarten, daß die Hälfte der Zwillinge aus einem Weibchen und Männchen ($\female\male$) bestanden und je ein Viertel aus zwei Männchen ($\male\male$) bzw. zwei Weibchen ($\female\female$). Tatsächlich wurden 44 $\male\male$ und 36 $\female\female$ gefunden und kein einziges Paar $\female\male$. Die Sterblichkeit war allerdings fast 80%, da aber kein Grund vorliegt anzunehmen — was auch spätere Versuche bestätigen —, daß differentielle Sterblichkeit vorliegt, so muß die eine Gonade die andere in ihrem eigenen Sinn umgewandelt haben, und zwar in beiden Geschlechtern. Irgendwelche sexuellen Zwischenstufen waren nicht gefunden worden. Zur Aufhellung dieses Falls wurden seitdem Versuche von Burns (1927, 1930), Humphrey (1927 u. ff.), Witschi (1927a, b, 1930a) und Witschi und Mc Curdy (1929) vorgenommen, die interessante Resultate ergaben.

αα) *Normale Entwicklung*

Für die Analyse der Versuche ist es nötig, die normale Entwicklung der Gonaden zu kennen, um so mehr als dabei einige prinzipiell wichtige Punkte zutage treten, die auch für alle anderen Wirbeltiere gelten.

Zuerst findet sich eine indifferente Gonade. Die geschlechtliche Differenzierung wird zuerst sichtbar im Verhalten der jungen Keimzellen, die beim Ovar in Form eines peripheren Keimepithels sich anordnen. Mesodermzellen finden sich hauptsächlich als ein Strang im Zentrum, dessen Zellen später eine Ovarialhöhle begrenzen werden. Beim jungen Hoden sind die Keimzellen weit verstreut und mit Bindegewebe durchsetzt. Die Ursamenzellen finden sich in einem Ruhezustand, während die Ureier zu gleicher Zeit in die Wachstumsperiode treten und mit den synaptischen Phänomenen beginnen. Aber auch beim indifferenten Hoden gibt es eine Cortexzellschicht, die aber schon vor der Metamorphose degeneriert. Abb. 98 zeigt die Gonaden der beiden Geschlechter auf diesem Stadium. Bei der weiteren Entwicklung — die später für die Anuren genauer illustriert wird — bildet sich im Innern des Eierstocks eine Höhle aus, und die sich vermehrenden und mit

Follikeln umgebenden Zellen bilden eine Rindenschicht darum.
Beim Hoden aber wachsen vom Hilus her die Hodenstränge in
Verbindung mit den Ausführgängen ein, die Ursamenzellen ord-
nen sich zu den Hodenläppchen und das äußere Epithel wird

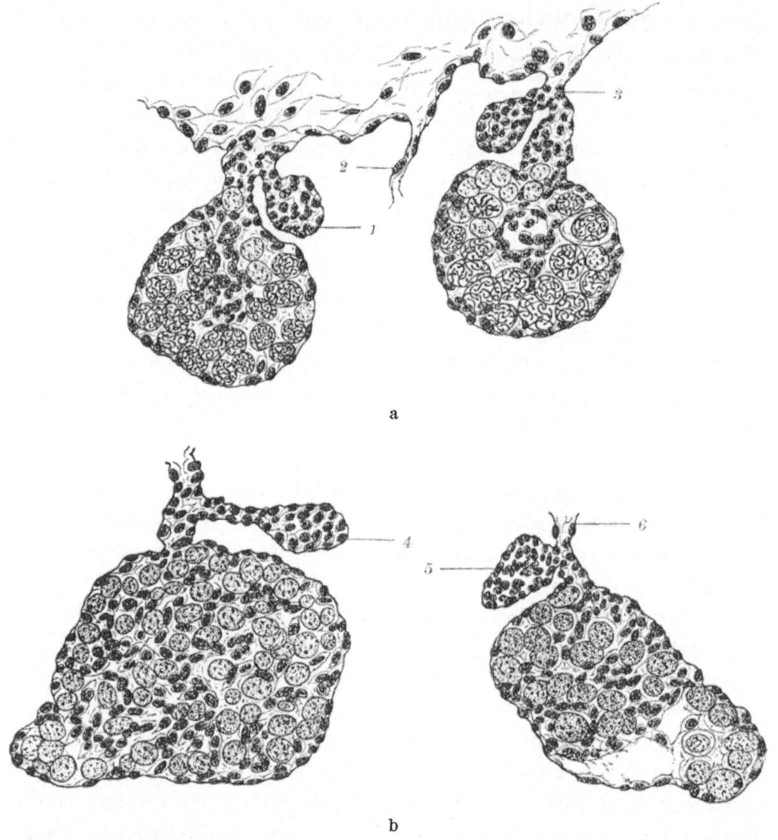

Abb. 98. a Junge weibliche Gonaden von *Amblystoma tigrinum* von 35 mm Länge. b Desgl.
männlich. *1,4,*u.*5* Fettkörper, *2* Mesenterium, *3* Mesovarium, *6* Mesorchium. (Nach BURNS.)

abgeflacht und rudimentär. Man kann also bei beiderlei Drüsen
einen Cortex und eine Medulla unterscheiden. Ersterer entwickelt
sich nur beim Weibchen und degeneriert beim Männchen, letztere
entwickelt sich nur beim Männchen. Man kann somit auch sagen,
daß in der Gonadenstruktur die Bestandteile beider Geschlechter

vereinigt sind, von denen bei der Differenzierung das eine oder
andere unterdrückt wird, genau, wie es etwa auch mit der Anlage
von Wolffschem und Müllerschem Gang geschieht. Das gleiche
wird uns bei allen Wirbeltieren begegnen. Von den Geschlechtszellen selbst kann man entweder sagen, daß die, die im Cortex
bleiben, weiblich werden, die in der Medulla aber männlich; oder
aber, daß die weiblich determinierten im Cortex verbleiben und
die männlich determinierten in die Medulla wandern; oder aber
auch, daß die Cortexzellen auch beim Männchen weiblich sind.
Welche dieser Auffassungen richtig ist, ist theoretisch bedeutungsvoll. Die Frage wird uns wiederholt begegnen.

ββ) *Transplantationsversuche.*

Zur Klärung des durch die Burnsschen Versuche gestellten
Problems war es nötig, den Einfluß der jugendlichen Keimdrüsen
aufeinander durch direkte Transplantationsversuche zu untersuchen. Burns (1927) transplantierte in *Amblystoma*-Larven von
3—4 cm Länge Gonaden jüngerer Larven verschiedenen Alters,
die teils noch undifferenziert, teils schon geschlechtlich differenziert waren. Nach einiger Zeit wurden die Tiere getötet und die
Gonaden des Wirts wie das Transplantat untersucht. 16 erfolgreiche Fälle wurden erhalten, die sich auf alle vier Typen von Kombinationen (♂ auf ♀ usw.) verteilen. In 7 von 8 Fällen, in denen
die Kombination ♀ auf ♂ oder ♂ auf ♀ war, war ein Einfluß, also
Intersexualität der Gonade, bemerkbar. In der Regel war es das
Transplantat, das in der Richtung auf das andere Geschlecht verändert war, in zwei Fällen hatten sich aber sichtlich Wirt und
Transplantat gegenseitig umgestimmt. Abb. 99 zeigt einen transplantierten Hoden, der links unten ein abgetrenntes Stück Ovarialcortex entwickelt hat, und einen zweiten, wo ebenfalls links
sich ein richtiger Ovarialcortex ausgebildet hat.

Schöner noch sind die Versuche von Humphrey, der nicht fertige
Gonaden transplantierte, sondern bereits in Embryonen das prä-
sumtive Gonadenmaterial (ihr Praeprimordium) implantierte.
Der Spender selbst konnte aufgezogen werden und sein Geschlecht
mit Sicherheit festgestellt werden. Auch hier wurde typische
Intersexualität erzielt, und zwar war es fast immer der Hoden, der
den Eierstock männlich beeinflußte, ganz einerlei ob er vom
Wirt oder Spender stammte, und zwar traf dies stets zu, wenn

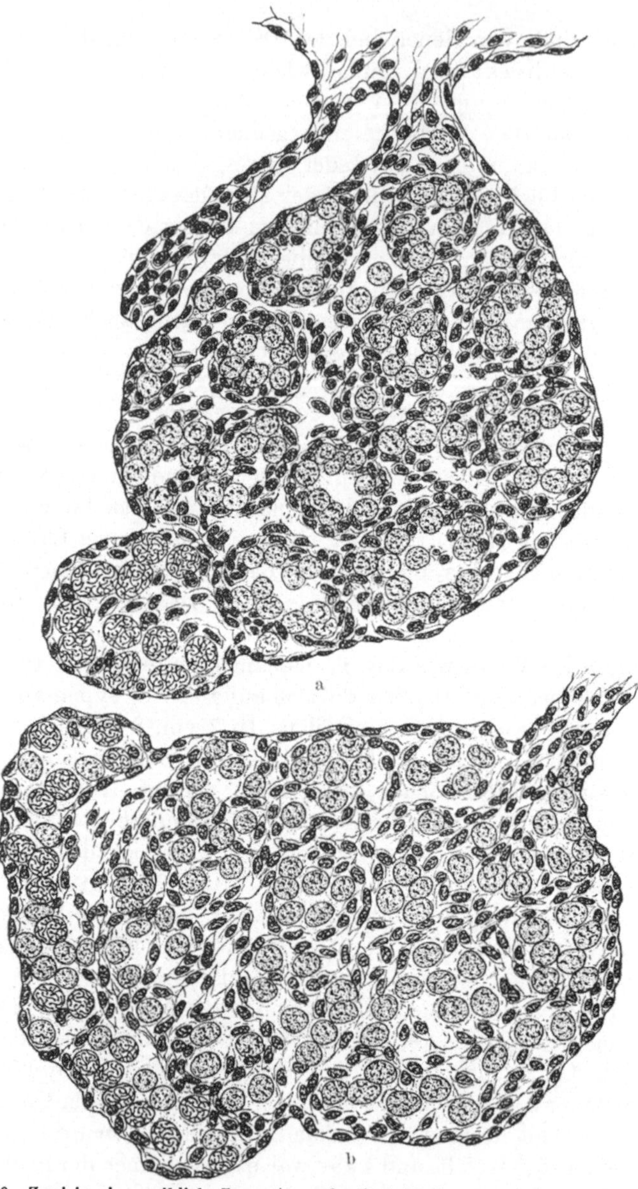

Abb. 99. Zwei in eine weibliche Larve transplantierte Hoden von *Amblystoma*. In a hat sich unten ein Lappen Ovarialgewebe entwickelt, in b links ein richtiger Ovarialcortex. (Nach BURNS.)

beide gleich groß waren. Nur wenn der Hoden relativ klein oder unterentwickelt war, wurde er durch den Eierstock des Wirts verweiblicht. Gleichgeschlechtige Drüsen entwickeln sich völlig normal und auch die anderen zeigten, abgesehen von der Intersexualität, keine abnorme Entwicklung. Die Umwandlung des transplantierten Ovars in einen Hoden beginnt immer erst, nachdem die normale Differenzierung eingesetzt hat, die zunächst nach dem genetischen Geschlecht verläuft. Dann verschwindet im Eierstock zunächst der zentrale Hohlraum, der von Bindegewebssträngen ersetzt wird. Die Eierstocksrinde mit den Ovocyten hört auf zu wachsen, die Zellen degenerieren und werden resorbiert. Am Hilus des Ovars tritt eine Gewebswucherung auf, in der sich Spermatogonien finden, und so erscheint schließlich die Struktur eines atypischen Hodens. Nach 4 Monaten waren solche Gonaden noch nicht völlig in Hoden umgewandelt, vielleicht, weil zu wenig Urgeschlechtszellen zur Verfügung waren. Abbild. 100 zeigt ein Beispiel eines Ovars, das am Mesovarium schon weitgehend Hodenstruktur angenommen hat. In allen diesen Fällen war die

Abb. 100. Gonade, die sich nach 60 Tagen aus dem Transplantat der Anlage eines Ovars entwickelte (*Amblystoma tigrinum*). Oben Umwandlung in Hodengewebe. (Nach Humphrey.)

intersexuelle Umwandlung erst eingetreten, nachdem bereits das primäre Geschlecht sich differenziert hatte. Nur selten fand Humphrey eine Geschlechtsumwandlung, die mit Wahrscheinlichkeit auf Einwirkung auf die indifferente Drüse zurückgeführt werden konnte.

15*

γγ) *Weitere Parabioseversuche.*

Die ursprünglichen Parabioseversuche von Burns sind seitdem von Witschi (1927a, b) an Fröschen, Witschi (1930a) und Witschi u. Mc Curdy (1929) beim Molch *Triturus torosus* und endlich von Burns (1930) selbst an anderen Axolotlarten wieder aufgenommen worden. Von den Fröschen soll später die Rede sein. Ausführlicher liegen bis jetzt nur die neuen Versuche von Burns vor, in denen die Art *Amblystoma tigrinum* benutzt wurde, die sich von dem früher benutzten *punctatum* durch schnelleres Wachstum unterscheidet. Da der Autor daran dachte, daß die völlige Geschlechtsumwandlung bei den früheren Versuchen mit der langen Dauer der Indifferenzperiode zusammenhinge, so wurden die Versuche so eingerichtet, daß dem Rechnung getragen war. Diese Periode betrug in diesen Versuchen nur die Hälfte der Zeit wie bei den früheren Versuchen. Bei Abtötung wurden dann im Gegensatz zum früheren Versuch alle drei Kombinationen (♂♂, ♂♀, ♀♀) im erwarteten Verhältnis 1:2:1, nämlich 16:29:12 gefunden. Völliger Geschlechtswechsel war also nicht eingetreten. Von den ♀♂-Kombinationen zeigen alle bis auf eine intersexuelle Umwandlungen. Bei 23 von diesen 28 hat der männliche Partner den Eierstock des Weibchens vermännlicht. In vier Fällen ist das umgekehrte der Fall und in einem Fall haben sich die Partner gegenseitig beeinflußt. Das Maß der intersexuellen Umwandlung ist direkt proportional der Länge der Zeit, die der Einfluß wirkte. Die folgende Tabelle beweist dies, in der die Höhe der intersexuellen Umwandlung durch vier ansteigende Stufen 1—4 bezeichnet ist.

Alter in Tagen	Intersexualitätsgrad der beeinflußten ♀	Anzahl
45	1, 1, 0, 1, 1	5
52	1–2	1
55	2–3, 2–3, 1–3	3
60	3	1
80	3, 1–2, 2–3, 1–3	4
100	3	1
115	2–3, 2	2
120	2 ± 3, 3, 1–2	3
135	2–3	1
150	3, 3–4	2
160	3, 4	2

Die Umwandlung des Eierstocks in einen rudimentären Hoden bei der Mehrzahl der ♀♂-Paare verläuft ebenso wie es Humphrey geschildert hatte, dadurch, daß am Ovarialhilus Stromagewebe, die Markstränge, in das Ovar hineinwächst, wie es auch bei der natürlichen Differenzierung des Hodens geschieht. Die Rinde des Ovars stellt dann ihr Wachstum ein und beginnt zu degenerieren. Einige der Ureier geraten dabei in das Hodenstroma und werden hier zu Spermatogonien. Wenn dann der Cortex schließlich ganz abgestoßen ist, bleibt ein rudimentärer Hoden übrig. Abb. 101 zeigt schematisch diesen Vorgang in den vier in obiger Tabelle benutzten Stadien. Schraffiert ist der Cortex, punktiert das Stroma bzw. das ihm homologe Gewebe der Ovarhöhle, die Zellen sind die Spermatogonien. Die mikroskopischen Bilder sind ähnlich beschaffen, wie oben in Abb. 100 abgebildet. Zur Ergänzung seien in Abb. 102 makroskopische Bilder zusammengestellt von 1. zwei parabiotischen Larven 5 Stunden nach der

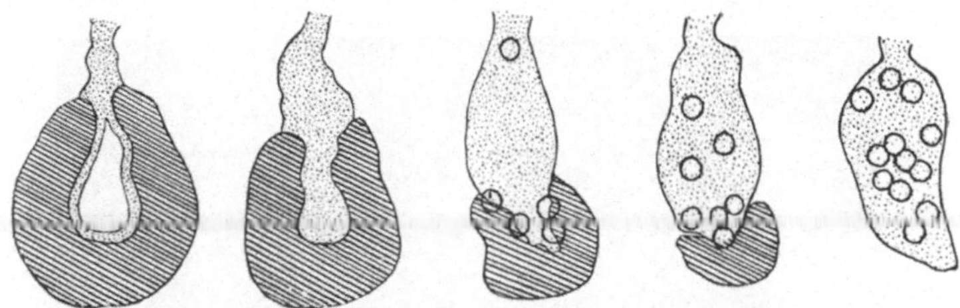

Abb. 101. Schema des Ovars und der vier ansteigenden Umwandlungsstufen zum Hoden (*J 1—4*). Schraffiert Cortex, punktiert Medulla, Kreise Geschlechtszellen. (Nach BURNS.)

Operation, 2. den normalen Hoden eines ♂♂-Paars, 3. desgleichen Ovarien eines ♀♀-Paars und 4. Gonaden eines ♂♀-Paars, links die normalen Hoden, rechts (mit dem Pfeil bezeichnet) das strangförmige in Umwandlung begriffene Ovar, das der Stufe 4 angehört.

Die seltenere, umgekehrte Umwandlung des Hodens in ein Ovar wurde noch nicht genauer beschrieben.

δδ) *Interpretation.*

Aus den vorstehend beschriebenen Versuchen geht mit Sicherheit hervor, daß 1. die Hormone des embryonalen Hodens einen Eierstock weitgehend in einen Hoden umwandeln können, 2. daß auch der umgekehrte Prozeß möglich ist, aber seltener eintritt, sichtlich ein beträchtliches Übergewicht des Ovars zur Voraussetzung hat (älteres Ovar mit jüngerem Hoden), 3. daß auch bei früher Einwirkung erst in der Regel das genetische Geschlecht

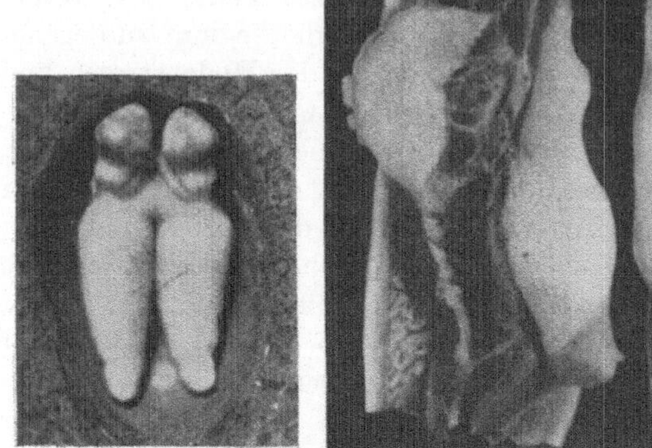
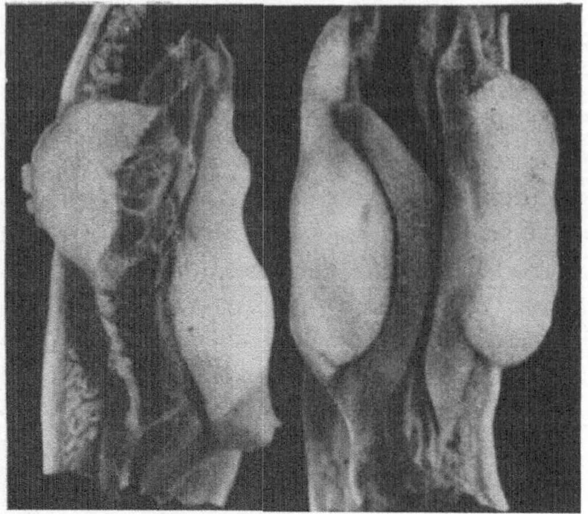

Abb. 102a.

Abb. 102a u. b. Die Gonaden der parabiotischen Zwillinge (*1*), *2* ♂♂, *3* ♀♀, b ♂♀.
(Nach Burns.)

sich entwickelt, 4. daß unter besonderen Umständen, vielleicht sehr langer Indifferenzperiode (*A. punctatum*) auch eine vollständige Umwandlung in die entgegengesetzte normale Drüse möglich ist. Wir müssen nun versuchen zu erkennen, was vorgegangen ist Die erste Frage ist die, ob die Hormonenproduktion[1] auf Grund der primären, genetischen Geschlechtsbestimmung erst nach der ersten sichtbaren Differenzierung einsetzt, die selbst also rein genetisch bedingt wäre. In den Versuchen von HUM-

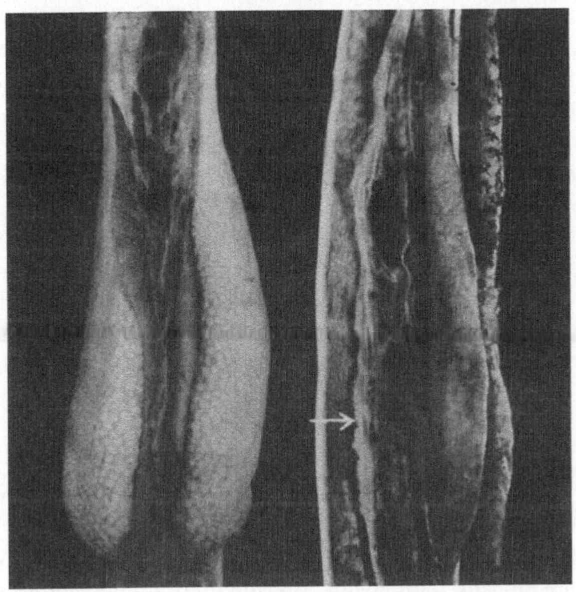

Abb. 102 b.

PHREY und WITSCHI sieht es so aus, die Versuche von BURNS, besonders die an *A. punctatum*, sprechen aber dafür, daß schon in der indifferenten (d. h. sichtbar-morphologisch indifferenten, genetisch aber männlich oder weiblich determinierten) Drüse die Hormonproduktion beginnt. Die zweite Frage ist, warum meist

---

[1] Wir reden hier generell von Hormonenproduktion, ohne zu untersuchen, ob die embryonalen Hormone und die des reifen Tiers, die die Brunstcharaktere hervorrufen, identisch sind. Dies Problem wird bei den höheren Wirbeltieren diskutiert.

das Ovar leichter transformiert wird, während bei dem erwachsenen Tier (siehe BEAUMONT, CHAMPY) umgekehrt das Männchen
leichter verweiblicht wird. Die Ursache könnte einmal darin
liegen, daß der Hoden früher Hormone produziert oder solche von
größerer Wirkungsstärke (Konzentration). Sie könnte aber auch
darin liegen, daß Urgeschlechtszellen vom Ovarialcortex leicht
in die sich bildenden Markstränge geraten können und zu Ursamenzellen werden, während im jungen Hoden die Cortexzellen
früh degenerieren und so keine Ovocyten bilden können. Das ist
nicht sehr wahrscheinlich, wenn man sieht, wie leicht sich beim
Erwachsenen Ovocyten aus Spermatogonien bilden. Das führt
nun wieder zu einer weiteren Frage: Werden die Urgeschlechtszellen überhaupt direkt durch die Hormonwirkung umgestimmt?
Es könnte ja sein, daß die Geschlechtshormone nur die nicht
keimepithelialen Elemente der Gonade treffen, also für die in jeder
Gonade vorhandenen Cortex- und Medullaelemente die Alternative entscheiden, welche von beiden auf Kosten der anderen sich
differenzieren sollen, genau wie im analogen Fall für den WOLFFschen und MÜLLERschen Gang entschieden wird. Die Urgeschlechtszellen wären dann geschlechtlich indifferent und ihre
prospektive Bedeutung würde durch ihre Lage in Medulla oder
Cortex entschieden, also nicht genetisch, sondern phänotypisch.
Bei dieser Auffassung wäre die Kette der Vorgänge:

Normal ♀	Normal ♂	Intersex ♀
XX-Konstitution	XY-Konstitution	XX-Konstitution
↓	↓	↓
genetisch weibliche indifferente Gonade mit weiblicher Hormonenproduktion	genetisch männliche indifferente Gonade mit männlicher Hormonenproduktion	genetisch weibliche indifferente Gonade mit Zufuhr durch Transplantation (Parabiose) männlicher Hormone
↓	↓	↓
Aktivierung des Cortex	Aktivierung der Medulla	Aktivierung der Medulla
↓	↓	↓
Determination der Ovocyten	Determination der Spermatocyten	Determination der Spermatocyten

Bei dieser später noch weiter zu diskutierenden Auffassung,
die dann auf alle Wirbeltiere zu übertragen wäre, wäre die Geschlechtsbestimmung der Wirbeltiere insofern von etwa der der

Insekten unterschieden, daß der XX—XY-Mechanismus direkt nur die in der morphologisch indifferenten Gonade lokalisierte Hormonenproduktion hervorriefe, die ihrerseits direkt die Alternative für das typische System der Gonade und erst indirekt für die Geschlechtszellen entscheidet. Ob diese oder eine andere Auffassung richtig ist, können wir erst besprechen, wenn das Material für die anderen Wirbeltierklassen uns bekannt sein wird. Hier sei nur schon darauf hingewiesen, daß es sich zeigen wird, daß drei Stufen von geschlechtsdeterminierenden Stoffen zu unterscheiden sind: 1. die primären Produkte der Geschlechtsgene, 2. die in diesem Abschnitt behandelten embryonalen Hormone, wenn wir diese überhaupt Hormone nennen wollen, 3. die echten Sexualhormone der Feminierungs- usw. Versuche.

b) Die Anuren.

Es gibt wohl keine Tiergruppe, in der so viele sogenannte „Hermaphroditen" aller Altersstufen beschrieben sind, wie bei den anuren Amphibien, den Fröschen und Kröten. Ihr Geschlecht, obwohl alle Arten rein zweigeschlechtig sind, scheint besonders labil zu sein und bietet damit ein interessantes Studienobjekt dar, das schon relativ früh zum Gegenstand von Experimenten gemacht wurde.

α) *Historisches.* Die absonderlichen Geschlechtsverhältnisse der Frösche wurden zuerst von Pflüger (1881, 1882) bemerkt. Er fand, daß bei verschiedenen Lokalrassen trotz normaler Geschlechtszahlen der erwachsenen Tiere die jungen Individuen ein ganz verschiedenes Verhältnis der Geschlechter, mit dem Extrem von nur Weibchen, zeigen können. Er fand ferner Zwischenstufen zwischen den Geschlechtern (in der älteren Literatur seitdem als Pflügersche *Hermaphroditen* bezeichnet), und schloß daraus, daß bei bestimmten Rassen alle Individuen sich zuerst als Weibchen entwickeln, die Hälfte sich dann zu Männchen umwandeln. R. Hertwig (1907, 1912) nahm im Anfang dieses Jahrhunderts dies Problem, dessen Bedeutung für die Theorie der Geschlechtsbestimmung er erkannte, wieder auf und leitete zusammen mit seinen Schülern, Schmitt-Marcell (1908), Kuschakewitsch (1910), Witschi (1914 a, b) eine großzügige experimentelle und morphologische Analyse ein. Er stellte das Wesen der Verschiedenheit der Lokalrassen fest, begann mit ihrer Analyse im Kreuzungsexperiment und weiterhin im entwicklungsphysiologischen Versuch durch Einführung der (schon von Pflüger begonnenen) Überreife- und Temperaturversuche. Gleichzeitig wurde die schwierige Entwicklungsgeschichte durch seine genannten Schüler, vor allem durch Witschi klargestellt. Ein theoretisches Verständnis der Resultate war bei dem damaligen Stand des

Geschlechtsproblems jedoch nicht möglich. HERTWIGS ursprüngliches Bestreben, mit Hilfe der Theorie der Kernplasmarelation zu einer Lösung zu kommen, wurde von ihm selbst später verworfen. Erst die Aufstellung der quantitativen Theorie der Geschlechtsbestimmung durch GOLDSCHMIDT (1912) ergab eine Möglichkeit, die Resultate zu interpretieren. Dies wurde zuerst von GOLDSCHMIDT (1912) näher ausgeführt, in der 2. Auflage seiner Vererbungslehre (1913) wieder ausgeführt, und R. HERTWIG schloß sich dann an. WITSCHI (1914) übernahm dann dieses Prinzip und führte die zur Erklärung seiner neuen Experimente notwendigen Änderungen der GOLDSCHMIDTschen Formulierung durch. Die weitere Analyse der sehr komplizierten Verhältnisse verdanken wir vor allem einer Reihe ausgezeichneter Untersuchungen von WITSCHI (1914—1930), zu denen noch ein wichtiges Experiment von CREW (1921) und eine Erklärung des Überreifeversuchs durch R. HERTWIG (1921, 1925) kommt.

Dazu kommen die später zu erwähnenden Einzelbeiträge. Gleichzeitig mit der Ausführung dieser Untersuchungen liefen die Kastrations- und Transplantationsexperimente an erwachsenen Tieren, hauptsächlich von NUSBAUM (1909), STEINACH (1894, 1910), MEISENHEIMER (1912), HARMS (1913, 1923), PONSE (1924), CHAMPY (1924), deren Ergebnisse aber wenig prinzipiell Wichtiges brachten. Die absonderlichen Verhältnisse der Kröten, bei denen ein rudimentäres Ovar, das BIDDERsche Organ, dauernd beim Männchen vorhanden sein kann, wurden, seit es von KNAPPE genauer beschrieben wurde, von zahlreichen Autoren studiert. Die entscheidenden Experimentalarbeiten sind aber erst in neuerer Zeit von HARMS und PONSE geleistet worden.

α) Die Frösche.

Die Geschlechtsverhältnisse der Frösche sind sehr kompliziert und erst jetzt nach vieler darauf gewandter Mühe verständlich geworden. Die Schwierigkeiten beruhen vor allem darauf, daß drei verschiedenartige Phänomene der Intersexualität im normalen Geschehen vorkommen und voneinander getrennt werden mußten. Bei diesen Erscheinungen steht das Verhalten der Geschlechtsdrüsen selbst im Vordergrund, das somit in der Besprechung vorangestellt sei.

αα) *Die Entwicklungstypen der Gonaden.*

Die normale Entwicklung der Geschlechtsdrüsen innerhalb der gleichen Froschspezies — Untersuchungen meist an *Rana temporaria*, außerdem *esculenta* und *catesbiana* — kann verschiedenartig verlaufen, und zwar ist die Verschiedenheit eine rassenmäßige. Entweder tritt eine normale Entwicklung ein, bei der sich frühzeitig in der Kaulquappe Hoden und Ovarien unterscheiden lassen, die sich typisch differenzieren. Man spricht dann mit WITSCHI von *differenzierten Rassen*. Oder aber die Entwicklung beginnt stets weiblich, und es wird zuerst ein embryonales Ovar gebildet. Sekundär wandelt sich dies dann in einen Hoden um, und zwar kann die Umwandlung früher oder später eintreten, so daß die Umwandlungsstadien, die nach ihrem Entdecker auch PFLÜGERsche Hermaphroditen genannt werden, auf verschiedenen Altersstufen gefunden werden können. Bei einer Statistik trifft man also zunächst nur weibliche Tiere, dann Weibchen und Umwandlungsstadien und schließlich die reinen Geschlechter je zur Hälfte. In diesem Fall sind also die genetischen Männchen während ihrer Entwicklung alle einmal Intersexe gewesen; wir können somit von *transitorischer Intersexualität* reden. Im Vergleich mit *Lymantria* ist dabei zu beachten, daß das zygotische Intersex von *Lymantria* sich zuerst mit seinem genetischen Geschlecht entwickelt und vom Drehpunkt ab zu dem anderen Geschlecht umschlägt. Hier bei den undifferenzierten Froschrassen beginnt aber beim Männchen die Entwicklung mit dem anderen Geschlecht und geht erst dann in das genetische Geschlecht über.

Die normale Entwicklung der Gonaden bei den differenzierten Rassen verläuft ganz ähnlich, wie wir es schon von den Urodelen her kennen; sie ist am genauesten von KUSCHAKEWITSCH und WITSCHI untersucht. In der jungen Kaulquappe entwickelt sich zuerst eine indifferente Gonade. Sie besteht aus einer Lage von Keimzellen, die um einen Hohlraum, die primäre Genitalhöhle, angeordnet sind. Von der Genitalfalte aus wachsen in diese Anlage bindegewebige Stränge hinein, die Genitalstrange. Schreitet von hier aus die Entwicklung zu einem Ovar fort, dann vermehren sich die Urgeschlechtszellen und bilden Zellennester, in denen dann die synaptischen Phänomene ablaufen. Bald erkennt man deutlich die Ovocyten, und die Dotterbildung beginnt. Die Genitalstränge erhalten dann einen sekundären Hohlraum und werden so zu den charakteristischen Ovarialtaschen. Abb. 103—109 geben Stadien dieser Entwicklung. Die direkte Hodenentwicklung aus der indifferenten Drüse verläuft folgendermaßen: Hier wandern vor allem die jungen Geschlechtszellen aus dem Keimepithel aus und heften sich den Genitalsträngen an. Es bilden sich Zellgruppen, in denen eine Höhle auftritt, die Ampulle, die dann zum Samenkanälchen wird. Der Beginn der Spermatogenese erfolgt dann bei *R. temporaria* erst im 4. Jahr, bei anderen Arten aber schon früher. Schließlich wird die Verbindung mit der Vorniere durch Auswachsen des Rete hergestellt. Abb. 106 gibt einen

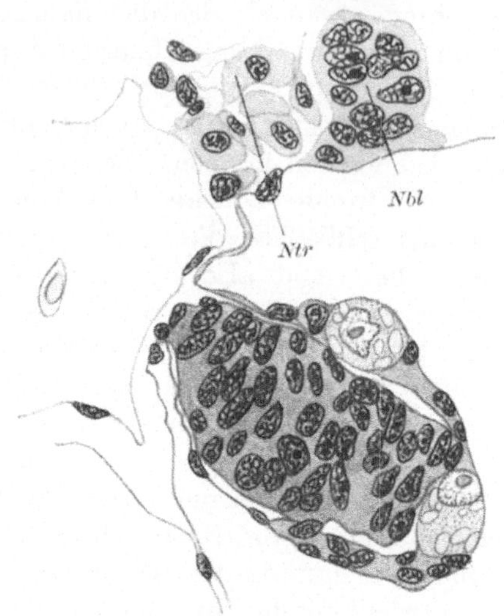

Abb. 103. Junges Stadium der indifferenten Keimdrüse von *Rana temporaria*. *Nbl* Nierenblastem, *Ntr* Nierentrichter. (Nach WITSCHI.)

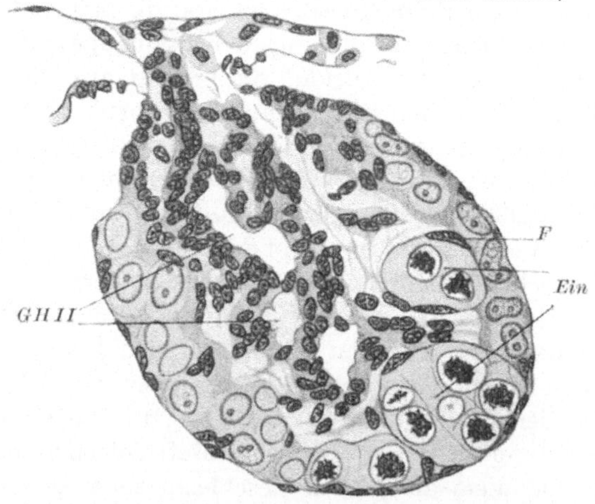

Abb. 104. Junges Ovar von *Rana temporaria*. *Ein* Einest, *F* Follikelepithel, *GH II* sekundäre Genitalhöhle. (Nach WITSCHI.)

Schnitt durch einen jungen Hoden wieder und Abb. 107 ein Schema dazu.

Die intersexuelle Entwicklung der undifferenzierten Rassen kann auf verschiedenen Entwicklungsstadien eintreten, zwischen Metamorphose und erwachsenem Frosch, und dementsprechend sind die Einzelheiten verschieden. Diese Entwicklung wird dadurch eingeleitet, daß die Geschlechtszellen aus dem Keimepithel

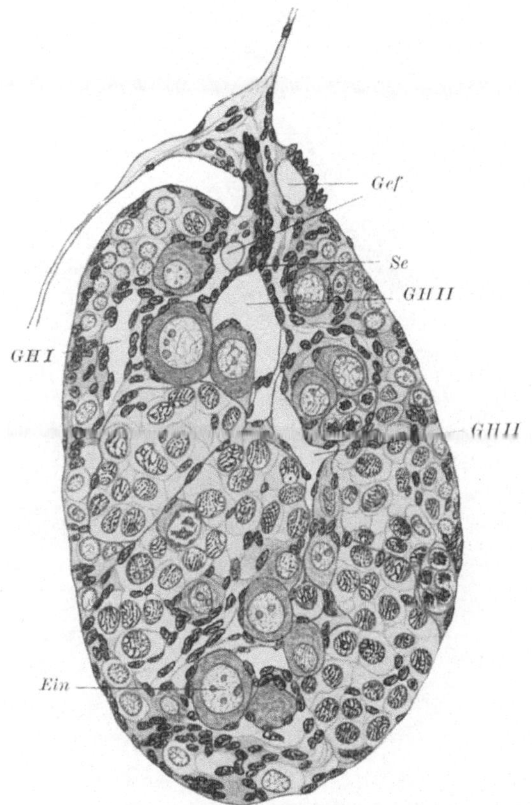

Abb. 105. Ovar etwas älter als Abb. 104. *Ein* Einest. *Gef* Gefäß, *GH I* primäre, *GH II* sekundäre Genitalhöhle, *Se* Sexualstrang. (Nach WITSCHI.)

des Eierstocks in die Genitalstränge einwandern. Dann beginnt sich im Zentrum der Gonade von den Strängen aus ein Hoden zu entwickeln. In diesem Zustand ist die Gonade zentral ein Hoden, peripher ein Eierstock. Der ovariale Teil degeneriert dann, wobei aber Eier, die eine gewisse Größe schon erreicht haben, dauernd erhalten bleiben können und sich noch im fertigen Hoden finden (das gleiche ist übrigens auch bei *Lymantria* der Fall). Auch zeigt sich häufig, daß die Umwandlung in den aufeinanderfolgenden Segmenten der Drüse verschieden schnell vor sich geht und ebenso auch rechts und links, so daß scheinbare bilaterale Hermaphro-

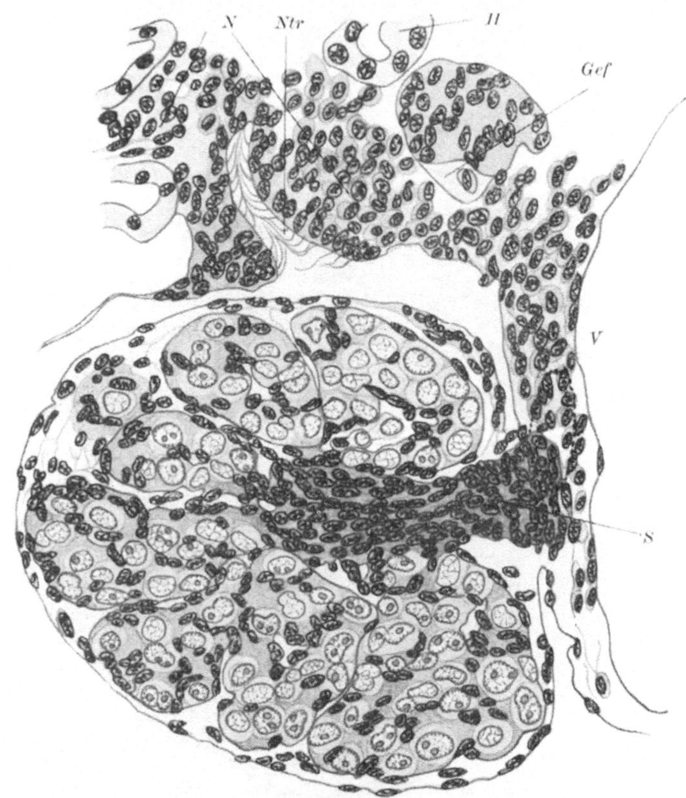

Abb. 106. Stadium der direkten Hodenentwicklung von *Rana temporaria*. *Gef* Blutgefäß, *H* Harnkanälchen, *N* Nierenblastem, *Ntr* Nierentrichter, *S* Sexualstrang, *V* Hohlvene. (Nach WITSCHI.)

diten als Übergangsstufe erscheinen können. Beide Phänomene wurden ebenfalls von GOLDSCHMIDT für *Lymantria* beschrieben. Abb. 109 gibt das Bild einer Umwandlungsdrüse und Abb. 108 ein Schema hierzu.

Diese Beschreibung zeigt die gleichen entscheidenden Punkte,

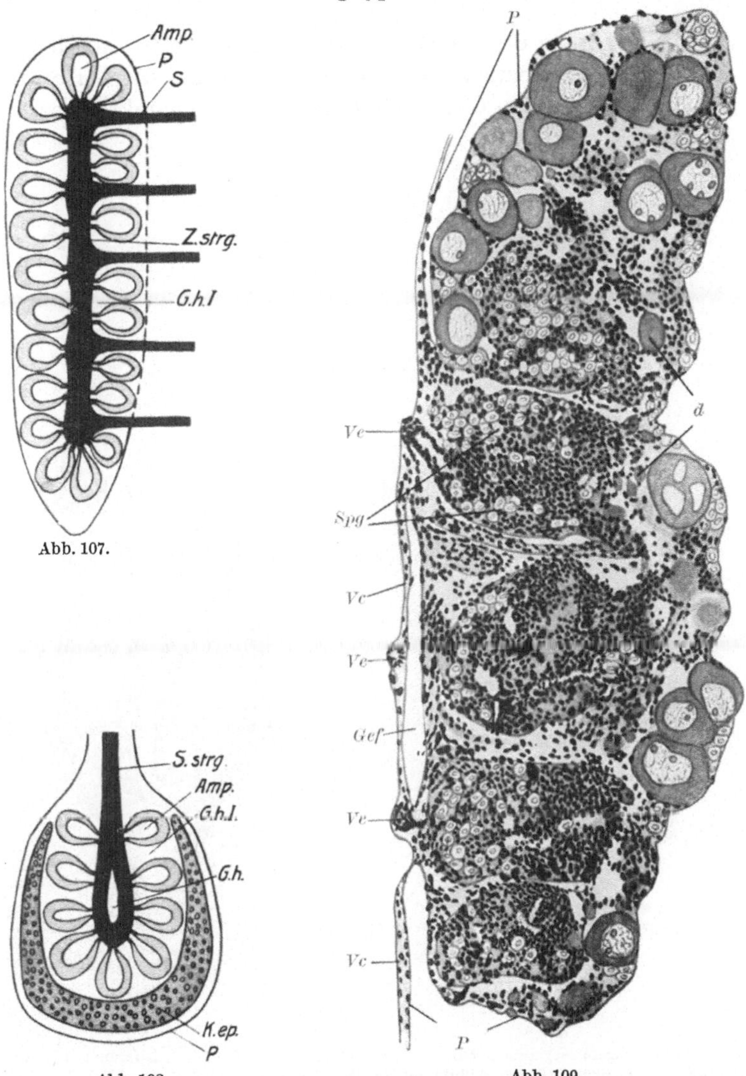

Abb. 107. Schema des jungen Hodens bei direkter Entwicklung. *Amp* Hodenampulle, *G. h. I.* primäre Genitalhöhle, *P* Peritoneum, *S* Samenkanälchen, *Z.strg.* Zentralstrang. (Nach WITSCHI.)

Abb. 108. Schema des jungen Hodens eines Umwandlungsmännchens. *Gh* secundäre Genitalhöhle, *K.ep.* weibliches Keimepithel, sonst wie Abb. 107. (Nach WITSCHI.)

Abb. 109. Keimdrüse eines Umwandlungsmännchens. *deg* degenerierende Elemente, *Gef* Gefäß, *P* Peritoneum, *V. c.* Hohlvenenwand, *V. e.* Vas efferens, *Spg* Spermatogonien. (Nach WITSCHI.)

die wir schon bei den Urodelen hervorhoben: die Gonade besteht aus Cortex und Medulla, die stärkere Ausbildung des Cortex und die Entwicklung von Geschlechtszellen in ihm charakterisiert das

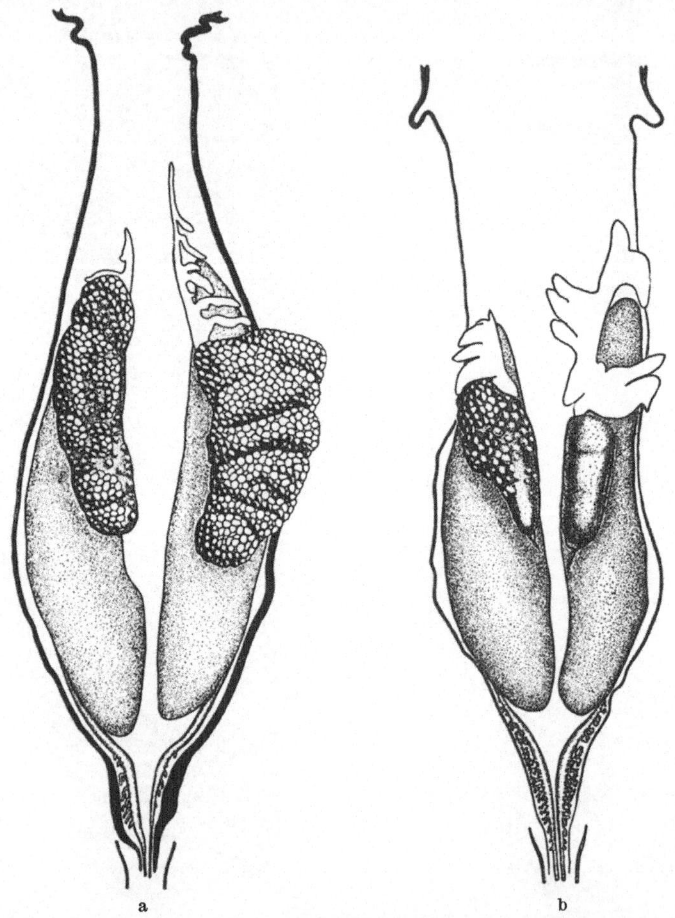

Abb. 110. Urogenitalsystem 5 Monate alter (26 mm) Fröschchen undifferenzierter Rasse. a Links Ovar, rechts (in der Abbildung links) beginnende Umwandlung. b Desgl. weiter fortgeschritten, links bereits Hoden. Unter den Gonaden die Urniere; oben (weiß) die Fettkörper, MÜLLERsche Gänge schwarz, WOLFFsche hell. (Nach WITSCHI.)

Ovar; die starke Ausbildung der Medulla (Samenkanälchen, Ampullen, Rete) und Lagerung der Keimzellen in den Marksträngen charakterisiert den Hoden. Die transitorische Intersexualität bedeutet, daß erst der Cortex stärker entwickelt wird und dann zugunsten der Medulla degeneriert.

Sehr bemerkenswert ist übrigens die Tatsache, daß auch die Ausführgänge der Gonaden dem Verhalten der Gonaden folgen. Bei der direkten Hodenentwicklung werden von vornherein keine nennenswerten MÜLLERschen Gänge angelegt. Bei der intersexuellen Entwicklung aber haben die späteren Männchen in ihrem Weibchenstadium richtige MÜLLERsche Gänge, die erst zur Zeit der Umwandlung rückgebildet werden (WITSCHI 1921) und oft auch noch bei erwachsenen Männchen erhalten bleiben. Wenn, wie erwähnt, die Ovarien der beiden Seiten sich verschieden schnell rückbilden, so machen die MÜLLERschen Gänge die gleiche Asymmetrie mit. Wir werden die gleiche Beziehung auch bei den Säugetieren wiederfinden.

Charakteristisch für die Geschlechtsumwandlung der undifferenzierten Rassen ist die folgende Statistik, die WITSCHI in der Umgebung von Freiburg aufnahm. Eine größere Zahl junger Frösche wurde in Zeitintervallen im Freien gefangen und das Geschlecht festgestellt. Das Resultat (in Übereinstimmung mit dem der älteren Forscher seit PFLÜGER) zeigt folgende Tabelle

Monat	♀ %	Int. mehr weibl. %	Int. mehr männl. %	♂ %	Individuen
April	100	—	—	—	515
Juli	62	10	28	—	150
August	52	2	22	24	209

Schließlich seien noch in Abb. 110 die Genitalapparate von 5 Monate alten „Hermaphroditen", die gerade beginnen, sich in ein Männchen umzuwandeln (a) oder schon weiter darin fortgeschritten sind (b), abgebildet.

Etwas abweichende Verhältnisse hat SWINGLE (1920, 1921, 1926) vom Ochsenfrosch beschrieben und sie zuerst so gedeutet, als ob sie gegen eine transitorische Intersexualität sprächen. Er überzeugte sich aber später davon, daß im Prinzip die gleichen Verhältnisse vorliegen. Es scheint aber, daß hier die weibliche Phase nicht zu so ausgesprochener Eibildung führt wie bei den europäischen Fröschen, und außerdem kommen in diesen Stadien Reifeteilungen vor, die als eine rudimentäre Präspermatogenese gedeutet werden. Die Verhältnisse sind noch nicht völlig geklärt.

ββ) *Die Lokalrassen.*

Nach vorstehender Schilderung finden sich bei den Fröschen Lokalrassen in Bezug auf Sexualität, also eine Parallelerscheinung zu *Lymantria*, wenn auch auf anderer genetischer Grundlage. Für die europäischen Rassen von *Rana temporaria* hat sich dabei eine gewisse Gesetzmäßigkeit ergeben. In der folgenden Tabelle, die WITSCHI zusammenstellte, finden sich die Geschlechtszahlen für jung metamorphosierte Frösche von verschiedenen Lokalitäten, teils aus Laboratoriumszucht, teils aus Freilandfängen (+) nach

Geschlechtsverhältnisse bei verschiedenen Lokalrassen des Grasfrosches kurz nach der Metamorphose (höchstens 2 Monate).

Gruppe I enthält die Rassen mit dem geringsten Grade geschlechtlicher Differenzierung, Gruppe V die mit dem höchsten Grade. Die mit + bezeichneten sind Freilandfänge.

Gruppe	Geographische Herkunft	Nach Untersuchung von	Zahl der untersuchten Tiere	Weibchen in %
V	Ursprungstal (Bayr. Alpen)	WITSCHI (1914)	490	50
	Dischmatal (Davoser Alpen)	WITSCHI (1923)	814	50
	Grimsel (Berner Alpen)	WITSCHI (1923)	46 +	52
	Riga	WITSCHI (1923)	272	54,5
	Königsberg	PFLÜGER (1882)	370	51,5
			500 +	53
IV	Basel (Jura)	WITSCHI (1923)	424	51
	Berlin	WITSCHI (1923)	471	52
	Bonn	WITSCHI (1923)	290	43
	Bonn	v. GRIESHEIM u. PFLÜGER (1881—1882)	806	64
			668 +	64
	Wesel	v. GRIESHEIM (1881)	245 +	62,5
	Rostock	WITSCHI (1923)	405	59
III	Glarus	PFLÜGER (1882)	58	78
II	Lochhausen (München)	WITSCHI (1914)	221	83
	Dorfen (München)	SCHMITT (1908)	925 +	85
	Utrecht	PFLÜGER (1882)	780	87
			459 +	87
I	Freiburg (i. B.)	WITSCHI (1923, 1925)	791	94
	Breslau (u. Heidelberg)	BORN (1881)	1272	95
	Breslau	WITSCHI (1923)	213	99
	Basel (Elsaß)	WITSCHI (1923)	237	100
	Irschenhausen (Isartal südlich München)	WITSCHI (1914)	241	100
		Sa. der untersuchten Tiere	10 998	

den Angaben der verschiedenen Autoren und angeordnet in aufsteigender Weibchenzahl. 50% Weibchen bedeuten natürlich differenzierte Rassen und ansteigende Weibchenzahl bis 100% verschiedene Grade von undifferenzierten Rassen, also transitorischer Intersexualität.

WITSCHI (1930c) hat darauf aufmerksam gemacht, daß hier eine Gesetzmäßigkeit vorzuliegen scheint, indem die differenzierten Rassen nur in den Alpen und im Baltikum angetroffen werden, also Gegenden mit langem Winter und kurzem Sommer, dazwischen aber die undifferenzierten, die unter dem Einfluß des Golfstroms in Holland und England weit nach Norden gehen. Es muß also irgendeine Beziehung zwischen der transitorischen Intersexualität und dem Klima bestehen, die sich erst nach der Eiszeit herausgebildet haben kann. (Die Geschlechtsrassen von *Lymantria* zeigen übrigens auch typische klimatische Beziehungen.)

γγ) Das genetische Geschlecht.

Wir kennen bisher drei sichere Methoden die genetischen Geschlechter festzulegen: 1. den Nachweis eines unpaaren X-Chromosoms in einem Geschlecht, 2. die Analyse geschlechtsgebundener Vererbung, 3. die Resultate der Kreuzung hermaphroditer und getrennt geschlechtlicher Formen. Der letzte Weg, historisch der erste in CORRENS' *Bryonia*-Kreuzungen, ist im allgemeinen im Tierreich nicht gangbar. Bei den Fröschen ist aber wenigstens in ähnlicher Weise ein Experiment möglich gewesen. Es zu verstehen, müssen wir zuerst den zweiten Typ von Intersexualität betrachten, der bei Fröschen beschrieben ist, die sogenannten *Adulthermaphroditen*.

ααα) **Die Adulthermaphroditen.** Diese haben — das ist für das Verständnis sehr wichtig — nicht das geringste mit der besprochenen transitorischen Intersexualität zu tun, abgesehen davon, daß gelegentlich Männchen, die noch von ihrer Jugendintersexualität her Eier im Hoden besitzen, mit den echten Adulthermaphroditen verwechselt werden können. Die transitorische Intersexualität betraf genetische Männchen, die bald nach der Metamorphose von der weiblichen in die männliche Phase übergehen. Die Adulthermaphroditen sind meist, wenn nicht stets, genetische Weibchen, die erst als ältere, mehrjährige Tiere sich in Männchen umwandeln. In der Literatur sind eine Menge solcher Befunde beschrieben, seit SPENGEL zuerst 1896 darauf hinwies. Die vollständigste Zusammenstellung ist von CHENG (1929b) gegeben, die zu wiederholen wohl überflüssig ist. CREW (1920b) war der erste, der es versuchte, Ordnung in diese Fälle zu bringen und zeigte, daß sich die gefundenen Typen in eine lückenlose Reihe

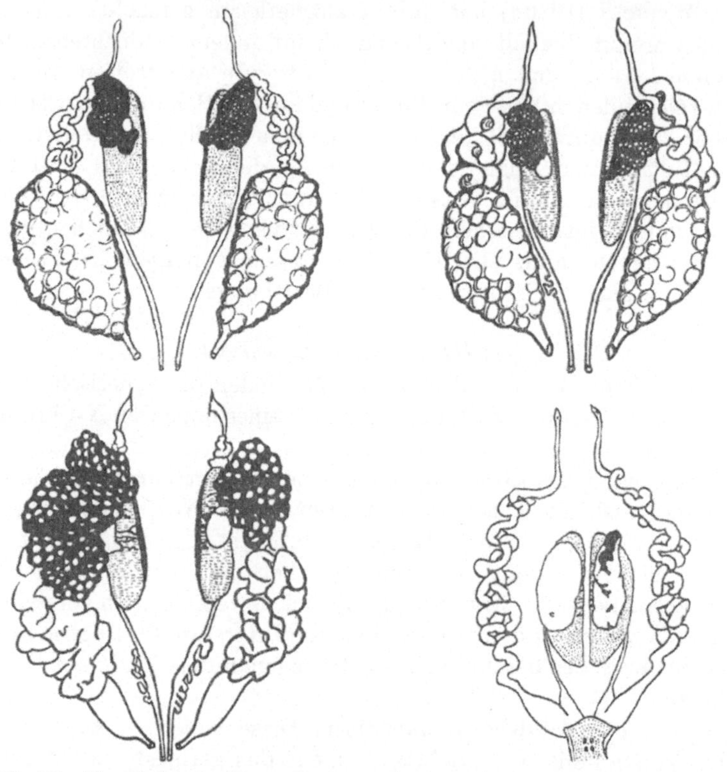

Abb. 111. Vier Stufen der Umwandlung erwachsener ♀ in ♂. Schwarz Ovarteile, weiß Hodengewebe. Urniere, MÜLLERsche und WOLFFsche Gänge mitgezeichnet. (Nach CREW und WITSCHI.)

ordnen lassen, die die Umwandlung eines Weibchens in ein Männchen demonstriert. Abb. 111 zeigt vier solche Umwandlungsstadien (nach WITSCHI und CREW), die die Umbildung der Eierstöcke (schwarz) in Hoden (weiß) nebst der Rückbildung der MÜLLERschen Gänge demonstriert. Diese Tiere wären also in unserer alten Terminologie echte weibliche Intersexe. Nach den bisherigen Angaben scheint sich diese sexuelle Umwandlung besonders häufig bei undifferenzierten Rassen zu finden. Es muß allerdings zugefügt werden, worauf CHENG mit Recht aufmerksam macht, daß die genannte Reihe nur erschlossen ist, und daß der Vorgang der Umwandlung niemals wirklich beobachtet wurde. Daß der Schluß aber sehr wahrscheinlich ist, wird der folgende Abschnitt zeigen. Ob auch eine umgekehrte Umwandlung des erwachsenen Männchens in ein Weibchen vorkommt, ist nicht sicher. ROXAS hat festgestellt, daß der philippinische Frosch *Rana vittigera* sehr häufig Geschlechtsabnormitäten zeigt, ja in solchem Maß, daß es oft schwer ist, normale Männchen an einer bestimmten Lokalität zu finden. Die betreffenden Tiere sind makroskopisch in jeder Beziehung Männchen, abgesehen davon, daß die MÜLLERschen Gänge etwas stärker entwickelt sind und daß die Hoden oft pigmentiert sind. Im Innern zeigen die Hoden normale Samenkanälchen mit Spermiogenese und Spermien und dazwischen außerhalb wie innerhalb der Kanälchen unregelmäßig gelagerte Eier. ROXAS meint, daß diese Tiere Männchen seien auf dem Wege der Umwandlung in Weibchen. Es scheint mir viel wahrscheinlicher, daß diese Tiere noch den Rest einer transitorischen Intersexualität genetischer Männchen demonstrieren. Bis jetzt möchte ich also echte männliche Intersexualität beim Frosch als nicht bekannt bezeichnen.

$\beta\beta\beta$) **Genetische Versuche.** Das erste genetische entscheidende Experiment wurde von CREW (1921b) ausgeführt. Er hatte von einem Froschpärchen eine Nachkommenschaft von 774 ♀ erhalten. Bei der Sektion zeigte es sich, daß der Vater hermaphrodite Symptome besaß, wie in Abb. 111 das letzte Tier und somit ein genetisches Weibchen in Umwandlung in ein Männchen gewesen war. Daraus folgt nun, daß beim Frosch das Weibchen das homogametische Geschlecht ist, da ♀ XX × ♂ (aus ♀) XX = nur Töchter XX, während ♀ XY × ♂ (aus ♀) XY = XX + 2 XY + YY, d. h. 2 ♀ : 1 ♂ wären. WITSCHI (1923a, b) war dann so glücklich, drei solche Adulthermaphroditen zu finden, mit denen mehrere Kombinationen ausgeführt werden konnten. Nämlich:

1. ♀ differenzierter Rasse × Sperma des Hermaphroditen: 182 ♀.

2. Eier des Hermaphroditen × ♂ der differenzierten Rasse: 132 ♀ : 135 ♂.

3. Hermaphrodit mit eigenem Sperma: 46 ♀, 2 ♀⚲.

3a. Hermaphrodit mit eigenem Sperma: 144 ♀, 20 ♀⚲.

Die erste Kreuzung ist die gleiche wie bei CREW und führt somit auch zum gleichen Schluß. Die zweite ist ebenfalls nach Erwartung, wenn der Hermaphrodit ein genetisches Weibchen XX war, nämlich $XX\,♀ \times XY\,♂ = XX + XY$. Bei der Selbstung des Hermaphroditen hätten aber nur Töchter erzeugt werden dürfen ($XX \times XX = XX$), es erschienen jedoch dazu Hermaphroditen, bei vielen abnormen Larven und großer Sterblichkeit. WITSCHI meint, daß die gleichen Ursachen, die die abnormen Eier bedingen, auch die Hermaphroditen phänotypisch erzeugte. Ich möchte lieber schließen, daß dieser Versuch zeigt, daß die Adulthermaphroditen genetische Intersexe sind, die diese genetische Besonderheit vererben, ohne daß man aus dem einen Versuch eine konkrete genetische Erklärung ableiten könnte.

Das Ergebnis der cytologischen Untersuchungen kann kurz gegeben werden: WITSCHI fand beim Männchen wie beim Weibchen die normale Chromosomenzahl von 26, es gibt also sicher kein unpaares X-Chromosom. Er glaubt, eine geringe Größendifferenz zwischen X und Y beim Männchen zu finden, die aber wohl nicht ganz beweisend ist.

$\delta\delta$) *Genetische Analyse der transitorischen Intersexualität.*

Eine genetische Analyse des Verhaltens der undifferenzierten und differenzierten Rassen der Frösche wurde zuerst von R. HERTWIG (1912) im Kreuzungsexperiment versucht und seitdem von WITSCHI (1914, 1920a) weitergeführt. Leider ist eine Analyse nach Art der bei *Lymantria* durchgeführten kaum möglich, da die technischen Schwierigkeiten die Bastardierungsversuche bisher auf F_1 beschränkt haben. Da außerdem, wie wir sehen werden, die Resultate an den zwei sich verschieden verhaltenden Arten *temporaria* und *esculenta* gewonnen sind, so stehen nicht alle Schlußfolgerungen auf sehr sicherer Basis.

Der Grundversuch ist natürlich die Kreuzung der verschiedenen Rassentypen in verschiedenen Kombinationen. Wir geben zunächst in der folgenden Versuchsserie von WITSCHI einen Versuch, bei dem die Eier eines Weibchens der Bonner Rasse, die sich nach der Tabelle S. 242 als fast differenziert erweist (Gruppe IV der Tabelle), mit verschiedenen Männchen undifferenzierter und differenzierter Rassen befruchtet wurden. Die Davoser sind differenziert, Freiburger und Elsässer undifferenziert, Berliner und Bonner stehen dazwischen (s. die römische Zahl, V = differenziert).

Bastardierung von Lokalrassen der *Rana temporaria*

| Bonn ♀ IV × ♂ | Geschlecht der Nachkommen 1 Monat nach der Metamorphose | | |
	total	aus Ei + Gynospermium	aus Ei + Androspermium
1. Freiburg ♂ I	366 ♀ + 14 ⚥ + 1 Ind.	190 ♀	176 ♀ + 14 ⚥
2. Elsaß ♂ I	302 ♀ + 29 ⚥ + 2 ♂	167 ♀	135 ♀ + 29 ⚥ + 2 ♂
3. Berlin ♂ IV	235 ♀ + 16 ⚥ + 82 ♂	167 ♀	68 ♀ + 16 ⚥ + 82 ♂
4. Bonn ♂ IV	124 ♀ + 36 ⚥ + 129 ♂	124 ♀	36 ⚥ + 129 ♂
5. Davos ♂ V	135 ♀ + 2 ⚥ + 139 ♂	135 ♀	2 ⚥ + 139 ♂

Die erste Kolumne zeigt klar, daß mit Zunahme des Differenziertseins der Rasse des Vaters die transitorische Intersexualität der zukünftigen Männchen mehr und mehr verschwindet. In den folgenden Kolumnen ist ausgerechnet, wie die genetischen Geschlechter (Befruchtung mit X-Spermie = Gynospermie, mit Y-Spermie = Androspermie) auf diese Zuchten verteilt sind unter Annahme eines 1 : 1-Geschlechtsverhältnisses. Die Serie zeigt, daß die Beschaffenheit des Vaters das Resultat bedingt, natürlich dabei seine männchenbestimmenden Spermien, da es ja die genetischen Männchen sind, die die transitorische Intersexualität zeigen. Die reziproken Kreuzungen, also eines Weibchens differenzierter Rasse von Davos mit verschiedenen Männchen, ergaben nach WITSCHI:

| Davos ♀ V × ♂ | Geschlecht der Nachkommen 1 Monat nach der Metamorphose | | |
	total	aus Ei + Gynospermium	aus Ei + Androspermium
Freiburg I	237 ♀ 1 ⚥ 1 ♂	120 ♀	117 ♀ 1 ⚥ 1 ♂
Rostock III	170 ♀ 5 ⚥ 118 ♂	147 ♀	23 ♀ 5 ⚥ 118 ♂
Basel IV	150 ♂ 9 ⚥ 114 ♂	137 ♀	13 ♀ 9 ⚥ 114 ♂
Davos V	149 ♂ 1 ⚥ 151 ♂	146 ♀	3 ♀ 1 ⚥ 141 ♂

Auch hier zeigt sich wieder der deutliche Einfluß des Vaters; im Gegensatz zu WITSCHI scheint mir aber auch ein Einfluß der Mutter differenzierter Rasse deutlich zu sein. Da die Mutter das X-Chromosom der genetischen Söhne liefert, so wäre daraus zu schließen, daß auch das X-Chromosom der verschiedenen Rassen gleichsinnig verschieden ist wie das Y-Chromosom, das ja die Androspermien charakterisiert, d. h. daß mit der schwächer verweiblichenden Wirkung des Y-Chromosoms der differenzierten Rasse auch eine *schwächer* verweiblichende ihres X-Chromosoms verbunden ist, da ja dieses X auch mit dem stark verweiblichenden Y des undifferenzierten Vaters noch vorwiegend ♂ erzeugt.

HERTWIGs Untersuchungen sind an *R. esculenta* ausgeführt, die *temporaria* gegenüber eine Besonderheit hat. Auch hier kommen undifferenzierte und differenzierte Rassen vor. Bei den undifferenzierten Rassen bleiben aber die Ovarien sowohl der genetischen Weibchen als auch der Männchen mit transitorischer Intersexualität auf einem vom typischen Ovar verschiedenen Stadium lange stehen. Solche „indifferente" Gonaden lassen die Lappung der Oberfläche des typischen Ovars vermissen, und das Wachstum der Eier ist zurückgeblieben. Sie sind also schon makroskopisch erkennbar. Aus ihnen können sich also, ohne daß man es zunächst unterscheiden kann, echte Ovarien oder Hoden entwickeln. Diese zurückgebliebenen „indifferenten" Eierstöcke sind im folgenden mit (♀) bezeichnet. Diese Bezeichnung deckt also sowohl die Männchen mit transitorischer Intersexualität als auch die langsam differenzierenden Weibchen. Wir betrachten zunächst eine Versuchsserie, bei der je ein Weibchen undifferenzierter und eines differenzierter Rasse mit verschiedenen Männchen gekreuzt werden. *FD* ist die differenzierte Rasse von Florenz, *LD* eine ebensolche von Lochhausen bei München, *LU* eine undifferenzierte von der gleichen Lokalität, *DU* eine ebensolche von Dorfen bei München. V und III bedeuten wieder die Klassen der Tabelle S. 242.

Mutter	× ♂ *FD* V	♂ *LD* V	*LD* V	*LU* III	*DU* III
LD ♀ V	52 ♂ 52 ♀ 2(♀)	111 ♂ 101 ♀	67 ♂ 79 ♀ 3 (♀)	3 ♂ 19 ♀ 130(♀)	3 ♂ 11 ♀ 190(♀)
LU ♀ III	49 ♂ 44 (♀)	69 ♂ 178 (♀)	160 ♂ 127 (♀)	5 ♂ 220 (♀)	1 ♂ 31 (♀)

Diese Tabelle zeigt uns zunächst wieder, daß die transitorische Intersexualität der genetischen Männchen, die hier unter den (♀)-Individuen mit enthalten sind, durch die männchenerzeugenden Spermien übertragen wird. Denn der Florentiner Vater erzeugt mit beiden Weibchen zur Hälfte normale Söhne und die beiden indifferenten Väter erzeugen mit denselben Müttern vorwiegend Söhne mit transitorischer Intersexualität. Im Gegensatz zu WITSCHI, der in seiner neuesten Bearbeitung des Gegenstands nur diese Teile der Tabelle auswählte, müssen wir aber feststellen, daß die Kreuzung des undifferenzierten Weibchens LU mit dem differenzierten Männchen LD offensichtlich auch Männchen mit transitorischer Intersexualität zum Teil hervorbringt [178 (♀) gegen 69 ♂], was darauf hinweist, daß auch die Mutter an dem Vorgang beteiligt ist, jedenfalls durch das von ihr gelieferte X-Chromosom. Das gleiche mußten wir ja auch schon für *temporaria* schließen.

In der gleichen Serie kommt nun noch ein zweites Phänomen in Betracht, nämlich das Erscheinen von zunächst „indifferenten" genetischen Weibchen, die für undifferenzierte Rassen von *esculenta* charakteristisch sind und in den (♀) mit enthalten sind. Die Kombinationen der differenzierten L-Mutter mit den beiden undifferenzierten L-Vätern zeigen, daß auch dieses Phänomen von dem Vater, jetzt dessen weibchenbestimmender Spermie erzeugt wird, da ja fast keine normalen Töchter vorkommen. Da aber die undifferenzierte Mutter LU mit allen drei differenzierten Vätern ebenfalls nur die „indifferenten" Töchter erzeugt, so sehen wir wieder auch hierfür die Mutter mit verantwortlich durch ihr eines X-Chromosom, das sie den Töchtern liefert. Mit anderen Worten: Bei der Erzeugung der transitorischen Intersexualität der Männchen ist das Y des Vaters entscheidend, aber das X von der Mutter wirkt in gleicher Richtung mit. Die langsame Differenzierung der Eierstöcke der genetischen Weibchen undifferenzierter Rasse wird durch die Beschaffenheit ihrer beiden X bedingt. Wollte man, was naheliegt, annehmen, daß dies auf einer geringeren weiblichen Kraft der beiden X beruht, dann folgte, daß bei den undifferenzierten Rassen mit relativ stark verweiblichender Tendenz des Y umgekehrt das X weniger verweiblichende Wirkung hat. Entsprechend hätten die differenzierten Rassen mit wenig verweiblichenden Y ein stärker verweiblichendes X. Dies ist auch WITSCHIS Schluß, der aber im Gegensatz zu dem steht, was wir vorher für *temporaria* erschlossen. Die Schwierigkeiten der Entscheidung liegen darin, daß einerseits die experimentelle Basis in beiden Fällen ungenügend ist, sodann aber darin, daß erst zu erklären wäre, warum bei *temporaria* die verzögerten Ovarien der genetischen Weibchen fehlen, falls sie auf die gleichen Ursachen wie die Indifferenz zurückgehen. Könnten da nicht zwei ganz verschiedene Phänomene zu Unrecht miteinander verknüpft sein?

Noch eine andere Versuchsserie von HERTWIG muß angeführt

werden, bei der drei Weibchen aus Irschenhausen bei München (I) mit verschiedenen Männchen gekreuzt wurden.

Mutter	$\times\, \male\ FD$	$\male\,L$	$\male\,Ia$	$\male\,Ib\ U$
$I_1\,D\,(?)$	140 $\male$ 142 $\female$	52 $\male$ 34 $\female$	112 $\male$ 97 $\female$	109 ($\female$)
$I_2\,D\,(?)$	67 $\male$ 68 $\female$	162 $\male$ 114 $\female$ 4 ($\female$)	162 $\male$ 114 $\female$ 4 ($\female$)	1 $\male$ 41 ($\female$)
$I_3\,U$	52 $\male$ 50 $\female$	54 $\male$ 69 ($\female$)	54 $\male$ 1 $\female$ 71 ($\female$)	3 $\male$ 1 $\female$ 64 ($\female$)

Diese Tabelle zeigt, daß das Männchen Ib undifferenzierter Rasse war und mit allen drei Weibchen sowohl transitorisch-intersexuelle Söhne als auch langsam differenzierende Töchter erzeugte. Ebenso erweist sich wie immer das Florentiner Männchen F als einer differenzierten Rasse angehörig, das mit allen drei Müttern nur normale Geschlechter erzeugt. Aber die Männchen L und Ia erzeugen mit den Müttern I_1 und I_2 normale Geschlechter, waren also auch differenziert. Da aber die gleichen Männchen mit der Mutter I_3 neben normalen Söhnen die „indifferenten“ Töchter herausbringen, so muß I_3 von I_1, I_2 verschieden gewesen sein, nämlich undifferenziert wie im Parallelfall der vorhergehenden Tabelle. Damit zeigt dieses Weibchen wieder wie vorher den Einfluß des mütterlichen X auf die Beschaffenheit der Töchter, nämlich einen weniger verweiblichenden Einfluß.

Wenn wir nun zusammenfassen, was diese nicht sehr durchsichtigen genetischen Experimente an den beiden Froscharten ergeben und dabei gleichzeitig die uns von früher bekannten Formulierungen der genetischen Geschlechtsverhältnisse benutzen, so zeigt sich das folgende: 1. Die undifferenzierten Rassen besitzen ein Y von relativ stark verweiblichender Tendenz, die differenzierten Rassen ein solches von relativ schwach verweiblichender Tendenz. 2. Wenn wir annehmen, daß die langsam differenzierenden Ovarien der Weibchen von *esculenta* undifferenzierter Rasse durch geringe weibliche Tendenz bedingt sind, dann müssen die X-Chromosomen der undifferenzierten Rasse eine relativ geringe verweiblichende Tendenz besitzen, die der differenzierten Rassen aber eine relativ starke solche Tendenz. 3. Ein Versuch bei *temporaria* spricht dafür, daß bei beiden Rassen umgekehrt die verweiblichende Tendenz in X und Y gleichsinnig steigt oder sinkt. 4. Ob der Schluß aus den *esculenta*-Versuchen generell gültig ist, hängt davon ab, ob die verzögerte Ovarienentwicklung die gleiche Ursache wie die Indifferenz hat, und ob das abweichende *temporaria*-Resultat typisch ist oder nicht. 5. Eine definitive Entscheidung ist aber nicht möglich, weil sowohl die F_1-Kreuzungsresultate noch nicht genügen als auch die F_2-Analyse fehlt. Wie gesagt, nimmt WITSCHI, der sich am meisten mit dem Gegenstand befaßt hat, die in Nr. 1 und 2 gegebenen Schlüsse als typisch an. Um den verwickelten Gegenstand nicht noch mehr zu verwickeln, wollen wir seine Schlußfolgerungen allein wiedergeben, Formulierungen, die eine Modifikation der ursprünglichen GOLDSCHMIDTschen darstellen, unter dem Vorbehalt, daß auch eine andere Lösung später sich ergeben könnte.

Da aus den oben besprochenen Versuchen hervorgeht, daß die Frösche dem *Drosophila*-Typ angehören, so gilt für sie die Formel $MMFF = \female$, $MMF\!f = \male$. Da eine mütterliche Vererbung von M nicht vorkommt, muß angenommen werden, daß es in den Autosomen gelegen ist, und da ein Unterschied seiner Wirkung in reziproken Kreuzungen nicht nachgewiesen ist, so dürfte es bei allen Rassen identisch sein. Die F-Gene müssen natürlich in den Geschlechtschromosomen liegen und wenn wir beim Männchen von XY reden wollen, so liegt F im X- und f im Y-Chromosom.

WITSCHI nimmt nun an, daß bei allen Rassen der M-Faktor quantitativ immer gleich ist. Die verschiedenen Typen und Kreuzungsresultate müssen also durch quantitative Verschiedenheiten der F-Faktoren allein erklärt werden (im Gegensatz zu GOLDSCHMIDT). Ein Männchen bildet nun zwei Sorten von Spermien, nämlich mit F (weibchenbestimmende) und mit f (männchenbestimmende). Bei den differenzierten Rassen muß also f einen sehr geringen Wert haben, bei den undifferenzierten aber einen sehr hohen, im Extrem einen ebenso hohen wie F. Der extremste Fall der Undifferenziertheit wäre also $F = f = M$, in der Formel $F\!fMM$ halten sich $F\!f$ und MM die Wage und $F\!f$ wäre auch gleich FF, so daß es keine Geschlechter gäbe. Die möglichen Zwischenstufen stark differenzierter Rassen sind dann durch die verschiedenen Zwischenwerte für f gegeben. WITSCHI schließt ferner aus den HERTWIGschen Versuchen, daß die Eier des Weibchens differenzierter Rassen eine stärkere weibliche Tendenz haben als die undifferenzierten Rassen. Wenn erstere also durch Abschwächung von f charakterisiert sind, so muß F gleichzeitig verstärkt sein, und so wird angenommen, daß in der ganzen Serie Abschwächung von f und Verstärkung von F Hand in Hand geht, und zwar glaubt er erschließen zu können, daß die Verstärkung von F $^1/_3$ der Schwächung von f bedeutet. Wenn nun bestimmte Werte für f und F und M nach dem Vorgang GOLDSCHMIDTs angenommen werden, so müssen diese bei dem Extrem, dem Zwitter, völlig gleich sein. $F=f=M$, daher $MMFF$ und $MMFf$ identisch und Zwitter. Bei der differenziertesten Rasse, also dem reinen, zweigeschlechtigen *Drosophila*-Typ, aber muß $f=0$ sein. Wird als Ausgangspunkt für F und M der Wert 15 angenommen, dann ergibt sich für verschiedene Rassen die folgende mögliche Reihe:

I		II	
♀	♂	♀	♂
$15F$ $15M$	$15F$ $15M$	$16F$ $15M$	$16F$ $15M$
$15F$ $15M$	$15f$ $15M$	$16F$ $15M$	$12f$ $15M$
–	–	F_2	M_2

Undifferenzierte Rassen I und II.

III		IV		V		VI	
♀	♂	♀	♂	♀	♂	♀	♂
$17F$ $15M$	$17F$ $15M$	$18F$ $15M$	$18F$ $15M$	$19F$ $15M$	$19F$ $15M$	$20F$ $15M$	$20F$ $15M$
$17F$ $15M$	$9f$ $15M$	$18F$ $15M$	$6f$ $15M$	$19F$ $15M$	$3f$ $15M$	$20F$ $15M$	$-f$ $15M$
F_4	M_4	F_6	M_6	F_8	M_8	F_{10}	M_{10}

Differenzierte Rassen III-VI
Epistatisches Minimum = 3-5

Die Grenze zwischen differenzierten und undifferenzierten Rassen, also das epistatische Minimum, wird willkürlich mit 3,5 zwischen Gruppe II und III angenommen. Das Übergewicht der F- oder M-Faktoren in jeder Kombination ist in der untersten Reihe angegeben, also $MM-FF=2$ ist geschrieben M_2.

Es wird gut sein, sich an diesem Punkt über die Unterschiede dieser Interpretation und der GOLDSCHMIDTschen für *Lymantria* klarzuwerden, besonders da WITSCHIs Schreibweise nicht ganz leicht zu lesen ist. Wir sehen dabei ab von den Unterschieden, die durch *Abraxas*-Typ dort und *Drosophila*-Typ hier gegeben sind, und ferner durch die mütterliche Vererbung von F ($=$ Y-Chromosom) bei *Lymantria*; ferner wird die Differenz der entwicklungsphysiologischen Interpretation erst im nächsten Abschnitt besprochen. 1. In beiden Fällen ist das Resultat von der relativen Quantität von F und M abhängig. 2. Bei den *Lymantria*-Rassen ist nachgewiesen, daß es sowohl F als M verschiedener Quantität gibt (starke und schwache Rassen). Hier bei WITSCHI wird M

immer die gleiche Quantität beigemessen, während F verschieden stark sein kann. 3. Bei *Lymantria* gibt es nur die quantitative Beziehung von 2 X-Faktoren bzw. 1 X-Faktor. [Wir sagen jetzt X-Faktor, um die Verwirrung von *Drosophila*-Typ und *Abraxas*-Typ zu vermeiden. Bei ersterem ist F der X-Faktor, bei letzterem M. Dementsprechend wäre beim *Drosophila*-Typ = Frosch f der Y-Faktor, beim *Abraxas*-Typ m der Y-Faktor; der Y-Faktor (m, f) ist bei *Lymantria* und *Drosophila* nicht vorhanden, also Null, und die verschiedenen Quantitäten der X-Faktoren spielen also nur als X bzw. 2 X eine Rolle. Wieder abgesehen von der Lage

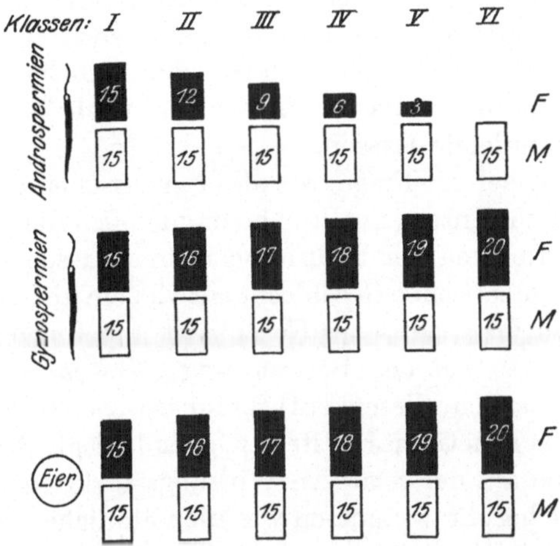

Abb. 112. Schema der Valenzverhältnisse der Geschlechtsgene der Frösche. (Nach WITSCHI.)

des F im Y-Chromosom bei *Lymantria*.] In WITSCHIS Annahme wirkt aber der Y-Faktor (hier f) mit, dem Realität und eine bestimmte Quantität zugesprochen wird, die dazu umgekehrt proportional der Quantität von F wächst. 4. Bei *Lymantria* steht also (abgesehen von der eventuellen Lage von F im Y-Chromosom) das Y-Chrmosom den X-Chromosomen als etwas ganz anderes gegenüber. In WITSCHIS Annahme gibt es aber überhaupt kein Y, sondern auch im heterogametischen Geschlecht 2 X, von denen das eine nur einen schwächeren F-Faktor enthalten kann als das andere; eigentlich gibt es also gar nicht die Formel Ff hier, sondern nur FF_1, wobei F_1 das schwache f wäre.

Im Schema Abb. 112 ist die gesamte Schlußfolgerung noch einmal graphisch dargestellt. Die Wirkungsstärke der Gene in den X- und Y-Chromosomen ist durch die relative Größe der die Chromosomen repräsentierenden Rechtecke ausgedrückt. Weiß sind die Autosomen, die das M-Gen enthalten, schwarz die Geschlechtschromosomen, von denen X das F enthält und Y das F_1 ($= f$) einschließt. Entsprechend obiger Tabelle sind die willkürlich angenommenen Wirkungsstärken der Gene in den Chromosomen angeführt, und zwar für M immer 15, für F im X-Chromosom ansteigend von 15—20, für F_1 im Y-Chromosom abfallend von 15—0. Die jeweilige Chromosomenkombination bezieht sich auf die reifen haploiden Eier und Spermien. Die Befruchtung in der Klasse I (hypothetisch) ergäbe völlig ausbalancierte Zwitter, in Klasse VI rein getrennt geschlechtliche Formen vom XO-Chromosomentyp. II wären die undifferenzierten Rassen und nach V hin immer differenzierter werdende Rassen.

Nun erhebt sich die Frage, wie diese genetischen Konstitutionen die transitorische Intersexualität bedingen, also die Tatsache, daß genetische Männchen der undifferenzierten Rassen sich zunächst mit dem nichtgenetischen Geschlecht entwickeln und erst von einem Drehpunkt ab ihr genetisches Geschlecht annehmen und dies aus zygotischen, also bei der Befruchtung feststehenden Ursachen. Wenn, wie wir sahen, diesem entwicklungsgeschichtlichen Vorgang ein besonderes genetisches System zugrunde liegt, das in Analogie mit *Lymantria* auf der relativen Wirkungsstärke (oder Quantität) von F und M beruht, so müssen wir auch ähnliche Verknüpfungen wie bei *Lymantria* annehmen, nämlich Beziehungen zwischen der genetischen Beschaffenheit und dem Ablauf der geschlechtsbestimmenden Reaktionen, also der Produktion der geschlechtsdeterminierenden Stoffe, wie und wo diese auch im einzelnen produziert werden mögen. Nach den oben gemachten Annahmen ist die Quantität von MM immer die gleiche. Der Unterschied der beiden Rassen kann also nur in dem Ablauf der F-Kurven, der Kurven für die Produktion der weiblichen Determinationsstoffe liegen. Bei den differenzierten Rassen müssen sie beim Männchen dauernd unter dem Niveau der M-Kurven stehen, bei den undifferenzierten aber muß die F-Kurve zunächst überwiegen (die weibliche Phase) und erst nach einiger Zeit der M-Kurve unterliegen. Man kann dies graphisch in verschiedener Weise darstellen. Eine ganz einfache Darstellung, die nichts bedeutet als eine Über-

setzung der Tatsachen in ein Schema ist in Abb. 113 wiedergegeben.
Die MM-Kurve ist für beide Geschlechter und alle Rassen konstant.
Beim differenzierten Männchen Ff (D) ist die Männlichkeitskurve
dauernd überlegen, beim halb differenzierten FF_2 ist eine weibliche
Phase bis zum Drehpunkt H vorhanden; beim undifferenzierten
Männchen FF_1 ist die weibliche Phase länger bis zum Drehpunkt U.
Beim Weibchen der differenzierten Rasse ist FF (D) immer über
MM, beim Weibchen der undifferenzierten Rasse aber ist FF (U)

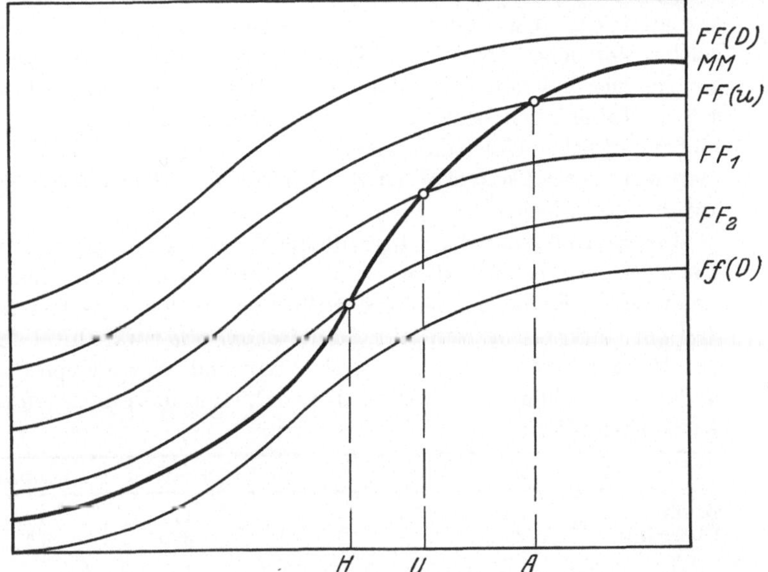

Abb. 113. Kurvenschema zur Erläuterung der Rassentypen, der transitorischen
Intersexualität und des Adulthermaphroditismus der Frösche. Erklärung im Text.

so verlaufend, daß spät noch ein Drehpunkt kommt (A), der zum
Adulthermaphroditen führt. Bei dieser Darstellung ist die Distanz
vom Nullpunkt des Systems zum Nullpunkt der F-Kurven proportional der relativen Quantität der Wirkungsstärke der beiden
addierten F-Gene. Der eventuelle entwicklungsphysiologische Sinn
gerade dieser hier gewählten Kurvenanordnung soll hier nicht diskutiert werden[1].

---

[1] Siehe unter sinngemäßer Anwendung die Ausführungen bei GOLD-
SCHMIDT (1923 a).

εε) *Die Modifikabilität.*

Unter Modifikation versteht man in der Vererbungslehre bekanntlich die nichterbliche, rein phänotypische Veränderung des Organismus durch Außenbedingungen. Wir hatten bereits bei *L. dispar* aus dem Kurvenschema abgelesen, daß es möglich sein muß, innerhalb der normalen genetischen Konstitution der reinen Geschlechter Intersexualität dadurch zu erzielen, daß durch direkte experimentelle Bewirkung, z. B. durch Temperaturwirkung bei differentem Temperaturkoeffizient der Kurven, Intersexualität erzielt werden kann, und wir hatten den positiven Erfolg solcher Versuche verzeichnet. Die obige Kurve zeigt nun, daß das gleiche hier bei den Amphibien in erhöhtem Maße möglich sein sollte. Tatsächlich liegt denn auch hier das meiste Material für nichtzygotische Umstimmung des Geschlechts vor. Eine der merkwürdigsten Tatsachen ist der Einfluß der Überreife der Eier auf das Geschlecht.

Der Einfluß ovarialer Überreife bei Fröschen wurde zuerst von PFLÜGER festgestellt, dann von der HERTWIG-Schule genauer untersucht. Es liegen mehrere Fälle vor, in denen es feststeht, daß bei starker Überreife nur ♂ entstehen, und zwar durch Umwandlung der genetischen ♀ in ♂. Das einwandfreieste Experiment in dem alle Fehlerquellen vermieden sind, stammt von KUSCHAKEWITSCH, nämlich:

	♂	♀		Summa	Sterblichkeit
Kontrolle	58	53	—	111	6 %
Überreife	299	—	1	300	4 %

Ursprünglich glaubten HERTWIG und andere dies durch gerichtete Reifeteilung bei weiblicher Heterogametie erklären zu können. Diese Erklärung wurde aber hinfällig durch Nachweis der männlichen Heterogametie; ferner durch den entwicklungsgeschichtlichen Befund (WITSCHI), daß in Überreifekulturen zuerst noch Weibchen vorhanden sind, die sich nachträglich in ♂♂ umwandeln, und schließlich hat HERTWIG (1921) gezeigt, daß bei einer indifferenten Rasse, die in einer Kontrollzucht zur Zeit der Metamorphose 100% Weibchen lieferte, Überreife ein normales Geschlechtsverhältnis hervorbrachte. Dies zeigt alles meines Erachtens, daß die Überreifewirkung einfach darin besteht, die Reaktionskurve von MM stark zu beschleunigen, ohne daß wir sagen können wieso. Bei einer undifferenzierten Rasse bedeutet das, daß die Männchen den Entwicklungstyp einer differenzierten bekommen, bei einer differenzierten aber, daß die genetischen ♀ in ♂ umgewandelt werden. Dies wäre dann also echte intersexuelle Geschlechtsumwandlung wie bei *dispar* nach Kreuzungen.

Ganz ähnliche modifikatorische Wirkungen wurden in Temperaturversuchen erzielt, die hauptsächlich von WITSCHI (1914, 1929d) stammen. Sie zeigten, daß bei differenzierten Rassen unter Kälteeinwirkung (10°) der Entwicklungstyp der undifferenzierten Rassen erzielt wird. Bei hoher Temperatur (27°) verwandelten sich ♀ nach der Metamorphose in ♂, also ähnlich wie bei Überreifewirkung. Ebenso wird durch hohe Temperatur die Ausdifferenzierung der Männchen undifferenzierter Rassen beschleunigt.

Neuerdings hat WITSCHI (1928) einen ähnlichen Versuch mit *R. sylvatica* wiederholt. Die Larven wurden vom 34. Tag an in 32° C gebracht. Bei dieser Temperatur wandelten sich sämtliche weibliche Larven durch Degeneration der Ovocyten und Wachstum der Medulla in männliche um, während die genetischen Männchen unverändert blieben. WITSCHIS Ergebnisse wurden neuerdings vollständig von PIQUET (1030) bestätigt, die bei Benutzung verschiedener ansteigender Temperaturen zunehmende Vermännlichung genetischer Weibchen erzielte, und zwar bei Fröschen wie Kröten. Vielleicht (falls richtig interpretiert) gehören hierher auch die Ergebnisse von KING (1912), die bei Kröten eine Erhöhung der Männchenzahl durch Austrocknen der Eier erhielt. Doch fehlt hier der Nachweis der Geschlechtsumwandlung vollständig. Was bei allen diesen Versuchen geschah, läßt sich ohne weiteres am Kurvenschema Abb. 113 ablesen. Was dabei im einzelnen physiologisch vorgehen mag, werden wir später zu erörtern haben.

Eine ganz andersartige merkwürdige Tatsache ist die, daß nach MEYNS (1910) in Hoden des Frosches, die in ein erwachsenes, kastriertes Männchen transplantiert werden, Eizellen im Innern der Spermattubuli sich bilden. Gelegentliche Vorkommen von Eizellen im Hoden normaler Männchen sind aus vielen Tiergruppen beschrieben. Es scheint mir, daß diese Fälle alle nichts mit Intersexualität zu tun haben, sondern daß es sich um rein lokale Vorgänge handelt. Wir wissen ja, daß eine jede Urgeschlechtszelle die Fähigkeit hat, sich zur Spermatocyte oder Ovocyte zu entwickeln. Gewöhnlich wird das genetisch entschieden. Die genetische Determination ist aber ja nichts Mystisches, sondern muß irgendwie durch das Mittel des Chemismus arbeiten. Es ist somit sehr wohl denkbar, daß eine lokale Änderung im Chemismus die richtige Situation herbeiführen kann, die eine Urgeschlechtszelle in die eine oder andere Entwicklungsrichtung führt, genau so als ob genetische Ursachen diese Situation herbeigeführt hätten. Es ist das eine Parallele zu der wohlbekannten Tatsache, daß ein und dieselbe Außeneigenschaft von Organismen genetisch oder phänotypisch bedingt vorkommen kann.

ζζ) *Hormone und Intersexualität.*

Der Einfluß der Gonadenhormone wurde in Kastrations- und Transplantationsversuchen von zahlreichen Autoren, mit NUSBAUM beginnend, an Fröschen untersucht. Die an sich sehr interessanten Tatsachen, die in den Versuchen von NUSBAUM, STEINACH, HARMS, MEISENHEIMER, CHAMPY zutage gefördert wurden, sind für die Probleme, die uns hier beschäftigen, nicht sehr wesentlich. Wie erwartet üben die Gonadenhormone einen Einfluß auf die Ausbildung postpuberaler Geschlechtscharaktere aus, vor allem auf die cyclischen Charaktere, wie Daumenschwielen, Samenblasen und Umklammerungsreflexe des Männchens, die nach Kastration rückgebildet werden und nach Neueinpflanzung von Hoden wieder erscheinen. Die Einzelheiten sind übrigens dabei nicht von schematischer Klarheit. Eine hormonische Intersexualität, also Maskulierung oder Feminierung durch Transplantation entgegengesetzter Keimdrüsen, ist bisher noch nicht erzielt worden, auch nicht durch Transplantation in junge Kaulquappen. Wir meinen dabei hier nur die echten Sexualhormone, also die dritte Stufe geschlechtsdeterminierender Stoffe, nicht die embryonalen „Hormone", die in den Parabioseversuchen an Axolotln besprochen wurden.

Für unsere Fragestellung erscheinen wichtiger das Verhalten der Geschlechtscharaktere bei den geschlechtsumwandelnden Weibchen, sowie die Parabioseversuche. WITSCHI (1925b, c) stellte fest, daß bei den Adulthermaphroditen der indifferenten *temporaria*-Rassen, also genetischen Weibchen, die MÜLLERschen Gänge sich ebenso verhalten wie die Gonade. Wenn die Gonaden in der Umwandlung auf einer Körperseite voraus sind, so auch die MÜLLERschen Gänge. Dagegen scheinen die Brunstcharaktere, also

Daumenschwielen und Samenblasen, sich symmetrisch zu vermännlichen. Letztere sind also, wie auch die Kastrationsversuche zeigen, von der echten Hormonenproduktion abhängig, während die MÜLLERschen Gänge entweder ebenso wie die Gonade sich aus genetischen Ursachen umwandeln oder aber unter dem Einfluß der ihnen benachbarten Gonade ohne Vermittlung von im Blut kreisenden Stoffen stehen[1].

WITSCHI (1927a) hat weiterhin die oben beschriebenen BURNSschen Versuche mit Parabiose junger Larven an *Rana sylvatica*, einer differenzierten Froschform, wiederholt. Von 56 vereinigten Pärchen erwiesen sich 16 als ♂♂, 13 als ♀♀ und 27 als ♀♂. Eine Geschlechtsumwandlung wie bei *Amblystoma* nach BURNS war nicht eingetreten, wohl aber fanden sich bei 11 der 27 ungleichen Paare die Ovarien des weiblichen Partners in Umwandlung in Hoden unter den gleichen morphologischen Erscheinungen, die wir von der transitorischen Intersexualität her kennen. Die embryonalen Gonadenhormone (also die geschlechtsdeterminierenden Stoffe 2. Stufe) hatten somit die primäre, also genetische, sexuelle Differenzierung nicht verhindern können, wohl aber nachher die Umwandlung bewirkt, und zwar in den erhaltenen Fällen nur die des Ovars unter dem Einfluß männlicher Embryonalhormone. Dieser Versuch stimmt also mit den Resultaten von HUMPHREY und BURNS an *Amblystoma tigrinum* überein, abgesehen davon, daß BURNS auch, wenn auch in geringerer Zahl, die Umwandlung in der Richtung ♂—♀ bekam. Sicher folgt daraus, daß die männlichen Embryonalhormone des jungen Hodens das junge Ovar männlich umstimmen können. Wenn aber WITSCHI außerdem schließt, daß die noch undifferenzierte Gonade unter allen Umständen erst ihr genetisches Geschlecht ausbildet, so scheint mir der Schluß zu weitgehend. Wir wissen aus der Entwicklungsmechanik, daß die tatsächliche Determination eines Keimteils lange vor der sichtbaren Differenzierung liegt. Es ist nun sehr gut möglich, daß in einem Fall (Frosch und *Amblystoma tigrinum*) diese Determinierung schon fest ist, bevor morphologisch etwas von sexueller Differenzierung sichtbar ist, und daß daher die Umstimmung durch Hormone erst allmählich möglich wird. Außerdem ist aber zu beachten, daß diese Umstimmung ja erst zustande

---

[1] Siehe später bei den höheren Wirbeltieren die Erörterungen über embryonale Hormone und Brunsthormone.

kommen kann, wenn im Blut kreisende Determinationsstoffe von dem einen Partner produziert werden; es ist aber sehr gut möglich, daß diese beim Frosch erst auftreten, wenn die sichtbare Geschlechtsdifferenzierung schon vollzogen ist, während sie bei *Amblystoma punctatum* (mit erfolgreicher frühzeitiger Geschlechtsumwandlung) schon produziert werden mögen, wenn morphologisch die Gonade noch geschlechtlich indifferent erscheint.

Damit kommen wir nun dazu, aus den ganzen berichteten Tatsachen generelle Schlußfolgerungen zu ziehen. WITSCHI hat das große Verdienst, einen allgemeinen Punkt in den Vordergrund gestellt zu haben, der wahrscheinlich für alle Wirbeltiere (Fische?) gültig ist. Er zeigte, daß man auf Grund der morphologischen Verhältnisse annehmen muß, daß die primäre Geschlechtsbestimmung durch die genetische Beschaffenheit nicht die sexuelle Differenzierung der Urgeschlechtszellen leitet, sondern daß ein Zwischenorgan eingeschaltet ist, die corticalen und die medullaren Teile der ursprünglichen Gonade. Er spricht direkt von an diesen zwei Stellen lokalisierten Geschlechtsdifferentiatoren, die ihrerseits die Urgeschlechtszellen, die in ihren Bereich kommen, sexuell differenzieren[1]. Wenn wir das gleiche in der Art ausdrücken, die wir immer wieder auf Grund unserer allgemeinen Theorie der Geschlechtsbestimmung anwenden mußten, so würden wir sagen (für den Normalfall der Geschlechtsbestimmung, siehe oben[1]): Die durch den genetischen geschlechtsbestimmenden Mechanismus in Gang gesetzten F- und M-Reaktionen, die ja wohl in allen Zellen verlaufen, produzieren die geschlechtsdeterminierenden Stoffe. Bei den Amphibien (Wirbeltieren) ist die Stätte dieser Produktion vorwiegend in die Gonade verlegt, und zwar ist der Ort für die Erzeugung der F-Stoffe im Normalfall der Cortex, für die M-Stoffe die Medulla. Je nach dem Übergewicht der F- oder M-Reaktion (XX oder XY) werden die einen oder anderen zuerst oder konzentrierter erzeugt und kontrollieren damit die mehr medullare (männliche) oder mehr corticale (weibliche) Entwicklungsrichtung. Diese wiederum zwingt den Urgeschlechtszellen ihre eigene Entwicklungsrichtung auf. Bei transitorischer Intersexualität ist es die spezielle Anordnung der F- und M-Kurven und

---

[1] In dieser dogmatischen Form ist die Auffassung sicher falsch. Denn, wie wir noch sehen werden, kann auch der Cortex unter Umständen Samenkanälchen, die Rinde Eifollikel produzieren (Vögel, Säuger).

ebenso bei der späten Intersexualität (Adulthermaphroditismus), die das Übergewicht zuerst dem corticalen, dann dem medullaren Differenzierungsfaktor gibt.

Was ist nun dieser geschlechtliche Differenzierungsfaktor? Primär haben wir die Produkte der F- und M-Reaktionen, die in Cortex und Medulla wirken. Sekundär haben wir die in diesen beiden Organen wirkenden Differenzierungsfaktoren oder Determinationsstoffe. Die Transplantations- und Parabioseexperimente zeigen aber, daß im Körper kreisende Differenzierungsstoffe genau so wirken wie die sekundären Determinationsstoffe. Was man aus diesen Tatsachen schließen will, ist teilweise eine Frage der persönlichen Anlage, teilweise eine solche der Begriffsbestimmung. Das erstere soll heißen, daß es Forscher gibt, die es vorziehen, die Dinge möglichst auseinanderzuhalten und solche, die dazu neigen, die Erscheinungen mit möglichst wenig Annahmen einheitlich zu verstehen. Erstere werden die drei Stoffarten oder spezifischen Stoffwechselvorgänge, die geschlechtsdeterminierend wirken können, als verschieden ansehen und sagen, daß die primäre Determinierung auf die jedem Erbgeschehen zugrunde liegenden Determinationsstoffe zurückgeht, die lokalisiert in Medulla und Cortex zur Wirkung kommen; daß die zweite determinierende Wirkung, die von diesen beiden Strukturen auf die Keimzellen wirkt, einer besonderen Art von Determinationsstoffen (Harmozonen nach HARMS oder SPEMANNsche Organisatoren nach WITSCHI) zukommen; und daß die dritte Wirkung, die echte Hormonwirkung (Pubertäts- oder Brunsthormone, gleich Sexualhormone im engeren Sinne) wieder ein Ding für sich ist, das der ersten und zweiten der primären und sekundären gleichsinnig wirkt oder aber sie verstärkt, aber in der Hauptsache, wenn nicht ausschließlich, auf andere Empfangsorgane wirkt, nämlich die Brunstcharaktere, unter Ausschluß der den Stoffen zweiter Stufe reservierten Gonaden und Ausführgänge, bei letzteren abgesehen von ihren Brunstveränderungen. Der weniger ängstliche Forscher wird sich umgekehrt mehr über die Differenzen hinwegsetzen und das Vereinigende sehen und sagen: Allen drei determinierenden Wirkungen, die hier beobachtet werden, ist gemeinsam, daß sie eine geschlechtliche Determinierung auf einem Wege zustande bringen, der irgendwie stofflicher Natur sein muß, ob wir nun direkt von der Erzeugung von Determinationsstoffen sprechen oder sie mit „trophischem System" (WITSCHI),

„formative Reize" (HERBST), „Organisator" (SPEMANN), Hormone oder Harmozone beschreiben. Da sich mindestens zwei von ihnen, die Gonadenhormone der embryonalen Gonade und die primären Determinationsstoffe gegenseitig vertreten, ferner zwei von ihnen, nämlich embryonale und spätere Hormone, im Blut kreisen können, und da ja alle diese Stoffe nur aus ihrer Wirkung definiert werden können, die doch letzten Endes die gleiche ist, auch wenn die Produktionsstätte [Embryonalzelle, Cortex oder Medulla, Gonade als Ganzes (Interstitium?)] verschieden ist und auch der Transport (Diffusion, Blutbahn) verschieden ist, so liegt kein Grund vor, warum man nicht sie einheitlich beschreiben und bezeichnen sollte. Es ist dann gleichgültig, ob man formuliert:

Sexuelle Determinationsstoffe:
a) primäre Determinationsstoffe s. str.,
b) lokalisierte Differentiatoren = Harmozone = Organisator,
c) Hormone,

oder ob man kurzerhand den Hormonbegriff erweitert, auf die nur historisch gegebene Einengung auf im Blut transportierte Stoffe verzichtet und alles als primäre, sekundäre, tertiäre Hormone der sexuellen Differenzierung bezeichnet. Mir persönlich ist die letztere Methode, die ich schon lange vertrete, sympathischer, und ich glaube bestimmt, daß die Zukunft auf diese vereinfachende Vorstellung hinführen wird. Wir werden später bei den höheren Wirbeltieren nochmals auf diesen Fragenkomplex zurückkommen.

β) Die Kröten.

Die Kröten, und zwar vor allem die Gruppe der Bufoniden, unterscheiden sich von den Fröschen in sexueller Hinsicht sehr wesentlich durch eine Reihe von Besonderheiten, die zu einer umfangreichen Spezialliteratur geführt haben.

αα) *Das Biddersche Organ.*

Bereits ROESEL VON ROSENHOF (1750) wußte, daß bei den männlichen Kröten sich vor dem Hoden ein Organ befindet, das anderen Amphibien fehlt, BIDDER, VON WITTISCH, KNAPPE, SPENGEL legten die Grundlagen unserer Kenntnis der von KNAPPE als BIDDERsches Organ bezeichneten Struktur (die ältere Literatur bei PONSE 1924). Vor den Hoden, zwischen ihnen und dem Fettkörper liegt bei den Bufonidenmännchen ein kompakter Körper, der im

mikroskopischen Bild aus dichtge-
drängten Eizellen besteht, die aber
nie über ein gewisses Entwicklungsstadium fortgeschritten sind. Abbild. 114 zeigt ein Situsbild und
Abb. 115 die mikroskopische Struktur des Organs vom ♂ und ♀, nebst
dem Ovar zum Vergleich. Auch
beim Weibchen ist ein ebenso ge-
bautes Organ vorhanden, das den
Vorderrand des Eierstocks ein-
nimmt, aber bei älteren Weibchen
ganz verschwindet. Es ist früher
viel darüber diskutiert worden, ob
das Biddersche Organ wirklich aus
Eizellen besteht oder ob es nicht
nur Eiern ähnliche Zellen sind.
Da es nunmehr aber definitiv feststeht, daß es Eizellen sind, so können
wir auf Wiedergabe dieser Diskussion verzichten. Die Entwicklung

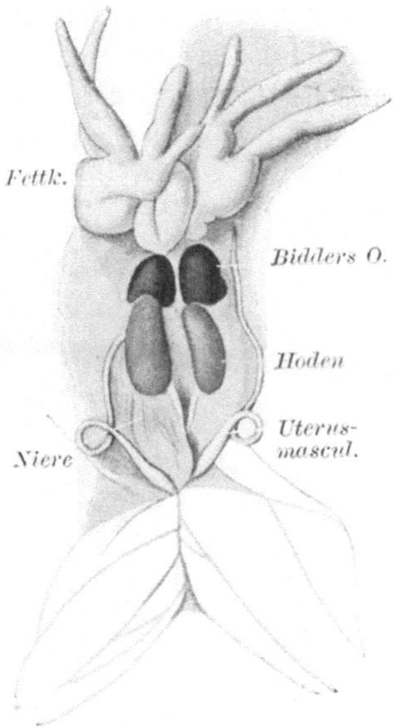

Abb. 114. Situsbild für Hoden und
Biddersches Organ beim Krötenmännchen. (Nach Harms.)

des Organs zeigt bereits, daß wir es im Biddersschen Organ mit
derselben Anlage zu tun haben, wie dem Ovar der Frösche mit

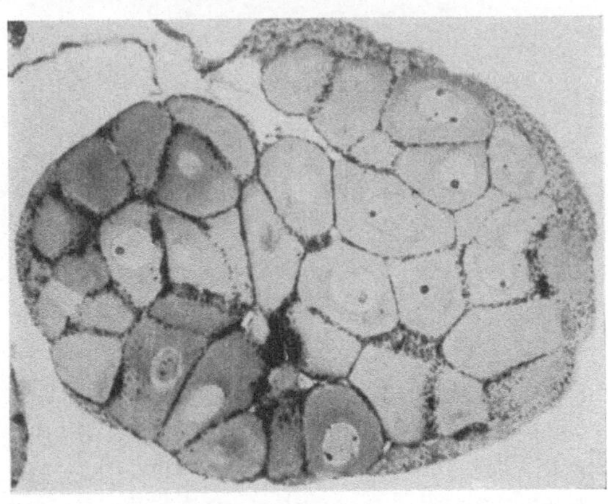

a

Abb. 115. a Querschnitt durch das Biddersche Organ von *Bufo viridis* ♂. b Desgl. vom ♀.
c Schnitt durch das Vorderende des Ovars zum Vergleich. (Nach Beccari.)

transitorischer Intersexualität. Der Unterschied besteht nur darin, daß bei der Ausbildung des Hodens das vorübergehende Ovar nicht verschwindet, sondern zeitlebens auf der Stufe, die es erreicht hat, erhalten bleibt und, wie wir sehen werden, auch noch entwicklungs-

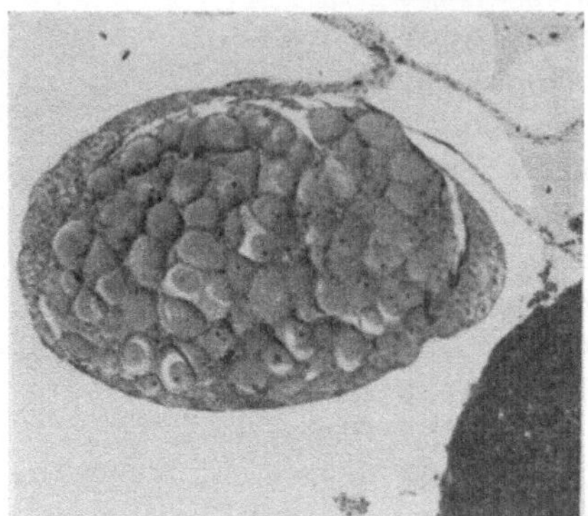

Abb. 115 b.

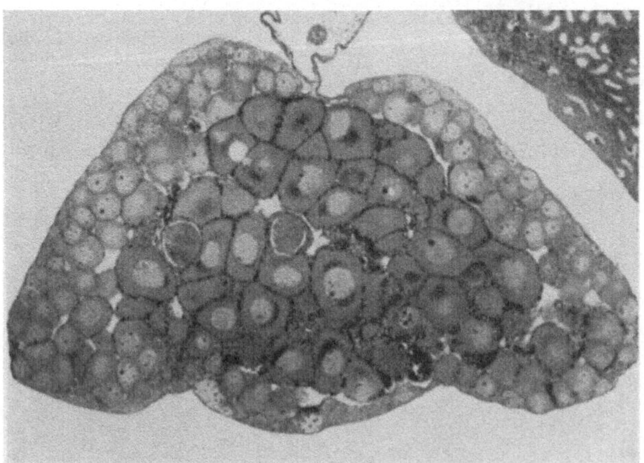

Abb. 115 c.

fähig bleibt. Bei der Entwicklung des Organs, die von KING (1908), BECCARI (1924—1928), PONSE (1924, 1927 b, c) studiert wurde, ist die wichtigste Tatsache die, daß der vorderste Abschnitt der Genitalleiste sich zuerst differenziert, und zwar als Ovar in beiden Geschlechtern. PONSE spricht deshalb direkt von einer Progonade.

Darauf differenziert sich ein dahinter liegender mehr oder weniger
großer Abschnitt ebenfalls weiblich und erst der dritte Differen-
zierungsschritt, der die hinteren Abschnitte der Genitalleiste betrifft, führt beim Männchen zum Hoden, beim Weibchen zum
funktionierenden Eierstock. Abb. 116 zeigt nach WITSCHI die Genitalorgane junger Kröten nach der Metamorphose mit dem schon

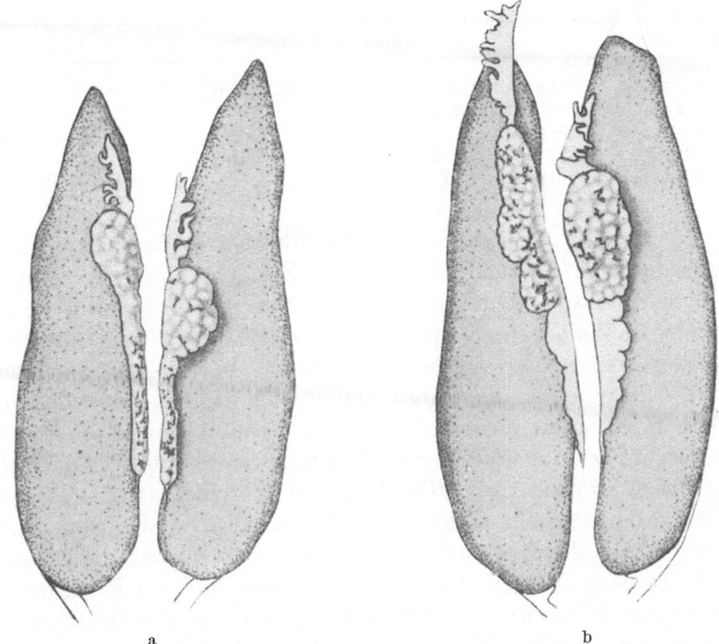

Abb. 116. a Urogenitalapparat einer männlichen *Bufo viridis* unmittelbar nach der Metamorphose. Die Gonaden auf der Urniere liegend, vorn die gelappten Fettkörper. Vorderer
Abschnitt der Gonade ist BIDDERsches Organ, hinterer Hoden. b Desgl. ♀ mit Ovar hinter
dem BIDDERschen Organ. (Nach WITSCHI.)

fertigen BIDDER-Organanteil und den sich männlich und weiblich
differenzierenden hinteren Abschnitten. Es ist noch zu bemerken,
daß im Gegensatz zum transitorischen Ovar der undifferenzierten
Froschrassen dem BIDDERschen Organ der für die Ovarialanlage
charakteristische Hohlraum fehlt. Eine Liste der Krötenarten,
bei denen bisher das BIDDERsche Organ gefunden wurde, findet
sich bei PONSE (1924).

$\beta\beta$) *Die Hermaphroditen.*

Eine zweite Besonderheit der Bufoniden ist die außerordentliche Häufigkeit von „Hermaphroditen" bei erwachsenen Individuen, also Adulthermaphroditen. Ihr Auftreten dürfte eine (noch nicht analysierte) genetische Ursache haben, denn die Häufigkeit scheint für verschiedene geographische Rassen typisch verschieden zu sein. Die folgende Tabelle gibt die bisherigen Befunde:

Ort	Autor	% Adulthermaphroditen
Königsberg	HARMS (1921), EGGERT (1926, 1929)	0—1
Tübingen	SPENGEL (1885), EGGERT	0—3
Marburg	HARMS	10
Freiburg	WITSCHI (1921)	15
Neuchâtel	FUHRMANN (1913)	18,6—30,6

In Bau und Entstehung sind die Adulthermaphroditen typisch von denen der Frösche verschieden. Bei den Fröschen waren es, wie morphologisch und genetisch bewiesen wurde, wohl immer genetische Weibchen, die sich spät noch in Männchen umwandelten. Bei den Kröten sind es — der genetische Beweis fehlt allerdings noch — Männchen, die, wie es scheint, sich nicht in Weibchen umwandeln, sondern ihre schlummernden weiblichen Potenzen zur Entwicklung bringen und so zu Zwittern werden, die vielleicht gelegentlich (FUHRMANN 1913) beiderlei Geschlechtszellen gleichzeitig produzieren können. In der Mehrzahl der Fälle, wenn nicht immer, geht die Umwandlung von dem dem Hoden anliegenden Teil des BIDDERschen Organs aus, das eine stärkere Fähigkeit zu weiblicher Differenzierung bewahrt hat und sie aus zunächst unbekannten Gründen aktiviert. Abb. 117 zeigt die Genitalien zweier solcher Zwitter. Beim ersten hat sich gerade jenes Zwischenstück zu einem kleinen Ovar entwickelt; beim zweiten hat sich zwischen Hoden und BIDDERschem Organ ein richtiges Ovar ausgebildet. Die MÜLLERschen Gänge bilden sich parallel dem Ovar aus. Unter diesen Hermaphroditen finden sich übrigens auch ganz abnorme Kombinationen [KNAPPE (1886), FUHRMANN (1913), PONSE (1924)], z. B. von vorn nach hinten: weibliches BIDDERsches Organ, Ovar, männliches BIDDERsches Organ, Hoden. Wir haben absichtlich den allgemeinen Ausdruck Hermaphroditen für diese Tiere beibehalten und reden nicht von Intersexen, da ja nicht auf die männliche Phase eine weibliche folgt (oder umgekehrt), sondern die Folge die ist: 1. Weibliche Phase (BIDDERS Organ), 2. männliche Phase aber mit Erhaltung des rudimentären Ovars. 3. zweite und vollständige Entwicklung des bis dahin rudimentären Ovars ohne Beeinträchtigung des Hodens. Eine solche Reihe stellt wohl unter allen Wirbeltieren, ja unter allen getrennt geschlechtlichen Tieren, die die Kröten generell betrachtet ja auch sind, ein Unikum dar.

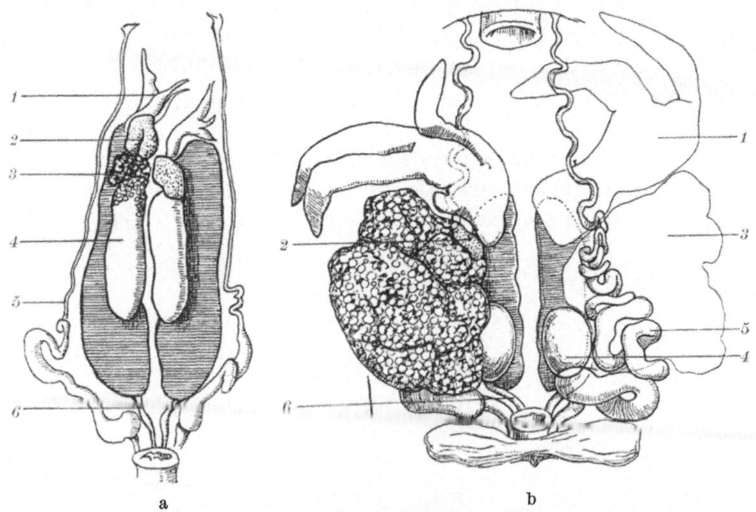

Abb. 117. a Urogenitalapparat eines „Hermaphroditen" von *Bufo vulgaris*. Linke Seite (im Bilde rechts) männlich. Rechts zwischen BIDDERschem Organ und Hoden ein Ovarstück. (Nach WITSCHI.) b Desgl., aber Ovarteil stärker entwickelt; links ist das Ovar entfernt. (Nach FUHRMANN aus WITSCHI.) *1* Fettkörper, *2* BIDDERsches Organ, *3* Ovar, *4* Hoden, *5* MÜLLERscher Gang, *6* Vas deferens.

γγ) *Die Gonadenhormone.*

Auch an Kröten sind ebenso wie an Fröschen ausgedehnte Kastrations- und Transplantationsversuche ausgeführt worden von HARMS (1921), PONSE (1924), WELTI (1928), die ein ziemlich klares Ergebnis gezeitigt haben. Die Brunstcharaktere, die von Gonadenhormonen beeinflußt werden können, sind die Daumenschwielen des Männchens, der Brunstlaut und der Umklammerungsreflex. Bei rechtzeitig kastrierten Männchen verschwinden alle diese Charaktere nach Kastration und kehren nach Wiedereinpflanzung eines Hodens zurück. Weibchen, deren Ovar entfernt wurde, und denen dann Hoden implantiert wurden, die also maskuliert wurden, nehmen alle diese männlichen Charaktere an, darunter auch die ihnen sonst völlig fehlenden Strukturen der Daumenschwielen. Die Versuche stimmen also mit denen an Tritonen völlig überein.

HARMS hatte früher angegeben, daß auch das BIDDERsche Organ ein hormonales Organ sei, das mit der Ausbildung der männlichen Sexualcharaktere zu tun habe. PONSE konnte aber in großen Versuchsserien zeigen, daß es gleichgültig ist, ob Hoden mit oder ohne BIDDERsches Organ entfernt werden, ferner daß Entfernung oder Übertragung des BIDDERschen Organs ohne jede Folgen bleibt, daß es also weder mit den Geschlechtscharakteren etwas zu tun hat, noch sonst ein hormonales Organ darstellt.

δδ) Experimentelle Geschlechtsumkehr.

HARMS (1921) gelang es als erstem, und PONSE (1924) bestätigte es dann, erwachsene Krötenmännchen zu völliger Geschlechtsum-

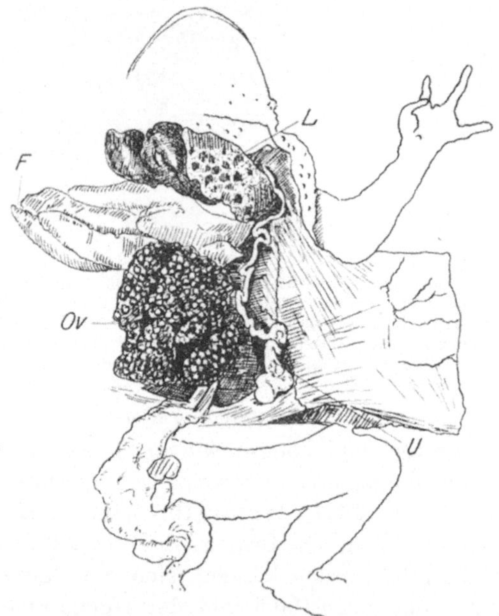

Abb. 118. Situs eines durch Kastration erzielten Umwandlungsweibchens. *F* Fettkörper, *L* Lunge, *Ov* Ovar, *U* Uterus. (Nach HARMS.)

wandlung zu veranlassen, und zwar nur durch Kastration und Zurücklassen des BIDDERschen Organs. Dieses beginnt dann, sich in ein Ovar umzudifferenzieren. Bei solchen Formen, deren BIDDERsches Organ am Hinterende einen Abschnitt mit mehr typischer Ovarialstruktur besitzt, geht die Umwandlung in einigen Monaten vor sich. Fehlt dieser Abschnitt, dann mag die Umwandlung Jahre dauern, gelingt aber schließlich. Der im Umwandlungstier, einem männlichen Intersex, entwickelte Eierstock ist völlig normal, und die Eier sind entwicklungsfähig. Gleichzeitig mit der Ausbildung des Eierstocks wandeln sich auch die sekundären Geschlechtscharaktere um: es bilden sich funktionsfähige Eileiter, der Unterarm verliert die muskulöse Beschaffenheit des Männchens, die Daumenschwielen bilden sich teilweise oder ganz zurück, der Brunstlaut verschwindet, und in guten Fällen kann sogar der spitze Kopf des Männchens sich in den breiten des Weibchens verwandeln. Damit erweist sich mit Sicherheit das BIDDERsche Organ als ein stehengebliebenes Ovar; das geht übrigens auch weiterhin daraus hervor, daß auch beim Weibchen nach Abtragung des Ovars sich aus dem rudimentären BIDDERschen Organ des Weibchens ein Eierstock regenerieren kann. Abb. 118 zeigt ein Situsbild eines der von HARMS erzielten Umwandlungsweibchen aus einem kastrierten erwachsenen Männchen.

εε) *Das genetische Geschlecht.*

Wenn auch kein Grund vorliegt zu erwarten, daß bei den Kröten die genetischen Geschlechtsverhältnisse wesentlich anders seien als bei den Fröschen, so fehlen doch noch alle entscheidenden Versuche. Aus den Arbeiten von KING, BECCARI, STOHLER geht hervor, daß in keinem Geschlecht eine XY-Gruppe unterscheidbar ist, und daß der Chromosomensatz in Eiern, Samenzellen und Zellen des BIDDERschen Organs identisch ist. Kreuzungen von der Art, wie sie bei Froschrassen ausgeführt wurden, liegen bis jetzt nicht vor. Es sollte aber möglich sein, eine entscheidende Auskunft zu erhalten, einmal aus der Nachkommenschaft der experimentell umgewandelten genetischen Männchen, parallel (aber umgekehrt) zu den Versuchen von CREW und WITSCHI (siehe oben) mit spontan-umgewandelten Weibchen (Adulthermaphroditen) von Fröschen. Ferner sollte es möglich sein, gelegentlich Selbstbefruchtung auszuführen bei solchen extremen Adulthermaphroditen, wie sie FUHRMANN (1913) aus Neuchâtel beschrieb. Der erstere Weg ist versucht worden, und zwar sowohl von HARMS wie PONSE, die beide Nachkommenschaft aus den Eiern der verweiblichten

Männchen erzielten. Leider sind die bisher veröffentlichten Ergebnisse noch nicht entscheidend. Der letzte Bericht von HARMS (1926) besagt: Von etwa 2000 Eiern gingen ein Viertel zugrunde. Untersucht wurden 184 Tiere, von denen bei 161 das Geschlecht bestimmt werden konnte, und zwar waren es 104 ♂, 57 ♀. Wenn das Männchen wie bei den Fröschen heterozygot ist, so war die Befruchtung:

Umwandlungsweibchen XY × Männchen XY = XX + 2 XY + YY.

Wenn die YY-Tiere wie bei *Drosophila* lebensunfähig sind, so wäre die Erwartung 2 ♂:1 ♀, was mit dem erhaltenen Resultat übereinstimmt. Wenn aber die Annahme WITSCHIS über die genetische Beschaffenheit des Y-Chromosoms bei Fröschen richtig ist, dann liegt kein Grund vor, warum YY-Tiere lebensunfähig sein sollten, sie müßten vielmehr Weibchen mit hermaphroditischem Einschlag sein. Gänzlich abweichend sind aber davon die Ergebnisse, die PONSE erhielt (von BRAMBELL nach brieflicher Mitteilung berichtet): sie erhielt aus den Eiern von Umwandlungsweibchen ausschließlich (gegen 400) Männchen! Dies würde bedeuten, daß das Weibchen das heterogametische Geschlecht ist, da dann das Umwandlungsweibchen die männliche homogamete Chromosomenkonstitution hat und nur Söhne erzeugen kann. Wenn aber HARMS wirklich 1/3 ♀ erhielt, so ist diese Erklärung unmöglich. Es bleibt also abzuwarten, bis ausführlichere Berichte vorliegen. Es sei aber darauf hingewiesen, daß die bereits bei den Fröschen erwähnten Temperaturexperimente, die ganz parallele Resultate gaben, ebenso wie alle anderen Tatsachen doch sehr dafür sprechen, daß auch bei Kröten das männliche Geschlecht heterogametisch ist. Es bleibt also abzuwarten, bis die beiden Forscher weiteres Material vorlegen.

ζζ. *Akzidenteller Hermaphroditismus.*

Mit diesem Namen haben wir (1920b) die im ganzen Tierreich verbreitete Tatsache belegt, daß gelegentlich im Hoden Eier auftreten, ohne daß eine Ursache dafür bekannt ist. Wir wiesen auch schon damals darauf hin, daß diesem Phänomen wohl eine große Bedeutung zukäme für die Erforschung der letzten Ursachen für die Differenzierung einer Keimzelle in weiblicher oder männlicher Richtung, Ursachen, die natürlich chemischer Natur sind und deren Unkenntnis gewöhnlich hinter dem Wort trophisch oder metabolisch verborgen wird. Wir stellten uns dabei vor und tun es noch, daß die letzte Ursache, die die undifferenzierte Keimzelle determiniert (die letzte in der Kette) prinzipiell identisch sein müsse, gleichgiltig ob sie auf eine genetische Konstitution oder auf einen lokalen Zustand zurückgeht. Also um es konkret und etwas roh auszudrücken: Wenn das Verhältnis der $F : M$-Gene verantwortlich ist dafür, daß sich eine Urgeschlechtszelle zu einem Ei entwickelt, so geschieht dies so, daß diese genetische Konstitution zur Folge hat, daß zur Zeit, in der die Urgeschlechtszelle über ihre Differenzierungsrichtung (männlich oder weiblich) zu entscheiden hat, ein Stoff N vorhanden ist, der die Entscheidung kontrolliert. Ebenso aber wie der Stoff N als Folge der genetischen Beschaffenheit gebildet werden kann, mag er auch als Produkt lokaler Bedingungen erscheinen, und außerdem mag es mehrere Stoffe geben, die die gleiche Wirkung ausüben. Im letzteren Fall käme der akzidentelle Hermaphroditismus zustande, und seine Analyse könnte vielleicht einmal dazu führen zu verstehen, was bei der genetischen Determination der letzte entscheidende chemische Faktor ist.

Übereinstimmend haben nun alle Autoren, die mit Kröten arbeiteten, festgestellt, daß die Entstehung von Eiern im Hoden besonders leicht eintritt. Ja sie tritt fast immer, wenn nicht überhaupt immer, ein, wenn Krötenhoden einem normalen Männchen implantiert werden (siehe oben MEYNS für Frösche). In den Kanälchen, in denen die Spermatogenese am meisten rückgebildet ist und der Hoden sich im Umbau befindet, wandeln sich Urgeschlechtszellen zu Ovocyten um, die beträchtlich heranwachsen und sogar Dotter und Pigment bilden können (PONSE, WELTI). PONSE fand diese Erscheinung sogar in einem Hodenstück, das einem kastrierten jungen Weibchen eingepflanzt worden war und bei diesem die männlichen sekundären Charaktere hervorgerufen hatte, also sicher männliche Hormone produzierte[1]. In jungen Transplantaten wiegt diese rudimentäre Ovogenese sogar über und erst allmählich erhält die Spermatogenese das Übergewicht und die Ovocyten degenerieren. Auch bei regenerierenden Hoden wird das gleiche Phänomen beobachtet. Abb. 119 zeigt

---

[1] Wir weisen auf die früheren Erörterungen hin, die zeigen, daß die echten Hormone (3. Stufe) mit der Differenzierung der Geschlechtszellen nichts zu tun haben.

in a ein solches junges Transplantat mit reichlicher Ovogenese und in b Kanälchen, in denen die Spermatogenese überzuwiegen beginnt.

Es sind für diese Erscheinung mehrere Erklärungen gegeben worden. Levy (1920) und Swingle (1920) leugnen überhaupt, daß es sich um Eier handelt, sondern bezeichnen die Zellen als

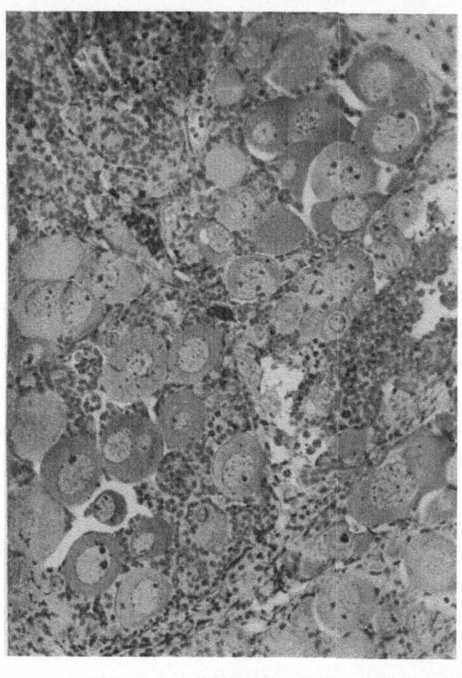

a

Abb. 119. a Autotransplantat von Hoden in ein kastriertes Krötenmännchen nach 9 Monaten. Reichliche Ovogenese. b Regeneriertes Hodenknötchen. Spermatogenese und Ovocyten. (Nach Ponse.)

abnorme Riesenspermatocyten. Diese Anschauung kann wohl heute als erledigt gelten. Guyenot und Ponse (1927) sprechen von phänotypischer Intersexualität und weisen darauf hin, daß sie gerade beim heterogameten Geschlecht nur gefunden wurde. Abgesehen davon, daß wir bei Echinodermen auch Fälle mit akzidenteller Spermatogenese im Ovar kennen, hat dieser Hinweis ja nur einen Sinn, wenn man XY mit FM identifiziert, eine An-

schauung, die ja für die Amphibien nicht zutrifft. PONSE weist
darauf hin, daß diese Eielemente nur bei Regeneration erscheinen,
die somit erst ein geschlechtlich labiles Stadium durchläuft, vergleichbar der transitorischen Intersexualität. In Anbetracht alles
dessen, was wir von transitorischer Intersexualität wissen (genetische Bedingtheit, Beziehungen zu Cortex und Medulla), ist diese
Erklärung wenig wahrscheinlich. Mir scheint es viel wahrschein-

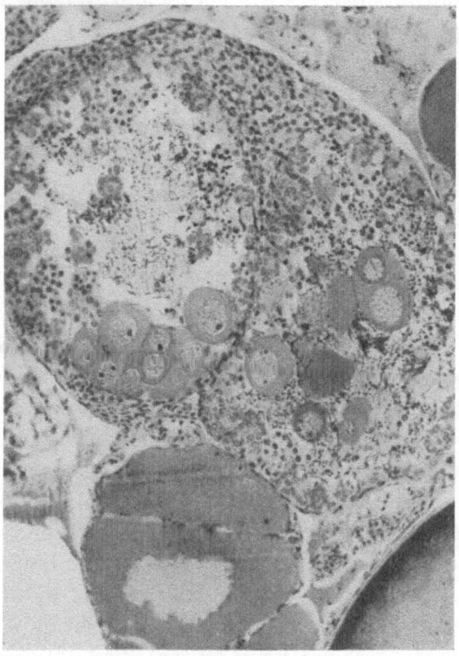

Abb. 119 b.

licher, daß es sich wirklich um das handelt, was wir unter akziden-
tellem Hermaphroditismus verstanden, nämlich um das Auftreten
einer chemischen Situation im de- und regenerierenden Gewebe,
die, solange sie anhält, die Alternative der Urgeschlechtszellen
weiblich entscheidet und, mit Wiederregulierung im Transplantat
zu normalen Verhältnissen, verschwindet. Weder die genetische
Beschaffenheit noch die hormonale Situation hat mit dem Prozeß
etwas zu tun.

Goldschmidt, Sex. Zwischenstufen. 18

$\eta\eta$) *Allgemeines.*

Wir wollen nun noch versuchen, die besonderen Verhältnisse der Kröten mit denen der anderen Amphibien in Beziehung zu setzen und beginnen mit den Ähnlichkeiten. Wenn wir uns an die transitorische Intersexualität der Frösche erinnern, so liegt es auf der Hand, das BIDDERsche Organ des Krötenmännchens, das ja als rudimentäres Ovar erwiesen ist, der Eierstocksanlage der Männchen undifferenzierter Rassen gleichzusetzen, wie dies schon lange von R. HERTWIG (1912), GOLDSCHMIDT (1920b), WITSCHI (1921) geschehen ist. Wir müssen somit annehmen, daß die genetische Beschaffenheit der Männchen in beiden Fällen sehr ähnlich ist, und daß im Schema Abb. 113 die Kurvenkombination $MM—FF_1$ auch für die Krötenmännchen gilt. Das, was nun als Besonderheit hinzukommt, ist, daß das primäre Ovar als BIDDERsches Organ zeitlebens erhalten bleibt und mit dem Organismus wächst, ohne aber über seine Differenzierungshöhe hinauszukommen, und ferner, daß nach Kastration das stehengebliebene Ovar nun sich zum richtigen Ovar weiter entwickelt. WITSCHI faßt dies so auf, daß die Kröten mehr hermaphrodit sind als die Frösche und daß sich dies darin zeigt, daß die beiderlei Gonaden sich nicht gegenseitig ausschließen. Physiologisch würde eine solche Auffassung bedeuten, daß die in der männlichen Gonade erzeugten geschlechtsdifferenzierenden Stoffe nach dem Drehpunkt, d. h. wenn sie das Übergewicht erlangt haben, zwar die Weiterentwicklung des Ovars hemmen, nicht aber sein Erhaltenbleiben auszuschließen vermögen. Was hinter einer solchen physiologischen Situation in Wirklichkeit steckt, ist aber schwer zu sagen, denn mit der Bezeichnung „mehr hermaphroditisch“ ist nichts gewonnen. Sicher ist der Unterschied ein genetischer, aber es scheint sehr unwahrscheinlich, daß er mit der Proportion $\dfrac{F}{M}$ etwas zu tun hat, die kaum anders sein kann als bei den undifferenzierten Froschrassen. Der Unterschied diesen gegenüber kann nur zweierlei Natur sein. Entweder sind die männlichkeitsbestimmenden Stoffe, die in der Gonade unter dem Einfluß der M-Reaktion erzeugt werden, qualitativ von denen bei Fröschen derart verschieden, daß sie zwar schädigend, aber nicht zerstörend für die Eizellen sind. Oder aber es liegt der Unterschied gegenüber den Fröschen bei identischer genetischer Situation in Bezug auf den

F—M-Mechanismus darin, daß die Besonderheit in dem Ovarialteil selbst liegt, der bei Kröten durch Rückbildung der medullaren Teile die Fähigkeit zur Umbildung in männlicher Richtung verloren hat. (Das BIDDERsche Organ hat keine Ovarialhöhle!) Da dieser besondere Teil sich aber auch beim Weibchen findet, so handelt es sich um eine zwar genetische, also durch die Erbkonstitution bedingte Besonderheit, die aber nichts mit der Geschlechtskonstitution $\left(\dfrac{F}{M}\right)$ zu tun hat. Wir könnten als Parallele das Verhalten der MÜLLERschen Gänge heranziehen, die bei völlig reinen Männchen verschiedener Amphibienarten (siehe SPENGEL), also erblich bedingt, mehr oder weniger erhalten bleiben. Das bedeutet durchaus nicht, daß die Männchen dieser Arten mehr oder weniger hermaphrodit veranlagt sind, sondern nur, daß die Anlage des betreffenden Organs mit alternativer geschlechtlicher Reaktionsnorm, also im gegenwärtigen Beispiel des MÜLLERschen Gangs, erblich zu einer weniger starken Reaktion auf die F—M-Situation veranlagt ist. Eine Annäherung an den echten Hermaphroditismus, oder besser Monöcie, wäre dann gegeben, wenn man annimmt, daß dieser sich von der Getrenntgeschlechtigkeit dadurch unterscheidet, daß die alternative Reaktionsnorm irgendwelcher Organanlagen genetisch gar nicht vorhanden ist, und daß die F- und M-Wirkungen entwicklungsgeschichtlich ganz verschiedenen Zellgruppen zugeteilt werden, genau wie es mit der Wirkung der Gene für die Determination von Hirn- und Magenanlage der Fall ist. Doch sei dieser Fragenkomplex, der sich auf das noch ganz dunkle Problem der echten Monöcie bezieht, hier nicht weiter verfolgt.

GUYÉNOT und PONSE (1927) haben sich die Schwierigkeiten dieses Problems in etwas anderer Weise klarzumachen gesucht. Sie schreiben[1]: „Vielleicht sollte man hier die Vorstellung einer verschiedenen spezifischen Empfindlichkeit der verschiedenen Territorien der männlichen Genitalleiste gegenüber den geschlechtsbestimmenden Faktoren einführen. Diese Leiste wird tatsächlich in beiden Geschlechtern aus drei Territorien gebildet, die sich nacheinander entwickeln und nach verschiedenem Typus, und es wäre vielleicht nicht unmöglich, daß das Territorium des BIDDERschen Organs sich infolge der cytoplasmatischen Qualität

---

[1] Im Original französisch.

seiner Zellen der Wirkung der Weiblichkeitsfaktoren gegenüber empfindlicher ist, während das hintere Territorium ebenso mehr für die Männlichkeitsfaktoren empfindlich ist. Der Fall des BIDDERschen Organs scheint uns gerade ein Beispiel für die von einem von uns entwickelte Auffassung zu sein, daß man bei genetischen Fragen neben den Genen[1] auch weitgehend die spezifischen Territorien berücksichtigen muß, d. h. die cytoplasmatische Qualität der Zellen, auf die sie wirken können." Tatsächlich ist diese Auffassung trotz ganz andersartiger Ausdrucksweise, die gleiche wie die oben von uns entwickelte. Ich habe mich nur mehr vom genetischen Standpunkt aus ausgedrückt. Die von GUYÉNOT herangezogene Beziehung zwischen den Genen und GUYÉNOTS Territorien sind tatsächlich genau das, was in meiner „Physiologischen Theorie der Vererbung" (1927) zur Erklärung der Embryogenese im Zusammenspiel von Genen und cytoplasmatischer Differenzierung entwickelt wurde.

Unabhängig von den primären Problemen des BIDDERschen Organs ist nun die Frage der erblichen Neigung mancher Krötenrassen (Neuchâtel) zum Adulthermaphroditismus zu besprechen, der hier ja vom Männchen zum Weibchen führt. Auf der soeben besprochenen genetischen und entwicklungsphysiologischen Grundlage kann dies nur bedeuten, daß bei diesen Rassen eine Erbkonstitution vorliegt, die es mit sich bringt, daß die hemmende Wirkung des Hodens auf das BIDDERsche Organ schließlich abnimmt. Welcher Art diese genetische Beschaffenheit sein könnte, wäre nur durch Kreuzungsanalyse zu entscheiden. Im Prinzip muß der betreffende Vorgang ähnlich wirken wie die experimentelle Entfernung des Hodens in den Versuchen von HARMS, mit dem Unterschied, daß nur die eine Komponente der Hodenfunktion, nämlich die das BIDDERsche Organ hemmende, wegfällt. Mit anderen Worten läßt die betreffende genetische Situation schließlich trotz männlicher $\frac{F}{M}$-Situation das Hindernis für Monöcie verschwinden. Wie das genetisch zustande kommt, wissen wir zunächst nicht. Man möchte an eine Änderung der Qualität der Hodenhormone denken, die vielleicht auf einer Konvergenz der F- und M-Kurven beruhen könnte. Eine Lösung muß der Zukunft vorbehalten werden.

---

[1] Wörtlich Faktoren im Kern.

3. Die Vögel.

An den Reptilien sind meines Wissens keinerlei experimentelle Untersuchungen ausgeführt worden. Es gibt nur kasuistische Fälle von sogenannten Hermaphroditen, aus denen nicht viel entnommen werden kann, so daß wir sie nicht weiter berücksichtigen. Bei MEISENHEIMER (1930) findet sich das Material verzeichnet. Dagegen sind die Vögel seit langer Zeit ein Lieblingsobjekt experimenteller Forschung über das Geschlechtsproblem, und intersexuelle Zustände sind aus spontaner Entstehung bekannt wie auch experimentell erzeugt. Ihre Bedeutung für die Geschlechtstheorie ist eine große, und die richtige Interpretation setzt eine genaue Kenntnis der morphologischen und physiologischen Grundlagen voraus.

a) Das genetische Geschlecht.

Es steht über jedem Zweifel erhaben fest, daß bei den Vögeln, bei denen entsprechende Untersuchungen möglich waren, das weibliche Geschlecht das heterogametische ist, also $XY = \female$, $XX = \male$, d. h. der *Abraxas*-Typ vorliegt. Die Fälle geschlechtsgebundener Vererbung mit weiblicher Heterogametie bei Hühnern und Tauben gehören ja zu den klassischen Beispielen, die sich in jedem Lehrbuch der Vererbungslehre finden. Aber auch cytologisch konnte der Nachweis der weiblichen Heterogametie erbracht werden. Absolut sicher ist, daß beim Huhn im männlichen Geschlecht zwei große X-Chromosomen vorhanden sind und im weiblichen nur eines, während die Festlegung des Y-Chromosoms beim Weibchen noch nicht so klar ist [AKKERINGA (1927), HANCE (1924, 1926), OGUMA (1927), SHIWAGO (1924, 1929), STEVENS (1923)]. Für Tauben gibt OGUMA (1927) eine XO-Gruppe beim Weibchen an, während bei der Truthenne SHIWAGO (1929) einen XY-Zustand findet. Jedenfalls steht also, wie auch die Einzelheiten sein mögen, die weibliche Heterogametie fest.

b) Morphologisches.

Für die Beurteilung der sexuellen Zwischenstufen ist die Kenntnis von Bau und Entwicklung der Genitalien eine Voraussetzung.

α) Die Gonaden.

Im Prinzip verläuft die Entwicklung der Gonaden der Vögel ganz ähnlich wie bei den Amphibien. Es bildet sich zunächst eine indifferente Gonade aus, d. h. eine solche, deren Geschlecht sich anatomisch nicht unterscheiden läßt, obwohl es natürlich feststeht. Diese Keimdrüse ist überzogen von einer Rindenschicht, dem Cortex, der zuerst die Urkeimzellen enthält, und dieser umgibt eine Markschicht, die aus Zellsträngen, den Marksträngen, besteht. Die Differenzierung der Geschlechter erfolgt dann, parallel zum Verhalten der Amphibien, so, daß beim Weibchen die Rindenschicht, in der die Ovogenese stattfindet, zunimmt und die Markstränge verdrängt, die nur noch rudimentär als Stroma ovarii mit Bindegewebe vermengt erhalten bleiben. Umgekehrt verschwindet beim Hoden die Organisation der Rindenschicht und die Markstränge wachsen aus und werden zu den Tubuli des Hodens. Es ist also auch hier zunächst das Material für männliche wie weibliche Organisation nebeneinander vorhanden, genau so, wie auch ein Wolffscher und Müllerscher Gang nebeneinander angelegt werden, und erst auf einer bestimmten Stufe der Embryonalentwicklung zwingt die genetische Konstitution (XX oder XY) eine Anlage, sich auf Kosten der anderen weiterzubilden.

Dieser ganz allgemeinen Schilderung sind nun noch folgende Einzelheiten zuzufügen [ausführliche Schilderungen und Besprechungen der Literatur, beginnend mit Rathke und Waldeyer, in den neueren Arbeiten von Swift (1914), Firket (1914), Brode (1928), Kummerlöwe (1930)]: Die Urgeschlechtszellen sind schon im ganz jungen Embryo zu erkennen (Swift, Regan), finden sich aber dann, wenn die Gonade sich auf dem Wolffschen Körper entwickelt, in der zylinderförmigen Verdickung des Peritonealepithels, die als erste Anlage sichtbar wird. Unter diesem Epithel findet sich ein mesenchymatisches Stroma und schon auf diesem frühen Stadium werden auch die Verbindungen mit den Urnierenkanälchen hergestellt. Bald darauf entstehen die Markstränge als Sprossen des Keimepithels in die Tiefe (anders als bei den Amphibien!), die sogenannte *erste Proliferation*. Die Keimzellen werden dabei zum Teil mit in die Tiefe geführt. Damit ist das Stadium erreicht, auf dem die sichtbare sexuelle Differenzierung beginnt.

Merkwürdigerweise herrscht keine Klarheit darüber, woher bei der nun folgenden sexuellen Differenzierung die eigentlichen Geschlechtszellen stammen. Nach manchen Autoren (z. B. Swift) gibt es eine Keimbahn, und die von den Blastomeren abstammenden Urgeschlechtszellen gelangen allein an die Stellen, an denen sich aus ihnen die Geschlechtszellen differenzieren. Nach anderen Autoren (z. B. Waldeyer, Felix, Firket) gehen die Urgeschlechtszellen völlig zugrunde und die definitiven Zellen differenzieren sich neu aus dem Keimepithel oder den Medullarsträngen. Wie dem auch sei, jedenfalls differenziert sich nun ein Ovar derart, daß vom Keimepithel eine *zweite Proliferation* ausgeht, durch die die ovariale Rindenzone ausgebildet wird, während gleichzeitig die Markstränge verdrängt und rudimentiert werden. [Einzelheiten bei den genannten Autoren, auch Benoit (1930), Zawadowsky u. Zubina (1929) u. a.] Das Peritonealepithel verliert seine Wichtigkeit. Im Cortex wachsen die Ovocyten heran und umgeben sich mit Follikeln. Im Innern bildet sich mit der Rudimentierung der Markstränge das bindegewebige Stroma aus, darin die Interstitialzellen und die Luteinzellen, und der Rest der Urnierenverbindungen bleibt als Rete ovarii erhalten. Die Entwicklung des Hodens ist charakterisiert durch das Wegfallen der zweiten Proliferation des Cortex, das Auswachsen der Medullarstränge zu Samenkanälchen, in denen die Spermatogenese beginnt, und die fortschreitende Ausbildung der Urnierenverbindung als Rete testis. Nach Firket gehen alle primären Keimzellen in den Tubuli zugrunde, und alle definitiven Spermatogonien entstehen neu aus dem Epithel.

Eine der merkwürdigsten Erscheinungen, deren Kenntnis für das Verständnis der Experimentaltatsachen entscheidend ist, ist die bei den Vogelweibchen vorhandene Asymmetrie des Genitalapparats. Gewöhnlich ist nur die linke Gonade und der linke Ovidukt funktionsfähig, während das rechte Ovar rudimentär ist und der rechte Ovidukt ganz fehlt. Eine Ausnahme macht die Ordnung der Accipitres (*Accipites, Circus, Falco*), bei denen das Persistieren der rechten Gonade die Regel ist. Das gleiche gilt für die Gattungen *Podiceps, Rallus, Tetrao, Lagopus*. Bei diesen Formen unterliegt es keinem Zweifel, daß auch das rechte Ovar normal funktioniert [Stieve (1918) u. a.)]. Chappellier (1914) hat eine Menge solcher Vorkommnisse zusammengestellt, die, abgesehen von den Gattungen, für die das Erhaltenbleiben des rechten Ovars typisch ist, auch gelegentlich bei Formen gefunden werden, die normalerweise kein rechtes Ovar besitzen. So beschreibt Chappellier eine Ente mit funktionierendem rechtem

Ovar und Eileiter. Andere Fälle hat Riddle (1918, 1925) zusammengestellt.

Entwicklungsgeschichtlich bleibt das rechte Ovar schon frühzeitig hinter dem linken zurück. Der entscheidende Unterschied in der Entwicklung besteht darin, daß, ebenso wie bei einem Hoden, die zweite Proliferation vom Keimepithel her ausfällt. Der Cortex wird dann mehr oder weniger rudimentär. So fand Brode (1928) in 61% seiner Fälle beim Hühnchen nur Medullargewebe, während in 39% Reste des Cortex vorhanden waren. Bei

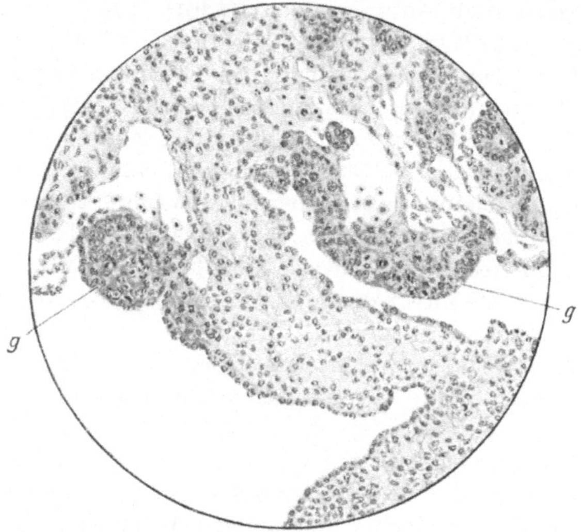

Abb. 120. Schnitt durch die Geschlechtsdrüsen (*g*) eines 4tägigen Hühnerembryos.
(Nach Zawadowsky u. Zubina.)

der ersteren Gruppe verwandelt sich die Medulla allmählich in ein faseriges Netz, indem die Markstränge Lumina erhalten, die sich zu großen Hohlräumen ausdehnen und allmählich ihren epithelialen Charakter verlieren. Urgeschlechtszellen sind sowohl in der Medulla vorhanden, als auch wandern sie vom Keimepithel ein und entwickeln sich zu Ovogonien, die aber dann beim jungen Hühnchen zugrunde gehen. Bei der zweiten Gruppe Brodes tritt aber ebenso wie beim linken Ovar eine zweite Proliferation vom Keimepithel her auf, die jedoch nicht regelmäßig ist, da nur an einigen Stellen der Oberfläche des Organs ein Cortex ausgebildet ist. In diesem Fall werden richtige Ovocyten mit Follikeln ent-

wickelt. Es kommen somit alle Übergänge zwischen normaler
Entwicklung und Reduktion vor Beginn der typischen weiblichen
Differenzierung vor. Diese embryologischen Befunde entsprechen
ja der Erwartung, da ein mehr oder minder starkes Persistieren
rechter Ovarien bei Arten, für die es nicht etwa wie bei den Accipitres typisch ist, immer wieder gefunden wird. [Daten finden sich
außer bei CHAPPELLIER noch bei RIDDLE (1918), LILLIE (1927),
STIEVE (1924), KUMMERLÖWE (1930)]. Die beschriebenen entwicklungsgeschichtlichen Verhältnisse der Gonaden seien schließ-

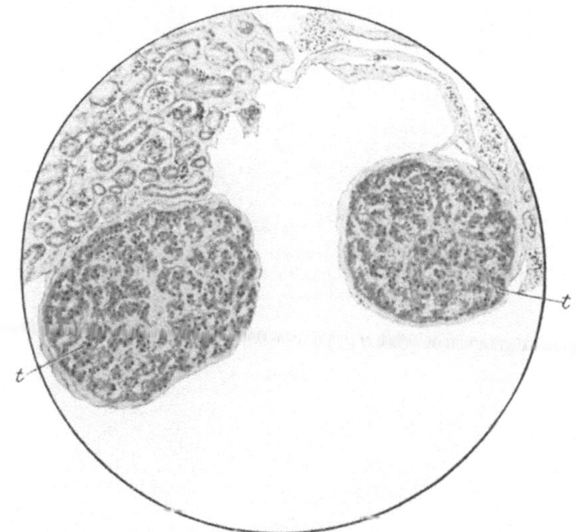

Abb. 121. Geschlechtsdrüsen (*t*) eines 15tägigen Hühnerembryos (♂). Die Schichten des
embryonalen Bindegewebes zwischen den Geschlechtssträngen sind vollkommen deutlich.
(Nach ZAWADOWSKY u. ZUBINA.)

lich noch an ein paar Bildern erläutert. Abb. 120 zeigt die noch
indifferenten Gonaden eines 4tägigen Hühnerembryos. Die
männliche Differenzierung ausschließlich durch die Markschicht
zeigt Abb. 121 von einem 15tägigen männlichen Hühnerembryo.
Abb. 122 zeigt vom 9tägigen weiblichen Embryo, wie sich in der
linken Drüse Mark- und Rindenzone differenzieren, während sich
rechts nur Markstränge finden. In dem linken Ovar vom 15. Tage,
Abb. 123, findet in der Rindenzone die sekundäre Proliferation
statt, noch deutlicher in Abb. 124 vom Ovar eines jungen Hühnchens. Abb. 125 endlich zeigt den seltenen Fall, in dem auch das

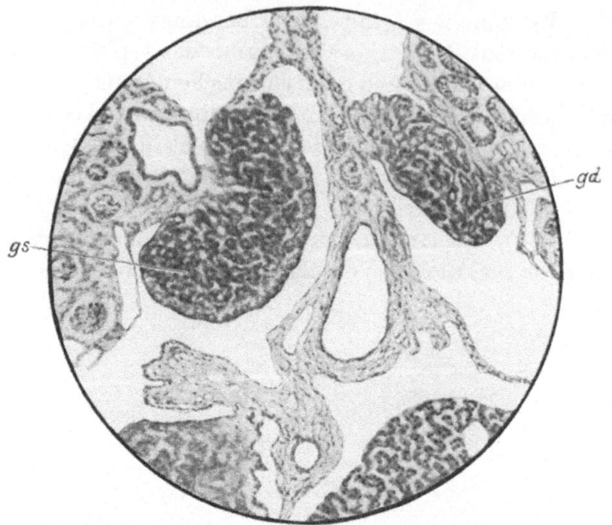

Abb. 122. Schnitt durch die Geschlechtsdrüsen eines 9tägigen Hühnerembryos (♀). In der linken Drüse (*gs*) beginnt die Rinden- und Medullarzone des Eierstocks sich zu bilden. *gd* rechte Drüse. (Nach ZAWADOWSKY u. ZUBINA.)

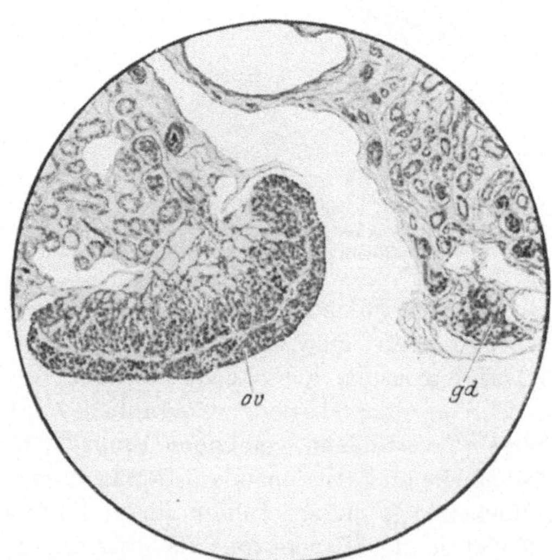

Abb. 123. 15tägiger Hühnerembryo. *ov* der linke Eierstock, *gd* rechte Gonade. In der Rindenschicht des linken Eierstocks ist die sekundäre Proliferation zu sehen. (Nach ZAWADOWSKY u. ZUBINA.)

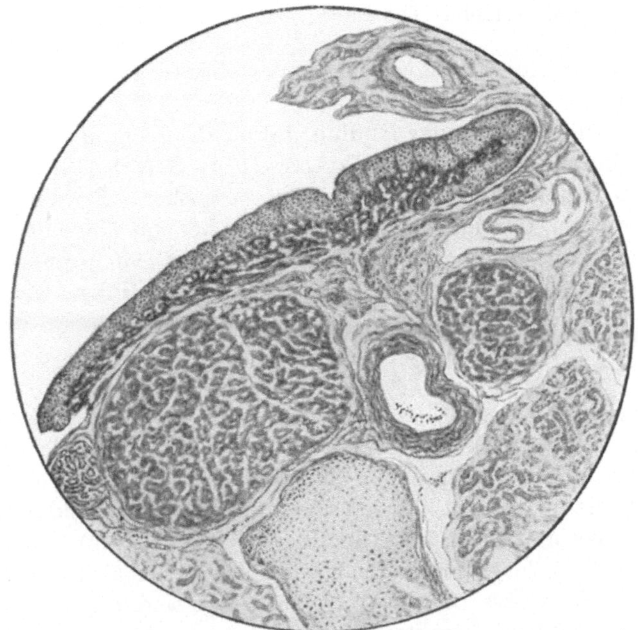

Abb. 124. Eierstock (der linke) eines 4tägigen Hühnchens (♀). In der Rindenschicht des Eierstocks ist die sekundäre Proliferation zu sehen. (Nach ZAWADOWSKY u. ZUBINA.)

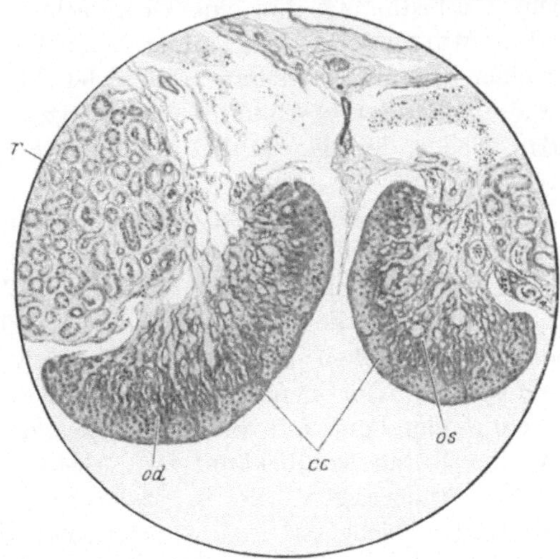

Abb. 125. Schnitt durch die Geschlechtsdrüsen eines 16tägigen Hennenembryos (♀). r Nieren, os linker Eierstock, od rechter Eierstock. Zum Unterschied von der gewöhnlichen Struktur der rechten Geschlechtsdrüse eines Embryos (♀) von diesem Stadium, nur aus degenerierenden Strängen primärer Proliferation bestehend, sehen wir in der rechten Geschlechtsdrüse (od) des vorliegenden Exemplars eine Bildung von Rindensträngen, welche den Rindensträngen des linken Eierstocks vollkommen gleich sind (cc). (Nach ZAWADOWSKY u. ZUBINA.)

rechte Ovar eines 16tägigen Embryos ebenso wie das linke gebaut ist.

Über die Ursache der Rudimentation der rechten Gonade ist viel diskutiert worden [siehe Firket (1914), Stieve (1918)], doch ist dies Problem für uns hier nicht wesentlich. Erwähnt aber sollte werden, daß manche Autoren — sicher mit Unrecht — die rechte Gonade der Vogelweibchen als männlich determiniert ansehen [Benoit (1930), Riddle (1925e)]. Diese Frage wird uns aber später erst beschäftigen.

β) Ausführgänge.

Das Verhalten der Ausführgänge in den beiden Geschlechtern ist das für die Wirbeltiere generell typische. Im weiblichen Geschlecht verschwinden meist die Urnierenkanälchen und der Wolffsche Gang, doch bleiben öfters beträchtliche Teile noch erhalten. Besonders bei den Fringilliden (Chappellier) findet sich noch der Rest der embryonalen Urnierenkanälchen als Epoophoron am Hilus des Ovars. Die Wolffschen Gänge sind in ganzer Länge erhalten, endigen aber blind und zeigen eine Anschwellung, die dem Samenbläschen des Männchens homolog ist. Es ist somit die morphologische Vorbedingung für eine Geschlechtsumwandlung vorhanden. Der Müllersche Gang bildet beim Weibchen den Ovidukt, der einen komplizierten Bau besitzt, der ihn zur Fertigstellung des Eies instand setzt. Außerhalb der Brutzeit vereinfacht sich dieser Bau wieder, der also zu den cyclischen Sexualcharakteren gehört.

Im männlichen Geschlecht bleiben die embryonalen Urogenitalverbindungen, also die Urnierenkanälchen, als Vasa efferentia erhalten, die in den Samenleiter, den ehemaligen Wolffschen Gang, führen, der in die Kloake mündet, nachdem er sich bei vielen Arten zu einem Samenbläschen erweitert hat. Bei einigen Gruppen (Ratitae, Anseres, Coracidae, Crypturi) bildet sich an der ventralen Kloakenlippe ein großer Penis mit Samenrinne aus, der besonders von Straußen und Enten wohlbekannt ist. Alle Organe zeigen typische Brunstveränderungen, die in außerordentlicher Vergrößerung der Hoden (siehe Arbeiten von Stieve), der Samenblasen (siehe Arbeiten von Riddle) und sekretorischen Erscheinungen bestehen.

Auf die eigentlichen sekundären Geschlechtscharaktere werden wir erst im Zusammenhang mit ihrer hormonalen Kontrolle eingehen.

c) Hormonale Kontrolle und hormonale Intersexualität.

Die Vögel sind das klassische Objekt für das Studium des Einflusses der Gonadenhormone. So stehen die Arbeiten auf diesem Gebiet im Vordergrund, während die für das prinzipielle Verständnis vielleicht wichtigeren Untersuchungen über die genetischen Grundlagen der Sexualitäts- und Intersexualitätsphänomene noch stark zurückgeblieben sind, im Gegensatz zu Wirbellosen und Amphibien. JOHN HUNTER soll schon 1762 einer Henne Hoden transplantiert haben. Die wissenschaftliche Bearbeitung des Problems beginnt aber mit BERTHOLD (1849), der Hodentransplantationen und Kastrationen vornahm und die Lehre von den Geschlechtshormonen begründete. Von älteren Autoren wäre noch FOGES (1903) zu nennen und die ersten Arbeiten von POLL (1909). Die moderne Bearbeitung des Problems beginnt mit den Versuchen von GOODALE (1913, 1916) und PÉZARD ab 1911. Am weiteren Ausbau sind hauptsächlich beteiligt PÉZARD mit seiner Schule (CARIDROIT, SAND), CREW und seine Schule (FELL, FINLAY, GREENWOOD), M. M. ZAWADOWSKY, F. R. LILLIES Schule (DOMM, APPEL, MINOURA, WILLIER) und weiterhin BENOIT, RIDDLE, MORGAN, PUNNETT u. a.

α) Die sekundären Geschlechtscharaktere.

Bei den Vögeln kommen alle Stufen von Arten, bei denen es kaum möglich ist, äußerlich die Geschlechter zu unterscheiden bis zu solchen mit extremer Differenz der Geschlechter vor. Die meisten Experimente sind aber an Hühnern ausgeführt unter Bevorzugung von Rassen mit deutlich sichtbaren Geschlechtsunterschieden. Es lohnt sich vielleicht, die wichtigsten Geschlechtsunterschiede aufzuzählen, wenn auch nur ein Teil von ihnen bisher in den Experimenten zur Untersuchung kam. Der auffallendste Charakter ist die Gefiederfärbung. Meist sind die Geschlechter im Jugendkleid einander ähnlich, und zwar ist das Jugendkleid meist dem weiblichen Kleid ähnlich. Man spricht dann auch von einem asexuellen Jugendkleid, aber da mit dem Begriff asexuell eine bestimmte Theorie verbunden ist, die wir später zu verwerfen haben werden, so wollen wir diesen Ausdruck nicht benutzen. Meist entwickelt dann das Männchen die prächtigere Färbung. Es gibt aber auch Formen (wir folgen in diesem Abschnitt der Autorität von Stresemann [1]), bei denen schon im Jugendkleid die Geschlechter ebenso scharf geschieden sind wie später (Picidae, Trochili u. a.). Das Gefieder des Männchens ist dann meist gradativ von dem des Weibchens verschieden durch intensivere Färbung der Pigmente, Metallfarben, stärkere Kontraste, Form und Länge der Federn. In einigen Fällen ist aber auch das weibliche Geschlecht das prächtigere (*Halcyon, Tadorna*). Der nächst häufige Geschlechtsunterschied bezieht sich auf die stärkere Ausbildung von Hautlappen im männlichen Geschlecht. Auch Schnabel und Irisfarbe können verschieden sein. Der Größenunterschied der Geschlechter, meist zugunsten des Männchens, ist ja vom Hahn und Auerhahn her wohlbekannt. Aber auch das umgekehrte kommt vor, so beim Sperber (*Accipiter nisus*), dessen Weibchen doppelt so schwer ist als das Männchen. Dem entsprechen natürlich auch Unterschiede im Skelettbau, die fast alle Teile betreffen. Auch Unterschiede in Schnabelform und Schnabelgröße sind wohl bekannt, zum Teil sind sie recht extrem. Viel beachtet sind sodann die Organe, die das Männchen bei der Werbung, dem Kampf um das Weibchen benutzt, also die Sporen des Hahns oder die Prachtfedern der Paradiesvögel, des Leierschwanzes usw. Zu den Organen der Werbung gehören dann die Organe der Stimmbildung, die oft im Bau (der Trachea und des Syrinx) sehr verschieden sind. Allerdings ist auch oft der Ruf verschieden, ohne daß die ihn erzeugenden Organe sichtbare Verschiedenheiten zeigen. Sodann haben wir die ganze Fülle der periodischen Brunsterscheinungen, die sich vor allem im Anlegen des Hochzeitskleids zur Fortpflanzungszeit zeigen. Besonders deutlich ist das bei solchen Formen, die zweimal mausern, einmal das prächtigere Brutkleid anlegen und das andere Mal das unscheinbarere, in beiden Geschlechtern ähnlichere Ruhekleid. Im einzelnen gibt es hierin und in dem geschlechtlich verschiedenen Ablauf der Mauser unendliche einzelne Varianten. Endlich kommen dann noch außer den eigentlichen Begattungsinstinkten alle die Erscheinungen des Brutpflegeinstinktes hinzu, die meist dem Weibchen, bei vielen Arten aber auch dem Männchen zukommen. Zu diesen Geschlechtsunterschieden kommen dann

---

[1] In Kükenthals Handbuch der Zoologie (1929).

noch rein physiologische des Stoffwechsels und Chemismus, die sich auf die verschiedensten Organfunktionen beziehen.

Abb. 126. Hahn und Henne. *1* Kamm, *2* Kehllappen, *3* Ohrscheiben, *4* Wangen, *5* Halsbehang, *6* Sattelbehang, *7—9* Sichelfedern, *10—14* Flügelfedern, *15* Brustfedern, *16* Bauchfedern. (Nach ZAWADOWSKY.)

In den bisherigen Experimentaluntersuchungen sind aber in der Hauptsache nur Formen benutzt, deren Geschlechtsunterschiede ohne weiteres durch die Begriffe Hahn—Henne charakterisiert sind. Und auch bei ihnen sind es vor allem die leicht sichtbaren Charaktere, Gefieder, Kamm, Hautlappen, Sporen, für die die meisten Angaben vorliegen. Bei Tauben sind allerdings von Riddle auch eine ganze Anzahl physiologischer Eigenschaften und solche innerer Organe bearbeitet worden. Abb. 126 zeigt die entscheidenden sekundären Geschlechtsmerkmale bei *Gallus gallus*.

β) Die Wirkungen völliger Kastration.

Es ist hier die Vollständigkeit der Kastration betont, da wir sehen werden, daß die Entfernung des allein entwickelten linken Ovars der Henne andere Folgen hat. Das generelle Resultat der vollständigen Kastration ohne irgendeine Gonadenregeneration bei den gewöhnlichen Hühnerarten mit deutlichem sexuellem Dimorphismus, etwa den rebhuhnfarbigen Italienern (Leghorn), läßt sich sehr kurz beschreiben. In beiden Geschlechtern entsteht ein identischer Kastratentyp oder neutraler Typ. Der kastrierte Hahn (Kapaun) und die kastrierte Henne (Poularde) sind nicht voneinander zu unterscheiden, außer durch Größe und Haltung, die vor der Operation meist schon festgelegt waren und sich wenig mehr änderten. Das Gefieder ist bei beiden Kastraten männlich, aber etwas übertriebener männlich sogar als beim normalen Hahn. Kamm, Kehllappen und Ohrscheiben werden blaß und reduziert. Die Sporen sind bei beiderlei Kastraten eher noch kräftiger als beim Hahn. Der Kapaun kräht nicht, und der Geschlechtstrieb ist bei beiderlei Kastraten erloschen. Es zeigt sich somit, daß die Ovarialhormone der Henne hemmend auf die Ausbildung des Artgefieders, das dem des Hahns ähnlich ist, wirken und ebenso auf das Sporenwachstum. Ferner daß die Hodenhormone die Entwicklung von Kamm und Hautlappen anregen, andererseits aber die extreme Ausbildung des männlichen Gefieders und der Sporen hemmen, und daß beiderlei Hormone ihre jeweiligen Geschlechtsinstinkte und die Lautgebung hervorrufen. Diese Resultate gehen übereinstimmend aus den Arbeiten von vor allem Finlay (1915), Pézard (1911ff.), M. M. Zawadowsky (1922ff.), Benoit (1923ff.), Domm (1924ff.) hervor. Abb. 127 zeigt den *Habitus* von vollkommenem Kapaun und Poularde. Die Poularde war 76 Tage alt links und 16 Tage später rechts ovariotomiert worden. Nach $1^3/_4$ Jahren sah der Vogel wie abgebildet aus. Die Autopsie zeigte keine

Abb. 127. Oben vollständig kastrierte Poularde 1³/₄ Jahre nach der Operation. Unten Kapaun fast 2 Jahre nach der Operation. (Nach Domm.)

Goldschmidt, Sex. Zwischenstufen.	19

Spur von Gonadengewebe. Der Kapaun war 22 bzw. 33 Tage alt
kastriert worden und 2 Jahre alt, als er photographiert wurde.
Die Autopsie zeigte ebenfalls keinerlei Gonadengewebe. Diesem
allgemeinen Bild sind nun ein paar Einzelzüge einzufügen.

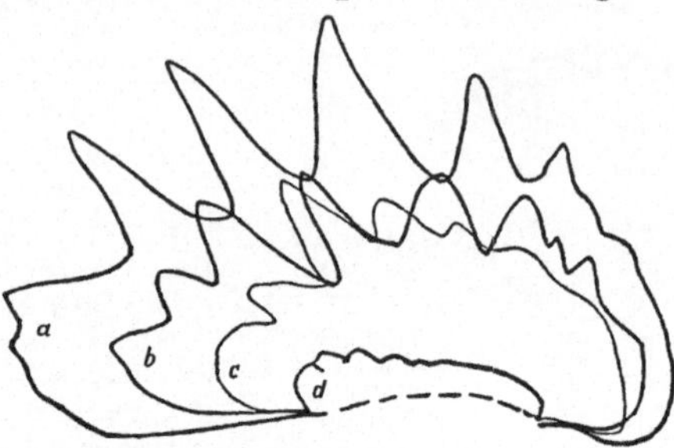

Abb. 128. Kammumrisse von *a* Hahn, *b, c* Hennen, *d* Kapaun der Italienerrasse.
(Nach GOODALE.)

1. Der Kamm. Das Verhalten des Kamms ist besonders genau
studiert worden. Abb. 128 zeigt Umrißzeichnungen des Kamms
der Italienerrasse bei Hahn, Henne und Kastrat, die sich selbst

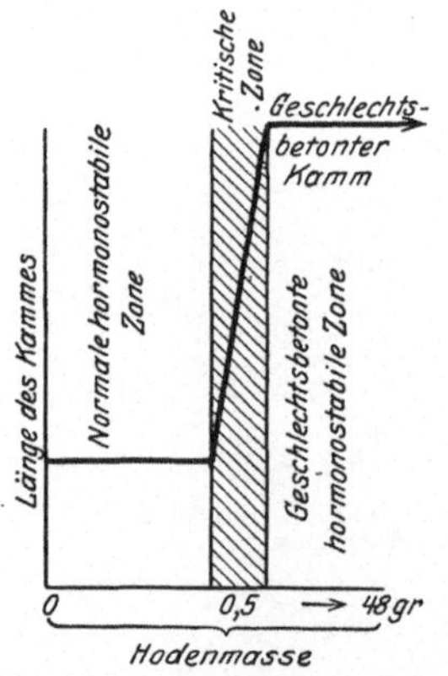

Abb. 129. PÉZARDS Schema für
sein Alles-oder-Nichts-Gesetz.
(Aus SAND.)

erklären. Da zweifellos der Kamm das
Organ ist, das am leichtesten auf die
Wirkung der Hodenhormone reagiert, so
wurde er von PÉZARD und CARIDROIT
und BENOIT zu genauen quantitativen
Untersuchungen verwertet. PÉZARD fand
dabei zunächst, daß es eine untere Wir-
kungsschwelle der Hormone gibt, unter
der eine Wirkung nicht eintritt, die
nach ihm und CARIDROIT bei einer Hoden-
größe von 0,3 g liegt. BENOIT fand aber
eine untere Schwelle, die bei nur $1/_{10}$ des
Wertsliegt. Viel Wert kann man allerdings
diesen Bestimmungen nicht beimessen,
da ja nicht feststeht, ja sehr unwahrscheinlich ist, daß die Hormonenkonzen-
tration immer der Gewebsmasse proportional ist. Über diesem wirk-
samen Quantum aber gilt nach PÉZARD, unter Verwendung eines
Terminus der Muskelphysiologie, das „Alles-oder-Nichts-Gesetz",
d. h. gleichgültig wie groß die Hormonenquantität, stets wird der
maximale Kammeffekt hervorgerufen. Abb. 129 stellt graphisch

dieses „Gesetz“ nach Pézard dar. Auf der Ordinate findet sich die Kammgröße, auf der Abszisse die Hodenmasse, schraffiert die Schwellenmassen. Neuere Untersucher aus anderen Schulen haben aber dieses Gesetz nicht bestätigen können. Vor allem findet Benoit in sehr ausführlichen Versuchen, daß zwischen dem Minimum an Hormonen, das zu einem Kammwachstum überhaupt nötig ist, und der Masse, die das maximale Wachstum bedingt, eine Zone liegt, in der das Kammwachstum der Hormonenquantität proportional ist.

Bei diesen Versuchen wurde das Kammwachstum bei nicht vollständiger Kastration untersucht. Bei völliger Kastration schrumpft der Kamm in beiden Geschlechtern unter Farbloswerden auf den Kastratenzustand zusammen. Hier beim Kamm ließ sich dann auch sehr schön zeigen, daß es sich wirklich um im Blut kreisende Hormone handelt. Caridroit (1926a) transplantierte nämlich kastrierten wie nichtkastrierten Hühnern ihre eigenen Kämme in die Rückenhaut, und dort machten sie, genau wie vorher beschrieben, Wachstum bezw. Rückbildung mit. (Die neuesten Untersuchungen vieler Forscher zeigen übrigens, daß der Hahnenkamm geradezu ein Testorgan für die Wirkung chemisch hergestellter nichtartspezifischer Hodenhormone ist.)

2. *Die Sporen.* Beim Kapaun verhalten sich die Sporen wie beim normalen Hahn, aber merkwürdigerweise nehmen sie schneller die scharf zugespitzte Form an, sind also sozusagen noch männlicher. Die Henne hat normalerweise nur Rudimente der Sporen, die im Laufe des Lebens etwas wachsen. Bei der Poularde aber wachsen die Sporen wie beim Hahn aus und werden scharf zugespitzt. Quantitative Daten haben zunächst wenig Wert, da das Wachstum der Sporen bei verschiedenen Rassen verschieden ist und zweifellos auch individuelle Anlagen, d. h. genetische Faktoren eine Rolle spielen, da ganz normale Hennen mit Sporen nicht selten sind [z.B. Goodale (1916), Meisenheimer (1921), Domm (1927)]. Ein merkwürdiges Ergebnis wurde neuerdings von Kozelka berichtet. Er transplantierte Sporen in verschiedene Körperregionen. Abb. 130 zeigt einen männlichen Sporn auf den Kopf eines Hahns transplantiert, wo er normal sich ausbildet. Ein männlicher Sporn auf eine Henne transplantiert, bildet sich aber ebenfalls aus, so daß es scheint, als ob zwar ein genetisch weiblicher Sporn von den Ovarialhormonen gehemmt wird, ein gene-

tisch männlicher jedoch nicht. Weitere Untersuchungen müssen zeigen, wie sich hier die genetische Anlage zum hormonalen Reiz verhält.

3. Das Gefieder. Bei den dem Wildhuhn nahestehenden Rassen, die zu den Versuchen verwandt werden, sind die Federn in beiden Geschlechtern sehr verschieden nach Form und Farbe, und zwar betrifft dies hauptsächlich den Halsbehang, die Sattel-

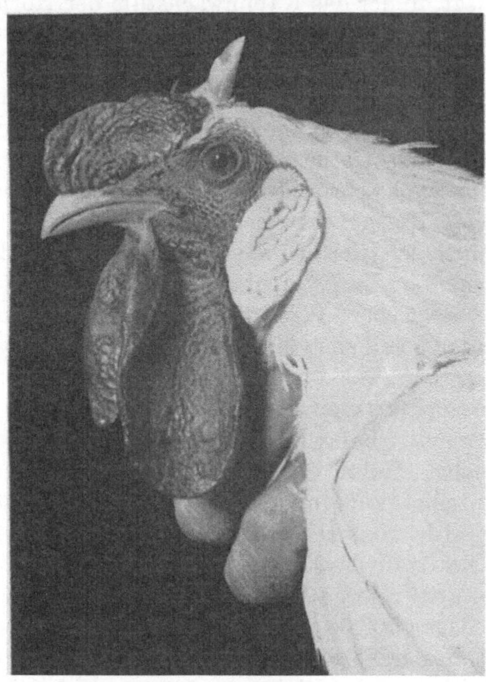

Abb. 130. Männlicher Sporn auf den Kopf eines Hahnes transplantiert. (Nach KOZELKA.)

federn und die Sichelfedern des Schwanzes. Alle diese Federn sind beim Männchen länger als beim Weibchen, dem außerdem die Sichelfedern fehlen. Die weiblichen Federn haben ferner eine breitere abgerundete Form mit voller Fahne, während die männlichen Federn schmaler sind und mehr Seidencharakter (nicht geschlossene Fahne) zeigen. Dazu kommen die typischen Färbungsunterschiede, die von Rasse zu Rasse verschieden sind. Das Kastratengefieder ist ziemlich männlich. Aber die Farben können glänzender, weicher sein als selbst beim Hahn, und die Federformen gehen in männlicher Richtung ebenfalls noch über den Hahn hinaus, wie Abb. 131 zeigt.

4. Die Instinkte. Die Geschlechtsinstinkte verschwinden in ihrer Gesamtheit.

5. Die Ausführgänge. Bei Poularden degenerieren die Ovidukte und die WOLFFschen Gänge bleiben rudimentär wie beim normalen Weibchen. Bei Kapaunen degenerieren die Vasa deferentia. Die Ausführgänge gehen also einfach konform mit der zugehörigen Gonade, wie dies auch schon die Ausbildung des Ovidukts bei Vorhandensein eines rechten Ovars zeigte.

6. Das Prinzip der differentiellen Schwellenwerte. Wie ARON (1924) bei den Amphibien fand, so findet PÉZARD (1918) [siehe PÉZARD, SAND, CARIDROIT (1926)] bei den Hühnern, daß die verschiedenen sekundären Geschlechtscharaktere verschiedene Schwellenwerte haben für das Eintreten der typischen Hormonwirkung. Beim normalen heranwachsenden

Abb. 131. Schwanzfedern von Hahn, Henne, Kapaun und Poularde. (Nach BENOIT.)

Hahn erscheinen die verschiedenen Geschlechtsmerkmale hintereinander und ebenso bei der kastrierten Henne. Bei allmählicher Abtragung oder Degeneration des Eierstocks erscheinen die männlichen Charaktere der Poularde ebenfalls in einer Reihenfolge, die zeigt, daß die verschiedenen Organe verschieden schnell auf die hormonale Hemmung durch den Eierstock reagieren, dafür bestimmte, verschiedene Schwellenwerte haben. Die Reihenfolge, in der das Aufhören der hemmenden Wirkung der Ovarialhormone bei Kastration oder progressiver

Degeneration des Ovars sichtbar wird, ist nach Pézard und M. Zawadowsky (1916c, 1929) die umgekehrte wie im Fall der Regeneration eines Eierstocks, die dann die aufsteigende Anordnung der Reizschwelle zeigen würde. Nach Zawadowsky ist folgendes die Reihe der ansteigenden Reizschwellen verschiedener Organe:

1. Gewebe, welche das Pigment der Brustfedern bedingen.
2. Gewebe, welche das Pigment der Schwanzfedern bedingen.
3. Gewebe, welche die Form der Bürzelfedern bedingen.
4. Gewebe, welche die Form der Steuerfedern bedingen.
5. Gewebe, welches Sporen entwickelt.
6. Gewebe, welches den Kamm entwickelt (?).
7. Gewebe, welche den Gechlechtsinstinkt beherrschen (?).
8. Gewebe, welche den Brutinstinkt beherrschen (?).

Diese verschiedenen Reizschwellen sind aber nur ein Faktor in dem Gesamtprozeß der Hormonwirkung auf die Geschlechtscharaktere. Nach Zawadowsky sind alles in allem die folgenden Teilfaktoren zu berücksichtigen.

1. Erhaltungsdauer des Hormons im Blute.
2. Reaktionsträgheit des Gewebes (d. h. ob dauernde Hormonisation oder nur ein „Stoß“ genügt).
3. Dauer der Einwirkung des Hormons.
4. Die Menge des Hormons.
5. Reizschwelle des Gewebes.
6. Eventueller Bestand des Hormons aus verschiedenen Komponenten.
7. Alter des Gewebes, auf das das Hormon wirkt.

Auf diese Probleme sei aber nicht weiter eingegangen, da sie mehr in das Gebiet der Morphogenese als das der Sexualität gehören.

7. *Andere Vogelarten.* Die Mehrzahl der Versuche sind an Hühnern ausgeführt, von wo auch die meisten Erkenntnisse stammen. Aber auch einige andere Vogelarten sind gelegentlich herangezogen worden. Van Oordt und van der Maas (1929) kastrierten männliche Truthähne. Das Resultat ist das gleiche wie bei Hühnern mit einer Ausnahme: die Sporen des kastrierten Männchens bleiben klein wie beim Weibchen. Bei Tauben findet sich kein nennenswerter Unterschied zwischen den Geschlechtern, so daß abgesehen

vom Psychosexuellen Kastration keine Veränderung bewirkt [RIDDLE (1924), LIPSCHÜTZ u. WILHELM (1929)]. Bei Fasanen findet ZAWADOWSKY (1922, 1929) wieder Resultate, die denen an *Gallus* parallel sind. Die Sporen verhalten sich hier wieder verschieden, indem sie so bleiben, wie sie im betreffenden Geschlecht waren. Enten, mit denen die grundlegenden Versuche von GOODALE (1916) ausgeführt wurden [später ZAWADOWSKY (1922, 1929)], verhalten sich ebenfalls wie die Hühner, nur ist hier ein Geschlechtscharakter, die Schnabelfärbung, vorhanden, der nach

Abb. 132. Oben links Erpel, rechts Ente, unten die Kastraten. (Nach ZAWADOWSKY.)

Kastration geschlechtsspezifisch erhalten bleibt. Bei den Enten findet sich auch ein den Hühnern fehlender Charakter, nämlich die cyclische Sommermauser, die das Prunkkleid des Männchens in ein dem Weibchen ähnliches Sommerkleid verwandelt. Kastrierte Männchen wechseln ihr Kleid nicht, und auch der Vorgang der Mauser wird abgeändert (GOODALE). Umgekehrt fand aber GOODALE auch einen Fall, in dem eine kastrierte Ente das männliche Sommergefieder anlegte, also auch in diesem Charakter erwies sich das Ovarialhormon als hemmend. KUHN (1930) fand in neueren Versuchen, wie schon vorher POLL (1909) und HEIN-

ROTH (1910), daß auch kastrierte Erpel das Sommerkleid anlegen
können, daß sich aber die einzelnen Federfollikel darin verschieden
verhalten, was die widersprechenden Resultate erklärt. Ähnliche
cyclische Veränderungen finden auch bei einigen tropischen
Vögeln statt, die von Liebhabern gehalten werden, z. B. *Pyrome-
lona franciscana* und *Hypochera chalybeata*. Auch sie fand BENOIT
(1930) vom Hodenhormon abhängig. Einige wenige Versuche
liegen auch an Singvögeln vor [ZAWADOWSKY (1926d)]. Viele
Einzelheiten könnten dem noch zugefügt werden, so z. B. daß das

Abb. 133. Oben links Fasanenhahn, rechts Henne, unten die Kastraten.
(Nach ZAWADOWSKY.)

erste Jugendkleid der Enten unabhängig von den Hormonen gebildet wird, also identisch bei normalen und kastrierten Tieren
(ZAWADOWSKY). Alles in allem erübrigt es sich, näher auf alle diese
Arbeiten einzugehen, die nach den Versuchen an Hühnern nichts
Neues zeigen, außer daß die Reaktionsfähigkeit verschiedener
Charaktere auf Gonadenhormone bei verschiedenen Arten etwas
verschieden sein mag. Zur Illustration dieses Abschnitts seien
übrigens noch ZAWADOWSKYs Zeichnungen zu den Kastrationsversuchen an Enten und Fasanen in Abb. 132, 133 wiedergegeben,
die sich selbst erklären.

γ) Maskulierung und Feminierung.

Die Resultate der Kastrationsexperimente lassen es erwarten, daß es möglich sein muß, durch Transplantation heterologer Gonaden nach Kastration die Maskulierung der weiblichen und Feminierung der männlichen Charaktere zu erzielen, also eine hormonale Intersexualität, falls wir diesen Ausdruck im weiteren Sinn gebrauchen wollen, ausschließlich auf die sekundären Geschlechtscharaktere bezüglich. Einfacher ist dabei der Versuch der Feminierung, da dabei die Komplikation mit dem rechten Ovar (siehe später) wegfällt. Erfolgreiche Versuche der Transplantation von Eierstöcken in kastrierte Hähne wurden zuerst von GOODALE ausgeführt, dann von ZAWADOWSKY und PÉZARD, SAND, CARIDROIT (l. c.). In den erfolgreichsten Versuchen von CARIDROIT (1929) trat eine vollständige Feminierung ein, d. h. Gefieder, Kamm und Kopflappen sowie Instinkte wurden weiblich, gleichgültig, ob junge oder erwachsene Hähne feminiert wurden. Nur der Sporn verhielt sich manchmal weiblich, manchmal männlich. GOODALE hatte die gleichen Resultate erhalten, außerdem aber auch Fälle, in denen die Instinkte mehr männlich blieben, und endlich auch einen Fall, in dem zwar das Gefieder weiblich blieb, aber nach einiger Zeit Kamm und Sexualinstinkte wieder völlig männlich wurden. Es bestand natürlich die Möglichkeit, daß eine Hodenregeneration eingetreten war. Neuerdings hat aber CARIDROIT (1929) einen wichtigen Befund gemacht (der schon von FINLAY vorausgenommen war), der solche Fälle erklärt und außerdem theoretisch sehr wichtig ist. In transplantierten Ovarstücken kann sich manchmal Hodengewebe differenzieren, und zwar sowohl bei Autotransplantation (Ovar auf Poularde) als bei Heterotransplantation (Ovar auf Kapaun). Dieses Regenerationsgewebe genügt in beiden Fällen, um den Kamm und die Sexualinstinkte des Hahns hervorzurufen. Auf die theoretische Bedeutung dieser gegengeschlechtigen Regeneration wird später in anderem Zusammenhang eingegangen werden. Abb. 134 zeigt die Ausbildung solcher Hodenkanälchen in einem Autotransplantat, daneben noch ein Eifollikel. GOODALE (1916) hat Feminisierungsexperimente mit Erfolg auch bei Erpeln ausgeführt, denen nach Kastration Entenovar eingepflanzt wurde. Das Gefieder wurde weiblich und die Stimme etwa intermediär (Kastration allein ändert die Stimme des Erpels nicht, siehe oben).

Bei der umgekehrten Operation der Maskulierung einer Henne durch Hodentransplantation muß beachtet werden, daß das Poulardengefieder allein schon dem des Hahns ähnlich ist und daß, wie wir später sehen werden, das rechte Ovar allein einen Hahnenkamm hervorrufen kann. Solche Versuche sind von Pézard (1918 ff.), Zawadowsky (1922 ff.), Finlay (1925), Caridroit (1929), Appel (1929) ausgeführt. Die klarsten Resultate (nach Entfernung des linken Ovars) hatte Finlay (1925). Die maskulierte Henne ist praktisch nicht von einem Hahn zu unterscheiden, wie Abb. 135 zeigt. An einem solchen Tier, dem abgebildeten,

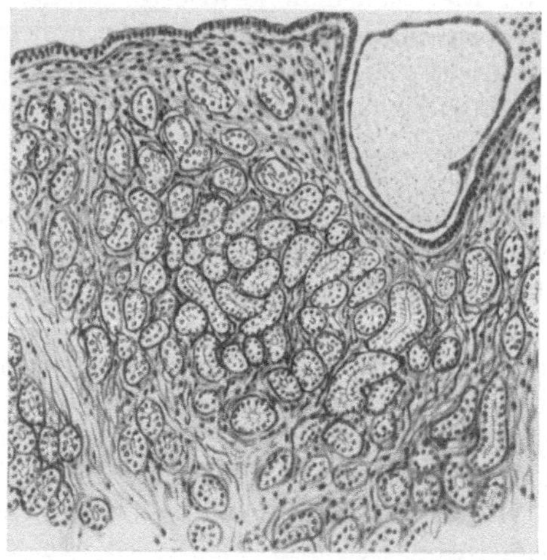

Abb. 134. Schnitt durch ein autotransplantiertes Ovar, in dem sich Hodenkanälchen gebildet haben. Oben ein Ei. (Nach Caridroit.)

wurde nun etwas Merkwürdiges beobachtet. Im 17. Monat trat wieder vollständiges Hennengefieder auf, während alle anderen Charaktere männlich blieben, und das Tier sah aus wie Abb. 136 zeigt. Es zeigte sich, daß das Hodentransplantat noch da war und in voller Funktion. Auch das Vas deferens hatte sich voll entwickelt. Außerdem fand sich aber noch ein Rest des sichtlich nicht vollständig entfernten linken Ovars (Greenwood and Crew 1926, 1927). Diese Autoren geben nun die merkwürdige Erklärung, daß hier gar keine geschlechtsspezifische Hormonenwirkung beteiligt sei, sondern daß eine quantitativ größere, nicht geschlechtsspezifische Hormonenproduktion, ob männlich oder weiblich oder,

wie hier, männlich plus weiblich das weibliche Gefieder hervor-
bringe, in Anlehnung an die alten Ideen von THOMSON und

Abb. 135. Die maskulierte Henne 1 Jahr alt. (Nach GREENWOOD-CREW.)

Abb. 136. Die gleiche Henne wie Abb. 135, 5 Monate später. (Nach GREENWOOD-CREW.)

GEDDES, wiedererweckt von RIDDLE, daß nur der höhere Stoffwechsel weibliche Differenzierung bedinge. Es dürfte aber doch

mit allen bekannten Tatsachen besser übereinstimmen, wenn wir sagen, daß 1. Anwesenheit von Hodenhormon den Hahnenkamm hervorruft und 2. jede Anwesenheit von Ovarialhormon [vielleicht auch nur bei genetischer weiblicher Konstitution (XY)] die Hemmung hervorruft, die zum weiblichen Gefieder führt.

GREENWOOD und CREW erwähnen zum Beweis ihrer Auffassung Versuche, in denen es gelungen sein soll, nur durch übermäßig viele Hodenimplantate auf Hähne diese hennenfedrig zu machen. Von diesen Versuchen, die von größter Tragweite wären, wenn sie sich bestätigten, hat man aber nie wieder etwas gehört. Sie stimmen auch wenig zu den neuen Erfahrungen über den Einfluß chemisch zubereiteter Hormone. So berichten JUHN und GUSTAV-SON (1930), daß weibliches Hormon aus menschlicher Plazenta bei Hühnern wie Kapaunen Hennenfedrigkeit hervorruft, während Stierhodenhormon nur den Hahnenkamm hervorbringt, keine Gefiederveränderung.

Andererseits deuten die Versuche mit *sogenanntem experimentellem Hermaphroditismus* in eine andere Richtung. In diesen Versuchen werden Hennen unter Belassung des Ovars oder auch Verminderung seiner Größe Hoden implantiert, sei es intraperitoneal, sei es subkutan; ebenso werden Hähnen mit vollständigen oder diminuierten Hoden Eierstöcke eingepflanzt. Solche Versuche sind schon von den ältesten Autoren ausgeführt; systematisch wurden sie von GOODALE wieder aufgenommen und seitdem von ZAWADOWSKY (1926c) und CARIDROIT (l. c.) wiederholt. Die Versuchsresultate scheinen auch übereinstimmend und klar zu sein, wenn das Experiment erfolgreich gelang. Irgend ein Antagonismus zwischen den beiderlei Gonaden im gleichen Organismus besteht nicht, denn in gut gelungenen Fällen bleiben beide nebeneinander in normalem funktionsfähigem Zustand. Das Resultat zeigt ferner, daß beide unabhängig voneinander ihre geschlechtsspezifischen Hormone produzieren, und daß diese nebeneinander ihre aus den Kastrations- und Transplantationsexperimenten bekannten Wirkungen entfalten. Das bedeutet, daß der Hoden, wenn er in überschwelliger Quantität vorhanden ist, stets das männliche Wachstum des Kamms bedingt bzw. aufrecht erhält; daß das Ovar ebenso die Ausbildung eines Hahnengefieders hemmt, so daß diese „Hermaphroditen" stets hennenfedrig sind (siehe auch die gerade erwähnten Befunde mit chemischen Hormonen). Die

Sporen, deren etwas abweichendes Verhalten wir schon kennenlernten, werden auch vom Ovar mehr oder weniger gehemmt. Die Instinkte blieben im allgemeinen wie beim ursprünglichen Geschlecht, bei einer hermaphrodisierten Henne aber, deren Ovar stark verkleinert wurde, wurden sie auch männlich (CARIDROIT). Der Gesang blieb immer wie beim ursprünglichen Geschlecht. CARIDROIT berichtet auch einen sehr merkwürdigen Fall eines Hahns mit sehr kleinem Ovarialtransplantat, der dauernd bald männliche, bald weibliche Federn bildete. Er nimmt wohl mit Recht an, daß hier die Wirksamkeit des Ovars um den Schwellenwert oszillierte und daher bald hemmend für das Hahnengefieder war, bald nicht. Zu diesen Versuchen gehören auch die im Resultat identischen von PÉZARD, SAND, CARIDROIT (1923ff.), die wir im nächsten Abschnitt besprechen werden. Da also die Gesamtheit aller dieser Ergebnisse übereinstimmend zeigt, daß Eierstock und Hoden geschlechtsspezifische Hormone produzieren, für die die verschiedenen Gewebe, die eine sexuelle Alternative haben, in typischer Weise ansprechen, so liegt kein Grund vor, den Fall von GREENWOOD und CREW anders zu erklären als durch die gleichzeitige Anwesenheit von beiderlei Hormonen.

δ) Die Geschlechtshormone bei Federregeneration
und -transplantation.

Es liegen ein paar schöne Experimente vor, die zwar gegenüber den Ergebnissen der beiden letzten Abschnitte nichts Neues lehren, aber das gleiche Prinzip in sehr sinnfälliger Weise demonstrieren, das sind die Versuche von PÉZARD, SAND, CARIDROIT (1923ff.) mit Federregeneration unter dem Einfluß verschiedener Hormone und die von DANFORTH und DANFORTH u. FOSTER (1929, 1930) und MASUI (1929) über Hauttransplantationen. PÉZARD, SAND, CARIDROIT führten mit vielen Variationen das folgende Experiment aus: Einem Hahn wurden auf einer Körperseite die Federn ausgerupft und dann ein Ovar implantiert. Die neu regenerierenden Federn standen dann, wie aus dem letzten Abschnitt hervorgeht, unter dem Einfluß der Ovarialhormone und wachsen daher als weibliche Federn aus. Der Vogel besaß also dann einen weiblichen Bezirk im männlichen Gefieder. Natürlich hielt dies nur bis zur nächsten Mauser an, bei der, wie wir es aus dem letzten Abschnitt wissen, dann das ganze Gefieder weiblich wurde. Besonders schön ließ sich in diesen Versuchen das Eintreten der neuen Hormonenwirkung demonstrieren, wenn sie erst kam, nachdem die Federn schon begonnen hatten zu wachsen. In diesem Fall war die zuerst gebildete Federspitze vom ursprüng-

Abb. 137. Links Lanzettfeder eines Hahns, orangefarben und zugespitzt; rechts desgl. vom Huhn, abgerundet und grauschwarz mit gelben Punkten. In der Mitte Feder eines Hahns, die zuerst männlich wuchs, dann nach Kastration und Ovarimplantation weiblich weiterwuchs. Punktiert die Grenze. (Nach Pézard, Sand, Caridroit.)

lichen, der Rest der Feder vom neuen Geschlecht mit oft ganz scharfer Grenze. Abb. 137 zeigt aus einem solchen Versuch weibliche, männliche und dazwischen erst weibliche, dann männliche Federn. Die Veränderung betrifft alle Eigenschaften, Farbe und Form.

Pézard hat leider unter den mit der Literatur über Wirbellose nicht oder nur oberflächlich vertrauten Autoren (wie er selbst) eine heillose Verwirrung angestiftet, indem er diese Versuche als experimentellen Gynandromorphismus bezeichnete und gar glaubte, den wirklichen Gynandromorphismus von hier aus erklären zu können. Wir kommen darauf im Kapitel Gynandromorphismus zurück. Hier sei nur gesagt, daß beim Gynander die weiblichen und männlichen Teile wirklich weiblich und männlich sind. Könnten sie regenerieren, so behielten sie ihr Geschlecht. Bei Pézards Vögeln entsteht aber doch nur ein Mosaik, weil er den einen Federn erlaubt, unter den neuen Hormonbedingungen zu regeneiieren, den anderen nicht. Erlaubt er es aber beiden (Mauser), so ist natürlich das Gefieder einheitlich. Mit dem gleichen Recht könnte man etwa ein Tier, dem man links ein Bein abgeschnitten hat, zur Erklärung der natürlichen Rechts-Links-Asymmetrie heranziehen. Das ist natürlich absurd.

Vielleicht noch eleganter ist die Demonstration der Hormonwirkung auf das Gefieder in den Hauttransplantationsversuchen, in denen Danforth (1929, 1930) besonders erfolgreich war. Es können größere Hautstücke des frisch geschlüpften Kückens zwischen Weibchen und Männchen in beiden Richtungen vertauscht werden. Die im Transplantat sich entwickelnden Federn des Spenders entstehen dann unter dem hormonalen Einfluß des Wirts und verhalten sich auch ganz nach Erwartung: Weibliche Haut auf männlichem Wirt bildet männliche Federn und umgekehrt, auf einem Kastraten bildet das Transplantat Kastratenfedern. Besonders schön konnte das Prinzip demonstriert werden, wenn der Spender einer anderen Rasse angehört wie der Wirt und das Transplantat dann das entgegengesetzte Geschlechtsgefieder, aber seiner eigenen Rasse annahm. Unter diesen Versuchen wiederum ist besonders schön die Kombination mit einem geschlechtsgebundenen Gen. Bekanntlich wird das gegitterte (gesperberte) Gefieder der Plymouth-Rockrasse geschlechtsgebunden vererbt, d. h. ein Plymouth-Rockhahn erzeugt mit einer schwarzen Henne nur gegitterte Töchter und heterozygot gegitterte Söhne (dominanter Faktor für Gitterung) und so weiter nach dem bekannten *Abraxas*-Schema. Das Gittermuster ist in beiden Geschlechtern gleich, wenn auch die Federform die typisch verschiedene ist. Danforth transplantierte nun Haut eines Plymouth-Rockhahns

Abb. 138a.

Abb. 138b.

auf eine schwarze Henne einer anderen Rasse: das Transplantat bildete gegitterte Federn aus, wie es seiner genetischen Zusammensetzung entsprach (Selbstdifferenzierung), die Feder*form* war aber unter dem Einfluß der weiblichen Hormone des Wirts weiblich, genau wie es zu erwarten war. Abb. 138 zeigt in a dieses Huhn, ferner zur Verdeutlichung je eine Feder des Wirts — schwarz

Abb. 138 c.

Abb. 138. a Ein Hühnchen (Bantam × Rhode Island Red) mit Hauttransplantat auf dem Rücken von einem Plymouth Rock-Hahn. b Links natürliche Feder dieses Tieres, rechts eine vom Transplantat mit feiner genetischer Sperberung, aber hormonbedingter weiblicher Form. c Federn der umgekehrten Transplantation. Links männliche Feder des Wirtes, rechts vom Transplantat mit Sperberung, aber männlicher Form. (Nach DANFORTH.)

und weibliche Form — und des Transplantats — gegittert und weibliche Form (b). Daneben (c) sind Federn des umgekehrten Versuchs abgebildet, nämlich Plymouth - Rocktransplantat auf einen männlichen Wirt; nun sind die Färbungsunterschiede wieder die gleichen, aber die Federform ist männlich.

ε) Der Fall der rassenmäßig hennenfedrigen Hähne.

Es gibt Hühnerrassen wie die Gold-Sebright-Bantams, bei denen der Hahn trotz sonst normaler Geschlechtscharaktere

stets ein hennenähnliches Gefieder trägt. Bei anderen Rassen
(Campinen) gibt es Schläge mit konstant hahnenfedrigen Hähnen
und solche mit hennenfedrigen Hähnen. MORGAN (1919, 1920a—d)
führte nun zuerst den Versuch der Kastration hennenfedriger
Bantamhähne aus mit dem merkwürdigen Resultat, daß die
Kapaune neben den typischen Kapauncharakteren (Kamm, Instinkte) hahnenfedrig wurden wie es in Abb. 139 abgebildet ist.
Durch Kreuzung der Bantams mit normalen Rassen stellte er
dann fest, daß die Hennenfedrigkeit der Hähne dominant ist und

a   b

Abb. 139. Sebright-Bantam. a Hennenfiedriger Hahn. b Hahnenfiedriger Kapaun.
(Nach MORGAN.)

in F_2 spaltet. PUNNETT und BAILEY (1921) fanden das gleiche.
Die Diskussion darüber, wie im einzelnen der Erbgang verläuft,
ob monohybrid oder dihybrid, geht uns hier nichts an, da es sich
dabei um ein spezielles Vererbungsproblem handelt, das mit dem
Geschlecht an sich nichts zu tun hat. Sicher ist jedenfalls, daß der
Zustand auf der Anwesenheit mendelnder Gene beruht. MORGAN
zog aus diesen Versuchen den naheliegenden Schluß, daß der
Hoden der Sebright-Bantams eine andere Hormonenproduktion
hat als der Hoden normaler Hühnerrassen, eine Verschiedenheit,
die genetisch bedingt ist. Er glaubte auch den histologischen Sitz
dieser Verschiedenheit in den Luteinzellen nachweisen zu können,

doch wurden diese Ergebnisse von BENOIT (1930), NONIDEZ (1922), PEASE (1922) widerlegt. MORGANs Versuche wurden unter anderem auch von PÉZARD, SAND, CARIDROIT (1925) bestätigt, die außerdem fanden, daß eine etwas größere Hodenmasse nötig ist, um das Hennengefieder hervorzurufen als für den Hahnenkamm, also verschiedene Schwellenwerte für die beiden Organe.

Seitdem zeigte es sich aber auch, daß die Annahme der spezifischen Hormonproduktion nicht zu Recht besteht. ROXAS (1926) gelang es, in kastrierte Sebrighthähne die Hoden von normalen Italienerhähnen zu transplantieren. Die Sebrighthähne waren natürlich nach Kastration hahnenfedrig geworden und trugen den Kapaunenkamm. Der implantierte Italienerhoden aber, der wieder den Hahnenkamm natürlich hervorrief, brachte auch wieder das Hennengefieder, das durch die Mausern so blieb. Also macht jede Hodeninkretion diese Rassen hennenfedrig, die Inkretion ist nicht spezifisch. Auch der umgekehrte Versuch gelang in einigen wenigen Fällen: Leghornkapaune erhielten Sebrighthoden und wurden darauf nicht etwa hennenfedrig, sondern ganz normal hahnenfedrig. Diese Resultate sind natürlich völlig eindeutig und sind seitdem auch von GREENWOOD (1928) für hennenfedrige Campinen bestätigt. Ein einziger abweichender Versuch von PÉZARD, SAND, CARIDROIT ist zweifellos nicht genügend klar.

In wieder anderer Weise konnte DANFORTH (1930) das gleiche Resultat auf dem Weg über die Hauttransplantation bestätigen. Wir sahen bereits, daß Hauttransplantate auf das andere Geschlecht zwar ihren genetischen Rassencharakter beibehalten, aber den Geschlechtscharakter des Wirts annehmen. Wenn nun weibliche Campinenhaut auf einen Italienerhahn transplantiert wird, so werden ihre Federn nicht hahnenartig, sondern bleiben hennenartig und zeigen so wieder, daß die Besonderheit der Bantams und Campinen nicht hormonal, sondern genetisch bedingt ist. Abb. 140 zeigt diesen hübschen Versuch, in a der weiße Italienerhahn mit dem dunklen Campinenhauttransplantat, in b zwei nebeneinanderstehende Federn, eine weiblich gebliebene Campinen- und eine männliche Italienerfeder. In diesem Versuch wurden aber auch einige Federn im Transplantat gebildet, die sich deutlich der männlichen Form näherten. DANFORTH schließt daraus, daß doch außer der genetischen Beschaffenheit die Hodenhormone der beiden Rassen verschieden sein mögen. Da er aber ausdrücklich hervorhebt, daß seine Campinen oft heterozygot in der Hennenfedrigkeit waren, so liegt der Schluß näher, daß

a

b

Abb. 140. a Italienerhahn mit Transplantat von Campinenhaut. b Links Feder des Transplantats, rechts des Wirtes. (Nach DANFORTH.)

das Transplantat heterozygot mit unvollständiger Dominanz war.

Alles in allem ergibt sich also, daß die Hennenfedrigkeit der

Hähne der besprochenen Rassen darauf beruht, daß ein dominantes Gen den Federfollikelzellen eine aberrante Reaktionsfähigkeit auf das Hodenhormon verleiht.

ζ) Geschlechtshormone und andere inkretorische Prozesse.

Wir betrachten es nicht als unsere Aufgabe, in dieser Monographie die Probleme mitzubehandeln, die sich auf die morphologischen und physiologischen Einzelheiten des Ursprungs und der Wirkungsweise der Geschlechtshormone beziehen. Bezüglich der morphologischen Grundlagen handelt es sich ja bekanntlich um die Frage, ob es die interstitiellen oder andere Zellelemente der Gonade sind, die das Geschlechtshormon produzieren. Für die Vögel wie für die Säugetiere gilt es, daß nach unendlichen Diskussionen man noch immer an der gleichen Stelle steht, nämlich, daß manche Autoren für und etwa ebenso gewichtige andere Autoren gegen die interstitiellen Zellen sind. Für das Problem der Intersexualität ist das im großen ganzen gleich, und so weise ich für die Vögel nur auf die Diskussion in den Arbeiten von Boring u. Morgan (1918), Pease (1922), Nonidez (1922, 1924), Benoit (1930), Fell (1924), Stieve (1921) hin. Dagegen kann die Frage der Beziehung zwischen den Gonadenhormonen und anderen Inkreten auch bei Beschränkung auf das Problem der sexuellen Zwischenstufen nicht ganz übergangen werden. Torrey u. Horning (1922ff.) waren wohl die ersten, die zeigten, daß durch Fütterung von Hähnen mit Schilddrüse ihr Gefieder hennenartige Charaktere annimmt. Seitdem sind zahlreiche Versuche dieser Art ausgeführt worden von Crew u. Huxley (1923), Cole u. Reid (1924), den Brüdern B. u. M. Zawadowsky (1926ff.) und Kříženecký mit Mitarbeitern (1926 ff.) meist an Hühnern, von Zawadowsky auch an Fasanen. In Bezug auf das Tatsächliche der Ergebnisse herrscht weitgehende Übereinstimmung zwischen diesen Autoren. Hyperthyreoidisierung bewirkt erst eine Beschleunigung des Federwechsels und sodann eine mehr oder minder große Annäherung der Federn des Hahns an den Hennentypus. Kříženecký spricht direkt von einer Intersexualität der Federn. Das Maß dieser Umwandlung ist verschieden sowohl nach Rasse als nach Federart als auch nach Individuen und beträchtlichen Schwankungen unterworfen. Bei der Henne fehlen diese Wir-

kungen. In Abb. 141 sind ein paar Federtypen von normalen rebhuhnfarbigen Italienern Hahn und Henne abgebildet und daneben
die „verweiblichten" Hahnenfedern nach Hyperthyreodisierung;

Abb. 141. Wirkung der Schilddrüse auf das Hahnengefieder. a Halsbehang vom Kontrollhahn. b Desgl. Kontrollhenne. c Schwanzbehang vom Kontrollhahn. d Desgl. Kontrollhenne. e Rückenfedern einer Kontrollhenne. f Halsbehang des hyperthyreoidisierten Hahns.
g Desgl. Schwanzbehang. h Halsbehang eines anderen Versuchshahns. i Schwanzbehang
desgl. (Nach Kříženecký.)

der beschriebene Effekt ist deutlich sichtbar. In der Erklärung
des Effekts stehen sich aber zwei Ansichten diametral gegenüber.
Torrey und Horning faßten die Veränderung als echte Ver-

weiblichung auf und CREW und KŘÍŽENECKÝ gehen sogar so weit,
daraus zu schließen, daß auch die normale Wirkung des Ovarial-

Abb. 141 d—g.

hormons, das ja die Ausbildung des Hahnengefieders verhindert,
in Wirklichkeit darauf zurückgeht, daß die Henne konstitutionell
hyperthyreoid ist. CREW (1922) faßt dies folgendermaßen: „Die

Unterschiede in den Geschlechtsmerkmalen des Gefieders sind nur ein Abbild entsprechender Unterschiede in den allgemeinen Stoffwechselvorgängen im Körper und diese wieder beruhen darauf, daß die mit dem Stoffwechsel zusammenhängenden Anforderungen von Ovar und Testikel verschieden sind. Das aktive Ovar stellt

Abb. 141 h.

sehr hohe Anforderungen an die allgemeinen physiologischen Voigänge im Individuum; die Anforderungen des Testikels sind geringer; der Unterschied zwischen beiden Anforderungen ist von Bedeutung. Die Reaktionen, die durch die Anforderungen der Keimdrüsen hervorgerufen werden, werden durch die Komponenten des endokrinen Systems, unter anderem durch die Schild-

Abb. 141 i.

drüse geregelt. Die Ovarfunktion der Henne ruft in der Schilddrüse eine Tätigkeit hervor, die den Anreiz zur Bildung des Hennengefieders abgibt. Die Schilddrüse des hahnengefiederten Hahns wird von den physiologischen Anforderungen des Testikels derart beeinflußt, daß die Wirkungen der Schilddrüsentätigkeit langsamer und in geringerem Maß vor sich gehen. Der Erfolg ist, daß das sich entwickelnde Gefieder ein Hahnengefieder wird.

Schilddrüsenverabreichung vergrößert die das Wachstum neuer Federn bestimmende verfügbare Menge: das Federkleid des hahnengefiederten Hahns wird daher nach Schilddrüsenverfütterung ein Hennengefieder, das der Henne bleibt unverändert. Keimdrüsenektomie hat degenerative Veränderungen in der Schilddrüse zur Folge. Die Wirkungen der Keimdrüsenektomie und Keimdrüsenimplantation sind keine unmittelbaren, sondern abhängig von einer Veränderung in der Schnelligkeit und Quantität der Schilddrüsenfunktion". Zur Stütze dieser Anschauungen führt CREW folgenden Versuch aus: Hennenfiedrigen Campinerhühnern wurde die Schilddrüse exstirpiert, und in vier gelungenen Fällen wurden diese Hähne hahnenfedrig. Es muß dazu gleich bemerkt werden, daß damit aber der Versuch DANFORTHS gar nicht übereinstimmt, in dem hennenfiedrige Haut auf normalem Hahn hennenfiedrig blieb, obwohl doch Schilddrüse wie Gonade unberührt waren.

Ganz anders ist aber die Auffassung der Brüder ZAWADOWSKY (siehe 1929). Sie erklären die Ähnlichkeit des Schilddrüsengefieders mit dem Hennengefieder nur für eine oberflächliche Ähnlichkeit. Sie sagen, daß die Wirkung der Schilddrüse auf die Federn sowohl von Hahn und Henne darin besteht, daß ganz allgemein die regelmäßige Form verloren geht, und daß eine Abstumpfung eintritt. Da für Hähne stärker zugespitzte Federn charakteristisch sind, so entstand durch diesen ganz zufälligen Umstand die Annahme einer Umwandlung in Hennengefieder. Ebenso finden ZAWADOWSKYS nicht, daß die Federn des hyperthyreodisierten Hahns weibliche Färbung annehmen. Bei Hahn wie bei Henne werden vielmehr die Pigmentierungsprozesse gestört und vereinfacht. Das rote Pigment wird durch schwarzes ersetzt und bei starker Wirkung tritt völlige Depigmentierung ein. Bei Fasanen und Pfauen sehen die so durch Schilddrüse veränderten Federn auch viel mehr der Jugendfeder als der Hennenfeder gleich. Wenn also die Annahme der Verweiblichung durch Schilddrüse abgelehnt werden muß, so wird natürlich auch für den Normalfall eine Anteilnahme der Schilddrüsenfunktion bei der Gefiederfärbung für nicht möglich gehalten. Was CREWS Versuch der Schilddrüsenektomie bei hennenfedrigen Hähnen betrifft, so weist ZAWADOWSKY auf Erfahrungen bei Säugetieren hin, bei denen durch Schilddrüsenexstirpation die Gonaden geschädigt werden. Dies könnte auch in Crews Versuch der Fall sein, der dann physiologisch mit einer Kastration zu vergleichen wäre. Inzwischen haben Greenwood u. Chaudhuri (1928) vergeblich versucht, durch Einführung von Thyroxin in das Ei irgendeine Wirkung auf die Geschlechtscharaktere zu erzielen, und Chaudhuri vermochte auch keine Differenz im Jodgehalt der Schilddrüse von Hahn und Henne festzustellen. Die neuesten Untersuchungen von Greenwood u. Blyth (1929) und Schwarz (1930) über Schilddrüsenexstirpation haben ebenfalls keine Entscheidung gebracht. Die ersteren Autoren neigen mehr zu Crews Anschauung, während Schwarz an unabhängige, aber additive Wirkung von Schilddrüse und Gonade bei der Verursachung der Federcharaktere denkt. Mir selbst scheint zunächst die Auffassung von Zawadowsky die richtige zu sein.

η) Gibt es bei Vögeln echte hormonische Intersexualität?

Die Maskulierung und Feminierung der sekundären Geschlechtscharaktere kann ja nur in einem erweiterten Sinn als Intersexualität bezeichnet werden, da die Geschlechtsdrüsen nach Lage der Experimente nicht selbst betroffen werden konnten. Daß die Geschlechtsdrüsen selbst einer Umwandlung von Ovar zu Hoden fähig sind, haben wir bereits in Caridroits Ovarialtransplantationen gesehen und werden es später genauer besprechen. Die Frage ist, ob eine solche Gonadenumwandlung durch die Wirkung der entgegengesetzten Hormone erzielt werden kann, was dann eine echte hormonale Intersexualität darstellen würde. Solche Versuche wären also analog den Versuchen von Burns usw. an Amphibien zu gestalten. Wir hätten dabei natürlich wieder auf den Unterschied zwischen embryonalen Differenzierungsstoffen oder Hormonen zweiter Stufe und den echten Sexualhormonen (dritte Stufe) Rücksicht zu nehmen. Die ersten Versuche dieser Art wurden von Minoura (1921) ausgeführt. Er verpflanzte Ovar- und Hodenstückchen in die Embryonalhäute des Hühnerkeims, wo sie einheilten und eine eventuelle Wirkung durch den Blutstrom ausüben konnten. Natürlich konnte das genetische Geschlecht der Keime nicht festgestellt werden. Minoura fand Veränderungen an Gonaden und Ausführgängen, die er für intersexuell hielt. Im Licht unserer heutigen Kenntnisse der Vogelgonade können aber seine Angaben nicht mehr als beweiskräftig betrachtet werden.

GREENWOOD (1925b) wiederholte die Versuche, indem er die Geschlechter durch ein geschlechtsgebundenes Gen markierte, so daß also am Gefieder ohne weiteres das genetische Geschlecht des operierten Eies abzulesen war. Der Gefiederunterschied ist bei der benutzten Kreuzung am 10. Bebrütungstag sichtbar. Die Operation wurde am 7. Tag vorgenommen, der dem Beginn der sexuellen Differenzierung der Gonade entspricht; die Transplantate entstammten verschiedenen Altersstufen von 14 Tage alten Embryonen bis 10 Wochen alten Hühnchen und Hähnchen. Das Transplantat blieb 7—10 Tage an seinem Platz. bevor der Embryo untersucht wurde. Erfolgreich waren:

44 männliche Embryonen mit Hodentransplantat,
27 männliche Embryonen mit Ovartransplantat,
47 weibliche Embryonen mit Hodentransplantat,
32 weibliche Embryonen mit Ovartransplantat.

Dazu kamen die Kontrollen mit Transplantation aller möglichen Organe. Das Resultat war völlig negativ, alles blieb normal und da in dieser Serie die experimentelle Basis und die morphologische Untersuchung viel gründlicher war als bei MINOURA und außerdem dessen Befunde keineswegs eindeutig waren, so kann das negative Resultat als beweiskräftig angenommen werden. KEMP erhielt übrigens die gleichen Resultate wie GREENWOOD.

In etwas anderer Weise faßte WILLIER (1927) das Problem an. Er transplantierte die jungen noch indifferenten Gonaden von 4—6³/₄ Tagen alten Embryonen in schon sichtbar geschlechtlich differenzierte Eier, und zwar getrennt rechte oder linke Hoden- oder Ovaranlagen. In allen Fällen differenzierte sich das Transplantat vollständig, genau so wie es sich in seinem Mutterkörper differenziert hätte, ohne daß irgendein Einfluß seitens der Wirtshormone sichtbar wurde. Schon auf diesem frühen Stadium ist also die Gonade vollständig selbstdifferenzierend.

Um ganz sicher zu gehen, führten WILLIER u. YUH (1928) dann nochmals eine genaue histologische Untersuchung von fast 1000 Embryonen aus, und zwar normalen Kontrollen, Kontrollen, die nur operiert waren, ohne daß transplantiert wurde, Kontrollen mit veränderter Feuchtigkeit, Kontrollen mit Transplantaten von verschiedenen Geweben und endlich die Embryonen mit Gonadentransplantaten. Die Ergebnisse zeigen, wie vorsichtig man bei der Interpretation eines nicht zu großen Materials sein muß und wie starke Kontrollen nötig sind. Denn es fanden sich in ganz gleicher Weise in den Experimentaltieren wie in den aufgezählten Kontrollen die verschiedensten atypischen Strukturen, die, wenn nur in den Versuchstieren gefunden, als positives Resultat gedeutet würden. Es fanden sich: vollständige oder mehr oder minder rudimentäre MÜLLERsche Gänge beim Männchen, ein vollständiger oder rudimentärer rechter MÜLLERscher Gang beim Weibchen, aber auch seltener atypische Gonaden in Form, Pigmentierung und ferner in der Struktur des rechten Ovars. In Abb. 142 sind drei solche Fälle wiedergegeben. a) Weibchen mit einem rechten Ovidukt nach Schilddrüseneinpflanzung. b) Weibchen einer normalen Kontrolle mit Rudiment des rechten MÜLLERschen Gangs und ·atypischem rechtem Ovar, c) Männchen mit Thymustransplantat und beiderseitigen MÜLLERschen Gängen. Auch KEMP hatte ähnliche Fälle gefunden. Was nun die Zahl der Fälle betrifft, so sind die atypischen Strukturen weniger häufig bei normalen Embryonen, häufiger bei den

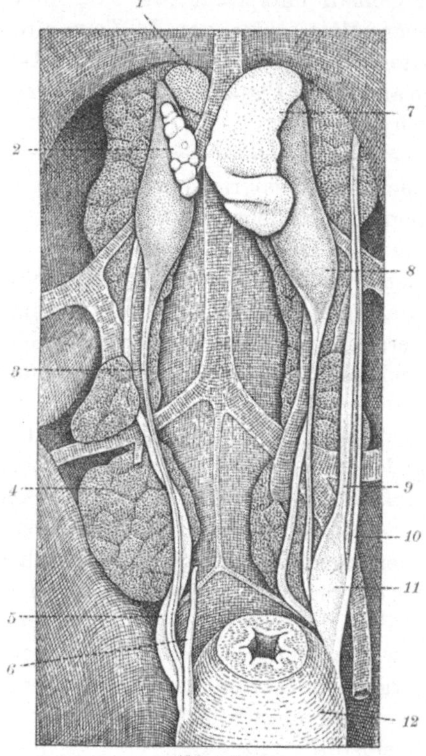

Abb. 142 a

Kontrollen mit verschiedenartiger Mißhandlung der Eier (31%) und noch etwas häufiger (37%) bei Embryonen mit Gonadentransplantaten. Letzteres liegt aber nicht nur in den Grenzen des statistischen Fehlers, sondern es zeigt sich auch, daß der Prozentsatz von der Art der Ausführung der Operation abhängt, da z. B. in einer Serie von 28 Stück ohne Gonaden 20 atypisch waren. Schließlich ist außerdem der atypische Erfolg unabhängig vom Geschlecht des Transplantats.

Bei der Beurteilung dieser Versuche müssen wir nochmals uns an das erinnern, was wir bei den Amphibien kennen lernten. Dort waren zwar Experimente mit Transplantation fertiger Gonaden auf Embryonen ergebnislos. Wohl aber vermochten in den Versuchen mit Parabiose und embryonaler Transplantation die em-

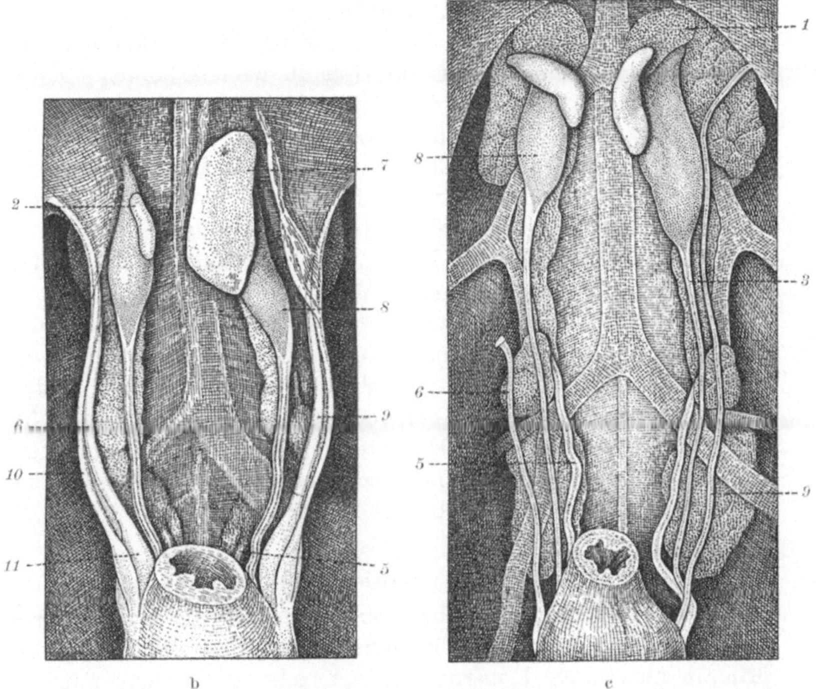

Abb. 142. Urogenitalsitus. a Eines atypischen weiblichen Embryos von 18 Tagen. b Desgl. nach Thyreoideaimplantation. c Von männlichem Embryo mit Thymustransplantat. *1* Nebenniere, *2* rechtes Ovar, *3* WOLFFscher Gang, *4* Niere, *5* Ureter, *6* Rudiment des rechten MÜLLERschen Ganges, *7* linkes Ovar, *8* Urniere, *9* linker MÜLLERscher Gang, *10* Ligament des Ovidukts, *11* Schalendrüse, *12* Kloake. (Nach WILLIER u. YUH.)

bryonalen Gonaden die des anderen Geschlechts umzustimmen, und zwar sogar sichtlich auf dem Wege über die Blutbahn. Wir schlossen damals — und der Schluß wird durch alle weiteren Tatsachen bestätigt —, daß zu unterscheiden ist zwischen den Geschlechtsdifferenzierungsstoffen des Embryo, auch wenn man sie als embryonale Hormone bezeichnen will und den echten Hormonen der fertigen Gonade oder den Hormonen der dritten Stufe. Wir mußten uns der Ansicht von WITSCHI anschließen, daß diese Stoffe der zweiten Stufe am ehesten mit dem Organisator der Entwicklungsmechaniker verglichen werden können, wenn auch die Übertragung durch das Blut oder Lymphe in den Parabioseversuchen die Brücke zu den echten Hormonen schlägt. In Analogie mit den Versuchen an Amphibien und unter Berücksichtigung der Tatsache, daß auch bei Säugetieren die Stoffe zweiter Stufe geschlechtsumstimmend auf die Gonade wirken können, sollte man erwarten, daß auch bei den Vögeln ähnliche Verhältnisse vorliegen. Daß die echte Hormone produzierende fertige Gonade einflußlos ist, entspricht der Erwartung. Eine kürzliche Mitteilung von WEHEFRITZ u. GIERHAKE (1930), die mit chemisch zubereitetem weiblichem Hormon gewisse Hemmungsbildungen der Hoden von Tieren aus behandelten Eiern erzielten, können im Lichte der Untersuchungen von WILLIER u. YUH nicht als positive Ergebnisse gewertet werden. Erstaunlich bleibt es aber, daß auch die Experimente mit jungen Gonaden, die also die Wirkung der Stoffe zweiter Stufe zeigen sollten, ergebnislos geblieben sind. Unter diesen Umständen scheint aber doch das letzte Wort noch nicht gesprochen zu sein, und die Erwartung, daß es doch noch gelingen wird, auch bei Vögeln die besprochenen Amphibienversuche zu duplizieren, scheint mir noch zu bestehen.

d) Das Problem der genetischen Intersexualität.

In den bisherigen Ausführungen wurde nur die Wirkung der Hormone betrachtet und Phänomene analysiert, bei denen die primäre genetische Konstitution, XX oder XY, nicht mit im Spiele war. Wenn wir nun an die Verhältnisse bei den Fröschen zurückdenken, bei denen außer dem hormonalen, überhaupt phänotypischen Anteil an der geschlechtlichen Differenzierung auch die genetische Beschaffenheit eine entscheidende Rolle spielte, so stellt sich von selbst die Frage, wie sich bei den Vögeln die genetische Geschlechtsbestimmung durch den XY-Mechanismus, bzw. was das gleiche ist, durch die $\frac{F}{M}$-Proportion zu dem hormonalen Einfluß auf die Geschlechtscharaktere verhält, eine Frage, die nach unseren früheren Erfahrungen am besten gelöst werden kann, wenn es genetische Intersexualität gibt. An diese Frage werden wir nun zuerst herangeführt, wenn wir die bisher absichtlich übergangenen Verhältnisse des rechten Ovars der Vögel betrachten.

α) Das rechte Ovar und die Geschlechtsumkehr.

Wir sahen, daß, von bestimmten regelmäßigen oder unregelmäßigen Ausnahmen abgesehen, das rechte Ovar der Vögel rudimentär ist. Wir sahen ferner, daß bei Totalkastration eines Huhns (beide Ovarien) der Kastratentyp entsteht. Anders ist es, wenn nur das linke Ovar entfernt ist. Schon GOODALE fand, daß dann eine eigenartige kompensatorische Hypertrophie des rudimentären rechten Ovars eintritt. Seitdem haben BENOIT (1924ff.), FINLAY (1925), GREENWOOD(1925c), ZAWADOWSKY(1922ff.), DOMM (1924ff.) und BONNIER (1927) solche Versuche ausgeführt und analysiert. Am umfangreichsten, mehrere hundert Fälle, ist DOMMS Material, dessen Ergebnissen wir deshalb hauptsächlich folgen.

1. Die rechte Gonade. Alle Untersucher finden, daß nach der Entfernung des linken Ovars das rechte hypertrophiert. Wir berichteten schon früher, daß die rechte Gonade hauptsächlich aus medullarem Gewebe besteht. Dies vergrößert sich und die Markstränge wandeln sich in richtige Spermatubuli um, so daß die rechte Drüse nunmehr Form und Struktur eines Hodens besitzt. Meist sind die Tubuli steril, aber BENOIT fand als erster Fälle, in denen Spermatogenesis neben sterilen Tubuli auftrat. Seitdem hat auch ZAWADOWSKY dies Resultat erhalten und neuerdings DOMM in weiteren 8 Fällen. Es kann also keinem Zweifel unterliegen, daß das rechte Ovar beim Fehlen des linken sich zunächst in einen nur strukturellen, oft aber auch in einen funktionellen Hoden umbildet. Doch tritt dies Resultat nicht in allen Fällen ein. In der ersten großen Serie von DOMM von 125 operierten Tieren finden sich bei zweien nachher rechts Ovarien und bei einem ein Ovotestis. In einer neuen Serie (1929) fanden sich ebenfalls Fälle mit Ovarien und Ovotestis, über die noch keine nähere Nachricht vorliegt. BONNIER (1927) operierte drei gerade geschlüpfte Küken und bei zweien wuchs rechts ein Ovar, dem dritten ein Ovotestis. Dies ist sehr auffällig und legt den Gedanken nahe, daß das Alter der Operation etwas mit diesem Resultat zu tun hat. In dem bisher veröffentlichten Material von DOMM findet sich nur eine Operation am 2. Tag, gefolgt von Hodenbildung. Wir kommen sogleich auf die theoretische Seite dieser Befunde zurück.

2. *Die linke Gonade*. Bei völlig gelungener Operation tritt keine

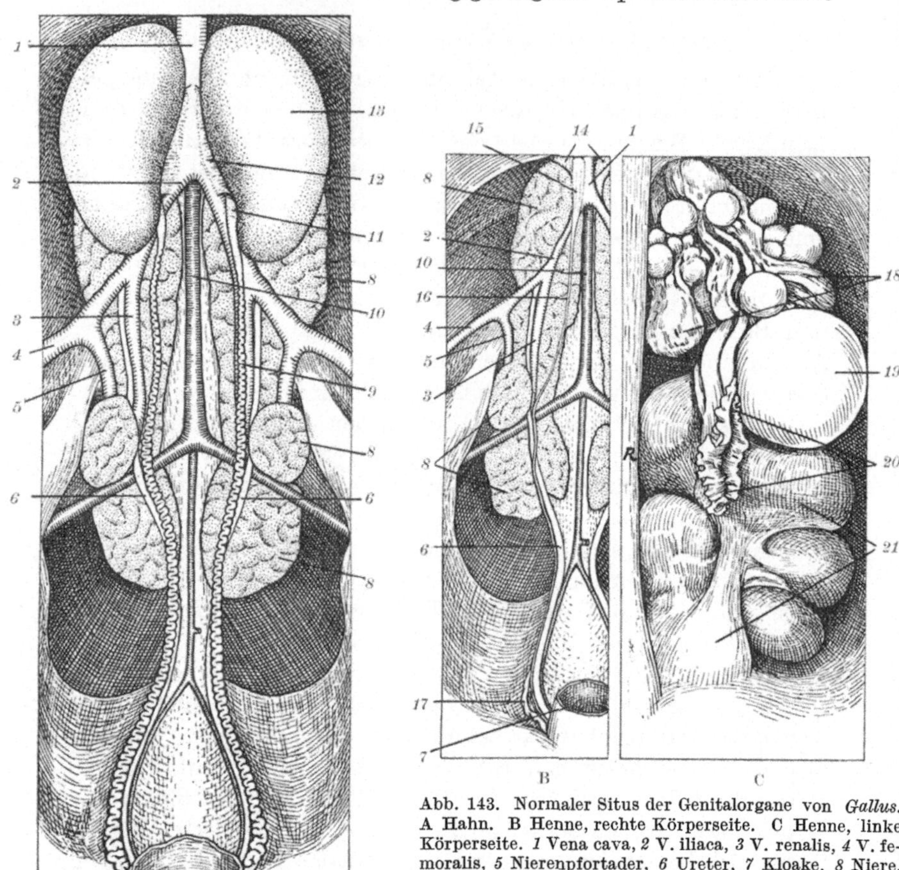

Abb. 143. Normaler Situs der Genitalorgane von *Gallus*.
A Hahn. B Henne, rechte Körperseite. C Henne, linke
Körperseite. *1* Vena cava, *2* V. iliaca, *3* V. renalis, *4* V. femoralis, *5* Nierenpfortader, *6* Ureter, *7* Kloake, *8* Niere,
9 Vas deferens, *10* Aorta, *11* Nebenhoden, *12* Mesorchium,
13 Hoden, *14* Nebenniere, *15* rechtes Ovar, *16* WOLFFscher
Gang, *17* rechter Ovidukt, *18* leere Follikel, *19* Eifollikel,
20 Infundibulum, *21* linker Ovidukt. (Nach DOMM.)

Regeneration ein. Manchmal erscheint aber auch links ein hodenähnliches Gebilde von gleicher Struktur wie rechts als Regenerat.
War aber die Exstirpation des Ovars nicht vollständig, so regenerierte rechts wieder ein Ovar. In dem früher erwähnten Fall
DOMMS, in dem rechts ein Ovotestis entstanden war, hatte sich

auch links ein Ovotestis regeneriert. BONNIERS Küken zeigten in zwei von drei Fällen links ein regeneriertes Ovar.

Diese wichtigen Befunde an den Gonaden seien illustriert:

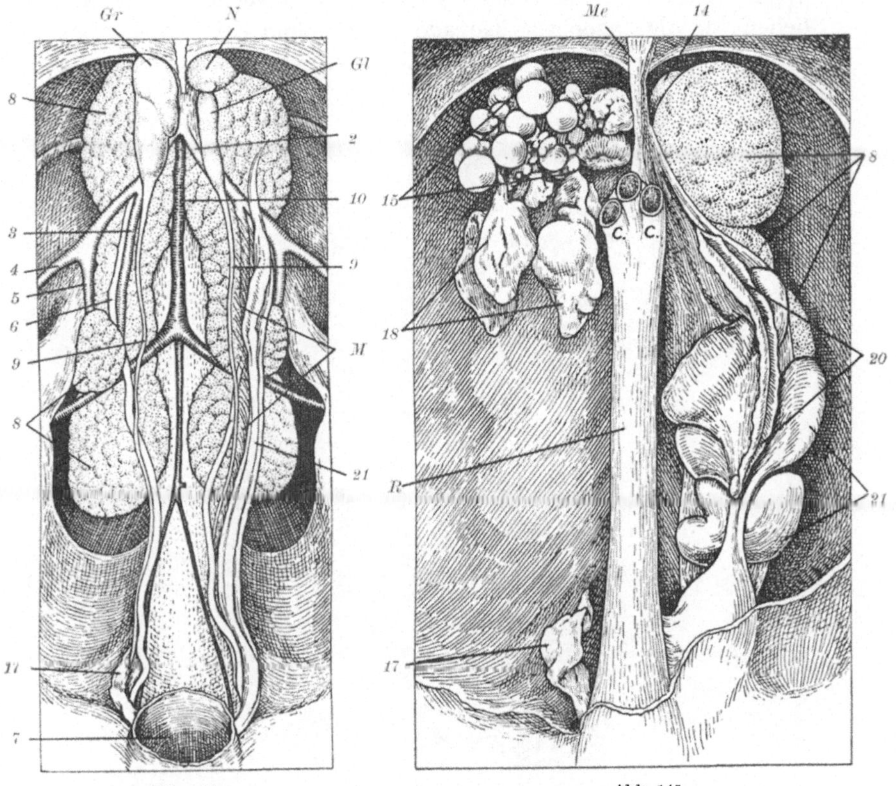

Abb. 144.   Abb. 145.

Abb. 144. Genitalsitus einer Poularde mit beiderseits hodenähnlichen Regeneraten. Bezeichnung wie Abb. 143. Dazu: *Gl* linke Gonade, *Gr* rechte Gonade, *M* Mesovarium, *N* linke Nebenniere. (Nach DOMM.)

Abb. 145. Poularde mit normalem rechtem Ovar nach linker Ovariotomie. Bezeichnung wie Abb. 143. Dazu: *Me* dorsales Mesenterium, *R* Rectum. (Nach DOMM.)

Abb. 143 zeigt die normalen Genitalien der beiden Geschlechter, Abb. 144 einen Fall, in dem sich nach Ovariotomie rechts und links ein hodenartiges Organ gebildet hat, Abb. 145 einen Fall mit Eierstockbildung rechts nach Ovariotomie und Abb. 146 den Fall mit Ovotestis auf beiden Seiten. Abb. 147 zeigt einen Schnitt durch die in Hoden umgewandelte Gonade mit teils sterilen, teils Spermatogenese zeigenden Tubuli.

3. *Die sekundären Geschlechtscharaktere.* MÜLLERsche und WOLFFsche Gänge verhalten sich in diesen Versuchen im wesentlichen wie die zugehörige Gonade. Kamm und Kopflappen werden männlich, wenn auch der Grad der Vermännlichung im

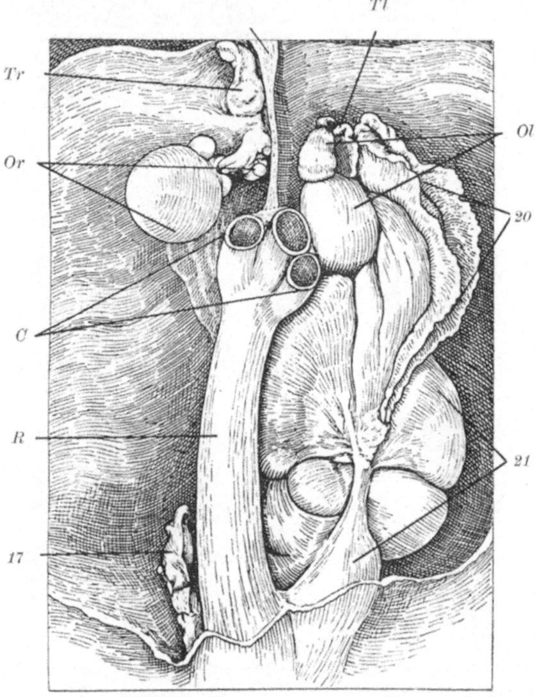

Abb. 146. Wie Abb. 145, aber mit Ovotestis auf beiden Seiten. Bezeichnung wie Abb. 143. Dazu: *C* Blinddarm, *Or* rechtes Ovar, *Ol* linkes Ovar, *Tr* rechter Hodenteil, *Tl* linker Hodenteil. (Nach DOMM.)

einzelnen schwankt. Wird eine sekundäre Entfernung der hypertrophierten rechten Gonade dann vorgenommen, so erscheint der Kastratenkamm. Ebenso werden nach Ovariotomie Sporen und Instinkte männlich. Sehr merkwürdig ist aber das Verhalten des Gefieders. Von einzelnen Varianten abgesehen, wird übereinstimmend gefunden, daß sich nach Entfernung des linken Ovars ein Hahnengefieder bildet. Früher oder später, und zwar übereinstimmend mit der Ausbildung der hodenartigen rechten Gonade kehrt das Gefieder wieder zum Hennentyp zurück! Abb. 148 zeigt dies merkwürdige Verhalten, oben noch hahnenfedrig, unten wieder hennenfedrig, das man mit dem Kastratentyp der Abb. 127 vergleiche. Die Individuen gleichen jetzt hennenfedrigen Hähnen!

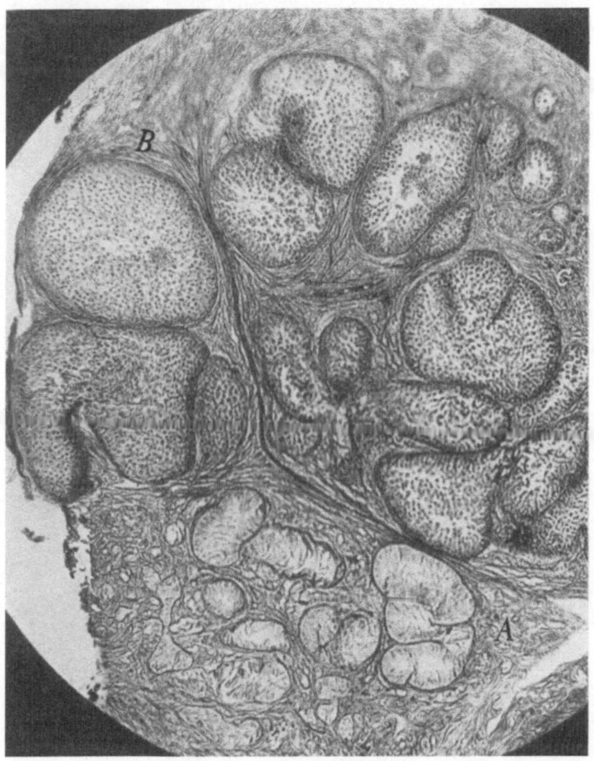

Abb. 147. Schnitt durch den rechten Umwandlungshoden mit Spermakanälchen in Spermatogenese *(B)*. (Nach Domm.)

Bei den Vögeln endlich, die rechts Ovar oder Ovotestis bildeten, war das Gefieder mehr oder weniger intermediär und konnte dann wieder weiblich werden.

Die theoretische Diskussion dieser merkwürdigen Tatsachen soll erst später im Zusammenhang des ganzen Problems erfolgen.

a

b

Abb. 148. a Links ovariotomierte Poularde mit Hahnencharakter 2 Jahre nach der Operation. b Ähnlicher Fall, aber nach 2³/₄ Jahren Rückkehr zu weiblichem Gefieder, bei männlichen sonstigen sekundären Charakteren. (Nach Domm.)

β) Hahnenfedrigkeit und spontane Geschlechtsumkehr.

Seit alter Zeit sind Fälle bekannt geworden, in denen spontan alte Hennen von Hühnern, Fasanen, Auerhähnen (*Gallus, Phasianus, Tetrao*) teilweise oder völligen männlichen Habitus annehmen. Entweder wurden nur Kamm und Instinkte männlich oder auch das Gefieder (Hahnenfedrigkeit). Wenn wir von der kasuistischen Beschreibung von Einzelfällen absehen, so liegen ausführliche Beschreibungen vor von mehreren Individuen aus älterer Zeit von TICHOMIROFF (1887), BRANDT (1889), SHATTOCK u. SELIGMAN (1907), PEARL u. CURTISS (1909). Von neuem wurde die Aufmerksamkeit auf diesen Gegenstand gelenkt durch BORING u. PEARL (1918) und CREW (1923b). Seitdem sind viele weitere Einzelfälle beschrieben von MURISIER (1923), BERNER (1925), ZAWADOWSKY (1926ff.), RIDDLE (1924b), BRAMBELL u. MARRION (1929) u. a. Im einzelnen sind diese Fälle spontaner Geschlechtsumwandlung sehr verschieden, von einer Anschwellung des Kammes und dem Aufhören weiblicher Instinkte bis zur völligen Annahme des Hahnencharakters. Nur ein einwandfreier Fall (von CREW) liegt bisher vor, in dem eine normale eierlegende Henne beobachtet wurde, wie sie sich allmählich in einen Hahn verwandelte, und dieser Hahn funktionsfähige Sporen bildete und eine Henne erfolgreich befruchtete. In allen anderen Fällen wurde diese vollständige Umwandlung nicht erreicht, jedenfalls nicht festgestellt. Bei einem großen Teil dieser Fälle ließ sich als Ursache Tuberkulose oder Tumoren feststellen, die das Ovarium mehr oder weniger zerstörten. Hand in Hand damit ging dann eine Ausbildung von Hodengewebe in dem rechten Ovar und ebenso in dem linken Ovar durch Umbildung der Markstränge. Man kann also wohl diese Fälle mit den Experimenten über Ovariotomie vergleichen und annehmen, daß hier wie dort die Zerstörung der ovariellen Elemente zur Hodenregeneration führte und daß der äußere Erfolg davon abhing, ob nur Hodenhormone produziert wurden oder ob auch noch Eierstockshormone anwesend waren[1]. Ein wichtiger Unterschied ist aber der, daß bei den Ovariotomieversuchen sich stets wieder weibliche Hormone einfanden, die schließlich wieder das weibliche Gefieder hervorbrachten, was bei der spontanen Umwandlung nicht der Fall zu sein scheint.

---

[1] Siehe aber auch die ganz anders geartete Möglichkeit über tumoralen Virilismus, die sich aus der Bemerkung am Ende des Abschnitts ergibt.

Bei einer beträchtlichen Anzahl der beschriebenen Fälle waren aber die Vögel sichtlich völlig normal, und die Umwandlung muß aus inneren Ursachen vor sich gegangen sein. Als solche kommen in Betracht entweder Erschöpfung der weiblichen Komponente des Ovars (Cortex) mit folgender Hypertrophie der Medulla oder der gleiche Vorgang aus genetischen Ursachen. Was man sich unter genetischen Ursachen vorstellen könnte, werden wir später diskutieren. Für die genetische Ursache spricht es, daß HOUWINCK (nach BORING und PEARL) seine „Hermaphroditen" alle in einem Stamm bekam.

Es lohnt sich wohl nicht, die Einzelheiten der beobachteten Umwandlungen zu schildern: stets traten mehr oder minder männliche Instinkte auf, Hahnenruf und dann der Hahnenkamm und Sporen, eventuell schließlich Hahnengefieder. Von größerem Interesse sind nur die Verhältnisse der Gonade, soweit sie studiert wurden. Das rechte Ovar hat sich gewöhnlich mehr oder weniger hodenartig entwickelt und verhält sich somit ebenso wie das rechte Ovar nach Entfernung des linken. Im linken Ovar aber finden sich die verschiedensten Umwandlungsstadien zu einem Hoden. In einigen Fällen (Fasanen von ZAWADOWSKY und ZUBINA, Taube von BRAMBELL und MARRION) kann Spermatogenese in den neugebildeten Samenkanälchen eintreten, und wir erwähnten ja schon den fruchtbaren Umwandlungshahn von CREW als Endglied der Reihe.

Sehr bemerkenswert sind die Untersuchungen, die über die Entstehung der Samenkanälchen bei diesen sich umwandelnden Vögeln ausgeführt wurden, da sie durchaus nicht mit der embryologischen Grundannahme (siehe oben) übereinstimmen, daß die männlichen Teile sich nur aus den Marksträngen der 1. Proliferation bilden. FELL (1923), die die ersten genauen Untersuchungen an den Gonaden solcher Hühner ausführte, fand, daß es eine Proliferation vom Peritonealepithel ist, die die neuen Samenkanälchen bildet, wenn sie auch nicht eine Beteiligung der Markstränge, die nicht beobachtet wurde, ausschließen will. Es sei dabei daran erinnert, daß auch CARIDROIT findet, daß im Fall der Bildung von Hodenkanälchen in einem transplantierten Ovar diese vom Peritonealepithel und nicht den Marksträngen ausgeht. BRAMBELL und MARRION (1929) aber finden bei einer umgewandelten Taube, daß das neue Spermagewebe sich aus den Lutealzellen im Eier-

stockstroma entwickelt, die ihrerseits allerdings nach Fell (1924)
u. Nonidez (1922, 1924) ursprünglich von den Marksträngen ab-
stammen sollen. Alles in allem wissen wir doch, abgesehen vom
rein kasuistischen, recht wenig über die spontane Geschlechtsumwandlung, die wohl nur richtig erforscht werden könnte, wenn es
gelänge Stämme zu finden, in denen sie als erbliche Neigung vorkommt. Dann könnte man erst zuverlässige Information über den
relativen Anteil des Genetischen und Hormonalen am Resultat
erhalten. Es sei nur kurz darauf hingewiesen, daß bei einem Teil
der Fälle, wie Berner zuerst feststellte, es sich möglicherweise
um tumoralen Virilismus handelt. Da diese Erscheinung später
für Säugetier und Mensch genauer besprochen werden wird, sei
auf jene Abschnitte verwiesen, deren Inhalt auch für die Vögel gilt.

γ) Gonadenlose Vögel.

Es sind öfters völlig gonadenlose Vögel beschrieben worden,
deren Bau ja wichtige Aufschlüsse für das Problem des Genetischen geben sollte. Mit Ausnahme eines Falls von Poll (1909)
bei der Ente *Netta rufina*, zweier Fälle von Riddle (1925a) bei
der Taube *Spilopelia suratensis* und eines Falls von Greenwood-
Crew (1927b) bei dem Haushuhn beziehen sich alle bisher beschriebenen Fälle auf Bastarde weit auseinanderstehender Formen.
Das trifft zu für die Fasanenbastarde von Smith u. Haig-Thomas
(1913—1914) und die Taubenbastarde von Riddle (1925). Es ist
zu bemerken, daß nur in dem Fall von Poll eine Untersuchung
der Genitalregion auf Schnitten ausgeführt wurde. Zawadowsky
u. Zubina (1929), die zwei solche Fasanenbastarde fanden,
konnten bei mikroskopischer Untersuchung doch Gonadenreste
finden und sind deshalb gegenüber den anderen Autoren skeptisch.
Immerhin gibt es bei Schmetterlingen, wie Standfuss schon lange
fand und öfters seitdem bestätigt wurde, Speziesbastarde sowohl
wie Gynandromorphe, deren Gonaden vollständig fehlen, ferner
solche Bastarde (Pariser 1927), bei denen zwar die Eiröhren vollständig entwickelt sind, aber keine einzige Geschlechtszelle enthalten. Riddle hat wohl recht, wenn er annimmt, daß die Gonadenlosigkeit bei solchen Bastarden eine primäre ist. Man geht
wohl in der Annahme nicht fehl, daß es sich dabei darum handelt,
daß durch die Zusammenbringung schlecht zusammenpassender
Gene die zeitliche Koordination der Differenzierungsprozesse so ver-

schoben wird, daß die Gonadenanlage nicht den Anschluß an das Gesamtgeschehen findet und sich schlecht oder an falschem Ort oder gar nicht differenziert. Bei den reinen Formen aber, für die Gonadenlosigkeit beschrieben wurde, liegt der Gedanke nahe, daß die schon differenzierte Gonade sich aus irgendwelchen Gründen mehr oder wenig rückbildete. Dafür sprechen die verschiedenen Typen der Gonadenausbildung, die GREENWOOD u. CREW (1927b) bei ihren „entwicklungsgeschichtlichen Kapaunen" fanden. Irgendein entscheidender Beweis liegt aber in keiner Richtung vor.

Wie verhalten sich nun diese Vögel in Bezug auf die Geschlechtsmerkmale? Die Hühner von GREENWOOD-CREW sind im wesentlichen Kapaunen, d. h. also, daß die Inkretion ihrer verschiedenartig rudimentierten Gonaden unter der Aktionsschwelle liegt. Wenn das von Anfang an der Fall war, so waren diese Tiere Kapaune und Poularden, ohne je das normale Geschlechtsverhalten gezeigt zu haben. Die Fasanen von ZAWADOWSKY-ZUBINA waren sicher erst typische Weibchen und wandelten sich dann in Folge der Atrophie der Ovarien um. POLLS Ente zeigte rein männliche Charaktere. Die nächstliegende Erklärung ist, daß sie ursprünglich einen Hoden besaß, der atrophierte, aber seitdem noch nicht gemausert hatte. So bleiben noch RIDDLES gonadenlose Taubenbastarde, falls sie wirklich gonadenlos waren. Von ihnen berichtet er, daß sie zum Teil ausgesprochen männliche Geschlechtsinstinkte hatten, und daß sich bei einigen Oviduktreste fanden. PHILLIPS (1915) erhielt Fasanenkreuzungen, in denen die Männchen normal waren, die Weibchen aber gonadenlos waren und dazu bei der einen Kreuzung hennenfedrig, bei der reziproken aber annähernd hahnenfedrig. Es ist sehr schwer, aus all dem eine bindende Schlußfolgerung zu ziehen, und so dürften auch diese Beobachtungen bis jetzt noch keine entscheidende Tatsache zu dem Problem der Beziehungen zwischen Genetischem und Hormonalem bei den Vögeln beitragen.

δ) Kreuzung und Geschlecht.

Bei Spezieskreuzungen von Schmetterlingen kommt es öfters vor, daß ausschließlich Männchen entstehen. Nun wissen wir von *Lymantria* her, daß durch Kreuzung von Weibchen schwacher Rasse mit Männchen starker Rasse nur Männchen erzeugt werden, und in diesem Fall ist der genetische Beweis erbracht, daß die Hälfte dieser Männchen genetische Weibchen sind. So wäre es auch möglich, daß die Hälfte jener Söhne aus Spezieskreuzungen genetische in Männchen umgewandelte Weibchen sind. Ehe wir nun die parallelen Fälle bei Vögeln diskutieren, seien noch einige Daten über die ja viel besser analysierten Schmetterlinge erwähnt, aus denen hervorgeht, wie vorsichtig man im Urteil sein muß. Schon in älterer Zeit hatte STANDFUSS Fälle beschrieben, in denen die Spezieskreuzungen in einer Richtung normale Geschlechter, in der reziproken aber nur Männchen gaben (z. B. *Smerinthus ocellata* × *populi*). Ähnliche Fälle fand TUTT für *Tephrosia crepuscularia* × *bitorta* und HARRISON bei *Biston pomonaria* × *zonaria*. Wir haben oben S. 107 diese Fälle besprochen und gezeigt, daß in keinem Fall eine Geschlechtsumwandlung bewiesen ist, und wir haben weiterhin die Untersuchungen von FEDERLEY angeführt, der zeigte, daß bei Speziesbastarden oft das Y-Chromosom der einen Art mit dem X-Chromosom der anderen Art zusammen eine letale Kombination gibt, die je nach dem Grad ihrer Letalität zu einer mehr oder minder vollständigen Ausmerzung der weiblichen Keime auf verschiedenen Entwicklungsstufen führt. Diese Tatsachen müssen im Auge behalten werden, wenn wir die Verhältnisse bei den Vögeln betrachten.

Es liegen eine ganze Reihe von Angaben aus älterer und neuerer Zeit vor, nach denen Art- oder Gattungskreuzungen von Vögeln nur männliche Nachkommenschaft haben. Nach HEINROTH (1906) trifft dies für die Gattungskreuzung *Cairina* × *Plectroplerus* zu, nach POLL (1912) für Perlhuhn × Pfau, nach WHITMAN-RIDDLE (1919) für Unterfamilienbastarde von Tauben. Für diese Beobachtungen wurden allerlei Erklärungen (z. B. von GUYER 1909) versucht und teilweise auch angenommen, daß hier Geschlechtsumwandlung vorliege. Abgesehen davon, daß das Material solcher Kreuzungen oft sehr klein ist und manche Angaben (z. B. Perlhuhn × Hahn nach POLL 1921) sich als falsch herausgestellt haben, besteht bis jetzt noch keinerlei Beweis, daß hier Geschlechtsumwandlung vorliegt und nicht etwa Elimination der weiblichen Keime wie in den analogen Fällen bei Schmetterlingen. RIDDLE (seit 1912) allerdings behauptet, für die WHITMANschen Taubenbastarde das Gegenteil, ohne nur den Schatten eines Beweises bringen zu können. In einer Kreuzungsserie z. B. waren von 88 Eiern 82 unfruchtbar und 6 waren Männchen. Einige dieser Männchen sollen Oviduktrudimente besessen haben. So sehen die

Daten aus, die eine Geschlechtsumwandlung bei Familienkreuzung beweisen sollen. Alles in allem können wir sagen, daß nach Analogie mit *Lymantria* eine völlige Geschlechtsumwandlung der genetischen Weibchen in Männchen durchaus möglich ist, daß für Vögel aber bisher kein einziger auch nur wahrscheinlicher Fall vorliegt.

Eine andere Reihe von Angaben bezieht sich darauf, daß bei Vogelbastarden das Geschlechtsverhältnis in typischer Weise verschoben ist, und zwar sollen häufig mehr Männchen entstehen. In solchen Fällen ist die Möglichkeit diskutiert worden, daß die Überzahl der Männchen durch Geschlechtsumwandlung zustande kommt. Dies halten z. B. HAIG-THOMAS und HUXLEY bei der Analyse von Geschlechtszahlen von Fasanenmischlingen für möglich, wenn sie sich auch vorsichtig ausdrücken. Demgegenüber muß aber hervorgehoben werden: 1. Der einzige genau analysierte Fall, der von *Lymantria*, zeigt, daß nach Kreuzung in F_1 alle genetischen Weibchen sich identisch verhalten, wie dies bei homozygoten Eltern ja selbstverständlich ist, also je nach den benutzten Elternformen nur Umwandlungsmännchen oder nur intersexuelle Weibchen eines bestimmten Grades ergaben. Eine genetische Möglichkeit (außer bei Heterozygotie der Eltern) besteht nicht, daß ein Teil der Weibchen sich in Männchen umwandelt, ein anderer Teil aber normale Weibchen ergibt. Schon dies allein macht Schlüsse aus der Verschiebung des Geschlechtsverhältnisses, wie die genannten, unmöglich. 2. Die vielen Untersuchungen der Neuzeit über das Zahlenverhältnis der Geschlechter zeigen zwar, daß es beträchtlich verschoben werden kann, daß die Verschiebung aber immer nur den Mechanismus der Geschlechterverteilung betrifft: Also z. B. bessere Befruchtungschancen einer Spermiensorte bei männlicher Heterogametie (Versuche von CORRENS) oder gerichtete Reifeteilung bei weiblicher Heterogametie (Versuche von SEILER), oder differentielle Sterblichkeit eines Geschlechts und viele andere Möglichkeiten. Wenn man also eine Verschiebung des Geschlechtsverhältnisses erhält, so ist zuerst zu zeigen, daß nicht einer dieser Faktoren vorliegt, ehe an Geschlechtsumwandlung gedacht werden kann. Und diese müßte dann erst genetisch oder entwicklungsgeschichtlich oder besser durch beides bewiesen werden.

Dies führt nun zu einer kurzen Betrachtung der Versuche

RIDDLES an Tauben, die in dieses Kapitel gehören, obwohl RIDDLE
selbst keinerlei genetische Ursachen in Betracht zieht. RIDDLE
versichert in zahllosen Zusammenfassungen, Vorträgen und
Spezialarbeiten (1912ff., vor allem 1916, 1917, 1919, 1924b, 1925b,
d, 1927a, c, d, 1929) immer wieder, daß es ihm gelungen sei, bei
Tauben die Geschlechtsbestimmung zu beherrschen und auch die
dem zugrunde liegenden Vorgänge erkannt zu haben und geht in
scharfen Polemiken hart mit denen um, die widersprechen. Leider
gelingt es auch bei allerbescheidensten Ansprüchen nicht, in seinen
Schriften irgend einen Beweis für seine Behauptungen zu finden.
Die Angaben über die experimentellen Befunde, hauptsächlich
schon von WHITMAN stammend, sind die:

1. Je weiter in der Verwandtschaft die Eltern einer Kreuzung
auseinanderstehen, um so mehr Männchen werden produziert.
Die folgende Tabelle soll das beweisen, die sich nur auf die Kreuzungen mit *Turtur*-Arten bezieht:

Kreuzung	Kreuzung zwischen	♂	♀	♂:♀
Columba × *T. orientalis*	Familien	15	1 (2?)	
Alba × *orientalis* (Frühjahr)	Gattungen	28	10	2,80:1
Alba × *orientalis* (Durchschnitt)	„	58	43	1,35:1
Orientalis × *alba*	„	36	33	1,09:1
Durchschnitt der reziproken Kreuzung	„			1,22:1
Turtur sp. × *orientalis* Durchschnitt	Arten	14	18	0,78:1
Turtur orientalis inter se nicht verwandt	Innerhalb	36	34	1,06:1
Turtur orientalis inter se verwandt	der Art	18	20	0,90:1

Wir haben bereits gezeigt, daß die Familienkreuzungen nichts
beweisen. Daß die aufgeführten Gattungskreuzungen etwas beweisen, kann wohl der größte Optimist nicht behaupten. Es sei
aber darauf hingewiesen, daß, wenn aus den Gesamtmaterial
RIDDLES bei richtiger statistischer Bearbeitung sich wirklich die
behauptete Gesetzmäßigkeit ergeben sollte, nur zwei Erklärungen
möglich wären: entweder eine Beeinflussung des mechanischen Geschlechtsverhältnisses durch differentielle Sterblichkeit oder differentielle Befruchtungsfähigkeit der Eier, was interessant wäre,
aber nichts mit RIDDLES Behauptungen zu tun hat, oder eine
zygotische Ursache, da ja die gleichen Eier mit Sperma ihrer Art
normale Geschlechtsverhältnisse liefern. Da, wie wir sehen werden,
RIDDLE aber behauptet, daß es der Stoffwechsel der Eier ist, der
für die Geschlechtsbestimmung verantwortlich ist, so würde die

Annahme der Beweiskraft dieser Resultate gegen alle weiteren Behauptungen RIDDLEs sprechen. Also nichts beweisende Daten und unlogische Folgerungen.

2. Wenn Gattungskreuzungen allein betrachtet werden, so entstehen aus den im Frühjahr gelegten Eiern mehr Männchen. Werden dann die Tauben durch Wegnahme der Eier veranlaßt, übermäßig zu legen, so werden allmählich mehr Weibchen und schließlich nur Weibchen erzeugt. In diesem Fall sind fast alle Eier fruchtbar, so daß der Einwand selektiver Sterblichkeit wegfällt und RIDDLE behauptet, daß hier bewiesen sei, daß zuerst genetisch weibliche Eier sich zu Männchen und nachher genetisch männliche Eier sich zu Weibchen entwickelt haben. Dies nennt er Beherrschung der Geschlechtsbestimmung. Es lohnt sich, diese Daten, auf denen RIDDLE alle seine Ansprüche aufbaut, einmal näher zu betrachten. In der folgenden Tabelle faßt er 9 Versuchsserien dieser Art zusammen, wobei mit einer gewissen Willkür der 1. Juli als Grenze für den Übergang von vorwiegender Männlichkeit zu vorwiegender Weiblichkeit angenommen wird.

Nr. der Mutter	Jahr	Vor 1. Juli		Nach 1. Juli		Zusammen	
		♂	♀	♂	♀	♂	♀
54	1906	2	0	2	0	4	0
	1907	4	1	1	3	5	4
	1908	3	1	0	10	3	11
	1909	1	1	–	–	1	1
99	1912	3	1	2	6	5	7
	1913	1	0	1	0	2	0
500	1912	3	1	5	3	8	4
	1913	5	1	6	3	11	4
	1914	7	4	14	8	21	12
Zusammen:		29	10	31	33	60	43

Für den einzelnen Jahrgang ergibt also diese Serie im Minimum zwei Individuen, im Maximum 33. Im letzten Jahrgang 1914 waren die Frühjahrstiere, die fast nur Männchen geben sollen, 7 ♂ : 4 ♀, und die Sommertiere, die fast nur Weibchen geben sollen, 14 ♂ : 8 ♀. Doch nicht genug damit. Betrachten wir die Einzeldaten der neun Serien: da findet sich eine Musterserie, die von 1908, in der die Reihenfolge der Geschlechter nach dem Datum (in Klammern) ist:

♂ (12. II.) ♀ (14. II.) ♂ (18. III.) ♂ (20. III.) ♀ (17. IV.) ♀ (19. IV.)

♀ (23. V.) ♀ (25. V.) ♀ (26. VI.) ♀ (28. VI.) ♀ (9. VIII.) ♀ (11. VIII.)
♀ (20. IX.) ♀ (22. IX).

Daneben steht die folgende Serie von 1914:

♀ (1. V.) ♀ (3. V.) ♂ (19. V.) ♂ (21. V.) ♂ (5. VI.) ?♀ (7. VI.)
♀ (14. VI.) ?♂ (16. VI.) ♂ (22. VI.) ♀ (11. VII.) ♀ (13. VII.) ?♂ (20.
VII.) ♀ (28. VII.) ♀ (30. VII.) ♂ (9. VIII.) ?♂ (24. VIII.) ?♂ (29. XI.)
?♂ (1. XII.) ?♂ (14. XII.) ♀ (16. XII.) ?♂ (26. XII.) ?♂ (28. XII.).

Es ist wohl nicht nötig, weitere Serien aufzuzählen; es ist auch
nicht nötig, statistische Konstanten zu berechnen, denn schon die
einfache Betrachtung dieser Daten zeigt, daß sie überhaupt keine
Regel demonstrieren, abgesehen von den lächerlich geringen
Zahlen. Wenn verschiedene Autoren gelegentlich erwogen haben,
ob die von RIDDLE behauptete Zahlenverschiebung vielleicht
darauf beruhe, daß durch die gehäufte Legetätigkeit die Reifeteilung so beeinflußt würde, daß erst öfters das Y-Chromosom,
dann das X-Chromosom in den Richtungskörper ging, so erscheint
angesichts solcher Daten, die in krassem Widerspruch zu den immer
wiederholten Behauptungen RIDDLES stehen, es überhaupt unnötig, eine Erklärung für etwas gar nicht Vorhandenes zu suchen.
Damit ist es aber immer noch nicht genug. *Streptopelia alba*, die
als Vater diente, hat weißes Gefieder, *Turtur orientalis* dunkles.
In der Nachkommenschaft sind, wie für die Gesamtheit und in den
Tabellen für jedes einzelne Tier angegeben wird, alle Töchter
weiß und alle Söhne braun. In der reziproken Kreuzung aber sind
beide Geschlechter gefärbt. Das beweist mit absoluter Sicherheit,
daß das Gen für Weiß im X-Chromosom liegt und ferner, daß alle
Söhne aus der Kreuzung XX, alle Töchter XY sind. Also ein absolut bindender Beweis dafür, daß das sichtbare Geschlecht auch
das genetische ist und keine Geschlechtsumwandlung stattgefunden
hatte. Zu allem Überfluß haben COLE, PAINTER u. ZEIMET (1929)
gezeigt, daß alle derartigen Taubenbastarde die männliche Chromosomenkonstitution besitzen, daß ferner etwa die Hälfte der
Bastarde im Ei stirbt, und daß sich unter diesen auch solche mit
weiblicher Chromosomenbeschaffenheit finden. Außerdem wurde
auch festgestellt, daß bei Betrachtung geschlechtsgebundener Gene
sich das phänotypische Geschlecht stets auch als das genetische
erweist. So sehen denn in Wirklichkeit die Tatsachen aus: Alle Behauptungen RIDDLES finden in seinem eigenen publizierten Material
auch nicht die Andeutung einer Stütze, ja sogar ihre Widerlegung.

Damit könnte man eigentlich über diese Untersuchungen zur Tagesordnung übergehen. Der Vollständigkeit halber soll aber gezeigt werden, auf welcher Basis RIDDLEs weiteren Behauptungen stehen. Da gibt er an, daß die nach seiner Annahme geschlechtsumgewandelten Tiere auch morphologisch ihre Herkunft zeigten: bei den Männchen findet er öfters, daß der linke Hoden größer sei als der rechte, während das Umgekehrte die Norm sei. Und bei den Herbstweibchen findet er das rechte Ovar öfters erhalten als gewöhnlich. Außerdem werden gelegentlich — eine Regel wird nicht angegeben, also wohl auch nicht gefunden — „Hermaphroditen" gefunden. So sehen die morphologischen „Beweise" für Geschlechtsumwandlung aus. Aber auch psychologische „Beweise" gibt es. Wenn die Herbstweibchen mit anderen Weibchen zusammengebracht werden, so benehmen sie sich oft, als ob sie Männchen wären, und zwar manche weniger, andere mehr. In früheren Arbeiten nannte RIDDLE dies, nach Willen alle Stufen von Intersexualität zu erzeugen!

Nun folgt ein weiterer Beweis: Normalerweise soll bei wilden Tauben (Tauben legen immer hintereinander zwei Eier) immer das erste Ei männlich, das zweite weiblich sein, und zwar soll das um so typischer sein, je reiner die Arten sind. Die folgende Tabelle soll dies beweisen, in der die erste Gruppe genetisch rein, die folgende mehr und die dritte stark bastardiert sein soll.

Gruppe Nr.		Art	Anzahl der Fälle von: 1. Ei $= \male$ 2. Ei $= \female$	umgekehrt
	1	*Turtur orientalis*	23	9
	2	„ *turtur*	4	2
	3	*Zenaidura carolinensis*	5	2
1	4	*Zenaida vinaceo-rufa*	5	0
	5	*Spilospelia suratensis*	5	3
	6	*Phaps chalcoptera*	4	0
	7	*Stigmatopelia senegalensis*	2	0
	8	*Streptopelia humilis*	4	1
		Summa:	52	17
	9	*Streptopelia risoria*	38	20
2	10	„ *alba*	13	6
	11	„ *douraca*	1	2
		Summa:	52	28
3	12	Haustaube	10	9

In dieser Tabelle findet sich ein Fall, der erste, bei dem die Zahlen genügend groß sind, um Wert zu haben. Es lohnt sich nun, einmal einige der einzelnen Daten dieses besten Falls anzusehen und einige der größeren Beobachtungsserien zu verzeichnen, die in dem Gesamtmaterial der Tabelle für *Turtur orientalis* enthalten sind. Wir wählen das Paar 4 nach der Tabelle 19 in WHITMAN-RIDDLE. Die Geschlechter der verzeichneten Eipaare waren:

A 1 ♂	A 2 ?	O 1 ♂	O 2 ♂	CC 1 ♂	CC 2 ♀
B 1 ♀	B 2 ?	P 1 ♀	P 2 ♀	EE 1 ♂	EE 2 ♀
C 1 ♀	C 2 ♀	Q 1 ♂	Q 2 ♀	FF 1 ♀	FF 2 ♂
D 1 ♂	D 2 ♂	R 1 ♀	R 2 ♀	GG 1 ♂	GG 2 ♀
E 1 ♂	E 1 ♀	S 1 ♂	S 2 ♂	HH 1 ♂	HH 2 ♀
F 1 ♂	F 2 ♂	W 1 ♂	W 2 ♀	II 1 ♂	II 2 ?
G 1 ?	G 2 ♂	X 1 ♂	X 2 ♂	JJ 1 ♂	JJ 2 ♀
H 1 ♀	H 2 ♂	Y 1 ♀	Y 1 ♀	LL 1 ?	LL 2 ♀
L 1 ♀	L 2 ?	Z 1 ♂	Z 2 ♂	MM 1 ♀	MM 2 ♂
M 1 ♂	M 2 ♂	AA 1 ♀	AA 2 ?		

Diese Tabelle enthält also den Hauptteil des Tatsachenmaterials für diese Spezies: Es finden sich darin 4mal beide Eier ♀, 7mal beide Eier ♂, 9mal erst ♂, dann ♀, 3mal erst ♀, dann ♂ und in den Fällen, in denen nur das Geschlecht des 1. Eies bekannt war, war es 2mal ein ♂ und 3mal ein ♀. Angesichts solcher Daten behauptet RIDDLE, daß das 1. Ei männlich, das 2. weiblich determiniert sei. Nun findet er immer, daß das 1. Ei kleiner und das 2. größer ist (bei reinen Arten) und basiert darauf nun weitere Behauptungen, denen somit jede Basis fehlt. Diese weiteren Untersuchungen sollen nämlich beweisen, daß es nur die Stoffwechselintensität ist, die das Geschlecht bestimmt, und daß bei Änderung des Stoffwechseltyps im Ei dieses auch geschlechtlich umgestimmt wird. Die Messungen, Wägungen, Verbrennungen der Eier und die daraus erhaltenen Daten haben natürlich nur irgendeinen Beweiswert, wenn feststeht, was aus den Eiern geworden wäre. Nun basiert RIDDLE ja seine sogenannten Stoffwechseluntersuchungen an Eiern (Messungen des Energievorrats) auf die Behauptung, daß diese Eier im Frühjahr mehr ♂ und im Herbst mehr ♀ gegeben hätten und für die reinen Arten auf die Behauptung, daß das 1. Ei männlich, das 2. weiblich sei. Da sich aber alle diese Voraussetzungen als nicht in den Daten begründet erweisen, so verlieren auch alle weiteren Folgerungen jeden Wert, und es lohnt sich nicht, sie im einzelnen aufzuführen. Die aus solchen Untersuchungen

abgeleitete Neuformulierung der alten Stoffwechseltheorie der
Geschlechtsbestimmung von GEDDES-THOMSON ist ein auf unbe-
wiesenen Behauptungen aufgebautes Nebelgebilde, das dadurch
keine Wirklichkeit bekommt, daß RIDDLE immer wieder behauptet,
etwas vollbracht zu haben, was er, soweit die publizierten Daten
gehen, auch nicht andeutungsweise vollbrachte. Tatsächlich
haben alle Genetiker, die den Gegenstand kennen, RIDDLES Ansprüche stets abgelehnt, und es würde kaum lohnen, auf diese Masse
unbewiesener Behauptungen und verworrener Schlüsse einzugehen,
wenn man nicht annehmen müßte, daß die sich mit dem Geschlechtsproblem beschäftigenden Biologen und Mediziner, die sich nicht die
Mühe nehmen, die Originalien einzusehen, die mit solcher Sicherheit immer wieder vorgebrachten Behauptungen von der Beherrschung der Geschlechtsbestimmung schließlich doch glauben.

Wir schließen diesen Abschnitt mit der Feststellung, daß bei
den Vögeln bisher eine genetische Intersexualität oder Geschlechtsumwandlung in Folge von Kreuzung noch nicht nachgewiesen ist.

ε) Diskussion.

Wir wollen nun versuchen festzustellen, wieweit sich die bei
den Vögeln ermittelten Tatsachen bereits einer allgemeinen Geschlechtstheorie einordnen lassen. Das Grundproblem ist, ebenso
wie bei den Amphibien, festzustellen, wie sich bei den Vögeln
das Genetische zum Hormonalen verhält. Es unterliegt keinem
Zweifel, daß bei den Vögeln, wie bei allen zweigeschlechtigen
Tieren, primär das Geschlecht durch den Geschlechtschromosomenmechanismus bestimmt wird nach den Formeln $XY = ♀, XX = ♂$.
Daß diese Chromosomenkonstitution unabhängig von allem Hormonalen dauernd wirksam bleibt, geht daraus hervor, daß geschlechtsgebundene Eigenschaften sowohl im Hauttransplantat
(DANFORTH) wie im ganzen Körper (ZAWADOWSKY) in der nach
der genetischen Formel erwarteten Weise in Erscheinung treten,
auch wenn die Hormone des entgegengesetzten Geschlechts zu-
geführt werden. Auch die später zu besprechenden Erscheinungen
des Gynandromorphismus bei Vögeln sprechen dieselbe Sprache.
Die an diese Tatsache anknüpfenden Probleme können nun in
zwei Gruppen gesondert werden, nämlich: 1. Wie verhält sich die
hormonale Abhängigkeit der Geschlechtsmerkmale zu der genetisch-
geschlechtlichen Grundlage des Körpers? 2. Wie wirkt die geneti-

sche Grundlage auf die Differenzierung des primären Geschlechts und die Hormonenproduktion?

Der erste Punkt ist der, an dem die Forscher, die von der genetischen Seite des Problems ausgehen, und die, die von der hormonalen Seite ausgehen, zu einer gemeinsamen Basis kommen müssen. Ich habe selbst diese Probleme schon öfters erörtert und glaube, daß es nur eine einzige Möglichkeit gibt, die Tatsachen klar zu verstehen; ich habe dies 1920 (b) folgendermaßen ausgedrückt:

„Die Tatsachen der Intersexualität haben uns gezeigt, daß ein jedes Individuum imstande ist, die Charaktere eines jeden Geschlechts zur Entwicklung zu bringen: was sich entwickelt, wird ausschließlich durch die Wirkung der lokalisierten oder nicht lokalisierten (Insekten und Wirbeltiere) Hormone[1] der definitiven Gestaltung bestimmt. Die Erbanlagen sind somit für beide Geschlechter völlig identisch. Aber gewisse Differenzierungs- und Wachstumsvorgänge sind so beschaffen, daß sie durch die Einwirkung spezifischer Hormone in die eine oder andere Richtung gedrängt werden können. Dies ist aber nichts Besonderes, sondern eine Tatsache, die für jeden morphogenetischen Prozeß gilt. Denn wir wissen z. B., daß das Fehlen der Schilddrüsenhormone einen mißgestalteten, verzwergten Kretin hervorrufen kann, der sicher von der Venus von Milo quantitativ nicht weniger verschieden ist, als vielfach die beiden Geschlechter. Wir wissen, daß die Bienen imstande sind, durch chemische Veränderungen im Futterbrei, die wir auch als hormonisch bezeichnen können, aus der gleichen Larve eine Arbeiterin oder Königin mit all ihren morphologischen und physiologischen Differenzen heranzuziehen. Wenn also theoretisch eine jede morphologische oder physiologische Eigenschaft eines Tiers unter dem Einfluß der Geschlechtshormone in männlichen oder weiblichen Typus ausdifferenziert werden kann, so besagt das nicht, daß es entsprechend viele sekundäre Geschlechtscharaktere gibt, deren Vererbung zu studieren ist, sondern daß die ererbten Eigenschaften mit zwei Sorten von Hormonen zwei verschiedene Reaktionen eingehen können. Ein sekundärer Geschlechtscharakter ist also ein Charakter, der in seiner Morpho-

---

[1] Das Wort Hormone wird hier in dem früher diskutierten weiteren Sinn gebraucht, also sowohl für die Gonadenhormone der Wirbeltiere als für die geschlechtsdeterminierenden, nicht in den Gonaden lokalisierten Stoffe der Wirbellosen, also alle drei Stufen von Determinationsstoffen.

Goldschmidt, Sex. Zwischenstufen. 22

oder Physiogenese von den spezifischen männlichen und weiblichen
Hormonen verschieden beeinflußt werden kann. Es folgt daraus,
daß für den normalen Geschlechtsdimorphismus ein Problem der
Vererbung der sekundären Geschlechtscharaktere nicht existiert:
ihre identische Grundlage ist die Gesamtheit der Erbcharaktere
und ihre Divergenz ist das Produkt der spezifischen Hormonen-
reaktion.‘‘

Das hier Gesagte können wir kurz auch so ausdrücken: Alle
Zellgruppen oder Organanlagen, die eine alternative Reaktionsnorm gegenüber den geschlechtsdeterminierenden Stoffen innerhalb der Zellen (Wirbellose) oder den Gonadenhormonen (Wirbeltiere) besitzen, liefern einen sekundären Geschlechtscharakter.
Oder noch anders ausgedrückt: Es gibt Zellgruppen und Organanlagen, die gegenüber den Geschlechtsdeterminationsstoffen oder
Hormonen indifferent sind und sich daher unter allen Umständen
in beiden Geschlechtern artspezifisch und identisch entwickeln.
Es gibt außerdem Zellgruppen und Organanlagen, die eine alternative Reaktionsnorm haben und sich daher an einem bestimmten
Punkt ihrer Entwicklung entscheiden müssen, ob sie die eine oder
andere Entwicklungsrichtung einschlagen. Diese Entscheidung
wird herbeigeführt durch die Anwesenheit oder das Überwiegen
der männlichen oder weiblichen Differenzierungsstoffe bzw. Hormone zu diesem Zeitpunkt. Welche Zellgruppen die alternative
Reaktionsfähigkeit haben und welche nicht, ist von Gruppe zu
Gruppe, ja von Art zu Art verschieden. Es folgt aus dieser unserer
alten Auffassung, daß es bei Insekten nur Organe von Artcharakter
oder außerdem solche mit Geschlechtscharakter geben kann. Bei
Tieren mit Gonadenhormonen aber kann es geben 1. Organe von
Artcharakter (keine alternative Reaktionsnorm), 2. Organe alternativer Reaktionsnorm, die aber zu drei verschiedenen Zuständen
führen kann: a) männlich bei Reaktion mit Hodenhormonen,
b) weiblich bei Reaktion mit Eierstockhormonen, c) artspezifisch,
also nicht geschlechtsspezifisch, beim Fehlen der Gonaden. 3. Organe alternativer Reaktionsnorm nicht für Gonadenhormone, sondern die Geschlechtsdifferenzierungsstoffe, die somit geschlechtsspezifisch sind, gleich, was mit den Hormonen geschieht.

Diese Anschauungen, die aus den Intersexualitätsexperimenten
mit *Lymantria* abgeleitet waren und die Befunde an Wirbeltieren
mit ersteren zu einer einheitlichen Betrachtungsweise verbanden,

haben sich durchaus als richtig erwiesen und folgen auch aus allem, was wir über die Vögel gehört haben. Tatsächlich haben auch andere Autoren mehr oder weniger ähnliche Gedanken aufgestellt, die nur durch Nichtberücksichtigung (TANDLER, LIPSCHÜTZ, PÉZARD) oder nicht genügend klarer Zuziehung (ZAWADOWSKY) des Genetischen und der Verhältnisse der Wirbellosen zu Formulierungen geführt haben, die geeignet sind, Verwirrung zu stiften. Da ist zuerst der von Hormonforschern seit TANDLER benutzte Begriff des asexuellen Soma. Die „neutrale" Form, die nach Kastration beider Geschlechter entsteht, soll die asexuelle Form sein. Dies ist aber ein durchaus irreführender Begriff: nicht eine asexuelle Form entsteht, sondern ein gonadenloses Männchen oder Weibchen, dessen Organe von alternativer sexueller Reaktionsnorm sich nur artspezifisch entwickelt haben. (Dies hatte übrigens schon TANDLER ganz richtig eingesehen, sprach aber trotzdem von asexuell.) Ob die verbleibenden sexuellen Differenzen dieser Formen, also der Kastraten, groß oder klein oder gar nicht sichtbar sind, hängt ausschließlich davon ab, ob es Zellgruppen und Organe gibt, die, ohne die alternative Reaktionsnorm auf Hormonenreiz zu haben, doch alternativ auf die geschlechtsdifferenzierenden Stoffe innerhalb der Zellen während der Entwicklung reagiert haben; d. h. generell ausgedrückt, die je nach dem Besitz von XX oder XY unabhängig von den Hormonen genetisch und sichtbar verschieden sind. Gibt es nun bei den Vögeln solche Charaktere?

An dieser Stelle müssen zuerst die Ausführungen ZAWADOWSKYs zum gleichen Gegenstand erwähnt werden, der sich von den Hormonenforschern am meisten mit dieser allgemeinen Seite des Problems beschäftigt hat. Ich glaube, daß ZAWADOWSKYs Anschauungen (seit 1922) im wesentlichen die gleichen sind wie die meinigen, abgesehen davon, daß seine Ausdrucksweise viele Unklarheiten enthält und die genetische Seite des Problems ihm nicht genügend geläufig ist. ZAWADOWSKY spricht von einer Äquipotentialität der Gewebe der beiden Geschlechter, was mit meiner alternativen Reaktionsnorm identisch ist, wenn er es auch für eine neue, von der der Genetiker abweichende Anschauung zu halten scheint und den einfachen entwicklungsphysiologischen Sinn durch Buchstabenformulierungen unnötig verschleiert. Auch er spricht von einer asexuellen Form, meint es aber, wie seine weiteren Erörterungen zeigen, nicht wirklich, wie etwa LIPSCHÜTZ. Er teilt die sekundären Geschlechtscharaktere ein in 1. eusexuelle, d. h. solche, die von den Gonadenhormonen abhängig sind, 2. pseudosexuelle, die von den Hormonen unabhängig sind, 3. asexuelle, die überhaupt nichts mit dem Geschlecht zu tun haben und 4. somosexuelle, die genetisch bedingt und hormonunabhängig sind. Gegen den ersten Begriff der Eusexuellen, also etwa Hahnenkamm, ist nichts einzuwenden. Die pseudosexuellen Merkmale wären die Artcharaktere, wie sie bei Kastration in beiden Geschlechtern identisch sichtbar werden, also etwa das Kastratengefieder. Da aber das Hahnengefieder diesem Artgefieder des Kastraten sehr ähnlich ist, so wäre es auch als pseudosexuell zu bezeichnen. Das ist aber meines Erachtens ein Nachteil, da bei verschiedenen Objekten zweifellos, wie z. B. aus Pézards Angaben hervorgeht, die beiden Gefieder nicht identisch sind. Wollte man den Ausdruck pseudosexuell beibehalten, so könnte man ihn nur für eines von beiden anwenden. Die Bezeichnung asexuell ist überflüssig; und die Bezeichnung somosexuell nicht einwandfrei, wenn man etwas Genetisches kennzeichnen will. Wir verzichten deshalb auf die Benutzung dieser Bezeichnungen. Sachlich deckt sich eusexuell mit hormonal bedingten Geschlechtscharakteren (die natürlich eine bestimmte genetische Beschaffenheit, verschieden nach Art und Rasse, zur Voraussetzung haben. Die Hormone entscheiden über die Alternative; was dabei im einzelnen herauskommt, hängt von der genetischen Beschaffenheit, der Erbformel des Vogels ab.) Somosexuell deckt sich mit genetisch bedingten Geschlechtscharakteren (XX oder XY ohne alternative Reaktion mit Hormonen); pseudosexuell enthält aber zwei Dinge, nämlich 1. die Artcharaktere bei Ausfall der Entscheidung der Alternative (keine Hormone wirksam), 2. solche hormonabhängige Charaktere, die im einen Geschlecht dem Artcharakter ähnlich sind. Theoretisch ist es denkbar, daß in einem Fall diese beiden Dinge phänotypisch identisch sind, und zwar mag der Artcharakter dem des Männchens oder Weibchens mit normalen Hormonen gleichen; in einem anderen Fall mag aber der Artcharakter von beiden hormonbedingten Geschlechtscharakteren verschieden sein. Ich zweifle nicht, daß innerhalb der Gruppe der Vögel bei Ausdehnung der Versuche auf andere Arten alle drei Typen nebst Zwischenstufen gefunden werden.

Wir kommen nun wieder zu unserer Frage zurück betreffend

das Vorkommen rein genetisch bedingter Geschlechtscharaktere bei Vögeln. Eine einfache Überlegung, die ebenso auch von ZAWADOWSKY (1929) und LILLIE (1927) angestellt wurde, zeigt, daß in dieser Frage zwei Teilfragen zu unterscheiden sind: 1. Zeigen die an ausgebildeten, also aus dem Ei geschlüpften Vögeln erhaltenen Resultate, daß es solche Geschlechtscharaktere gibt, die nicht von Hormonen beeinflußt sind? 2. Steht es fest, daß die gleichen Charaktere auch nicht während der Embryonalentwicklung durch eine hormonale Alternative entstanden sind und vielleicht nur nachher aus entwicklungsphysiologischen Gründen nicht mehr umstimmbar sind?

Was die erste Frage betrifft, so ist es wohl sicher, daß es Geschlechtscharaktere gibt, die in den Kastrations- und Transplantationsversuchen unbeeinflußt bleiben. ZAWADOWSKY hat kürzlich (1929) diese Charaktere auf Grund seiner Erfahrungen zusammengestellt (seine „somosexuellen" Merkmale). Beim Huhn sind es die Körperdimensionen, die Eileiter, das Krähen und gewisse Sexualinstinkte. Bei Fasanen sind es Körpergröße, Eileiter und Sporen. Bei Enten sind es Stimme und Stimmapparat und Schnabelfärbung. Er hält es aber für möglich, daß diese Charaktere doch auch hormonal kontrolliert, nur nach der Embryonalzeit nicht mehr umwandlungsfähig sind. Das verschiedene Verhalten der Sporen bei Huhn und Fasan deutet aber doch auf verschiedene genetische Grundlage, d. h. alternative Reaktionsnorm beim Huhn, keine solche beim Fasan. Damit sind wir aber bereits bei der zweiten Frage, auf die vorderhand keine entscheidende Antwort gegeben werden kann; es ist möglich, daß es rein genetisch determinierte Geschlechtscharaktere gibt, die auch in der Embryonalzeit von den Gonadenhormonen unahängig sind. Ein Beweis ist aber noch nicht erbracht und dürfte wohl nur erbracht werden können, wenn es gelingt, auch bei Vögeln echte zygotische Intersexualität zu erzielen.

Damit kommen wir nun zum zweiten Hauptproblem, der Frage, wie die genetische Grundlage auf die Differenzierung des primären Geschlechts und die Hormonenproduktion wirkt. Wenn wir uns mit einer generellen Antwort begnügen, so besteht wohl die von mir früher (1916, 1917, 1920) ausgeführte Antwort immer noch zu Recht: Die XY- bzw. XX-Konstitution, oder, was das gleiche ist, die in ihren Proportionen aufeinander abgestimmten F- und

M-Gene kontrollieren durch die Geschwindigkeit der F- und M-Reaktionen das Überwiegen der einen oder anderen geschlechtsdeterminierenden Stoffe, durch die die alternative geschlechtliche Reaktionsnorm entschieden wird. Während dieser Vorgang aber bei den Insekten sich in allen Körperzellen oder Organanlagen abspielt, bedingt er beim Wirbeltier nur die Differenzierung der Geschlechtsdrüse, die dann selbst in Gestalt der Hormonenproduktion die Kontrolle über die weitere sexuelle Morphogenese zentralistisch übernimmt. Die Schwierigkeiten beginnen aber, wenn man versucht, diese allgemeine und wohl kaum bestreitbare Lösung auf die Einzeltatsachen anzuwenden, die für die Vögel in den letzten 10 Jahren gefunden wurden und die Beziehung zwischen Genetischem und Hormonalem konkret auf alle embryologischen und experimentellen Befunde zu beziehen.

Der erste zu erörternde Punkt ist, wie auch schon bei den Amphibien und später wieder bei den Säugetieren, die embryonale Anlage der Gonaden. Es kann wohl keinem Zweifel unterliegen, daß die Gonaden aus zwei differenten Teilen entstehen, der Rinde und dem Mark und daß im normalen Geschehen die Rinde den ovarialen Teil, das Mark den Hodenteil repräsentiert. Es wird also in der Morphogenese der Gonade der Vögel nicht durch die $\frac{F}{M}$-Proportion entschieden, ob sich ein Hoden oder Eierstock entwickelt, so wenig wie dadurch entschieden wird, ob sich ein WOLFFscher oder MÜLLERscher Gang anlegt. Sondern es werden für die Gänge ebenso wie für die Gonaden das Material für den Aufbau für beide Möglichkeiten bereitgestellt und dann erst entschieden, welches Material, Rinde oder Mark, MÜLLERscher oder WOLFFscher Gang benutzt werden soll. Wenn wir uns den Unterschied dieses Verhaltens zu dem der Insekten klarmachen wollen, so können wir vielleicht als Beispiel die Antennenanlage nehmen. Es wird eine solche Anlage gebildet und im Laufe der Entwicklung entscheidet die $\frac{F}{M}$-Situation darüber, ob sie sich männlich oder weiblich differenziert. Bei den Vögeln hätten wir ein paralleles Verhalten etwa bei der Federanlage, aber mit dem Unterschied, daß nicht die $\frac{F}{M}$-Situation in ihren Zellen, sondern die Zufuhr der Hormone von außen die Entscheidung herbeiführt. Anders bei der Wirbeltiergonade: Gäbe es bei den Insekten für ihr Verhalten eine Parallele in der Entwicklung der Antennen, dann müßten getrennte Imaginalscheiben für Antennen männlichen oder weiblichen Typs gebildet werden, von denen aber nur die eine sich weiter differenziert. Mit anderen Worten, die Gonade der Vögel ebenso wie die Ausführgänge werden nicht als Zellgruppe angelegt, der eine alternative Reaktionsnorm zukommt, sondern die Zellgruppe der Anlage erleidet frühzeitig unabhängig von der Entscheidung über das Geschlecht eine determinative Unterteilung mit verschiedenen prospektiven Potenzen, vergleichbar der Unterteilung eines Eies in prospektives Ektoderm und Mesoderm; also ein Vorgang, den ich generell als Schichtung bezeichnete (1927 d) und den LILLIE (1929) embryonale Segregation nennt.

Dadurch ist nun für die Beziehung zwischen der genetischen Situation, d. h. der $\frac{F}{M}$-Proportion und dem davon kontrollierten Entwicklungsgeschehen eine ganz andere Basis gegeben als bei den Insekten: Die $\frac{F}{M}$-Situation hat zu entscheiden, ob die corticale oder die medullare Partie der Gonade sich auf Kosten der anderen entwickelt. Es liegt kein Grund vor, für diese primäre Entscheidung etwas anderes verantwortlich zu machen als auch sonst, nämlich die relative Quantität der F- und M-Stoffe, die als Folge der Kette: Quantität der Geschlechtsgene — Geschwindigkeit der Produktion der determinierenden Stoffe, vorhanden ist. Die Schwierigkeiten beginnen erst, wenn wir nun wissen wollen, wie die weitere Kette der Determinationen abläuft. Folgendes ist denkbar: 1. Der Sieger in dem Rennen der F- und M-Reaktionen, also Medulla oder Cortex, beginnt zuerst die Determinationsstoffe der weiteren Entwicklung zu bilden oder aber er bildet sie in größerer Quantität und deshalb differenziert sich Cortex oder Medulla auf Kosten des anderen. 2. Diese Determinationsstoffe zweiter Stufe mögen identisch sein mit Gonadenhormonen oder aber sie mögen eine spezifische Art nur embryonaler Stoffe sein, die wir als Hormone im weiteren Sinne betrachten können, oder mit HERBST als formative Reize bezeichnen können oder mit HARMS als Harmozone oder mit WITSCHI dem SPEMANNschen Organisator gleichsetzen können. 3. Die Urgeschlechtszellen, die außerhalb der Gonade gebildet wurden (SWIFT usw.) und in diese einwandern, mögen selbst schon durch die $\frac{F}{M}$-Situation, d. h. ihre Geschlechtschromosomenkonstitution, zu Eiern oder Spermiocyten determiniert sein, d. h. sie besitzen die alternative Reaktionsnorm, über die wie bei den Insekten durch die $\frac{F}{M}$-Situation in ihnen selbst entschieden wird. Ist dem so, dann müssen die Gonocyten in die ihnen gleich determinierten Teile, Rinde oder Mark, einwandern. 4. Bei der gleichen Annahme wäre es aber auch denkbar, daß die Annahmen unter Nr. 3 falsch sind, sondern vielmehr die weiblich determinierten Gonocyten nur in die Rinde einwandern, umgekehrt die männlichen ins Mark, bevor diese Teile mit ihrem spezifischen Wachstum begonnen haben, das erst durch die eingewanderten geschlechtsspezifischen Gonocyten bestimmt würde. 5. Es wäre denkbar, wie dies wohl WITSCHI zuerst postuliert hat, daß die Annahmen von Nr. 3 für Rinde und Mark zutreffen und daß die Gonocyten gar nicht durch ihre eigene Chromosomenbeschaffenheit determiniert werden, sondern durch die Hormone, oder, wie wir es nennen wollen, der Rinde bzw. des Marks (also die Stoffe 2. Stufe), in die sie auf ihren Wanderungen gelangen.

Wie stellen sich nun die bisher bekannten Tatsachen zu diesen Möglichkeiten? Die folgenden Befunde sind in Betracht zu ziehen: 1. Alle Versuche, die embryonale Geschlechtsdifferenzierung durch die Hormone der fertigen oder der embryonalen Gonade zu beeinflussen, haben im Gegensatz zu den Amphibien ein negatives Resultat gehabt. Daraus kann man schließen, daß die echten Gonadenhormone, die die Alternative der sekundären Geschlechtscharaktere zu entscheiden vermögen, bei den Vögeln wenigstens nicht identisch sind mit den Stoffen, die als Folge der genetischen Konstitution die primäre Geschlechtsdifferenzierung bedingen. Wie man diese dann bezeichnen will, ist Geschmacksache (siehe oben Punkt 2). 2. Die Frage nach der Determination der Geschlechtszellen selbst kann auf Grund des vorhandenen Tatsachenmaterials noch nicht entschieden werden. Wir wissen, daß z. B. mehr Urgeschlechtszellen in die linke als in die rechte Gonade einwandern und mehr in die Rinde als ins Mark. Ob sie aber geschlechtlich schon determiniert sind oder ob sie erst an Ort und Stelle unter der Wirkung der lokalen Determinationsstoffe, der Rinden- oder Markstoffe, determiniert werden, läßt sich zunächst nicht sagen. An Tatsachen, die für die Beurteilung dieser Frage in Betracht kommen, wäre zu erwähnen: Normalerweise entwickeln sich Eizellen nur aus dem Rindengewebe und Samenzellen aus dem Markgewebe. Aber es liegt kein Grund vor, an FELLS Angaben zu zweifeln, daß es eine Rindenwucherung ist, die die Samenkanälchen der geschlechtsumwandelnden Henne liefert, und ebenso an CARIDROITS Befund, daß die Rinde des transplantierten Ovars Samenkanälchen bilden kann. (Bei Säugetieren wird uns der entsprechende Befund begegnen.) Daraus könnte man folgern, daß, in dem alten Tier wenigstens, auch aus Rindenmaterial Samengewebe entstehen kann, was bedeuten könnte, daß die physiologische Beschaffenheit dieses Gewebes sich von weiblicher Determination zu männlicher geändert hat. Ob sich das aber auf eine primäre Determination der Urgeschlechtszellen oder auf eine abhängige Determination durch das Rindengewebe bezieht, läßt sich nicht sagen. Vergleichende Gesichtspunkte lassen das letztere wahrscheinlicher erscheinen. 3. Für den letzteren Schluß, die WITSCHIsche Anschauung, sprechen die Befunde an dem rechten Ovar. Dies kann sich ja, wie wir vor allem durch DOMM wissen, zu einem Ovar, einem Hoden oder einem Ovotestis entwickeln, wenn das linke Ovar entfernt wird. DOMM und LILLIE neigen dazu, zu glauben, daß dies Resultat nur davon abhängt, ob die rudimentäre rechte Gonade noch kleinere oder größere Teile der Rindensubstanz enthält. Wenn die linke Gonade, ebenfalls im gleichen Versuch, auch einen Hoden regeneriert, so käme es daher, daß bei der Operation nur Markteile übriggeblieben sind, die sich nur zu einem Hoden umbilden können. Aber da gibt es Schwierigkeiten. Warum verhindert nicht die Rinde, wenn sie vorhanden ist, ebenso wie beim weiblichen Embryo die Entwicklung eines Hodens aus dem Mark? Die Gonade muß dann doch physiologisch von der embryonalen verschieden sein. Es wäre für die weitere Klärung sehr wichtig zu wissen, ob nicht vielleicht bei der Umbildung der rechten Gonade auch Rindenwucherungen Hodengewebe bilden; diese entscheidende Frage ist aber noch nicht gelöst. Dann kommt aber ein zweiter merkwürdiger Punkt: Nach einiger Zeit wird bei den Vögeln mit regenerierter rechter Gonade, wie wir sahen, neben der männlichen auch die weibliche Hormonproduktion wieder hergestellt, auch wenn kein Ovarialgewebe vorhanden ist. Dahinter steckt ein durchaus ungelöstes Problem.

Wollen wir versuchen, aus all diesen Tatsachen und Überlegungen eine generelle Vorstellung abzuleiten, so scheint mir nach dem gegenwärtigen Stand unseres Wissens unsere alte Anschauung, die dann von CREW und BONNIER für ihre Fälle angewandt wurde, immer noch am weitesten zu führen, besonders wenn sie um den mehrfach zitierten Gedankengang WITSCHIS bereichert wird. Die gesamte Situation wäre dann etwa folgendermaßen darzustellen: Das primär auf Grundlage der allgemeinen genetischen Beschaffenheit gegebene Material für die geschlechtliche Differenzierung ist das Rinden- und Markmaterial der Gonade (entsprechend den MÜLLERschen und WOLFFschen Gängen). An einem bestimmten Zeitpunkt der Embryonalentwicklung entscheidet die Proportion $\frac{F}{M}$, wie wir sie in dem bekannten Schema der Reaktionskurven ausdrücken können, also die relative Quantität der geschlechtsdeterminierenden Stoffe, darüber ob die Rinde oder das Mark das stärkere Wachstum einschlägt ($F>M$ Rinde, $F<M$ Mark). Die geschlechtsdeterminierenden Stoffe mögen nun gleichmäßig in Rinde und Mark gebildet werden, und zwar weibliche, wenn $F>M$, männliche wenn umgekehrt (meine alte Annahme). Oder aber, es möge die Rinde nur weibliche, das Mark nur männliche Determinationsstoffe hervorbringen können. Im ersteren Fall heißt die Kette

$$\begin{array}{l} F \nearrow \text{Rinden- (oder Mark-) wachstum} \\ M \searrow \text{weibl. (oder männl.) Determinationsstoffe} \end{array}$$

Im zweiten Fall (WITSCHIS Annahme) hieße die Kette

$$\frac{F}{M} \longrightarrow \text{Rinden- (oder Mark-) wachstum,} \longrightarrow \text{weibl. (oder männl.) Stoffe.}$$

Die Geschlechtszellen selbst werden dann geschlechtlich determiniert nach der ersten Annahme durch die in der Gonade vorhandenen Determinationsstoffe, dem Produkt der $\frac{F}{M}$-Proportion; nach der zweiten Annahme nur durch ihre Lage in Rinde oder Mark. Welche Annahme richtig ist, läßt sich im Augenblick nicht entscheiden, wird aber sicher früher oder später durch Tatsachen entschieden werden können. (Wir werden bei den Säugetieren Tatsachen kennenlernen, die mehr für die erstere Annahme sprechen.) Erst wenn diese primäre Determination abgeschlossen ist, produziert das überwiegende Gewebe seine spezifischen definitiven Hormone. Es ist durchaus wahrscheinlich, daß nur das Rindengewebe und seine Derivate weibliche und nur das Markgewebe

männliche definitive Hormone zu produzieren imstande sind, und
daß diese Fähigkeit eine primäre Differenzierung bedeutet, nur an
das Gewebe gebunden ist, gar nichts mit der geschlechtlichen Determination zu tun hat und von ihr auch dauernd unabhängig
bleibt. Sind beiderlei Gewebe in genügendem Maße vorhanden, so
produzieren sie auch beiderlei Hormone, gleichgültig wie sich die
eigentliche geschlechtliche Determination verhält. Dies wäre die
Erklärung für das spätere Verhalten der links kastrierten Hennen.

Es scheint nun, daß die F- und M-Reaktionen im Weibchen
ebenso wie bei anderen Tieren so ablaufen, daß sie früher oder
später einen Schnittpunkt haben, wie wir schon öfters am Kurvenschema zeigten. Bei rein zygotischer Geschlechtsbestimmung bedeutete dies Geschlechtsumkehr vom Drehpunkt ab. Tritt nun
bei den Vögeln dieser Drehpunkt kurz nach dem Schlüpfen ein,
was ist die Folge? Die zu erwartende Geschlechtsumkehr kann
nicht eintreten, weil in der Gonade der Rindenteil ja bereits auf
Kosten des Markteils ausgebildet ist und in diesem Zustand nach
Umdrehung des $\frac{F}{M}$-Verhältnisses ein Überwiegen des Markteils
rein entwicklungsmechanisch nicht mehr möglich ist. Sobald aber
durch Krankheit, Altersinvolution oder experimentelle Entfernung
die Rinde dem Mark den Weg zur Entwicklung freigibt, wird dieses
sich männlich differenzieren und das Geschlecht wandelt sich um.
Ist unsere oben ausgeführte Annahme richtig, daß Rinde und Mark
beide von der $\frac{F}{M}$-Proportion gleichzeitig beherrscht werden, dann
wäre die Lage etwas anders, nämlich sowohl Rinde wie Mark
würden sich, sobald es mechanisch möglich ist, männlich umwandeln. Die Ergebnisse von FELL und CARIDROIT machen letzteres wahrscheinlicher. Diese Erklärung der Altersumwandlung,
die, wie gesagt, CREW von mir übernahm, scheint mir nach wie vor
die richtige. Ob die Anwendung des gleichen Prinzips auf die Umwandlung der rechten Gonade, wie es BONNIER ausgeführt hat,
durchführbar ist, müssen die Experimente zeigen, Ich halte es
ebenfalls für wahrscheinlich, wenn es sich wohl auch ergeben wird,
daß der Zeitpunkt des Schnittpunkts der F- und M-Kurven, den
BONNIER auf den dritten Tag legt, größeren Schwankungen unterworfen sein mag.

Es sei schließlich nochmals auf die früheren Bemerkungen

darüber hingewiesen, daß es bei den Vögeln im Gegensatz zu den Amphibien noch nicht gelungen ist, experimentell die embryonalen Determinationsstoffe (2. Stufe) nachzuweisen, obwohl ihre Annahme notwendig ist. In den Ausführungen dieses Abschnitts wären sie identisch mit den Determinationsstoffen, für die wir oben die Beziehung zur $\frac{F}{M}$-Grundlage im Schema S. 346 diskutierten.

4. Die Säugetiere.

Im Prinzip verhalten sich die Säugetiere nicht viel anders wie die Vögel. Aber viele Einzelheiten sind bei ihnen wegen der Bedeutung für den Menschen besser durchgearbeitet, und speziell die sexuellen Zwischenstufen haben viel Beachtung gefunden. In der Darstellung können wir die gleiche Reihenfolge einhalten wie bei den Vögeln.

a) Das genetische Geschlecht.

Für sehr viele Säugetiere steht cytologisch fest, daß das Männchen heterogametisch ist und eine deutlich sichtbare X Y-Gruppe besitzt (siehe vor allem die Arbeiten von PAINTER, Literatur bei SCHRADER 1928). Merkwürdigerweise ist aber noch kein völlig einwandfreier Fall einer geschlechtsgebunden vererbten Eigenschaft bekannt geworden, wenn wir den Menschen ausnehmen, der hier getrennt behandelt wird.

b) Morphologisches.

Für das Verständnis der intersexuellen Zustände ist es wieder wichtig, die Morphologie der normalen Geschlechter in den Hauptzügen vorauszuschicken.

α) Die Gonaden.

Die Gonaden der Säugetiere haben in allen wesentlichen Punkten den gleichen Bauplan und die gleiche Entwicklung wie die der Vögel, und die entscheidenden Punkte sind seit den klassischen Arbeiten von WALDEYER genau bekannt. Von neueren Autoren nennen wir nur die letzten, die Bau und Entwicklung bereits im Hinblick auf die heutigen Probleme untersuchten, DE WINIWARTER u. SAINTMONT (1912), KOHN (1921), BRAMBELL (1930), und weisen außerdem auf die ungeheure Literatur über die feinste Anatomie der Gonaden hin, besonders in Bezug auf das Problem der interstitiellen Zellen (siehe STIEVE 1921).

Wie bei den Vögeln entsteht auch im Säugerembryo zuerst in beiden Geschlechtern eine identische indifferente Gonade, die sich aber im männlichen Geschlecht etwas schneller als im weiblichen differenziert.

Es sei gleich an dieser Stelle bemerkt, daß man oft derartige Unterschiede mit der Heterogametie eines Geschlechts zusammenzubringen suchte; das gleiche gilt für die Organisation des Vogelovars mit Medulla und Cortex, während der Hoden nur aus Medulla besteht, für die Leichtigkeit der Umwandlung in nur einer Richtung und vieles andere. Solche Äußerungen sind nur möglich, wenn man gar nichts von der weiteren Analyse des Problems weiß (die $\frac{F}{M}$-Proportion); sie finden auch rein äußerlich keine Anhaltspunkte in den Tatsachen. Denn die schnellere Differenzierung des Hodens trifft z. B. in gleicher Weise zu für Schmetterlinge, Vögel und Säugetiere, und auch alle anderen zur Illustration solcher Gedankengänge zusammengebrachten Dinge sind für Vögel (XY = ♀) und Säugetiere (XX = ♀) identisch.

Die primitive Anlage, die Keimplatte, besteht aus dem verdickten Peritonealepithel mit dazwischenliegenden Geschlechtszellen. Von diesem wächst, ebenso wie wir es bei Vögeln beschrieben, eine erste Proliferation von Epithelzellen, die Sexualstränge, in die Tiefe, voneinander getrennt durch Bindegewebe. Nahe dem Hilus der Gonade vereinigen sie sich mit einem Netzwerk von Strängen, dem Rete, das nach der Meinung der meisten Autoren der Nephrostomgegend der Urnierenkanälchen entstammt und das die Verbindung mit diesen Kanälchen herstellt. Entwickelt sich nun aus dieser prinzipiell in gleicher Weise bei beiden Geschlechtern angelegten Gonade ein Hoden, so kommt dies so zustande, daß die Sexualstränge sich zu den Samenkanälchen umbilden, indem die Geschlechtszellen an ihren Wänden sich vermehren, die anderen Epithelzellen zu SERTOLISchen Zellen werden, schließlich ein Kanallumen sich bildet und durch das Rete testis die Verbindung zur Urniere (später Epididymis) und damit zum WOLFFschen Gang, dem Harnleiter, hergestellt wird. Das Keimepithel bildet sich zurück und wird durch eine bindegewebige Schicht, die Tunica albuginea, von den Hodenkanälchen, also der Markschicht, getrennt. Später ist von dem Epithel nur eine dünne Schicht von Plattenzellen übrig. Als bemerkenswerte Besonderheit sei dazu noch der Befund von BRAMBELL (siehe 1930) erwähnt, daß beim Mäuseembryo in der Rindenschicht vor ihrer Rückbildung eine plattenförmige rudimentäre Proliferation einsetzen kann, parallel der des

Eierstocks, die aber wieder rückgebildet wird. Ferner verläuft die Bildung der Markstränge bei der Maus nicht so schematisch wie hier dargestellt, sondern es wird eine solide Epithelzellmasse durch ein wucherndes Bindegewebe erst in die Markstränge zerlegt.

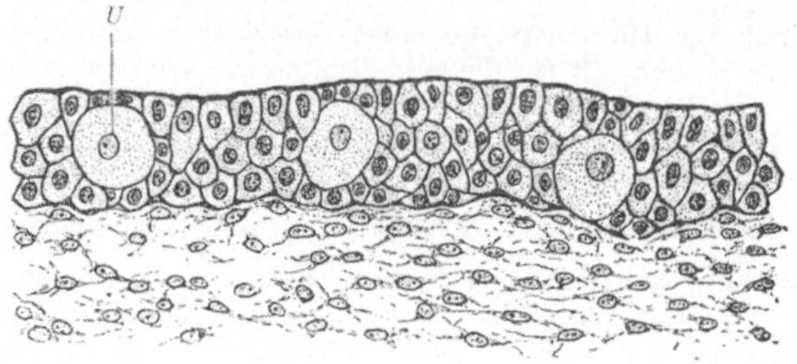

Abb. 149. Schema der Anlage der Keimdrüse in Form der Keimplatte. *U* Urgeschlechtszelle. (Nach KOHN.)

Zwischen den Hodenkanälchen treten schließlich die interstitiellen Zellen auf, die nach manchen Autoren mesenchymatöser Herkunft

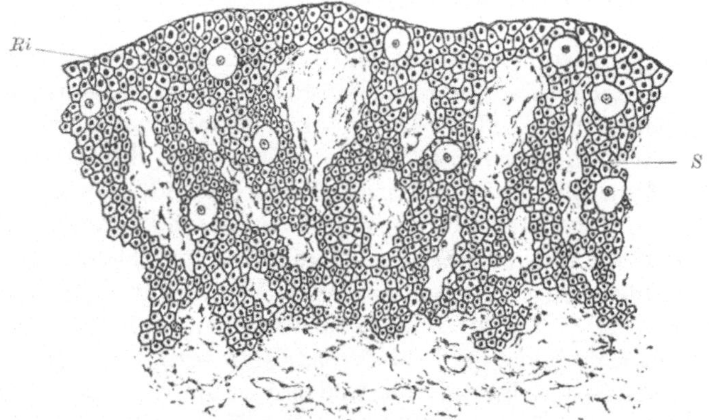

Abb. 150. Keimdrüsenanlage mit der ersten Proliferation der Sexualstränge. *Ri* Rinde, *S* Sexualstränge. (Schema nach KOHN.)

sind, nach anderen aus den Marksträngen stammen (siehe oben bei Vögeln).

Wird aus der primären Gonade ein Ovar, so bleibt sie etwas länger undifferenziert, und es folgt dann die schon für die Vögel beschriebene sekundäre Proliferation der Rindenstränge, des eigent-

lichen weiblichen Keimgewebes. In Abb. 149, 150, 151, 152 sind die
bisher beschriebenen Vorgänge schematisch dargestellt, nämlich
die primitive Keimplatte (149), die erste Proliferation der Markstränge (150), die Differenzierung eines Hodens unter Rudimentierung des Cortex (151) und die des Ovars durch die sekundäre
Proliferation der Rinde (152). Während nun im Hoden die Markstränge bei der weiteren Differenzierung im Vordergrund stehen,

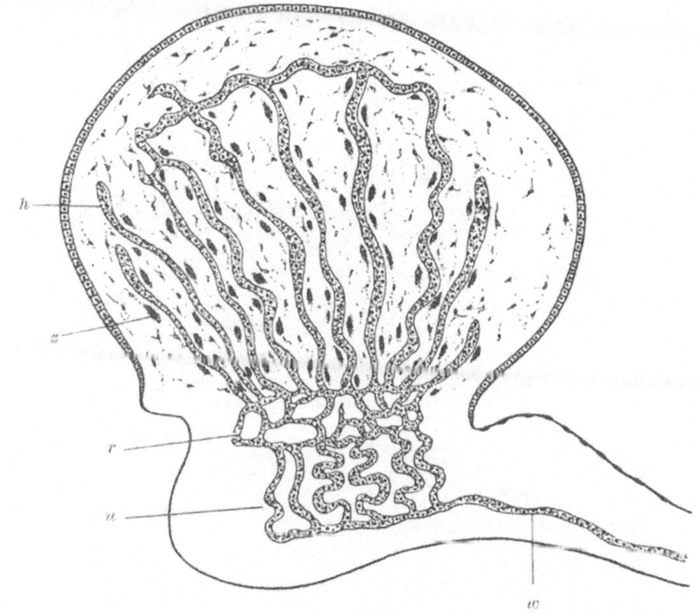

Abb. 151. Weiterentwicklung zum Hoden. *h* Hodenkanälchen, *z* Zwischenzellen, *r* Rete
testis, *u* Urnierenverbindung, *w* WOLFFscher Gang. (Schema nach KOHN.)

werden diese umgekehrt im Ovar weitgehend zurückgebildet.
Vielfach werden sie fast vollständig aufgelöst und von Bindegewebe verdrängt und finden sich nur noch als Rudimente am
Hilus des Ovars. Doch ist dies bei verschiedenen Spezies ganz verschieden, ja es kann sogar typisch sein, daß die Markstränge sich
ähnlich wie beim Hoden stark weiterentwickeln (natürlich ohne
Spermatogenese) und zeitlebens erhalten bleiben. Abb. 153 zeigt
einen Schnitt durch das Ovar eines jungen Fuchses mit starker
Markentwicklung, und Abb. 154 den merkwürdigen Fall des Maul-

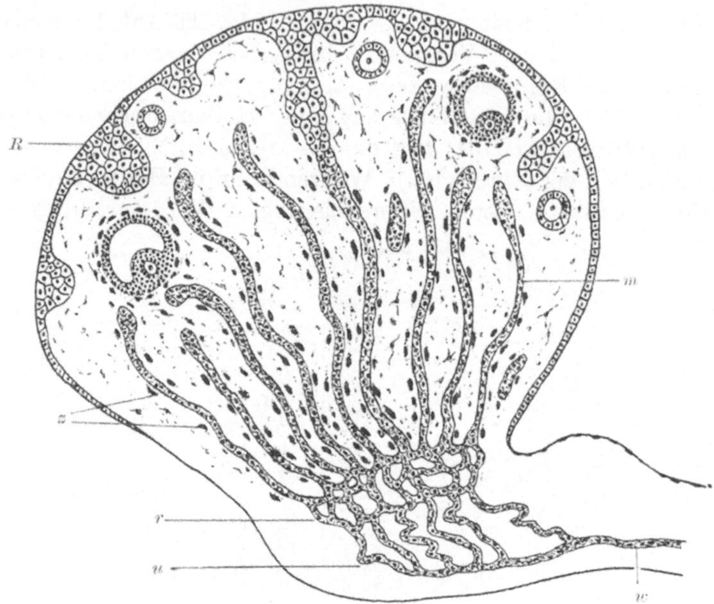

Abb. 152. Weiterentwicklung zum Ovar. Bezeichnungen wie Abb. 151. Ferner: *R* Rinde, *m* Markstränge. (Schema nach KOHN.)

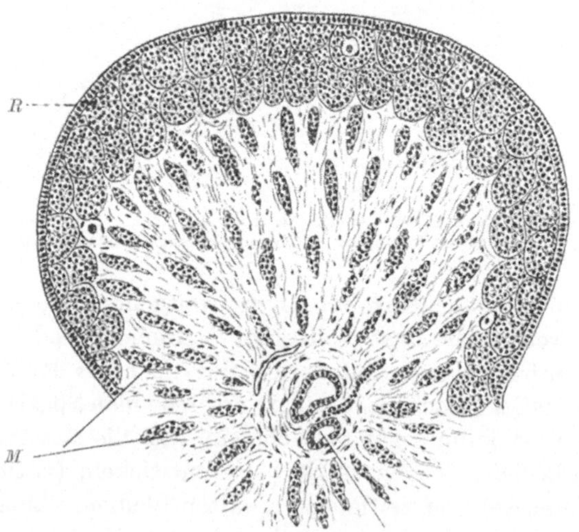

Abb. 153. Schnitt durch das Ovar eines jungen Fuchses. *R* Rinde, *M* Markstränge, *r* Rete. (Nach BÜHLER aus KOHN.)

wurfs, bei dem sich das Mark zu einem äußerlich abgeteilten mächtigen, hodenähnlichen Teil entwickelt, dem die Rinde nur kappenartig aufsitzt.

In den Rindensträngen, die vorwachsen (und die Markstränge in den typischen Fällen verkürzen), so daß sie schließlich die Masse

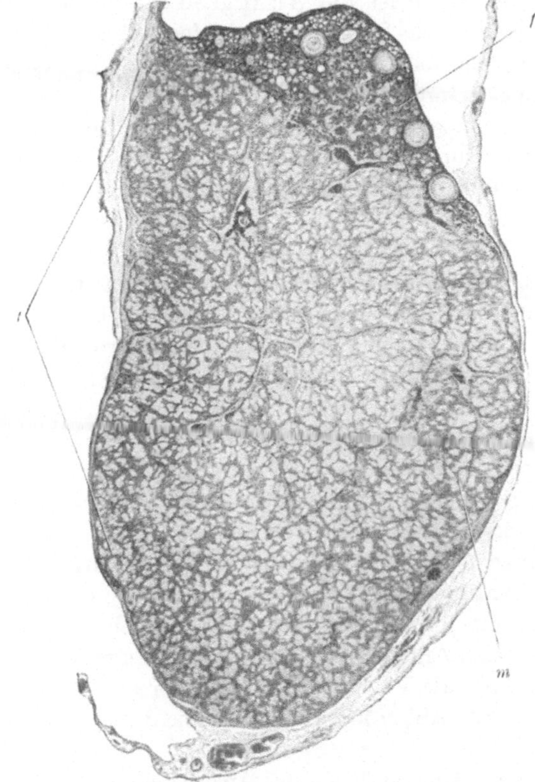

Abb. 154. Schnitt durch das Maulwurfsovar zur Zeit der Geschlechtsruhe. *f* Follikel im funktionellen Ovar, *t* hodenähnlicher Teil mit Marksträngen. (Nach Kohn.)

des Ovars bilden, wachsen die Ovocyten heran und bilden die charakteristischen Follikel. Aber dieser ganze erste Schub von Eizellen soll degenerieren, wie wir es auch schon von den Vögeln hörten. In der Pubertät findet dann eine dritte Wucherung vom Keimepithel her statt, die erst die endgültigen Eizellen liefert. Die Bildung der Eifollikel und später der Corpora lutea brauchen wir für unsere Zwecke hier nicht zu beschreiben. Dagegen muß auf einen wichtigen Punkt hingewiesen werden: Während der Embryonalentwicklung können sich auch in den Marksträngen des Ovars Geschlechtszellen entwickeln, und zwar sind es richtige Eizellen, die zur Bildung einer Art Follikel führen, die später wieder degenerieren. Dieser Punkt ist von Wichtigkeit für die Probleme, die wir bei den Vögeln (siehe S. 343) aufgeworfen haben. Sie schließt die Möglichkeit aus, daß in dem normalen Ovar die hodenähnlichen Markstränge männliche Determinationsstoffe bilden. Entweder sind die Geschlechtszellen durch ihren eigenen Chromosomenbestand determiniert oder aber produzieren beide Bestandteile des Ovars weibliche Determinationsstoffe (2. Stufe).

β) Die Ausführgänge.

Auch bei den Säugetieren entwickeln sich die Ausführgänge als MÜLLERscher und WOLFFscher Gang zunächst in beiden Geschlechtern gleich und zunächst ist auch die Urogenitalverbindung zwischen Rete, Urniere und WOLFFschem Gang in beiden Geschlechtern vorhanden. Bei dem Weibchen verschwindet aber diese Verbindung frühzeitig. Reste der Urnierenkanälchen bleiben als Paroophoron häufig erhalten, weiter kranial als Epoophoron. Ebenso degeneriert der WOLFFsche Gang, aber Reste mögen noch als GARTNERscher Gang erhalten bleiben. Beim Männchen bilden sich entsprechend die MÜLLERschen Gänge zurück, nur kranial bleibt ein Rudiment als sogenannte ungestielte Hydatide erhalten und kaudal ein in den verschiedenen Gruppen verschieden großer Rest, der in den Anfang des Urogenitalkanals mündet und je nach seinem Umfang als Vagina masculina oder als Uterus masculinus bezeichnet wird. Abb. 155 zeigt im Schema diese sexuellen Differenzierungen.

Die weitere Ausgestaltung der Ausführgänge ist bei den Einzelgruppen verschieden. Beim Weibchen wachsen in aufsteigender Reihe die MÜLLERschen Gänge von kaudal her zusammen, so daß zuerst eine unpaare Vagina entsteht und dann durch weitere Vereinigungen die Formen des Uterus duplex, bipartitus, bicornis, simplex (Abb. 156). Von den Tierformen, die für uns hier in Betracht kommen, besitzen die Nagetiere den U. duplex, Raubtiere, Schwein und Rind den U. bipartitus, Insektivoren und kleine Wiederkäuer den U. bicornis und die Primaten den U. simplex.

Beim Männchen ist endlich als Besonderheit noch zu erwähnen
die Ausbildung typischer Drüsen an den Ausführgängen, nämlich

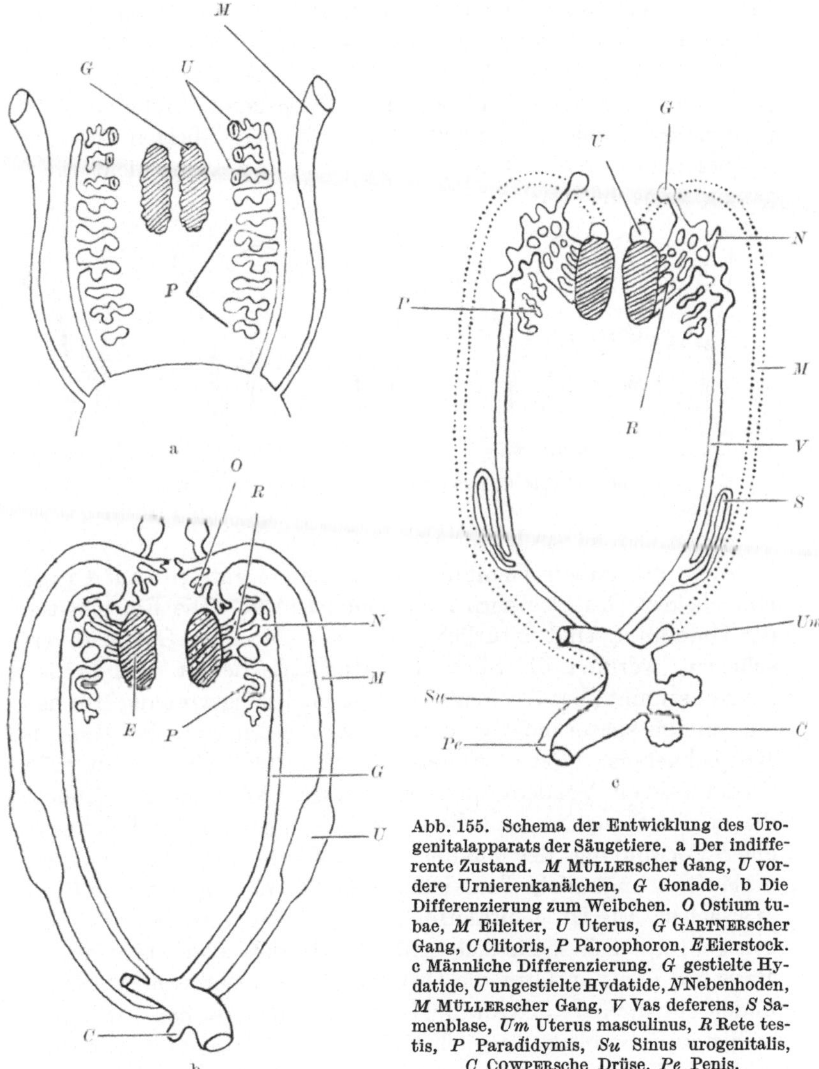

Abb. 155. Schema der Entwicklung des Uro-
genitalapparats der Säugetiere. a Der indifferente Zustand. *M* MÜLLERscher Gang, *U* vordere Urnierenkanälchen, *G* Gonade. b Die
Differenzierung zum Weibchen. *O* Ostium tu-
bae, *M* Eileiter, *U* Uterus, *G* GARTNERscher
Gang, *C* Clitoris, *P* Paroophoron, *E* Eierstock.
c Männliche Differenzierung. *G* gestielte Hydatide, *U* ungestielte Hydatide, *N* Nebenhoden,
M MÜLLERscher Gang, *V* Vas deferens, *S* Samenblase, *Um* Uterus masculinus, *R* Rete testis, *P* Paradidymis, *Su* Sinus urogenitalis,
C COWPERsche Drüse, *Pe* Penis.

Prostata und Samenblasen an der Vereinigungsstelle der Vasa
deferentia und die COWPERschen Drüsen an der Basis des Penis.

Letzteren sind die BARTHOLINIschen Drüsen am weiblichen Urogenitalkanal homolog. Eine weitere Besonderheit des männlichen Genitalsystems ist endlich der Descensus testiculorum, das Herabsteigen der Hoden durch den Leistenkanal in das Scrotum. Bei einer Reihe von Formen (*Hyrax*, Monotremen, Cetaceen usw.) fehlt der Descensus, bei anderen (Nagetiere) findet er nur periodisch in der Brunstzeit statt, bei den übrigen tritt er normalerweise in der Embryonalzeit ein und kann nicht rückgängig gemacht werden.

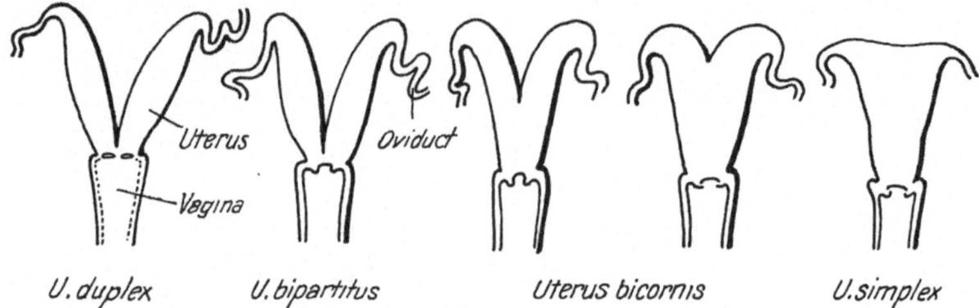

Abb. 156. Die Uterusformen der Säugetiere. (Aus IHLE.)

γ) Das äußere Genitale.

Auch das äußere Genitale der Säugetiere entsteht auf Grund einer beiden Geschlechtern identischen Anlage. Die Einzelheiten der Umbildung sind natürlich in den verschiedenen Gruppen verschieden, worüber die Spezialliteratur unterrichtet. Im großen ganzen stimmt aber der folgende Differenzierungsvorgang, für den wir, um uns später nicht wiederholen zu müssen, den Menschen als Beispiel nehmen. Der indifferente Ausgangspunkt ist in Abb. 157 a wiedergegeben. Vor dem Anus liegt die primitive Urogenitalöffnung, die in den Sinus urogenitalis führt. Sie liegt auf der Unterseite einer Vorwölbung, des Phallus. Von diesem Ausgangspunkt aus verläuft die männliche Entwicklung so, daß der Phallus zum Penis auswächst. Die Urogenitalöffnung wird dabei zu einer Rinne ausgezogen, die sich schließlich schließt. Starkes Wachstum an der Basis des Penis entfernt die Öffnung immer mehr vom After und bildet ein unpaares Skrotalfeld, das mit den seitlichen Skrotalwällen zum Scrotum auswächst (Abb. 157 c). Im weiblichen Geschlecht bildet sich der Phallus zu der dem Penis homologen Klitoris um. Die Rinne der primitiven Urogenitalöffnung verstreicht und nur die Öffnung vor dem Anus bleibt. Das basale Wachstum wie beim Penis findet nicht statt. Die Umgebung der Urogenitalöffnung wird zu den Labia minora (Abb. 157b). In manchen Fällen, z. B. bei den Nagern, bekommt aber auch beim Weibchen die Urethra, die sonst in den Sinus urogenitalis mündet, eine selbständige Öffnung auf der Klitoris, und in solchen Fällen (Mäuse) sind auch die äußeren Genitalien beider Geschlechter sehr ähnlich. Von den weiteren Einzelheiten der Differenzierung sei nur die Bildung der Schwellkörper erwähnt, die in Penis wie Klitoris gleich vorhanden sind. Beim Männchen kommt dazu noch ein Corpus cavernosum urethrae.

Überblicken wir zum Schluß nochmals den Genitalapparat in

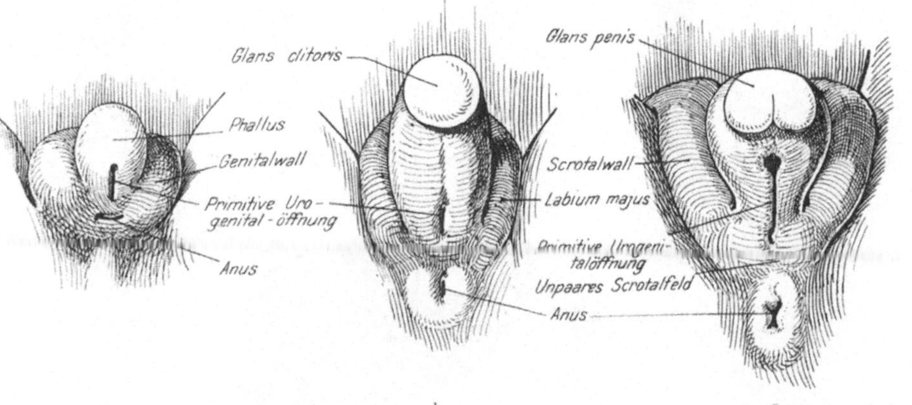

Abb. 157. Entwicklung der äußeren Genitalien des Menschen. a Ausgangsstadium. b ♀. c ♂.
(Aus IHLE.)

Bezug auf die uns hier interessierenden Fragen, so sehen wir, daß wir wieder zweierlei Anlagen unterscheiden können: Erstens für beide Geschlechter identische Anlagen mit alternativer Reaktionsnorm, z. B. Phallus, Urogenitalöffnung. Zweitens differentielle Anlagen für beide Geschlechter, von denen jede normalerweise nur weibliche oder männliche Teile liefern kann(?) und liefert, während die andere rudimentiert z. B. Cortex und Medulla in der Gonade, MÜLLERscher und WOLFFscher Gang.

c) Hormonale Kontrolle und hormonale Intersexualität.

Von einer Aufzählung der Geschlechtscharaktere, für die eventuell eine Kontrolle durch Gonadenhormone in Betracht kommt, kann abgesehen werden, da nahezu von Fall zu Fall die morphologischen und physiologischen Eigenschaften bei den Geschlechtern verschieden sein können.

Abb. 158. Nilgauantilope. Oben links ♂, rechts ♀, unten kastrierter Bock. (Nach ZAWADOWSKY.)

α) Kastration.

Die Kontrolle von Eigenschaften durch die Sexualhormone wird zunächst durch die Kastrationsversuche beleuchtet, die ja an Säugetieren aus ökonomischen Gründen in besonders großem Maßstab ausgeführt sind, aber auch zu rein wissenschaftlichen Zwecken in Menge durchgeführt sind. Es kann nicht unsere Aufgabe sein, hier auch nur eine annähernd vollständige Beschreibung der Resultate zu geben, für die auf die Handbücher der inneren Sekretion hingewiesen sei. Wir beschränken uns vielmehr auf die Tatsachen, die für das Verständnis der sexuellen Zwischenstufen, sowie für die allgemeine Beurteilung des Geschlechtsproblems und die Einfügung der Verhältnisse bei den Säugetieren in das Gesamtbild notwendig sind.

1. Annäherung an das andere Geschlecht. Wir beginnen mit Ergeb-

Abb. 159. Ukrainisches Rind. Oben links ♂, rechts ♀, unten Ochse. (Nach ZAWADOWSKY.)

nissen, die sich direkt an die bei den Vögeln gewonnenen anschließen, Durch ZAWADOWSKY (1922) sind wir mit ein paar Tatsachen bekannt geworden, die bis jetzt ganz isoliert stehen. Bei der Nilgauantilope (*Boselaphus tragocamelus*) ist das Männchen grau gefärbt und trägt ein schwarzes Haarbüschel auf der Brust, das Weibchen ist rot und besitzt ein weißes Büschel. Das kastrierte Männchen nimmt Haartracht und Farbe des Haarbüschels des Weibchens an (Abb. 158). Ebenso nimmt bei der Hirschziegenantilope (*Antilope cervicapra*) das schwarzbraune Männchen nach Kastration die hellbraune Farbe des Weibchens an, der graubraune Bantengstier die rotbraune Farbe der Kuh und der an schwarzen Haaren reiche ukrainische Steppenstier das hellgraue, fast weiße weibliche Haarkleid (Abb. 159). In diesen Fällen gleicht also das Kleid des Kastraten dem des Weibchens, umgekehrt wie bei den Vögeln. Dies sind aber bisher die einzigen Fälle solcher Art.

2. *Der übliche Kastratentyp.* In allen anderen Fällen, in denen versucht wurde, den Typus der Kastraten zu bestimmen, konnte man feststellen, daß weibliche wie männliche Kastraten einander sehr ähnlich werden, und daß dieser neutrale Typ im wesentlichen als infantiler Typ zu bezeichnen ist. Dies trifft nach TANDLER und KELLER (1911) für die Körperform des Rindes zu, nach FRANZ (1909) für die geschlechtlich differenten Beckenformen des Schafs, und soweit man sehen kann, auch für die Kastraten der Nagetiere. Man hat auch hier von einem asexuellen Typ gesprochen, eine Bezeichnung, die der gleichen Kritik begegnen muß, die wir bereits früher bei den Vögeln ausübten.

3. *Unbeeinflußte Differenzen.* Es gibt auch Geschlechtscharaktere, die von der Kastration nicht betroffen werden. Der Hengst besitzt der Stute fehlende Eckzähne, beim Wallach werden sie womöglich noch verstärkt.

4. *Hemmungswirkung.* Die häufigste Wirkung der Kastration auf sekundäre Geschlechtscharaktere ist eine hemmende. Das bekannteste Beispiel dafür [Arbeiten von RÖRIG (1899), TANDLER (1910), ZAWADOWSKY (1922ff.) u. a.] sind die Geweihe der Cerviden und die Hörner der Cavicornier. Es gibt bekanntlich in beiden Gruppen Formen, in denen die Geschlechter sich im Gehörn nicht unterscheiden (Renntiere, viele Schaf- und Ziegenrassen, Rindvieh), und bei ihnen ist die Kastration ohne Effekt, d. h. die Anlagen dieser Organe haben keine alternative Reaktionsnorm mit den Gonadenhormonen. Bei anderen Formen (Merinoschafe) haben die Geschlechter verschieden lange Hörner, und nach Erwartung reduzieren sich die Hörner des kastrierten Bocks. Wenn nur der Bock Hörner oder Geweihe trägt (Hirsch, Reh), so führt rechtzeitige Kastration des Bocks zu einer völligen Verhinderung des Geweihwachstums. Wird aber erst nach Ausbildung des Geweihs kastriert, so wird sein normaler Erneuerungszyklus und Wachstumsvorgang gestört, und es entstehen abnorme Bildungen (Perrückengeweihe).

In das gleiche Kapitel gehört die Wirkung des Hormonenaus-

falls auf das Genitale. Versuche hauptsächlich an Nagetieren von
STEINACH (1912ff.), SAND (1918ff., zusammengefaßt 1926), LIP-
SCHÜTZ (zusammengefaßt 1924a), MOORE (1919ff.) und viele an-
dere]. Jung kastrierte Nagetierböcke bringen es nicht zu einer
normalen Entwicklung der inneren und äußeren Genitalien, die
auf einem infantilen Zustand stehenbleiben. Am deutlichsten ist

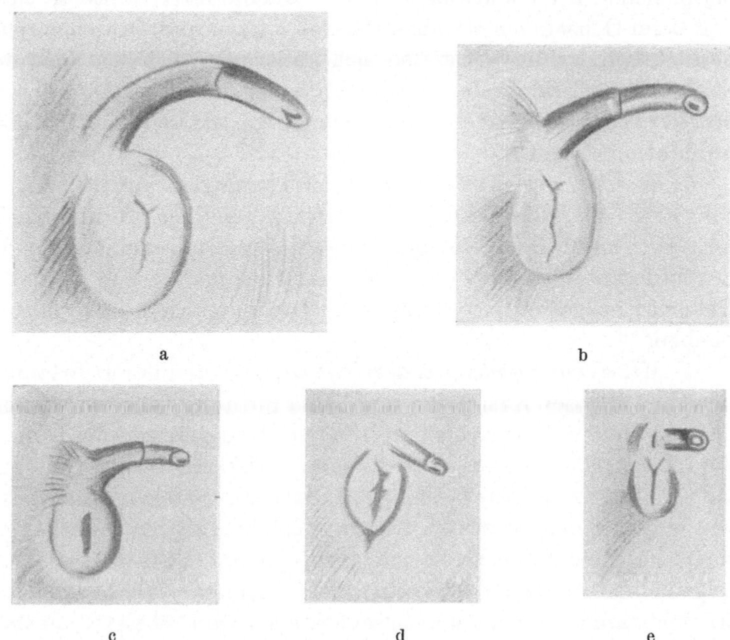

Abb. 160. Wirkung der Kastration auf den Penis des Meerschweinchens. a Normal, 1 Jahr
alt. b Kastriert mit 6 Monaten, Zustand im Alter von 1 Jahr. c Kastriert mit 1¹/₂ Monaten,
Zustand im Alter von 9 Monaten. d Kastriert ¹/₂ Monat alt, Zustand im Alter von 7 Monaten.
e Normaler infantiler Penis im Alter von ¹/₂ Monat. (Nach LIPSCHÜTZ.)

dies an den akzessorischen Drüsen wie Prostata und Samenblasen
und am Penis zu beobachten. Das Maß des Erfolgs hängt be-
greiflicherweise von der Zeit der Kastration ab, je früher, desto
stärkere Hemmung. Abb. 160 zeigt dieses Verhalten für den Penis
des Meerschweinchens. Entsprechendes gilt für das kastrierte
Weibchen, dessen Uteri eine beträchtliche Rückbildung erfahren.
Es sei besonders hervorgehoben, daß für die Gonaden nach Kastration keinerlei Annäherung an das andere Geschlecht bekannt ist:

Beim Weibchen können die Ovarien nach Kastration vom Peritonealepithel her relativ leicht regenerieren (DAVENPORT 1925 u. a.), die Regenerate aber sind reine Ovarien.

5. Aufhebung von Hemmungen. Der einzige Fall dieser Art, der mir bekannt ist, ist das Verhalten des Mammarapparats, der ja auch in beiden Geschlechtern identisch angelegt ist, aber beim Männchen schwach entwickelt bleibt. SELLHEIM (1898) zeigte nun, daß beim Ochsen der Mammarapparat, Zitzen und Drüsengewebe, beträchtlich weiterwächst und sich außerordentlich von dem des Stiers unterscheidet. Bei Nagetieren wurde aber nichts Vergleichbares beobachtet. Dagegen soll auch die kastrierte Kuh die Milchproduktion steigern.

6. Erotisierung. Die Wirkung der Kastration auf den Begattungstrieb und die Sexualinstinkte ist unendlich oft untersucht (seit STEINACH 1904). Frühzeitige Kastration scheint stets die Sexualinstinkte aufzuheben; wird sie aber später erst nach der Pubertät ausgeführt, so können die Instinkte noch lange normal bleiben.

7. Mitwirkung anderer endokriner Organe. Bei der Beurteilung der Wirkung der Kastration muß stets im Auge behalten werden, daß die anderen endokrinen Drüsen auf das engste mit der Gonade zusammenarbeiten: die Beziehungen zwischen Hypophyse und Gonade (SMITH, ZONDEK-ASCHHEIM, STEINACH) stehen ja gerade im Vordergrund des Interesses. Kastrationsfolgen mögen daher oft gar nicht geschlechtsspezifisch sein, sondern auf Veränderungen im allgemeinen endokrinen Gleichgewicht beruhen. Hierher gehören wahrscheinlich Wachstumsveränderungen am Skelett, Fettanhäufung, Blutänderungen. Sie mahnen zur Vorsicht bei Beurteilung des Kastratentyps. Die Einzelheiten gehören nicht hierher, auf einiges werden wir später noch zurückkommen. In dieses Kapitel gehört wahrscheinlich auch der sogenannte Eunuchoidismus, Hemmungsbildungen im Zusammenhang mit partieller Kastration, Gonadenschädigung, unvollständigem Descensus. Für das Geschlechtsproblem ist die Erscheinung unwesentlich.

Diese kurze Zusammenfassung zeigt, daß der Ausfall der Gonadenhormone in der Hauptsache die sexuelle Entwicklung zum Stillstand bringt, und zwar in Bezug auf alle sexuell differenten Organe. Nicht ein asexueller, sondern ein Zustand jugendlicher Unreife wird hervorgerufen, der allerdings eine gewisse Ähnlich-

keit mit dem weiblichen Zustand haben mag. Nur in den wenigen
genannten Fällen der sexuell differenten Färbung wird offensichtlich das weibliche Kleid erzeugt. Es wäre aber erst noch zu beweisen, daß dies vom Jugendkleid verschieden ist.

Endlich muß noch generell zugefügt werden, daß alle Kastrationsfolgen durch Wiedereinpflanzung der gleichsinnigen Gonade aufgehoben werden wie vor allem die Versuche der genannten Autoren an
Nagetieren immer wieder zeigten. Eine außerordentlich umfangreiche Literatur befaßt sich mit dieser Frage. Die Einzelprobleme
sind: 1. Heilt die nach Kastration transplantierte Drüse ein und übt
sie die hormonale Funktion richtig aus? Neben vielen negativen Resultaten sind zahlreiche positive für beide Geschlechter erhalten
worden. 2. Ist es möglich, den gleichen Effekt durch Injektion von
Drüsensubstanz zu erzielen? Viele positive Resultate seit dem
klassischen Versuch von BROWN-SÉQUARD. 3. Kann der gleiche
Effekt mit Transplantation von Gonaden anderer Tierarten erzielt
werden? Neben negativen Resultaten zweifellos auch viele positive.
4. Kann der gleiche Effekt auch durch die neuerdings chemisch isolierten Gonadenhormone herbeigeführt werden? Soweit untersucht,
ist das der Fall. So wichtig alle diese Punkte für die Lehre von der
inneren Sekretion und für die medizinische Praxis sind, so lehren
sie uns für die hier behandelten Probleme nichts Neues, und wir
verweisen deshalb auf die Spezialliteratur (ständig referiert in
„Endocrinology“ und „Endokrinologie“).

β) Maskulierung und Feminierung.

Wie bei den Vögeln sind auch bei Säugetieren Transplantationen heterologer Keimdrüsen, sogenannte Maskulierungen und
Feminierungen, vorgenommen worden. Sie gehen alle zurück auf
STEINACHS grundlegende Versuche, die in allen wesentlichen Punkten von SAND, LIPSCHÜTZ, MOORE (l. c.) mit ihren Schülern bestätigt wurden. Die Versuche sind an Ratten, Meerschweinchen,
Kaninchen ausgeführt, die verschieden günstig sind; manche Veränderungen sind besser an Ratten, andere an Meerschweinchen zu
beobachten. Von anderen Säugern liegen nur positive Befunde von
BRANDES am Hirsch vor und von ROMEIS am Hund. Werden einem
jugendlich kastrierten Männchen Ovarien implantiert, so bleibt das
Genitale auf seinem infantilen Zustand stehen. Ein positives weibliches Merkmal, das sichtlich ebenso fein auf Ovarialhormone reagiert

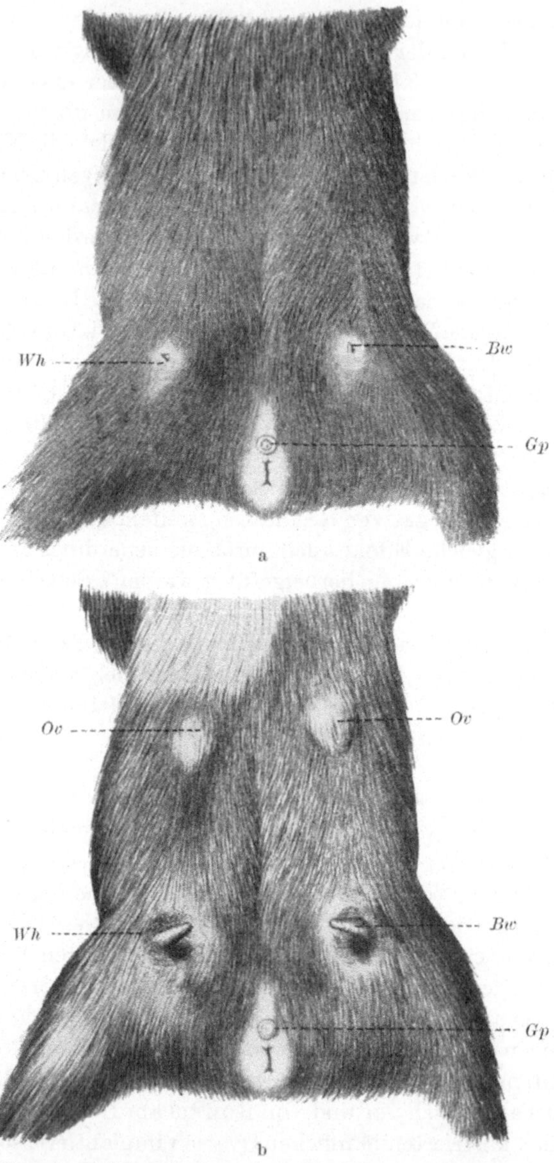

Abb. 161. a Normales ♂ (Meerschweinchen). b Feminiertes ♂ im Alter von 3 Wochen operiert, 6 Monate alt. *Wh* Warzenhof, *Bw* Brustwarze, *GP* Glans penis, *Ov* Stelle des Ovarimplantats. (Nach STEINACH aus HARMS.)

wie der Hühnerkamm auf Hodenhormone, sind die Mammarorgane. Die Zitzen wachsen zur Größe derer eines säugenden Weibchens aus und die Drüsen schwellen an, können sogar Colostrum abscheiden. Abbild. 161 zeigt das Verhalten der Zitzen. In extremen Fällen saugen sogar junge Tiere am feminierten Männchen. Weniger klar sind die Verhältnisse für andere Charaktere. Nach STEINACH nehmen diese feminierten Männchen auch das mehr seidige Haarkleid der Weibchen an, ferner die geringere weibliche Körpergröße und das zartere Skelett. Andere Autoren machen aber keine so positiven Angaben und exakte statistische Untersuchungen mit positivem Erfolg an genügendem Material liegen noch nicht vor. Auch das psychosexuelle Verhalten wird nicht ein-

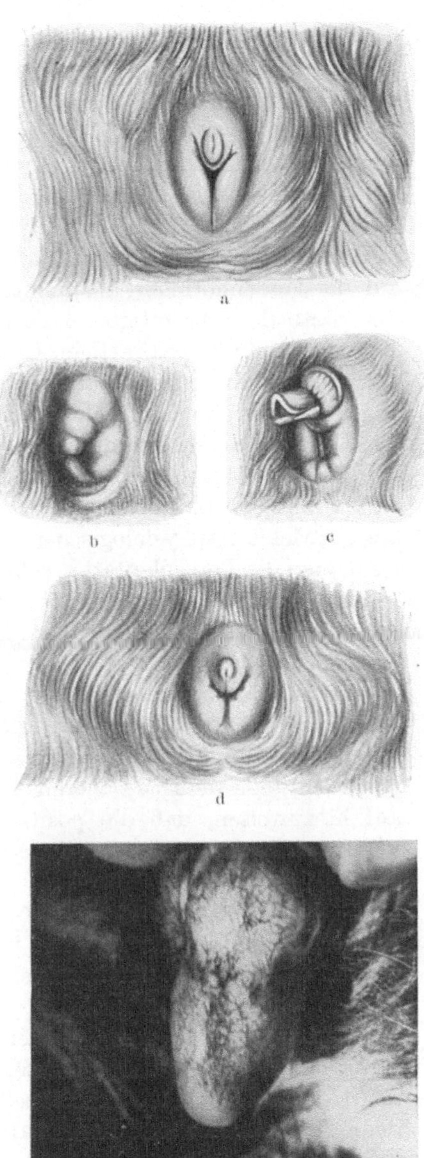

Abb. 162a—d. Die äußeren Genitalien eines maskulierten Meerschweinchens-♀. a Normales ♀. b Die Clitorisvergrößerung. c Desgl. das Praeputium zurückgeschlagen. d Zum Vergleich kastriertes ♀. (Nach LIPSCHÜTZ.) e Vergrößerte Clitoris einer 14 Monate alten Hündin, die im Alter von 10 Tagen maskuliert wurde. Oberfläche der roten, erigierten Clitoris durch Zurückschieben des Praeputium freigelegt.
(Nach ROMEIS, unveröffentlicht.)

heitlich beschrieben. Es werden Tiere beschrieben, die sich ganz wie Weibchen verhielten, alle Sexualreflexe des Weibchens zeigten und von den Männchen als Weibchen behandelt wurden. Andere Beobachter konnten das aber bei ihren Tieren nicht bestätigen, so daß wahrscheinlich diese Umstimmung verschieden ausfällt.

Der umgekehrte Versuch der Hodentransplantation auf kastrierte Weibchen wurde ebenfalls zuerst von Steinach (l. c.) erfolgreich ausgeführt. In diesem Fall ist das Organ, das am besten auf die Hodenhormone anspricht, die Klitoris. Lipschütz fand und Sand (l. c.) bestätigte es, daß im maskulierten Weibchen die Klitoris zu einem penisartigen Gebilde auswächst, das aber nicht die Länge eines Penis erreicht und auch nicht die Urethralöffnung auf der Glans bekommt, vielmehr einen hypospaden Penis darstellt. Die Corpora cavernosa clitoridis werden zu C. c. penis, dagegen wird das dem Weibchen fehlende C. c. urethrae auch nicht gebildet. Eine volle Vermännlichung der Organe gelingt also nicht, jedenfalls aus entwicklungsphysiologischen Gründen; ob sie gelingen würde, wenn man die Transplantation schon embryonal ausführen könnte, werden wir später sehen. Abb. 162 zeigt die beschriebene Umbildung der Klitoris beim Meerschweinchen und daneben eine noch stärker ausgebildete penisartige Klitoris bei einer von Romeis operierten Hündin (unveröffentlicht). Für die anderen Geschlechtscharaktere gilt genau das gleiche (in umgekehrtem Sinn), was für die Feminierung bereits beschrieben wurde, mit denselben teils positiven, teils weniger sicheren Angaben. Es ist schließlich darauf hinzuweisen, daß die positiven Erfolge zweifellos nicht so weitgehend sind wie bei den Vögeln.

γ) **Der sogenannte experimentelle Hermaphroditismus.**

Auch diese Versuche wurden in der entscheidenden Form von Steinach inauguriert. Es handelte sich darum, den gleichen Individuen beiderlei Geschlechtsdrüsen einzuverleiben. Steinach war zuerst erfolglos, wenn einem intakten Männchen Ovarien transplantiert wurden und glaubte, daß ein Antagonismus zwischen den Hormonen existiere. Dies stellte sich aber als Irrtum heraus, denn Sand, Moore und Lipschütz vermochten Ovar auch bei intaktem Hoden zu transplantieren, ohne daß, wie manche Autoren es geglaubt hatten, die zusätzliche Verfütterung von Nebenniere nötig war. Besonders Lipschütz war vollständig erfolgreich bei

Implantation des Ovars in die Niere; Sand benutzte dagegen die Methode, das Ovar in den Hoden einzuheilen und eine Art Ovotestis herzustellen; ferner führt auch die Methode Steinachs, dem kastrierten Tier gleichzeitig beiderlei Gonaden zu implantieren, zum Ziel.

Das Resultat erfolgreicher Versuche ist sehr einheitlich: der Penisapparat wird normal ausgebildet und gleichzeitig entwickelt sich der Mammarapparat wie beim feminierten Männchen. Das Ergebnis ist also dem bei Vögeln gewonnenen parallel: die Organe, die eine volle Entwicklung nur unter dem Einfluß bestimmter Hormone durchführen können, reagieren jedes mit seinem Hormon (Penis parallel Hahnenkamm, Mamma parallel Hennengefieder). Abb. 163 zeigt einen solchen sogenannten experimentellen Hermaphroditen zwischen den normalen Geschlechtern. Merkwürdigerweise stellte Sand übrigens fest, daß die sichtbar werdende weibliche Hormonwirkung manchmal eintritt, wenn die Struktur des implantierten Ovars zugrunde geht und umgekehrt manchmal ausbleibt, wenn die Struktur gut erhalten ist. Nicht ganz eindeutig sind die Resultate in Bezug auf die psychosexuellen Eigenschaften. Nach Steinach sollen sich die Tiere abwechselnd wie Männchen und Weibchen benehmen, nach Sand aber verhalten sie sich parallel mit der Mammabildung zuerst weiblich, werden dann aber immer mehr wieder männlich. Sehr klar ist das aber alles nicht, denn Sand schreibt selbst: „Diese Verhältnisse sind trotz jahrelanger Erfahrung schwer zu beurteilen. An dem Bisexualismus konnte allerdings nicht gezweifelt werden, er hält sich aber selten längere Zeit rein; meist gelangt also die eine der beiden Geschlechtsrichtungen zur Vorherrschaft.“

Auch mit dieser Versuchsgruppe sind viele Einzelprobleme verbunden, wie Länge der Latenzzeit bis zur sichtbaren Wirkung des Transplantats, das Verhalten verschieden alter Ovarien bei Transplantation, Wirkung chemisch isolierter Hormone an Stelle der Transplantate, Beziehungen zu anderen Inkretdrüsen, Beziehungen zum Brunstrhythmus und dessen Erfolgsorganen (Samenblasen, Scheidenschleimhaut). All dies sind wichtige Probleme der speziellen Hormonenphysiologie, die zum Teil gerade im Vordergrund des Interesses stehen, die aber mit unserem Thema nur in lockerem Zusammenhang stehen und deshalb nur genannt seien. Auf die merkwürdigen Schlußfolgerungen, die man aus den berichteten Versuchen auf Intersexualität und verwandte Phänomene ziehen wollte, wird später eingegangen werden.

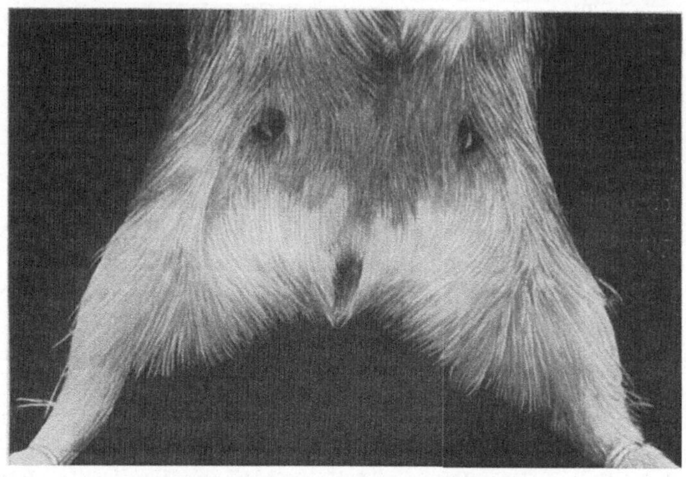

a

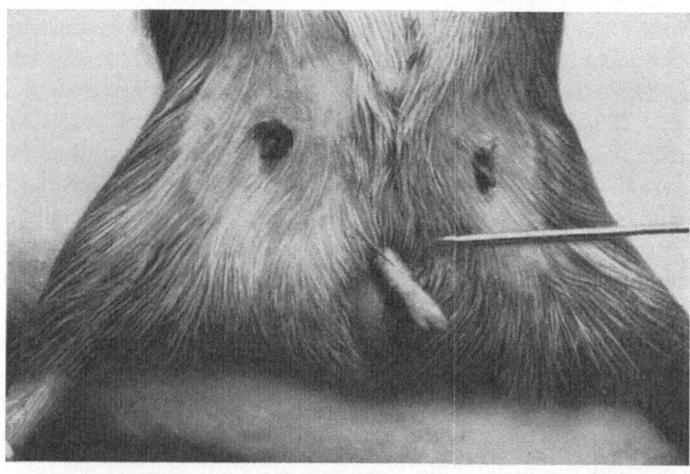

b

Abb. 163. a Normales Meerschweinchen-♀. b Sogenannter experimenteller Hermaphrodit. c Normales ♂. Der Hermaphrodit zeigt normalen Penis und starke, Milch sezernierende Mammae 6—8 Wochen nach der Operation. (Nach Sand.)

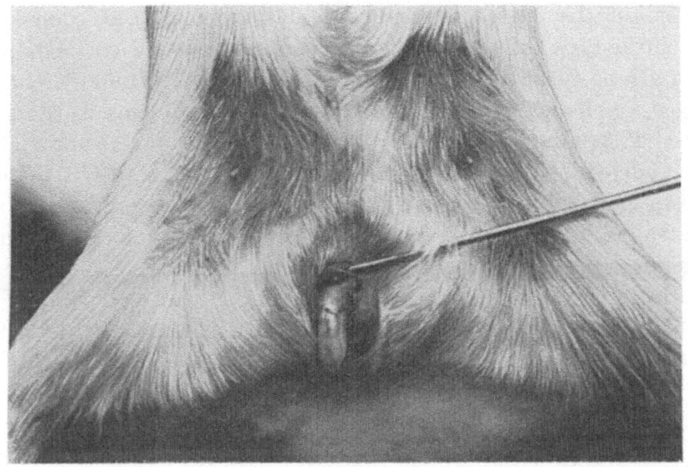

Abb. 163 c.

δ) Echte hormonische Intersexualität.

Man kann die Feminierungs- und Maskulierungsexperimente als hormonische Intersexualität bezeichnen, wenn man den Begriff der Intersexualität dehnt. Das jetzt zu besprechende berühmte Naturexperiment der Zwillingskälber stellt aber einen Fall wirklicher Intersexualität dar, der zweifellos hormonal verursacht ist, wobei es später zu erörtern sein wird, ob es sich um die echten Gonadenhormone (3. Stufe) oder die embryonalen Hormone der 2. Stufe handelt. Es ist seit langer Zeit nicht nur den Züchtern, sondern auch den Anatomen bekannt, daß bei verschieden geschlechtigen Zwillingskälbern meistens ein Stierkalb und ein geschlechtlich abnormes Kalb geboren werden; das letztere wird Zwicke genannt (englisch free-martin) und kann abgesehen von seinem sogenannten Zwittertum normal aufgezogen werden. Die Zwicke erscheint in 13 von 14 Fällen solcher Zwillingsgeburten und nur in einem Vierzehntel erscheint ein normales Kuhkalb. Die meisten älteren Autoren (HUNTER 1786, NUMAN 1844, SPIEGELBERG 1861, HART 1910) glaubten, daß die Zwicken modifizierte Männchen seien, und zwar eineiige Zwillinge, und noch in neuerer Zeit sind manche Autoren für diese Auffassung eingetreten (MAGNUSSEN 1918)[1]. Es steht

---

[1] MAGNUSSEN hat inzwischen seine Anschauung widerrufen.

aber mit absoluter Sicherheit fest, daß die Zwicke ein genetisches
Weibchen ist, aus einem anderen Ei als sein männlicher Partner hervorgegangen, aber nach der männlichen Seite verändert, ein richtiges weibliches Intersex. Die Lösung des Problems wurde zuerst
von TANDLER u. KELLER (1911), KELLER u. TANDLER (1916)
gefunden und unabhängig davon von F. R. LILLIE (1916 ff.), die
bewiesen, daß es sich um einen Fall echter hormonischer Intersexualität handelt. Die weitere Bearbeitung verdanken wir hauptsächlich LILLIE (1917, 1923, 1928) und seinen Schülern CHAPIN
(1917), WILLIER (1921), BISSONNETTE (1924, 1928), sowie KELLER
(1920, 1922); siehe auch ZIETSCHMANN (1920), KAUFMANN (1922),
LILLIE u. BASCOM (1922).

Die Frage nach dem genetischen Geschlecht wurde von LILLIE
zunächst statistisch untersucht. Wenn zweieiige Zwillinge gebildet werden und das normale Geschlechtsverhältnis 1 : 1 ist,
so ist nach Wahrscheinlichkeitsgesetzen zu erwarten, daß unter
den Zwillingen die drei Möglichkeiten der Geschlechtsverteilung
sich verhalten wie 1 ♂♂ : 2 ♀♂ : 1 ♀♀. Dies ist tatsächlich bei den
Zwillingen von Schafen der Fall, nämlich in einer solchen Statistik
38 ♂♂ : 67 ♀♂ : 34 ♀♀. Wo aber, wie beim Menschen, eineiige
Zwillinge häufig sind, ist das Resultat ein anderes. LILLIE zitiert nach NICHOLS eine Statistik von dem Resultat 234 497 ♂♂ : 264
089 ♂♀ : 219 312 ♀♀. Werden nun die Rinderzwillinge so angeordnet, so erhält man nur dann ein brauchbares Resultat, wenn die
Zwillinge mit Zwicken als ♂♀ betrachtet werden. Die Zahlen, die
LILLIE (1923) gab, waren für die beobachteten Zwillingspärchen
($J =$ Intersex): ♂♂ 29, ♂♀ 6, ♂J 33, ♀♀ 24. Die genetische Erwartung
war ♂♂ 23, ♀♂ 46, ♀♀ 23. Das spricht also dafür, daß es erstens
zweieiige Zwillinge sind, und zweitens, daß die Zwicke genetisch
ein Weibchen ist. Das erstere wird nun über jeden Zweifel dadurch
bewiesen, daß in allen untersuchten Fällen dieser Art die Ovarien
zwei Corpora lutea hatten, wie TANDLER und KELLER zuerst feststellten, während sie in allen normalen Fällen der Geburt eines
Kalbes nur eines besaßen. Da nun Zwillinge, die beide männlichen
Geschlechts sind, immer normal sind, so muß die Zwicke auch
genetisch ein Weibchen sein. Wir werden bald sehen, daß die
Richtigkeit des statistischen Schlusses durch die Entwicklungsgeschichte bestätigt wurde.

Was veranlaßt nun das weibliche Zwillingskalb intersexuell

zu werden? Die embryologische Untersuchung gibt darauf un-
zweideutige Antwort. Es zeigt sich, daß die beiden Früchte sich
in je einem Uterushorn entwickeln. Schon auf sehr jungen Stadien
wachsen die Embryonalhüllen nach dem unpaaren Abschnitt des
Uterus bicornis und verschmelzen hier, so daß nun beide Embryonen ein gemeinsames Chorion haben. Und nun stellt sich auch
eine Blutgefäßanastomose her, so daß das Blut des einen Tiers
auch durch das andere fließt. Dieser wichtige Punkt, der von
LILLIE wie KELLER-TANDLER in gleicher Weise beschrieben wird,
ist in Abb. 164 illustriert, die diese Gemeinsamkeit der Durch-

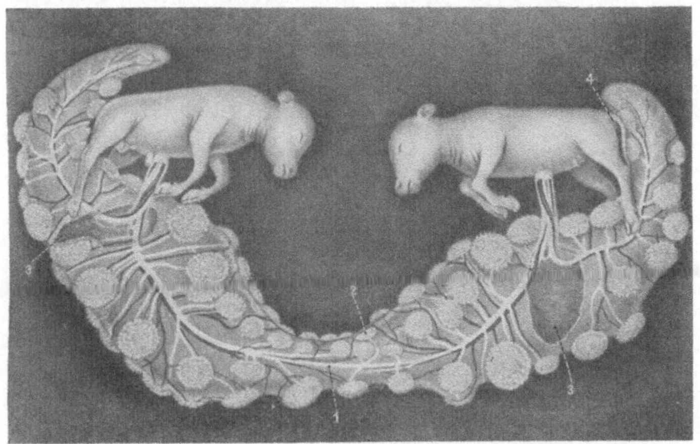

Abb. 164. Zwillingsembryonen vom Rind mit verschmolzenen Choria und
Blutgefäßanastomose. (Nach LILLIE.)

blutung für die beiden Früchte zeigt. Wenn nun schon auf diesen
jungen Stadien der Hoden des männlichen Zwillings Hormone
produziert, die die männliche Differenzierung bedingen, so können
diese mit dem Blutstrom in den weiblichen Embryo gelangen und
dessen Intersexualität veranlassen, die somit eine embryonale,
hormonische Intersexualität wäre. Auch zu diesem Schluß gelangen die beiden genannten Autoren. (Hormone wird hier im
Sinn echter Sexualhormone (3. Stufe) gebraucht. Wir werden später
zu erörtern haben, ob das zutrifft.)

Dieser allgemeinen Lösung sind nun die folgenden Einzelheiten
zuzufügen. Die Zwicken sind nicht völlig einheitlich, sondern

lassen sich in eine Variationsreihe anordnen, die mit allen Übergängen eine intersexuelle Umwandlungsserie von fast weiblicher Beschaffenheit zu fast männlicher darstellt. Bei der niedrigsten Gruppe sind die Gonaden nach Struktur und Lage noch eierstockähnlich, ein rudimentärer Uterus ist noch vorhanden, das äußere Genitale ist rein weiblich. Eine mittlere Gruppe besitzt noch in der Bauchhöhle gelegen mehr hodenartige Gonaden, ein Uterusrudiment und weibliche äußere Genitalien bei beginnender Ausbildung der männlichen Ausführgänge. Die höhere Gruppe zeigt

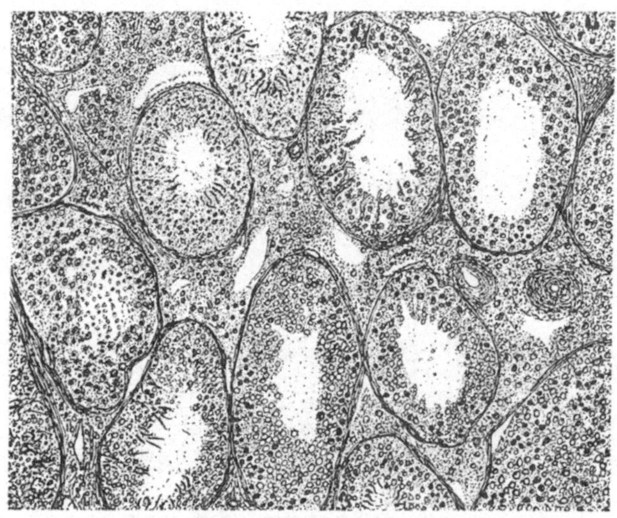

Abb. 165. a Hodenkanälchen vom normalen Stierhoden. b Vom kryptorchen Hoden des gleichen Tieres. c Vom Abdominalhoden einer erwachsenen Zwicke. *g* Geschlechtszellen, *i* interstitielle Zellen. (Nach BISSONNETTE.)

Hoden, die mit dem Descensus begonnen haben, männliche Leitungswege, aber immer noch weibliches äußeres Genitale und nur in ganz seltenen Fällen wird endlich auch dies verändert, indem sich statt der Klitoris ein von der Harnröhre durchbohrter Phallus findet.

Die Gonaden der Zwicke gleichen äußerlich und innerlich mehr rudimentären Hoden. LILLIE und CHAPIN konnten an jungen Zwickenfeten zeigen, daß die Umwandlung des Eierstocks in einen Hoden schon außerordentlich früh vor sich geht, bevor die zweite Rindenproliferation, die ja für das Ovar typisch ist, eintritt.

Schon bei einem nur 3½ cm großen Fetus war dies sichtbar. Bissonnette fand aber auch Ausnahmsfälle, in denen die 2. Prolife-
ratior. noch richtig weiblich vor sich ging und erst dann eine Degeneration des Rindenteils und Bildung einer Hodenstruktur ein-
setzte. Primär ist also sicher immer ein Ovar vorhanden, und
die Umwandlung kann schon beginnen, bevor morphologisch die

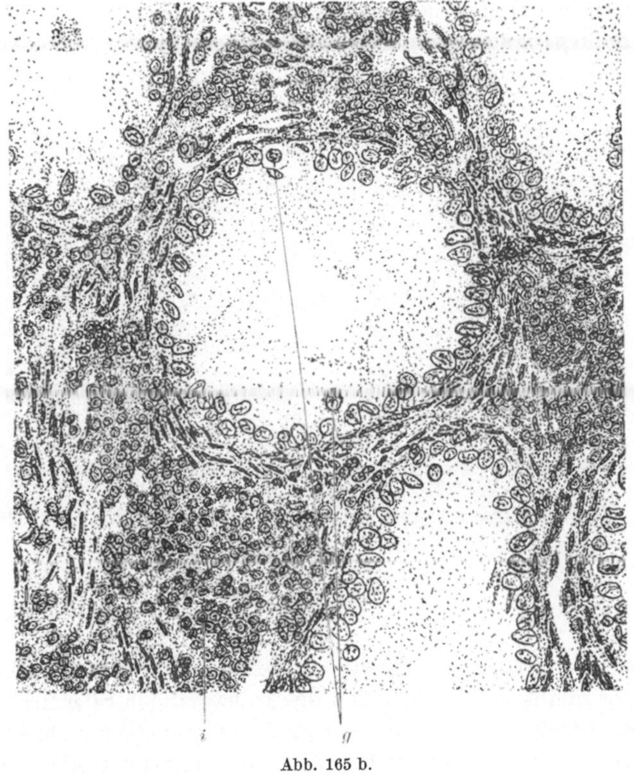

Abb. 165 b.

Ovarstruktur ausgebildet ist oder aber auch erst, nachdem sie schon
fertig ist. In den höheren Intersexualitätsstufen wird dann die
fertige Gonade immer hodenähnlicher und ist schließlich identisch
mit einem kryptorchischen Hoden, mit Spermatogonien und Sertolischen Zellen, aber ohne Spermatogenese. Warum wird aber
niemals ein voll entwickelter Hoden gefunden? Bissonnette gibt

dafür eine sehr einleuchtende Erklärung. Es ist bekannt, daß in kryptorchischen Hoden, also solchen, denen der Descensus nicht gelungen ist oder künstlich verhindert wurde, eine normale Spermatogenese fehlt. Der Grund dafür ist, vor allem nach den Untersuchungen von MOORE und seiner Schule, daß die Säugerspermatogenese an bestimmte Temperaturen gebunden ist, als deren Regulator das Scrotum dient. Beim normalen Stier kommt es gelegentlich vor, daß ein Hoden normal und einer kryptorch ist, und dieser zeigt dann genau die Struktur wie der Hoden einer Zwicke. Abb. 165 zeigt nebeneinander Schnitte durch die drei Hodentypen, Stier

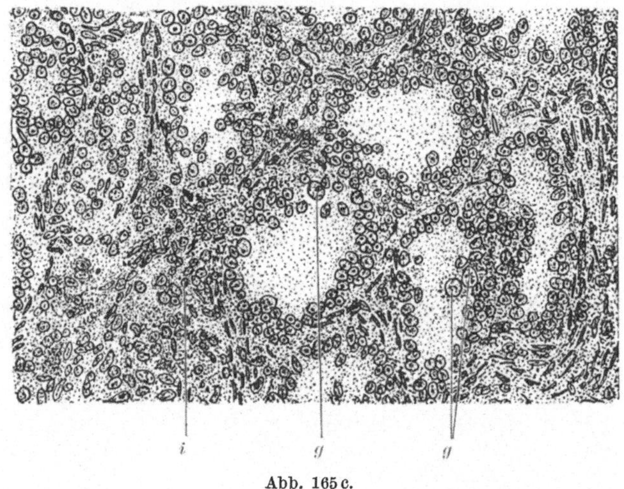

Abb. 165 c.

normal, Stier kryptorch, Zwicke. Es ist BISSONNETTE zuzustimmen, wenn er meint, daß das Fehlen der vollständigen Spermatogenese bei der Zwicke nicht auf ungenügend weitgehende Geschlechtsumwandlung, sondern auf die falsche Umgebung des Hodens zurückzuführen ist. Die vollständige Geschlechtsumwandlung ist also, soweit die Gonaden in Betracht kommen, als möglich zu bezeichnen.

Von den Ausführgängen hörten wir bereits, daß im extremsten Fall vollständig männliche Verhältnisse bis zum Sinus urogenitalis hinab vorliegen können, also völlige Rückbildung der MÜLLERschen Gänge, Ausbildung von Vas deferens und Nebenhoden, dazu

Gubernacula und Leistenkanal mit beginnendem Descensus. In weniger extremen Fällen sind neben Vas deferens und Nebenhoden

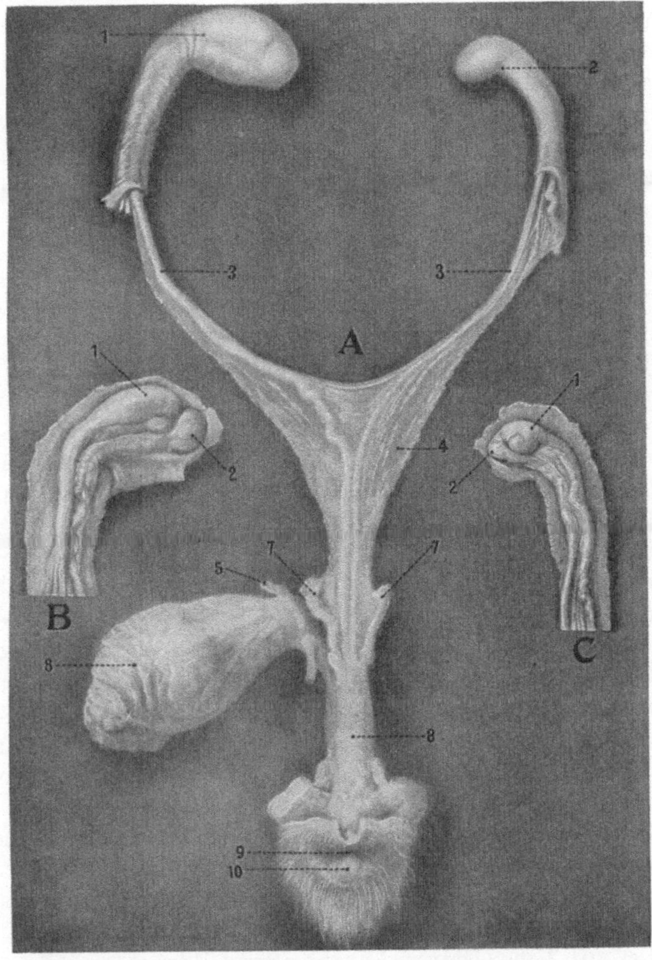

Abb. 166. Geschlechtsorgane einer 7wöchigen Zwicke. A Gesamtansicht. *1* linker, *2* rechter Saccus vaginalis mit der Gonade, *3* Vas deferens, *4* Ligamentum latum, *5* Ureter, *6* Harnblase, *7* Samenblasen, *8* Sinus urogenitalis, *9* Vulva, *10* Clitoris. B u. C Rechts und links Saccus vaginalis geöffnet mit (*1*) Hoden, (*2*) Nebenhoden. (Nach LILLIE.)

noch mehr oder minder große Reste von Vagina, Uterus und Ovidukten vorhanden. Abb. 166 zeigt das weitgehend vermännlichte

Genitale einer 7 Wochen alten Zwicke mit einem vollständigen männlichen Apparat, aber weiblichem Sinus urogenitalis, Vulva und Klitoris. BISSONNETTE (1924) hat an zahlreichen Zwickenembryonen in Ergänzung zu LILLIES Befunden die Umwandlung der Gänge studiert. Beim normalen Weibchen beginnt die Degeneration der WOLFFschen Gänge im Stadium von etwa 5 cm Länge und ist im 20-cm-Stadium vollendet. Beim Männchen bringt die gleiche Periode die Entwicklung zum Samenleiter. Bei der Zwicke scheint sich der Gang zuerst weiblich zu verhalten, auch mit der Degeneration zu beginnen, aber sich dann männlich zu entwickeln. In mehr weiblichen Fällen war schon der vordere Teil des WOLFFschen Gangs degeneriert (bei 11,75 cm) und die Urnierenverbindung aufgelöst; bei mehr männlichen war dies nicht eingetreten, aber der Zustand ihrer Männlichkeit entsprach dem früheren Stadium des normalen Männchens. Das hintere Ende der WOLFFschen Gänge öffnet sich in beiden Geschlechtern zunächst in den Sinus urogenitalis. Beim Männchen erhält sich dieser Zustand, während sich beim Weibchen später eine Vereinigung mit der Vagina herstellt. Bei der Zwicke ist dies Verhalten bald männlich, bald weiblich, je nach dem Gesamttyp der Vermännlichung. In beiden Geschlechtern entwickeln sich als Anhangsgebilde der WOLFFschen Gänge die Samenblasen, und zwar beim Weibchen viele, beim Männchen nur ein Paar. Beim Weibchen bleiben sie klein, werden nach vorn verlagert und finden sich schließlich als Rudimente in der Wand von Uterus und Vagina. Beim Männchen entwickelt sich das eine Paar zu je einem großen verästelten Gebilde, das hinten in die Gänge mündet. Bei der Zwicke war sichtlich die Anlage weiblich, da sich viele Bläschen finden, das spätere Wachstum aber männlich zu männlicher Größe.

Die MÜLLERschen Gänge, die schon beim sogenannten „indifferenten" Embryo im weiblichen Geschlecht durch frühere Herstellung der Verbindung zum Sinus urogenitalis sich auszeichnen, entwickeln sich beim Weibchen in allbekannter Weise zu Ovidukten mit Tube, Uterus, Vagina. Beim Männchen degenerieren die Gänge, aber noch in späten Stadien sind Reste des Uterus und der Vagina als blind geschlossene Bläschen in ihrer ursprünglichen Lage zu finden. Die Zwicke verhält sich wie ein Männchen, aber die Degeneration setzt oft ein, wenn die MÜLLERschen Gänge sich bereits mehr oder weniger weit differenziert haben, und so findet sich eine mehr oder minder große Portion von Vagina und Uterus noch in Stadien, in denen sie beim Männchen verschwunden sind. Ähnlich verhält sich ferner die Umbildung des Leistenbandes zum Ligamentum rotundum des Weibchens bzw. zum Gubernaculum des Männchens. Auch hier zeigt die Zwicke ihr erst weibliches, dann männliches Verhalten. Dasselbe trifft für die Urnierenverbindung zu, also beim Männchen die Umwandlung der Urnierenkanälchen in Epididymis und die Degeneration der hinteren Kanälchen zu Paradidymis. Hier wird bei der Zwicke schließlich ein rein männlicher Zustand erreicht, aber die Embryonen zeigen noch Reste der ursprünglichen weiblichen Differenzierung. Diese Daten zeigen natürlich auf das Schönste, daß die Zwicke genau ebenso wie die Intersexe der *Lymantria*, ein Intersex ist, das sich bis zu einem Drehpunkt als Weibchen, dann als Männchen entwickelt hat.

Während nun Gonaden und Ausführgänge die vollständige Umwandlung vom weiblichen zum männlichen Zustand durchmachen, verhält sich der Sinus urogenitalis und die äußeren Genitalien anders. Der Sinus urogenitalis ist bekanntlich entwicklungsgeschichtlich eine Ausstülpung des Darms, also entodermal, während die bisher besprochenen Teile zum Mesoderm gerechnet werden. Wir haben bereits einleitend die Umdifferenzierung des Sinus beim Männchen und die Ausbildung seiner Hilfsorgane besprochen. Beim Weibchen entwickelt sich dafür die so viel einfachere Urethra. Die Zwicke verhält sich aber in allen Einzelheiten wie ein Weibchen ohne jeden männlichen Einschlag. Das gleiche hörten wir bereits von den äußeren Genitalien mit Ausnahme der, wie es scheint sehr seltenen, Umwandlung der Klitoris in einen Phallus.

Wir haben bereits die generelle Erklärung der Zwicke gegeben, die LILLIE wie KELLER und TANDLER vorschlugen: Durch die Blutgefäßanastomose treten die Hormone, die der Hoden des männlichen Zwillings bildet, in den Körper seiner Zwillingsschwester über und falls die Hodenhormone zuerst auftreten, so wandeln sie das Geschlecht des weiblichen Zwillings um. Der Augenblick des Übergangs der Hormone des Hodens in überschwelliger Quantität in den weiblichen Körper entspricht somit genau dem Drehpunkt in den *Lymantria*-Versuchen, und wir sprechen deshalb mit Recht von echter hormonischer Intersexualität.

Diese generell wohl kaum angreifbare Interpretation wirft aber im einzelnen ein paar Fragen auf, die von LILLIE (1923) vor allem schon diskutiert wurden, ebenso von mir selbst (1927a) und von WITSCHI (siehe 1929c), ferner von BURNS (1925, 1930), HUMPHREY (1928) u. a. Sie gruppieren sich um das Problem, warum die Zwicke sich bis zu einem bestimmten Punkt männlich umwandelt, aber nicht weiter. Denn zweifellos fehlen ja die höchsten Stufen der Intersexualität. LILLIE drückt dies so aus, daß, wenn man die Geschlechtsstufen in Klassen von 1—20 einteilt, wobei 1—3 das reine Weibchen und 18—20 das reine Männchen darstellen, die Zwicken in 8—15 fallen. Diese 1923 gegebene Darstellung stimmt aber heute wohl nicht mehr ganz. Ich verweise auf KELLERS Befund einer noch mehr männlichen Stufe mit Phallus und BISSONNETTES Befunde am kryptorchen Hoden. LILLIE selbst schließt, daß eine völlige Geschlechtsumwandlung durch die zugeführten männlichen Hormone im weiblichen Soma wegen seiner genetischen Beschaffenheit Widerstand findet. Die genetischen geschlechtsdifferenzierenden Faktoren werden normalerweise durch die richtigen Hormone verstärkt, und zwar relativ früh beim Männchen, relativ spät beim Weibchen und werden bei der Zwicke nicht völlig von den entgegengesetzten Hormonen überrumpelt. Es fragt sich, ob diese Interpretation bei unseren jetzigen Kenntnissen noch haltbar ist.

Wenn wir diese Frage diskutieren wollen, treffen wir zuerst wieder auf das alte Problem: Sind die hier als Hormone bezeichneten Determinierungsstoffe der embryonalen Drüse identisch mit den Hodenhormonen, die später die Pubertätserscheinungen bedingen. Sicher ist, daß beide durch den Blutstrom verteilt werden, wie dies ja auch bei den parabiotischen Amphibienlarven der Fall war. Es wäre durchaus aber möglich, daß diese embryonalen Hormone trotz der Übertragbarkeit mit dem Blutstrom etwas ganz anderes sind als die bekannten Hodenhormone und eben zu den embryonalen Determinationsstoffen gehören (die 2. Stufe). Daß diese die Gonade umstimmen können, und daß die Ausführgänge auffallend mit den Gonaden zusammengehen, ist ja von den Amphibien her bekannt. Dagegen ist bis jetzt kein positives Resultat dafür bekannt, daß die echten Hodenhormone auf ein embryonales Ovar und Gänge einwirken, im Gegenteil sahen wir bei den Amphibien und Vögeln, daß solche Versuche negativ verliefen. Nun wissen wir aber, daß gerade die Teile, die bei der

Zwicke weiblich bleiben, die Derivate des Sinus urogenitalis, speziell auf die echten Hodenhormone reagieren. Die Schwierigkeiten wären also beseitigt, wenn wir annehmen, daß der Zwickenhoden diese Hormone im engeren Sinn nicht oder zu spät bildet, und daß entsprechend der Hoden des männlichen Zwillings die echten Hodenhormone ebenfalls zu spät bildet oder aber ihr Übertritt durch die Anastomose nicht mehr möglich ist. Diese Annahme könnte geprüft werden, indem die hormonale Tätigkeit des jungen Zwickenhodens auf kastrierte junge Kuhkälber studiert würde. Falls sich diese Annahme als richtig erwiese, dann wäre allerdings der Zwickenfall anders zu beurteilen als bisher. Wir müßten dann generell drei Arten von geschlechtsdifferenzierenden Stoffen annehmen (auch bei Amphibien, vielleicht auch bei Vögeln), wie wir das ja nun schon mehrfach hier ausgeführt haben:

1. Die innerhalb der Zellen gebildeten „formativen Stoffe", die jedenfalls nicht im Blut übertragen werden. (Ob durch Diffusion im Gewebe ist noch unbekannt, aber wahrscheinlich.) Bei Erweiterung des Hormonbegriffs können sie auch Hormone genannt werden. Sie sind nur von den Insekten sicher bekannt, aber überall anzunehmen.

2. Die innerhalb der embryonalen Gonade der Wirbeltiere gebildeten Differenzierungsstoffe, die das geschlechtliche Schicksal von Gonade und Gängen entscheiden. Da sie blutübertragbar sind (Amphibien, Zwicke), gehören sie unter die übliche Definition der Hormone; will man diese einengen, dann könnte man mit GLEY und HARMS von Harmozonen sprechen. Die Produktion von 1 wie 2 ist die direkte Konsequenz der genetischen Situation, also des $\frac{F}{M}$-Verhältnisses.

3. Die von einem bestimmten Gewebe der Gonade (Interstitium?) erzeugten Gonadenhormone im engeren Sinn, die auf die Gonaden wie auf die Gänge selbst keinen entscheidenden Einfluß haben (abgesehen von der Möglichkeit der Wachstumshemmung?), aber mit allen sekundären Charakteren alternativer Reaktionsnorm reagieren, zu denen bei den Säugetieren auch die Produkte des Sinus urogenitalis gehören.

Nach dem gegenwärtigen Stand unseres Wissens scheint diese Vorstellung der Wahrheit am nächsten zu kommen, wenigstens solange nicht ganz unerwartete neue Versuchsergebnisse dagegen sprechen. Die Zwicke könnte dann allerdings nur als ein Fall echt hormonischer Intersexualität bezeichnet werden, wenn der Begriff Hormon hier zu dem soeben unter Nr. 2 aufgeführten eingeschränkt würde.

Es scheint, daß auch bei anderen Säugetieren die Erscheinungen der Zwicke vorkommen können. Wir werden später die „Hermaphroditen" bei Schweinen zu besprechen haben. Unter diesen gibt es Fälle, in denen es feststeht, daß es sich um zweieiige Zwillinge handelt, und daß Chorionverschmelzung mit Blutgefäßanastomose vorlag. Hughes (1927) beschrieb vier solche Fälle und Hoadley (1928) einen weiteren. Es waren junge Embryonen, und zwar ein normales Männchen und ein Partner, der eine Gonade besaß, die wie der junge Eierstock einer Zwicke im Beginn der Umwandlung aussah. Auch für Ziegen gibt Keller (1920) an, einen echten Zwickenfall gefunden zu haben. Zu irgendwelchen Schlußfolgerungen genügt das Material aber noch nicht.

Schließlich sei noch bemerkt, daß eine zwickenartige Erscheinung, bei der umgekehrt sich das Männchen in ein Weibchen verwandelt, nicht bekannt ist, so wenig wie bei Vögeln ein solcher Vorgang vorkommt. Die Embryogenese der Geschlechtsdrüsen macht seine Existenz ganz unwahrscheinlich, oder höchstens bei solchen Formen möglich, bei denen wie beim Schwein auf dem Hoden Cortexreste erhalten bleiben können.

d) Genetische Intersexualität.

Bei den Wirbellosen fanden wir nur genetische Intersexualität, bei den Amphibien kam sie auch vor, von Vögeln ist sie jedoch noch nicht sicher bekannt. Es fragt sich nun, ob sie bei Säugetieren vorkommt. Wir begeben uns damit in das verworrene Gebiet des sogenannten Hermaphroditismus und Pseudohermaphroditismus der Säugetiere. Wie wir das schon früher begründeten (1916c, 1920b), als wir die betreffenden Erscheinungen dem Begriff der Intersexualität eingliederten, ist es besser, auf die alten Termini zu verzichten. Wir können auch darauf verzichten, die alten Diskussionen über den Gegenstand [z. B. Sauerbeck (1909), Halban (1903) und viele andere] immer wieder zu zitieren, da sie vor Kenntnis und Analyse der Intersexualität ja nicht zu klaren Vorstellungen führen konnten. Wie wenig Wert die alten Bezeichnungen haben, geht z. B. daraus hervor, daß als Hermaphroditismus masculinus das bezeichnet wird, was sicher weibliche Intersexualität ist. Wenn also Anatomen und Pathologen zu deskriptiven Zwecken weiterhin Hermaphroditismus und Pseudohermaphroditismus masculinus und femininus, internus und externus, completus, lateralis usw. unterscheiden wollen, so müssen sie sich darüber klar sein, daß sie Etiketten benutzen, die wertlos sind. Es liegt ein ungeheuer großes kasuistisches Material von „Zwittern" bei Säugetieren vor, und zwar von allen viel beobachteten Haustieren wie Ziege, Schwein, Schaf, Pferd, Rind, Kamel, Hund, Katze, von beliebten Versuchstieren wie Meerschweinchen und oft geschossenen Wildtieren wie Reh und Opossum. Wir wollen hier durchaus nicht eine Beschreibung all dieser Einzelfälle zusammenstellen, sondern vielmehr versuchen, aus ihnen das herauszuschälen, was sich bereits einigermaßen unseren allgemeinen Erkenntnissen einordnen läßt. Wir werden dabei zuerst den Nachweis versuchen, daß da, wo ein großes Material vorliegt, nämlich bei Ziege und Schwein, es sich um wirkliche genetische Intersexualität handelt, wie wir es schon vor langer Zeit zuerst ausführten (1916c, 1920b) und wie es auch viele neue Bearbeiter des Problems, z. B. PRANGE (1923), KREDIET (1929), übernommen haben. Was wir früher nur generell wahrscheinlich machen konnten, läßt sich jetzt wohl mit Bestimmtheit in ein geordnetes System bringen. Von dieser Gruppe werden dann noch ein paar Erscheinungen getrennt werden, die trotz gewisser Ähnlichkeiten wahrscheinlich gar nichts damit zu tun haben.

α) Die zygotische Intersexualität von Ziege
und Schwein.

Wir reden hier wie früher von zygotischer Intersexualität, weil es höchstwahrscheinlich ist, daß genetische Bedingungen, also eine gestörte $\frac{F}{M}$-Proportion, hier, wie bei *Lymantria*, die Intersexualität hervorrufen. Für die Ziegen besonders ist es allgemein bekannt, daß bestimmte Böcke mit allen Ziegen, die sie decken, Intersexe erzeugen, obwohl die gleichen Ziegen mit anderen Böcken normale Nachkommenschaft haben. Es steht auch fest, daß solche Böcke für die Toggenburger Rasse charakteristisch sind, und man kann immer wieder, wenn einem Intersexe begegnen, feststellen, daß ein Toggenburger Bock verantwortlich ist. Ich selbst habe das z. B. auf den weltabgeschiedenen Ryukyuinseln beobachtet. Da es sogar vorkommt, daß intersexuelle Zwillinge geboren werden (PRANGE) und ferner feststeht, daß keine der Zwicke vergleichbaren Ursachen vorliegen, so kann an der zygotischen Beschaffenheit vieler Ziegenintersexe kein Zweifel herrschen. Leider fehlt bis jetzt noch völlig eine genetische Analyse, so daß wir nicht wissen, welche genetische Besonderheit verantwortlich ist. Ähnliches gilt auch für die Schweine. Hier wissen wir durch BAKER (1925), daß bestimmte Eber Intersexe erzeugen, allerdings nicht mit allen Sauen; wenn es aber mit einer Sau der Fall ist, dann in allen Würfen. BAKER berichtet die folgenden merkwürdigen Fälle: Eine Anzahl nicht verwandte Sauen, die nie Intersexe erzeugt hatten, wurden mit einem neuen Eber gepaart, der mit allen Intersexe produzierte, bis zu drei in einem Wurf. Als ein neuer Eber verwandt wurde, verschwanden auch die Intersexe. In einem anderen Fall traf das gleiche zu, aber der betreffende Eber erzeugte nur mit zwei Sauen Intersexe, mit allen anderen nicht. Als weiteres Beispiel diene ein von KREDIET (1929) berichteter Fall: Ein Eber A produziert mit vielen Sauen Zwitter; sein Sohn B erzeugte mit der eigenen Mutter und Tante 75% Hermaphroditen und auch mit nicht verwandten Sauen eines normalen Stammes 50% Intersexe. Schweine und Ziegen sind ja außerordentlich stark bastardiert, vor allem auch mit fremden geographischen Rassen, und der Gedanke liegt nahe, daß auch hier eine Parallele mit *Lymantria* zu suchen ist. Irgendwelche Beweise fehlen aber bis jetzt. BAKER denkt mehr an ein Verhalten, wie wir es von *Drosophila simulans* kennenlernten. Leider gibt es für das Schwein ebensowenig wie für die Ziege eine genetische Analyse. Übrigens gibt es auch beim Pferd nicht weiter analysierte Fälle, in denen ein Hengst mit mehreren Stuten Intersexe erzeugte [LEVENS (1910), LIÉNAUX (1910)].

αα) *Erwartungen.*

Die Analyse des Tatsachenmaterials wird wesentlich erleichtert werden, wenn wir zuerst ableiten, wie eine Reihe zygotischer Intersexualität bei Säugetieren sich äußern muß, wenn die bisher für die Säugetiere besprochenen Tatsachen als Grundlage gelten. Zygotische Intersexualität besagt, daß auf Grund einer gestörten Proportion der F- und M-Gene bei der Befruchtung eine Situation entsteht, die es bedingt, daß zuerst das eine und dann das andere das Übergewicht erhält. Im Fall weiblicher Intersexualität wäre also die geschlechtliche Differenzierung zuerst von F kontrolliert und von einem Drehpunkt an von M, bei männlicher Intersexualität umgekehrt. Beginnen wir mit weiblicher Intersexualität, also dem genetischen Weibchen, das sich in ein Männchen umwandelt. Wir wissen, daß die direkte Wirkung der $\frac{F}{M}$-Proportion ist, daß die geschlechtsdifferenzierenden Stoffe der einen oder anderen Art überwiegen; bei falscher Proportion wiegen erst die einen, dann die anderen über. Bei den Wirbeltieren ist sichtlich die Produktion dieser Stoffe in der Gonade lokalisiert und hier kontrollieren sie die Alternative: Cortexentwicklung — Medullarentwicklung. Tritt nun bei gametischer Weiblichkeit der Drehpunkt sehr früh ein, also zu einer Zeit, in der die Gonade noch indifferent erscheint, so ist die Möglichkeit für eine völlige Umwandlung in ein Männchen gegeben. Für alle folgenden Lagepunkte des Drehpunkts ist aber eine vollständige Parallele zur Zwicke zu erwarten. Also es wird sich aus der Medulla der Gonade Hodengewebe entwickeln, und je früher der Drehpunkt, um so mehr Zeit für die Entwicklung eines richtigen Hodens. Je später der Drehpunkt, und zwar über die Zeit bei der Zwicke hinaus, mit der nun die Parallele aufhört, um so mehr ist zur Zeit des Drehpunkts schon der ovariale Cortex differenziert; die Umwandlung muß also zu den verschiedensten Stufen eines Ovotestis führen mit mehr oder weniger Ovarialteil außen und entsprechend Hodenteil innen. Bei ganz spätem Drehpunkt wäre der ovariale Teil überwiegend. Parallel damit müßte die Umwandlungsserie der Gänge gehen. Bei sehr frühem Drehpunkt könnten sie einen rein männlichen Zustand erreichen. Je später nun der Drehpunkt rückt, um so mehr ist schon vom MÜLLERschen Gang differenziert und kann nicht mehr rückgängig gemacht werden. Umgekehrt wird der WOLFFsche Gang mit späterem Drehpunkt schon mehr reduziert sein. Es ist also eine Reihe absteigender Intersexualität zu erwarten von a) nur WOLFFschem Gang über b) beide Gänge mit Vorwiegen des WOLFFschen, c) beide Gänge etwa gleich, d) Vorwiegen des MÜLLERschen Gangs zu e) nur MÜLLERscher Gang. Natürlich muß die Gonaden- und die Gangreihe korreliert sein.

Für das Verhalten der Organe des Sinus urogenitalis einschließlich der äußeren Geschlechtsorgane kann nun aber keine sichere Voraussage gemacht werden, falls die Schlußfolgerungen richtig sind, die am Ende des Abschnitts über die Zwicke gemacht wurden, wenn nämlich die Sexualhormone im engeren Sinn von denen der embryonalen Differenzierung verschieden sind. In diesem Fall hinge das Resultat ganz davon ab, ob der Umwandlungshoden überhaupt diese Hormone produziert, und ob er sie frühzeitig produziert. Nur im letzteren Fall könnte auch eine dem übrigen Genitale einigermaßen parallele Umwandlung der äußeren Genitalien eintreten. Bei später Produktion der Hormone könnte bestenfalls eine Klitorisvergrößerung eintreten, und bei Fehlen oder Insuffizienz könnte wie bei der Zwicke ein rein weiblicher Sinus nebst Derivaten vorhanden sein.

Eine männliche Intersexualität erfordert männliches gametisches Geschlecht und Umwandlung zum Weibchen vom Drehpunkt an. Wenn diese überhaupt vorkommt, so könnten für die Gonade wohl nur die höchsten Stufen in Betracht kommen, also sehr frühzeitige Umwandlung, die zu völliger oder fast völliger Geschechtsumwandlung führt. Denn nachdem einmal im embryonalen Hoden die Rinde degeneriert ist und die tunica gebildet ist, dürfte eine Umbildung zum Ovar morphologisch kaum mehr möglich sein, es sei denn, daß sich aus dem Mark in diesem Fall Ovarialgewebe bilde. Wir sahen schon früher, daß das nicht unmöglich ist. WOLFFsche und MÜLLERsche Gänge müßten sich bei männlicher Intersexualität reziprok zur weiblichen verhalten. Das Verhalten des äußeren Genitale hinge wieder von einer eventuellen Hormonenproduktion ab. Da aber normalerweise beim Männchen die Ausbildung dieser Organe ziemlich früh liegt und morphogenetisch eine sekundäre Rückbildung zum weiblichen Zustand kaum denkbar ist, so ist für die niederen und mittleren Intersexualitätsgrade ein männliches äußeres Genitale zu erwarten. Wir wollen nunmehr zusehen, wieweit das Tatsachenmaterial mit diesen Erwartungen für zygotische Intersexualität übereinstimmt.

ββ) *Die Ziegen.*

Der weitaus häufigste Typus von Intersexualität bei Ziegen ist der in Abb. 167 in zwei etwas verschiedenen Typen abgebildete. Nach unseren ausführlichen Erörterungen über die Zwicke genügt ein Blick auf die Abbildungen, um zu zeigen, daß der Bau hier der

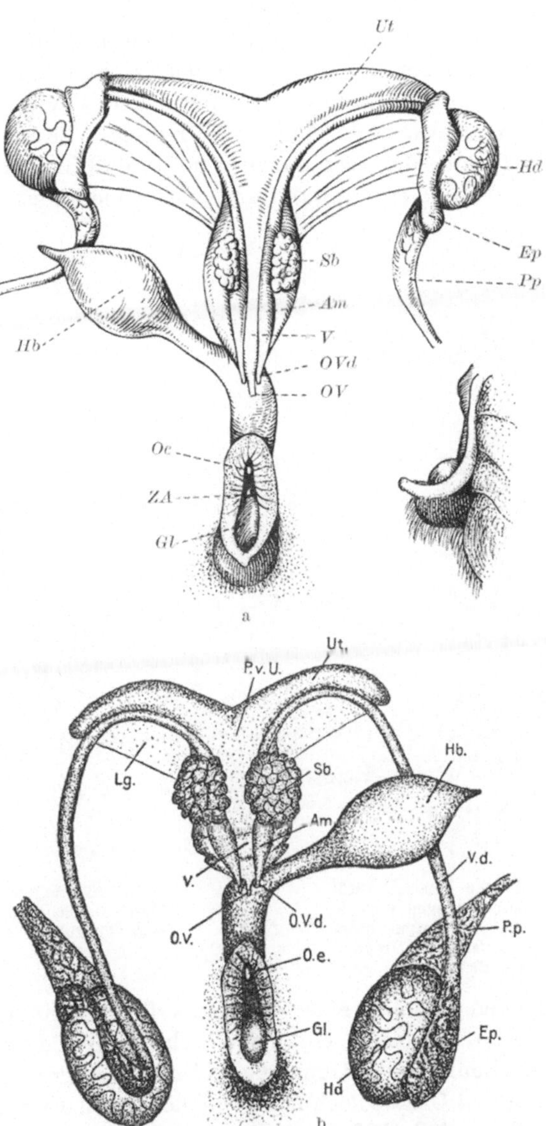

Abb. 167. Zwei Typen des Genitales intersexueller Ziegen. a Weniger, b mehr vermännlicht. *Am* Ampulle, *Ep* Epididymis, *Gl* Glans, *Hb* Harnblase, *Hd* Hoden, *Lg* Ligamentum, *Oe* Orificium externum, *Ov* Orificium vaginae, *OVd* Orificium vas. defer., *Pp* Plexus pampiniformis, *PvU* Portio vaginalis uteri, *Sb* Samenblase, *V* Vagina, *Vd* Vas deferens. Neben a das äußere Genitale von links. (Nach PRANGE.)

Goldschmidt, Sex. Zwischenstufen. 25

gleiche ist wie dort: Ein vollständig oder ein fast vollständig entwickelter männlicher Apparat mit Hoden ist kombiniert mit mehr oder minder großen Resten von Uterus und Vagina und weiblichem Urogenitalsinus mit Vulva und Klitoris. Es ist wohl keine besondere Diskussion mehr darüber nötig, daß hier das typische Bild der embryonalen Umwandlung eines genetischen Weibchens

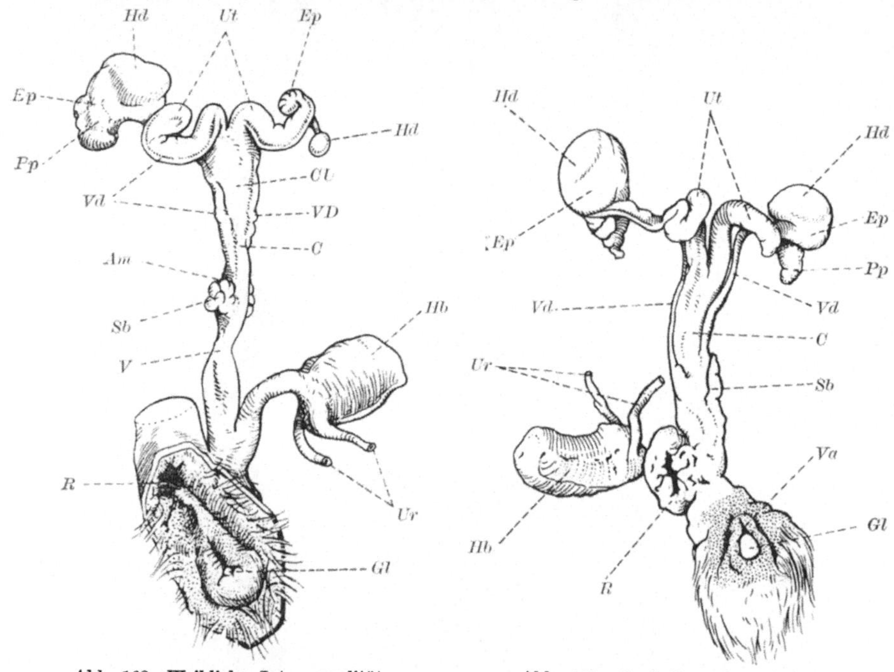

Abb. 168. Weibliche Intersexualität einer Ziege. Bezeichnungen wie Abbild. 167. Dazu: *CU* Corpus uteri, *C* Cervix, *R* Rectum, *Ur* Ureter. (Nach CREW.)

Abb. 169. Genitalien eines Ziegenzwitters. Bezeichnung wie Abb. 168. Dazu: *Va* Vulva. (Nach CREW.)

zum Männchen hin, also einer starken weiblichen Intersexualität, vorliegt. Abb. 168 zeigt ein etwas schwächeres Intersex, also späterer Drehpunkt: Die Gonaden sind schon stark hodenähnlich, aber Vagina und Uterus noch mehr weiblich; noch etwas schwächer intersexuell ist Abb. 169, wo offensichtlich der Drehpunkt erst kam, als die MÜLLERschen Gänge schon fertig waren und auch die Gonaden nicht die völlige Umwandlung zum Hoden fertiggebracht hatten. Die vier Typen zeigen also die erwartete Reihe weiblicher

Intersexualität. Noch höhere Stufen, als die zuerst geschilderte, bei der also auch das äußere Genitale mehr männlich wird, sind sichtlich selten, wie sie ja auch bei der Zwicke fehlen. Die dazu nötige frühzeitige Produktion männlicher Hormone (im engeren Sinn) kommt sichtlich bei der Umwandlung des Ovars in den Hoden nicht zustande, so wenig wie bei der Zwicke, bzw. nur sehr selten zustande. [Bei CREW (1923a) findet sich die Abbildung eines positiven Falls.] Es kann also keinem Zweifel unterliegen, daß die typischen „Zwitter" der Ziege eine Reihe weiblicher Intersexualität darstellen, wie dies auch von KREDIET (1929) richtig geschildert ist [im Gegensatz zu PRANGE (1923) und MEISENHEIMER (1930), die unverständlicherweise männliche Intersexualität annehmen].

Von entscheidender Wichtigkeit für die Richtigkeit der Darstellung ist nun das Verhalten der Gonade selbst. Das entscheidende Material darüber verdanken wir KREDIET (1927), der auch die richtige Einordnung seiner Fälle durchgeführt hat. Bei frühem Drehpunkt wird aus der Medulla wie bei der Zwicke ein mehr oder minder normaler Hoden gebildet. Tritt der Drehpunkt aber ein, nachdem die ovariale Rindenwucherung begonnen hat, so entsteht ein Ovotestis, in dem die ovarialen Teile kappenförmig don Hodenteilen ansitzen. Wieviel von der ovarialen Rinde erhalten ist, hängt natürlich von der früheren oder späteren Lage des Drehpunkts ab. Also auch die Gonade verhält sich ganz nach Erwartung. Als histologische Besonderheit muß nach KREDIET noch erwähnt werden, daß es vorkommt, daß sich auch in der Rinde Samenkanälchen neben Eifollikeln ausbilden, ja, daß sich degenerierende Follikel dann innerhalb von Samenkanälchen finden können. Das spricht dafür, daß ähnlich, wie es FELL bei Hühnern fand, Samenkanälchen auch durch Rindenwucherung entstehen können. Die theoretische Bedeutung wurde schon bei den Vögeln diskutiert. Abb. 170 gibt diesen merkwürdigen Befund wieder.

Bisher besprachen wir nur die typische Intersexualität mit einem embryonalen Drehpunkt, die zweifellos zygotischer Natur ist. Bei Ziegen wurde nun auch, ebenfalls von KREDIET, Geschlechtsumwandlung in erwachsenem Zustand beobachtet. Zwei Ziegen schienen zuerst normale Weibchen zu sein und wurden auch begattet. Allmählich wandelten sich aber alle ihre somatischen und psychischen Charaktere um, und sie sahen aus und benahmen sich wie Böcke. Noch während der Umwandlung hatte sich das

Euter ausgebildet und gab Milch, bei erfolgter Umwandlung wurde aber nur noch eine seröse Flüssigkeit ausgeschieden. Die äußeren Genitalien blieben weiblich. Die Gonaden dieser Ziegen bestanden aus einem zentralen ovariellen Teil mit degenerierenden Follikeln und einer peripheren Schicht von Hodenkanälchen; es waren also wie im Fall von FELL Kanälchen durch Rindenwucherung entstanden. Wir haben also Intersexe vor uns, deren Drehpunkt erst nach der Pubertät liegt. Um diese Zeit kann aus morphogenetischen Gründen nur noch die Gonade sich umwandeln; wenn nunmehr

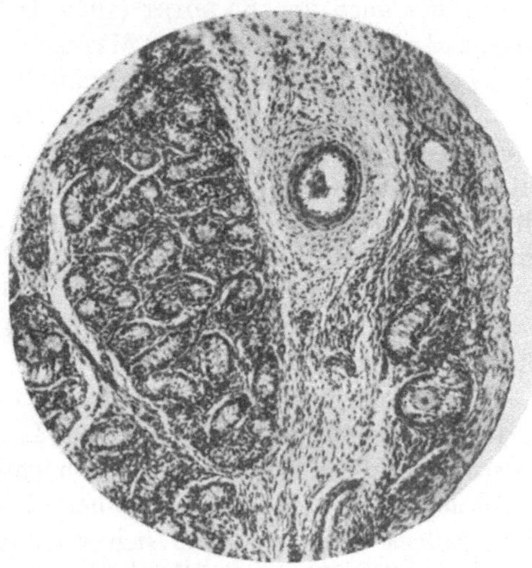

Abb. 170. Ovar eines neugeborenen Ziegenintersexen in Umwandlung zum Hoden (Ovotestis). Sowohl medullare wie kortikale Tubuli, in einem der letzteren (oben rechts) ein Primärfollikel. (Nach KREDIET.)

aber männliche echte Hormone gebildet werden, so beeinflussen sie alle noch vor sich gehenden Wachstumsprozesse (Skelett, Haar) und die psychosexuellen Eigenschaften. Falls die zygotische Ursache dieses späteren Drehpunktes feststände, so gehörten die Fälle natürlich in die weibliche Intersexualitätsreihe. Sicherheit besteht darüber aber ebensowenig wie im genau parallelen Fall der Hühner.

Es erhebt sich nun die Frage, ob auch der umgekehrte Fall, der männlichen Intersexualität, bei Ziegen vorkommt. Es ist mir kein einziger Fall bekannt, der bei richtiger Interpretation der anatomischen Verhältnisse so gedeutet werden könnte. KREDIET berichtet allerdings über einen Fall, den er so deuten möchte. Einem jungen weiblichen Tier wurde die Geschlechtsdrüse operativ entfernt und ein Ovariotestis gefunden mit Spermatogonien in den Samenkanälchen. Der Hodenteil ist scharf vom Ovarialteil geschieden. Nach 4 Monaten wurde dann die andere Geschlechtsdrüse entnommen, die ebenfalls ein Ovotestis war; der Hodenteil machte aber den Eindruck, zum Untergang bestimmt zu sein und KREDIET meint deshalb, hier eine Umbildung zum Ovar vor sich zu haben. Da er aber in der gleichen Drüse einen beginnenden Tumor beschreibt, so kann sein Schluß nicht als wahrscheinlich betrachtet werden, um so mehr auch als wir wissen, daß die beiden Gonaden bei Intersexen sich oft unsymmetrisch entwickeln.

γγ) *Die Schweine.*

Die Schweine haben ein besonders reichhaltiges Material an wohl sicher zygotischen Intersexen geliefert, und die meisten bisherigen theoretischen Diskussionen beziehen sich auf sie. Wenn

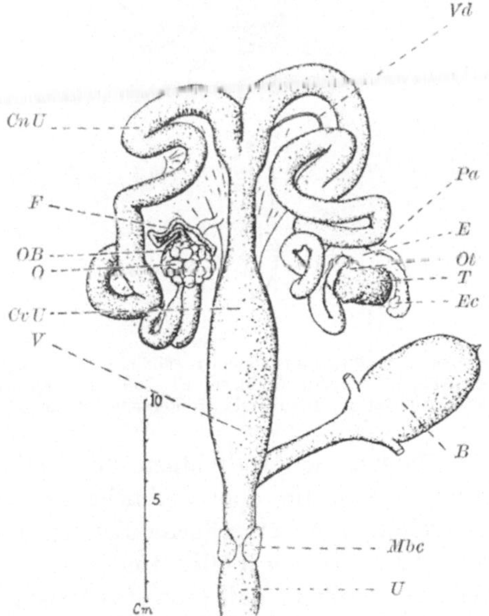

Abb. 171. Schwache weibliche Intersexualität vom Schwein. *B* Blase, *CnU* Cornus uteri, *CvU* Cervix uteri, *E* Epididymis, *Ec* Cyste an der Epididymis, *F* Tube, *Mbc* Musculus bulbocavernosus, *O* Ovar, *OB* Ovarialtasche, *Ot* Ovargewebe am Hoden, *Pa* Plexus pampiniformis, *T* Hoden, *U* Urethra, *V* Vagina, *Vd* Vas deferens. (Nach BAKER.)

wir den Bau der vielen hier beschriebenen Zwitter überblicken,
[REUTER (1885), PICK (1924), CREW (1924), BAKER (1925), KRE-
DIET (1929) u. a.], so kann es keinem Zweifel unterliegen, daß sie
nach der Gesamtheit ihres Genitales in eine ebensolche Reihe aufsteigender weiblicher Intersexualität geordnet werden können, wie
auch bei den Ziegen. Bei frühestem Drehpunkt, also stärkster

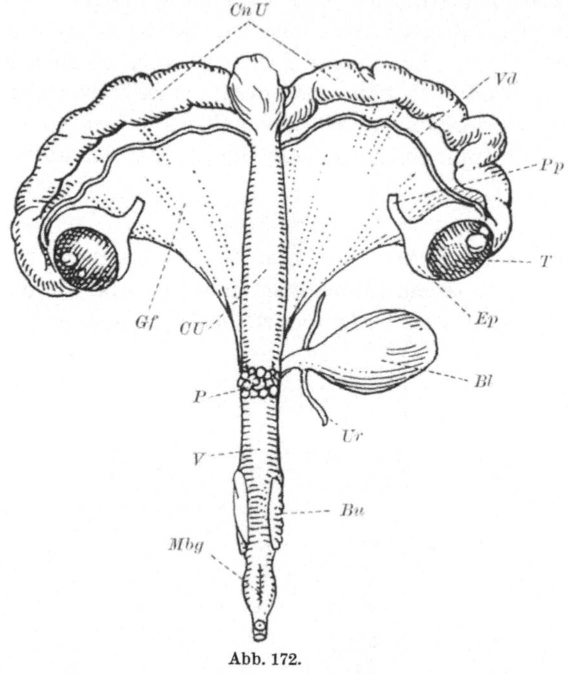

Abb. 172.

Abb. 172—174. Drei weitere Stufen ansteigender weiblicher Intersexualität beim Schwein.
Bezeichnungen wie Abb. 171. Dazu: *Bl* Blase, *Bu* Bulbourethraldrüsen, *Mbg* Orificium
urethrae, *Gf* Ligamentum latum, *P* Prostata, *R* Rectum, *Sv* Samenblase. (Nach CREW.)

Intersexualität, finden sich Individuen mit völlig männlichem
Apparat, Hoden im Scrotum, aber weiblichem Sinus urogenitalis,
eventuell, aber selten, mit vergrößerter Klitoris und beginnender
Phallusbildung. In extremen Fällen finden sich in den Hoden
Spermatocyten und in einem Fall (SCHMIDT zitiert von KREDIET)
sind sogar Spermien gefunden worden. Bei etwas späterem Drehpunkt folgt dann ein männlicher Apparat mit inguinalem oder ab-
dominalem Hoden und daneben ein Uterus mit oder ohne Hörner,

äußeres Genitale hier und weiterhin immer weiblich. Die nächst
niedere Stufe zeigt Hoden oder Ovotestis mit männlichen Gängen,
aber wohl erhaltenen MÜLLERschen Gängen und von hier führen
alle Übergänge zu der niedersten Stufe mit Ovotestis, weiblichem
Apparat und dazu Vasa deferentia. Abb. 171—175 zeigen eine
solche aufsteigende Reihe weiblicher Intersexualität.

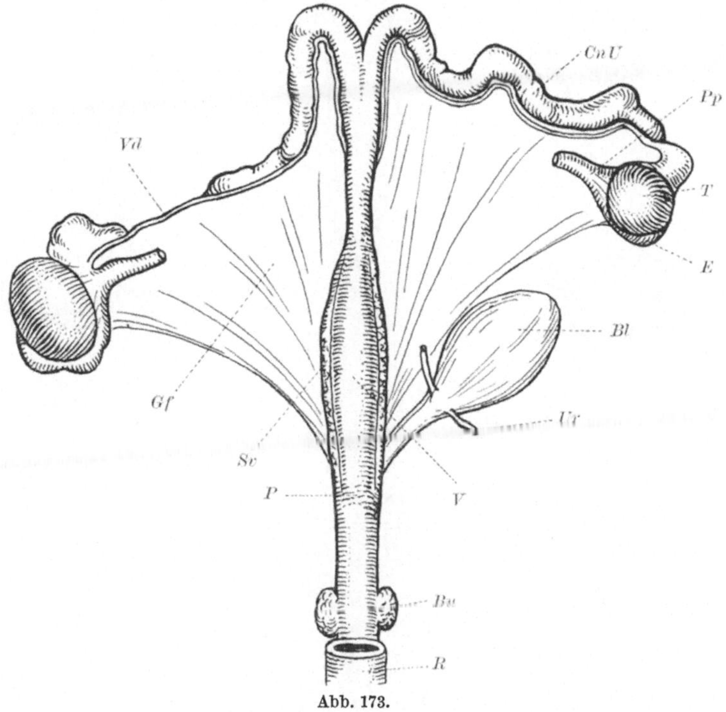

Abb. 173.

Daß man diese Reihe nicht immer so aufgefaßt hat, wie es im
großen Zusammenhang des ganzen Intersexualitätsproblems gar
nicht anders möglich ist, hat mehrere Gründe. Der erste ist das
Verhalten der Gonaden selbst, die in ihrer Geschlechtsumwandlung eine gewisse zeitliche Variation zeigen. Zwar stimmt auch
diese Umwandlung im großen ganzen mit der Serie, denn bei stark
männlichem Ausführapparat sind Hoden vorhanden, bei mittleren
Stufen Ovotestis und bei niederen Ovotestis oder Ovarien. Im
einzelnen kommt es aber vor, daß auf den niederen Intersexuali-

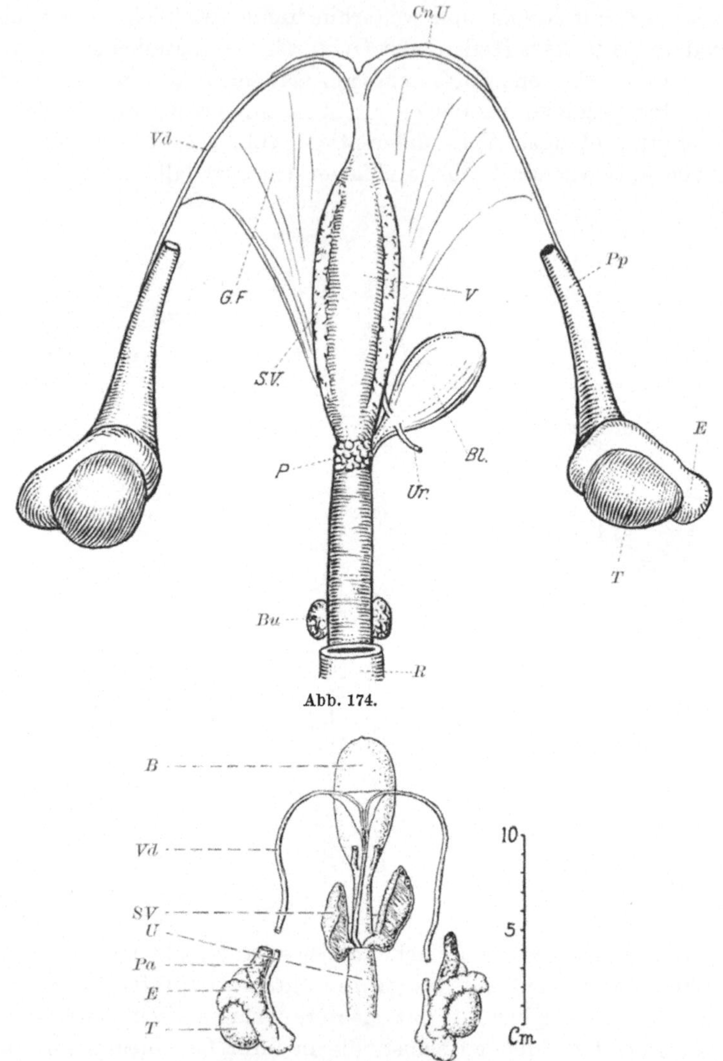

Abb. 174.

Abb. 175. Starke weibliche Intersexualität beim Schwein. Bezeichnung wie Abb. 171.
(Nach BAKER.)

tätsstufen auf einer Seite ein Ovar, auf der anderen ein Ovotestis
liegt, oder sogar auf einer Seite ein Ovar, auf der anderen ein
Hoden (siehe Abb. 176). Man hat sich dadurch viel zu sehr beein-

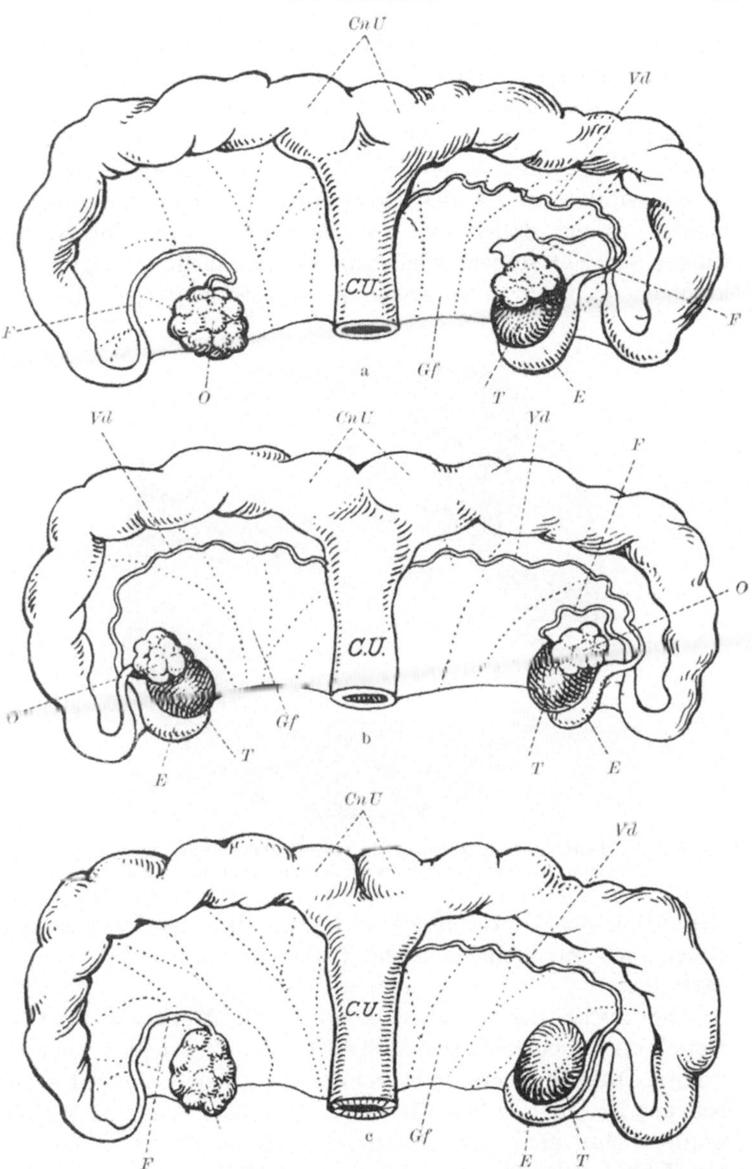

Abb. 176a—c. Drei Typen schwacher weiblicher Intersexualität beim Schwein mit verschieden weit gediehener und teils unsymmetrischer Gonadenumwandlung. a Links Ovar, rechts Ovotestis. b Beiderseits Ovotestis. c Links Ovar, rechts Hoden. Bezeichnungen wie Abb. 171—175. (Nach CREW.)

flussen lassen und sich zu komplizierten Erklärungsversuchen verführen lassen (CREW). Tatsächlich sind solche Diskrepanzen zwischen den Körperseiten auch bei den so typischen Intersexen von *Lymantria* häufig. Hier wie dort kommen sie sicher von kleinen Unterschieden in der Differenzierungshöhe der beiden Körperseiten zur Zeit des Drehpunkts; im Fall der Säugetiere handelt es sich dabei wohl um das Maß, das die Cortexwucherungen erreicht haben, wenn die Vermännlichung beginnt. Es kommen ja auch sonst solche Asymmetrien vor, z. B. in der

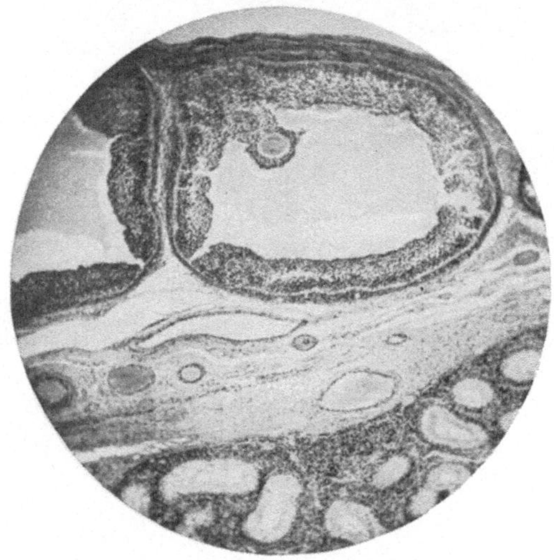

Abb. 177. Schnitt durch die Außenschicht einer Umwandlungsgonade (Ovotestis) vom Schwein. Außen noch Ovar, innen Hodenbildung. (Nach KREDIET.)

Reduktion der Uterushörner und dem Maß des Descensus, die sicher auch nur kleine zeitliche Varianten des gleichen Vorgangs darstellen.

Die zweite Schwierigkeit könnten die MÜLLERschen Gänge bieten, die in noch höherem Maß als bei den Ziegen auch bei relativ frühem Drehpunkt erhalten und entwickelt sind, obwohl es doch bekannt ist, daß sie bei Kastration weiblicher Tiere rückgebildet werden. Man muß wohl annehmen, daß die MÜLLERschen Gänge zur Zeit des Drehpunkts schon determiniert waren und daher zunächst weiterwuchsen, bis die später gebildeten Hodenhormone sie hemmten. Eine endgültige Erklärung kann aber nicht gegeben werden, bevor wir genau die Wirkung der embryonalen und der späteren eigentlichen Hormone abgrenzen können. Das Verhalten der äußeren Genitalien wurde bereits bei den Ziegen diskutiert.

Auch der Bau der intersexuellen Drüsen, wie er von KREDIET (1927) und BRAMBELL (1929) untersucht wurde, stimmt mit der Annahme einer Reihe weiblicher Intersexualität überein. Bei schwacher Intersexualität, also spätem Drehpunkt, erscheint die Gonade in Umwandlung von Eierstock zu Hoden, meist als Ovotestis bezeichnet. Der ovariale Cortex ist noch mehr oder weniger, den medullaren Hodenteil umschließend, erhalten und sitzt meist

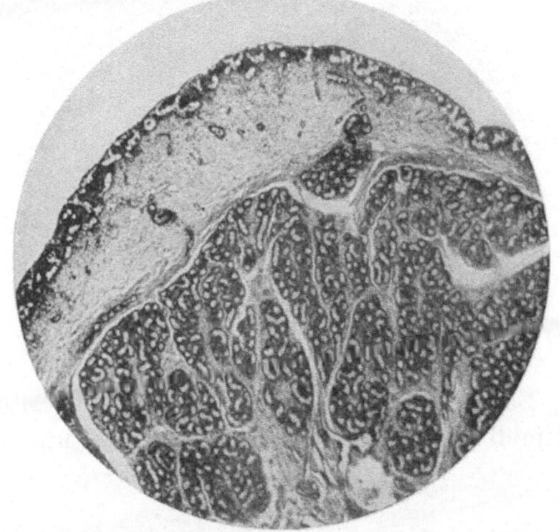

Abb. 178. Wie Abb. 177, weiter fortgeschritten. Vom Keimepithel gebildete Kanälchen in der Albuginea. (Nach KREDIET.)

kappenförmig dem stark vergrößerten und von Samenkanälchen erfüllten Medullarteil auf. Die Ovarialkappe enthält noch richtige Eifollikel wie Abb. 177 zeigt. Mit Zunahme der Intersexualität reduziert sich der ovariale Teil oft zu einem ganz kleinen Fleck. Durch Ausbildung der Hodenalbuginea wird er von der Medulla getrennt. In dem Cortex aber bilden sich durch Wucherung von Rindensträngen Samenkanälchen, wie das in zwei Zuständen Abb. 178, 179 zeigen. In solchen Kanälchen können dann noch Ovocyten (BRAMBELL) oder auch kleine Follikel (KREDIET) gefunden werden (Abb. 180). Wenn auch bis jetzt noch eine entwicklungsgeschichtliche Untersuchung aussteht, so kann man doch schon aus dem Bau der untersuchten Gonaden mit Sicherheit schließen, daß es sich um eine Umwandlungsreihe von Ovar zu Hoden handelt, wie das KREDIET auch ausführt.

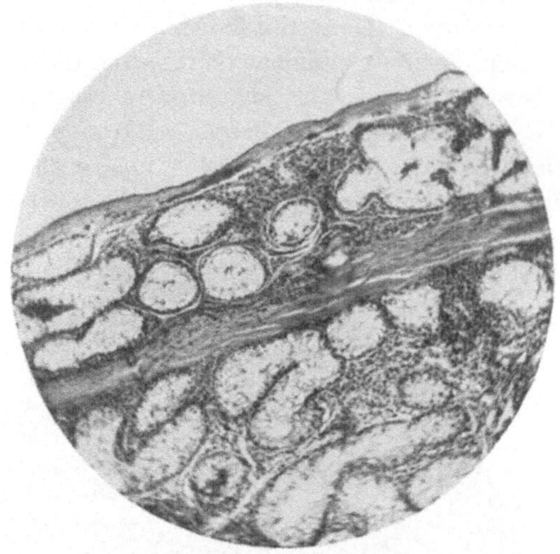

Abb. 179. Wie vorhergehende aber reichlich kortikale Samenkanälchen. (Nach KREDIET.)

Dieser Darstellung der Reihe zygotischer weiblicher Intersexualität muß noch zugefügt werden, daß Haltung und Instinkte

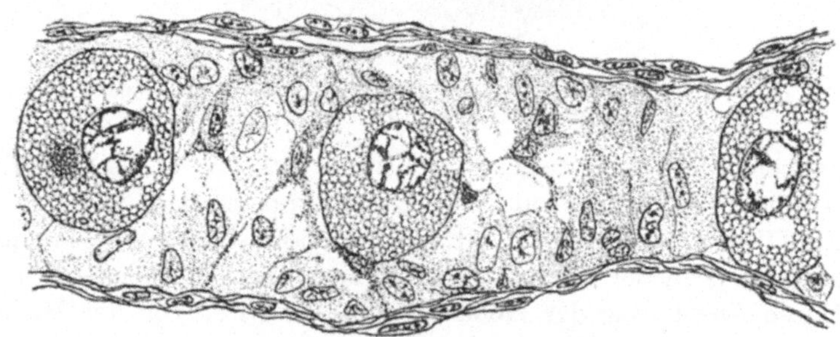

Abb. 180. In Bildung begriffenes kortikales Samenkanälchen mit Ovocyten darin von einem intersexuellen Schwein. (Nach BRAMBELL.)

der Intersexe als männlich beschrieben werden, woraus folgt, daß der Umwandlungshoden früher oder später seine hormonale Funktion aufnimmt. Irgendwelche Tatsachen, die darauf schließen

ließen, daß es auch männliche Intersexualität gibt (abgesehen von sicher irrtümlichen Deutungen), gibt es nicht.

Als Besonderheit (die ähnlich auch von Rind und Mensch bekannt ist) sei schließlich noch ein von WALENTOWICZ beschriebener Zwitter erwähnt, der beide Ovarien und beide Hoden hatte. Da bei regulärem Ovotestis gelegentlich der Hoden- und Ovarialteil scharf durch eine bindegewebige Scheidewand getrennt ist, so haben jedenfalls die Autoren recht [BRAMBELL (1930), MEISEN-HEIMER (1930)], die für solche Fälle annehmen, daß hier durch den Zug des Gubernaculums in einem Ovotestis der Hodenteil vom Eierstocksteil weggezogen wurde.

Die hier gegebene Darstellung, die mit der von KREDIET übereinstimmt, und nach dem heutigen Stand unserer Kenntnisse mir die einzige mögliche zu sein scheint, ist verschieden von Vorstellungen, die von anderen Autoren früher entwickelt wurden. So hat CREW (1923a) eine Theorie gegeben, die zwar ebenfalls von unserem Zeitgesetz der Intersexualität ausgeht, aber zu anderen Schlüssen kommt, weil Dinge als wichtig betrachtet werden, die uns im vorhergehenden als nur unwesentliche zufällige Varianten erschienen. Er nimmt also die wohlbekannten Verhältnisse der relativen Quantitäten der F- und M Faktoren an, die das Geschlecht ontscheiden. In einer bestimmten Entwicklungszeit fällt diese Entscheidung. Zu dieser Zeit sind beim Säugetier vorhanden: indifferente Gonaden, MÜLLERsche und WOLFFsche Gänge, undifferenzierte äußere Genitalien. Daraus differenzieren sich dann die definitiven Verhältnisse in der einen oder anderen Richtung. Diese Differenzierungen haben bestimmte zeitliche Beziehungen, nämlich zuerst die Gonade, dann die äußeren Genitalien, dann die Ausführgänge. Für ihre vollständige Entwicklung sind aber die Gonadenhormone nötig, und zwar reagieren die Entwicklungsvorgänge auf den hormonalen Reiz erst von einer bestimmten Höhe ab, die zu verschiedener Zeit erreicht werden kann. Für die I. Gruppe von Intersexen, die Hoden besitzen, ergibt sich daraus folgende Erklärung. Alle hier gefundenen Typen sind verschiedene Stufen eines Vorgangs, bei dem ein Zeitfaktor eine Rolle spielt. Es wird also angenommen, daß es sich um genetische Männchen handelt, die intersexuell werden. Weiter wird angenommen, daß auf frühen Entwicklungsstadien die Gonadenhormone die Weiterentwicklung der andersgeschlechtlichen Teile verhindern, die sich sonst ruhig weiterentwickeln würden. Für die männliche Entwicklung werden nun drei überschneidende Phasen angenommen (abgesehen von der Gonade), nämlich 1. die Bildung der äußeren Genitalien, 2. die Atrophie der MÜLLERschen Gänge, 3. die Weiterdifferenzierung der WOLFFschen Gänge. (*1, 2, 3* Abb. 181.) Der Einfachheit halber wird für alle drei der gleiche Minimalreiz durch die männlichen Hormone angenommen. Und schließlich wird angenommen, daß ein Organ, das bis zu einem gewissen Punkt sich ohne den spezifischen Hormonenreiz entwickelt hat, auf diesen nicht mehr reagiert. (Das ist also der Determinationspunkt der Entwicklungsmechaniker, der uns schon öfters begegnete.)

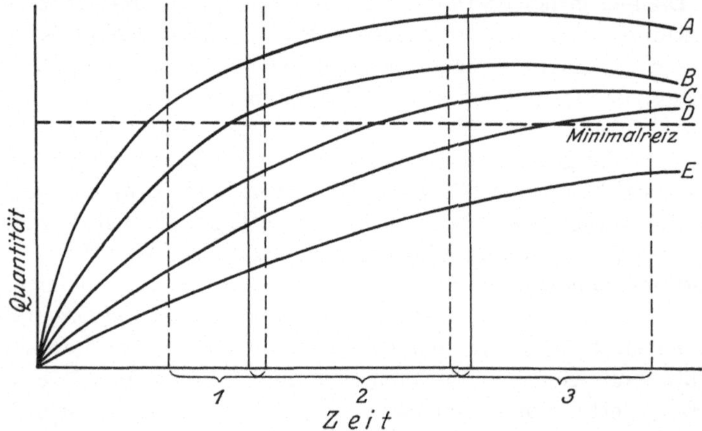

Abb. 181. Kurvenschema zu CREWs Interpretation der Intersexualität der Säugetiere. (Nach CREW.)

Dann läßt sich die Gesamtsituation in dem Kurvenschema Abb. 181 darstellen. Die Kurve *A* bezieht sich auf ein normales Männchen (frühzeitiges Eintreten des minimalen Wirkungsquantums der Hormone). *B—E* sind die verschiedenen intersexuellen Formen, deren Typ ohne weiteres aus den Kurven abzulesen ist; die letzte, *E*, stellt die ausgewachsene Embryonalform dar, in der das minimale Wirkungsquantum nie erreicht wird. Diese Erklärung von CREW macht also die genetisch bedingte relative Geschwindigkeit der Hormonenproduktion für die Intersexualität verantwortlich und ist dadurch interessant, daß sie in einfacher Weise die an *Lymantria* gewonnenen Vorstellungen auf Fälle mit hormonaler Kontrolle überträgt.

Was nun den zweiten Typ betrifft (mit beiderlei Gonaden), so muß er im Prinzip ähnlich erklärt werden, da ja außer den Gonaden alles identisch ist, und diese Individuen in den gleichen Würfen wie die anderen vorkommen. Für diesen Fall wird daher weiterhin angenommen, daß die anwesenden Geschlechtsfaktoren schnell arbeitende weibliche und langsam arbeitende männliche Faktoren waren. Ferner, daß die Differenzierung der Gonaden erst links, dann rechts, und ferner von vorn nach hinten erfolgt. In diesem Fall werden zuerst die schnellen weiblichen Gene ein Ovar erzeugen, und später die langsameren männlichen Gene in der genannten Ordnung einen Hoden.

Die geistreich ausgedachte Theorie ist aber, wie wir sahen, gar nicht nötig, da wir mit den obigen einfachen Annahmen, die identisch ja für das ganze Tierreich gelten, völlig auskommen. Wieder anders sucht BAKER (1925) die Fälle zu erklären. Er glaubt, daß jeder Embryo eines Intersexen ein echter Hermaphrodit mit Eierstock und Hodengewebe war, und daß die Entwicklung unter dem antagonistischen Einfluß der beiderlei Hormone stattfand. Der Grad der Intersexualität hinge dann von der relativen und absoluten Quantität eines jeden Hormons zu den verschiedenen Zeiten der Entwicklung ab. Zwei Seiten weiter erklärt allerdings BAKER dann, daß er die Intersexe für maskulinisierte genetische Weibchen hält, womit wir ja übereinstimmen. BRAMBELL (1930) hat ebenfalls eine Erklärung gegeben, die auf den ersten Blick von der hier vertretenen verschieden ist. Bei genauerer Betrachtung scheint er aber das gleiche zu meinen, wenn auch die Ausdrucksweise es nicht genügend klar erkennen läßt. Die erwähnten häufigen Asymmetrien, die wir als Zufälligkeiten (d. h. natürlich durch besondere Verhältnisse außerhalb des Haupterklärungsprinzips) bedingt behandelten, hält er (1926) für ein Problem, das noch zu lösen sei.

Eine getrennte Besprechung verdient der merkwürdige Fall der *ndrē*, den BAKER (1929) untersuchte. Auf den Neuen Hebriden, besonders der Insel Espiritu Santo züchten die Eingeborenen in großen Mengen sexuell abnorme Schweine (*Sus papuensis* LESS. u. GARN.), die sie *ndrē* nennen, und die eine große Rolle in ihrem sozialen und religiösen Leben spielen. Es besteht kein Zweifel, daß dieser Typ erblich ist, da die Eingeborenen ihn systematisch züchten. Nach ihrer Angabe wirft eine Sau, die einmal *ndrē* erzeugte, solche in jedem Wurf, und die normalen Schwestern der *ndrē* sind selbst *ndrē*-Erzeuger. Alle diese Typen haben besondere Namen und verschiedenen Wert. Über den Einfluß des Vaters ist nichts bekannt. Dagegen scheint es, als ob lokal nur bestimmte von den gleich zu beschreibenden Typen vorkämen. BAKER glaubt, daß die ihm bekannten Tatsachen darauf deuten, daß die Abnormität durch ein geschlechtsgebundenes Gen erzeugt wird, und daß die *ndrē* Männchen mit diesem Gen sind. Die Weibchen können natürlich nur heterozygot in dem Gen sein, da die *ndrē* selbst unfruchtbar sind.

Was den Bau der *ndrē* betrifft, so sind die inneren Organe stets männlich. Der Hoden kann abdominal oder skrotal sein und ist in der Regel unterentwickelt. Die Spermatogenese kommt meist nicht über das Spermatogonienstadium hinaus, nur selten schreitet sie weiter fort. Epididymis und Vasa deferentia können normal sein, aber auch ganz fehlen. Von Uterus oder Vagina ist nie etwas zu sehen. Die Abnormität bezieht sich vielmehr nur auf die äußeren Genitalien. Nach dem Aussehen dieser unterscheiden die Eingeborenen folgende Stufen:

1. *ndrē rasa*   = weibliches Intersex,
2. *ndrē runeth*   = Kokossprossenintersex,
3. *ndrē nsrsögh*   = zusammengenähtes Intersex,
4. *ndrē ghara*   = Fliegender Hundintersex,
5. *ndrē nan*   = Rattenintersex,
6. *ndrē ghor-ghor* = verborgenes Intersex,
7. *ndrē selet*   = Wurmintersex.

Beim Typ *rasa* sehen die äußeren Genitalien fast weiblich aus, die Hoden sind abdominal, nur Corpus cavernosum und Musc. bulbo-cavernosus sind mehr männlich. Beim *runeth*-Typ sind die Hoden im Scrotum, das Corpus cavernosum ist größer, ein Phallus ragt nach außen und die Urogenitalöffnung ist klein geworden. In den folgenden Stufen wendet sich das Corp. cavernosum mehr und mehr wie beim Männchen nach der Ventralseite und rückt stufenweise nach vorn. Bei Stufe 3 kann durch den Wachstumsprozeß die Urogenitalöffnung geschlossen werden; die Eingeborenen operieren sie dann. In 4 und 5 wird der Zustand mit dem der Männchen des Namengebers verglichen, bei 6 ist das Orificium schon so weit nach vorn gerückt, daß es von außen verborgen ist und beim 7. Typus ist der Phallus wurmartig vorgetrieben. Abb. 182 zeigt drei dieser Stufen nebst den normalen Geschlechtern in einem sagittalen Durchschnitt des Hinterendes mit gleicher Zeichnungsart korrespondierender Teile, die bei den reinen Geschlechtern bezeichnet sind, Beim *rasa*-Typ und dem Weibchen ist auch das rechte innere Genitale mit eingetragen.

Über die Sexualinstinkte der *ndrē* fand ich nichts, die Hauer sind wie bei einem Eber entwickelt.

BAKER bezeichnet die *ndrē* als Intersexe und benutzt zu ihrer Erklärung die oben erwähnte Hypothese von CREW. Danach wären es genetische Männchen, die niemals Ovarialgewebe be-

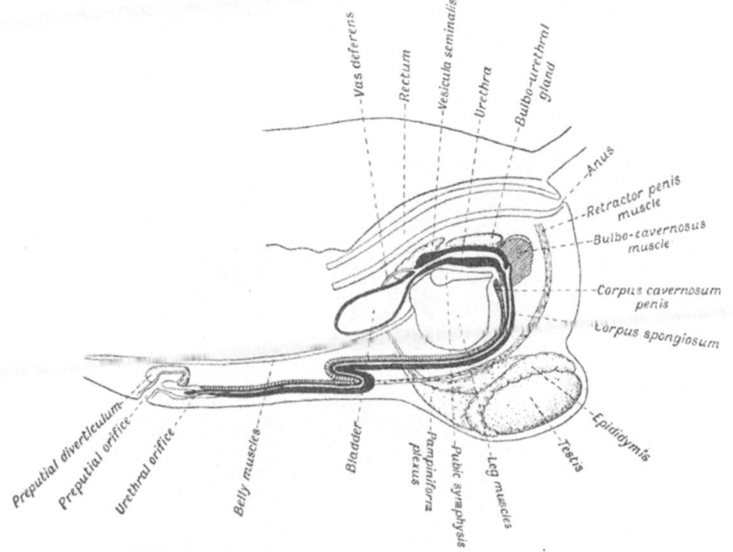

Abb. 182a. Urogenitalapparat des Ebers im sagittalen Schnitt von links. (Nach BAKER.)

saßen, deren Hoden sich aber zu spät entwickelt. Wenn angenommen wird, daß die Vulva sich zunächst weiblich bildet und nur unter dem Einfluß der Hodenhormone männlich differenziert, so könnte eine verspätete Hodenentwicklung daran schuld sein, daß die notwendigen Hormone zu spät eintreffen; früheres und früheres Ausscheiden der Hormone bis fast zur richtigen Zeit würde dann die Zwischenstufen 2—7 erzeugen.

Die Erklärung erscheint mir wenig befriedigend. Es sind noch zwei weitere Erklärungen möglich. Die eine wäre eine höchstgradige weibliche Intersexualität, also sehr früher Drehpunkt

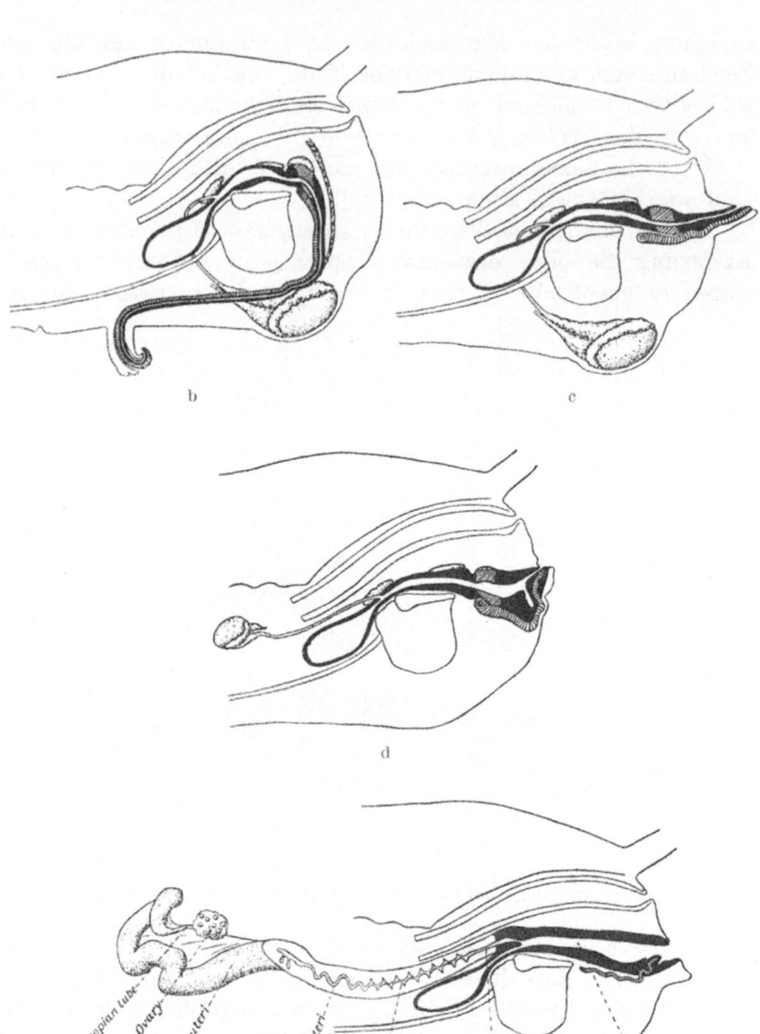

Abb. 182. a b Intersex *selet*. c Intersex *runeth*. d Intersex *rasa*. e Normale Sau.
(Nach BAKER.)

eines genetischen Weibchens. Die *ndrē* wären dann direkt an die höchsten Stufen der vorher beschriebenen Schweineintersexe (ebenso der Zwicke) anzuschließen, bei denen bereits alles männlich ist außer der Vulva. Der noch frühere Drehpunkt erlaubt dann auch die rechtzeitige Ausbildung der Hodenhormone, so rechtzeitig, daß die Vulva noch differenzierungsfähig ist. Für diese Erklärung spricht, daß auf einer Insel nur bestimmte *ndrē*-Typen vorkommen. Die Parallele zu den *Lymantria*-Rassen ist klar. Eine Entscheidung ist ohne Kenntnis der Genetik nicht möglich. Denn die oben genannten Daten beweisen nichts, da die Tiere wild laufen und somit der oder die Väter unbekannt sind.

Eine zweite Erklärung wäre die, daß es sich überhaupt nicht um echte Intersexualität handelt, sondern um richtige Männchen mit Entwicklungshemmung der Umbildung der Vulva auf Grund eines Gens. Mutatis mutandis wäre der Fall dann mit erblicher Hasenscharte zu vergleichen und gehörte überhaupt nicht in das Gebiet der Intersexualität. Würde sich tatsächlich zeigen (was auf Grund obiger Daten noch nicht einmal wahrscheinlich ist), daß ein geschlechtsgebundenes Gen im Spiel ist, dann hielte ich diese Lösung für die richtige.

β) *Andere Säugetiere.*

Wir erwähnten schon, daß bei vielen Säugetieren sogenannte Hermaphroditen beschrieben sind. Da es sich meist um einzelne Vorkommnisse handelt, hat es keinen Zweck, sie aufzuzählen. Die meisten ordnen sich ja ohne weiteres einem der schon beschriebenen Typen ein, andere werden wir beim Gynandromorphismus besprechen. Nur zwei Fälle seien kurz erwähnt. LIPSCHÜTZ (1927b) fand eine große Zahl von Meerschweinchen mit abnormen Bildungen, die erblich zu sein schienen, wenn auch die Angaben darüber ungenügend sind. Es handelt sich um völlig normale Weibchen, die aber eine penisartige Klitoris besaßen, die die für das Männchen typischen Stacheln trug. Von den Gonadenhormonen erwiesen sich die Bildungen unabhängig. Es ist mir sehr unwahrscheinlich, daß es sich dabei um Intersexualität handelt. Sollte nicht einfach eine Mutation der Reaktionsnorm dieses Charakters vorgelegen haben, vergleichbar der erblich differenten Reaktionsnorm auf Gonadenhormone bei den Sebright-Bantams, dort auf die Federkeime, hier auf die Phallusanlage beschränkt?

Der zweite Fall ist der der schildpattfarbigen Katzen. Die dreifarbigen, sogenannten schildpattfarbigen Katzen sind stets weiblich; die zugehörigen Kater aber sind gelb. Als ganz seltene Ausnahmen treten aber auch schildpattfarbige Kater auf, die mit Ausnahme eines Falls immer steril waren. Für die Genetik der Farbvererbung dieses Falls gibt es eine Reihe verschiedener Formeln (WRIGHT, WHITING, DONCASTER, LITTLE)[1]. In jedem Fall wird aber damit gerechnet, daß Schildpatt nur auftreten kann, wenn zwei Chromosomen vorhanden sind, in denen der betreffende Faktor heterozygot liegt. Das Auftreten gelegentlicher Männchen und ihre Sterilität hat verschiedene Erklärungsversuche hervorgerufen, die nicht hierher gehören. Darunter findet sich aber auch die Hypothese, daß diese Kater genetische Weibchen seien, die durch Intersexualität in Männchen umgewandelt seien, zuerst von WRIGHT (1918) ausgesprochen. Neuerdings hat sich BONNEVIE (1925) für diese Interpretation eingesetzt. Sie fand nämlich eine weibliche sterile schildpattfarbige Katze, und die Untersuchung des Genitales zeigte einen Zustand, der als Stehenbleiben auf einem embryonalen Entwicklungszustand gedeutet werden konnte oder als Beginn einer intersexuellen Umwandlung. Sie greift einesteils auf die Annahme von WRIGHT zurück, daß die Schildpattfarbe sowohl einen geschlechtsgebundenen als auch einen autosomalen Faktor zur Grundlage habe, sodann auf die moderne Theorie der Geschlechtsbestimmung durch eine quantitative Relation zwischen Männlichkeits- und Weiblichkeitsfaktoren (die sie irrtümlicherweise BRIDGES zuschreibt, der sie ja nur für *Drosophila* bestätigte) und meint, daß für die Schildpattfärbung vielleicht eine ähnliche „Balance" existiere wie für die Geschlechtsfaktoren. Nicht nur diese Interpretation, wie überhaupt die Annahme der weiblichen Konstitution der Schildpattkater ist aber bis jetzt noch nicht bewiesen. Neue Angaben von TJEBBES u. WRIEDT (1926) über die Vererbung von Schwarz und Gelb bei Katzen sprechen aber nicht für diese Erklärung. Der Fall ist vor der Hand ungelöst.

e) Virilismus.

Unter diesem der menschlichen Pathologie entnommenen Ausdruck sei eine Erscheinung getrennt besprochen, die gewöhnlich

---

[1] Literatur bei BONNEVIE (1925).

mit in den großen Topf des Pseudohermaphroditismus geworfen wird, auch die Bezeichnung Intersexualität erhält, der Phänomenologie nach aber in das Kapitel Maskulierung gehört. Es handelt sich darum, daß oft bei älteren, aber auch jüngeren Tieren eine völlige Umwandlung der weiblichen sekundären Geschlechtscharaktere in männliche eintritt, als deren Ursache sich ein Tumor des Ovars oder der Nebenniere erweist. Die Erscheinung ist genetisch vollständig von der zygotischen Intersexualität zu trennen, da kein Grund vorliegt, eine genetische Ursache anzunehmen (ein später Drehpunkt) und auch die für solche Intersexualität charakteristische Umwandlung des Ovars in einen Hoden fehlt. Von Intersexualität könnte man überhaupt nur sprechen, wenn man den Begriff so erweitert, daß jede Umwandlung irgendwelcher Geschlechtscharaktere aus irgendwelchen Ursachen eingeschlossen ist. Vielleicht ist es aber besser, das nicht zu tun, da gerade bei den Säugetieren und dem Menschen es nötig ist, dem Wirrwarr entgegenzutreten, der durch philologisch vielleicht richtige, aber biologisch unhaltbare Terminologie entstanden ist. Nach den vorliegenden Beschreibungen scheint für den Virilismus charakteristisch zu sein, daß die beim Weibchen auftretenden männlichen Charaktere sich in geradezu übertriebener Weise ausbilden, daß eine Hypermaskulierung erscheint. Wahrscheinlich kommt das gleiche Phänomen auch bei Vögeln vor und die Fälle der „Geschlechtsumwandlung" von tumorentragenden Hennen, die Boring u. Pearl (1918) und Berner (1925) beschrieben, dürften zum Virilismus gehören. Sie wurden oben nicht gesondert betrachtet, weil die Möglichkeit zygotischer Intersexualität nicht ausgeschlossen werden kann. Bei Säugern sind Fälle von Virilismus hauptsächlich von Kühen bekannt [Pearl und Surface (1915, Calder (1927)]. Normale Kühe, die gekalbt hatten, hörten auf Milch zu geben, wandelten sich äußerlich völlig zur Gestalt des Stieres um und zeigten auch dessen Temperament und Sexualinstinkte. Die Genitalien sind eingeschrumpft und das Ovar ist cystisch degeneriert.

Wir müssen uns nun erinnern, daß durch Kastration bei Säugern niemals solche Erscheinungen hervorgerufen werden, wohl aber durch Hodentransplantation. Da in diesen Fällen aber eine intersexuelle Umwandlung des Eierstocks in den Hoden fehlte, so müssen wir schließen, daß entweder der Tumor selbst oder das von ihm veränderte Ovar etwas hervorbrachte, dessen Wirkung der der Hodenhormone ähnelte, ja sie übertraf. Wir stehen da vor einem Problem, das wir in ganz ähnlicher Form schon bei der parasitischen Kastration der Arthropoden vorfanden, das aber unseres Erachtens nicht mit der naiven Formel RIDDLES ,,Höherer — niederer Stoffwechsel" gelöst werden kann. Wir werden den Fragenkomplex nochmals im nächsten Kapitel zu besprechen haben.

5. Der Mensch.

Der Mensch wird hier getrennt behandelt, nicht weil er, abgesehen vom Psychischen, irgend etwas nennenswertes Neues lehren könnte, sondern weil ein beträchtlicher Teil der Diskussionen und auch der Verwirrung in Bezug auf sexuelle Zwischenstufen in Befunden am Menschen seinen Ausgangspunkt hat. Es ist selbstverständlich, daß die Verhältnisse beim Menschen sich nicht prinzipiell von denen bei Säugetieren unterscheiden können und ferner, daß versucht werden muß, sie dem Gesamtbild des Tierreichs einzuordnen und die aus besser experimentell studiertem Material gezogenen Schlüsse auf das rein zufällig gefundene kasuistische Material vom Menschen zu übertragen. Bei aller Wertschätzung der Arbeit derer, die die Verhältnisse beim Menschen erforscht haben, muß der Biologe darauf bestehen, daß die Befunde nicht von sich aus zu irgendwelchen Verallgemeinerungen benutzt werden können, Verallgemeinerungen, die meist allen Erfahrungen der Biologie ins Gesicht schlagen, sondern daß umgekehrt versucht werden muß, aus der Gesamtheit der biologischen Erkenntnisse über Geschlecht und Zwischenstufen auch die Befunde am Menschen zu verstehen und der Gesamterkenntnis einzuordnen. Wir haben dies schon mehrfach versucht, aber erst in jüngster Zeit hat man sich auch von medizinischer Seite diesem Vorgehen angeschlossen.

a) Allgemeines.

Die allgemeinen Voraussetzungen für die Beurteilung der sexuellen Zwischenstufen können sehr kurz behandelt werden, da alles für die Säugetiere beschriebene auch für den Menschen zutrifft. Es steht fest, daß der Mann heterogametisch, die Frau homogametisch ist, und zwar ist sowohl der Geschlechtschromosomenmechanismus cytologisch bekannt (Differenzen zwischen den Beobachtern beziehen sich auf Einzelheiten, nicht das Prinzip), als auch die geschlechtsgebundene Vererbung mit männlicher Heterozygotie in zahlreichen, zum Teil klassischen Fällen. Bau und Entwicklung des Genitalapparats sind in keinem prinzipiellen Punkt von dem der Säuger verschieden.

Über die Wirkungen der Kastration gibt es bekanntlich eine außerordentlich umfangreiche Literatur. Für uns hier sind aber die Einzelheiten der Kastrationsfolgen von keiner besonderen Bedeutung, sondern nur die Frage, ob der Kastratentyp nur einen unentwickelten, infantilen Typ darstellt (abgesehen von generellen Schädigungen des endokrinen Systems und ihren Folgen), oder ob durch Kastration Merkmale des entgegengesetzten Geschlechts hervorgerufen werden können. Die gleiche Frage beschäftigte uns ja auch bei den Säugetieren. Die Mehrzahl der Forscher hat sich heute wohl den besten Kennern des Materials, TANDLER u. GROSS (1908, 1910, 1913), angeschlossen, die im einzelnen zeigten, daß die Kastrationswirkung als protrahierte Unreife, als Beharren bzw. Rückkehr zu einem infantilen Zustand aufzufassen ist. Beim Mann bleibt der Kehlkopf kindlich, Bart und Körperbehaarung fallen weg. Auch die Besonderheiten des Kastratenwuchses sind kindlicher Natur, soweit sie nicht auf Veränderungen in anderen endokrinen Organen (Hypophyse) zurückgehen. Der Fettwuchs mag verschiedene Ursachen haben, ist jedenfalls keine Verweiblichung. Umgekehrt sind die Erscheinungen weiblicher Kastraten nicht als Vermännlichung zu deuten: Der Altersbart soll in ähnlicher Weise wie bei kastrierten Frauen oder alten Frauen auch bei den Kastraten der Skopzensekte auftreten. Eine gewisse Annäherung beider Geschlechter beim Kastratentyp wird anerkannt, ebenso daß der Kastratentyp dem weiblichen Typ nähersteht, jedenfalls weil der weibliche Typ seinerseits mehr dem infantilen Typ gleicht. Aber eine Ausnahme von all dem ist zu verzeichnen, die Schambehaarung. Bekanntlich endet sie bei der Frau kranial in einer geraden Linie, während sie beim stark behaarten Mann spitz zum Nabel konvergiert. Der präpuberal kastrierte Eunuch aber zeigt den weiblichen Typ. Vielleicht könnte man es ebenso deuten, daß beim Eunuch zwar die Corpora cavernosa penis infantil bleiben, aber das Corp. c. urethrae sich normal ausbildet (TANDLER u. GROSS). ZAWADOWSKY (1929) neigt dazu, dem Verhalten der Schambehaarung großen Wert beizumessen. Bei der Beurteilung ist zu beachten, daß sich die Schambehaarung, also ein Pubertätscharakter, überhaupt ausbildet, obwohl die Hodenhormone fehlen. Man muß also sagen, daß der weibliche Typ der Behaarung der Typ ist, den beide Geschlechter zeigen, außer wenn die Hodenhormone die Behaarung zum männlichen Typ steigern. Praeter propter gelten also die gleichen Erwägungen, die wir für den Hahnenkamm schon aufstellten, und es liegt kein Grund vor, wegen der Behaarung an der Auffassung von TANDLER und GROSS zu zweifeln. Daß man übrigens auch hier vom asexuellen Typ sprach, ist bekannt. Wir haben die Irrtümlichkeit dieser Vorstellung schon früher genügend charakterisiert. Wegen der Einzeldaten über Kastration siehe die Bücher von TANDLER-GROSS (1913), LIPSCHÜTZ (1924), HARMS (1926) und die Lehr- und Handbücher der inneren Sekretion.

Wie bei den Säugetieren werden auch beim Menschen nach Erwartung durch Transplantation einer normalen Drüse die Kastrationsfolgen wieder aufgehoben (siehe LICHTENSTERN 1924). Maskulierungs- und Feminierungsexperimente sind natürlich am Menschen nicht ausgeführt. Ebenso ist noch kein Fall hormonaler Intersexualität, vergleichbar der Zwicke, aufgefunden worden.

b) Zygotische Intersexualität.

α) Terminologie.

Das Hauptinteresse kommt der Erscheinung zu, die als Hermaphroditismus und Pseudohermaphroditismus beschrieben ist. Die Spezialliteratur über diesen Gegenstand ist leider keine sehr erfreuliche Lektüre, denn bis in die neueste Zeit herrscht ein erstaunlich geringes Verständnis für die entscheidenden Fragen. Eine große Rolle spielt die Terminologie des Erscheinungskomplexes, die sicher allein schon ein schweres Hindernis für das Verständnis bedeutete, da sie Zusammengehöriges scharf trennte, unwesentliche Unterschiede zu wichtigen machte und Getrenntes vereinigte. Wenn die Mißbildungslehre solche Bezeichnungen zu deskriptiven oder klinischen oder forensischen Zwecken benötigt, so hat der Biologe kein Recht, dies hindern zu wollen. Aber eines muß mit aller Schärfe gesagt werden: der üblichen Terminologie kommt keinerlei biologischer Wert zu, ja sie ist objektiv falsch und Verwirrung anrichtend.

Es wird gewöhnlich unterschieden zwischen Hermaphroditismus verus und Pseudohermaphroditismus. Bei ersterem sind beiderlei Geschlechtsdrüsen vorhanden, bei letzterem nur die eines Geschlechts. Wir haben schon früher gezeigt und werden es wieder zeigen, daß diese Unterscheidung wertlos ist, und daß die ganzen philologischen Erörterungen darüber, ob bei echtem Hermaphroditismus Eier und Spermien vorhanden sein müssen, oder ob das Drüsengewebe allein genügt, ebenfalls wertlos sind. Beim Hermaphroditismus verus werden dann verschiedene Typen unterschieden, je nachdem Ovotestes vorhanden sind oder reine Gonaden beider Sorten (glandularis, lateralis). Auch diese Bezeichnungen haben nur Wert als kurze Beschreibungen für klinische Zwecke oder Sektionsprotokolle. Beim Pseudohermaphroditismus gibt es dann den Typus masculinus und femininus, je nachdem Hoden oder Eierstöcke gefunden werden. Dies sind die irreführendsten Bezeichnungen, denn wir werden zeigen, daß gerade der Typus masculinus in Wirklichkeit ein weibliches Intersex ist, während der Typus femininus auch weiblich ist, aber in den meisten Fällen in eine ganz andere Erscheinungsgruppe gehört. Dann kommen die Bezeichnungen externus und internus, die wieder häufig die Tatsachen verwirren. Ein Individuum mit Hoden und weiblicher Vulva wird mit Pseudohermaphroditismus masc. externus bezeichnet. In Wirklichkeit ist es ein weibliches Intersex mit seinen richtigen weiblichen äußeren Genitalien, aber einer Umwandlung von Ovar in Hoden. Hat er dazu nun noch MÜLLERsche Gänge, so ist der Bezeichnung noch et internus zuzufügen, die allein in diesem Fall sachlich einigermaßen richtig ist. So verzichten wir denn bei biologischer Betrachtung des Problems ganz auf die (ursprünglich von KLEBS eingeführten, seitdem vielfach „verbesserten") Bezeichnungen.

Wir halten es nicht für nötig, eine historische Darstellung der Ansichten über die menschliche Intersexualität zu geben, um so mehr, als BERNER (1930) kürzlich die verschiedenen Anschauungen ausführlich besprochen hat. Man findet da etwa die Ansicht vertreten, daß es sich um einen regellosen Mischmasch handle; oder daß eine intersexuelle Pubertätsdrüse vorhanden sei; oder daß es sich nur um embryonale Hemmungsbildungen handle; Unentschiedenheit der Entwicklungstendenz, hermaphrodite Keimzellen und vieles Ähnliche könnte zitiert werden. Alle diese an die Namen BENDA (1895), SAUERBECK (1909), HALBAN (1903), KERMAUNER (1909), PICK (1905), STEINACH u. a. geknüpften Erklärungsversuche mußten fehlschlagen, weil sie nicht an genau analysierte und durchsichtige Tatsachen im Tierreich anknüpfen konnten oder, seit dazu die Möglichkeit besteht, nicht anknüpften. Ich habe bereits 1916 und 1920 erörtert, daß die betreffenden Erscheinungen zum Gebiet der Intersexualität gehören und von dessen Analyse ausgehend verstanden werden müssen. Ich habe allerdings auf eine Einzelanalyse verzichten müssen, da damals einige entscheidende Tatsachen bei Säugetieren und Vögeln nicht genügend bekannt waren. Inzwischen haben sich mehrere Forscher, meist nicht von der klinischen, sondern der anatomischen Seite herkommend, meinen Gedankengängen angeschlossen und sie zum Teil auch mehr ins einzelne gehend auf die menschlichen Verhältnisse angewandt. [Besonders WEISSENBERG (1926) KREDIET (1929), MOSZKOWICZ (1929), BERNER (1930).] Im folgenden sei gezeigt, wie wir nach dem augenblicklichen Stand unserer Kenntnisse Stellung nehmen müssen.

β) Erwartungen.

Es wird wieder das Verständnis erleichtern, wenn wir zuerst die Erwartungen für zygotische Intersexualität auf Grund der allgemeinen wie der speziellen Tatsachen bei Säugetieren ableiten. Die Reihe der Intersexualität könnte auf Grund genetischer weiblicher und genetischer männlicher Konstitution zustande kommen, es könnte also je eine Reihe weiblicher oder männlicher Intersexualität bestehen. Der Grad der Intersexualität hängt ab von der zeitlichen Lage des Drehpunkts, schwache Intersexualität bei spätem, starke bei frühem Drehpunkt.

I. Weibliche Intersexualität. 1. Beginnende Intersexualität. Drehpunkt erst im Erwachsenen. Das Ovar hat nach allem, was wir wissen, noch die Fähigkeit, durch Bildung von Mark- und Rindensträngen (siehe Ziegen) sich in einen Hoden umzuwandeln. Eine Umwandlungsstufe wird als Ovotestis bezeichnet. Scheidet diese Drüse keine männlichen Hormone ab, so muß sich äußerlich ein Kastratentyp ausbilden. Scheidet sie Hodenhormone ab, so vollzieht sich äußerlich eine Vermännlichung (Haare, Stimme, Psyche). Die inneren weiblichen Genitalien dürften verkümmern, die äußeren unverändert bleiben.

2. Schwache Intersexualität. Drehpunkt präpuberal oder am Ende der Embryonalzeit. Alle Erscheinungen wie vorher; aber

das Ovar hat Zeit, sich weiter oder vollständig in einen Hoden umzuwandeln. Innere Genitalien bleiben infantil. Die Wahrscheinlichkeit einer Hodenhormonproduktion ist groß, daher äußere Vermännlichung. Am äußeren Genitale ist die morphogenetische
Möglichkeit zu einer Klitorisvergrößerung gegeben, aber nach
Analogie mit der Zwicke nur selten zu erwarten.

3. Mittlere Intersexualität. Der Drehpunkt liegt vor der Degeneration des WOLFFschen Gangs. Dieser bildet sich somit männlich
aus. Die Derivate des MÜLLERschen Gangs sind schon so weit
differenziert, daß sie sich trotz Ausfalls der Ovarialhormone noch
etwas weiter entwickeln, zumal wirksame Hodenhormone wohl
nicht gleich gebildet werden, die ja auch auf fertige MÜLLERsche
Gänge wenig Einfluß haben. Es finden sich somit Vasa deferentia
und mehr oder minder vollständige MÜLLERsche Gänge, maximal
rein weiblich, minimal etwa als Uterus bicornis. Die Gonaden
zeigen wieder Umwandlungsstufen, also Ovotestis, oder vollständige Umbildung in einen Hoden, aber ohne Spermatogenese. In
dieser Stufe am meisten, aber auch in den vorhergehenden schon,
ist aus noch unbekannten morphogenetischen Ursachen, analog
zu *Lymantria* und Säugetieren, die Möglichkeit für das Vorauseilen oder Zurückbleiben einer Gonade in der Umwandlung gegeben, mit dem Resultat im Minusfall von ein Ovotestis, ein
Hoden, im Plusfall ein Ovar, ein Ovotestis, dazwischen zwei gleich
umgewandelte Ovotestis, die im Plusfall mit Descensus beginnen.
Die Organe des Sinus urogenitalis bleiben, wie die Zwicke zeigt,
weiblich. Werden rechtzeitig die Hodenhormone im engeren
Sinn erzeugt, dann kann sich die Klitoris vergrößern und die
Vermännlichung in Behaarung, Erotisierung usw. eintreten. Wenn
nicht, dann bleibt dies alles weiblich.

4. Starke Intersexualität. Drehpunkt bevor sich die Derivate
der MÜLLERschen Gänge differenzieren. Im Minusfall bleiben
dann noch Reste von ihnen (Vagina und Uterus masculinus) erhalten, im Plusfall sind die Gänge rein männlich. Gonaden sind
völlig in Hoden umgewandelt mit oder ohne Spermatogenesebeginn. Descensus testis kann beginnen, Gubernacula, Leistenkanal männlich. Äußere Genitalien und Geschlechtscharaktere
wie vorher.

5. Geschlechtsumwandlung. Alles rein männlich, eventuell im
äußeren Genitale Zustände, die einem der Entwicklungsstadien

dieser Organe gleichen. Diese Stufe kann morphologisch kaum diagnostiziert werden. Sie würde nur bewiesen, wenn sich der Fall fände, daß ein Paar nur Söhne, zum Teil mit Genitalienmißbildungen, erzeugte, die selbst (als XX-Individuen) ausschließlich Töchter erzeugen.

II. Männliche Intersexualität. Die Erwartungen für männliche Intersexualität sind viel schwerer aufzustellen, da weder bei Säugetieren noch bei Vögeln ein Fall bekannt ist, der als Vergleich dienen könnte. Tatsächlich spricht, wie wir sehen, ja alles dafür, daß dort männliche Intersexualität überhaupt nicht vorkommt. Wollen wir ihre Möglichkeiten für den Menschen ausdenken, so ist zunächst festzustellen, daß in allen Stufen bis zur höchsten ein Hoden gefunden werden muß. Denn nach der sehr frühzeitig im Embryo erfolgenden Bildung der Tunica albuginea und Degeneration des Keimepithels besteht morphogenetisch gar keine Möglichkeit mehr, Ovarialgewebe durch sekundäre Proliferation zu bilden. Allerdings sahen wir, daß in frühen Entwicklungsstadien des Ovars auch in der Medulla vorübergehend Follikel gebildet werden können. Bei sehr frühem Drehpunkt wäre demnach vielleicht im embryonalen Hoden die Möglichkeit ovarieller Umwandlung der Medullarstränge gegeben. Irgendein Vergleichsfall fehlt aber. Bei ganz frühem Drehpunkt zur Zeit des Vorhandenseins des Keimepithels wäre natürlich eine vollständige Umwandlung des primären Hodens in ein richtiges Ovar denkbar. Bei allen anderen Drehpunkten würde der Hoden aber nur in der Entwicklung stehenbleiben, also mehr oder minder embryonal verbleiben. Für die Geschlechtsgänge wäre zu erwarten, daß bis hinauf in mittlere Intersexualitätsstufen das Vas deferens bliebe. Die MÜLLERschen Gänge wären in den niederen Stufen abwesend, in den höheren Stufen, also Drehpunkt vor ihrer Rudimentation, könnten sie zu mehr oder minder vollständiger Entwicklung noch kommen. Es fänden sich dann weibliche Gänge mit oder ohne Vas deferens-Resten und rudimentäre Hoden. Das äußere Genitale, das schon früh entwickelt ist, wäre in den meisten Stufen männlich, aber wegen Fortfalls der Hodenhormone vom Kastratentyp. Nur in den höchsten Stufen wären Bildungen zu erwarten, die einem Stehenbleiben auf embryonalem Zustand entsprechen. Alle äußeren und psychischen Charaktere müßten aber in allen Fällen Kastratentyp haben, da zwar die Hodenhormone wegfallen, aber keine Ovar-

hormone gebildet werden. Wie gesagt sind diese Erwartungen
nur aus den allgemeinen Kenntnissen abzuleiten, Vergleichs-
material fehlt. Eine vollständige Geschlechtsumwandlung dürfte
unmöglich sein, es sei denn, daß es wirklich eine medulläre Ova-
rialbildung gibt.

Die vorstehend aufgezählten Erwartungen sind wie gesagt auf
Grund dessen aufgestellt, was in Analogie mit den Säugetieren
und unter Berücksichtigung der entwicklungsphysiologischen Tatsachen im Augenblick gesichert erscheint. Vor kurzem hat auch
MOSZKOWICZ (1929) eine solche Serie der Erwartungen für Intersexualität auf Grund meiner Vorstellungen aufgestellt, die sich
in einigen Teilen mit den vorhergehenden Ausführungen deckt,
in anderen verschieden ist. Die Verschiedenheiten rühren wohl
daher, daß MOSZKOWICZ sich nicht so streng an die Erfahrungen
an Säugetieren hielt. Seine Tabelle der Erwartungen für weibliche
und männliche Intersexualität (die letzteren zumindest sicher
falsch und die ersteren größtenteils auch) folgt S. 414.

γ) Erblichkeit.

Es ist nun zunächst zu zeigen, daß ein Grund dafür vorliegt,
anzunehmen, daß wenigstens ein Teil der beim Menschen gefundenen Zwitterbildungen zygotischer Natur sind. Wir schließen
dabei, aus Gründen, die später verständlich werden, den sogenannten suprarenalen Virilismus und die Hypospadie des Penis
(nicht die sogenannte peniskrotale) aus, die beide sicher nichts mit
zygotischer Intersexualität zu tun haben. Leider gibt es keinen
einzigen Stammbaum, aus dem man genauere Schlüsse über den
Erbgang ziehen kann. Wenn wir von den Erfahrungen an Insekten
ausgehen, so ist es das Wahrscheinlichste, daß das M-Gen in einem
Autosom gelegen ist, während das F-Gen wie bei *Drosophila* im
X-Chromosom seinen Sitz hat. Ein weibliches Intersex kommt
dann zustande, wenn in der Formel $MMFF = \female$ ein oder beide M
zu stark sind (oder beide F zu schwach). Da eines vom Vater,
eines von der Mutter stammt, so können beide Eltern verantwortlich sein. Ist *ein* starkes M zur Erzeugung der Intersexualität
genügend, so braucht nur einer der Eltern der Erbträger zu sein,
der selbst homozygot oder heterozygot sein mag und je nachdem
nur oder zur Hälfte intersexuelle Töchter erzeugt. Müssen beide
M stark sein, dann müssen zur Erzeugung intersexueller Töchter

| | | Weibliche Intersexualität | | | | |
		Drehpunkt im ersten Embryonalmonat	Drehpunkt im zweiten Embryonalmonat		Drehpunkt im dritten Embryonalmonat	
Normaler Mann	Umwandlungsmann	Hypospadia glandis Prostata Vesic. semin. Vasa defer. — Testis mit Spermatogenese Testis im Scrotum	Hypospadia penis Prostata hypoplastisch Vesic. semin. Vasa defer. — Testis hypoplastisch Testisininguine	Hypospadia peniscrotalis Vulva Vesic. semin. Vasa defer. — Testis hypoplastisch Testis in abdomine	Hypospadia perinealis Vagina Gartnersche Gänge Uterus, Tuben Testis hypoplastisch Testis am Tubenende in inguine	Penis gespalten oder geschlossen Vagina in die Pars prostaticamündend Vesic. semin., Vasa defer. Uterus, Tuben Testis hypoplastisch Testis am Tubenende

Männliche Pseudohermaphroditen

| | Männliche Intersexualität | | | | | | |
	Drehpunkt im dritten Embryonalmonat		Drehpunkt im zweiten Embryonalmonat		Drehpunkt im ersten Embryonalmonat		
Penis gespalten oder geschlossen Vagina in die Pars prostatica mündend Vesic. semin., Vasa defer. Uterus, Tuben Bald Hoden, bald Ovar, mehr hypoplastisch Testovar am Tubenende Sog. wahre Hermaphroditen	— Vagina in die Pars prostatica mündend Vesic. semin., Vasa defer. Uterus, Tuben Ovarium hypoplastisch Ovarium in inguine?	Hypospadia perinealis Sinus prostaticus Gartnersche Gänge Uterus, Tuben Ovarium hypoplastisch Ovarium in inguine?	Gemeinsamer Sinus urogenitalis Prostata? Gartnersche Gänge Uterus, Tuben Ovarium hypoplastisch	Verklebung der Schamlippen Vagina eng Gartnersche Gänge Uterus, Tuben Ovarium hypoplastisch	Klitoris Hypertrophie Vagina normal — Uterus, Tuben Ovarium mit zureichender Funktion	Umwandlungsweib	Normales Weib

Ovarium an normaler Stelle

Weibliche Pseudohermaphroditen

beide Eltern Erbträger sein. Beide können dann homo- oder heterozygot sein und demnach entweder alle, oder die Hälfte oder ein Viertel der Töchter intersexuell werden. Wie gesagt, gibt es keinen Stammbaum, der eine Analyse in solchem Sinn erlaubte. Der beste mir bekannte Stammbaum ist der des Falles DIEFEN-BACH (1912), der folgt:

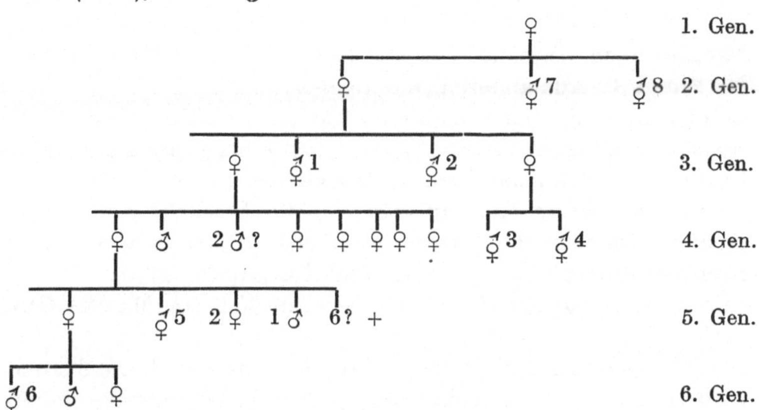

Zwitter 5 und 6 sind sicher weibliche Intersexe von dem gleich zu beschreibenden häufigsten Typ, für die anderen ist es nur sehr wahrscheinlich nach allem, was über sie bekannt ist. Der Stammbaum zeigt, daß eine normale Frau (1. Gen) intersexuelle Töchter und intersexuelle Enkel und Urenkel durch eine gesunde Tochter hat; links zeigt sich dasselbe, und die betreffende Mutter (4. Gen) ist selbst die Enkelin einer Intersexerzeugerin. Dieser Stammbaum sieht so aus, als ob die Intersexe zwei starke M haben, die von beiden Eltern kommen müssen. Es ist aber auch möglich, daß nur Nr. 5 und 6, die Hoden besaßen, homozygot sind, und 1—4, 7, 8, von denen nichts Genaueres feststeht, schwache Intersexe waren mit stark M— schwach M. Wie gesagt, ist eine wirklich beweiskräftige genetische Analyse nicht möglich, wenn auch der Stammbaum durchaus genügt, eine zygotische Intersexualität zu erweisen.

Der Hauptfehler solcher Stammbäume ist, daß zweifellos männliche Individuen, die den Gynäkologen weniger interessieren, nicht vollständig verzeichnet sind und auch ihre Nachkommenschaft fehlt. So wissen wir nichts darüber, ob auch durch Söhne die Intersexualität vererbt wird. Nicht viel besser steht es mit einem anderen Stammbaum, den KERMAUNER (1925) mitteilt (Fall NOVAK):

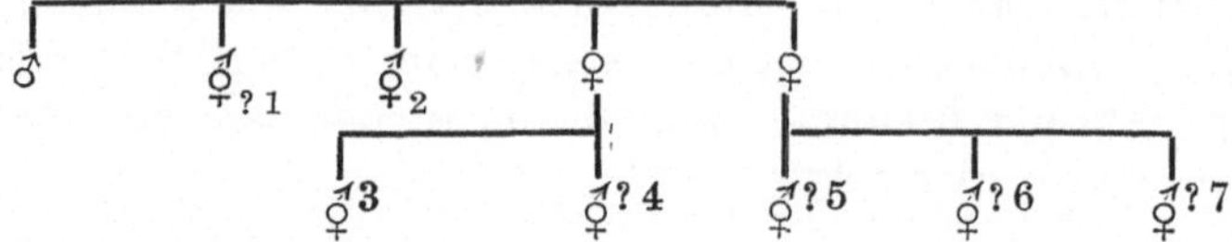

Nachgewiesene Intersexe, wieder vom häufigsten Typ, sind nur Nr. 2 und 3. Alle anderen sind amenorrhöische Frauen, die nicht untersucht sind, aber nach allen sonstigen Erfahrungen der Intersexualität dringend verdächtig sind. Der einzige Mann des Stammbaums soll auffallend weibisch ausgesehen haben.

Relativ häufig sind außerdem Fälle beschrieben, in denen mehrere Geschwister typisch weibliche Intersexe waren (siehe nächsten Abschnitt). In dem Fall DOENICKE (1921) waren es sicher drei, vielleicht vier Geschwister, im Fall von MARTIN (1913) zwei.

Wie auch in den allerdings nicht einwandfreien Stammbäumen, so fällt in der sonstigen Kasuistik auf, daß die Intersexe (häufig? meist?) keine oder wenig Brüder haben. Als Beispiel, das den Eindruck von Zuverlässigkeit macht, sei ein Fall von POZZI (1911) erwähnt, den er als männlichen Hermaphroditismus beschreibt, der aber nach unserer Darstellung ein Fall starker weiblicher Intersexualität ist. Dieses Individuum hatte acht Geschwister, darunter nur einen Bruder, der normal sein soll, ein sicheres und ein wahrscheinliches Intersex. In einem Fall von starker Intersexualität HALBANs hat das Intersex sechs Schwestern, davon zwei, die selbst verdächtig sind. Es ist begreiflich, daß man ohne Kenntnis des Intersexualitätsphänomens aus solchen Fällen schließen möchte, daß die abnormen Individuen genetisch männlich sind. Wenn es sich aber um echte zygotische Intersexualität handelt, so kann das gleiche Resultat auf ganz andere Weise zustande kommen. Der Ausgangserzeuger einer intersexuellen Linie könnte z. B. ein Umwandlungsmann, also genetisch weiblich *MMFF* sein, der ja nur Töchter erzeugen kann, die je nach der Mutter alle normal, alle intersexuell oder halb normal, halb intersexuell sein können. Es hat aber keinen Zweck, diese Dinge weiter zu verfolgen, bevor die dringend erwünschten vollständigen Stammbäume vorliegen. Zum Schluß sei noch erwähnt, daß zwei

Fälle von Intersexualität bei eineiigen Zwillingen [Rumpel, Kermauner (1927)] ihre zygotische Bedingtheit auf das Schönste demonstrieren. Den Ärzten, die Gelegenheit haben, Beobachtungen an lebenden „Zwittern“ zu machen, sei besonders ans Herz gelegt, auf geschlechtsgebunden vererbte Eigenschaften (Farbenblindheit in der Familie usw.) zu achten, die eindeutige Auskunft über das gametische Geschlecht geben könnten.

δ) Das Material für weibliche Intersexualität.

Wir haben nun zu zeigen, daß eine typische Reihe weiblicher Intersexualität parallel zu der bei Säugetieren bekannt ist. Bei der Betrachtung des Materials, das bisher beschrieben wurde, zeigt es sich, daß unter der Fülle der Fälle gar nicht so viele sind, die vollständig bekannt sind. Da sind zunächst die nur lebend beobachteten Individuen, bei denen nur in den seltenen Fällen abdominaler Operation die ganzen inneren Genitalien bekannt sind; da sind die, bei denen nur eine Geschlechtsdrüse untersucht ist und diese nicht immer in einer vollständigen Schnittserie; da sind die Befunde an Kindern, wo zu dem Genannten noch das Nichtwissen über sekundäre Geschlechtscharaktere hinzukommt. Beschränkt man aber die Betrachtung auf die vollständig oder doch einigermaßen vollständig bekannten Fälle, so zeigen sie kaum irgendwelche Abweichungen von der erwarteten Serie weiblicher Intersexualität.

Nach übereinstimmender Angabe aller Autoren ist der häufigste Fall, der angetroffen wird, der, den wir als mittlere weibliche Intersexualität beschreiben müssen und der genau mit dem oben dafür abgeleiteten Typ übereinstimmt. Die Gonaden sind entweder Ovotestes oder bereits Hoden ohne Spermatogenese. Bei Symmetriestörungen, wie wir sie für die Säugetiere schon besprachen, mag eine Gonade noch Ovotestis sein, die andere schon Hoden. Descensus mag begonnen haben, ja schon bis in die Labia majora geführt haben und mag ebenfalls unsymmetrisch sein. Nebenhoden und Wolffsche Gänge sind vorhanden. Die Müllerschen Gänge mögen vollständig als Vagina, Uterus, Ovidukte und Tuben ausgebildet sein oder eine progressive Rückbildung verschiedener Art zeigen, die genau wie bei den Säugetieren bis zu einer blind geschlossenen Vagina von verschiedener Größe ohne weitere Reste des Müllerschen Gangs führt. Wie bei der Zwicke und den entsprechenden Intersexen anderer Säugetiere sind die Derivate des Sinus urogenitalis, also Vulva, Labia majora und minora, Klitoris rein weiblich (abgesehen von gelegentlicher Klitorisvergrößerung). Das merkwürdige nun an diesem Typ ist, daß die sekundären Geschlechtscharaktere vollständig weiblich sind. Abb. 183 gibt das Äußere eines typischen Falls von BELL (1920) wieder. Innerlich finden sich abdominale Hoden und Gubernacula, dazu Vagina und rein weibliche äußere Genitalien; Körperbau und sekundäre Charaktere nebst Psyche waren rein weiblich, wie das Bild zeigt. Dies ist nun sehr bemerkenswert. Wir müssen doch im allgemeinen annehmen, daß alle diese postembryonalen Geschlechtscharaktere von den Gonadenhormonen (d. h. von den definitiven Hormonen, nicht den embryonalen, siehe oben bei der Zwicke) abhängen. Wir müssen also schließen, daß in diesen Fällen das in den Hoden umgewandelte Ovar trotzdem noch Ovarialhormone und keine Hodenhormone produziert. Das ist zunächst erstaunlich, aber wir kommen um diesen Schluß angesichts

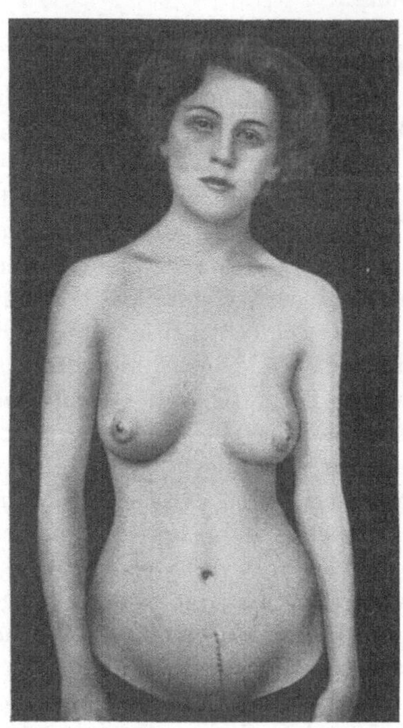

Abb. 183. Mittlere weibliche Intersexualität ohne Produktion von Hodenhormonen. (Fall von BLAIR BELL.)

der Tatsachen nicht herum. Überblicken wir die Gesamterscheinung der menschlichen Intersexualität, so ist dieser Punkt sehr wichtig. Sie wird nämlich (wie sich im weiteren zeigen wird) vollständig klar, wenn wir die morphogenetischen Konsequenzen der zygotischen Intersexualität trennen von den Folgen der postpuberalen (bzw. schon spätembryonalen) hormonalen Situation. Die ersteren ergeben sich vollständig als Folge der Lage des Drehpunkts unter Berücksichtigung einer gewissen individuellen Variation einschließlich der Rechts-Linksvariation. Die Produktion der endgültigen Hormone ist aber sichtlich weitgehend davon unabhängig. Aus gänzlich unbekannten Ursachen vermag die umgewandelte Gonade meist nicht die männlichen Hormone zu produzieren. In manchen Fällen gelingt es aber, und dann tritt Wachstum der Klitoris und Vermännlichung der sekundären Charaktere ein. Die mittlere Intersexualität geht dann scheinbar in die höhere über (siehe später).

Wir wollen nun nicht die in der Literatur beschriebenen Fälle mittlerer Intersexualität aufzählen und die Varianten, die sie nach vorstehendem bieten können, einzeln beschreiben. Wir verweisen auf die Zusammenfassungen von KERMAUNER (1927), BERNER (1930), NEUGEBAUER (1908). Zur Illustration diene nur der erwähnte Fall BELL, der sich folgendermaßen tabulieren läßt:

Fall	Gonaden r. l.	WOLFFscher Gang	MÜLLERscher Gang	Sinus urogen.	Sekund. Charakt.	Psyche
BELL	♂ ♂	Vas. def., Gubernacula	Blinde Vagina	♀	♀	♀

Gute Einzelbeschreibungen solcher Individuen finden sich bei BELL (1926), POZZI (1911) und vielen anderen.

In Bezug auf die Variation im Drehpunkt, der Lateralität und kleiner Korrelationen sei ein Bericht von KERMAUNER (1927) wiedergegeben.

„Die MÜLLERschen Gänge sind *stets* mangelhaft entwickelt. Die Scheide ist oft sehr eng (GERBIS, FELDMANN, RYDYGIER u. a.) oder ganz kümmerlich (HENGGE, UNGER); eine Portio fehlt fast immer, wie dies neuerdings auch KOLISKO als wichtig hervorhebt; die Scheide im Verhältnis zur Gebärmutter meist auffallend kurz; die Gebärmutter solid, verkümmert; sehr oft Uterus rudimentarius solidus [ARNOLD, SCHULTZE-VELLINGHAUSEN, WESTERMANN; UNGER mit sehr dünnen Hörnern; BRÜHL, BILLROTH (KLOTZ), OBOLONSKY]; in anderen Fällen vergrößert, cystisch ausgedehnt (mein Fall), aber dabei doch teilweise defekt, unsymmetrisch. Die Eileiter erscheinen manchmal besonders lang und dünn, oft auch solid (LANGER, FINKENBRINK, WESTERMANN, STROEBE u. a.) oder gar fehlend (ARNOLD, GERVIS, FELDMANN). Gelegentlich schien das Uterushorn direkt mit dem Nebenhoden verbunden zu sein (POZZI u. a.). Auch die Samenleiter weisen Eigentümlichkeiten

27*

auf; ihr kaudales Stück verläuft sehr häufig wie der WOLFFsche Gang in der Wand des Halsabschnitts und der Scheide (LANGER, REUTER u. a.); vielfach sind sie auf größere Strecken solid (ARNOLD, GODARD, STEGLEHNER, FELDMANN, HENGGE u. a.) oder doch auffallend dünn (KLEIN, BRÜHL), teilweise unterbrochen (UNGER, STRASSMANN), teilweise cystisch (HENGGE), sogar teilweise miteinander verwachsen (RINGHOFER) oder ganz fehlend (KOCHENBERGER)."

Von dieser Gruppe mittlerer Intersexualität führen alle Übergänge nach unten zur schwachen und nach oben zur starken Intersexualität. Nach der Beschreibung der mittleren Intersexualität ist es klar, wie die starke Intersexualität aussehen kann: es kann sich nur noch um eine weitergehende Umgestaltung der Derivate des Sinus urogenitalis zum männlichen Zustand handeln mit gleichzeitiger weiterer Rückbildung der Vagina und eventuell des Uterus; dazu käme fortschreitende Hodenumbildung bis zur Bildung von Spermien. Tatsächlich sind viele Intersexe dieses Typs in variierendem Zustand bekannt. An die Grenze der vorigen Gruppe gehörten solche Fälle, in denen die Labia majora sich zu einer Art Scrotum umgestaltet haben, das Hoden enthält, die Klitoris vergrößert ist, aber außerdem noch die Vagina und eventuell Uterusrudimente vorhanden sind. Die sekundären Charaktere sind

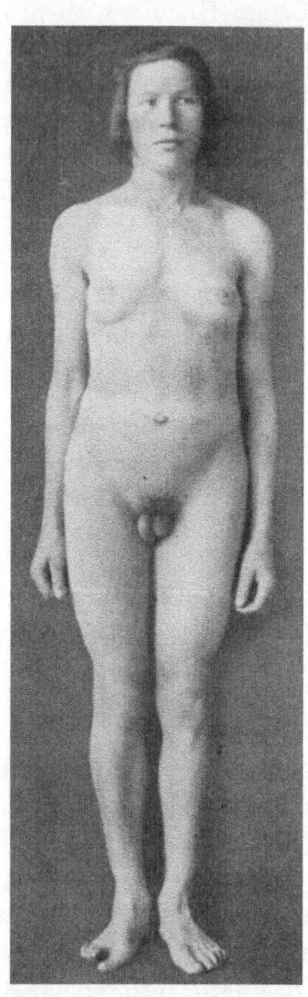

Abb. 184. Höhere Stufe mittlerer weiblicher Intersexualität ohne männliche Hormone, aber mit scrotiformen Labien. (Nach HALBAN.)

noch weiblich; sichtlich ist es möglich, daß noch in diesem Zustand die Hodenhormone nicht oder nicht genügend produziert werden. Als Beispiel diene der in Abb. 184 abgebildete Fall von HALBAN (1927): weiblicher Typ, enge Vagina, vielleicht Uterusrudiment, scrotumartige Labia mit Hoden. Nach Kastration, Ovartransplantation und Vaginalplastik ist der Patient ganz weiblich. Ein ähnlicher Fall ist der von MATHES (1924), unterschieden von dem vorigen dadurch, daß sichtlich der Umwandlungshoden weder weibliche noch männliche Hormone produzierte, so daß der Typus mehr kastratenähnlich als männlich war. Es folgen dann als nächst stärkere Typen die mit sogenannter Hypospadia peniscrotalis (nicht mit echter Hypospadie zu verwechseln), die in den verschiedensten Übergängen von dem vorher beschriebenen bis zu einem weitgehend männlichen Zustand des äußeren Genitale führen. Mehr oder weniger Vagina ist vorhanden. Es sollen gelegentlich [HIRSCHFELD u. BURCHARD (1911), POZZI (1911)] lebende Spermien gefunden werden. Die sekundären, auch psychischen Charaktere scheinen häufiger männlich zu sein, so daß man annehmen kann, daß in diesem höchsten Stadium die Hodenhormone meist gebildet werden. Als Beispiel mögen die verschiedenen von POZZI beschriebenen Fälle dienen, die der vorstehenden Schilderung entsprechen. Jeder Fall hat seine kleinen Besonderheiten in Asymmetrien und Ausbildung bzw. Rückbildung der einzelnen Teile. Möglicherweise kommt es auch vor, daß noch auf dieser höchsten Stufe die eine Gonade sich nicht völlig umgewandelt hat und als Ovotestis erscheint. In dem Fall von SINIGAGLIA fand sich auf einer Seite im Leistenkanal ein Ovotestis, links aber ein Hoden mit Spermien. Der Ovotestis verursachte mensesähnliche Beschwerden, verkümmerter Uterus und Ovidukte waren vorhanden, bei äußerem männlichen Genitale und sekundären Charakteren. Im großen ganzen dürfte diese Gruppe der starken weiblichen Intersexualität gut abgegrenzt sein. Eine Schwierigkeit entsteht erst, wenn die höchsten Stufen erreicht sind, die einer fast völligen Vermännlichung entsprechen. Wenn dann nämlich auch kein nennenswerter Scheidenrest mehr vorhanden ist, so ist es unmöglich zu entscheiden, ob höchste weibliche Intersexualität nahe der völligen Geschlechtsumwandlung vorliegt, oder nur eine Hemmungsbildung eines Mannes. Im Fall der Fruchtbarkeit könnte ein solcher Intersex niemals Söhne erzeugen. Mir ist aber kein sicherer Fall der Fruchtbarkeit eines solchen Typs bekannt.

Gehen wir nun zur schwachen Intersexualität über. Der Drehpunkt liegt hier bereits nach der Differenzierung der MÜLLERschen Gänge, also entweder spätembryonal oder sogar nach der Geburt.

Letzteres scheint tatsächlich vorzukommen. Da nur noch die Gonade selbst sich verändern kann (als weiter differenzierungsfähiges Organ), so kann sie sich in einen Ovotestis oder gar in einen Hoden verwandeln. Übt dieser aber keine Hormonenproduktion aus, so kann nur ein Zufall, Operation oder Obduktion, die schwache Intersexualität ans Licht bringen. Eine schwache Hormonproduktion mag zur Klitorisvergrößerung führen und nur eine starke zur Vermännlichung der sekundären Geschlechtscharaktere, also zur Sichtbarkeit. Eine ganze Reihe Fälle solcher beginnenden und schwachen Intersexualität sind bekannt. Wir nennen den Fall SALÉN (1899, siehe auch PICK 1924): Links Ovar, rechts Ovotestis, Vagina, Uterus mit Myom, Menses, vergrößerte Klitoris, Vulva und sekundäre Charaktere weiblich. Als Übergang zu der nächst höheren Gruppe kann der Fall BRIAU, LACASSAGNE u. LAGOUTTE (1920) genannt werden: Rechts Ovotestis in der Labie, links Ovotestis in ovarialer Lage, rechts Vas deferens, dazu komplettes inneres weibliches Genitale, Menses, vergrößerte Klitoris, sekundäre Charaktere ziemlich weiblich. Als Typ gerade beginnender Intersexualität kann das Kind Fall KLEINKNECHT (1916) genannt werden, mit beiderseitigen Ovotestes bei völligem weiblichem Genitale. Der Fall von MÖLLER (1917), bei dem zwei Hoden an Stelle von Ovarien mit normalem weiblichem Genitale, abgesehen von vergrößerter Klitoris und nicht selbständiger Ausmündung der Vagina, beschrieben wurden, gehört auch hierher. Vielleicht waren aber doch die Hoden in Wirklichkeit Ovotestes. Endlich

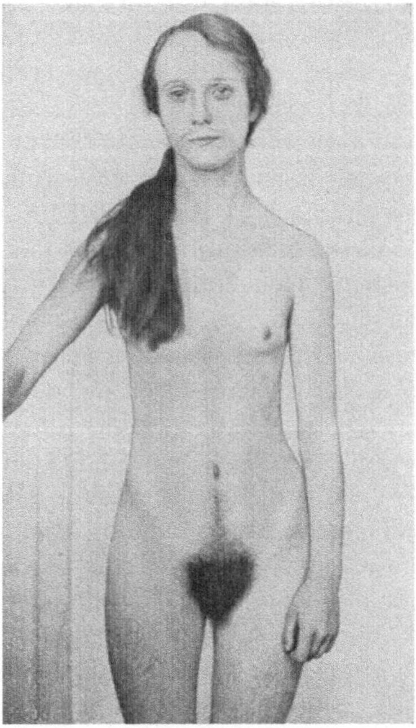

Abb. 185. Schwache weibliche Intersexualität mit postpuberaler Hormonproduktion. (Nach BLAIR BELL.)

gehört hierher der merkwürdige Fall von BELL (1920), in dem
links ein Ovotestis, rechts ein Ovar vorhanden war, das innere
Genitale war weiblich. Dies Individuum von zunächst weiblichem
Habitus begann sich unter Beobachtung in den äußeren Geschlechtscharakteren zu vermännlichen, wie Abb. 185 zeigt. Auch
die Klitoris vergrößerte sich. Nach Entfernung des Ovotestis ging
alles wieder zum weiblichen Zustand zurück. Es läßt sich in diesem
Fall natürlich nicht sagen, ob der Drehpunkt, der zum Ovotestis
führte, embryonal lag oder später. Sagen läßt sich nur, daß der
Ovotestis nach der Pubertätszeit begann, Hodenhormone zu produzieren.

Wir können also sagen, daß sich in dem vorliegenden Material
eine richtige Reihe weiblicher Intersexualität von ihrem ersten
Beginn bis zu fast völliger Geschlechtsumwandlung feststellen
läßt, die in allen entscheidenden Punkten sich nach Erwartung
verhält[1]. Um sie zu erkennen, muß man allerdings sich zunächst
über die Verhältnisse bei den anderen Wirbeltieren klar sein und
sodann darauf verzichten, sich durch die übliche Terminologie in
die Irre führen zu lassen. Ferner muß man zunächst über kleine
Asymmetrien und Schwankungen im Fortschritt der Umwandlungen der einzelnen Teile, also kleine Korrelationsstörungen, hin-
weggehen. Endlich muß man sich darüber klar sein, daß die
Wirkungen der embryonalen Hormone, die nach dem Drehpunkt
wechseln, zu trennen sind von den eigentlichen Gonadenhormonen,
die sichtlich erst später erzeugt werden. Die Tatsachen zeigen,
daß gerade hier eine außerordentliche Variation herrscht, und daß
die Struktur der Gonade noch gar nichts über ihre Hormonproduktion besagt: ein typischer Hoden mag noch keine Hodenhormone produzieren, und ein Ovotestis mag es tun.

Der allgemeinen Darstellung seien nun noch einige wenige
Einzelheiten zugefügt. Da ist zunächst der Ovotestis zu erwähnen,
der als Umbildungsstufe des Ovars in einen Hoden vorkommt,
eine Deutung, die durch Vergleich mit den anderen Wirbeltieren
sichergestellt wird. Wir haben den Bau für die Säugetiere schon

---

[1] Es sei nur erwähnt, daß die in den Lehrbüchern verbreiteten Sche-
mata der verschiedenen Stufen ein vollständig falsches Bild geben, und die
ohnehin nicht geringe Verwirrung beträchtlich steigern. Dies gilt z. B. für
die auch von MEISENHEIMER (1930) übernommenen Bilder von TUFFIER
et LAPOINTE (1911).

beschrieben und brauchen daher hier nur darauf hinzuweisen, daß das meiste dort Gesagte auch für den Menschen zutrifft. Zur Illustration mögen zwei bekannte Fälle dienen, deren Verhalten schon geschildert wurde: der Fall SALÉN mit einer Anordnung des ovariellen und testikulären Teils, der ähnlich auch bei Schweinen vorkommt, und die Gonade des Falls von BRIAU, LACASSAGNE und LAGOUTTE, wo der Ovarialteil noch cortexartig den Hodenteil im

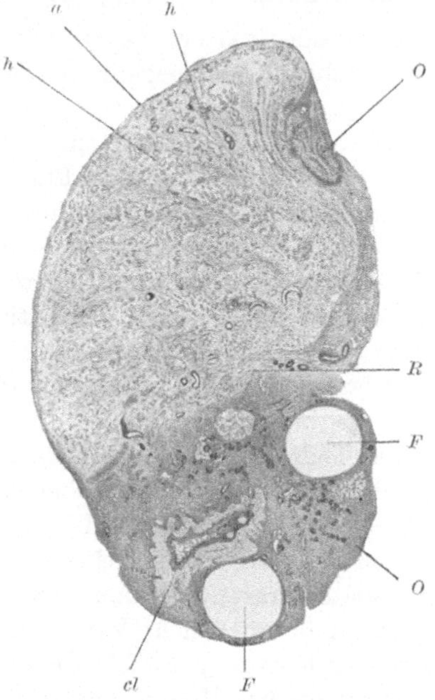

Abb. 186. Der Ovotestis des Falles SALÉN. *a* Albuginea, *cl* Corpus luteum, *F* Follikel, *h* Hodenteil, *O* Ovarteil, *R* Rete. (Nach PICK.)

Innern umhüllt (Abb. 186, 187). In der Literatur sind gegen 20 Fälle von Ovotestis verschiedener Konfiguration verzeichnet [Tabelle bei KREDIET (1929)], von denen aber mancher nicht einer strengen Kritik standhalten dürfte. Ob dabei auch Verwechslungen mit einem tubulären Adenom vorkommen, wie PICK (1905) meint, wagt der Biologe nicht zu entscheiden.

Bemerkenswert ist, daß sehr oft eine der Gonaden der intersexuellen Individuen pathologisch ist und einen Tumor bildet. Dies ist aber nicht mit den im nächsten Abschnitt zu besprechenden Tumoren, die Virilismus erzeugen, zu verwechseln. Irgendeine ursächliche Beziehung zwischen diesen Tumoren und der Intersexualität ist höchst unwahrscheinlich, wenn man die Gesamterscheinung überblickt.

Ein Fall sollte besonders erwähnt werden, dessen Parallele uns schon bei den Säugetieren begegnete: In einem Fall mittlerer Intersexualität hatte sich offensichtlich in den Ovotestes der Hodenteil vom Ovarteil getrennt und einen Descensus durchgemacht. So resultierte je ein kompletter männlicher und weiblicher Apparat im gleichen Individuum (Fall SHEPPARD 1920).

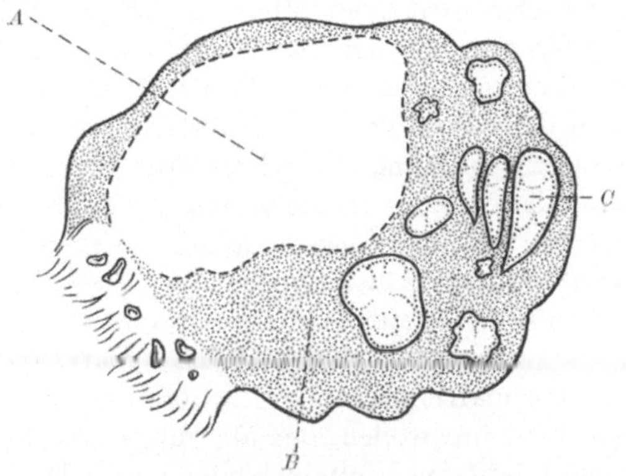

Abb. 187. Schematischer Durchschnitt eines Ovotestis. *A* Hodenteil, *B* Ovarteil, *C* Follikel. (Nach BRIAU, LACASSAGNE u. LAGOUTTE.)

(Die weiteren, meistdiskutierten Fälle knüpfen sich an die Namen SIMON, UFFREDUZZI, GUDERNATSCH, SINIGAGLIA, PHOTAKIS, POLANO.)

ε) **Männliche Intersexualität (?) und Virilismus.**

Männliche Intersexualität, also Umwandlung des gametischen Männchens in ein Weibchen ist bei Vögeln und Säugetieren völlig unbekannt. Wir haben allen Grund anzunehmen, daß sie auch beim Menschen nicht vorkommt. Unter den vielen Fällen, die mehr oder minder klar so aufgefaßt wurden, ist mir kein einziger bekannt, der auch nur den Verdacht auf männliche Intersexualität aufkommen läßt. Wir wissen ja, daß der Hoden kein wachstumsfähiges Keimepithel mehr hat, so daß für die Gonade nur eine Umbildung auf den frühesten Entwicklungsstadien in Betracht käme.

Das Resultat wäre dann ein Ovar, das wohl kaum von einem normalen zu unterscheiden wäre; und da in so frühen Stadien auch die Gänge noch nicht determiniert sind, so würden auch diese rein weiblich, kurz, wir erhielten ein Umwandlungsweibchen. Alle niederen Stufen aber müßten einen auf embryonaler Stufe stehengebliebenen Hoden erhalten, während sich über den sonstigen Bau nur schwer eine Aussage machen läßt. Wie gesagt, deutet nichts darauf, daß es überhaupt männliche Intersexe gibt.

Besonders interessant ist eine Gruppe von Zwischenbildungen, die gewöhnlich mit den Erscheinungen der echten Intersexualität zusammengeworfen wird, aber offensichtlich gar nichts damit zu tun hat, die Gruppe, die wir hier *Virilismus* nennen wollen. Sie wird gewöhnlich als weiblicher Pseudohermaphroditismus bezeichnet, weil das ganze innere Genitale rein weiblich ist und nur die äußeren Genitalien und die sekundären Charaktere sich vermännlichen. (Es sei daran erinnert, daß in der üblichen Terminologie ja die echte weibliche Intersexualität als männlicher Pseudobzw. Hermaphroditismus bezeichnet wird.) Diese Form ist relativ selten und schon die älteren Autoren erkannten vielfach, daß sie etwas besonderes darstellt. KERMAUNER benutzt dafür sogar die Bezeichnung Pseudarrhenie, andere Autoren sagen Virilismus, wie wir das hier auch tun wollen, der allerdings von dem weiblichen Pseudohermaphroditismus unterschieden wird. Die Kasuistik der Erscheinung ist in neuerer Zeit öfters zusammengestellt worden, z. B. von NEUGEBAUER (1908), KERMAUNER (1922), SCABELL (1924), SCHMIDT (1924), BRUTSCHY (1920), auf die verwiesen sei. Die beste Diskussion des Gegenstandes stammt von BERNER (1930), der sich auch vorzüglich mit den vielen biologisch unmöglichen Anschauungen auseinandersetzt, die ausgesprochen wurden. Wir können daher auch auf derartige Diskussionen verzichten und die, wie mir scheint, ganz klaren Haupttatsachen schildern; in ihrer Deutung stimmen wir hauptsächlich mit GALLAIS (1914) und BERNER (1930) überein und werden darüber hinaus versuchen, den Anschluß an bekannte Verhältnisse im Tiereich zu finden.

Der Virilismus ist sicher keine genetische Intersexualität, also eine Folge einer falschen Kombination der F- und M-Gene, obwohl ihm auch vielleicht ein Erbelement zukommt. Es liegen schon so viele Fälle vor, in denen mehrere Schwestern die gleiche Erscheinung zeigten (siehe BERNER), daß anzunehmen ist, daß die primäre

Ursache der Veränderung, nämlich die Nebennierenveränderung, eine erbliche Abnormität ist.

Die Ursache des Virilismus dürfte mit Sicherheit in einer Veränderung der Nebenniere liegen. In einer außerordentlichen Zahl von Fällen ist eine Nebennierenrindengeschwulst festgestellt, in anderen eine starke Hyperplasie dieses Organs, und die seltenen Fälle, in denen beides nicht beschrieben ist, werden von BERNER als nicht genügend untersucht bezeichnet. Der kausale Zusammenhang steht außer jedem Zweifel, da einmal in den Fällen, in

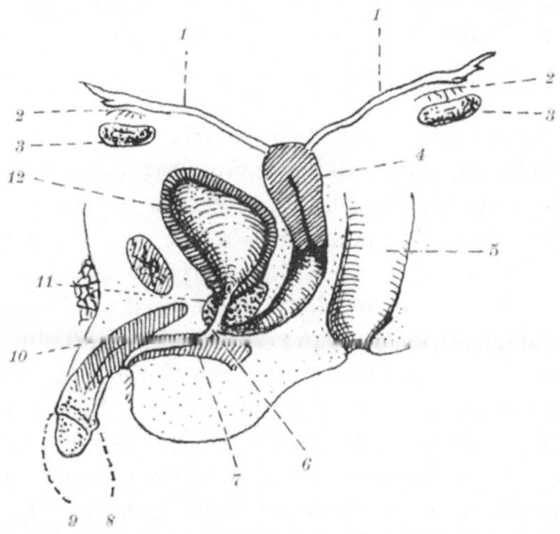

Abb. 188. Sagittalschnitt der Genitalregion eines Falles von Virilismus. *1* Ovidukt, *2* Parovarium, *3* Ovar, *4* Uterus, *5* Rectum, *6* Öffnung der Vagina in die Urethra, *7* Corpus cavern. urethrae, *8, 9* Praeputium, *10* Corpus cavern. penis, *11* Prostata, *12* Harnblase. (Nach FIBIGER aus WEISSENBERG.)

denen der Virilismus erst nach der Pubertät eintrat, er mit dem Auftreten der Geschwulst zusammenfiel, und sodann mehrere Fälle vorlagen (zitiert nach BERNER), in denen nach Operation der Geschwulst alle Erscheinungen des Virilismus verschwanden. Es scheint aber auch einzelne Fälle zu geben, in denen ein Ovarialtumor die gleichen Erscheinungen hervorruft (z. B. SELLHEIM). Der Verdacht versprengter Nebennieren besteht allerdings zum mindesten in manchen Fällen. Es sei dazu daran erinnert, daß wir solche Fälle auch von Kühen oben beschrieben.

Die Erscheinungen des Virilismus sind verschieden, je nachdem zu welcher Zeit der vermännlichende Einfluß des Tumors oder der Hyperplasie eintritt. Eine große Zahl von Fällen bezieht sich auf neugeborene oder ganz junge Kinder. Alle besitzen normale Ovarien und Derivate des MÜLLERschen Gangs; dazu aber fast bis völlig männliche äußere Genitalien, natürlich ohne Scrotum. Der Penis ist perforiert, manchmal hypospad. Abb. 188 gibt eine Skizze der Genitalien eines solchen Falls. Es kann kaum zweifelhaft sein, daß hier ein weibliches Individuum vorliegt, bei dem bereits embryonal die Nebennierenhyperplasie begann und ihre vermännlichende Wirkung ausübte, zu einer Zeit, wo die äußeren Genitalien noch umbildungsfähig waren. Je später diese Wirkung einsetzt, um so unvollkommener natürlich die Umbildung.

Tritt die Hyperplasie oder wohl meistens die Geschwulst erst nach der Geburt auf, so wird die Erscheinung des suprarenalen Virilismus sichtbar. Es ist dabei davon abzusehen, daß eine solche Geschwulst in beiden Geschlechtern Pubertas praecox hervorruft, die nichts mit dem Virilismus zu tun hat, der bei weiblichen Individuen noch hinzukommt. Und tritt die Geschwulstwirkung erst nach der Pubertät ein, dann kommen die Fälle zustande, in denen bei einer normalen Frau plötzlich männliche Behaarung erscheint, die Mammae schrumpfen, die Stimme tief wird und die Klitoris wächst, Erscheinungen, die alle nach Entfernung der Geschwulst zurückgehen. Der ganze Erscheinungskomplex ist also vollständig klar. Natürlich könnte man für ihn auch die Bezeichnung Intersexualität im weiteren Sinne gebrauchen, genau wie wir früher von hormonaler Intersexualität oder Intersexualität durch parasitische Kastration sprachen. Wir hätten dann eine suprarenale Intersexualität vor uns. Angesichts der Verwirrung, die die Nomenklatur ohnedies schon auf diesem Gebiet angerichtet hat, scheint es mir aber besser, nur von suprarenalem bzw. tumoralem Virilismus zu reden und auch keine besonderen Namen für die vorgeburtlichen Fälle zu benutzen.

Ein erster Schritt zur experimentellen Bestätigung der hier vertretenen Auffassung ist kürzlich gelungen. Ich veranlaßte meine Schülerin L. MARX zu versuchen, durch Implantation von Tumoren in die Nebenniere analoge Veränderungen zu erzeugen. Neben vielen negativen Ergebnissen erhielt sie einen Fall, in dem ein operiertes junges Weibchen eine Prostata entwickelte; es sei daran erinnert, daß sich in den Fällen von Virilismus des Neugeborenen ebenfalls oft eine Prostata findet. Dies ist jedenfalls ein Anfang einer experimentellen Bestätigung.

Was bedeutet das nun, daß eine Nebennierengeschwulst die gleichen Wirkungen hat wie die Zuführung eines Hodenhormons extremer Wirksamkeit? Wir erinnern an die Ausführungen, die wir früher bei dem Abschnitt über die sogenannte parasitäre Kastration machten. Wir zeigten, daß es sich gar nicht um eine Kastration handelt. sondern um eine spezifische Wirkung des Parasiten. Dieser Fall und der des Virilismus sind, physiologisch betrachtet, völlig identisch: ein Fremdkörper übt in irgendeiner Weise die gleichen morphogenetischen Wirkungen aus wie ein Gonadenhormon. Merkwürdig wie diese Tatsache ist, so ist sie doch keineswegs etwas Rätselhaftes. Die Wirkung der Gonadenhormone ist ja kein mystischer Vorgang, sondern die Wirkung bestimmter chemischer Substanzen auf morphogenetische Prozesse, eine Wirkung, die letzten Endes auch irgendwo an deren Chemismus ansetzen muß. Es ist nun sicher nicht schwer vorzustellen, daß die betreffenden Reaktionen, deren Folgen uns als männliche Morphogenese erscheinen, von mehr als einer chemischen Ursache in Gang gesetzt werden können; ja es wäre sogar viel verwunderlicher, wenn es nicht so wäre. Im übrigen verweise ich auf die Diskussion dieses Problems in dem Abschnitt über parasitäre Kastration, die auch mutatis mutandis hierher paßt, nämlich, wenn der dort hervorgehobene Einfluß auf die *F-M*-Reaktionen hier direkt auf die sexuelle Differenzierung übertragen wird. Es sei übrigens noch darauf hingewiesen, daß wir hier wieder deutlich den Unterschied zwischen den eigentlichen Hormonen, die die äußeren Genitalien und sekundären Charaktere kontrollieren und den embryonalen Hormonen, die die Ausführgänge und die Gonadenstruktur beherrschen, vor uns sehen.

Hier wäre auch der Platz, auf RIDDLES (1912 ff.) Anschauungen über Geschlechtsbestimmung hinzuweisen. Er hat ja die alte Stoffwechseltheorie der Geschlechtsbestimmung wieder zu erwecken versucht, indem er behauptet, daß hohe Stoffwechselintensität männchenbestimmend, niedere aber weibchenbestimmend sei. In dieses vage und rohe Schema sucht er nun alle Erscheinungen zu pressen. Ist von den Geschlechtschromosomen die Rede, so bedingen sie die betreffende Stoffwechselart; wenn es aber besser paßt, daß die Stoffwechselart im Ei festgelegt ist, dann beherrscht diese auch die Geschlechtschromosomen. Hat ein Tumor eine Wirkung, dann ist es in Wirklichkeit der Stoffwechseltyp, der verändert wird und so fort für alle Einzelfälle, die beim Geschlechtsproblem vorkommen. Es bezweifelt natürlich kein Mensch, daß in letzter Linie alle morphogenetischen Vorgänge eine chemische Grundlage haben, und daß die Geschlechtsunterschiede demnach auch in letzter Linie chemisch sind. Die einzige Alternative dafür wäre ja die Entelechie oder eine andere Form von Mystizismus. Aber daß das große Geheimnis dieses letzten Chemismus, der aller Morphogenese zugrunde liegt, mit den Worten hohe und niedere Stoffwechselrate gelöst sein soll, vermag nicht jedermann zu glauben. Als Arbeitshypothese aber kommt die Anschauung gar nicht in Betracht, da sie nur eine physiologisch klingende Umschreibung unserer Unwissenheit von den wirklichen chemischen Grundvorgängen ist.

ζ) Ungeklärte Phänomene.

Unter dieser Sammelbezeichnung seien kurz ein paar Erscheinungen besprochen, die mit der Intersexualität beim Menschen in Zusammenhang gebracht wurden, ohne daß die Beziehungen klar sind, wenn sie überhaupt vorhanden sind. Als solche seien genannt Hypospadie, Gynäkomastie, Homosexualität, Eier im Hoden.

αα) *Hypospadie.*

Es ist hier nur von der Hypospadia penis die Rede, nicht von der H. peniscrotalis, die wir bereits als starke weibliche Intersexualität kennen lernten. Theoretisch ist es allerdings nicht ausgeschlossen, daß die H. penis die höchste Stufe weiblicher Intersexualität direkt vor der völligen Geschlechtsumwandlung darstellt. Wäre das der Fall, so könnte es einzig und allein aus dem Erbgang erschlossen werden. Der Hypospade wäre dann gametisch weiblich mit einem oder zwei starken M. Er könnte somit entweder je nach seiner und seiner Frau genetischer Beschaffenheit, nur Töchter, nur Hypospaden, oder beides erzeugen, niemals aber Söhne. Die Stammbäume, unvollkommen wie sie sind, stimmen damit nicht überein, abgesehen davon, daß die große Häufigkeit der Abnormität (1 in 300), die angegeben wird, wenig dafür spricht. In den Stammbäumen von LINGARD (1884) und auch NEUGEBAUER (1902) kommt eine Vererbung teils vom Vater auf

Sohn, teils durch Töchter in bis zu sechs Generationen vor, aber überall auch normale Söhne von Hypospaden. Danach sieht es zunächst so aus, als ob es sich um eine dominante Abnormität vom Typus der Hemmungsmißbildungen (z. B. Hasenscharte), die ja so oft erblich sind, handelte. Genaue Stammbaumstudien wären sehr erwünscht.

ββ) *Gynäkomastie.*

Das Auftreten von Mammae bei Männern ist eine oft beobachtete und viel diskutierte Erscheinung, die von einigen neueren Autoren auch mit der Intersexualität in Zusammenhang gebracht wurde (PRANGE 1916, MARANON 1929, MOSZKOWICZ 1927; hier ist auch die umfangreiche kasuistische Literatur angeführt). Will man ein Urteil über die Erscheinung gewinnen, so muß man sich zunächst folgendes klarmachen: Normalerweise ist die Brustdrüse der höheren Säugetiere ein Organ, das typisch durch die Ovarialhormone angeregt und durch die Hodenhormone gehemmt wird. (Nicht bei allen Tieren ist das der Fall; bei Monotremen und Fledermäusen sind die Brustdrüsen offensichtlich von den Hormonen unabhängig und in beiden Geschlechtern entwickelt.) Die Brustdrüse verhält sich aber offensichtlich nicht so, wie wir es vom Gefieder der Vögel kennenlernten (unter Umkehr der Geschlechter), daß also der Artcharakter bei Fehlen der Gonadenhormone dem weiblichen Zustand entspräche. Denn Eunuchen, auch vom fetten Typ, sind keine Gynäkomasten. Im Fall der weiblichen Intersexualität und des Virilismus sahen wir aber ferner, daß die Mammae in ihrem Verhalten mit allen sekundären Charakteren konform gehen, also zweifellos durch Hodenhormone gehemmt werden und durch Ovarialhormone erhalten werden.

Im Gegensatz zu diesen einfachen generellen Verhältnissen wird nun bei der Gynäkomastie eine außerordentliche Variation beobachtet. Wenn wir uns an die von den genannten Autoren teils beoachteten, teils zitierten Fälle halten, so kommt folgendes vor:

1. Der Grad der Gynäkomastie kann schwanken von einer Drüsenvergrößerung mit männlicher Warze bis zu einer typischen Mamma mit Colostrumsekretion.

2. Es gibt Gynäkomasten, die in jeder Beziehung normale Männer sind; andere, die Erscheinungen von Feminismus somatischer und psychischer Natur zeigen; andere von mehr infantilem

oder eunuchoidem Charakter; solche mit normalen, mit schwachen und mit homosexuellen Trieben.

3. Manche Gynäkomasten haben normale Hoden und sind zeugungsfähig; die Mehrzahl dürfte aber irgendwie unterfunktionelle Hoden haben.

4. Es gibt viele Fälle, in denen Gynäkomastie zusammen mit eunuchoiden Erscheinungen nach Hodenverletzungen (auch Tumoren) auftrat.

5. Oft sind zusammen mit Gynäkomastie Schädigungen der verschiedensten endokrinen Drüsen beschrieben.

6. Es sind Fälle von Gynäkomastie bei Geschwistern und in mehreren Generationen beschrieben.

Betrachtet man diese Angaben, so scheint nur eines sicher, nämlich daß die Gynäkomastie nichts mit Intersexualität zu tun hat, sondern daß sie verursacht wird durch eine endokrine Störung, die vielleicht nicht sehr einfach ist, wie der negative Befund bei Eunuchen zeigt. In den Fällen, in denen Erblichkeit vorkommt, muß an eine erblich veränderte Reaktionsfähigkeit des Mammagewebes gegenüber den Hormonen gedacht werden. (Die Parallele dazu sind die Hühnerrassen mit hennenfedrigen Hähnen; siehe deren Erklärung.) Es sollte möglich sein, die genaue Ursache im Tierexperiment zu ergründen, jedenfalls hat das Phänomen nichts mit der eigentlichen Intersexualität zu tun.

γγ) *Homosexualität.*

Über dieses so viel diskutierte Gebiet kann der Biologe sich nur mit größter Vorsicht äußern. Ich muß zugeben, daß ich früher (1916) weniger vorsichtig war und glaubte, auf Grund umfangreicher Literaturstudien berechtigt zu sein, die Homosexualität, natürlich nur die sicher angeborene, als eine beginnende Intersexualität ansprechen zu dürfen. Ich kann diesen Standpunkt nicht mehr vertreten. Alles, was wir in den vorigen Abschnitten besprachen, macht es sehr schwierig, für die Homosexuellen beiderlei Geschlechts einen Platz in der Intersexualitätsreihe zu finden. So möchte ich, ohne selbst mein Urteil für sachverständig zu halten, darauf hinweisen, daß das oben für Gynäkomastie Gesagte mir auch am ehesten für Homosexualität zu passen scheint, wobei als Erfolgsorgan statt der Brustdrüse das Gehirn einzusetzen ist.

δδ) *Gonadenlosigkeit.*

Ähnlich wie bei Vögeln so sind auch beim Menschen gonadenlose Individuen beschrieben worden, und in einigen Fällen liegt auch eine gründliche mikroskopische Untersuchung vor. Eine ausführliche Diskussion findet sich bei BERNER (1930) und RÖSSLE u. WALLART (1930). Die sekundären Geschlechtscharaktere waren in diesen Fällen infantil. Natürlich weiß man nicht, ob die Gonaden nie da waren, oder ob sie sich sekundär rückbildeten. Letzteres ist zweifellos sehr wahrscheinlich und dann die Wirkung, einer Frühkastration entsprechend, verständlich.

εε) *Eier im Hoden.*

In der Gruppe der Amphibien und Vögel besprachen wir das gelegentliche, auch experimentell erzeugbare Auftreten von Eiern im Hoden, das aber nichts mit der eigentlichen Intersexualität zu tun hat. Auch beim Menschen ist von BABOR (1898) ein solcher Fall beschrieben. Ein 63 jähriger Mann, der noch lebende Spermien produzierte, zeigte im Hoden Wucherungen, die an PFLÜGERsche Schläuche erinnerten (?) und von Follikelepithel umschlossene Primordialeier. Falls die Beobachtung richtig ist, kann auf sie das angewandt werden, was wir früher bei den Amphibien diskutierten.

IV. Gynandromorphismus.

Wir haben bereits in der Einleitung den Gynandromorphismus
(oder mit einem kürzeren Wort die Gynandrie) definiert und gegen
die Intersexualität abgegrenzt. Das Schema Abb. 1 zeigte klar den
prinzipiellen Unterschied der beiden Phänomene. Gynandromorphismus wird in allen Fällen dadurch bedingt, daß auf irgendeine
Weise am Anfang der Entwicklung eines Individuums Zellen mit
verschiedenem Bestand an Geschlechtschromosomen gebildet werden, also 1 X- oder 2 X-Zellen. Alle von den Derivaten dieser Zellen
gebildeten Gewebe und Organe haben somit wieder 1 X- oder 2 X-
Beschaffenheit und sind dementsprechend weiblich oder männlich.
Gynander (kürzer statt Gynandromorphe) sind also Individuen,
die mosaikartig aus rein männlichen und rein weiblichen Zell-
bezirken zusammengesetzt sind. Dies ist nicht eine Interpretation,
sondern eine auf Grund des ganzen Materials mit Sicherheit festgestellte Tatsache, wie uns die Einzelanalyse zeigen wird. In einem
günstigen Fall konnte der Beweis sogar durch die Chromosomen-
untersuchung vervollständigt werden. PEARSON (1929) fand Gynander bei der Heuschrecke *Amblycorypha rotundifolia* und *oblongi-
folia* und konnte die Chromosomen in den weiblichen und männlichen Teilen untersuchen, und zwar bei Spermatocyten des Hodens
und Follikelzellen des Ovars des gleichen Tiers; die männlichen
Zellen hatten ein, die weiblichen zwei X-Chromosomen.

Wie sich im Gynander die weiblichen und männlichen Teile
mischen, hängt, wie eine einfache Überlegung zeigt, von zwei Ursachen ab: 1. dem Zeitpunkt, an dem die zweierlei Zellen gebildet
werden, also bei der Befruchtung, oder bei der 1., 2. oder einer
anderen Furchungsteilung oder noch später. 2. Wie die Abkömmlinge der Furchungszellen sich im Lauf der Entwicklung auf den
Körper verteilen. Nehmen wir an, daß die erste Furchungsteilung
zwei Zellen liefert, die die rechte und linke Körperhälfte entstehen

lassen, so wird eine Verschiedenheit der Geschlechtschromosomen
in den beiden Zellen zu einem Individuum führen, das rechts weiblich, links männlich oder umgekehrt beschaffen ist. Falls es sich
um Formen ohne Gonadenhormone handelt, etwa Insekten, so
bedeutet die genetische Beschaffenheit gleichzeitig auch die sichtbare. Nehmen wir nun aber an, daß die chromosomale Verschiedenheit nur in späteren Entwicklungsstadien entsteht, sagen wir etwa
in der Zellgruppe, die den Kopf liefert, dann besitzt das ganze Individuum sein genetisches Geschlecht, und nur der Kopf zeigt
ein sexuelles Mosaik. Zwischen diesen als Beispiel benutzten zwei
Typen kann es natürlich theoretisch alle anderen geben. In Wirklichkeit ist aber der häufigste Typ der gehälftete Gynander, so daß
in den meisten Fällen die chromosomale Verschiedenheit spätestens
im Zweizellstadium vorhanden gewesen sein muß. Was nun den
zweiten Punkt betrifft, so ist es klar, daß die Einzelheiten der Anordnung des sexuellen Mosaiks bei gegebenem Zeitpunkt des Eintritts der Kernverschiedenheit ganz davon abhängt, wohin im
Laufe der Entwicklung die Derivate der ersten verschiedenen
Zellen gelangen. Bei einem Ausgangspunkt von je einem weiblichen und männlichen Kern entsteht ein genau halbseitiger Gynander nur, wenn die Derivate dieser beiden ersten Zellen genau
eine Körperhälfte liefern. Würden sie aber nach Zufall sich un-
gleichmäßig auf den Körper verteilen, so entstände ein völlig regel-
loses Mosaik und würden sie nach irgendwelchen anderen Gesetzmäßigkeiten die Körperbezirke liefern, so müßte die Anordnung
des sexuellen Mosaiks mit diesen Gesetzmäßigkeiten übereinstimmen. Im Einzelfall ist also das sexuelle Mosaik genau analysier-
bar, wenn der Zeitpunkt des Eintritts der Chromosomenverschieden-
heit und die Tatsachen der normalen Entwicklungsgeschichte bekannt sind.

Genau analysiert ist das Phänomen der Gynandrie nur bei den
Insekten, wo es auch die größte Verbreitung hat. Daneben kommt
es mit Sicherheit, d. h. unter Ausschluß von Fällen, die auch anders
gedeutet werden können (z. B. Intersexualität), nur bei Crustaceen
und Vögeln vor. Man muß statistischen und kasuistischen Zusammenstellungen über Gynandrie sehr vorsichtig gegenübertreten.
Denn stets ist zum mindesten Intersexualität und Gynandrie
durcheinandergeworfen. Ich kenne jedenfalls keine solche Zusammenfassung für Schmetterlinge, in der nicht die männlichen

Intersexe von *Lymantria* wegen ihrer mosaikartigen Flügelfärbung als Gynander aufgezählt werden. Sogar in dem Buch von Meisen-

a

b

Abb. 189. a Gynander, fast halbseitig, von *Morpho rhetenor*, links ♂ blau, rechts ♀ gelb und schwarz mit einem männlichen Keil auf dem Hinterflügel nach Sjöstedt. b *Papilio dardanus* links ♀, rechts ♂ aus Wells-Huxley, The science of life.

Heimer, in dem die Unterscheidung im Text scharf durchgeführt ist, werden diese Intersexe sowohl als Intersexe als auch in einem anderen Kapitel als Gynander abgebildet.

Über die Häufigkeit der Gynandrie läßt sich nichts Generelles sagen. In der Regel ist das Phänomen sehr selten; so habe ich in meinen nach Hunderttausenden zählenden *Lymantria*-Zuchten nur zwei Gynander erhalten. Wir werden aber sehen, daß es Stämme von Schmetterlingen und Fliegen gibt, bei denen die Gynandrie erblich ist und daher regelmäßig bei ziemlich vielen Individuen erscheint.

Nach dem, was wir über die Entstehung der Gynander hörten, hat es kaum einen Sinn, die verschiedenen Typen nach Aussehen und Bau zu beschreiben, da theoretisch jede denkbare Mosaikzusammensetzung möglich ist, sowohl nach äußerem Aussehen wie nach Verhalten der Gonaden und Genitalien. Viele Typen werden uns bei der Einzeldiskussion begegnen. Hier seien nur einleitungshalber ein paar besonders schöne Beispiele von Schmetterlingen abgebildet (Abb. 189), nämlich ein Prachtstück aus dem Britischen Museum eines *Papilio dardanus*, rechts männlich, links weiblich und ein Gynander von *Morpho rhetenor* aus dem Stockholmer Reichsmuseum, links männlich (azurblau), rechts weiblich (ockergelb und schwarz) mit ein paar männlichen Einsprengungen auf der weiblichen Seite.

In der Einzelbesprechung werden wir nur die genauer analysierten Fälle behandeln und die zahllosen kasuistischen Beschreibungen von Einzelfällen nicht erwähnen. Sie können mehr oder minder vollständig verzeichnet, allerdings mit Intersexen vermengt, gefunden worden in den Zusammenstellungen von Sjöstedt für *Lepidoptera*, Dalla Torre und Friese (1899), Wheeler (1914), Enderlein für *Hymenoptera*, Beschreibungen für *Coleoptera* von Kraatz (1873), Dudich (1923), für *Orthoptera* von Toumanoff (1928) und Cappe de Baillon (1928), für Crustaceen Nicholls (1730) und Bürger (1902) und unzählige andere, von denen sehr viele in dem Buch von Meisenheimer zitiert sind. Die Fälle bei Wirbeltieren werden später besprochen.

A. Analysierte Fälle.

1. Erbliche Gynandrie bei Bombyx mori.

Der bestanalysierte Fall, der genetisch, morphologisch und cytologisch durchgearbeitet ist, betrifft den Seidenspinner *Bombyx mori* in den Untersuchungen von GOLDSCHMIDT u. KATSUKI (1927, 1928[1]) und KATSUKI (1927, 1928).

a) Genetische Analyse.

Es waren schon früher gelegentlich bei Schmetterlingen Stämme gefunden worden, in denen die Gynandrie, die sonst nur eine gelegentliche Abnormität darstellt, erblich auftrat, derart, daß in jeder Generation ein gewisser Prozentsatz von Gynandern erschien (GOLDSCHMIDT u. FISCHER 1926). Beim Seidenspinner sind solche Stämme öfters aufgetreten, und zwar erregten sie von Anfang an das Interesse der Genetiker, weil ein somatisches Mosaik der Raupen mit Gynandrie verbunden sein konnte. TOYAMA beschrieb zuerst eine solche Mosaikraupe, die einen Gynander ergab, ein Fall, der viel diskutiert wurde, weil er nicht in die üblichen Vorstellungen paßte (siehe später). [Einen ähnlichen Fall fand auch GOLDSCHMIDT (1923) bei *Lymantria*, dessen Analyse zu den gleichen Ergebnissen führte wie in TOYAMAS Fall.] Die Befunde bei *Bombyx* wurden dann von mehreren japanischen Autoren (IKEDA, TAKAHASHI, TANAKA, HAGI) in japanischen Veröffentlichungen wiederholt und allerlei Einzelheiten beschreibend zugefügt; eine Analyse wurde aber erst von uns durchgeführt. (Gleichzeitig auch von TANAKA, der aber noch nichts Genaueres veröffentlichte.)

Der Stamm, in dem die Mosaikraupen gefunden wurden, war ein Bastardstamm zwischen zwei Rassen, einer mit normaler und einer mit durchsichtiger (öliger) Haut. Aus diesem Stamm wurde eine Linie isoliert, die regelmäßig einen mehr oder minder großen Prozentsatz von Raupen mit somatischem Mosaik und von Gynandromorphen ergab. Wir müssen also zunächst das somatische Mosaik kennenlernen. Es handelt sich dabei um Raupen, die meistens auf einer Körperhälfte ölige, auf der anderen normale Haut haben. Diese genauen Halbseitenmosaiks sind in der großen Mehrzahl. Dann gibt es aber auch Raupen, die dorsoventral gehälftet erscheinen; noch seltener sind solche, die hauptsächlich einen Hautcharakter zeigen mit unregelmäßigen Einsprengungen des anderen und am seltensten ganz unregelmäßige Mosaiks. In Abb. 190 und 191 sind diese Haupttypen abgebildet. Diese Mosaiks haben nun nichts Direktes mit dem Geschlecht zu tun. Denn erstens

---

[1] Die neuesten Ergebnisse erscheinen etwa gleichzeitig im Biol. Zbl. 1931.

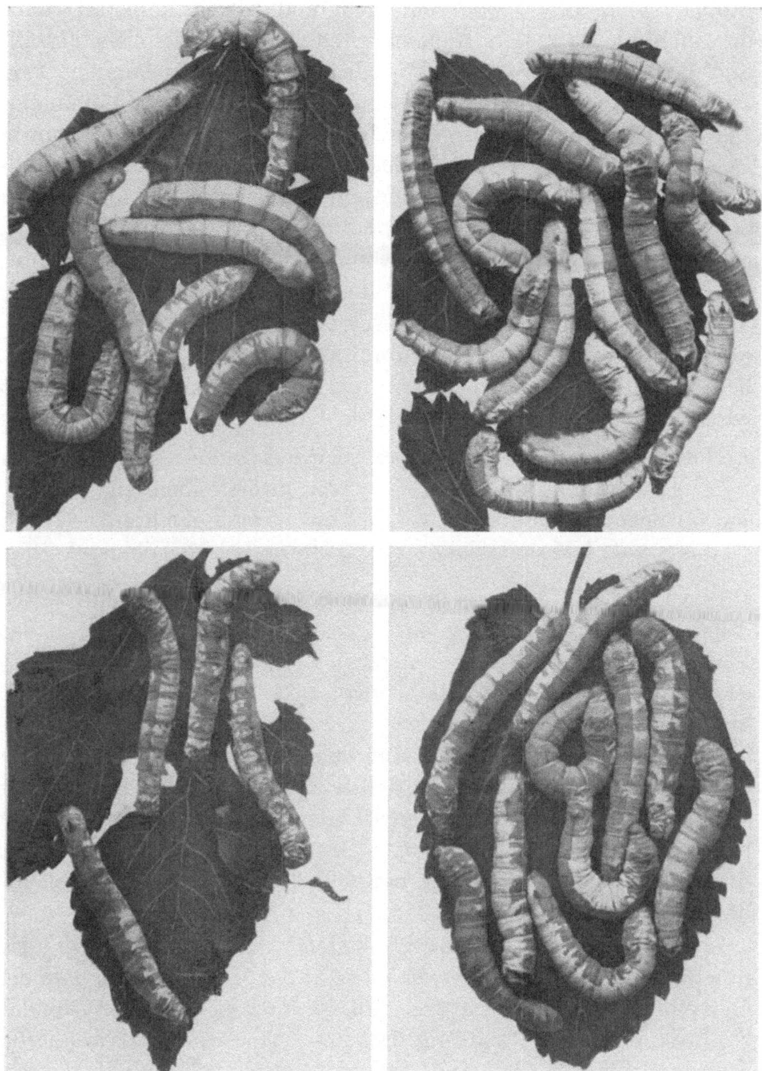

Abb. 190, 191. *Bombyx mori*. Die Typen von Mosaikraupen. (Nach GOLDSCHMIDT u. KATSUKI).

steht es fest, daß ölige Haut auf einem einfachen rezessiven, autosomalen Gen beruht (TANAKA, KATSUKI); zweitens können Mosaik-

raupen Gynander ergeben oder nicht und drittens können Gynander auch aus normalen Raupen entstehen. Somatisches Mosaik und Gynandrie werden also in diesem Stamm zusammen vererbt, sind aber in ihrem Erscheinen voneinander unabhängig. Das Auftreten der somatischen Mosaiks zeigt nun eine bestimmte Regel, die bereits auf das Erbgeschehen schließen läßt: sie treten fast nur in Gelegen auf, in denen eine Spaltung von normal: ölig eintritt, also in F_2 aus ölig $\times$ normal und der rezessiven Rückkreuzung (normal $\times$ ölig) $\times$ ölig und reciprok; in fast allen anderen Kombinationen fehlen sie. (Das „fast" kann erst später erklärt werden.)

Was hinter diesen Befunden steckt, wird sofort klar, wenn die Vererbung der Neigung zur Mosaikbildung (somatisch und geschlechtlich) durch Kreuzung normaler mit Mosaikstämmen untersucht wird. Das eindeutige Ergebnis dieser Kreuzungen ist das folgende:

P Mosaikstamm $\times$ Normalstamm,	Normalstamm $\times$ Mosaikstamm
F_1 Nur Zuchten mit Mosaiks	Nur normale Zuchten
F_2 Nur normale Zuchten	Nur normale Zuchten
F_3 3 Normal: 1 Mosaikzucht	3 Normal: 1 Mosaikzucht.

Dies an riesigem Material gewonnene Ergebnis zeigt, daß 1. die Anlage zur Mosaikbildung im Ei festgelegt sein muß, denn das Verhalten in F_1 folgt der Mutter. 2. Daß diese Anlage rezessiv ist, denn F_2 ist in beiden Richtungen normal. 3. Wird dies durch die einfache MENDEL-Spaltung in F_3 bewiesen. Ein rezessives mendelndes Gen ist es also, das in den Mosaikstämmen das Ei vor der Befruchtung so verändert, daß es Mosaiks bildet. (Für den der Vererbungslehre Fernstehenden sei bemerkt, daß die Spaltung erst in F_3 eintritt, also alles um eine Generation verschoben ist, weil es sich um einen Eicharakter handelt, dessen Wirkung ja erst die nächste Generation zeigt.)

Diese Resultate zusammen mit dem vorher Gesagten erlauben nun bindende Schlüsse über die Ursache der Mosaikbildung und der Gynandrie. Wir erinnern uns, daß die Mosaiks nur in spaltenden Zuchten auftraten. Spaltung tritt nun bekanntlich ein, wenn verschiedene Eikerne (N und n) sich mit rezessiven (n) oder von heterozygoten $\male$ gebildeten, also verschiedenen (N und n) Spermien vereinigen können, bzw. gleiche rezessive Eikerne (n) mit Spermien N und n. Eine Spaltung erfordert also mindestens zwei Arten von Befruchtung. Da Mosaiks nur in spaltenden Zuchten auftreten, so muß zu ihrer Bildung die Möglichkeit von zwei Arten von Befruchtung gegeben sein. Für ein und dasselbe Ei heißt das aber, daß es irgendwie zweikernig sein muß. Wie die Zweikernigkeit und die doppelte Befruchtung zustande kommt, ist eine Frage für sich; ihre erstaunliche Lösung werden wir bald kennenlernen. Nun ist es klar, daß in diesem Fall die Möglichkeit besteht, daß ein Kern XX, der andere XY wird und somit Gynander entstehen. Der autosomale Faktor n für Öligkeit mag nun so verteilt werden, daß beide Kerne Nn oder nn sind, somit kein Mosaik entsteht; je nach der Kombination mit XX oder XY kann aus einer solchen normalen Raupe ein geschlechtlich normales Tier oder ein Gynander entstehen; umgekehrt kann ein Kern Nn werden, der andere nn, somit eine Mosaikraupe entstehen, die aber auch wieder je nach der Kombination der Geschlechtschromosomen Gynander oder nicht liefert. Alle weiteren genetischen Versuche zeigten, daß diese Erklärung richtig ist. Vor allem wurde gezeigt, daß das Gen für Mosaikbildung nicht identisch ist mit dem für ölige Haut, also in einem anderen Chromosom liegt; ferner, daß noch ein weiteres autosomales Gen für eine Raupenzeichnung in genau der gleichen Weise an den Gesetzen für die Mosaikbildung teilnimmt. Damit ist bewiesen, daß mindestens vier Chromosomen (3 Autosomen, 1 X) bei dem ganzen Vorgang zusammengehen, was nur denkbar ist, wenn es sich eben um ganze Kerne handelt. Damit ist die genetische Analyse des Falls abgeschlossen und die Entscheidung fällt nun der Zytologie zu.

b) Cytologische Analyse.

Schon vor längerer Zeit hatte DONCASTER (1915) bei *Abraxas grossulariata* Eier mit zwei Kernen gefunden, die beide die Reifeteilungen durchmachen und somit von zwei Spermien befruchtet werden konnten. Wenn die beiden Kerne nach der Reifung X bzw. Y wären, so könnte aus einem solchen Ei ein Gynander entstehen. MORGAN u. BRIDGES (1919) schlossen, daß der bereits berichtete Fall von TOYAMA (1906) am besten erklärt werden könne, wenn es sich um solche zweikernigen Eier handelte und GOLDSCHMIDT (1923) wie GOLDSCHMIDT u. FISCHER (1926) hielten das gleiche für in ihren Fällen gegeben. Auch im vorliegenden Fall war dies die Erwartung. Die cytologische Untersuchung zeigte aber, daß zwar prinzipiell der Schluß auf Zweikernigkeit richtig war, die Zweikernigkeit aber in ganz unerwarteter Weise zustande kam.

Das Schmetterlingsei zeigt einige Besonderheiten der Reifeteilungen. Bei der 1. Reifeteilung entsteht ein Richtungskörperkern, der sich gleichzeitig mit dem Eikern teilt, so daß an der Oberfläche des Eies bei der 2. Reifeteilung zwei Spindeln hintereinanderliegen. Die äußere Spindel ist die des 1. Richtungskerns, die innere
die des Eikerns. Am Ende der 2. Reifeteilung liegen senkrecht
zur Eioberfläche somit vier Kerne, nämlich von außen nach innen,
die zwei Teilprodukte des 1. Richtungskerns, die wir als 1. und
2. Richtungskern bezeichnen können, dann der 2. Richtungskörper,

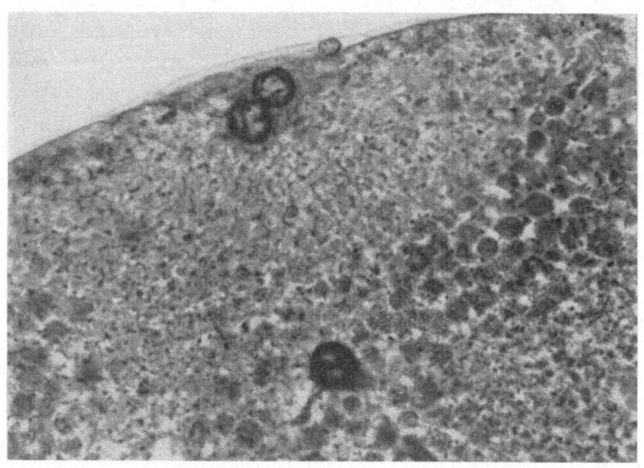

Abb. 192. Schnitt durch den Pol eines normal befruchteten *Bombyx*-Eies mit 1., 2. und 3. Richtungskern, einem Spermakern in der Tiefe. Der Eikern liegt im nächsten Schnitt dem Spermakern angelagert. (Nach GOLDSCHMIDT-KATSUKI.)

den wir dritten Richtungskern nennen wollen, dann der reife
Eikern. In dessen Nähe liegt dann auch der zur Kopulation bereite
Spermakern. Das folgende Schema (a—d) verdeutlicht diese Lage-
verhältnisse (RK = Richtungskern, EK = Eikern, SpK = Spermakern, RCK = Richtungskopulationskern, Z = Zygoten-Befruch-
tungskern).   Eioberfläche.

1. RK		RK 1	RK 1
	RK Spindel	RK 2	RCK
EK		RK 3 = 2 Ri	Z
		EK	
	EK Spindel SpK		

a   b   c   d

Die Besonderheit des Schmetterlingseies besteht nun darin, daß der 1. Reifekern unter die Eioberfläche gerät, wo er allmählich zugrunde geht. Der 2. und 3. Kern aber verschmelzen und bilden den sogenannten Richtungskopulationskern, der sich noch lange

Abb 193. Schnitt durch das Mosaikei von *Bombyx* im Augenblick der Doppelbefruchtung. (Nach GOLDSCHMIDT-KATSUKI.)

erhalten kann, ja sogar weiter teilen kann, ohne in der Regel am Aufbau des Organismus teilzunehmen. Gleichzeitig verschmelzen Ei- und Spermakern zum 1. Furchungskern. Abb. 192 zeigt die Photographie eines Schnittes in diesem Stadium, in der außen der 1. Reifekern, dann der Richtungskopulationskern und in der Tiefe der Spermakern zu sehen sind. Der Eikern liegt unter dem Spermakern im nächsten Schnitt. In den gynandromorphen Eiern ereignet sich nun etwas sehr Merkwürdiges.

Wir fanden nämlich solche Bilder, wie sie in Abb. 193 vom ganzen Ei und Abb. 194 vom Eipol stärker vergrößert abgebildet sind. Die nächstliegende Deutung war, daß das eine Kernpaar der Eikern mit dem Samenkern ist, das andere aber der Richtungskopulationskern, der in die Tiefe rückte und ausnahmsweise an der Entwicklung teilnimmt. Tatsächlich könnten so Gynander und Mosaiks entstehen, und wir hielten dies auch für die richtige Lösung. Inzwischen zeigte aber die genaue Analyse der experimen

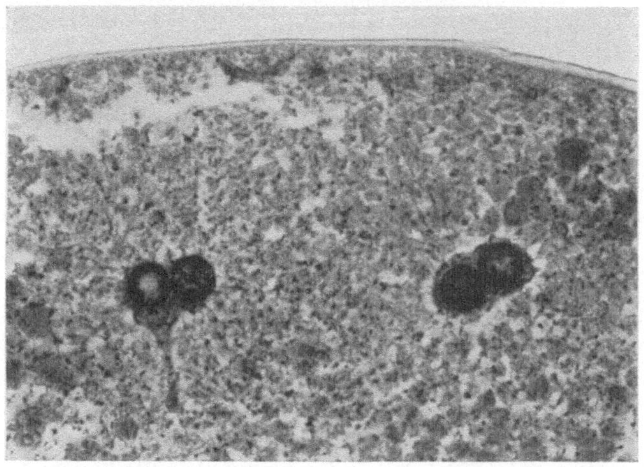

Abb. 194. Wie 193, der Eipol stärker vergrößert. (Nach GOLDSCHMIDT-KATSUKI.)

tellen Daten, daß diese Interpretation unmöglich ist. Es läßt sich nämlich durch die Untersuchung der Zahlenverhältnisse von a) Gynandern aus Mosaikraupen, b) Gynandern aus durchsichtigen bzw. normalen Raupen, c) normalen Faltern aus Mosaikraupen mit Sicherheit diese Interpretation widerlegen und eine andere beweisen. (Die Einzelheiten dieser sehr interessanten Analyse werden gleichzeitig veröffentlicht; sie sind mehr von speziellem genetischem Interesse.) Vielmehr muß das Bild dieser Figuren so gedeutet werden, daß das zweite Kernpaar nicht der Richtungskopulationskern ist, sondern der von einem zweiten Spermatozoon befruchtete zweite Richtungskörperkern, also der Kern Nr. 3. Merkwürdigerweise gibt es aber im gleichen Material noch eine zweite

Art der Entstehung von Mosaiks, die es ermöglicht, daß auch in den nichtspaltenden Zuchten $nn \times NN$ und $Nn \times NN$ gelegentlich Mosaiks auftreten. Wegen der Einzelheiten dieses Falles sei auf die Spezialarbeiten verwiesen.

c) Morphologie.

Aus der Entstehung der Gynandromorphen muß auch ihre Morphologie erklärbar sein. Sie zu verstehen, müssen ein paar Worte über die Embryologie der Schmetterlinge vorausgeschickt werden. Im befruchteten Ei wandert der Furchungskern in die Tiefe, teilt sich hier in viele Kerne, die dann strahlenförmig nach der Eioberfläche wandern, sich mit Plasma umgeben und so das Blastoderm bilden. In diesem differenziert sich ein ventraler Zellstreifen zur Embryonalanlage, dem Keimstreif, der allein die Organe liefert. Durch seitliches Hochwachsen seiner Ränder und folgenden dorsalen Verschluß entsteht schließlich die äußere Körperwand. Die Flügel, Antennen, Beine, Teile der Genitalien entstehen aus Zellgruppen, den Imaginalscheiben, die sich früh bilden, aber erst in der Metamorphose ausdifferenzieren. Die Gonaden entstehen aus einer am hinteren Pol des Blastoderms gelegenen Zellgruppe, deren Plasma schon abgesondert ist, bevor es mit Furchungskernen versehen wird.

Aus dieser Entwicklung folgt nun für die Entstehung von Gynandern aus dem zweikernigen Ei: Damit genau gehälftete Gynander entstehen, müssen die Abkömmlinge der beiden Kerne getrennt bleiben und bei der Keimstreifbildung von beiden Seiten gleichmäßig der ganzen Länge nach zusammenkommen. Ist das der Fall, dann sind alle Imaginalscheiben rechts und links auf die beiden Kerne zurückzuführen, und in Anbetracht der Bildung der Körperwand auch diese, die dann in einer scharfen dorsalen Verwachsungslinie die verschiedengeschlechtlichen Hälften zeigen muß. Man muß sagen, daß es bei dem Furchungstypus des Insekteneies sehr schwer vorstellbar ist, daß nun wirklich gehälftete Gynander vorkommen. Da sie aber tatsächlich sehr häufig sind, so muß die Wanderung der Furchungskerne zur Oberfläche doch sehr viel regelmäßiger sein, als man nach den Bildern glauben sollte. Unter diesen Umständen ist nun zu erwarten, daß am ehesten solche Organe rechts-links verschieden sind, die einmal im Bereich der äußeren und dorsalen Körperwand liegen, sodann die, die aus relativ weit auseinanderstehenden Imaginalscheiben gebildet werden. Am seltensten sollte die Rechts-Linksverschiedenheit Organe der Mittellinie und der Eipole, also z. B. die Gonaden, treffen. Stets ist aber die Möglichkeit gegeben, daß sich Kernderivate der beiden ursprünglichen Kerne über die Mittellinie begeben und damit Organteile der anderen Seite mitliefern. Dies ist ja

Abb. 195. Zwei Halbseitengynander von *Lymantria dispar*, beide rechts vorwiegend männlich, links weiblich. a gezeichnet, b Photo ohne Abdomen. (Nach GOLDSCHMIDT-MACHIDA.)

relativ häufig zu erwarten. Am einfachsten können wir uns den Vorgang an den Mosaikraupen Abb. 190, 191 klarmachen, die ja in ihren verschieden gefärbten Hautstellen sichtbar zeigen, wie die von den beiden ersten Kernen stammenden Tochterzellen schließlich am Aufbau der Haut teilnehmen. Oft haben sie sich genau auf ihrer Seite gehalten, oft haben die meisten es getan, aber andere sind durcheinandergewachsen und manchmal haben sich alle unregelmäßig vermengt. Wenn nun eine solche Mosaik-

raupe gleichzeitig gynandromorph ist, so mögen etwa die Imaginalscheiben beider Flügel im rein weiblichen und männlichen Bezirk
liegen. Bei den mehr unregelmäßigen Mosaiks aber mag es sein,
daß beide Flügelanlagen in gleichgeschlechtliche Bezirke kommen,
oder in übers Kreuz verschiedene, oder in einen gemischten Bezirk,
oder bei den ganz unregelmäßigen Mosaiks in einen fein gemischten.
Je nachdem werden dann die Flügel auf der weiblichen Seite weiblich, der männlichen männlich sein, oder aber umgekehrt übers

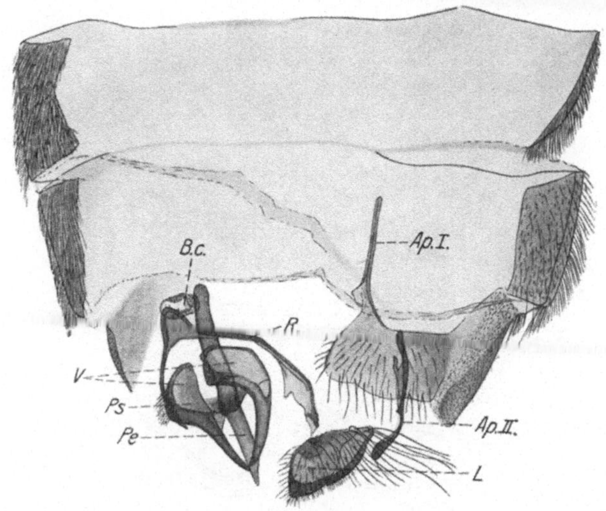

Abb. 196. Chitinteile der letzten Segmente und des Kopulationsapparates des Gynanders b
der Abb. 195. Männliche Teile (rechts, in der Abb. links): *Pe* Penis, *Ps* Penisscheide, *R* Segmentring, *V* Valven. Weibliche Teile: *Ap. I* und *II* Apophysen, *L* Labie *B.c* Bursa copulatrix.
(Nach GOLDSCHMIDT-MACHIDA.)

Kreuz oder beide eines Geschlechts oder gar rechts-links entgegengesetzt, aber mit Einsprengungen des anderen Geschlechts oder
schließlich ganz unregelmäßige Mosaiks. Es ist wohl nicht nötig,
dies für alle einzelnen Organe auszuführen, da dies eine genaue
Verfolgung der Entwicklung erfordert. Das Prinzip ist klar, und
es ist danach nicht schwer, die verschiedensten Typen von Gynandern zu verstehen, die auf Grund der gleichen Ausgangssituation,
der Doppelkernigkeit, entstehen können.

Zur Illustration sei zuerst ein Fall benutzt, der sich auf *Lymantria
dispar* bezieht (GOLDSCHMIDT und MACHIDA). Abb. 195—97 zeigen

Form und Organisation von zwei Gynandern, die zweifellos als Ganzes genommen rechts männlich, links weiblich sind. Für viele Organe trifft das genau zu, so für die Antennen, den Körper, bei dem einen den gesamten Geschlechtsapparat. Dagegen sind die Flügel bei beiden gemischt. Bei dem einen sind sie auf der männlichen Seite männlich geformt, aber weiblich gefärbt, bis auf einen männlichen Fleck, auf der weiblichen Seite weiblich. Bei dem an-

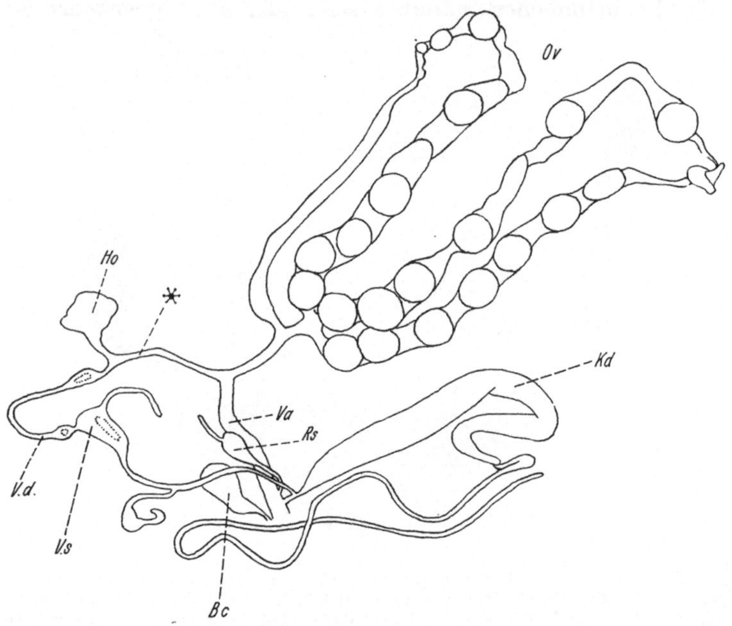

Abb. 197. Innere Genitalien des Gynanders a der Abb. 195 von ventral, links (in der Abb. rechts) weiblich, rechts männlich. *B.c* Bursa copulatrix, *Ho* Hoden, *Kd* Kittdrüse, *Ov* Ovar, *Rs* Receptaculum seminis, *Va* Vagina, *V.d* Vas deferens, *V.s* Vesicula seminalis. * Verbindung zwischen Vagina und Vas deferens. (Nach GOLDSCHMIDT-MACHIDA.)

deren erscheinen beide Flügel männlich, aber auf der weiblichen, weniger auch auf der männlichen Seite mit weiblichen Einsprengungen. Der Kopulationsapparat des einen (Abb. 196) ist genau gehälftet, aber auf der männlichen Seite sind die Derivate des HEROLDschen Organs komplett. Sehr charakteristisch ist das innere Genitale (Abb. 197). Rechts Hoden, links Ovar, die paarigen Teile der beiderlei Ausführgänge nur auf einer Seite entwickelt, die unpaaren aber vollständig.

Bei den zahllosen Gynandern der erblichen Linie von *Bombyx* finden sich dementsprechend alle möglichen Kombinationen von genau gehälfteten Gynandern bis zu den verschiedensten Mosaiks. Um lange Beschreibungen zu ersparen, seien ein paar Typen tabellarisch verzeichnet.

<table>
<tr><th colspan="2">Antenne</th><th colspan="2">Flügel</th><th colspan="2">Abdomen</th><th colspan="2">Kopulations-apparat</th><th colspan="2">Ausführgänge</th><th colspan="2">Gonaden</th></tr>
<tr><th>l.</th><th>r.</th><th>l.</th><th>r.</th><th>l.</th><th>r.</th><th>l.</th><th>r.</th><th>l.</th><th>r.</th><th>l.</th><th>r.</th></tr>
<tr><td>♀</td><td>♂</td><td>♀</td><td>♂</td><td>♀</td><td>♂</td><td colspan="2" align="center">♀
♂ /</td><td>♀′</td><td>♀′</td><td>♂</td><td>♂</td></tr>
<tr><td>♀
♀
♂
♀</td><td>♂
♂
♂
♂</td><td>♀
♂
♀
♀</td><td>?</td><td>♀
♀
♂
♀</td><td>♂
♂
♀
♂</td><td>♀
♀
♂</td><td>♂
♀
♂
♀
♂ /</td><td>♀
♀′
♀
♀′</td><td>♂
♂′
♀
♂</td><td>♀
♂
♂
♂</td><td>♂
♀
♂
♂</td></tr>
<tr><td>♂
♂
♀</td><td>♀
♀</td><td>♂</td><td>♀ ?</td><td>♂
♂</td><td>♀
♀</td><td>♂</td><td>♀
♀
/♂
♀
♂
♂
♀</td><td>♂
♂</td><td>♀
♂</td><td>♀
♂</td><td>♀
♂′</td></tr>
<tr><td>♂</td><td>♀′</td><td>?</td><td>?</td><td>♂</td><td>♀</td><td colspan="2" align="center">/♂
♂
♀</td><td>♂′</td><td>♀′</td><td>♀</td><td>♀</td></tr>
<tr><td>♂
♂′</td><td>♂
♂</td><td>♀
♀</td><td>♂
♂</td><td>♀
♀</td><td>♂
♂</td><td colspan="2" align="center">regellos
♀
♂ /</td><td>♀′</td><td>♂′</td><td>♀
♀</td><td>♀
♀′</td></tr>
</table>

In dieser Tabelle bedeuten: ♂′ ♀′ bedeutet männlich oder weiblich mit anders-geschlechtlicher Beimischung. ♀/♂ bedeutet vorn weiblich, hinten männlich und / das Vorhandensein einer Valve auf der betreffenden Seite. Wegen zahlloser weiterer Einzelheiten sei auf die Arbeit von KATSUKI verwiesen, in der die Anatomie von 348 solcher Gynander beschrieben ist. Zur Illustration diene Abb. 198 u. ff. Abb. 198 zeigt das Aussehen eines typisch bilateralen Gynanders zwischen den Faltern der normalen Geschlechter. Abb. 199 zeigt die normalen Kopulationsapparate der beiden Geschlechter und Abb. 200 sehr verschiedene gynandromorphe Mischungen, in a richtig gehälftet, in d fast männlich und dazu die verschiedenen Mischungen. Zum Verständnis sei auf die genaue Analyse des Kopulationsapparats im Kapitel über Zygotische Intersexualität von *Lymantria* verwiesen und zugefügt, daß beim Männchen von *Bombyx* noch ein weiterer Teil, das Scaphium, hinzukommt. Abb. 202 endlich zeigt ein paar der merkwürdigen Kombinationen, die bei den inneren Genitalien vorkommen im Vergleich mit den normalen Gonaden Abb. 101. Aus den Figurenbezeichnungen gehen ohne weiteres die Anteile der beiden Geschlechter hervor.

Endlich sei noch demonstriert, was ja nach der Entwicklungsgeschichte selbstverständlich ist, daß die einzelnen Teile des Geni-

Abb. 198. *Bombyx mori*, links ♀, rechts ♂. Dazwischen gehälfteter Gynander.
(Nach KATSUKI.)

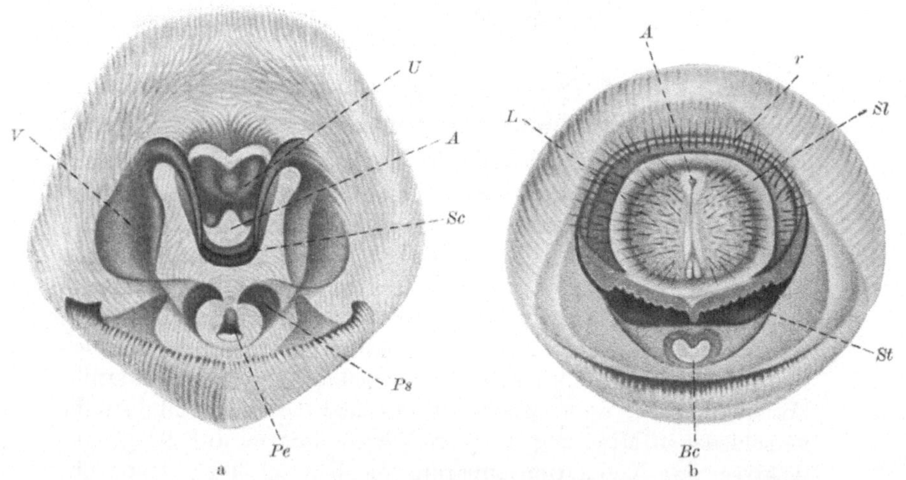

Abb. 199. Normale Kopulationsapparate von *Bombyx mori*, von hinten gesehen. a ♂, b ♀.
A Analkonus, *Ap* Apophysen, *Bc* Bursa copulatrix, *L* Labie, *Pe* Penis, *Ps* Penisscheide,
r Rand des 8. Segments, *Sc* Scaphium, *Sl* Saccus lateralis, *St* Sternit des 8. Segments, *T*
Tergit des 8. Segments, *U* Uncus, *V* Valve (die Bezeichnungen der folgenden Abbildung
zugefügt). (Nach KATSUKI.)

talapparats, die aus verschiedenen Anlagen entstehen, auch dementsprechend in ihrer Geschlechtlichkeit nicht zusammengehen,

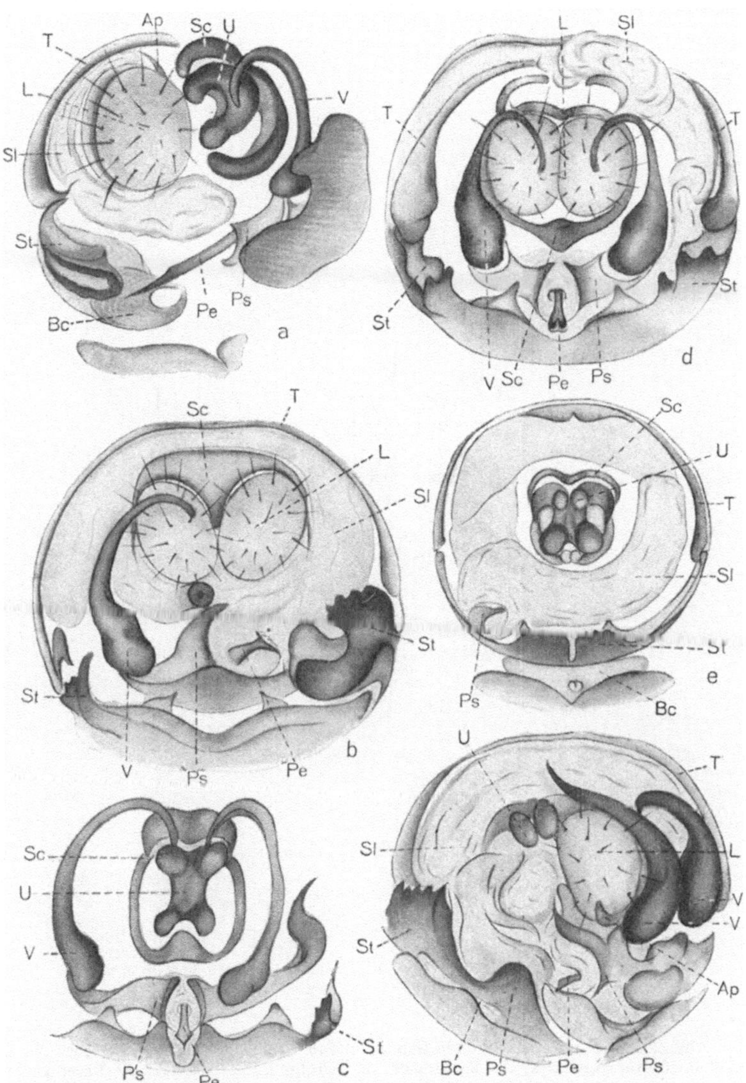

Abb. 200. Kopulationsapparate verschiedener Typen von Gynandern. a gehälftet, d fast männlich. Die übrigen verschiedenartig gemischt. Bezeichnungen siehe Abb. 199. (Nach KATSUKI.)

also vor allem Kopulationsorgan und Gonade. Die folgenden beiden Tabellen zeigen die Häufigkeit der Fälle, in denen sich unter 348

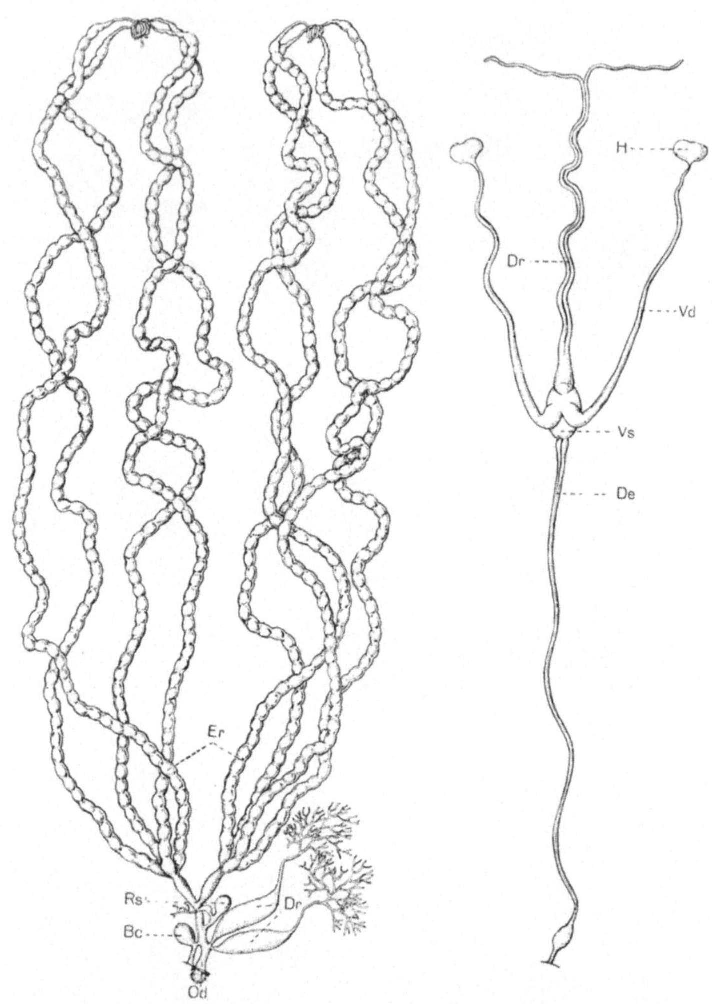

Abb. 201. Die normalen inneren Genitalien von *Bombyx mori*, links ♀, rechts ♂.
1. ♀ *Bc* Bursa copulatrix, *Dr* Kittdrüsen, *Er* Eiröhren, *Od* Ovidukt, *Rs* Receptaculum
seminis. 2. ♂ *De* Ductus ejaculatorius, *Dr* Anhangsdrüse, *H* Hoden, *Vd* Vas deferens,
Vs vesicula seminalis. (Nach Katsuki.)

Individuen die verschiedenen Gonadentypen mit den Typen von
Kopulationsapparat und Geschlechtsgängen kombinieren. (Bezeichnungen wie in der vorhergehenden Tabelle.)

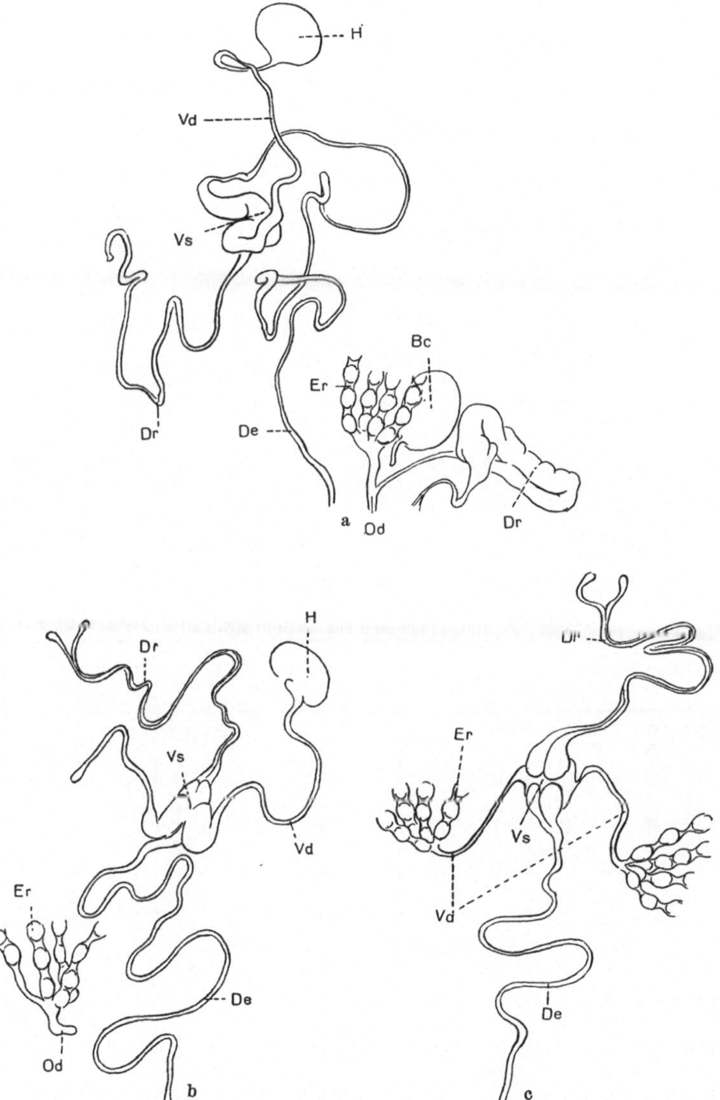

Abb. 202. Verschiedene Typen innerer Genitalien von Gynandern von *Bombyx mori*. Bezeichnungen wie in Abb. 201. a Genau gehälftet, b Gonaden gehälftet, weibliche Ausführgänge fast fehlend, männliche vollständig für beide Seiten. c Beiderseits Ovarien an normalen männlichen Ausführgängen sitzend. d Beiderseits Hoden mit Teilen der Ausführgänge. Hinten die von weiblichen Imaginalscheiben gebildeten weiblichen Anhangsorgane. e Links Ovar und Teile der weiblichen Gänge, dazu Teile der weiblichen Anhangsorgane. Rechts männliche Gänge ohne Drüse. (Nach KATSUKI.)

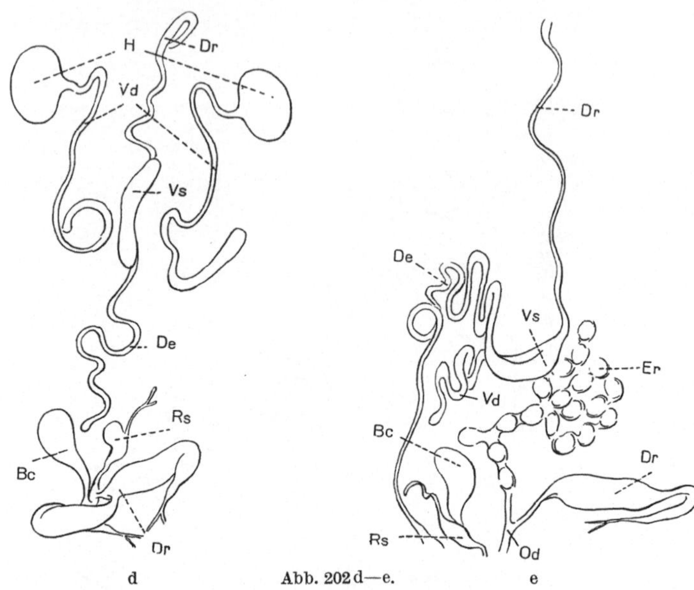

Abb. 202 d—e.

Beziehung zwischen Kopulationsorgan und Gonade.

Nr.	Kopulations-organ	Gonade	L. ♀	R. ♂	L. ♂	R. ♀	L. ♀	R. ♀	L. 0	R. ♀	L. ♂	R. ♂	L. 0	R. ♂	L. ♂♀	R. ♀	
1	♀♂♀♂↗♂♂↗♂♂	↗♂♀♂♀♂♀♂♀♂	15					25				12					52
2			2			1		4				2					9
3			4					15				1					20
4						17		19	3			18				1	58
5			1			1		16	2			2					22
6						1		5				3					9
7	♀♂↗♂♀♂ / /♀♂↗♂/ /♀♂↗♂/ ♀♂↗♂♀♂↗♂♀♂↗♂♀♂' ♂'		10			1		9				19	1				40
8						4		10	2			8					24
9			1			4		4	1			34					44
10								6									6
11								3				3					6
12								24									24
13								2									2
14			2					24				4					30
	Regellos							2									2
			35			29		168	8			106	1			1	348

Beziehung zwischen Gonade und Nebenteilen der inneren Genitalorgane.

Nr.	Gonade l.	Nebenteil r.	L. ♀	R. ♂	L. ♂	R. ♀	L. ♀	R. ♀	L. ♂	R. ♂	L. 0	R. 0	
1	♂	♀	2			24	2						35
2	⚥	⚥	27			1	5						29
3	⚥ ♀	♀				1							1
4	⚥	♀	48			47	54		18		1		168
5	0	♀				8							8
6	♂	⚥	43			38	7		18				106
7	0	♀	1										1
			121			119	68		39		1		348

Nach dem Vorstehenden kann man wohl sagen, daß in diesem Fall die Analyse des Gynandromorphismus vollständig durchgeführt ist.

2. Gynandrie bei Drosophila.

Unter den zahllosen, vor allem von der MORGAN-Schule gezüchteten *Drosophila* erschienen gelegentlich auch Gynander, und in zwei bestimmten Fällen sogar in großer Zahl. Ihr Studium durch MORGAN u. BRIDGES (1919), L. V. MORGAN (1929), BRIDGES (1925a) und STURTEVANT (1920, 1929) hat allerdings keine so vollständige Analyse ermöglicht wie im vorigen Fall, da weder die Morphologie so vollständig untersucht ist, noch die Cytologie bisher untersucht werden konnte. Dafür ist aber die genetische Seite, dank der genauen Kenntnis der Vererbung bei *Drosophila*, sehr vollständig analysiert und erlaubt dadurch ziemlich bindende Rückschlüsse auf die cytologischen Vorgänge, denen die Gynander ihre Entstehung verdanken. Dies ist vor allem dadurch der Fall, daß hier außer den Geschlechtscharakteren und den autosomalen Genen, wie bei *Bombyx*, noch geschlechtsgebunden vererbte Gene vorhanden sind, durch die ja die X-Chromosomen markiert sind. In solchem Fall kann man nach dem Aussehen der weiblichen oder männlichen Mosaikteile sofort entscheiden, ob sie ein oder zwei X-Chromosomen enthalten, und ob es das vom Vater oder der Mutter stammende ist; in manchen Fällen kann man sogar mit Sicherheit feststellen, daß im männlichen Gewebe das Y-Chromosom fehlt. Auf solche Weise wurde nachgewiesen, daß die Mehrzahl der Gynander von *Drosophila* so zustande kommt, daß in einem weiblichen XX-Ei bei einer der ersten Furchungsteilungen das eine X-Chromosom auf irgendeine Weise verlorengeht. Dann sind

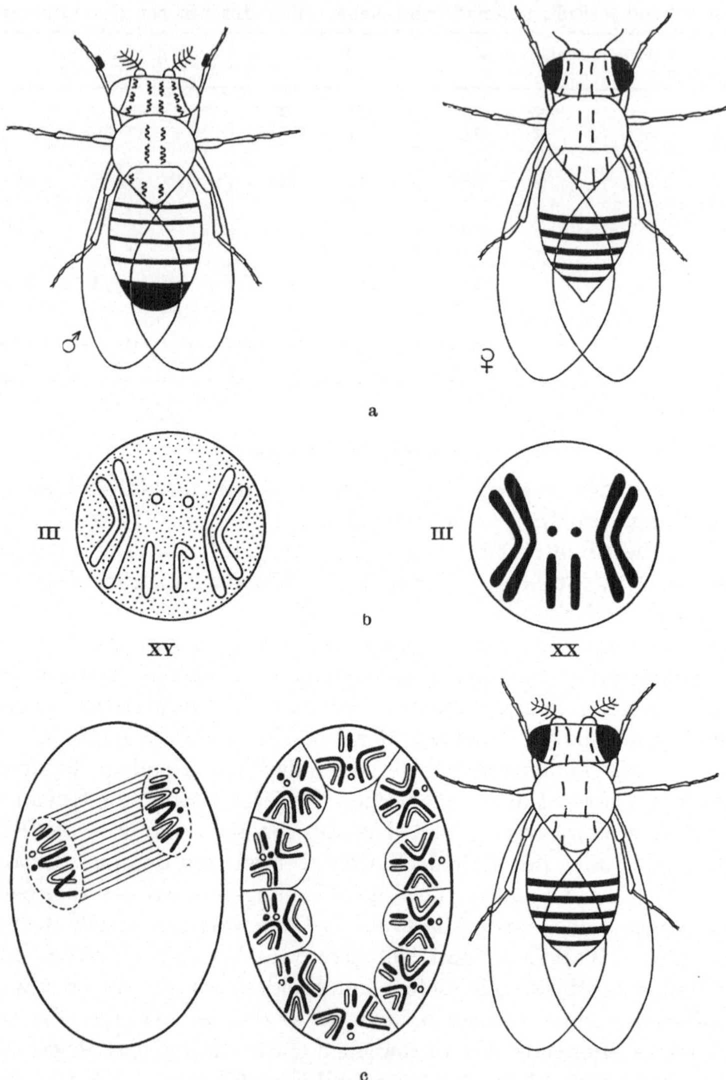

Abb. 203. Darstellung der Methode der Analyse der Gynander von *Drosophila* mit Hilfe von durch Mutanten markierten Chomosomen (entworfen von C. STERN). Erklärung im Text.

Kerne mit je XX und nur X vorhanden, deren Deszendenten in ähnlicher Weise, wie wir es für *Bombyx* erörterten, weibliches

oder männliches Gewebe liefern. Bevor wir die Einzelheiten berichten, wollen wir uns an einem schematischen Beispiel generell den
Weg der Analyse klarmachen.

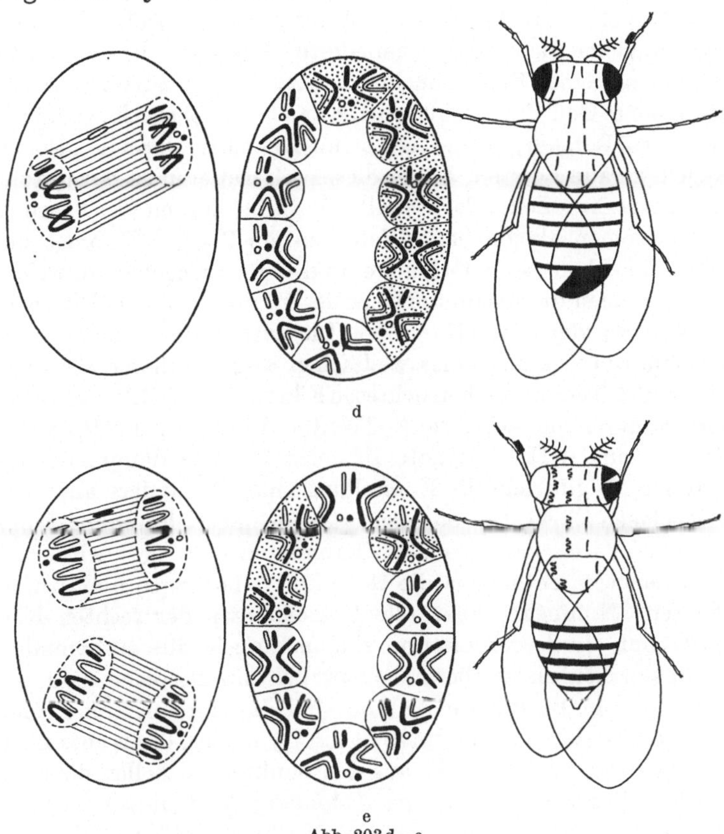

Abb. 203 d—e.

a) Schema der Analyse.

In Abb. 203 ist in einem Schema die Entstehung von zwei
Typen von Gynandern bei Vorhandensein bekannter Mutations-
charaktere dargestellt. Die erste Reihe (a) zeigt die Elterntiere, die
die Gynander erzeugen, links das Männchen, rechts das Weibchen.
Zunächst sind die Geschlechtscharaktere zu sehen: Beim ♂ der
schwarze Geschlechtskamm an den Vorderbeinen, das abgestumpfte
Abdomen mit Schwärzung der letzten Segmente, kürzere Flügel;

beim ♀ spitzes Abdomen ohne Schwärzung, längere Flügel, keine Kämme an den Vorderbeinen. Außerdem tragen sie die folgenden mutierten Gene, alles rezessive Mutanten: a) autosomale Gene. Das Weibchen hat die rezessive Mutation fadenförmige Antennen, das Männchen die normalen gefiederten Antennen. b) Geschlechtsgebundene Gene: Das Männchen besitzt das rezessive geschlechtsgebundene Gen für weiße Augen und ein ebensolches für gekrümmte Borsten; beides ist beim Weibchen normal, also rote Augen, gerade Borsten. Unter diesen Elterntieren ist der Chromosomensatz ihrer Zellen dargestellt (b); die bekannten vier Paare von Chromosomen, davon beim Weibchen ein Paar X-Chromosomen, beim Männchen die X Y-Gruppe, und es ist angegeben, in welchen Chromosomen die genannten Gene liegen, mit denen die Elterntiere markiert wurden (Chr. III und X). Die dritte Reihe (c) zeigt nun die normale Entwicklung eines weiblichen Eies aus dieser Kreuzung. Links die 1. Teilung des befruchteten Eikerns, in der Mitte ein Blastodermstadium und rechts die F_1-Tochter, die natürlich völlig normal ist, da ja in der Heterozygote die normalen Gene dominieren. Die 4. Reihe (d) gibt nun die Entstehung eines Gynanders aus einem ebensolchen Ei wieder, dadurch, daß in der 1. Furchungsteilung das vom Vater stammende X-Chromosom eliminiert wird. Dies X-Chromosom enthielt ja die Gene für weiße Augen und krumme Borsten. Nunmehr haben alle Deszendenten der rechten Kernplatte nur *ein* X-Chromosom, sind männlich, alle Abkömmlinge der linken Kernplatte aber haben zwei X-Chromosomen, sind weiblich. In dem Blastodermstadium sind die ersteren Zellen punktiert dargestellt. Daraus entsteht ein Gynander, der rechts männlich, links weiblich ist, falls aus den punktierten Zellen die rechte Körperhälfte hervorgeht. Die Abbildung zeigt diesen Gynander und zeigt auch, daß außer den Geschlechtscharakteren alle Eigenschaften normal sind. Denn rechts ist ja nur das mütterliche X-Chromosom vorhanden, in dem keine mutierten Gene waren, links aber beide, wobei die normalen Gene dominieren. Das Autosomenpaar mit den Antennengenen ist aber auf beiden Seiten gleich und auch hier dominiert wieder das normale Gen.

Die 5. Reihe endlich (e) zeigt die Entstehung eines Gynanders, wenn 1. es das mütterliche X-Chromosom ist, das eliminiert wird, 2. die Elimination erst bei der 2. Furchungsteilung in der einen Spindel erfolgt. In dem folgenden Bild des Blastodermstadiums sind wieder die Zellen punktiert, die von dem Kern stammen, der das mütterliche X verloren hat, und wir nehmen an, daß aus ihnen die linke Hälfte von Kopf und Thorax und ein Keil im rechten Auge entsteht. Dann müssen alle diese Teile männlich sein (*ein* X). Und da sie das *väterliche* X besitzen, dessen rezessiven mutierten Genen nun kein dominanter Partner gegenübersteht, so müssen alle männlichen Teile weiße Augenfarbe und gekrümmte Borsten zeigen. Die Antennen werden aber wieder nicht betroffen, da die Autosomen im ganzen Körper gleich sind.

Auf Grund dieses einfachen Beispiels ist es klar, daß ein jeder Gynander, der aus einer bekannten Kreuzung hervorgeht, dem mit der Vererbung der in Betracht kommenden Gene Vertrauten sofort enthüllt, daß ihm in den männlichen Teilen ein X-Chromosom fehlt, und zwar entweder das väterliche oder das mütterliche. Und aus der Verteilung der Mosaikbezirke läßt sich auch schließen, wann das X eliminiert wurde. Ebenso läßt sich feststellen, ob die Autosomen alle normal vorhanden sind, und ob nur eine Elimination von X oder etwa ein anderer Entstehungsmodus für den Gynander in Betracht kommt.

b) Einzelheiten.

Zuerst seien ein paar Beispiele gegeben. Abb. 204 zeigt einen genau gehälfteten Gynander, enstanden durch Elimination eines mütterlichen X in der ersten Furchungsteilung. Links ist er weiblich und zeigt eine dominante Flügelmutante (notch), die die Mutter hatte. Rechts ist er männlich und zeigt die geschlechtsgebundenen Charaktere seines Vaters, davon deutlich das hellere Auge und das abnorme Verhalten der Borsten auf Thorax und Scutellum und die breiten Flügel, in Wirklichkeit fünf rezessive Gene. Abb. 205 gibt einen etwas komplizierteren Fall. Die linke Hälfte und hinten etwas mehr ist männlich, die rechte weiblich. Links ist die Augenfarbe eosin-vermilion, rechts rot, links ist die Augenform normal, rechts bandförmig. Die Gonaden waren weiblich, die äußeren Genitalien fast männlich. In diesem Fall hatte das mütterliche X die Gene für Eosin-Vermilionaugen mitgebracht, das väterliche X das für Bandaugen (dominant) und die normalen Augenfarbengene. Ohne Zweifel war das väterliche X eliminiert worden, so daß die männliche Seite die mütterlichen geschlechtsgebundenen rezessiven Gene zeigt, die weibliche Seite

aber die dominanten väterlichen geschlechtsgebundenen Gene.
Noch etwas komplizierter ist der Gynander Abb. 206, dessen
Mutter in ihren beiden X die rezessive Augenfarbe eosin und die
Flügelform miniature trug; der Vater war normal. Ein väter-
liches X wurde eliminiert, so daß alle männlichen Teile die mütter-
lichen geschlechtsgebundenen Gene zeigen. Die Zellgruppen mit
und ohne X wurden aber sehr verwickelt auf den Körper verteilt.
Der ganze Kopf ist männlich, weiblich die rechte Rückenhälfte des

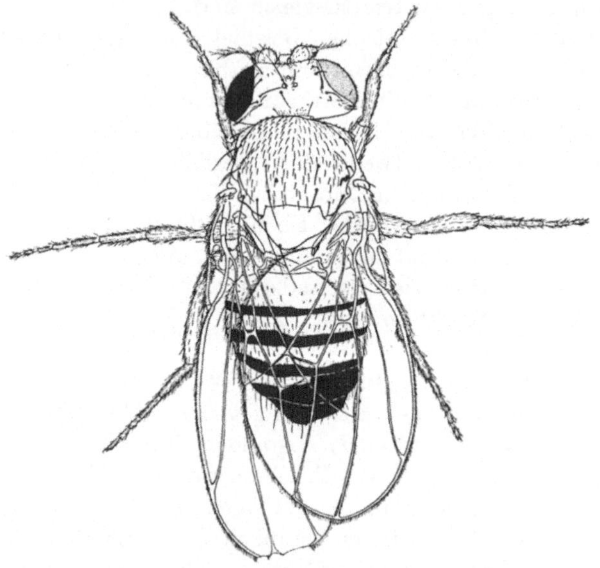

Abb. 204. Gynander von *Drosophila*. Erklärung im Text.
(Nach MORGAN, BRIDGES, MULLER, STURTEVANT.)

Thorax mit dem rechten Flügel; außerdem war links die Ventralseite des Thorax mit den linken Beinen weiblich. Alles andere ist
männlich. Diese drei Beispiele dürften genügen.

Aus der gegebenen Darstellung folgt, daß die männlichen Teile
der Gynander X 0 sind, also im Gegensatz zu normalen männ-
lichen Geweben kein Y-Chromosom besitzen. Nun steht es fest
(BRIDGES), daß *Drosophila*-♂ ohne Y steril sind. Somit könnten
Gynander mit Ovarien fruchtbar sein, solche mit Hoden aber nicht.
Das ist auch der Fall. Außerdem kennen wir jetzt auch Gene im
Y-Chromosom von *Drosophila* (STERN), mit deren Hilfe sich auch

bei Gynandern das Fehlen des Y in den männlichen Teilen nachweisen läßt. So ist denn trotz des Fehlens der cytologischen Untersuchung der Nachweis der Entstehung der *Drosophila*-Gynander
durch Elimination eines X — und zwar gleichoft eines väterlichen
und eines mütterlichen X, wie die Analyse lehrt — als bindend zu
betrachten.

Nun sind aber auch eine Anzahl Gynander gefunden worden,
bei denen es sicher ist, daß sie anders entstanden sein müssen.

Abb. 205. Gynander von *Drosophila*.
Erklärung im Text.
(Nach Morgan-Bridges.)

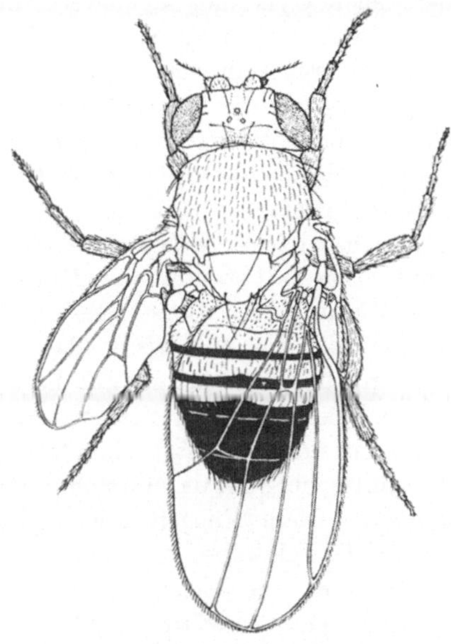

Abb. 206. Gynander von *Drosophila*. Erklärung
im Text. (Nach Morgan-Bridges.)

Bei einer Anzahl handelt es sich darum, daß außer der Gynandrie auch autosomale Charaktere als Mosaik erscheinen (analog
dem *Bombyx*-Fall), und daß somit die Erklärung durch Elimination
eines X nicht genügt. Vielmehr muß in diesen Fällen (L. V. Morgan) ein zweikerniger Zustand des Eies mit doppelter Befruchtung
im Sinne von Doncaster angenommen werden. In einem solchen
Fall z. B. waren die Eltern F_1-Bastarde zwischen den rezessiven
Mutanten vestigial und speck im 2. Chromosom. Da der Gynander
auf der männlichen Seite vestigial, auf der weiblichen speck zeigte,

die beide nur homozygot sichtbar werden (da sie rezessiv sind), muß ein Eikern *vg*, der andere *sp* gewesen sein und ferner je eine Y-Spermie mit *vg* und eine X-Spermie mit *sp* befruchtet haben. Es ist klar, daß diese Erklärung erfordert, daß es ebenso wie bei *Bombyx* auch somatische Mosaiks ohne Gynandrie gibt, die auch gefunden wurden. Ein cytologischer Beweis oder ein Beweis für die Art der Entstehung der Zweikernigkeit steht aber noch aus. Bei einem Versuch von L. V. Morgan, Kreuzungen aufzubauen, bei denen Gynander aus zweikernigen Eiern mit Sicherheit aus dem Verhalten der autosomalen Charaktere diagnostiziert werden könnten, trat kein sicher positiver Fall auf. Jedenfalls entstehen bei *Drosophila* die Mehrzahl der Gynander durch Chromosomenelimination entweder in der einfachen hier beschriebenen Weise oder durch noch kompliziertere Eliminationen, wie sie L. V. Morgan analysierte.

Auch bei *Drosophila* ist erbliche Gynandrie bekannt. Der erste sonderbare Fall stammt von Bridges (1925). Er fand eine rezessive Mutation mit Borstenverkürzung im X-Chromosom (Minute *n* genannt), die es bewirkt, daß ein bestimmter Prozentsatz der Fliegen, die sie besitzen (nur heterozygote ♀, homozygot ist die Mutante letal), in ziemlich späten Entwicklungsstadien ein X eliminieren, und zwar stets das, in dem die Mutante liegt, d. h. stets das mütterliche X, da Männchen mit der Mutante nicht existieren können. Diese Fliegen zeigen dann also kleine Mosaikbezirke männlichen Gewebes mit den zugehörigen geschlechtsgebundenen Charakteren des Vaters.

Ein noch merkwürdigerer Fall wurde von Sturtevant (1920, 2, 1929) bei *Drosophila simulans* (nicht der gewöhnlichen Versuchsart *melanogaster*) gefunden. Auch hier ist es eine Mutante, rotweinfarbene Augen (claret), die im 3. Chromosom liegt und es typisch bewirkt, daß in Eiern, die von solchen homozygoten claret-Weibchen gelegt werden, frühzeitig ein X-Chromosom eliminiert wird, und zwar immer das mütterliche X. Die männlichen Mosaikteile der Gynander zeigen also stets die väterlichen geschlechtsgebundenen Charaktere. Der Fall wird dadurch noch kompliziert, daß unter dem Einfluß des gleichen Gens auch noch andere Chromosomenabnormitäten eintreten können, so z. B. Nichttrennen der X-Chromosomen oder Chromosomenelimination der 4. Chromosomen zu verschiedenen Zeiten, wahrscheinlich auch Elimination der 2. und 3. Chromosomen, wie STURTEVANT in einer scharfsinnigen Analyse zeigte. Die Möglichkeit ist übrigens nicht von der Hand zu weisen, daß eine cytologische Untersuchung andere Ursachen als eine Chromosomenelimination aufdecken könnte.

Den gleichen Fall hat dann STURTEVANT benutzt, um aus der Verteilung der Mosaikteile in den Gynandern Rückschlüsse zu ziehen, wie bei der Entwicklung der Fliege die Abkömmlinge der ersten Furchungszellen sich am Aufbau des Körpers beteiligen. Die Verteilung ist offensichtlich viel unregelmäßiger als bei den Schmetterlingen mit ihren so häufig genau gehälfteten Gynandern. Die Furchungskerne mit 2 und 1 X werden vielmehr ganz unregelmäßig auf das Blastoderm verteilt. Da aber die Körperhälften für viele Organe genau von den Imaginalscheiben der beiden Seiten gebildet werden, so können sie, wenn jene verschieden sind, auch genau gehälftet erscheinen. An anderen Körperteilen aber hängt es vom Zufall ab, welche Imaginalscheibe sie bildet, und so ist das Resultat meist mehr einheitlich. Weitere Einzelheiten sind von größtem entwicklungsphysiologischem Interesse, ohne in dem Zusammenhang dieses Buches neues zu lehren.

3. Gynandrie bei der Honigbiene.

Der dritte genauer untersuchte Fall ist der der Honigbiene *Apis mellifica*, von der schon in alter Zeit Gynandromorphe bekannt wurden, deren Erklärung vor Kenntnis des Geschlechtsbestimmungsmechanismus große Schwierigkeiten bereitete. Die Tatsache ist ja allgemein bekannt, daß parthenogenetische Bieneneier Drohnen (Männchen) liefern, befruchtete Eier aber Arbeiterinnen und Königinnen (Weibchen). BOVERI (1903) hatte nun bei Seeigeleiern die Beobachtung gemacht, daß unter gewissen abnormen Bedingungen der eingedrungene Spermakern in einem gleichsam gelähmten Zustand verharrt, wogegen sein Centrosoma zum Eikern vorrückt und dessen karyokinetische Teilung bewirkt. Der Spermakern gelangt dann, je nach Zufall, in die eine oder andere Zelle und kann sich dann mit deren Kern vereinigen. So entstehen zwei Blastomeren, von denen die eine nur mütterliche, die andere väterliche und mütterliche Kernelemente enthält. Würde das gleiche nun bei einem Bienenei eintreten, so würden die Abkömmlinge der einen Blastomere denen eines befruchteten

Eies entsprechen, die der anderen denen eines parthenogenetischen
Eies und so könnten natürlich Gynandromorphe entstehen.

Der altberühmte Fall von Gynandromorphismus bei der Biene

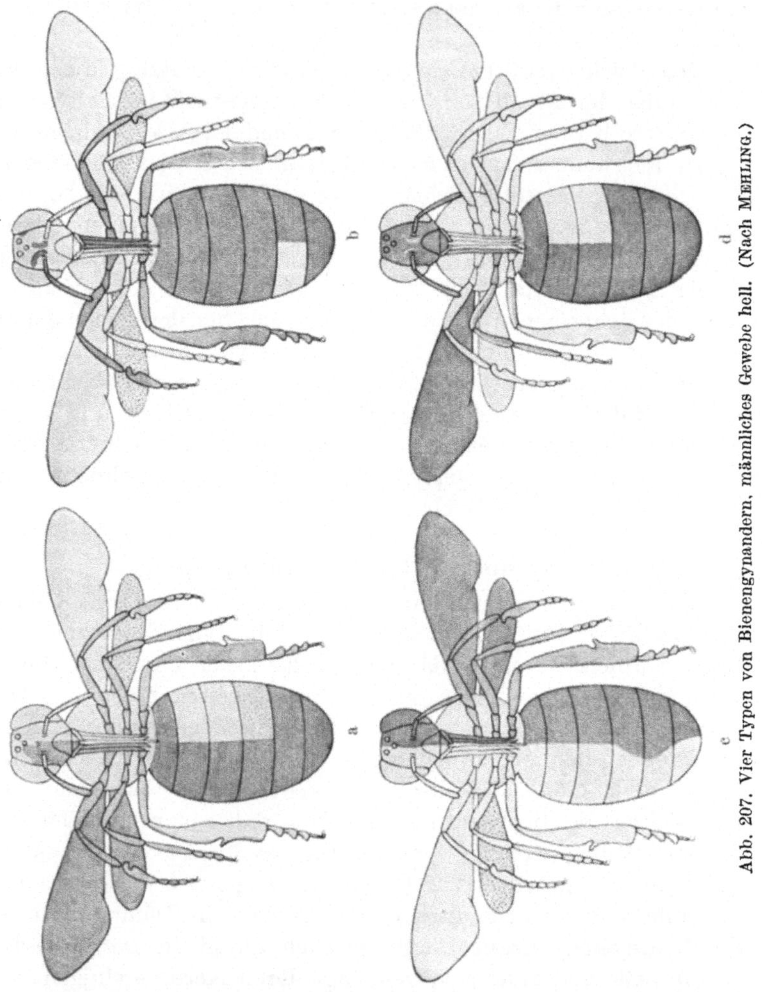

Abb. 207. Vier Typen von Bienengynandern, männliches Gewebe hell. (Nach Mehling.)

sind nun die sogenannten Eugsterschen Zwitterbienen. Herr Eug-
ster in Konstanz besaß in den 60er Jahren des vorigen Jahrhunderts
einen Bienenstock mit Bastarden zwischen einer italienischen Königin und deutschen Drohnen. Dieser lieferte nun jahrelang ganz

regelmäßig eine große Anzahl Gynandromorphe, die v. SIEBOLD (1866) genau untersuchte. Nachdem die italienische Königin des Stockes gestorben war, erhielt er eine Bastardkönigin, die ebenfalls Gynandromorphe erzeugte, die allerdings von den früheren sich etwas unterschieden. Neuerdings haben nun BOVERI (1913) und MEHLING (1915) das Originalmaterial wieder untersucht und folgen-

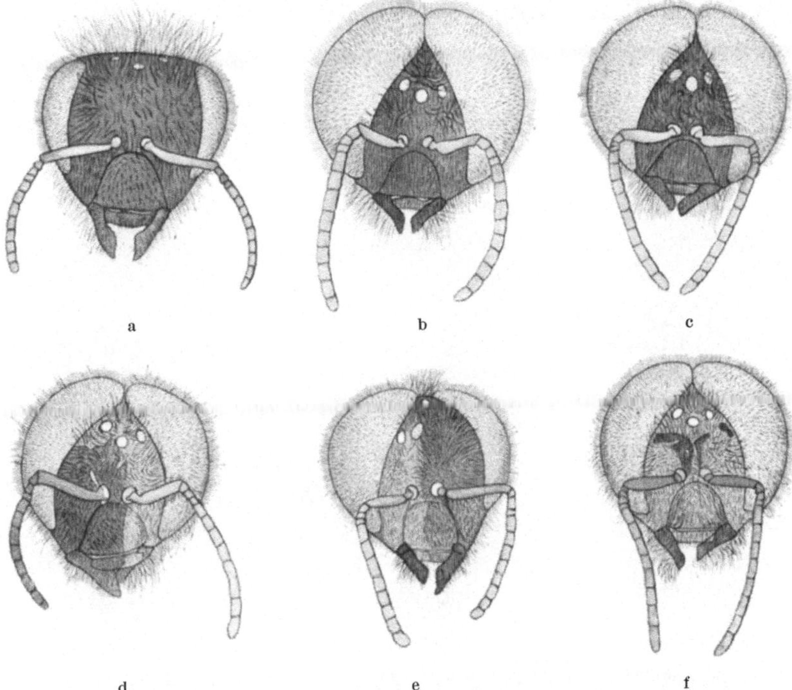

Abb. 208. Köpfe von vorne von a Arbeiterin, b Drohne, c Afterdrohne, d—f drei Typen von Gynandern. (Nach MEHLING.)

des festgestellt: Die Mosaikbildungen, die sich auf sämtliche sexuell differente Organe des Körpers erstrecken, sind sehr verschiedener Art. Es können rein laterale Zwitter sein oder auch posterio-anteriore. Aber auch jede andere Kombination kommt vor, bis auf minimale Einsprengungen von Organen eines Geschlechts in den Körper, der im übrigen dem anderen Geschlecht angehört. Abb. 207 gibt eine schematische Darstellung von vier solchen

Typen, wobei die männlichen Charaktere hell gehalten sind, die weiblichen dunkel. Sie seien ergänzt durch ein paar Einzelbilder. Abb. 208 zeigt die Köpfe von Arbeiterin, Drohnen und vier verschiedenen Gynandromorphen. Abb. 209 die so charakteristischen Hinterbeine von Arbeiterinnen und Drohnen, verglichen mit denen von Gynandromorphen.

Da nun in diesem Fall die Gynandromorphen Bastarde verschiedener Rasse waren, so lag die Möglichkeit vor zu entscheiden,

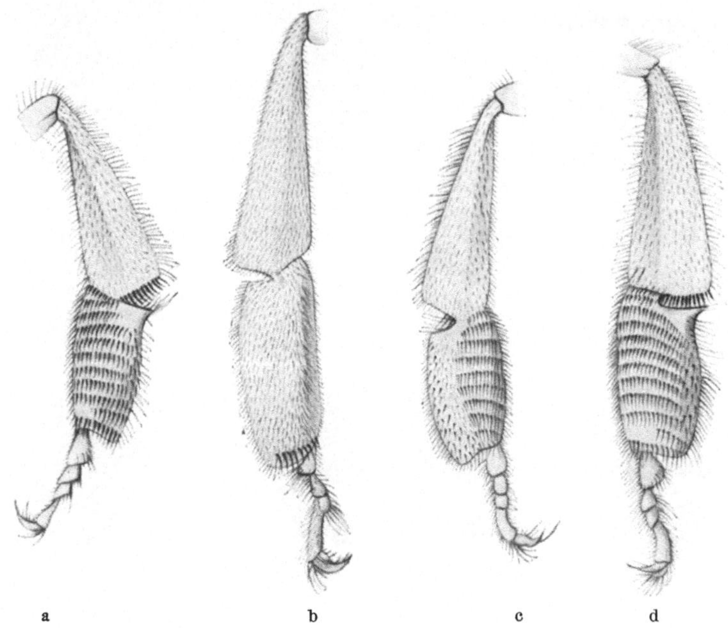

Abb. 209. Hinterbeine von a Arbeiterin, b Drohne, c, d Gynander. (Nach MEHLING.)

ob ein gegebener Mosaikteil Bastardcharakter hatte, also von verschmolzenen Geschlechtskernen abstammte, oder rein väterlich bzw. mütterlich war und somit reines Eikern- oder Samenkernmaterial enthielt. BOVERI findet nun, daß alle männlichen Teile typisch der italienischen Rasse angehören, während die weiblichen Bastardcharakter haben. Und das zeigt, daß seine oben zitierte Hypothese wahrscheinlich richtig ist.

Diese Schlußfolgerungen BOVERIS sind allerdings nicht unbestritten geblieben. Etwa gleichzeitig mit BOVERIS Arbeit erschien

ein Bericht von Engelhardt (1914) über einen ähnlichen Fall,
in dem die Mutter der italienischen, der Vater der kaukasischen
Rasse angehörte. Hier zeigten aber gerade umgekehrt die weiblichen Mosaikteile die mütterliche, die männlichen die väterliche
Färbung. Morgan u. Bridges (1919) führten nun aus, daß beide
Fälle dann zu erwarten sind, wenn die Ursache wie bei *Drosophila*
in einer Elimination des X-Chromosoms besteht, vorausgesetzt,
daß das Gen für die Körperfarbe im X-Chromosom liegt. In diesem
Fall wären allerdings auch Bienen zu erwarten, die auf der männlichen wie weiblichen Seite gelb sind, da, was Boveri noch nicht
wußte, in solchen Kreuzungen Gelb dominant ist. Morgan-Bridges glauben, daß dies tatsächlich bei den Eugster-Bienen der Fall
gewesen sei, da Siebold das doch so auffallende Gegenteil nicht
erwähnt und Boveris Untersuchungen nur an wenigen noch
brauchbaren Stücken ausgeführt wurden.

Zu diesem Streit sei noch die Tatsache zugefügt, daß eine
Tochter der ursprünglichen Eugsterschen Königin auch Gynander
produzierte, andere Töchter aber nicht. Zweifellos war also hier
Erblichkeit im Spiel. Wir kennen aber bereits Fälle von erblicher
Gynandrie nach dem Eliminationstyp von *Drosophila* sowohl wie
nach dem ganz andersartigen Doppelbefruchtungstyp von *Bombyx*,
so daß aus der Tatsache der Erblichkeit als solcher nichts geschlossen werden kann.

Während somit für die Biene, trotz einer Reihe weiterer Einzelbeschreibungen von Gynandern [sowohl bei der Honigbiene wie bei
anderen Bienenarten (Bischoff u. Ulrich 1929, Leuenberger
1925, Perkins 1928, Rösch 1926, 1928, Stöckhert 1914)] zunächst
keine sichere Entscheidung zu fällen ist, konnte Whiting (1925,
1927, 1928) bei der Schlupfwespe *Habrobracon* in Zuchten bekannter
genetischer Konstitution Gynander finden, deren männliche Teile
nach der Mutter gefärbt waren, und zwar nach einem rezessiven
Gen, während die weiblichen Teile die Herkunft aus Befruchtung
durch Anwesenheit der väterlichen dominanten Charaktere bewiesen. Die genetischen Resultate verbunden mit Ergebnissen an eingeschlechtigen Mosaiks veranlassen Whiting anzunehmen, daß
in seinen Fällen die beiden Produkte der zweiten Reifeteilung, also
Eikern und 2. Richtungskörper, selbständig an der Entwicklung
teilnehmen, der eine haploid, wie er ist, der andere nach Befruchtung. Wie wir es auch für *Bombyx* beweisen können, findet die

Reduktion öfters erst in der 2. Reifeteilung statt. Es handelt sich somit um eine Erklärung, die Teile der von BOVERI und Teile der von GOLDSCHMIDT-KATSUKI enthält und in den Tatsachen gut begründet erscheint. Auch diese Erklärung läßt sich auf den Bienenfall anwenden. Wenn wir noch zufügen, daß es auch einen Erklärungsversuch gibt mit Hilfe eines befruchteten Kerns und eines sich selbständig entwickelnden überzähligen Spermakerns (MORGAN 1905), so zeigt es sich, wie nötig eine cytologische Untersuchung dieses Falles wäre, falls wieder einmal ein dem EUGSTERschen ähnlicher Fall gefunden würde.

4. Zusammenstellung bewiesener und möglicher Erklärungen für die Entstehung von Gynandern.

Im folgenden seien an Hand eines Schemas Abb. 210 die bisher bekannten Arten der Entstehung von Gynandern nebst den als möglich diskutierten Entstehungsweisen zusammengestellt.

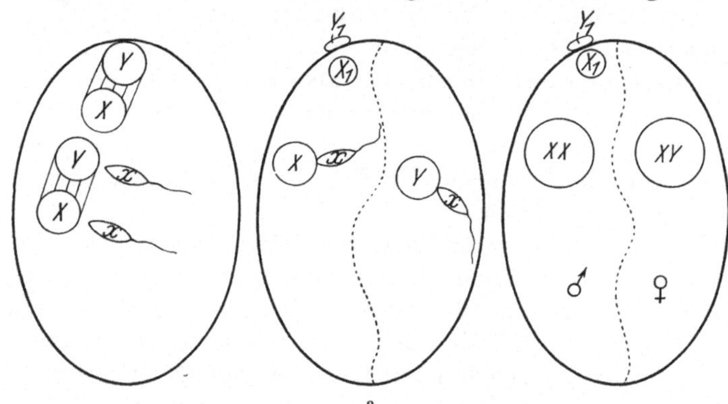

Abb. 210. a—f. Schematische Darstellung von 6 verschiedenen cytologischen Möglichkeiten für die Entstehung von Gynandern. Erklärung im Text.

1. Typus *Bombyx* nach GOLDSCHMIDT-KATSUKI. (a) Der einzige sowohl cytologisch beobachtete als auch genetisch bewiesene Fall. Die Entwicklung beginnt mit zwei Kernen, von denen der eine der normale Befruchtungskern, der andere der befruchtete 2. Richtungskörperkern ist. Dabei sind je nach dem Ablauf der Reifeteilung (siehe oben) Möglichkeiten dafür gegeben, daß ein Kern XX (♂), der andere XY (♀) ist, von denen eine im Schema dargestellt ist. Die punktierte Teilungslinie zwischen den beiderlei Kernen ist unregelmäßig gezeichnet, um anzudeuten, daß die

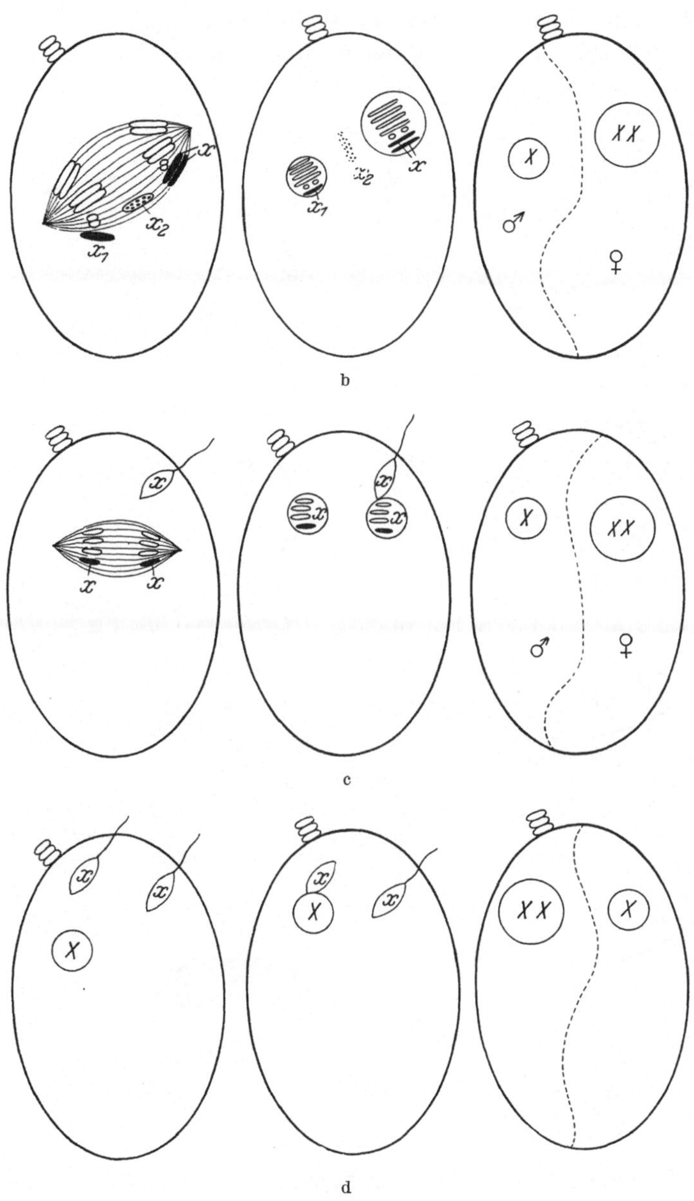

b

c

d

Abb. 210 b—d.

Kernderivate in verschiedener Weise am Aufbau des Embryos
beteiligt sein können und dementsprechend das Mosaik ausfällt.

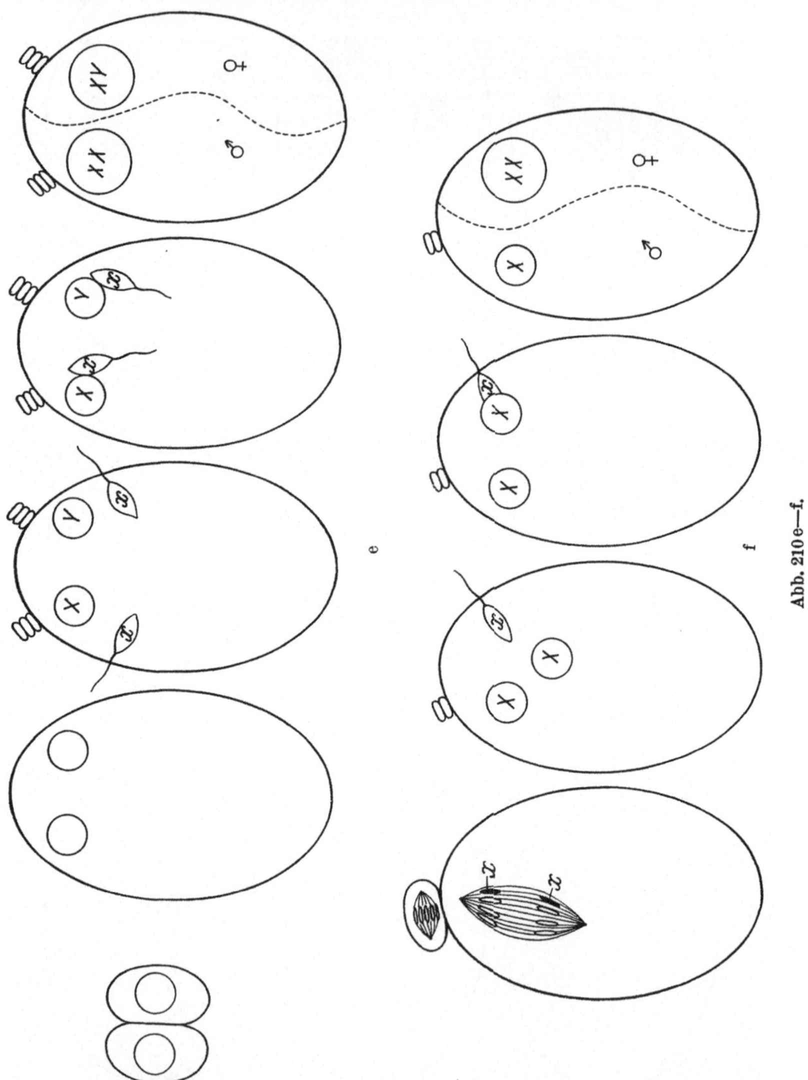

Abb. 210e—f.

2. Typus *Drosophila* nach MORGAN-BRIDGES. (b) Cytologisch
noch nicht nachgewiesen, aber genetisch mit Sicherheit erschlossen.

In der 1. oder einer späteren Furchungsteilung wird das mütterliche oder das väterliche X aus dem Kern eliminiert, so daß Kerne mit X ($\male$) oder XX ($\female$) entstehen. Alle weiteren Konsequenzen wie vorher.

3. Typus *Apis* nach Boveri. (c) Für die Biene möglich gemacht, aber weder cytologisch bewiesen, noch genetisch die einzige Erklärungsmöglichkeit. Der Eikern teilt sich nach der Reifung noch einmal und der eine Tochterkern wird befruchtet. Es entstehen wieder zweikernige Eier, ein Kern haploid mit X ($\male$), ein Kern diploid mit XX ($\female$).

4. Typus *Apis* nach Morgan. (d) Ebenfalls unbewiesen und weniger wahrscheinlich als der vorhergehende. Außer dem normal befruchteten Eikern nimmt der Kern eines überzähligen Spermatozoons an der Entwicklung teil, also wieder ein Kern diploid (XX $= \female$), einer haploid (X $= \male$).

5. Typus *Abraxas* nach Doncaster mit der Zufügung von Lengerken (1928). (e) Cytologische Befunde liegen vor, die den Typ ermöglichen, aber kein Nachweis, daß er in einem konkreten Fall zutrifft. Einige *Drosophila*-Fälle werden am besten so erklärt, hier aber kein cytologischer Befund. Gelegentlich kommen zweikernige Eier vor, die nach Lengerken durch Verschmelzung von Ovocyten entstehen. Wenn beide normale Reifeteilungen haben und beide befruchtet werden, können Gynander entstehen a) bei weiblicher Heterogametie (XY $= \female$), wenn die Reduktionsteilung in beiden Kernen in entgegengesetztem Sinn verläuft $\left(\dfrac{X}{Y}\ \dfrac{Y}{X}\right)$ (im Bild dargestellt); b) bei männlicher Heterogametie (XY $= \male$), wenn je eine X- und Y-Spermie die beiden Kerne befruchten.

6. Typ *Habrobracon* nach Whiting; (f) cytologisch nicht beobachtet, aber genetisch wahrscheinlich gemacht. Der 2. Richtungskörper bleibt im Ei und nimmt haploid an der Entwicklung teil. Konsequenz wie beim *Apis*-Typ von Boveri, nur daß hier es einen wesentlichen Unterschied für die genetischen Konsequenzen macht, ob die 1. oder 2. Reifeteilung eine Reduktionsteilung ist.

B. Versuche zur experimentellen Erzeugung von Gynandern bei Insekten.

Nach der vorhergehenden Analyse sollte man glauben, daß es ohne große Schwierigkeit möglich sein müsse, experimentell Gynander zu erzielen. Tatsächlich ist aber auf diesem Gebiet

noch sehr wenig erreicht. (Ich selbst habe zahllose völlig negative
Versuche ausgeführt.) Das einzige positive Experiment, das nach
Lage des Falls als einwandfrei erscheint, ist von RÖSCH (1926, 1928)
an Bienen ausgeführt. Er ging von der Tatsache aus, daß normalerweise im Bienenstock sich die Eier bei 35⁰ entwickeln, und daß
vom Moment der Eiablage bis zur Verschmelzung von Ei und
Samenkern $3\frac{1}{2}$ Stunden vergehen. Unter Zugrundelegung von
BOVERIS Theorie könnte es daher möglich sein, durch Abkühlung
der Eier den Befruchtungsmechanismus so zu stören, daß Gynander
entstehen. Tatsächlich wurden durch Abkühlung der Eier auf 7 bis
13⁰ zur richtigen Zeit eine Anzahl Gynander erhalten. Wie die folgende Tabelle zeigt, ist die Zahl eine geringe, aber in Anbetracht der
Seltenheit ihres Auftretens im Normalfall statistisch beweisend:

Versuchs-Nr.	Dauer der Einwirkung in Stunden	Tempe-ratur	Zahl der Versuchs-eier	Davon aufge-zogen	Gynander	Entwick-lungszeit in Tagen	Königin Nr.
1	2	9,5	85	20	1	22	3
2	$2\frac{1}{4}$	13,0	141	53	4	21	3
3	2	8,0	289	156	1	24	6
4	3	7,0	45	17	4	22	6
5	$2\frac{1}{2}$	8,0	102	64	4	22	4
6	1	8,0	109	87	1	23	4
7	2	9,0	121	97	2	22	4
8	$2\frac{1}{4}$	8,0	77	31	2	21	4

Wenig beweisend ist dagegen eine Angabe von MAVOR, daß er
in der Nachkommenschaft von mit Röntgenstrahlen bestrahlten
Drosophila-Weibchen Gynander erhielt. Denn erstens entstanden
sowohl Gynander, bei denen das mütterliche X eliminiert wurde, wie
solche, bei denen es das unbestrahlte väterliche X war. Und zweitens
war die Zahl der Gynander (in einem Fall 2 von 25000 Fliegen)
so klein, daß sie auch ohne Bestrahlung entstanden sein könnten[1].
Ganz merkmürdige Angaben hat POULTON (1928) veröffentlicht,
die, wenn sie richtig gedeutet wären, alles was wir über Gynandrie
wüßten, auf den Kopf stellten, außerdem aber auch alles, was wir
über das Determinationsproblem bei Insekten wissen. Es ist
allerdings leicht zu zeigen, daß die Interpretation irrig ist. POUL-
TONs Mitteilungen basieren auf Individuen von *Papilio dardanus*,
die Dr. VAN SOMEREN in Nairobi züchtete. Unter seinen Zuchten

---

[1] Anmerkung bei der Revision. Soeben veröffentlichte PATTERSON
ein positives Ergebnis des gleichen Versuchs.

Abb. 211. *Papilio dardanus*. Die 8 sogenannten Gynander der Zucht VAN SOMERENS. Beschreibung im Text. (Nach POULTON.)

von einigen hundert Individuen erhielt er neun abnorme Stücke, die er Gynandromorphe nennt. Sie sollen Puppen entstammen, die im Augenblick der Verpuppung entweder durch Schlagen an

den Zuchtkasten erschüttert wurden, oder durch Herabfallen von
der Decke des Kastens einen Shock erlitten. Bei diesen Tieren nun
fanden sich auf den Flügeln mehr oder minder große Einsprengungen von Schuppen des anderen Geschlechts, aber auch Bezirke,
die in der Terminologie der Entomologen einen „Rückschlag zur
Ahnenform" darstellen. Die Weibchen bildeten zum Teil etwas
von den bei der fraglichen Rasse nur den Männchen zukommenden
Schwänzen. Sonst waren diese Tiere ganz normale Weibchen oder
Männchen mit einer Ausnahme. Abb. 211 zeigt diese abgeänderten
Tiere, unter denen eines, Abb. 8, wirklich wie ein bilateraler Gynander aussieht und auch auf der weiblichen Seite einen abnormen
Kopulationsapparat zeigen soll. Dies ist vielleicht auch wirklich
ein zufällig erhaltener Gynander. Es sei noch bemerkt, daß Nr. 1
bis 3 weibliche Genitalien haben und der gleichen Familie ent-
stammen, alle anderen männlich sind und jeder aus einer anderen
Zucht stammt.

Sehen wir nun von dem Exemplar Nr. 8, möglicherweise einem
Zufallsgynander, ab und verzichten auch auf die naheliegende Kritik an der experimentellen Basis, so ist das, was im günstigsten
Fall übrigbleibt, daß durch Schädigungen der jungen Puppe die
Flügelzeichnung und Form in manchen Bezirken mehr oder weniger
abgeändert werden kann, und daß diese Abänderungen zum Teil
dem Verhalten des anderen Geschlechts gleichen. Ich erinnere
nun an folgende Tatsachen: Ich habe gezeigt (1921b), daß es
möglich ist durch Hemmung der Nahrungszufuhr einen Puppen-
flügel in der Entwicklung so zu verlangsamen, daß er bei Fertigstellung die Zeichnung eines früheren Entwicklungsstadiums zeigt.
Es ist weiterhin bekannt, daß im Fall eines Geschlechtsdimorphismus der Schmetterlingsflügel die Flügel der beiden Geschlechter
in der Puppe bis fast zum Schluß gleich sein können und die Differenz erst im letzten Moment zugefügt wird. Das ist z. B. deutlich
bei *Callosamia promethea*. Sodann ist bekannt, daß Flügel mit
Schwänzchen genau so ganzrandig angelegt werden wie die anderen
(SÜFFERT 1929) und erst sekundär die peripheren Teile der Flügelfläche degenerieren. Wenn bei manchen Formen das Vorhandensein von Schwänzchen ein sekundärer Geschlechtscharakter ist,
so handelt es sich nicht um verschiedenartige Flügelanlagen in den
Geschlechtern, sondern um eine verschiedene sekundäre Degeneration eines Flügelteils. Diese Tatsachen erklären ohne weiteres die

sogenannten Shockgynander von Poulton. Es sind keine Gynander, sondern verschiedenartige Hemmungsbildungen in der Entwicklung der Flügelzeichnung, die zwar vom Standpunkt der Entwicklungsphysiologie des Flügelmusters hochinteressant sind und weitere Analyse verdienen, aber mit Gynandrie nicht das Geringste zu tun haben.

Zum Schluß dieser Darstellung der Gynandrie bei Insekten möchte ich nochmals darauf hinweisen, daß auch eine Kombination von Gynandrie und Intersexualität im gleichen Individuum möglich ist, nämlich wenn bei einem genetischen Intersex obendrein noch eine Elimination von X-Chromosomen vorkommt. Es ist leicht abzuleiten, daß in einem solchen Fall ein Intersex entsteht mit gynandrischen Einsprengungen von Bezirken eines reinen Geschlechts. Der Fall wurde bereits früher im Abschnitt über triploide Intersexualität besprochen. Auf etwas anders verursachte Möglichkeiten der Entstehung des gleichen Phänomens in den Mosaikstämmen von *Bombyx* sei nur hingewiesen, da unsere Untersuchungen darüber noch nicht abgeschlossen sind.

C. Gynandrie bei Wirbeltieren.

Das Vorkommen der Gynandrie bei Wirbeltieren müßte ein besonderes theoretisches Interesse beanspruchen, da sie zu interessanten Konsequenzen bezüglich der Beziehungen zwischen zygotischer Geschlechtsdetermination und hormonaler Beeinflussung führen würde. Zwar ist die Bezeichnung Gynandromorphismus oft auch auf Abnormitäten bei Wirbeltieren angewandt worden, aber fast ebenso oft auch kritiklos. Ich erinnere z. B. an das früher über Pézards gerupfte Hühner Gesagte. Demgegenüber muß betont werden, daß einigermaßen sichere Gynander nur bei Vögeln beschrieben sind. Bei allen anderen Wirbeltieren kennen wir nur vereinzelte Stücke von sogenannten Zwittern, bei denen überhaupt keine Diskussion darüber möglich ist, ob sie eventuell Gynander sein könnten.

1. Gynandrie bei Vögeln.

Die Gynander bei Vögeln sind sehr seltene Zufallsbefunde, die immer wieder diskutiert wurden. Am häufigsten tritt das Phänomen beim Gimpel (*Pyrrhula pyrrhula*) auf, von dem bereits vier

Fälle bekannt sind (TICHOMIROFF 1923, HEINROTH 1909, POLL 1909, NEUNZIG 1924), dann gibt es je einen gynandrischen Buchfink (*Fringilla coelebs*) (WEBER 1890) und einen Formosafasan (*Phasianus torquatus* nach BOND 1914). Nicht ganz so klar ist ein Fall beim Huhn nach MACKLIN (1923). Gei den Gimpeln besaßen drei scharf in der ventralen Mittellinie abgegrenzte rechts das dunkelrote Brustgefieder des Männchens, links das graubraune des Weibchens; bei dem vierten Fall (nur lebend untersucht) war es umgekehrt. Auch WEBERS Buchfink hatte rechts männliches Gefieder.

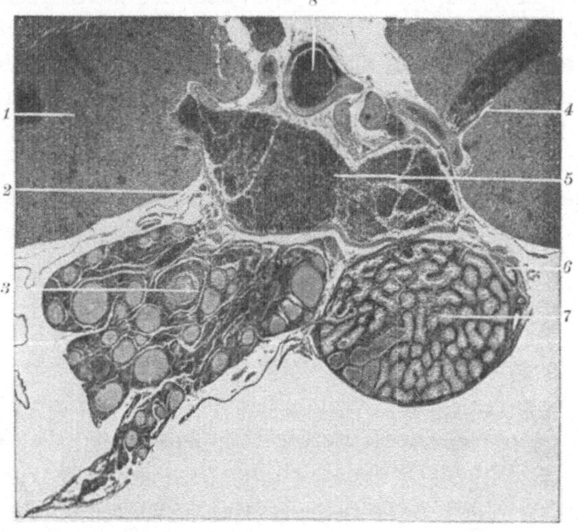

Abb. 212. Schnitt durch die Gonadenregion des Gynanders vom Gimpel.
1 Niere, *2* Mesenterium, *3* Ovar, *4* Niere, *5* Hohlvene, *6* Nebenhoden, 7 Hoden, *8* Aorta.
(Nach POLL aus HARMS.)

Wo in diesen Fällen die Anatomie genau untersucht wurde, fand sich auf der männlichen Hälfte ein Hoden, auf der weiblichen ein Ovar (Abb. 212). Im bestuntersuchten Fall, dem von POLL, sind auch beiderlei Ausführgänge vorhanden, die weiblichen allerdings rudimentär. Der Eierstock ist normal (ja im Fall von TICHOMIROFF fand sich noch ein Ei im Eileiter), im Hoden ging die Spermiogenese bis zum Spermatocytenstadium.

Etwas anders war der Fasanengynander von BOND gebaut. Er war im Gefieder rechts weiblich, links männlich. Er besaß auch nur seine linke Gonade mit dem Ovidukt, diese war aber aus männlichen und weiblichen Teilen zusammengesetzt, und zwar, wie BOND

meint, funktionierendem Hodengewebe und in Rückbildung be-
griffenem Ovarialgewebe. Am merkwürdigsten verhielten sich die

Abb. 213. *Phasianus torquatus* - Gynander. (Nach BOND.)

Schwanzfedern, von denen jede einzelne die äußere Hälfte der
Fahne männlich zeigt, die innere weiblich. Abb. 213 zeigt diesen
Vogel von der Dorsalseite, besonders deutlich den hellen Halsring

des Männchens und den Sporn auf der männlichen Seite; Abb. 214
illustriert das absonderliche Verhalten der Schwanzfedern.

Der Fall MACKLIN vom Huhn endlich ist nicht ganz so klar,
weil der Verfasser nur Körperteile zur Untersuchung hatte und
sich auf die Beschreibung des lebenden Tieres beschränken mußte,
die der Besitzer gegeben hatte. Danach sah der Vogel im Gefieder
wie eine Henne aus, mit etwas Hahnencharakter an Hals und

Abb. 214. Die Schwanzfedern des Gynanders von Abb. 213.
(Nach BOND.)

Schwanz; er hatte einen Hahnenkamm und nur rechts männliche
Kehllappen. Er krähte und kämpfte nicht, aber trat Hennen.
Wahrscheinlich legte er auch kleine Eier. Beim Töten fand sich
rechts ein Hoden, links ein Ovar und Ovidukt. Im Ovar einge-
sprengt aber fanden sich auch Hodentubuli mit Spermatogenese
und Nebennierengewebe. Das Merkwürdigste aber war, daß das
Skelett der rechten Körperhälfte von männlicher, das der linken
von weiblicher Größe war; auch der Schädel zeigte diese Asymmetrie.

In allen diesen Fällen handelt es sich um Vogelarten, für die die Beziehungen zwischen Gonadenhormonen und sekundären Geschlechtscharakteren genau bekannt sind, wie früher diskutiert wurde. Zugefügt sei, daß auch für Gimpel und Fink Kastrationsversuche von ZAWADOWSKY (1926 d) vorliegen, deren Ergebnisse in den entscheidenden Punkten mit denen an anderen Vögeln übereinstimmen.

Man hat viel über die Deutung dieser Fälle diskutiert, Erörterungen die oft dadurch wertlos sind, daß der Unterschied zwischen Intersexualität und Gynandrie den Autoren nicht bekannt ist, oder gar, daß sie, wie im Fall von PÉZARD, von Gynandrie reden, wenn gar nichts auch nur entfernt Vergleichbares vorliegt. Die einzige Erklärung, die nach dem jetzigen Stand unserer Kenntnisse möglich ist, wurde zuerst von BOND (1915) gegeben, später von mir selbst wiederholt (1927 c), wobei ich leider BONDS Priorität übersehen hatte, und kürzlich wieder von ZAWADOWSKY (1929), allerdings in verworrener Form und ohne Kenntnis beider Vorgänger, wiederholt. Es muß sich um echte Gynandrie wie bei den Insekten handeln, derart, daß eine Körperhälfte XX und die andere XY ist. Da die Gonadenhormone aber beiderlei Körperseiten gleichmäßig treffen, so muß im Fall der Bilateralität der sekundären Geschlechtscharaktere angenommen werden, daß bei gleichzeitigem Vorhandensein von beiderlei Geschlechtshormonen die XX-Gewebe vorzugsweise mit den Hodenhormonen, die XY-Gewebe mit den Ovarialhormonen reagieren. Diese Annahme ist glücklicherweise einer experimentellen Prüfung zugänglich. Das besondere Verhalten der Schwanzfedern bei BONDS Fasan ist natürlich ein rein entwicklungsmechanisches Problem, d. h. es muß aus der Art der Verschiebungen des Embryonalmaterials bei der Bildung des Schwanzes erklärt werden.

2. Gynandrie bei anderen Wirbeltieren und dem Menschen.

Wenn die Erklärung der Gynandrie bei den Vögeln richtig ist, so sollten auch in den anderen Wirbeltiergruppen Gynander auftreten können. Tatsächlich ist aber kein sicherer Fall von Gynandrie bekannt. Wir müssen uns da an unsere früheren Schilderungen der Intersexualität erinnern, wo wir oft fanden, daß die intersexuelle Umwandlung auf den beiden Körperseiten nicht ganz symmetrisch erfolgte. Dadurch könnte Gynandrie vorgetäuscht werden. Außerdem sind Hemmungsbildungen einseitiger Natur in den verschiedenen Geschlechtscharakteren denkbar, die ebenfalls Gynandrie vortäuschen. So sind die Beschreibungen von Gynandern bei Wirbeltieren mit Vorsicht zu betrachten. Mehrere Fälle liegen für Selachier vor (HOEK 1895, VAISSIÈRE u. QUINTARET 1914, DANIEL 1922), die sich auf das Kopulationsorgan beziehen. Von Säugetieren ist mir ein auch nur einigermaßen wahrscheinlicher Fall nicht bekannt. Vom Menschen sind allerdings Individuen beschrieben (z. B. MACKLIN l. c.), die auf einer Körperseite männliche Behaarung und Mamma zeigten, auf der anderen weibliche und dazu auch entsprechende Unterschiede in Skelett und Muskulatur. Es bleibe dahingestellt, wie sich solche Fälle bei genauer Kenntnis erklären würden; die Kasuistik zu referieren, lohnt sich vor der Hand nicht (siehe die bei Intersexualität des Menschen zitierten Werke).

Literaturverzeichnis.

Aida, T. (1): On the inheritance of color in a fresh water fish, *Aplocheilus platipes* Temmick. a. Schlegel, with special reference to sex linked inheritance. Genetics 6 (1921).

— (2): Further genetical studies of *Aplocheilus latipes*. Ebenda 15 (1930).

Akkeringa, L. S.: Die Chromosomen bei einigen Hühnerrassen. Z. mikrosk. Anat. Eg. 8 (1927).

Ankel, W. E.: Über das Vorkommen und die Bedeutung zwittriger Geschlechtszellen bei Prosobranchiern. Biol. Zbl. 50 (1930).

Appel, F. W.: Testis grafts in ovariotomized fowls. J. of exper. Zool. 53 (1929).

Aron, M. (1): Recherches morphologiques et expérimentales sur le déterminisme des caractères sexuels mâles chez les Urodèles. Archives de Biol. 34 (1924).

— (2): Sur l'évolution des glandes génitales de jeunes Urodèles transplantés chez des adultes de même espèce. C. r. Acad. Sci. Paris 181 (1925).

— (3): Vie et reproduction. Paris: Masson et Cie. 1929.

Athias, M. (1): L'activité sécrétoire de la glande mammaire chez le cobaye mâle chatré, consécutivement à la greffe de l'ovaire. C. r. Soc. Biol. Paris 78 (1915).

— (2): Etudes histologiques sur la greffe ovarienne. Libro en honor de D. Santiago Ramon y Cajal (1922).

Babor, J.: Ein Beitrag zur Geschlechtsmetamorphose. Verh. zool.-bot. Ges. Wien 48 (1898).

Baker, J. R. (1): On sex-intergrade pigs: their anatomy, genetics, and developmental physiology. Brit. J. exper. Biol. 2 (1925).

— (2): Asymmetry in hermaphrodite pigs. J. of Anat. 60 (1926).

— (3): A new type of mammalian intersexuality. Brit. J. exper. Biol. 6 (1928).

— (4): Man and animals in the new Hebrides. London: G. Routledge and Sons 1929.

Baltzer, F. (1): Die Bestimmung des Geschlechts nebst einer Analyse des Geschlechtsdimorphismus bei *Bonellia*. Mitt. Zool. Stat. Neapel 22 (1914).

— (2): Über die Giftwirkung weiblicher *Bonellia*-Gewebe auf das *Bonellia*-Männchen und andere Organismen und ihre Beziehung zur Bestimmung des Geschlechts der Bonellienlarve. Mitt. naturforsch. Ges. Bern, H. 8 (1924).

BALTZER, F. (3): Untersuchungen über die Entwicklung und Geschlechts-bestimmung der *Bonellia*. Publ. Staz. Zool. Napoli **6** (1925).

— (4): Über die Vermännlichung indifferenter *Bonellia*-Larven durch *Bonellia*-Extrakte. Rev. suisse Zool. **33** (1926).

— (5): Neue Versuche über die Bestimmung des Geschlechts bei *Bonellia viridis*. Ebenda **35** (1928a).

— (6): Über metagame Geschlechtsbestimmung und ihre Beziehung zu einigen Problemen der Entwicklungsmechanik und Vererbung. (Auf Grund von Versuchen an *Bonellia*.) Verh. dtsch. zool. Ges. **32** (1928b).

BAMBER, C. R.: Sex determination — a suggestion. Trans. Liverpool biol. Soc. **36** (1922).

BANTA, A. M. (1): Sex intergrades in a species of crustacea. Proc. Acad. natur. Sci. Washington **2** (1916).

— (2): a. T. R. WOOD: Inheritance in parthenogenesis and in sexual reproduction in cladocera. Z. Abstammgslehre, Suppl. **1** (1928).

BASCOM, K. F.: The interstitial cells of the gonads of cattle with especial reference to their embryonic development and significance. Amer. J. Anat. **31** (1923).

BAYER, H.: Über wahres und scheinbares Zwittertum. Beitr. Geburtsh. **13** (1909).

BEAUMONT, J. DE (1): Masculinisation chez le triton. C. r. Soc. Physique et Hist. nat. Génève **43** (1926).

— (2): Modifications de l'appareil uro-génital du *Triton cristatus* femelle après greffe de testicules. C. r. Soc. Biol. Paris **98** (1928).

— (3): Les caractères sexuels du *Triton* et leur déterminisme, masculinisation et féminisation. Univ. Genève Fac. Sci., Thèse 846 (1929).

BECCARI, N. (1): Studi sulla prima origine delle cellule genitali nei vertebrati. III. Arch. ital. Anat. **21** (1924).

— (2): Ovogenesi larvale, organo del Bidder e differenziamento dei sessi nel *Bufo viridis*. Studi IV. Ibid. . **22** (1925).

— (3): Ovogenesi larvale, organo del Bidder e differenziamento dei sessi nel *Bufo viridis*. Ibid. **22** (1926a).

— (4): Le nombre des chromosomes dans les cellules génitales de *Bufo viridis*. C. r. Assoc. Anat. 21. réunion (1926b).

— (5): Isole testicolari nella compagine dell'organo del Bidder di *Bufo viridis*. Monit. zool. ital. **39** (1928).

— (6): Dati e considerazioni sulla natura dell'organo del Bidder dei Bufonidi. Arch. ital. Anat. **26** (1929).

BĚLAŘ, K.: Die cytologischen Grundlagen der Vererbung. Handbuch der Vererbungswissenschaft, herausgeg. von E. BAUR u. M. HARTMANN, Liefg 5, **1** (1928).

BELL, BLAIR, W.: The sex complex. London 1920.

BELLAMY, A. W.: Sex linked inheritance in the teleost *Platypoecilus maculatus* GÜNTH. Anat. Rec. **24** (1922).

BELLERS, E.: Pseudohermaphroditismus masculinus internus bei einem Rothirsch. Diss. Berlin 1920.

BENDA, C.: Hermaphroditismus und Mißbildungen mit Verwischung des Geschlechtscharakters. Lubarsch-Ostertags Erg. Path. 2 (1895).

BENOIT, M. J. (1): Transformation expérimentale du sexe par ovariotomie précoce chez la poule domestique. C. r. Acad. Sci. Paris 177 (1923a).

— (2): Sur la structure histologique d'un organe de nature testiculaire développée spontanément chez une poule ovariotomisée. Ebenda 177 (1923b).

— (3): Sur la signification de la glande génitale rudimentaire droite chez la poule. Ebenda 178 (1924).

— (4): Le déterminisme des caractères sexuels secondaires du coq domestique. Archives de Zool. 69 (1929/30).

BERNER, O. (1): A case of „virilisme surrénal". Vidensk. Skr. I., Mat. naturv. Kl., Nr 7 (1923).

— (2): A peculiar (hermaphrodite?) ovarial tumour. Arch. int. Méd. expér. 1 (1925a).

— (3): Masculinisation d'une poule chez laquelle fut trouvée une tumeur de l'ovaire. Archives de Biol. 35 (1925b).

— (4): Kan en svulst i eggstokken forvandle en höne til en hane? Saertryk Norsk. Mag. April 1928a.

— (5): Maskulinisation durch Ovarialgeschwülste. Verh. I. internat. Kongreß Sexualforschg 2 (1928b).

— (6): Hermaphroditismus und Geschlechtsumwandlung. Handbuch innere Sekretion 2, Liefg 5 (1930).

BIELCHEN, E. O.: Über den Einfluß krankhafter Zustände auf die Entwicklung sekundärer Geschlechtscharaktere bei Vögeln. Arb. zool. Inst. Lettländ. Univ., 1922, Nr 3.

BISCHOFF, H. u. W. ULRICH: Über einen Gynander der Mauerbiene (Chalicodoma muraria RETZ). Z. Morph. u. Ökol. Tiere 15 (1929).

BISSONNETTE, Th. H. (1): The development of the reproductive ducts and canals in the free-martin with comparison of the normal. Amer. J. Anat. 33 (1924).

— (2): The high flanker testis in cattle, with its bearings on the problem of the scrotum and on that of the free-martin. Anat. Rec. 33 (1926).

— (3): Notes on multiple pregnancies in cattle, with special reference to three cases of prenatal triplets and the free-martins involved. Amer. J. Anat. 42 (1928a).

— (4): Notes on a 32 Millimeter free-martin. Biol. Bull. Mar. biol. Labor. Wood's Hole 54 (1928b).

BLACHER, L. J. (1): Die Abhängigkeit männlicher Merkmale von der Geschlechtsdrüse bei Lebistes reticulatus. 2. Mitt. Trans. Labor. exper. Biol., Zoopark Moscow 1 (1926a).

— (2): Dependence of secondary sex-characters upon testicular hormones in Lebistes reticulatus. Biol. Bull. Mar. biol. Labor. Wood's Hole 50 (1926b).

— (3): Fall von Hermaphroditismus bei Lebistes. Trans. Labor. exper. Biol., Zoopark Moscow 1 (1926c).

BLACHER, L. J. (4): Materials for the genetics of *Lebistes reticulatus*. Ebenda 3 (1927).

— (5): Material on the genetics of *Lebistes reticulatus*. Ebenda 4 (1928).

BLACKER, G. F. a. T. W. LAWRENCE: A case of true unilateral hermaphroditism occurring in man, with a summary and criticism of the recorded cases of true hermaphroditism. Trans. obstetr. Soc. London 38 (1896).

BOND, C. J.: On a case of unilateral development of secondary male characters in a pheasant. J. Genet. 3 (1914).

BONNEVIE, K.: Intersexualität bei schildpattfarbigen Katzen. Roux' Arch. 106 (1925).

BONNIER, G.: Sexuality in relation to age in the fowl. Ark. Zool. (schwed.) 19, B. (1927).

BORING, A. M. u. T. H. MORGAN: Lutear cells and henfeathering. J. gen. Physiol. 1 (1918).

— (2) a. R. Pearl: Sex studies. IX. Interstitial cells in the reproductive organs of the chicken. Anat. Rec. 13 (1917).

— (3) — (2): Sex studies. XI. Hermaphrodite birds. J. of exper. Zool. 25 (1918).

— (2): Über mehrpolige Mitosen als Mittel zur Analyse des Zellkerns. Verh. physik.-med. Ges. Würzburg, N. F. 35 (1903).

BOVERI, TH. (1): Über die Entstehung der EUGSTERschen Zwitterbienen. Arch. Entw.mechan. 41 (1915).

BRAKE, B. (1): Resultate der Kreuzungen zwischen *Lymantria japonica* MOTSCH und *L. dispar*. Entomol. Z. 1907.

— (2): Fortsetzung. Ebenda 1908/10.

BRAMBELL, F. W. R. (1): The histology of an hermaphrodite pig and its developmental significance. J. of Anat. 63 (1929).

— (2): The development of sex in vertebrates. London: Sidgwick and Jackson 1930.

— (3) a. MARRIAN, G. F.: Sex reversal in a pigeon (*Columba livia*). Proc. roy. Soc. Lond. B, 194 (1929).

BRANDES, W.: Zitiert in KAMMERER: Geschlechtsbestimmung und Geschlechtsverwandlung. Wien 1918.

BRANDT, A.: Anatomisches und allgemeines über die sogenannte Hahnenfedrigkeit und über anderweitige Geschlechtsanomalien bei Vögeln. Z. Zool. 48 (1889).

BRESCA: Experimentelle Untersuchungen über die sekundären Charaktere der Tritonen. Arch. Entw.mechan. 29 (1910).

BRIAU, E., LACASSAGNE, A. et M. LAGOUTTE: Un cas humain d'hermaphrodisme bilatéral à glandes bisexuelles. Gynéc. et Obstétr. 1 (1920).

BRIDGES, C. B. (1): Triploid intersexes in *Drosophila melanogaster*. Science (NewYork) 54 (1921).

— (2): The origin of variations in sexual and sex-limited characters. Amer. Naturalist 56 (1922).

— (3): Haploidy in *Drosophila melanogaster*. Proc. nat. Acad. Sci. (U. S. A.) 11 (1925).

BRIDGES, C. B. (4): Elimination of chromosomes due to a mutant (minute-n) in *Drosophila melanogaster*. Ebenda **11** (1925 a).
— (5): Sex in relation to chromosomes and genes. Amer. Naturalist **59** (1925 b).
BRODE, M. D.: The significance of the asymmetry of the ovaries of the fowl. J. Morph. a. Physiol. **46** (1928).
BRUTSCHY, P.: Hochgradige Lipoidhyperplasie beider Nebennieren mit herdförmigen Kalkablagerungen bei einem Fall von Hypospadiasis penis-scrotalis und doppelseitigem Kryptorchismus mit unechter akzessorischer Nebenniere am rechten Hoden (Pseudohermaphroditismus masculinus externus). Frankf. Z. Path. **24** (1920).
BUJARD, E.: De la génèse des ovotestis chez les mammifères. C. r. Soc. Biol. Paris **84** (1921).
BÜRGER, O.: Ein Fall von lateralem Hermaphroditismus bei *Palinurus frontalis*. Z. Zool. **71** (1902).
BURNS, R. K. (1): The sex of parabiotic twins in Amphibia. J. of exper. Zool. **42** (1925).
— (2): Some results of the transplantation of larval gonads in urodele amphibians. Anat. Rec. **37** (1927).
— (3): The transplantation of larval gonads in urodele amphibians. Ebenda **39** (1928).
— (4): The process of sex transformation in parabiotic Amblystoma. I. Transformation from female to male. J. of exper. Zool. **55** (1930).
CALDER, A.: A case of partial sex-transformation in cattle. Proc. roy. Soc. Edinburgh **17**, II (1927).
CAPPE DE BAILLON, P.: Recherches sur la tératologie des insectes. Encyclop. Entomol. 8. Paris 1927.
CARIDROIT, F. (1): Greffe autoplastique d'un crétillon sur un coq domestique adulte. C. r. Soc. Biol. Paris **92** (1925a).
— (2): Evolution histologique des transplants testiculaires chez le coq domestique. Ebenda **92** (1925b).
— (3): Etude histophysiologique de la transplantation testiculaire et ovarienne chez les gallinacés. Bull. biol. France et Belg. **60** (1926).
— (4): L'inversion expérimentale et autonome des caractères sexuels primaires de la poule domestique et la cytologie sexuelle. Z. Abstammungslehre **46** (1927).
— (5) et A. PÉZARD: La présence de l'hormone testiculaire dans le sang du coq normal. Démonstration directe fondée sur la greffe autoplastique des crétillons. C. r. Soc. Biol. Paris **95** (1926).
CAROLI, A.: Keimelemente im Nierenparenchym von *Bufo viridis* LAUR. Anat. Anz. **63** (1927).
CAULLERY, M. et M. COMAS: Le déterminisme du sexe chez un Nématode (*Paramermis contorta*), parasite des larves de Chironomes. C. r. Acad. Sci. Paris **186** (1928).
CHAMPY, CH. (1): Etude expérimentale sur les différences sexuelles chez les tritons (*Triton alpestris* LAUR.). Arch. de Morph. 8 (1922).
— (2): Sexualité et hormones. Paris: Gaston Doin 1924.

CHAMPY, CH. (3) et TH. KELLER: Contribution à l'étude des hormones sexuelles femelles. Arch. de Morph. **27** (1928).

CHAPIN, C. L.: A microscopic study of the reproductive system of foetal free-martins. J. of exper. Zool. **23** (1917).

CHAPPELLIER, A.: Persistence et développement des organes génitaux droits chez les femelles adultes des oiseaux. Bull. Sci. France et Belg. **47** (1914).

CHENG, T. H. (1): A new case of intersexuality in *Rana cantabrigensis*. Biol. Bull. Mar. biol. Labor. Wood's Hole **57** (1929 a).

— (2): Intersexuality in *Rana cantabrigensis*. J. Morph. a. Physiol. **48** (1929 b).

— (3): Hypogenitalism in *Rana cantabrigensis*. Michigan Acad. Sci. Arts a. Letters **11** (1930).

— (4): Intersexuality in tadpoles of *Rana cantabrigensis*. Ebenda **11** (1930).

CHRISTENSEN, K. (1): Effect of castration on the oviduct in males and females of *Rana pipiens*. Proc. Soc. exper. Biol. a. Med. **26** (1929).

— (2): Hermaphroditism in *Rana pipiens*. Anat. Rec. **43** (1929).

COBB, N. A., STEINER, G. a. J. R. CHRISTIE: When and how does sex arise? Official Rec. U. S. Dept. Agricult. **6** (1927).

COCKAYNE, E. A.: Intersexual forms of *Plebeius argus* L. (*aegon* SCHIFF.). Trans. Entomol. Soc. London, July 1922.

COLE, L. J. (1) a. F. B. HUTT: Further experiments in feeding thyroid to fowls. Poultry Sci. **7** (1928).

— (2), PAINTER, T. S. a. A. ZEIMET: Studies on pigeons hybrids. I. Aberrant sex ratios. Anat. Rec. **41** (1928/29).

— (3) — — Studies on pigeons hybrids. II. The chromosome conditions as an index of differential mortality of embryos. Ebenda **41** (1928/29).

— (4) a. D. H. REID: The effect of feeding thyroid on the plumage of the fowl. J. agricult. Res. **29** (1924).

COLLETT, A.: Det genito-suprarenale syndrom (s. suprarenal virilism) hos en $1^1/_2$ aars pike. Norsk Mag. f. Laegevidenskap (1923).

COMAS, M.: Sur l'intersexualité de *Paramermis contorta*. Bull. biol. France et Belg. **61** (1927).

CONEL, J. L.: The urogenital system of Myxinoids. J. of Morph. **29** (1917).

CORNER, G. W. (1): A case of true lateral hermaphroditism in a pig with functional ovary. Contributions to embryology. Carnegie Inst. Publ. **274**. Washington 1920.

— (2): A case of true lateral hermaphroditism in a pig with functional ovary. J. of Urol. **5** (1921).

CORRENS, C.: Bestimmung, Vererbung und Verteilung des Geschlechtes bei den höheren Pflanzen. Handbuch der Vererbungswissenschaft, herausgeg. von E. BAUR u. M. HARTMANN **2**, Liefg 3 (1928).

COURRIER, R. (1): Sur le conditionnement des caractères sexuels secondaires chez les poissons. C. r. Soc. Biol. Paris **85** (1921a).

— (2): Sur le déterminisme des caractères sexuels secondaires chez les arthropodes. C. r. Acad. Sci. Paris **173** (1921b).

COURRIER, R. (3): Etude préliminaire du déterminisme des caractères sexuels secondaires chez les poissons. Archives d'Anat. 2 (1922).

CREW, F. A. E. (1): A description of certain abnormalities of the reproductive system found in frogs, and a suggestion as to their possible significance. Proc. roy. physic. Soc. Edinburgh 20 (1921 a).

— (2): Sex-reversal in frogs and toads. A review of the recorded cases of abnormality of the reproductive system and an account of a breeding experiment. J. Genet. 11 (1921 b).

— (3): Studies in intersexuality. I. A peculiar type of developmental intersexuality in the male of the domesticated mammals. Proc. roy. Soc. Lond. B, 95 (1923 a).

— (4): Studies in intersexuality. II. Sex-reversal in the fowl. Ebenda 95 (1923 b).

— (5): Hermaphroditism in the pig. J. Obstetr. 31 (1924).

— (6): Rejuvenation of the aged fowl through thyroid medication. Proc. roy. Soc. Edinburgh 45 (1925).

— (7): Abnormal sexuality in animals. I. Genotypical. Quart. Rev. Biol. 1 (1926).

— (8): Abnormal sexuality in animals. II. Physiological. Ebenda 2 (1927a).

— (9): Die Wirkungen der Schilddrüsenektomie am hennengefiederten Hahn. Arch. Geflügelkde 1 (1927b).

— (10): Abnormal sexuality in animals. III. Sex reversal. Quart. Rev. Biol. 2 (1927c).

— (11): On the quantitative relation of comb size and gonadic activity in the fowl. Proc. roy. Soc. Edinburgh 47 (1927d).

— (12): Studies on the relation of gonadic structure to plumage characterisation in the domestic fowl. III. The laying hen with cock's plumage. Proc. roy. Soc. Lond. B, 101 (1927e).

— (13): The genetics of sexuality in animals. Cambridge 1927f.

— (14) a. J. S. HUXLEY: The relation of internal secretion to reproduction and growth in the domestic fowl. I. Effect of thyroid feeding on growth rate, feathering and egg production. Vet. J. 79 (1923).

CUNNINGHAM, J. T.: The heredity of secondary sexual charaters in relation to hormones. Arch. Entw.mechan. 26 (1908).

v. DALLA TORRE, K. W. u. H. FRIESE: Die hermaphroditen und gynandromorphen Hymenopteren. Ber. naturw.-med. Ver. Innsbruck 24 (1899).

DANFORTH, C. H. (1): A gynandromorph mouse. Anat. Rec. 35 (1927).

— (2): Genetic and metabolic sex-differences. J. Hered. 20 (1929).

— (3): The nature of racial and sexual dimorphism in the plumage of campines and leghorns. Biol. generalis (Wien) 6 (1930).

— (4) a. F. FOSTER: Skin transplantation as a means of studying genetic and endocrine factors in the fowl. J. of exper. Zool. 52 (1929).

DANIEL, J. F.: The elasmobranch fishes. Univ. Cal. Press, Berkeley 1922.

DAVENPORT, C. B.: Regeneration of ovaries in mice. J. of exper. Zool. 42 (1925).

DEMEREC, M.: Possible explanation of Winge's findings in *Lebistes reticulatus*. Amer. Naturalist **62** (1928).

DIEFENBACH, H.: Familiärer Hermaphroditismus. Inaug.-Diss. Berlin 1912.

DOBZHANSKY, T.: Genetical and environmental factors influencing the type of intersexes in *Drosophila melanogaster*. Amer. Naturalist **64** (1930).

— a. C. B. BRIDGES: The reproductive system of triploid intersexes in *Drosophila melanogaster*. Ebenda **62** (1928).

DOMM, L. V. (1): Sex-reversal following ovariotomy in the fowl. Proc. Soc. exper. Biol. a. Med. **22** (1924).

— (2): New experiments on ovariotomy and the problem of sex inversion in the fowl. J. of exper. Zool. **48** (1927).

— (3): The effects of bilateral ovariotomy in the brown leghorn fowl. Biol. Bull. Mar. biol. Labor. Wood's Hole **56** (1929a).

— (4): Spermatogenesis following early ovariotomy in the brown Leghorn fowl. Roux' Arch. **119** (1929b).

— (5): Spermatogenesis following early ovariotomy in the brown leghorn fowl. Proc. Soc. exper. Biol. a. Med. **26** (1929c).

— (6) u. M. JUHN: Compensatory hyperthrophy of the testes in brown leghorns. Biol. Bull. Mar. biol. Labor. Wood's Hole **52** (1927).

DONCASTER, L.: On the relations between chromosomes, sex-limited transmission and sex-determination in *Abraxas grossulariata*. J. Genet. **4** (1915).

DOENICKE, A.: Ein Beitrag zur Kenntnis des Hermaphroditismus. Bruns' Beitr. **123** (1921).

DU BOIS, A. M. (1): Action des glandes génitales sur les corps adipolymphoides des batraciens. C. r. Soc. Biol. Paris **97** (1927a).

— (2): Les corrélations physiologiques entre les glandes génitales et les corps jaunes chez les batraciens. Rev. suisse Zool. **34** (1927b).

— (3): Morphologische Untersuchungen über die Variationen und die Abnormitäten des Kopulationsapparates intersexueller Weibchen von *Lymantria dispar* L. Z. Morph. u. Ökol. Tiere **15** (1929).

— (4): Morphologische Untersuchungen über die Entwicklung des Kopulationsapparats der intersexuellen Weibchen von *Lymantria dispar* L. Roux' Arch. **1931** (im Druck).

— (5) et J. DE BEAUMONT: Intersexualité phénotypique dans la gonade mâle du triton C. r. Soc. Biol. Paris **97** (1927).

— (6) et K. PONSE: Hypogénitalisme chez *Rana esculenta*. Ebenda **97** (1927).

DUDICH, E.: Über einen somatischen Zwitter des Hirschkäfers. Entomol. Bl. **19** (1923).

EGGERT, B.(1): Die Geschlechtsmerkmale im Lebenszyklus der männlichen und weiblichen Kröten (*Bufo vulgaris* LAUR.). I. BIDDERsches Organ, Keimdrüsen und MÜLLERscher Gang. Z. Anat. **79** (1926).

— (2): Über sexuelle Unterschiede am Schädel der Erdkröte (*Bufo vulgaris* LAUR.) und ihr Verhalten bei der experimentell-physiologischen Geschlechtsumstimmung. Z. Zool. **129** (1927).

— (3): Der Hermaphroditismus der Tiere. 1. Beitrag zur Intersexualität der Anuren. Ebenda **133** (1929).

ELIOT, T. S.: The influence of the gonads on the plumage of Sebright Bantams. Physiologic. Zool. **1** (1928).

EMELJANOFF, N.: Intersexualität bei *Lymantria dispar* unter Einwirkung der Temperatur. Biol. Zbl. **44** (1924).

v. ENGELHARDT, V.: Über den Bau der gynandromorphen Bienen. Z. Insektenbiol. **10** (1914).

ESSENBERG, J. M. (1): Sex-differentiation in the viviparous Teleost *Xiphophorus helleri* HECKEL. Biol. Bull. Mar. biol. Labor. Wood's Hole **45** (1923).

— (2): Complete sex-reversal in the viviparous Teleost *Xiphophorus helleri*. Ebenda **51** (1926).

FEDERLEY, H. (1): Das Verhalten der Chromosomen bei der Spermatogenese der Schmetterlinge *Pygaera anachoreta, curtula* und *pigra* sowie einiger ihrer Bastarde. Z. Abstammgslehre **9** (1913).

— (2): Gibt es eine konstant intermediäre Vererbung? Ebenda **37** (1925).

— (3): Über subletale und disharmonische Chromosomenkombinationen. Hereditas (Lund) **12** (1929).

FELL, H. B. (1): Histological studies on the gonads of the fowl. I. The histological basis of sex reversal. Brit. J. exper. Biol. **1** (1923).

— (2): Histological studies on the gonads of the fowl. II. The histogenesis of the so-called „luteal" cells in the ovary. Ebenda **1** (1924).

FIEBIGER, J. (1): Beiträge zur Kenntnis weiblichen Scheinzwittertums. Virchows Arch. **181** (1905)

— (2): Pseudohermaphroditismus masculinus bei einem Reh. Wien. tierärztl. Mschr, **7** (1920)

FINLAY, G. F.: Studies on sex differentiation in fowls. Brit. J. exper. Biol. **2** (1925).

FIRKET, J. (1): Recherches sur l'organogénèse des glandes sexuelles chez les oiseaux. Archives de Biol. **29** (1914).

— (2): Recherches sur l'organogénèse des glandes sexuelles chez les oiseaux. II. Ebenda **30** (1920).

FRANZ, K.: Zur Entwicklung des knöchernen Beckens nach der Geburt. Beitr. Geburtsh. **13** (1909).

FUHRMANN, O.: L'hermaphrodisme chez *Bufo vulgaris*. Rev. suisse Zool. (1913).

GALLAIS, A.: Le syndrome génito-surrénal. Paris 1914.

GEROULD, J. H.: A right-left gynandromorph of the alfalfa butterfly, *Colias eurytheme* var. *alba*. J. of exper. Zool. **42** (1925).

GIACOMINI, G.: Le recenti ricerche sperimentali intorno all'influenza della tiroide sullo sviluppo, sulla nuta, sul colorito e sulla struttura del piumaggio degli uccelli. Boll. Soc. Biol. sper. **1** (1926).

GIARD, A (1): De l'influence de certains parasites rhizocéphales sur les caractères sexuels extérieurs de leur hôte. C. r. Acad. Sci. Paris **103** (1886).

— (2): Sur la castration parasitaire, chez l'*Eupagurus bernhardus* L., et chez la *Gebia stellata* MONT. Ebenda **104** (1887).

— (3): Comment la castration agit-elle sur les caractères sexuels secondaires? C. r. Soc. Biol. Paris **56** (1904).

GOLDSCHMIDT, R. (1): Die Vererbung der sekundären Geschlechtscharaktere. Mitt. Ges. Morph. u. Physiol. München Nr 49, Sitzg vom 21. Nov. 1911.

— (2): Erblichkeitsstudien an Schmetterlingen. I. Z. Abstammgslehre 7 (1912).

— (3): Weitere Untersuchungen über Vererbung und Bestimmung des Geschlechts. Mitt. Ges. Morph. u. Physiol. München Nr 30, Sitzg vom 8. Juli 1913.

— (4): Vorläufige Mitteilung über weitere Versuche zur Vererbung und Bestimmung des Geschlechts. Biol. Zbl. 35 (1915).

— (5): A preliminary report on further experiments in inheritance and determination of sex. Proc. nat. Acad. Sci. U. S. A. 2 (1916 a).

— (6): Experimental intersexuality and the sex-problem. Amer. Naturalist 50 (1916 b).

— (7): Die biologischen Grundlagen der konträren Sexualität und des Hermaphroditismus beim Menschen. Arch. Rassenbiol. 12 (1916 c).

— (8): A further contribution to the theory of sex. J. of exper. Zool. 22 (1917a).

— (9): Intersexuality and the endocrine aspect of sex. Endocrinology 1 (1917b).

— (10): Intersexualität und Geschlechtsbestimmung. Biol. Zbl. 39 (1919).

— (11): Untersuchungen über Intersexualität. Z. Abstammgslehre 23 (1920 a).

— (12): Mechanismus und Physiologie der Geschlechtsbestimmung. Berlin: Gebr. Borntraeger 1920 (b). [Engl.: Ed. Methuen Co. 1923, mit Zusätzen.]

— (13): Erblichkeitsstudien an Schmetterlingen. III. Der Melanismus der Nonne *Lymantria monacha* L. Z. Abstammgslehre 25 (1921 a).

— (14): Untersuchungen zur Entwicklungsphysiologie des Flügelmusters der Schmetterlinge. I. Mitt.: Einige Vorstudien. Arch. Entwmechan. 47 (1921 b).

— (15): Analyse der Doppelmißbildungen. Ebenda 47 (1921 c).

— (16): Zur Entwicklungsphysiologie der Intersexualität. Naturwiss. 9 (1921 d).

— (17): Untersuchungen über Intersexualität. II. Z. Abstammgslehre 29 (1922 a).

— (18): Die Reifeteilungen der Spermatocyten in den Gonaden intersexueller Weibchen des Schwammspinners. Biol. Zbl. 42 (1922 b).

— (19): Über Vererbung im Y-Chromosom. Ebenda 42 (1922 c).

— (20): Untersuchungen über Intersexualität. III. Z. Abstammgslehre 31 (1923 a).

— (21): Einige Materialien zur Theorie der abgestimmten Reaktionsgeschwindigkeiten. Arch. mikrosk. Anat. u. Entw.mechan. 98 (1923 b).

— (22): Ein weiterer Beitrag zur Kenntnis des Gynandromorphismus. Biol. Zbl. 43 (1923).

— (23): Bemerkungen über triploide Intersexe. Ebenda 45 (1925 a).

— (24): Über die Erzeugung der höheren Stufen der männlichen Intersexualität bei *Lymantria dispar*. Ebenda 45 (1925 b).

GOLDSCHMIDT, R. (25): Nachweis der homogametischen Beschaffenheit der Geschlechtsumwandlungsweibchen. Ebenda **46** (1926 a).

— (26): The quantitative theory of sex. Science (N.Y.) **64** (1926 b).

— (27): Bemerkungen zum Problem der Geschlechtsbestimmung bei *Bonellia*. Ebenda **46** (1926 c).

— (28): Die zygotischen sexuellen Zwischenstufen und die Theorie der Geschlechtsbestimmung. Erg. Biol. **2** (1927 a).

— (29): Weitere morphologische Untersuchungen zum Intersexualitätsproblem. Z. Morph. u. Ökol. Tiere 8 (1927 b).

— (30): Zygotische Geschlechtsbestimmung und Sexualhormone. Naturwiss. **15** (1927 c).

— (31): Zur sogenannten „Indexhypothese" der Geschlechtschromosomen. Biol. Zbl. **47** (1927).

— (32): Physiologische Theorie der Vererbung. Berlin: Julius Springer 1927.

— (33): Die Theorie der Geschlechtsbestimmung. Scientia (Milano), März 1928.

— (34): Geschlechtsbestimmung im Tier- und Pflanzenreich. Biol. Zbl. (1929 a).

— (35): Untersuchungen über Intersexualität. IV. Z. Abstammgslehre **49** (1929 b).

— (36): Untersuchungen zur Genetik der geographischen Variation. II. Roux' Arch. **116**, 1 (1929 c).

— (37): Geschlechtsbestimmung im Tier- und Pflanzenreich. Biol. Zbl. **49** (1929).

— (38): Untersuchungen über Intersexualität. V. Z. Abstammgslehre **56** (1930).

— (39) u. E. FISCHER: Argynnis paphia — valesina, ein Fall geschlechtskontrollierter Vererbung bei Schmetterlingen. Genetica ('s-Gravenhage) 4 (1922).

— — (40): Erblicher Gynandromorphismus bei Schmetterlingen. Roux' Arch. **109** (1927).

— (41) u. K. KATSUKI: Erblicher Gynandromorphismus und somatische Mosaikbildung bei *Bombyx mori* L. Biol. Zbl. **47** (1927).

— — (42): Zweite Mitteilung über erblichen Gynandromorphismus bei *Bombyx mori* L. Ebenda **48** (1928).

— — (43): Cytologie des erblichen Gynandromorphismus von *Bombyx mori* L. Ebenda **48** (1928).

— (44) u. J. MACHIDA: Über zwei eigenartige Gynandromorphe des Schwammspinners *Lymantria dispar* L. Z. Abstammgslehre **28** (1922).

— (45) u. S. MINAMI: Über die Vererbung der sekundären Geschlechtscharaktere. Studia Mendeliana 1923.

— (46) u. K. PARISER: Triploide Intersexe bei Schmetterlingen. Biol. Zbl. **43** (1923).

— (47) u. H. POPPELBAUM: Erblichkeitsstudien an Schmetterlingen. II. Z. Abstammgslehre **11** (1914).

— (48) u. S. SAGUCHI: Die Umwandlung des Eierstocks in einen Hoden beim intersexuellen Schwammspinner. Erg. Anat. **65** (1922).

GOODALE, H. D. (1): Castration in relation to the secondary sexual characters in brown Leghorns. Amer. Naturalist **47** (1913).
— (2): Gonadectomy in relation to the secondary sexual characters of some domestic birds. Carnegie Inst. Washington Publ. **243** (1916).
— (3): Feminized male birds. Genetics **3** (1918).
GOODRICH, H. B.: Mendelian inheritance in fish. Quart. Rev. Biol. **4** (1929).
GORDON, M.: The genetics of a viviparous Top-minnow *Platypoecilus*; the inheritance of two kinds of melanophores. Genetics **12** (1927).
GOSTIMIROVIC, D. u. W. MRŠIĆ: Über den angeblichen Einfluß der Blutgefäßversorgung auf das Geschlecht der Embryonen. Roux' Arch. **121** (1930).
GOTO, N. (1): Experimentelle Untersuchung der inneren Sekretion des Ovariums durch Parabiosentiere. Arch. f. exper. Path. **94** (1922).
— (2): Experimentelle Untersuchung der inneren Sekretion des Ovariums durch Rattenparabiose. Arch. Gynäk. **123** (1925).
GRASSI, B.: Nuove ricerche sulla storia naturale dell'anguilla. R. Comitato Talassografico Ital. Mem. **67** (1919).
GREENWOOD, A. W. (1): Histological studies of gonad grafts in the fowl. Brit. J. exper. Biol. **2** (1925 a).
— (2): Gonad grafts in embryonic chicks and their relation to sexual differentiation. Ebenda **2** (1925 b).
— (3): Gonad grafts in the fowl. Ebenda **2** (1925 c).
— (4): Studies on the relation of gonadic structure to plumage characterisation in the domestic fowl. IV. Gonad cross transplantation in Leghorn and Campine. Proc. roy. Soc. Lond. B, **103** (1928).
— (5) u. J. S. S. BLYTH: An experimental analysis of the plumage of the Brown-Leghorn fowl. Proc. roy. Soc. Edinburgh **49** (1929).
— (6) u. A. C. CHAUDHURI: An experimental study on the effect of thyroxin upon sexual differentiation in the fowl. Brit. J. exper. Biol. **5** (1928).
— (7) u. F. A. E. CREW: Studies on the relation of gonadic structure to plumage characterisation in the domestic fowl. I. Henny-feathering in an ovariotomised hen with active testis grafts. Proc. roy. Soc. Lond., B, **99** (1926).
— — (8) On the quantitative felation of comb size and gonadic activity in the fowl. Proc. roy. Soc. Edinburgh **47**, II (1927 a).
— — (9) Studies on the relation of gonadic structure to plumage characterisation in the domestic fowl. II. The developmental capon and poularde. Proc. roy. Soc. Lond. B, **101** (1927 b).
GUDERNATSCH, J. F.: Ein Fall von Hermaphroditismus verus hominis. Verh. 8. internat. Zool.-Kongreß Graz 1910.
GUÉRIN-GANIVET, J.: Contribution à l'étude systématicque et biologique des Rhizocéphales. Trav. Sci. Labor. Zool. et Physiol. mar. Concameau **3** (1911).
GUYÉNOT, E. u. K. PONSE (1): Nouveaux résultats concernant le déterminisme des caractères sexuels secondaires du crapaud (*Bufo vulgaris*). C. r. Soc. Biol. Paris **89** (1923).

Guyénot, E. et K. Ponse (2): L'organe de Bidder du crapaud est-il indispensable à la vie? Ebenda **89** (1923).

— — (3): Inversion expérimentale du type sexuel dans la gonade du crapaud. Ebenda **89** (1923).

— — (4): Questions théoretiques soulevées par le cas de l'organe de Bidder du crapaud. Ebenda **96** (1927).

Guyer, M. F.: On the sex of hybrid birds. Biol. Bull. Mar. biol. Labor. Wood's Hole **16** (1909).

Halban, J. (1): Die Entstehung der sekundären Geschlechtscharaktere. Arch. Gynäk. **70** (1903).

— (2): Tumoren und Geschlechtscharaktere. Z. Konstit.lehre **11** (1925).

— (3) Zur Frage der Geschlechtscharaktere. Arch. Gynäk. **130** (1927).

Haldane, J. B.: Sex ratios and unisexual sterility in hybrid animals. J. Genet. **12** (1922).

Haemmerli-Boveri, V.: Über die Determination der sekundären Geschlechtsmerkmale (Brutsackbildung) der weiblichen Wasserassel durch das Ovar. Z. vergl. Physiol. **4** (1926).

Hance, R. T.: The somatic chromosomes of the chick and their possible sex relation. Science (N. Y.) **59** (1924).

Harms, J. W. (1): Experimentelle Untersuchungen über die innere Sekretion der Keimdrüsen. Jena 1914.

— (2): Untersuchungen über das Biddersche Organ der männlichen und weiblichen Kröten. I. Die Morphologie des Bidderschen Organs. Z. Anat. **62** (1921a).

(3): Verwandlung des Bidderschen Organs in ein Ovarium beim Männchen von *Bufo vulgaris* Laur. Zool. Anz. **53** (1921b).

— (4): Die physiologische Geschlechtsumstimmung. Naturwiss. **2** (1923a).

— (5): Untersuchungen über das Biddersche Organ der männlichen und weiblichen Kröten. II. Die Physiologie des Bidderschen Organs und die experimentell-physiologische Umdifferenzierung von Männchen in Weibchen. Z. Anat. **69** (1923b).

— (6): Weitere Mitteilungen über die physiologische Geschlechtsumstimmung. Verh. dtsch. zool. Ges. **29** (1924).

— (7): Körper- und Keimzellen. I. u. II. Monographien Physiol. **9**. Berlin: Julius Springer 1926a.

— (8): Beobachtungen über Geschlechtsumwandlungen reifer Tiere und deren F_2-Generation. Zool. Anz. **67** (1926b).

— (9): Die Realisation von Genen und die consecutive Adaption. I. Z. Zool. **133** (1929).

Harrison, J. W. H. (1): Studies in the hybrid Bistoninae. I—IV. J. Genet. **6/9** (1916—1919).

— (2) u. L. Doncaster: *Lycia hirtaria* and *Ithysia zonaria* and their hybrids. Ebenda **3** (1914).

Hart, D. B.: The structure of the reproductive organs in the free-martin. Proc. roy. Soc. Edinburgh **30** (1910).

Hartman, C. G. a. B. League: Description of a sex-intergrade opossum with an analysis of the constituents of its gonads. Anat. Rec. **29** (1925).

HARTMANN, M.: Verteilung, Bestimmung und Vererbung des Geschlechts bei den Protisten und Thallophyten. Handbuch der Vererbungswissenschaft, herausgeg. von E. BAUR und M. HARTMANN, Liefg 9, 2 (1929).

HEINROTH, O. (1): Beobachtungen an Entenmischlingen. Sitzgsber. Ges. naturforsch. Freunde Berl., Nr 1 (1906).

— (2): Ein lateral hermaphroditisch gefärbter Gimpel. Ebenda 1909.

— (3): Bericht über den 5. internationalen Ornithologen-Kongreß 1910.

HERBST, C. (1): Untersuchungen zur Bestimmung des Geschlechts. I. Mitt. Sitzgsber. Heidelberg. Akad. Wiss., Math.-naturwiss. Kl. 2. Abh. (1928).

— (2): Untersuchungen zur Bestimmung des Geschlechts. II. Mitt. Ebenda 16. Abh. 1929.

HERTWIG, G. u. P.: Die Vererbung des Hermaphroditismus bei *Melandrium*. Ein Beitrag zur Frage der Bestimmung und Vererbung des Geschlechts. Z. Abstammgslehre 28 (1922).

HERTWIG, R. (1): Untersuchungen über das Sexualitätsproblem. III. Teil. Verh. dtsch. zool. Ges. 1907.

— (2): Über den derzeitigen Stand des Sexualitätsproblems nebst eigenen Untersuchungen. Biol. Zbl. 32 (1912).

— (3): Über den Einfluß der Überreife der Eier auf das Geschlechtsverhältnis von Fröschen und Schmetterlingen. Sitzgsber. bayer. Akad. Wiss., Math.-physik. Kl. 1921.

— (4): Über experimentelle Geschlechtsbestimmung bei Fröschen. Ebenda 1925.

HEYMONS, R.: Über die hermaphroditische Anlage der Sexualdrüsen beim Männchen von *Phyllodromia* (*Blatta*) *germanica*. Zool. Anz. 13 (1890).

HIRSCHFELD, M. u. E. BURCHARD: Spermasekretion aus einer weiblichen Harnröhre. Dtsch. med. Wschr. 37 (1911).

HOADLEY, L.: Twin heterosexual pig embryos (32 mm.) found within fused membranes. Anat. Rec. 38 (1928).

HOEK, P. P. C. (1): Hermaphroditisme bij Visschen. Verh. 3. Nederl. nat. Geneesk. Congr. 1891.

— (2): Über einen Hermaphroditen von *Raja clavata*. Tijdschr. nederl. dierkd. Ver. igg, 2. Ser., Deel 4 (Versl. 1893).

HOEPKE, H. (1): Über Begriff und Einteilung des Hermaphroditismus. Z. Anat. 71 (1924).

— (2) u. v. OETTINGEN: Zur Frage des Pseudohermaphroditismus. Zbl. Gynäk. 1925.

HOLMES, G.: A case of virilism associated with a suprarenal tumour. Recovery after its removal. Quart. J. Med. 70 (1925).

HORNING, B. a. H. B. TORREY (1): Effect of thyroid feeding on the color and form of the feathers of fowls. Anat. Rec. 24 (1923).

— — (2): Thyroid and gonad as factors in the production of plumage melanins in the domestic fowl. Biol. Bull. Mar. biol. Labor. Wood's Hole 53 (1927).

HUGHES, W.: Sex intergrades in foetal pigs. Ebenda 52 (1927).

HUMPHREY, R. R. (1): The specificity of the sexual organization in the preprimordium of the gonad of *Amblystoma* as shown by transplantation of the intermediate mesoderm. Anat. Rec. **37** (1927).

— (2): Studies on sex reversal in *Amblystoma*. II. Sex differentiation and modification following orthotopic implantation of a gonadic preprimordium. J. of exper. Zool. **53** (1929).

HUNTER, J.: Account of the free-martin. London 1786.

HUXLEY, J. S. (1): Some recent advances in the biological theory of sex. I. and II. J. roy. Soc. Arts, London **70** (1922).

— (2) Sex determination and related problems. I. Med. Sci. Abstr. Rev. **1924**.

JAFFE, H. L. u. G. N. PAPANICOLOU: A case of Hermaphroditismus verus lateralis in a guinea-pig. Anat. Rec. **36** (1927).

JORDAN, H. E.: The histology of a testis from a case of human hermaphroditism, with a consideration of the significance of hermaphroditism in relation to the question of sex-differentiation. Amer. J. Anat. **31** (1922).

JUHN, M. u. R. G. GUSTAVSON: The production of female genital subsidiary characters and plumage sex characters by injection of human placental hormone in fowls. J. of exper. Zool. **56** (1930).

JUNKER, H.: Cytologische Untersuchungen an den Geschlechtsorganen der halbzwittrigen Steinfliege *Perla marginata*. Arch. Zellforschg **17** (1923).

KAMMERER, P.: Ursprung der Geschlechtsunterschiede. Erg. Naturwiss. **1912**.

KATSUKI, K. (1): Untersuchungen über erblichen Gynandromorphismus und somatische Mosaikbildungen bei *Bombyx mori* L. Zool. Jb., Abt. Allg. Zool. **44** (1927).

— (2): Weitere Versuche über erbliche Mosaikbildung und Gynandromorphismus bei *Bombyx mori* L. Biol. Zbl. **48** (1928).

KAUFMANN, G.: Über den Bau der Keimdrüsen von Rinderzwicken. Diss. Zürich 1922.

KEILIN, D. u. H. F. NUTTAL: Hermaphroditism and other abnormalities in *Pediculus hominis*. Parasitology **2** (1919).

KELLER, K. (1): Über somatische Geschlechtsmerkmale beim Rinderfetus. Zur Frage der sterilen Zwillingskälber. Wiener tierärztl. Mschr. **7** (1920).

— (2): Über Geschlechtstransformation beim Säugetier. Ebenda **9** (1922).

— (3) u. J. TANDLER: Über das Verhalten der Eihäute bei der Zwillingsträchtigkeit des Rindes. Ebenda **3** (1916).

KEMP, T.: On the medullary cords of the ovary concerning their bearing on virilism in women with tumours of the adrenal cortex. Acta path. scand. (Kobenh.) **2** (1924).

KERMAUNER, F. (1): Die Mißbildung der weiblichen Geschlechtsorgane. In: SCHWALBE: Die Morphologie der Mißbildungen **3**. Jena 1909.

— (2): Das Fehlen beider Keimdrüsen. Zieglers Beitr. path. Anat. **54** (1912).

KERMAUNER, F. (3): Sexus anceps oder Hermaphroditismus. Frankf. Z. Path. **11** (1912).

— (4): Fehlbildungen der weiblichen Geschlechtsorgane. In HALBAN-SEITZ: Biologie und Pathologie des Weibes **3**. Berlin-Wien 1924.

KING, H. D. (1): The structure and development of BIDDER's organ in *Bufo lentiginosus*. J. of Morph. **19** (1908).

— (2): Some anomalies in the genital organs of *Bufo lentiginosus*. Amer. J. Anat. **10** (1910).

— (3): Studies on sex-determination in amphibians. V. The effects of changing the water content of the egg, at or before the time of fertilization, on the sex ratio of *Bufo lentiginosus*. J. of exper. Zool. **12** (1912).

KLEBS, E.: Handbuch der pathologischen Anatomie. Berlin 1876.

KLEIN, H. V.: Hypothese zur Vererbung und Entstehung der Homosexualität (ein Beitrag zur Lehre der sexuellen Zwischenstufen). Z. Neur. **83** (1923).

KLEINKNECHT, A.: Ein Fall von Hermaphroditismus verus bilateralis beim Menschen. Bruns' Beitr. **102** (1916).

KLUNZINGER, C. B.: Über die Samenträger der Tritonen und ihre Beziehungen zum Kloakenwulst. Nach E. ZELLERS hinterlassenen Schriften. Verh. dtsch. zool. Ges. **14** (1904).

KNAPPE, E.: Das BIDDERsche Organ. Ein Beitrag zur Kenntnis der Anatomie usw. Morph. Jb. **2** (1886).

KÖHLER, O.: Neuere Arbeiten über hennenfedrige Hähne. Z. Abstammgslehre **29** (1922).

KOHN, A.: Der Bauplan der Keimdrüsen. Arch. Entw.mechan. **47** (1921).

KOLISKO, A.: Zwitterbildungen. Beiträge zur gerichtlichen Medizin, herausgeg. von Prof. A. HABERDA. Wien 1922.

KOLLER, G.: Die innere Sekretion bei wirbellosen Tieren. Biol. Rev. **4** (1929).

KOPEĆ, ST.: Experiments on the dependence of the nuptial hue on the gonads in fish. Biol. generalis (Wien) **3** (1927).

KORNHAUSER, S. I.: The sexual characteristics of the membracid *Thelia bimaculata* (FABR.). I. External changes induced by *Aphelopus theliae* (GAHAN). J. of Morph. **32** (1919).

KOSMINSKY, P. (I): Einwirkung äußerer Einflüsse auf Schmetterlinge. Zool. Jb., Abt. System.) **27** (1909).

— (2): Über Erzeugung von Intersexen bei *Stilpnotia salicis* L. im Temperatur-Experiment. Biol. Zbl. **44** (1924a).

— (3): Der Gynandromorphismus bei *Lymantria dispar* L. unter der Einwirkung äußerer Einflüsse. Vorl. Mitt. Ebenda **44** (1924b).

— (4): Die Entwicklung der Antennen bei intersexuellen Weibchen von *Lymantria dispar*. Ebenda **47** (1927a).

— (5): Intersexualität im männlichen Kopulationsapparat von *Lymantria dispar* L. unterm Einfluß der Temperatur. Ebenda **47** (1927b).

— (6): Die Entwicklung der Antennen bei intersexuellen Weibchen des Schwammspinners (*Lymantria dispar* L.), die durch Bastardierung verschiedener Rassen erhalten werden. Ebenda **49** (1929).

Kosminsky, P. (7) u. X. Golovinskaja: Zur Morphologie des Geschlechtsapparates der Lepidopteren. Z. Morph. u. Ökol. Tiere **15** (1929).

— — (8) Untersuchungen über die sogenannten „Schweinzwitter" des Schwammspinners. Z. Abstammgslehre **53** (1930).

Kosswig, C. (1): Über Kreuzungen zwischen den Telostiern *Xiphophorus helleri* und *Platypoecilus maculatus*. II. Mitt. Ebenda **47** (1928).

— (2): Die Bedeutung des Y-Chromosoms im Tierreich. Züchter **2** (1930a).

— (3): Die Geschlechtsbestimmung bei den Bastarden von *Xiphophorus helleri* und *Platypoecilus maculatus* und deren Nachkommen. Z. Abstammgslehre **54** (1930b).

Kozelka, A. W.: Integumental grafting in the domestic fowl. J. Hered. **20** (1929).

Kraatz, G.: Beschreibung eines Maikäfer-Zwitters. Berl. entomol. Z. **17** (1873).

Krause, W.: Untersuchungen über experimentellen Hermaphroditismus mit Variation der Testikel- und Ovarialmenge. Biol. generalis (Wien) **2** (1926).

Krediet, G. (1): Gonade und Uterus beim intersexuellen Schweine. Baum-Festschrift S. 107. Ohne Jahr.

— (2): Ovariotestes bei der Ziege. Biol. Zbl. **41** (1921).

— (3): Ein Fall von wahrem unilateralem Hermaphroditismus bei der Ziege. Anat. Anz. **55** (1922).

— (4): Über die Genese der Ovariotestes. Roux' Arch. **109** (1927).

— (5): Intersexualität oder Hermaphroditismus bei Säugetieren. Z. Anat. **91** (1929).

Křiženecký, J. (1): Über den Einfluß der Schilddrüse und der Thymus auf die Entwicklung des Gefieders bei den Hühnerkücken. Roux' Arch. **107** (1926).

— (2) u. M. Nevalonnyj: Weitere Versuche über den Einfluß der Schilddrüse und der Thymus auf die Entwicklung des Gefieders bei den Hühnerkücken. Zugleich ein dritter Beitrag zum Studium der entwicklungsmechanisch-antagonistischen Wirkung der Thymus und der Thyreoidea. Ebenda **112** (1927).

— (3), M. Nevalonnyj u. I. Petrov: Versuche über die Funktion der Thyreoidea und der Thymus bei Neubildung des ausgerupften Gefieders. Zugleich ein vierter Beitrag zum Studium der entwicklungsmechanisch-antagonistischen Wirkung der Thymus und der Thyreoidea. Ebenda **112** (1927).

— (4) u. J. Podhradský: Über den Einfluß des Hyperthyreoidismus und des Hyperthymismus auf Reifung, Wachstum und Pigmentierung des Gefieders bei ausgewachsenen Hühnern. Ebenda **112** (1927).

Kuhn, O. (1): Untersuchungen über die Geschlechtsumkehr beim Haushuhn. Z. Züchtungskde **2** (1927).

— (2): Die Differenzierung des Haushuhngefieders durch Schilddrüse und Gonaden. Ebenda **3** (1928).

— (3): Die entwicklungsphysiologischen Grundlagen für die Gefiedertypen bei Erpel und Ente. Arch. Geflügelkde **4** (1930).

— (4): Über die Mauserreaktion der Vögel nach Schilddrüsenfütterung. Z. Züchtungskde **4** (1929).

KUMMERLÖWE, H. (1): Vergleichende Untersuchungen über das Gonadensystem weiblicher Vögel. I. Z. mikrosk.-anat. Forschg **21** (1930).

— (2): Vergleichende Untersuchungen über das Gonadensystem weiblicher Vögel. II. Ebenda **22** (1930).

KUSCHAKEWITSCH, S.: Die Entwicklungsgeschichte der Keimdrüsen von *Rana esculenta*. Festschrift für R. HERTWIG **2**. Jena 1910.

KUSNEZOV, N. J. (1): Contributions to the morphology of the genital apparatus in Lepidoptera. Some cases of gynandromorphism. Rev. Russe Entomol. **16** (1916).

— (2): The morphology of the copulatory structures in some cases of gynandromorphism in lepidoptera. Biol. Bull. Mar. biol. Labor. Wood's Hole **51** (1926).

KUTTNER, O.: Untersuchungen über Fortpflanzungsverhältnisse und Vererbung bei Cladoceren. Internat. Rev. Hydrobiol. **2** (1909).

LACASSAGNE, A.: La question de l'hermaphrodisme chez l'homme et les mammifères. Gynéc. et Obstétr. **1** (1920).

v. LENGERKEN, H.: Über die Entstehung bilateral-symmetrischer Insektengynander aus verschmolzenen Eiern. Biol. Zbl. **48** (1928).

LENZ, F.: Erfahrungen über die Erblichkeit und Entartung an Schmetterlingen. Arch. Rassenbiol. **14** (1922).

LEUENBURGER, F.: Zwitterbienen. Schweiz. Bienenztg **1925**, Nr 6.

LEVENS, H.: Einige Fälle von Pseudohermaphroditismus beim Pferde. Mh. prakt. Tierheilk. **22** (1911).

LEVY, F.: Über die sogenannten Ureier im Froschhoden. Biol. Zbl. **40** (1920).

LICHTENSTERN, R.: Die Überpflanzung der männlichen Keimdrüse. Wien 1924.

LIÉNAUX, E.: Cryptorchidie et hermaphroditisme externe chez plusieurs descendants d'un même cheval. Ann. Méd. vét. **59** (1910).

LILLIE, F. R. (1): The theory of the free-martin. Science (N. S.) **43** (1916).

— (2): The free-martin; a study of the action of sex hormones in the foetal life of cattle. J. of exper. Zool. **23** (1917).

— (3): Supplementary notes on twins in cattle. Biol. Bull. Mar. biol. Labor. Wood's Hole **44** (1923).

— (4): The present status of the problem of sex-inversion in the hen. J. of exper. Zool. **48** (1927).

— (5): Embryonic segregation and its role in the life history. Roux' Arch. **118** (1929).

— (6) a. K. F. BASCOM: An early stage of the free-martin and the parallel history of the interstitial cells. Science (N. Y.) **55** (1922).

LIPSCHÜTZ, A. (1): Beobachtungen zur Frage einseitiger Kastrationserscheinungen. Arch. mikrosk. Anat. u. Entw.mechan. **97** (1923).

— (2): New experimental data on the question of the seat of the endocrine function of the testicle. Endocrinology 7 (1923).

— (3) The internal secretions of the sex glands. Cambridge and Baltimore 1924 (a).

— (4): Über den Antagonismus der Geschlechtsdrüsen und seine Bedeutung für die Pathologie. Klin. Wschr. **3** (1924 b).

Lipschütz, A. (5): Latent glandular hermaphroditism. New „unbolting“ experiments. J. of Physiol. 59 (1924 c).

— (6): Nouveaux faits relatifs à la fonction endocrine des fragments testiculaires. Bull. Histol. appl. 2 (1925a).

— (7): Is there an antagonism between the male and the female sex-endocrine gland? Endocrinology 9 (1925b).

— (8): The hypothesis of the asexual embryonic soma and its bearing on heredity. Mem. Publ. 100. Birthday of Mendel. Diss. Czechosl. Eugenics Soc. Progue S. 243 (1925c).

— (9): Experimenteller Hermaphroditismus und der Antagonismus der Geschlechtsdrüsen. Mitt. I—XII. Pflügers Arch. 207/211 (1925/26).

— (10): On some fundamental laws of ovarian dynamics. Biol. Rev. Cambridge philos. Soc. 2 (1927 a).

— (11): On a peculiar type of intersexuality in the guinea-pig. Brit. J. exper. Biol. 4 (1927 b).

— (12): Das Gesetz der Pubertät. Dtsch. med. Wschr. 1927 (c), Nr 26.

— (13): Transplantation von konserviertem Ovarium. I., II. u. III. Mitt. Pflügers Arch. 220 (1928a).

— (14): New developments in ovarian dynamics and the law of follicular constancy. Brit. J. exper. Biol. 5 (1928b).

— (15): La intersexualidad en el cuy. Rev. Med. Chile 57 (1929a).

— (16): Neue Untersuchungen über experimentellen Hermaphroditismus und über den Antagonismus der Geschlechtsdrüsen. Pflügers Arch. 221 (1929b).

— (17) u. A. Ibrus: Über die Menge des Zwischengewebes im Hoden des Kaninchens nach einseitiger Kastration. Skand. Arch. Physiol. (Berl. u. Lpz.) 44 (1923).

— (18), Krause, W. u. H. E. V. Voss: Experimental hermaphroditism on quantitative lines. J. of Physiol. 58 (1924).

— (19), Ottow, B. u. K. Wagner: Über das Minimum der Hodensubstanz, das für die normale Gestaltung der Geschlechtsmerkmale ausreichend ist. Pflügers Arch. 188 (1921).

— — — (20): Über Eunuchoidismus beim Kaninchen, bedingt durch Unterentwicklung des Hodens. Arch. Entw.-mechan. 51 (1922).

— (21) u. K. Wagner: Über die Hypertrophie der Zwischenzellen. Ihr Vorkommen und ihre Bedingungen. Pflügers Arch. 197 (1922).

— (22), Wagner, C., Tamm, R. u. F. Bormann: Further experimental investigations on the hypertrophy of the sexual glands. Proc. roy. Soc. Lond. B, 94 (1922).

— (23) u. O. Wilhelm: Castration chez le pigeon. J. Physiol. et Path. gén. 27 (1929).

Lloyd, J. H.: Hermaphroditism in the common frog. Amer. Naturalist 63 (1929).

Lubosch, W.: Über die Geschlechtsdifferenzierung bei *Ammocoetes*. Verh. anat. Ges. Vers. 17 (1903).

Macklin, M. T.: A description of material from a gynandromorph fowl. J. of exper. Zool. 38 (1923).

MAGNUSSON, H.: Geschlechtslose Zwillinge. Eine gewöhnliche Form von Hermaphroditismus beim Rinde. Arch. f. Physiol. **1918**.

MALAN, D. E.: Ergebnisse anatomischer Untersuchungen an STANDFUSS-schen Lepidopteren-Bastarden. Inaug.-Diss. Zürich 1917.

MALM, A. W.: Om cirripeder fauna vid Bohusläns Kust. Göteborgs Naturhist. Mus., Zool. zoot. Afdelning **3**, Arskr. 1881.

MARANON, G.: Los estados intersexuales en la especie humana. Madrid: Morata 1929.

MARTIN, CH.: Notes on a case of pseudo-hermaphroditism. J. Obstetr. **23** (1913).

MASUI, K.: Ein Beitrag zur Kenntnis der Geschlechtsdifferenzierung bei Hühnern. Roux' Arch. **121** (1930).

MATHES, P.: Die Konstitutionstypen des Weibes, insbesondere der intersexuelle Typus. In HALBAN-SEITZ: Biologie und Pathologie des Weibes **3**. Berlin-Wien 1924.

MATTHEY, R.: Intersexualité ehez une tortue (*Emys europaea*). C. r. Soc. Biol. Paris **97** (1927).

MAVOR, J. W.: Gynandromorphs from X-rayed mothers. Amer. Naturalist **58** (1924).

MEHLING, E.: Über die gynandromorphen Bienen des EUGSTERschen Stockes. Verh. physik.-med. Ges. Würzburg, N. F. **43** (1915).

MEISENHEIMER, J. (1): Über den Zusammenhang primärer und sekundärer Geschlechtsmerkmale bei den Schmetterlingen und den übrigen Gliedertieren. Exper. Studien z. Soma- u. Geschlechtsdiff. I. Jena 1909.

— (2): Über den Zusammenhang zwischen Geschlechtsdrüsen und sekundären Geschlechtsmerkmalen bei Fröschen. Ebenda II. Festschrift f. SPENGEL. Jena 1912.

— (3): Geschlecht und Geschlechter im Tierreiche. I. Die natürlichen Beziehungen. Jena 1921.

— (4): Über die Vererbung von Art- und Geschlechtsmerkmalen bei Artbastarden. Verh. dtsch. zool. Ges. **27** (1922).

— (5): Die Vererbung von Art- und Geschlechtsmerkmalen bei *Biston*-Artkreuzungen. Exper. Studien z. Soma- u. Geschlechtsdiff. III. Zool. Jb., Abt. Allg. Zool. **41** (1924).

— (6): Geschlecht und Geschlechter im Tierreiche. II. Die allgemeinen Probleme. Jena: Gustav Fischer 1930.

MEYER, R. (1): Zum Mangel der Geschlechtsdrüsen mit und ohne zwittrige Erscheinungen. Virchows Arch. **255** (1925a).

— (2): Über einen Fall von doppelseitigem Ovotestis beim Neugeborenen, sowie über besondere Formen der Keimdrüsen-Geschwulstbildung bei Pseudohermaphroditismus und Hermaphroditismus verus, sowie über gleichartige Geschwülste bei nicht zwittrigen Personen. Arch. Gynäk. **123** (1925b).

MEYER, W.: Hemmungsmißbildung an den männlichen Genitalien eines Rindes. Z. Fleisch- u. Milchhyg. **19** (1909).

MEYNS, R.: Über Froschhodentransplantation. Pflügers Arch. **132** (1910).

MICHEL, F.: Über die Larve und die Entwicklung des Männchens der *Bonellia fuliginosa* ROL. Pubbl. Staz. zool. Napoli **10** (1930).

MINAMI, S.: Untersuchungen über das Flügelmosaik intersexueller Männchen von *Lymantria dispar* L. Arch. mikrosk. Anat. u. Entw.mechan. **104** (1925).

MINOURA, T.: A study of testis and ovary grafts on the hen's egg and their effects on the embryo. J. of exper. Zool. **33** (1921).

MITTASCH, G.: Über Hermaphroditismus. Zieglers Beitr. path. Anat. **67** (1920).

MÖLLER, P.: Ein Fall von komplettem Pseudohermaphroditismus masculinus. Virchows Arch. **223** (1917).

MOORE, C. R. (1): On the physiological properties of the gonads as controllers of somatic and psychical characteristics. I. The rat. J. of exper. Zool. **28** (1919a).

— (2): On the physiological properties of the gonads as controllers of somatic and psychical characteristics. II. Growth of gonadectomized male and female rats. Ebenda **28** (1919b).

— (3): On the physiological properties of the gonads as controllers of somatic and psychical characteristics. III. Artificial hermaphroditism in rats. Ebenda **33** (1921a).

— (4): On the physiological properties of the gonads as controllers of somatic and psychical characteristics. IV. Gonad transplantation in the guinea pig. Ebenda **33** (1921b).

— (5): On the physiological properties of the gonads as controllers of somatic and psychical characteristics. V. The effects of gonadectomy in the Guinea pig on growth, bone lengths, and weight of organs of internal secretion. Biol. Bull. Mar. biol. Labor. Wood's Hole **43** (1922).

— (6): The behaviour of the testis in transplantation, experimental cryptorchidism, vasectomy, scrotal insulation and heat application. Endocrinology 8 (1924a).

— (7): Properties of the gonads as controllers of somatic and psychical characteristics. VI. Testicular reactions in experimental cryptorchidism. Amer. J. Anat. **34** (1924b).

— (8): Properties of the gonads as controllers of somatic and psychical characteristics. VIII. Heat application and testicular degeneration, the function of the scrotum. Ebenda **34** (1924c).

— (9): Properties of the gonads as controllers of somatic and psychical characteristics. IX. Testis-graft reactions in different environments (Rat). Ebenda **37** (1926).

— (10): On the properties of the gonads as controllers of somatic and psychical characteristics. XI. Hormone production in the normal testes, cryptorchid testes and non-living testis grafts as indicated by the spermatozoön motility test. Biol. Bull. Mar. biol. Labor. Wood's Holo **55** (1928).

MORGAN, L. V.: Composites of *Drosophila melanogaster*. Carnegie Inst. Washington, Publ. **399** (1929).

MORGAN, T. H. (1): An alternative interpretation of the origin of gynandromorphous insects. Science (N. S.) **21** (1905).

— (2): The genetic and operative evidence relating to secondary sexual characters. Carnegie Inst. Washington, Publ. **285** (1919).

— (3): The effects of castration of hen-feathered campines. Biol. Bull. Mar. biol. Labor. Wood's Hole **39** (1920 a).

— (4): The effect of ligating the testes of hen-feathered cocks. Ebenda **39** (1920 b).

— (5): The genetic factor for hen-feathering in the Sebright Bantam. Ebenda **39** (1920 c).

— (6): The endocrine secretion of hen-feathered fowls. Endocrinology **4** (1920 d).

— (7) a. C. B. BRIDGES: The origin of gynandromorphs. Carnegie Inst. Washington, Publ. **278** (1919).

— (8), BRIDGES, C. B. a. A. H. STURTEVANT: The genetics of *Drosophila*. Bibl. genetica **2** (1925).

MOSZKOWICZ, L. (1): Mastopathie der männlichen Brustdrüse. Arch. klin. Chir. **148** (1927).

— (2): Retentio testis und Inguinalhernie als Zeichen der Intersexualität. Klin. Wschr. **6**, Nr 47 (1927).

— (3): Intersexualitätslehre und Hermaphroditismus und ihre Bedeutung für die Klinik. Ebenda **1929**, Nr 7/8.

MRŠIĆ, W.: Die Spätbefruchtung und der Einfluß auf die Entwicklung und Geschlechtsbildung experimentell nachgeprüft an der Regenbogenforelle. Arch. mikrosk. Anat. u. Entw.mechan. **98** (1923).

MÜHSAM, R.: Über den Einfluß der Hodenüberpflanzung auf Sexualität und Konstitution. Arch. Frauenkde **12** (1926).

MURISIER, P.: Note sur la masculinisation des femelles de gallinacés. Rev. Suisse Zool. **30** (1923).

MURRAY, P. D. F. a. J. R. BAKER: An hermaphrodite dogfish (*Scylliorhinus canicula*). J. of Anat. **58** (1924).

v. NEUGEBAUER, F. L. (1): Über Vererbung von Hypospadie und Scheinzwittertum. Mschr. Geburtsh. **15** (1902).

— (2): Hermaphroditismus beim Menschen. Leipzig: W. Klinkhardt 1908.

NEUNZIG, R.: Ein neuer Fall von bilateralem Hermaphroditismus beim Gimpel. Gefiederte Welt **53** (1924).

NICHOLS, F.: An account of the hermaphrodite lobster. Philosophic. Trans. roy. Soc. Lond. **36** (1730).

NILSSON-CANTELL, C. A.: Über die Veränderungen der sekundären Geschlechtsmerkmale bei Paguriden durch die Einwirkung von Rhizocephalen. Ark. Zool. (schwed.) **18 a** (1926).

NONIDEZ, J. F. (1): Studies on the gonad of the fowl. III. The origin of the so-called luteal cells in the testis of hen-feathered cocks. Amer. J. Anat. **31** (1922).

— (2): Studies on the gonad of the fowl. IV. The intertubular tissues of the testis in normal and hen-feathered cocks. Ebenda **34** (1924).

Numan, A.: Mémoire sur les vaches stériles, connus sur le nom d'Herm-aphrodites. J. vét, agricult. Belg. **3** (1844) (Repert. T erheilk. **5** [1844]).

Obreshkove, V. a. A. M. Banta: A study of the rate of oxygen consumption of different cladocera clones derived originally from a single mother. Physiologic. Zool. **3** (1930).

Oguma, K. (1): Studies on the sauropsid chromosomes. I. The sexual difference of chromosomes in the pigeon. J. Coll. Agricult. Hokkaido imp. Univ. Tokyo **41** (1927).

— (2): A further study on the human chromosomes. Archives de Biol. **40** (1930).

Okkelberg, P.: The early history of the germ cells in the brook lamprey, *Entosphenus wilderi*, up to and including the period of sex differentiation. J. of Morph. **35** (1921).

v. Oordt, G. J. (1): Secondary sex characters and testis of the tenspined stickleback (*Gasterosteus pungitius*). K. Akad. Wetensch. Amsterdam **26** (1923).

— (2): The relation between the development of the secondary sex characters and the structure of the testis in the teleost *Xiphophorus Helleri*. Brit. J. exper. Biol. **3** (1925).

— (3): Über die Abhängigkeit der Geschlechtsunterschiede von der Ge-schlechtsdrüse bei der Krabbe *Inachus*. Zool. Anz. **76** (1928).

— (4): Zur mikroskopischen Anatomie der Ovariotestes von *Serranus* und *Sargus* (Teleostei). Z. mikrosk.-anat. Forschg **19** (1929 a).

— (5): Notiz zu meinem Aufsatz über die Abhängigkeit der Geschlechts-unterschiede von der Geschlechtsdrüse bei der Krabbe *Inachus*. Zool. Anz. **85** (1929 b).

— (6) a. C. J. J. v. D. Maas: Castration and implantation of gonads in *Xiphophorus Helleri* Heckel (Teleost). Proceedings **29** (1926).

— — (7): Kastrationsversuche am Truthahn. Roux' Arch. **115** (1929).

Pariser, K.: Die Zytologie und Morphologie der triploiden Intersexe des rückgekreuzten Bastards von *Saturnia pavonia* und *Saturnia pyri*. Z. Zellforschg **5** (1927).

Pearl, R. (1) a. A. M. Boring: Sex studies. X. The corpus luteum in the ovary of the domestic fowl. Amer. J. Anat. **23** (1918).

— (2) a. M. R. Curtis: A case of incomplete hermaphroditism. Biol. Bull. Mar. biol. Labor. Wood's Hole **17** (1909).

— (3) a. F. M. Surface: Sex studies. VII. On the assumption of male secondary characters by a cow with cystic degeneration of the ovaries. Ann. Rep. Maine Agricult. exper. Stat. **1915**.

Pearson, N. E.: The structure and chromosomes of three gynandro-morphic katydids (*Amblycorypha*). J. Morph. a. Physiol. **47** (1929).

Pease, M. S.: Note on Prof. Th. Morgans theory of hen-feathering in cocks. Proc. Cambridge philos. Soc. **21**, Teil 1 (1922).

Pérez, J.: Des effects du parasitisme des Stylops sur les Apiaires du genre *Andrena*. Mém. Soc. Sci. Physique Nat. Bordeaux **3** (1880) und Soc. Linn. Bordeaux **13** (1886)

PERKINS, R. C. L. (1): Stylopized bees. Entomol. Month. Mag. (2), **3** (1892).
— (2): *Andrena dorsata* K. and *Andrena similis* SM. stylopized. Ebenda **55** (1919).
— (3): The pairing of *Stylops* and assembling of the males. Proc. Entomol. Soc. Lond. **1918**, 70.
— (4): Four gynandromorphs of the rare bee *Nomada lathburiana* K., parasitic on the bee *Andrena cineraria* L. taken in three visits to a single colony of the latter in Devonshire. Ebenda **2** (1928).
PÉZARD, A. (1): Le conditionnement physiologique des caractères sexuels secondaires chez les oiseaux. Bull. Sci. France et Belg. **52** (1918).
— (2): Le déterminisme des caractères sexuels secondaires chez les gallinacés. I. u. II. Rev. gén. Sci., Nr. décembre 1924 et janvier 1925.
— (3): La greffe des glandes sexuelles et les problèmes de la Biologie générale. Rev. Suisse Zool. **33** (1926).
— (4): Les hormones sexuelles et l'hérédité mendélienne chez les gallinacés. Z. Abstammgslehre **46** (1927).
— (5), SAND, K. et F. CARIDROIT: Féminisation d'un coq adulte de race Leghorn doré. C. r. Soc. Biol. Paris **89** (1923).
— — — (6): L'hermaphroditisme expérimental et le non-antagonisme des glandes sexuelles chez les Gallinacés adultes. Ebenda **92** (1925).
— — — (7): Les hormones sexuelles et le gynandromorphisme chez les gallinacés. Archives de Biol. **36** (1926).
PFLÜGER, E. (1): Über die geschlechtsbestimmenden Ursachen und die Geschlechtsverhältnisse der Frösche. Arch. f. Physiol. **26** (1882).
— (2): Versuche der Befruchtung überreifer Eier. Ebenda **29** (1882).
PHILIPPI, E.: Ein neuer Fall von Arrhenoidie. Sitzgsber. Ges. naturforsch. Freunde Berl. 1904.
PHILLIPS, J. C.: Experimental studies of hybridization among ducks and pheasants. J. of exper. Zool. **18** (1915).
PHOTAKIS, B.: Über einen Fall von Hermaphroditismus verus lateralis masculinus dexter. Virchows Arch. **221** (1916).
PICK, L. (1): Über Adenome der männlichen und weiblichen Keimdrüsen bei Hermaphroditismus verus und spurius. Nebst Bemerkungen über das endometriumähnliche Adenom am inneren weiblichen Genitale. Berl. klin. Wschr. **1905** , Nr 17.
— (2): Über den wahren Hermaphroditismus des Menschen und der Säugetiere. Arch. mikrosk. Anat. II, 84 (1924).
PICK-LANDAU: Ein Fall von Hermaphroditismus verus mit Ovotestis. Berl. klin. Wschr. **1905**, Nr 17.
PICKARD, J. N.: A case of intersexuality associated with dichotomy of the caudal region in the rabbit. Vet. J. **84**, ohne Jahr.
PIQUET, J.: Détermination du sexe chez les batraciens en fonction de la température. Rev. Suisse Zool. **37** (1930).
POLANO, O.: Über wahre Zwitterbildung beim Menschen. Z. Geburtsh. **83** (1921).
POLL, H. (1): Zur Lehre von den sekundären Sexualcharakteren. Sitzgsber. Ges. naturforsch. Freunde Berl. 1909.

POLL, H. (2): Mischlingskunde, Ähnlichkeitsforschung und Verwandtschaftslehre. Arch. Rassenbiol. 8 (1911).
— (3): Mischlingsstudien. VII. Mischlinge von *Phasianus* und *Gallus*. Sitzgsber. preuß. Akad. Wiss., Physik.-math. Kl. 38 (1912).
— (4): Mischlingsstudien. VIII. Pfaumischlinge, nebst einem Beitrag zur Kern-Erbträger-Lehre. Arch. mikrosk. Anat. (Festschrift für O. HERTWIG) 94 (1920).
— (5): Das Zahlenverhältnis der Geschlechter bei Vogelmischlingen. J. f. Ornithol. 1921.
PONSE, K. (1): Disparition et récupération des caractères sexuels secondaires mâles par castration et greffe chez *Bufo vulgaris*. C. r. Soc. Phys. et Hist. nat. Genève 39 (1922).
— (2): Masculinisation d'une femelle de Crapaud. Ebenda 40 (1923).
— (3): L'organe de BIDDER et le déterminisme des caractères sexuels secondaires du crapaud (*Bufo vulgaris*). Rev. Suisse Zool. 31 (1924).
— (4): Ponte et développement d'œufs provenant de l'organe de BIDDER d'un crapaud male féminisé. C. r. Biol. Soc. Paris 92 (1925).
— (5): Territoires cellulaires et caractères sexuels secondaires. Ebenda 95 (1926).
— (6): Changement expérimental du sexe et intersexualité chez le crapaud. C. r. Soc. Phys. et Hist. nat. Génève 43 (1926).
(7): Les potentialités de l'organe de BIDDER des crapauds. C. r. Soc. Biol. Paris 96 (1927 a).
— (8): L'évolution de l'organe de BIDDER et la sexualité chez de crapaud. Rev. Suisse Zool. 31 (1927 b).
— (9): Les hypothèses concernant la signification de l'organe de BIDDER du crapaud. C. r. Soc. Biol. Paris 96 (1927 c).
POPPELBAUM, H.: Studien an gynandromorphen Schmetterlingsbastarden aus der Kreuzung von *Lymantria dispar* L. mit *japonica* MOTSCH. Z. Abstammgslehre 11 (1914).
POTTS, F. A. (1): The modification of the sexual characters in the hermit crab, caused by the parasite *Peltogaster* („castration parasitaire“ of GIARD). Quart. J. microsc. Sci. 50 (1906).
— (2): Observations on the changes in the common shore-crab caused by *Sacculina*. Proc. Cambridge philos. Soc. 15 (1910).
POULTON, E. B.: On certain effects of shock upon insect development. Entomol. Soc. London 1927.
POZZI, S.: Neuf cas personnels de Pseudo-Hermaphrodisme. Rev. Gynécol. Chirur. abdom. 16 (1911).
PRANGE, F. (1): Vier Fälle von zygotischer Intersexualität bei der Hausziege. Zool. Jb., Abt. Allg. Zool. 40 (1923).
— (2): Die Gynäkomastie des Mannes und ihre Beziehungen zur Gesamtkonstitution. Arch. Frauenkde 12 (1926).
PUNNETT, R. C. a. P. G. BAILEY: Genetic studies in poultry. 3. Hen-feathered cocks. J. Genet. 11 (1921).
RAINIO, A. J.: Über die Intersexualität bei der Gattung *Salix*. Ann. Soc. Zool. Bot. Fenn. Vanamo 1927.

506   Literaturverzeichnis.

REUTER, J. (1): Ein Beitrag zur Lehre vom Hermaphroditismus. Inaug.-Diss. Würzburg 1885.
— (2): Ein Beitrag zur Lehre vom Hermaphroditismus. Verh. physik.-med. Ges. Würzburg, N. F. **19** (1886).
RIDDLE, O. (1): A quantitative basis of sex as indicated by the sex behavior of doves from a sex-controlled series. Science (N. S.) **39** (1914a).
— (2): The determination of sex and its experimental control. Bull. amer. Acad. Med. **15** (1914 b).
— (3): Sex control and known correlations in pigeons. Amer. Naturalist **50** (1916).
— (4): The control of the sex ratio. J. Washington Akad. Sci. **7** (1917).
— (5): Further observations on the relative size and form of the right and left testes of pigeons in health and disease and as influenced by hybridity. Anat. Rec. **14** (1918).
— (6): Orthogenetic evolution in pigeons. Posthumous works of CH. O. WHITMAN. Carnegie Inst. Washington, 2 Bde., 1919.
— (7): On the cause of twinning and abnormal development in birds. Amer. J. Anat. **32** (1923).
— (8): Studies on the physiology of reproduction in birds. XIV. Suprarenal hypertrophy coincident with ovulation. Amer. J. Physiol. **66** (1923).
— (9): Sex in the right and left sides of the birds body. Amer. philos. Soc. **63** (1924 a).
— (10): A case of complete sex-reversal in the adult pigeon. Amer. Naturalist **58** (1924 b).
— (11): Birds without gonads; their origin, behaviour, and bearing on the theory of the internal secretion of the testis. Brit. J. exper. Biol. **2** (1925 a).
— (12): Complete sex-transformation in adult animals. New Republic **41** (1925 b).
— (13): Studies on the physiology of reproduction in birds. XX. Reciprocal size changes of gonads and thyroids in relation to season and ovulation rate in pigeons. Amer. J. Physiol. **73** (1925 c).
— (14): The comment on sex in pigeons contained in GEROULD's paper on butterflies. Amer. Naturalist **59** (1925 d).
(15): On the sexuality of the right ovary in birds. Anat. Rec. **30** (1925e)
— (16): The quantitative theory of sex. Science (N. Y.) **65**, Nr 1675 (1927 a).
— (17): Metabolic changes in the body of female pigeons at ovulation. Amer. philos. Soc. Proc. **66** (1927 b).
— (18): Proofs and implications of complete sex-transformation in animals. Verh. I. internat. Kongreß f. Sexualforschg. **1** (1927 c).
— (19): The quantitative theory of sex. Science (N. Y.) **66**, Nr 1703 (1927 d).
— (20): The accomplishments of the first international congress for sex research. J. soc. Hyg. **13** (1927).
— (21): Sex and seasonal differences in weight of liver and spleen. Proc. Soc. exper. Biol. a. Med. **25** (1928).

Riddle, O. (22): Studies on the physiology of reproduction in birds. XXIII. Growth of the gonads and bursa fabricii in doves and pigeons, with data for body growth and age at maturity. Amer. J. Physiol. 86 (1928).

— (23): Some interrelations of sexuality, reproduction and internal secretion. J. amer. med. Assoc. 92 (1929).

— (24) u. P. Fry: The growth and age involution of the thymus in male and female pigeons. Amer. J. Physiol. 71 (1925).

— (25) u. M. Tange: Studies on the physiology of reproduction in birds. XXIV. On the exstirpation of the bursa fabricii in young doves. Ebenda 86 (1928).

Robson, G. C.: Effect of *Sacculina* upon the fat metabolism of its host. Quart. J. microsc. Sci., N. S. 57 (1912).

Rörig, A.: Welche Beziehungen bestehen zwischen den Reproduktionsorganen der Cerviden und der Geweihbildung derselben? Arch. Entw.-mechan. 8 (1899).

Rösch, G. A. (1): Über einen Weg, Zwitter der Honigbiene (*Apis mellifica* L.) im Experiment zu erzeugen. Sitzgsber. Ges. Morph. u. Physiol. München 37 (1926).

— (2): Experimentelle Untersuchungen über die Entstehung von Zwittern bei der Honigbiene (*Apis mellifica* L.). Verh. dtsch. zool. Ges., 32. Jahresvers. 1928.

Rössle, R. u. J. Wallart: Der angeborene Mangel der Eierstöcke und seine grundsätzliche Bedeutung für die Theorie der Geschlechtsbestimmung. Beitr. path. Anat. 81 (1930).

Roxas, H. A. (1): Gonad cross-transplantation in sebright and leghorn fowls. J. of exper. Zool. 46 (1926).

— (2): Gonad cross-transplantation in sebright and leghorn fowls. Proc. Soc. exper. Biol. u. Med. 23 (1926).

— (3): Sex studies an Philippine frogs and toads. I. Male intersexuality in *Rana vittigera* Weigmann. Philippine J. Sci. 38 (1929).

Salén, E.: Ein Fall von Hermaphroditismus verus unilateralis beim Menschen. Verh. dtsch. path. Ges. 2 (1899).

Salt, G.: The effects of stylopization on aculeate Hymenoptera. J. of exper. Zool. 48 (1927).

Sand, K. (1): Sexual characters in mammals, experimentally studied. Inaug.-Diss. Kopenhagen 1918.

— (2): Experimentelle Studien über Geschlechtscharaktere bei Säugetieren. Z. Sexualwiss. 6 (1920a).

— (3): Moderne experimentelle Sexualforschung, besonders die letzten Versuche Steinachs („Verjüngung"). Ebenda 7 (1920b).

— (4): Experimentelle Studien über Geschlechtscharaktere bei Säugetieren. Ebenda 6 (1920c).

— (5): Etudes expérimentales sur les glandes sexuelles chez les mammifères. I. et II. J. Physiol. et Path. gén. 1921.

— (6): L'hermaphrodisme expérimental. Ebenda 20 (1922).

Sand, K. (7): Vasoligature (Epididymectomy) employed ad mod. Steinach with a view to restitution in cases of senium and other states (impotency depression). Operation on man. Acta chir. scand. (Stockh.) **55** (1922).

— (8): Geschlechtsumwandlung. Handwörterb. Sexualwiss. Bonn: Marcus u. Weber 1923a.

— (9): Experiments on the endocrinology of the sexual glands. Endocrinology **7** (1923b).

— (10): Hermaphroditismus (verus) glandularis alternans bei einem 10jährigen Individuum. Skand. Arch. Physiol. (Berl. u. Lpz.) 44 (1923c).

— (11): Geschlechtsumwandlung. Handwörterb. Sexualwiss., II. Aufl. Bonn: Marcus u. Weber 1925.

— (12): Transplantation der Keimdrüsen bei Wirbeltieren. Handbuch norm. pathol. Physiol. **14**, 1 (1926).

— (13): Der Hermaphroditismus bei Wirbeltieren in experimenteller Beleuchtung. Transplantation der Keimdrüsen bei Wirbeltieren. Ebenda **14**, 1 (1926a).

— (14): Die Kastration bei Wirbeltieren und die Frage von den Sexualhormonen. Ebenda **14**, 1 (1926b).

— (15): Die Keimdrüsen und das experimentelle Restitutionsproblem bei Wirbeltieren. Ebenda **14**, 1 (1926c).

Sauerbeck, E. (1): Über den Hermaphroditismus verus und den Hermaphroditismus im allgemeinen vom morphologischen Standpunkt aus. Frankf. Z. Path. **3** (1909).

— (2): Der Hermaphroditismus vom morphologischen Standpunkt aus. Erg. Path. **15**, I (1911).

Scabell, A.: Über den suprarenalen Virilismus und Pseudohermaphroditismus, ein Beitrag zur Konstitutionspathologie. Dtsch. Z. Chir. **185** (1924).

Scharrer, E. u. H. J. Scherer: Beitrag zur Frage des experimentellen Hyperfeminismus. Z. vergl. Physiol. **8** (1929).

Schmalhausen, J.: Das Wachstumsgesetz und die Quantitätstheorie der Geschlechtsbestimmung. Biol. Zbl. **47** (1927).

Schmid, F.: Zwei Fälle von Hermaphroditismus und ein Fall von Pseudohermaphroditismus beim Schwein. Inaug.-Diss. Bern 1922.

Schmidt, H.: Das suprarenal-genitale Syndrom usw. Virchows Arch. **151** (1924).

Schmidt, H: Geschlechtsumwandlungen bei tropischen Zierfischen. Züchter **2** (1930).

Schmidt, J.: The genetic behavior of a secondary sexual character. C. r. Labor. Carlsberg **14** (1920).

Schmincke, A. u. B. Romeis: Anatomische Befunde bei einem männlichen Scheinzwitter und die Steinachsche Hypothese über Hermaphroditismus. Arch. Entw.mechan. **47** (1921).

Schmitt-Marcell, W.: Über Pseudohermaphroditismus bei *Rana temp.* Arch. mikrosk. Anat. **72** (1908).

Schoenemund, E.: Zur Biologie und Morphologie einiger *Perla*-Arten. Zool. Jb., Abt. Anat. **34** (1912.

SCHRADER, F. (1): Die Geschlechtschromosomen. Zellen- und Befruchtungslehre, herausgeg. von P. BUCHNER 1 (1928).

— (2): u. H. STURTEVANT: A note on the theory of sex determination. Amer. Naturalist 57 (1923).

SCHREINER, K. E.: Über das Generationsorgan von *Myxine glutinosa* L. Biol. Zbl. 24 (1904).

SCHWARTZ, E.: Zwischenniere und Zwittertum. Wien. klin. Wschr. 1927, Nr 7/8.

SCHWARZ, E.: Pigmentierung, Form und Wachstum der Federn des Haushuhns in Abhängigkeit von der Thyreoideafunktion. Roux' Arch. 123 (1930).

SCHWEITZER, A. (1): Über Kreuzungen zwischen *Lymantria dispar* L. und *L. dispar* var. *japonica* MOTSCH. Mitt. Entomologia 1 (1915).

— (2): Über Kreuzungen zwischen *Lymantria dispar* L. und *L. dispar* var. *japonica* MOTSCH. Ebenda 2 (1916).

— (3): Über Kreuzungen zwischen *Lymantria dispar* L. und *L. dispar* var. *japonica* MOTSCH. Ebenda 4 (1918).

SEIDEL, F.: Untersuchungen über das Bildungsprinzip der Keimanlage im Ei der Libelle *Platycnemis pennipes*. I—V. Roux' Arch. 119 (1929).

SEILER, J. (1): Das Verhalten der Geschlechtschromosomen bei Lepidopteren. Arch Zellforschg 13 (1914).

— (2): Ergebnisse aus der Kreuzung parthenogenetischer und zweigeschlechtlicher Schmetterlinge Biol. Zbl. 47 (1927).

— (3) u. C. B. HANIEL: Das verschiedene Verhalten der Chromosomen in Eireifung und Samenreifung von *Lymantria monacha* L. Z. Abstammungslehre 27 (1921).

— (4): Ergebnisse aus der Kreuzung parthenogenetischer und zweigeschlechtlicher Schmetterlinge. Jahresvers. schweiz. naturforsch. Ges. 1926.

— (5): Das Problem der Geschlechtsbestimmung bei *Bonellia*. Naturwiss. 15 (1927 a).

— (6): Ergebnisse aus der Kreuzung parthenogenetischer und zweigeschlechtlicher Schmetterlinge. I. Die Keimdrüsen der intersexen F_1-Raupen. Roux' Arch. 119 (1929).

SELLHEIM, H. (1): Kastration und sekundäre Geschlechtscharaktere. Beitr. Geburtsh. 5 (1901).

— (2): Vermännlichung und Wiederverweiblichung bei einem ausgewachsenen Individuum. Z. mikrosk.-anat. Forschg 1925.

SEREBROVSKY, A. S. a. E. T. WASSINA: On the topography of the sexchromosome in fowls. J. Genet. 17 (1926).

SEXTON, E. W. a. J. S. HUXLEY: Intersexes in *Gammarus chevreuxi* and related forms. J. Mar. biol. Assoc. U. Kingd. 12 (1921).

SHATTOCK, G.: An example of true hermaphroditism in the domestic fowl etc. Trans. path. Soc. London (1) (1906).

SHATTOCK, S. G. a. C. G. SELIGMANN: An example of incomplete glandular hermaphroditism in the domestic fowl. Proc. roy. Soc. Med. 1 (1907).

SHEPPARD, H.: Hermaphroditism in man. Anat. Rec. 19 (1920).

SHIWAGO, P. I. (1): The chromosome complex in the somatic cells of male and female of the domestic chicken. Science (N. Y.), N. S. 60 (1924).
— (2): Über den Chromosomenkomplex der Truthennen. Z. Zellforschg 9 (1929).
v. SIEBOLD, C. TH.: Über Zwitterbienen. Z. Zool. 14 (1864).
SIMON, W.: Hermaphroditismus verus. Virchows Arch. 172 (1903).
SINAGAGLIA: Un caso di ermafroditismo anatomico vero nell'uomo. Clinica chir. 7 (1914).
SJÖSTEDT, Y.: Ein Zwitter von *Morpho Rhetenor* CRAM. Ark. Zool. (schwed.) 20 A (1928).
SMITH, G. (1): Mr. J. T. CUNNINGHAM on the heredity of secondary sexual characters. Arch. Entw.mechan. 27 (1909).
— (2): Rhizocephala. Fauna u. Flora des Golfs von Neapel, Monogr. 29 (1906).
— (3): High and low dimorphism. Mitt. Zool. Stat. Neapel 17 (1905).
— (4): Note on a gregarine, which may cause the parasitic castration of its host. Ebenda 17 (1905).
— (5): Studies in the experimental analysis of sex. II. On the correlation between primary and secondary sexual characters. Quart. J. microsc. Sci. 54, 590 (1910a).
— (6): Studies in the experimental analysis of sex. III. Further observations on parasitic castration. Ebenda 55 (1910b).
— (7): Studies in the experimental Analysis of sex. VII. Sexual changes in the blood and liver of *Carcinus maenas*. Ebenda 57, 251 (1912).
SMITH, G. a. HAIG THOMAS: On sterile and hybrid pheasants. J. Genet. 3 (1913/14).
SPENGEL, J. W. (1): Urogenitalsystem der Amphibien. Arb. zool. Inst. Würzburg 3 (1876).
— (2): Beiträge zur Kenntnis der Gephyreen. Mitt. zool. Stat. Neapel 1 (1879).
— (3): Zwitterbildungen bei Amphibien. Biol. Zbl. 4 (1885).
— (4): Hermaphroditismus verus bei Schweinen. Verh. dtsch. zool. Ges. 2 (1892).
SPIEGELBERG, O.: Über die Verkümmerung der Genitalien bei (angeblich) verschiedengeschlechtlichen Zwillingskälbern. Z. ration. Med. 11 (1861).
STANDFUSS, M. (1): Handbuch der paläarktischen Großschmetterlinge. Jena 1896.
— (2): Jüngste Ergebnisse aus der Kreuzung verschiedener Arten. Mitt. schweiz. entomol. Ges. 12 (1907).
— (3): Experimentelle zoologische Studien. Denkschr. schweiz. Ges. Naturwiss. 1908.
— (4): Mitteilungen zur Vererbungsfrage. Mitt. schweiz. entomol. Ges. 12 (1914).
— (5): Beiträge zu der Arbeit von A. SCHWEITZER: Über Kreuzungen zwischen *L. dispar* und *L. dispar* var. *japonica*. Mitt. Entomologia 1 (1915).

STEINACH, E. (1): Geschlechtstrieb und echt sekundäre Geschlechtsmerkmale. Zbl. Physiol. **24** (1911).
— (2): Willkürliche Umwandlung von Säugetier-Männchen im Tiere mit ausgeprägt weiblichen Geschlechtscharakteren. Arch. f. Physiol. **144** (1912).
— (3): Pubertätsdrüsen und Zwitterbildung. Arch.Entw.mechan.**42**(1917).
— (4): Künstliche und natürliche Zwitterdrüsen und ihre analogen Wirkungen. Ebenda **46** (1920).
STEINER, G.: Intersexes in Nematodes. J. Hered. **14** (1923).
STERN, C. (1): Vererbung im Y-Chromosom von *Drosophila melanogaster*. Biol. Zbl. **46** (1926).
— (2): Die genetische Analyse der Chromosomen. Naturwiss. **15** (1927).
— (3): Fortschritte der Chromosomentheorie der Vererbung. Erg. Biol. **4** (1928).
STEVENS, N. M.: Notes on chromosomes of the domestic chicken, publ. by ALICE BORING. Science (N. Y.), N. S. **58** (1923).
STIEVE, H. (1): Über den Einfluß der Umwelt auf die Eierstöcke der Tritonen. Arch. Entw.mechan. **49** (1921).
— (2): Entwicklung, Bau und Bedeutung der Keimdrüsenzwischenzellen. Erg. Anat. **23** (1921).
— (3): Beobachtungen über den rechten Eierstock und den rechten Legdarm des Hühnerhabichts (*Falco palumbaris* KL.) und einiger anderer Raubvögel. Morph. Jb. **54** (1924).
STÖCKHERT, F.: Über einen Fall von frontaler Gynandromorphie bei *Bombus lapidarius*. Z. Insektenbiol. **16** (1920/21).
— F. R.: Über Gynandromorphie bei Bienen und die Beziehungen zwischen primären und sekundären Geschlechtscharakteren der Insekten. Arch. Naturgesch. **90**, Abt. A (1924).
STOHLER, R.: Die Chromosomen der mitteleuropäischen Kröten. Biol. Zbl. **47** (1927).
STRESEMANN, E.: Aves. Handbuch der Zoologie, 2. Hälfte, 3. Liefg, 7 (1928).
STURTEVANT, A. H. (1): Intersexes in *Drosophila simulans*. Science (N.Y.) **51** (1920).
— (2): Genetic studies on *Drosophila simulans*. III. Genetics **6** (1921).
— (3): The vermilion gene and gynandromorphism. Proc. Soc. exper. Biol. a. Med. **17** (1920).
— (4): The claret mutant type of *Drosophila simulans*: a study of chromosome elimination and of cell-lineage. Z. Zool. **135** (1929).
SÜFFERT, F.: Die Ausbildung des imaginalen Flügelschnittes in der Schmetterlingspuppe. Z. Morph. u. Ökol. Tiere **14** (1929).
SWIFT, C. H.: Origin and early history of the primordial germ cells in the chick. Amer. J. Anat. **15** (1914).
SWINGLE, W. W. (1): Neoteny and the sexual problem. Amer. Naturalist **54** (1920).
— (2): The germ cells of anurans. I. The male sexual cycle of *Rana catesbeiana* larvae. J. of exper. Zool. **32** (1921).

Swingle, W. W. (3): The germ cells of anurans. II. An embryological study of sex differentiation in *Rana catesbeiana*. J. Morph. a. Physiol. 41 (1926).

— (4): The determination of sex in animals. Physiol. Rev. 6 (1926).

Tanaka, Y.: Mosaic animals and gynandromorphs (japanisch). Jap. wiss. Ges. Tokyo 3 (1927).

Tandler, J. (1): Über den Einfluß der Geschlechtsdrüsen auf die Geweihbildung bei Rentieren. Anz. Akad. Wiss. Wien, Math.-naturwiss. Kl. 47 (1910).

— (2) u. S. Gross: Untersuchungen an Skopzen. Wien. klin. Wschr. 21 1908).

— — (3): Über den Einfluß der Kastration auf den Organismus. I. Beschreibung eines Eunuchenskeletts. II. Die Skopzen. Arch. Entw.-mechan. 27 (1909); 30 (1910).

— — (4): Die biologischen Grundlagen der sekundären Geschlechtscharaktere. Berlin 1913.

— (5) u. K. Keller: Über das Verhalten des Chorions bei verschiedengeschlechtlicher Zwillingsgravidität des Rindes und über die Morphologie des Genitales der weiblichen Tiere, welche einer solchen Gravidität entstammen. Dtsch. tierärztl. Wschr. 19 (1911).

— — (6): Über den Einfluß der Kastration auf den Organismus. IV. Die Körperform der weiblichen Frühkastraten des Rindes. Arch. Entw.-mechan. 31 (1911).

Thaler, H.: Familiäres Scheinzwittertum und Vererbungsfragen. Mschr. Geburtsh. 50 (1919).

Thomas, R. H. a. J. S. Huxley: Sex-ratio in pheasant species-crosses. J. Genet. 18 (1927).

Tichomiroff, A. (1): Androgynie bei den Vögeln. Anat. Anz. 3 (1888).

— (2): Über einen Fall von Hermaphroditismus bei dem Gimpel. Russ. zool. Z. 2, Liefg 6/7 (1923).

Timoféeff-Ressovsky, H. A.: Gynandropmorphen und Genitalien-Abnormitäten bei *Drosophila funebris*. Roux' Arch. 113 (1928).

Tjebbes, K. a. Chr. Wriedt: Dominant black in cats and its bearing on the question of the tortoiseshell males. J. Genet. 17 (1926).

Torrey, H. B. (1): A relation between experimental hyperthyroidism and barring in poultry. Proc. Soc. exper. Biol. a. Med. 23 (1926).

— (2) a. B. Horning: Hen feathering induced in the male fowl by feeding thyroid. Ebenda 19 (1922).

— — (3): Thyroid feeding and secondary sex characters in Rhode Island red chicks. Biol. Bull. Mar. biol. Labor. Wood's Hole 49 (1925a).

— — (4): The effect of the thyroid feeding on the moulting process and feather structure of the domestic fowl. Ebenda 49 (1925b).

— — (5): On the antagonism between thyroid and ovary in relation to the formation of plumage melanins in the domestic fowl. Anat. Rec. 31 (1925c).

Toumanoff, K. (1): Deux cas de gynandromorphisme biparti chez *Dixippus morosus* Br. et Redt. C. r. Soc. Biol. Paris 97 (1927).

— (2): Le gynandromorphisme chez *Dixippus* (*carausius*) *morosus* Br. et Redt. Bull. biol. France et Belg. 62 (1928).

TOYAMA, K.: Studies on the hybridology of insects. I. On some silkworm crosses. Bull. Coll. Agricult. Tokyo 7 (1906).

TUFFIER, E.: Le virilisme surrénal. Rev. thér. med. chir. **1914**.

TUFFIER, TH. et A. LAPOINTE: L'hermaphrodisme, ses variétés et ses conséquences pour la pratique médicale. Rev. Gynécol. Chir. abdom. **16** (1911).

UFFREDUZZI, O.: Ermafroditismo vero nell'uomo. Arch. Sci. med. **34** (1910).

VANDEL, A.: La production d'intercastes chez la fourmi pheidole pallidula sous l'action de parasites du genre mermis. I. Etude morphologique des individus parasités. Bull. biol. France et Belg. **64** (1930).

VAULX, R. DE LA: L'intersexualité chez un crustacé-cladocère *Daphnia atkinsoni* BAIRD. Bull. Sci. France et Belg. **55** (1921).

VAYSSIÈRE, A. et G. QUINTARET: Sur un cas d'hermaphrodisme d'un *Scyllium stellare.* C. r. Acad. Sci. Paris **158** (1914).

WAGNER, G. A.: Über Hermaphroditismus verus. (Beitrag zur Frage der Bedeutung der Keimdrüsen für die Bestimmung des Geschlechtes.) Zbl. Gynäk. **21** (1927).

— K. (1): Über die Zwischenzellen und das spermatogene Gewebe in einem Fall von Eunuchoidismus beim Kaninchen. Arch. Entw.mechan. **51** (1922).

— (2): Experimentelle Untersuchungen über die Umwandlung des Geschlechts beim Frosch. Ebenda **52** (1923).

WALDEYER, W.: Eierstock und Ei. Leipzig 1870.

WEBER, A. u. PARKES, F.: Gynaekomastia (Mamma feminisa). Lancet **1926**.

WEBER, M.: Über einen Fall von Hermaphroditismus bei *Fringilla coelebs.* Zool. Anz. **13** (1890).

WEHEFRITZ, E. u. E. GIERHAKE: Die Einwirkung heterologer Sexualhormone auf die Ausbildung der Keimdrüsen im Embryo. I. Arch. Gynäk. **142** (1930).

WEISSENBERG, R.: Zeugung und Sexualität in ihren anatomischen und biologischen Grundlagen. Handbuch Sexualwissenschaft, herausgeg. von A. MOLL, 3. Aufl. 1926.

WELTI, E. (1): Les homogreffes sont-elles capables de persister chez le crapaud? C. r. Soc. Phys. et Hist. nat. Genève **40** (1923).

— (2): Le sort des autogreffes chez les crapaud. Ebenda **40** (1923).

— (3): Masculinisation de femelles de crapauds (*Bufo vulgaris*). Ebenda **42** (1925).

— (4): Masculinisation et féminisation de crapauds par greffe de glandes génitales hétérologues. C. r. Soc. Biol. Paris **93** (1925).

— (5): Evolution des greffes de glandes génitales chez le crapaud (*Bufo vulgaris*). Auto-, homo-, hétérogreffes. Rev. Suisse Zool. **35** (1928).

WHEELER, W. M. (1): The effects of parasitic and other kinds of castration in insects. J. of exper. Zool. 8 (1910).

— (2): Gynandromorphous ants described during the decade 1903—1913. Amer. Naturalist **48** (1914).

— (3): Mermis parasitism and intercastes among Ants. J. of exper. Zool. **50** (1928).

514   Literaturverzeichnis.

WHITING, P. W. (1): Heredity in the honey-bee. J. Hered. **13** (1922).
— (2): Mosaicism and mutation in Habrobracon. Biol. Bull. Mar. biol. Labor. Wood's Hole **54** (1928).
— (3): The relation between gynandromorphism and mutation in habrobracon. Amer. Naturalist **62** (1928).
— (4) a. A. R.: Diploid males from fertilized eggs in hymenoptera. Science (N. Y.), **62** (1925).
— — (5): Gynandromorphs and other irregular types in Habrobracon. Biol. Bull. Mar. biol. Labor. Wood's Hole **52** (1927).
WHITMAN, C. O.: Posthumous works. 2 Bde., herausgeg. von O. RIDDLE. Carnegie Inst. Washington, Publ. **257** (1919).
WILLIAMS, W. R.: Precocious sexual development with abstracts of over one hundred authentic cases. Brit. gynaec. J. **18** (1902).
WILLIER, B. H. (1): Structures and homologies of free-martin gonads. J. of exper. Zool. **33** (1921).
— (2): The endocrine glands and the development of the chick. I. The effects of thyroid grafts. Amer. J. Anat. **33** (1924).
— (3): The behavior of embryonic chick gonads when transplanted to embryonic chick hosts. Proc. Soc. exper. Biol. a. Med. **22** (1925).
— (4): The specificity of sex, of organization and of differentiation of embryonic chick gonads as shown by grafting experiments. J. of exper. Zool. **46** (1927).
— (5) a. E. C. YUH: The problem of sex differentiation in the chick embryo with reference to the effects of gonad and non-gonad grafts. Ebenda **52** (1928).
WINGE, Ö. (1): One-sided masculine and sex-linked inheritance in *Lebistes reticulatus*. J. Genet. **12** (1922a).
— (2): A piculiar mode of inheritance and its cytological explanation. Ebenda **12** (1922b).
— (3): Crossing-over between the X- and the Y-chromosome in *Lebistes*. Ebenda **13** (1923).
— (4): The location of eigtheen genes in *Lebistes reticulatus*. Ebenda **18** (1927).
— (5): On the occurrence of XX males in *Lebistes*, with some remarks on Aida's so-called „non-disjunctional" males in *Aplocheilus*. Ebenda **23** (1930).
WINIWARTER, H. et G. SAINTMONT: Nouvelles recherches sur l'ovogenèse et l'organogenèse de l'ovaire des mammifères (chat). Archives de Biol. **24** (1912).
WITSCHI, E. (1): Experimentelle Untersuchungen über die Entwicklungsgeschichte der Keimdrüsen der *Rana temporaria*. Arch. mikrosk. Anat. **85** (1914 a).
— (2): Studien über die Geschlechtsbestimmung bei Fröschen. Ebenda **86** (1914 b).
— (3): Development of gonads and transformation of sex in the frog. Amer. Naturalist **55** (1921 a).

Witschi, E. (4): Der Hermaphroditismus der Frösche und seine Bedeutung für das Geschlechtsproblem und die Lehre von der inneren Sekretion der Keimdrüsen. Arch. Entwick.mechan. 49 (1921 b).

— (5): Vererbung und Cytologie des Geschlechts nach Untersuchungen an Fröschen. Z. Abstammgslehre 29 (1922).

— (6): Experimente mit Froschzwittern. Ebenda 30 (1923 a).

— (7): Über die genetische Konstitution der Froschzwitter. Biol. Zbl. 43 (1923 b).

— (8): Ergebnisse der neueren Arbeiten über die Geschlechtsprobleme bei Amphibien. Z. Abstammgslehre 31 (1923 c).

— (9): Über bestimmt gerichtete Variation von Erbfaktoren. Studia mendeliana. Brünn 1923 (d).

— (10): Über geographische Variation und Artbildung. Rev. Suisse Zool. 30 (1923 e).

— (11): Die Beweise für die Umwandlung weiblicher Jungfrösche in männliche nach uteriner Überreife der Eier. Arch. mikrosk. Anat. u. Entw.mechan. 102 (1924 a).

— (12): Die Entwicklung der Keimzellen der *Rana temporaria*. I. Urkeimzellen und Spermatogenese. Z. Zellenlehre 1 (1924 b).

— (13): Hermaphroditismus und Geschlechtertrennung bei den Wirbeltieren. Naturwiss. 13 (1925 a).

— (14): Studien über Geschlechtsumkehr und sekundäre Geschlechtsmerkmale der Amphibien. Arch. Klaus-Stiftg 1 (1925 b).

— (15): Beziehungen zwischen primären und sekundären Geschlechtsmerkmalen, die nicht durch Hormone vermittelt sind. Schweiz. med. Wschr. 55 (1925 c).

— (16): Sex reversal in parabiotic twins of the american woodfrog *Rana sylvatica*. Biol. Bull. Mar. biol. Labor. Wood's Hole 52 (1927 a).

— (17): Testis grafting in tadpoles of *Rana temporaria* and its bearing on the hormone theory of sex determination. J. of exper. Zool. 47 (1927 b).

— (18): Effect of high temperature on the gonads of frog larvae. Proc. Soc. exper. Biol. a. Med. 25 (1928).

— (19): Studies on sex differentiation and sex determination in amphibians. I, II, III. J. of exper. Zool. 52 u. 54 (1929 a).

— (20): Development and sexual differentiation of the gonads of *Rana sylvatica*. Ebenda 52 (1929 b).

— (21): Bestimmung und Vererbung des Geschlechts bei Tieren. Handbuch der Vererbungswissenschaft, herausgeg. von E. Baur und M. Hartmann 2, Liefg 10 (1929 c).

— (22): Sex reversal in female tadpoles of *Rana sylvatica* following the application of high temperature. J. of exper. Zool. 52 (1929 d).

— (23): Sex development in parabiotic chains of California newt. Proc. Soc. exper. Biol. a. Med. 27 (1930 a).

— (24): Experimentally produced neoplasma in the frog. Ebenda 27 (1930 b).

— (25): Studies on sex differentiation and sex determination in amphibians. IV. The geographical distribution of the sex races of the European grass frog (*Rana temporaria* L.). J. of exper. Zool. 56 (1930 c).

Witschi, E. (26) u. H. M. McCurdy: The free-martin effect in experimental parabiotic twins of *Triturus torosus*. Proc. Soc. exper. Biol. a. Med. **26** (1929).

Wright, S.: Color inheritance in mammals. X. The cat. J. Hered. **9** (1918).

Zawadowsky, B. M. (1): Eine neue Gruppe der morphogenetischen Funktionen der Schilddrüse. Roux' Arch. **107** (1926).

— (2): Zur Frage der Wechselbeziehungen zwischen Schilddrüse und Geschlechtsdrüsen bei Hühnern. Ebenda **110** (1927).

— (3): Die Rolle der Schilddrüse bei der Bestimmung des Geschlechtsdimorphismus nach dem Gefieder von Vögeln. Endokrinologie **5** (1929).

— (4) u. S. J. Bessmertnaja: Über minimale Hyperthyreoidisationsdosen, bei denen der Thyroxinnachweis in den Geweben der Hühner möglich ist. Roux' Arch. **109** (1927).

— (5) u. Z. M. Perelmutter: Über das Schicksal des Thyroxins im Blute und in den Geweben der hyperthyreoidisierten Hühner. Ebenda **109** (1927).

— (6) u. M. Rochlin: Zur Frage nach dem Einfluß der Hyperthyreoidisierung auf die Färbung und Geschlechtsstruktur des Hühnergefieders. Ebenda **113** (1928).

— M. M. (1): Das Geschlecht und die Entwicklung der Geschlechtsmerkmale. Moskau: Staatsverlag 1922.

— (2): Bisexual nature of the hen and experimental hermaphroditism in hens. Trans. Labor. exper. Biol., Zoopark Moscow **2** (1926).

— (3): On the analysis of the morphogenesis in animals. The sex and the development of its character (Autoreferat). Biol. generalis (Wien) **2** (1926 a)

— (4): Hängt der Alters-Dimorphismus bei den Vögeln von der Geschlechtsdrüse ab? Ebenda **2** (1926 b).

— (5): Analyse der Erscheinungen von Hermaphroditismus. Roux' Arch. **108** (1926 c).

— (6): Materiale zur Analyse des Gynandromorphismus. I. Kastration der Finken und Gimpel. Ebenda **108** (1926 d).

— (7): Die Äquipotentialität der Gewebe des Männchens und Weibchens bei Vögeln und Säugetieren. Endokrinologie **5** (1929).

— (8) u. E. Zubina: Hahnenfedrige Fasanenweibchen im Lichte der Embryogenese der Geschlechtsdrüsen. Roux' Arch. **115** (1929).

Zietzschmann, O.: Über die Genitalmißbildung bei verschiedengeschlechtlichen Zwillingen des Rindes. Schweiz. Arch. Tierheilk. **62** (1920).

Zimmermann, A.: Ein Fall vom wahren Zwittertum beim Schwein. Berl. tierärztl. Wschr. **31** (1915).

— C.: Ein Beitrag zur Lehre vom menschlichen Hermaphroditismus. Inaug.-Diss. München 1901.

Namen- und Sachverzeichnis.